高等学校教材

基础化学实验简明教程

第二版

杜登学　赵　超　马万勇　主编

化学工业出版社
·北京·

《基础化学实验简明教程》是山东省精品课程“基础化学实验”建设成果的体现，根据山东省化学实验教学示范中心建设标准的总体要求编写而成。

本书选材较广，精心编入了85个实验，涵盖无机化学、有机化学、分析化学、物理化学四大化学实验及仪器分析实验等内容。

本书将实验内容划分为基础型、提高型和研究创新型三个层次，注重“双基”训练与“探索意识及创新能力”的培养。在内容编排上，注重简明扼要、由浅入深、逐层提高，并照顾与相关理论课的衔接，具有简明、实用、以学生为中心的特点。

《基础化学实验简明教程》可供一般工科院校大化工类应用化学、化学工程与工艺、制药、食品、生物、材料等各专业学生使用，对广大的科研技术人员也较具参考价值。

图书在版编目（CIP）数据

基础化学实验简明教程/杜登学，赵超，马万勇主编. —2版.
北京：化学工业出版社，2016.8 （2024.8重印）
高等学校教材
ISBN 978-7-122-27347-5

Ⅰ. ①基… Ⅱ. ①杜…②赵…③马… Ⅲ. ①化学实验-高等学校-教材 Ⅳ. ①O6-3

中国版本图书馆CIP数据核字（2016）第131980号

责任编辑：宋林青 李 琰 装帧设计：关 飞
责任校对：宋 玮

出版发行：化学工业出版社（北京市东城区青年湖南街13号 邮政编码100011）
印 装：河北延风印务有限公司
787mm×1092mm 1/16 印张22¼ 彩插1 字数578千字 2024年8月北京第2版第9次印刷

购书咨询：010-64518888 售后服务：010-64518899
网 址：http://www.cip.com.cn
凡购买本书，如有缺损质量问题，本社销售中心负责调换。

定 价：48.00元

《基础化学实验简明教程（第二版）》编写组

主　编　杜登学　赵　超　马万勇

副主编　王　锦　刘　耘　周　磊　张华勇

赵红霞　田　燕　汤桂梅

编　委　（以姓氏笔画为序）

马万勇　王凤艳　王世杰　王永刚　王　锦

田　燕　邢殿香　吕爱杰　刘　彧　刘　耘

齐承刚　汤桂梅　许　静　杜登学　李文鹏

汪永涛　张术栋　张华勇　张纪明　陈明辉

周国伟　周　磊　赵红霞　赵　超　姚良宏

秦旭阳　班　青　夏翠丽　高　健　郭　丽

郭俊利　陶芙蓉　崔月芝　盖利刚　黑晓明

谭学杰　戴肖南

前　言

《基础化学实验简明教程》于2007年第一次出版发行，至今已有8年多的时间。期间，在“省实验教学示范中心”、“省精品课”建设过程中，笔者发现该教材需要与时俱进，对实验内容进行适当增减、修订，编排顺序也需调整，使之更加方便易用、符合循序渐进之教学规律，以更好地提高实验教学效果。于是在原第一版荣获山东省高等学校优秀教材基础上，立项编写齐鲁工业大学“十二五”规划教材《基础化学实验简明教程（第二版）》。

新版教材的主要特点及改动之处有：

1. 本着“先夯实基础、再锐意创新”的理念，笔者按照化学实验基础知识、无机化学实验、分析化学实验、有机化学实验、物理化学实验、仪器分析实验、研究创新型实验重新进行了划分；在每一大类之下，又尝试按照基本型与提高型进行了细分；有些内容属于较高要求、毒性较大或成本较高的，则用*号注明，可作为选做内容。实验项目“邻二氮杂菲分光光度法测定铁”习惯上仍然归属到分析化学实验类别中。

2. 原书中“第一部分　化学实验基础知识”未作大的变动，各种仪器的使用仍集中编写，但当某个实验具体涉及某种仪器时，则注明参见页码，做到前后呼应。本着前瞻性兼留余地的原则，无机及分析化学部分增加了实验一和实验十七；有机化学部分增加了实验二十五、二十六、三十一、三十三、三十七到四十五等13个实验，同时删掉了第一版中的5个研究创新型实验项目，实验总数由原来的75增加到85个，提高了不同专业不同类型培养方案的适用性。

3. 本次改版，对无机及分析化学实验中的药品用量及试剂浓度等数据，本着既能保证实验效果，又能减少药品用量、降低环境污染的原则，对粗食盐称取质量、NaOH浓度、HCl浓度、EDTA浓度等进行了减半处理，这也有助于培养学生“节约”、“环境友好”和“绿色化学研究”等理念。

4. 新版教材仍然遵循“简明、实用、求真”的编写原则，对原书中各个实验项目包括琐碎的元素性质实验都逐条进行了验证，确保用量科学，实验现象明显，力争实践教学中不需再作任何修改或调整。

本教材简明扼要，可供一般工科院校大化工类应用化学、化学工程与工艺、制药、食品、生物、材料等各专业学生使用，对广大的科研、技术人员也较具参考价值。

本书的编写人员皆为齐鲁工业大学教师，成书过程中，得到了齐鲁工业大学及化学与制药工程学院多位领导的关心和支持，以及化学工业出版社编辑的指导与帮助，在此表示衷心的感谢。由于编者水平所限，不妥和疏漏之处在所难免，诚请专家及读者斧正。

编　者

2016年4月

第一版前言

本书是山东省教育厅立项项目“基础化学实验教学体系与教学项目的改革与探索”的配套教材，也是山东轻工业学院“十一五”规划教材。本书是在原山东省“九五”立项教材《大学基础化学实验》（邱光正等编著）的基础上，以山东省化学实验教学示范中心建设标准、教育部本科教学评估要求为依据，经过大幅度的修改、充实和提高编写而成的。本书也是山东省试点课程“基础化学实验”教学改革成果的体现，是实验中心几十余名骨干教师多年实验教学经验的总结。在此之前，已在山东轻工业学院以讲义的形式试用过两届，效果良好。

本书在编写过程中，力争具备以下特点：

1. 简明、实用。目前基础化学实验教材很多，但简明教程并不多见。针对一般工科类院校实验学时较少的现状，本书不追求“多而全”，而是推崇“少而精”。简明、实用、以学生为中心，是本书的主要特点之一。编者从化学一级学科层面上对实验项目逐一筛选、验证，精心编入了75个实验，这些实验项目涵盖了传统的无机化学、有机化学、分析化学、物理化学等“四大”化学实验以及仪器分析实验的内容，并且将有些传统教材中分立的实验项目，如标准溶液的标定和样品的测定进行了有机融合，使之更适合一次实验约4学时的内容安排。这样可以充分利用有限的学时，使学生得到全方位的实验训练，达到事半功倍的效果，对提升学生的整体素质和综合能力是非常有利的。同时，去粗取精，压缩版面，也减轻了学生的经济负担。书中精选的实验环境污染小，便于实施；对贵重药品、有害于健康和环境的药品力求不用或少用，有助于培养学生“节约”、“环境友好”和“绿色化学研究”等理念。

2. 进一步打破了“四大”化学实验及仪器分析实验分设的壁垒，明确地把学生实验划分为基础型、提高型（综合性、设计性及应用性）和研究创新型三个层次，学时比例大致为3∶2∶1，以达到既“夯实基础、规范操作”，又“提升素质、培养能力”的总体教学目标。内容编排由浅入深、逐层提高，并照顾与相关理论课的衔接。

3. 研究创新型实验选择了部分与工业生产、人类生活、环境保护、食品科学、材料科学、制药工程等密切相关的内容，加强了与轻工类院校各相关学科专业的结合，突出了轻工特色，体现了工程应用性。许多实验从制备、含量测定到性能测试等都要求学生独立设计实验方案，并在实验过程中加以修正、完善，最后写出科技小论文，这种“大综合、小科研”式的教学模式有助于培养学生的探索意识和创新能力。

4. 为了与科技发展相适应，并尽可能照顾更广的读者层面，书中优先选择了一些较为典型、实用且不失先进性的主流仪器作了介绍。

本书简明扼要，可供一般工科院校大化工类应用化学、化学工程与工艺、制药、食品、生物、材料等各专业学生使用，对广大的科研技术人员也较具参考价值。

本书的编写和出版，得到山东省教育厅及山东轻工业学院领导的关心和大力支持，以及校内外多名专家的指导与帮助，在此谨向他们表示衷心的感谢。书中内容涉及多个二级学科的知识和技能，由于编者水平所限，不妥和疏漏之处在所难免，诚请有关专家及读者斧正。

编　者

2007年6月于济南

目　录

第一部分　化学实验基础知识

第二部分 无机化学实验

第三部分　分析化学实验

第四部分　有机化学实验

第五部分　物理化学实验

第六部分　仪器分析实验

第七部分　研究创新型实验

第一部分　化学实验基础知识

第一章　化学实验基本常识

第一节　化学实验的目的、要求

实验是探索未知世界的重要途径。化学是一门以实验为基础的自然科学，在基础化学教学中，基础化学实验是必不可少的重要组成部分，其在培养学生的实践能力、科学思维与方法、创新意识与能力等各方面都具有重要意义。基础化学实验的学习目的及要求可归纳为以下几点。

(1) 实验能使理论知识形象化，使课堂中讲授的重要理论和概念得到验证、巩固、充实和提高。通过分析、归纳、总结，能使学生的感性认识升华为理性认识，培养学生用实验方法获取新知识的能力。

(2) 学生经过化学实验全过程的基本训练，能较规范地掌握实验基本操作、基本技能，正确使用各类相关的仪器。通过实验，培养学生细致观察和准确记录实验现象、分析和归纳实验结果、正确处理数据并用文字表达实验结果的能力，使学生动手能力和化学素质得到提高。

(3) 通过综合设计、研究性实验，使学生逐渐能自己动手进行整体的实验，逐步培养学生独立思考、独立工作的能力。综合设计、研究性实验包括查找资料、方案设计、动手实验、观察现象、获取数据、分析问题、解决问题（并加以处理和表达）、得出结论、撰写研究报告等各个环节，可增强学生的创新意识，并为今后的科研工作奠定基础。

(4) 通过实验，在培养学生智力因素的同时，培养学生实事求是的科学态度，准确、细致、整洁的科学习惯以及科学的思维方法，勤奋好学的思想品质和互助协作的团队精神。

第二节　化学实验的学习方法

实验主要是由学生独立完成的，教师仅起辅助指导作用，因此学生要高度重视实验课的学习，自觉、认真地做好每个实验，同时要掌握正确的学习方法。要很好地完成实验任务，达到上述实验目的，学生在实验课的学习过程中需要抓好以下三个环节。

1. 预习

预习是实验前必须完成的准备工作，是做好实验的前提。为确保实验质量，学生必须完成以下内容。

(1) 通过认真学习实验教材的有关章节，参阅相关教科书或参考资料，了解该实验的目的，明确实验的原理、注意事项，熟悉实验的内容。

（2）了解该实验所涉及的基本操作及仪器设备的使用方法。

（3）在预习的基础上，按规定写出简明而又清楚的预习报告，切忌抄书或草率应付，尽可能用方框、符号、箭头、表格等形式表达。预习报告应写明实验目的、实验原理、实验步骤，提前绘制好表格（用于记录实验现象或实验数据），解答书上提出的思考题或列出预习中遇到的问题（以便在实验过程中解决）等。进入实验室后要将报告交指导教师检查，无预习报告者不得进行实验。

2. 实验

实验是培养学生独立工作能力和思考能力的重要环节，学生必须认真独立地完成实验规定的全部内容。

（1）实验课上，指导教师经常会对实验内容进行讲解、操作示范或总结、讲评，学生必须认真听讲和领会，对一些要点和注意事项还应做好笔记，对不理解的问题及时提问。

（2）按照教材内容，认真操作，细心观察，如实地将实验现象或原始数据填写在预习报告纸上。

（3）在实验中遇到疑难问题或反常现象时，不要随意放弃，应认真分析原因，在教师指导下重做或补做实验内容。因为从疑难问题或反常现象中会学到许多书本上没有的知识，也会增强解决问题的能力。

（4）对于综合性、设计性实验，审题要确切，查阅资料要充分，方案要合理。在实验中发现设计存在问题时，应找出原因及时修改，直至达到满意结果。

（5）实验中要自觉养成良好的科学习惯，始终保持整洁、有条不紊的工作作风。自觉遵守实验室规则，注意安全，节约水、电和药品，爱护仪器和设备。

3. 完成实验报告

实验报告是实验结果的总结，必须认真完成。写好实验报告是培养学生思维能力、书写能力和总结能力的有效方法。实验报告要求格式正确、报告完整、书写工整。

一份合格的实验报告一般应包括以下内容。

（1）实验题目、实验目的、实验原理、主要仪器及试剂。

（2）实验内容。尽量采用表格、框图、符号等形式简明地表示实验内容（实验步骤），避免照抄书本。

（3）实验现象或数据记录。实验现象要描述正确，数据记录尽量采用图、表的形式，要求数据真实、完整，严禁伪造和抄袭他人数据。

（4）现象解释、结论或数据处理。现象解释应言简意赅、表述准确，写出主要反应方程式，结论要有理有据，数据处理要列出计算式。绘制曲线时应采用坐标纸手工绘图或使用微机作图，坐标的选取、点线的绘制力求科学、规范。

（5）讨论及心得。可针对实验中遇到的疑难问题，寻找其产生的原因，提出自己的见解或收获。也可对实验方法、内容等发表看法，提出创新和建议等。

第三节 学生实验守则

（1）实验室是实验教学、科学研究的重要基地。学生应按教学计划与课程安排进入实验室做实验。实验时必须遵守实验室的有关规定，不得无故旷课、迟到和拖延实验时间。

（2）学生在实验前，应认真预习实验指导书，明确实验目的、要求、步骤及仪器使用方法和原理，教师应对预习情况进行检查并签字。

（3）实验时要听从教师指导，严肃认真，一丝不苟，所有实验数据都要如实记录在预习报告纸或记录本上，养成良好的实验习惯和科学作风。学生应在指定位置做实验，不做与实验无关的事，不动与实验无关的设备，不能随便动用他人的仪器。公用和临时公用的仪器用完后应洗净，立刻放回原处。

(4) 实验过程中应注意安全，爱护各种实验仪器和设备。设备使用中若出现故障，要及时报告，不得隐瞒或擅自拆卸。损坏及丢失仪器要及时登记、补领并按规定予以赔偿。

(5) 实验结束后，应将所用仪器洗净并摆放整齐或按要求放回柜中（实验柜内仪器应存放有序、干净整洁）。试剂架及实验台必须擦净。值日生要在教师的指导下及时对仪器、设备、试剂等加以清查、补充并放归原处，将实验室整理打扫干净，检查电源、水源、通风、送风、门窗等是否关闭，经教师检查合格后，方可离开实验室。

(6) 凡违反上述规定者，视情节轻重，给予批评教育或处分。

第四节 实验室安全知识

化学实验经常使用水、电、煤气，难免会遇到有毒、有害、易燃、易爆等危险性物品。因此，一定要有安全防范意识，严格遵守实验室的安全规则。

(1) 具有强腐蚀性的洗液、浓酸和浓碱等，应避免洒在衣服和皮肤上，以免灼伤。稀释浓硫酸时，应将浓硫酸慢慢注入水中并不断搅拌，切勿将水倒入浓硫酸中。

(2) 产生有毒或有刺激性气体的实验，应在通风橱内（或通风处）进行。

(3) 使用乙醇、乙醚、苯、丙酮等易燃、易挥发物质时，应远离火源，用后要塞紧瓶塞，放在阴凉的地方。

(4) 加热试管时，不要将试管口对着他人或自己，也不要俯视正在加热的液体，以免液体溅出伤人。

(5) 嗅闻气体时，应用手将少量气体轻轻扇向自己，不要用鼻子对准气体逸出的管口。

(6) 有毒试剂如汞盐、铅盐、钡盐、氰化物等要严防进入口内或接触伤口，用后的废液不能随意倾入水槽，应统一回收处理。

(7) 不得随意混合各种试剂或药品，以免发生意外事故。

(8) 水、电、煤气用后应立即关闭。不要用湿手触摸电器设备，以防触电。

(9) 实验室内禁止吸烟、进食或追逐打闹。

(10) 实验完毕，将实验台面整理干净，洗净双手，以防化学药品中毒。

第二章　化学实验常用仪器及基本操作

第一节　化学实验常用一般仪器

一、化学实验常用一般仪器（Ⅰ）

无机及分析化学实验常用一般仪器见表1-1。

表1-1　化学实验常用一般仪器

仪器名称	规　　格	主要用途	使用方法及注意事项
试管	分硬质、软质试管，有刻度、无刻度试管 常用无刻度试管以管口直径(mm)×长度(mm)表示，如10×100、15×100等 有刻度试管以容量表示，如5mL、10mL、15mL等	化学反应的小型反应器	可直接用火加热，当加强热时用硬质试管；加热后勿骤冷，以免破裂；操作时勿将管口对着自己或他人
离心试管	分有刻度和无刻度，有刻度的以容量表示，如5mL、10mL、15mL等	少量试剂的反应器，还可用于沉淀分离	不可直接加热，只能用水浴加热；离心时，放置试管位置要对称
烧杯	有硬质、软质、有刻度、无刻度之分；以容量表示，如5mL、10mL、500mL、1000mL等	常用作反应器，或用于配制溶液、加热、溶解、蒸发、沉淀、结晶等	加热前要将烧杯外壁擦干，下垫石棉网，使之受热均匀；反应液体不得超过烧杯容量的2/3，以免液体外溢
酒精灯	常用的酒精灯有250mL、150mL等	加热	酒精量不要超过容量的2/3；用盖子盖灭灯焰；灯熄后，将盖子打开再盖好
点滴板	瓷板，分白色和黑色，窝穴有6穴、12穴之分	以点滴试剂观察化学反应及测试溶液的pH	凹面(穴孔内)洁净
锥形瓶	有具塞、无塞之分，以容量表示，如50mL、100mL、250mL等	反应容器。摇动方便，适用于滴定操作	盛液不能太多，以免溅出；加热时应下垫石棉网或置于水浴中
滴瓶	有无色、棕色两种，容量有60mL、125mL、250mL等，滴管与瓶口磨砂	盛放少量液体试剂或溶液，方便取用	棕色瓶存放见光易分解或不太稳定的物质；滴管不能吸得太满或倒置；滴管专用，切忌互换；胶头易受浓酸或其他试剂的腐蚀，不能长期存放

续表

仪器名称	规　格	主要用途	使用方法及注意事项
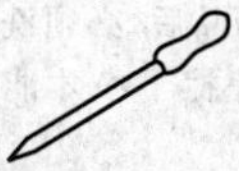 滴管	一般由实验室烧制，装上市购橡胶吸头而成，可长可短	吸取、滴加溶液	注意防止污染；胶头易受浓酸或其他试剂的腐蚀，不能长期存放
 玻璃棒	实心玻璃棍烧截而成，可长可短	搅拌溶液	保持清洁，注意不要给体系带来杂质和污染
 容量瓶	分无色、棕色两种，以满刻度容量表示，有50mL、100mL、250mL、500mL、1000mL等	定量分析最常用的仪器之一，用于配制准确浓度的溶液或溶液的定量稀释	不能加热；不能代替试剂瓶来存放溶液；磨口瓶塞配套，不能互换；溶质应先在烧杯中溶解，再定量转入容量瓶
 移液管	注明容量及温度，有2mL、5mL、10mL、15mL、20mL、25mL、50mL、100mL等	用于精确移取一定体积的液体	用时先用少量要移取的液体润洗3次；一般移液管中残留液体不要吹出；用洗耳球将液体吸入，液面超过刻度后立即用食指按住管口，稍放松食指使液面缓缓下降，待液面降至刻度线后紧按管口移往指定容器，放开食指，使溶液注入
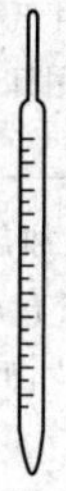 吸量管	有刻度，按刻度的最大标度，有0.2mL、0.5mL、1mL、2mL、5mL、10mL等	用于精确移取非固定量的液体	同移液管
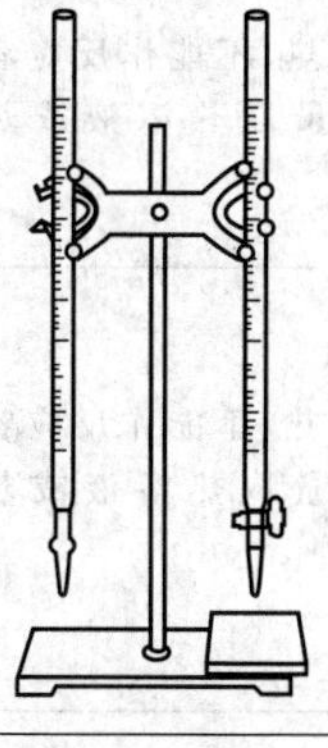 滴定管	分无色和棕色两种；又根据所盛的溶液不同分为酸式和碱式滴定管；按容量分为50mL、25mL等	定量分析用	用前洗净，装液前要用预装溶液润洗3次；用酸式滴定管滴定时，左手开启旋塞，注意往压紧方向用力，以防漏液；用碱式滴定管时，用左手轻捏乳胶管内玻璃球，溶液即可放出；注意用前赶尽气泡；酸式滴定管旋塞应涂抹凡士林；酸式、碱式滴定管不能对调使用
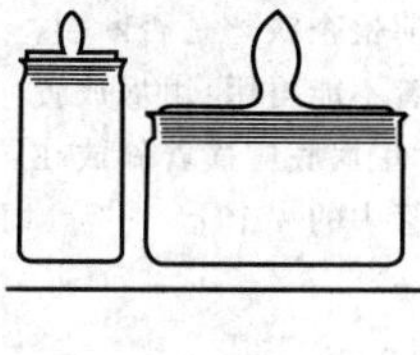 称量瓶	分高型、低型两种。以瓶高(mm)×瓶径(mm)表示，如40×20、60×30、25×40等	准确称取一定量固体药品用	不能加热；盖子是磨口配置，不能互换；不用时应洗净，在磨口处垫上纸条

续表

仪器名称	规格	主要用途	使用方法及注意事项
药匙	由牛骨、塑料或不锈钢制成	取固体药品用，有的两端各有一个勺，一大一小，根据用药量大小，分别选用	取一种药品后，必须洗净并用滤纸碎片擦干净才能取另一种药品
表面皿	以直径大小表示，如 45mm、65mm、75mm、90mm 等	盖在烧杯上防止液体在加热时迸溅；晾干晶体；用作分析天平的秤盘等	不能用火直接加热
洗瓶	常用的为塑料洗瓶，容量一般为 500mL	盛蒸馏水或去离子水，以配制溶液、洗器皿、加水等	注意保持清洁、专用
毛刷	按洗刷对象取名，如试管刷、烧瓶刷、滴定管刷等	洗刷玻璃仪器	小心刷子顶端的铁丝捅破玻璃仪器底部；手持刷子部位要合适
电炉	有圆形、方形及方形联式电炉，按电阻丝功率规格分为 800W、1000W、1500W、2000W 等	加热用	注意调节电压；注意待加热的玻璃仪器在电炉上的放置位置，以利温升由低到高；掌握电器的安全使用知识
水浴锅	铜或铝制品，锅盖为叠盖式金属圆环	用于间接加热，也可用于粗略控温实验	选择好圆环，使加热器皿浸没入锅中 2/3 左右；经常加水，防止干烧；用完后将锅内的水倒出并擦干
量杯	按量出的最大容量表示，有 10mL、50mL、500mL、1000mL 等	量取液体	不能加热，不能作反应容器，不能量取热溶液或热的液体
量筒	以量出的最大容量表示，有 5mL、10mL、50mL、100mL、500mL、1000mL 等	量取液体	不能加热，不能作反应容器，不能量取热溶液或热的液体
泥三角	用铁丝弯成，套有瓷管，有大小之分	用于搁置坩埚加热	使用前检查铁丝是否断裂，已断裂者不能再用；坩埚放置要正确，坩埚底应横着斜放在三个瓷管中的一个上

续表

仪器名称	规　格	主要用途	使用方法及注意事项
三脚架	铁制品，有高低、大小之分	放置较大或较重的加热容器	三脚架高度固定，一般通过调整酒精灯的高度使氧化焰刚好在加热容器的底部
蝴蝶夹	铁制的蝴蝶夹，夹口需套橡皮管或塑料管	用于固定酸式、碱式滴定管	滴定管固定好后，整个装置的重心应落在铁架台底盘中部
铁夹	铁夹为铁制品或铝制品，夹口套橡皮管或塑料管	用于固定或放置反应容器	夹持仪器时应以仪器不能转动为宜，不宜过松或过紧
铁圈	铁圈以直径大小表示，如 6cm、9cm、12cm 等	放置反应容器，还可代替漏斗架	加热后的铁圈不能撞击
细口瓶	瓶口磨砂，以容量表示，如 60mL、125mL、250mL 等	用于盛放液体样品	不能直接加热；不能长期存放碱液；瓶塞不能混用
广口瓶	瓶口磨砂，以容量表示，如 60mL、125mL、250mL 等	贮存固体样品或作收集气体的集气瓶	不能直接加热；不能长期存放碱液；瓶塞不能混用；收集气体后用毛玻璃片盖住瓶口
漏斗架	木制，可由螺丝固定于铁架台或木架上	用于过滤时支撑漏斗	活动的有孔板不能倒放
试管夹	有木制和金属制品，形状大同小异	夹持试管加热用	夹在试管上端（离管口约 2cm 处）；要从试管底部套上或取下试管夹；不要把拇指按在夹的活动部分
试管架	有木制、铝制及塑料制品，造型及大小各异	放置试管用	加热后的试管应用试管夹夹住悬放到架上；铝制试管架要防酸碱腐蚀
漏斗	普通漏斗以口径大小表示，如 40mm、60mm 等。按颈长短又分为长颈漏斗和短颈漏斗。漏斗的锥形底角为 60°	过滤液体；长颈漏斗可形成水柱以提高过滤速度	过滤时，漏斗颈尖端必须紧靠盛接滤液的容器壁；长颈漏斗加液时，漏斗颈应插入液面内；金属制热滤漏斗可直接加热

续表

仪器名称	规格	主要用途	使用方法及注意事项
干燥器	盖口磨砂，有无色、棕色两种，以内径表示，如100mm、150mm、180mm、200mm等	干燥药品用	注意所装变色硅胶和其他干燥剂吸湿后的再处理；磨口要涂凡士林润滑剂增加其密封性
石棉网	由铁丝编成，中涂石棉，其大小按石棉层直径表示，如10cm、15cm等	因石棉是热的不良导体，它能使受热物体均匀受热，不至于造成局部高温	不能与水接触，以免石棉脱落或铁丝生锈；不可卷折
电动离心机	常用规格为$4000r \cdot min^{-1}$	分离沉淀用（固体、液体快速分离）	将待离心的液体置于离心试管中，然后把离心试管放入离心套管中，在其对称位置也放入同样质量的离心管以维持平衡。盖好上盖，开启电源，逐渐调节转速由慢到快。达到离心时间后，逐渐减速，断开电源，当离心机自然停止后，取出离心试管
布氏漏斗及吸滤瓶	布氏漏斗为瓷质，以直径大小表示；吸滤瓶为玻璃制品，以容量大小表示，如250mL、500mL等	两者配套使用，用于无机制备中晶体或沉淀的减压过滤	不能直接加热；滤纸要把底部小孔全部盖住，以免漏滤；开始抽滤时先抽气，后过滤；停止时先接通大气，后关真空泵
蒸发皿	一般为瓷质，以口径或容积大小表示，如50mL、100mL等	用于蒸发、浓缩液体	不宜骤冷

二、化学实验常用一般仪器（Ⅱ）

现将有机化学实验中常用的一般仪器介绍如下。

1. 玻璃仪器

有机实验玻璃仪器（如图1-1和图1-2所示），按其口塞是否标准及磨口，分为标准磨口仪器及普通仪器两类。标准磨口仪器由于可以相互连接，使用时省时、方便，结合严密且安全，已逐渐代替了同类普通仪器。使用玻璃仪器皆应轻拿轻放。容易滑动的仪器（如圆底烧瓶），不要重叠放置，以免打破。

除试管、烧杯等少数玻璃仪器外，一般都不能直接用火加热（烧杯需垫石棉网）。锥形瓶不耐压，不能作减压用。厚壁玻璃器皿（如吸滤瓶）不耐热，故不能加热。广口容器（如烧杯）不能贮放易挥发的有机溶剂。带活塞的玻璃器皿用过洗净后，在活塞与磨口间应垫上纸片，以防粘住。如已粘住，可在磨口四周涂上润滑剂或有机溶剂后用电吹风吹热风，或用水煮后再用木块轻敲塞子，使之松开。此外，温度计不能用作搅拌棒，也不能用来测量超过刻度范围的温度。温度计用后要缓慢冷却，不可立即用冷水冲洗，以防炸裂。

有机化学实验最好采用标准磨口玻璃仪器。这种仪器可以和相同编号的磨口相互连接，既可免去配塞及钻孔等手续，也能避免反应物或产物被软木塞或橡皮塞玷污的问题。标准磨口玻璃仪器口径的大小，通常用数字编号来表示，该数字是指磨口最大端直径（mm，取整数），常用的有10mm、14mm、19mm、24mm、29mm、34mm、40mm、50mm等。有时也

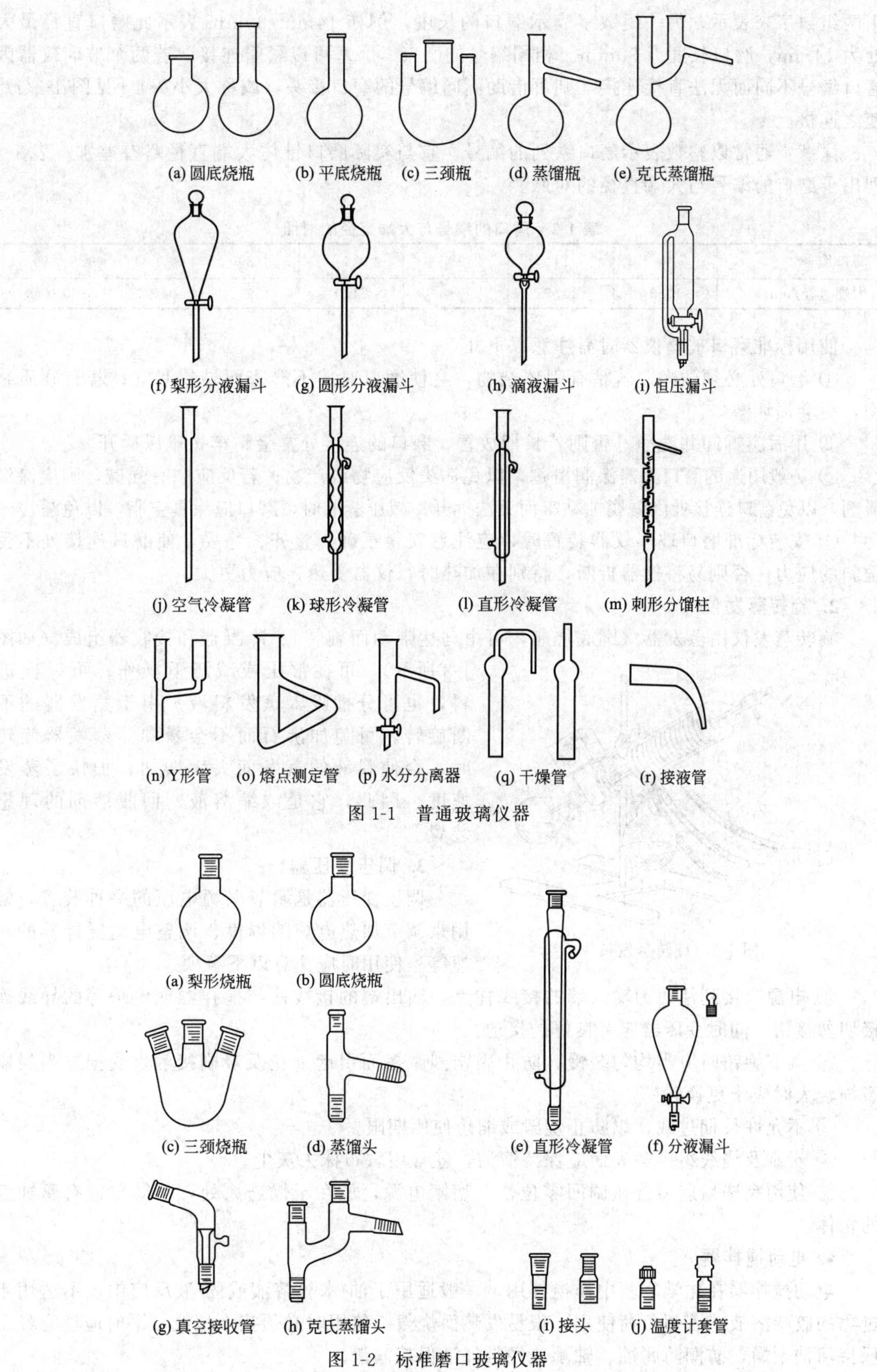

图 1-1　普通玻璃仪器

图 1-2　标准磨口玻璃仪器

用两组数字来表示，另一组数字表示磨口的长度，例如 14mm/30mm 表示此磨口直径最大处为 14mm，磨口长度为 30mm。相同编号的磨口、磨塞可以紧密连接。若两个玻璃仪器因磨口编号不同而无法直接连接，则可借助不同编号的磨口接头（或称大小头）[见图 1-2(i)] 使之连接。

注意：通常以整数表示磨口系列的编号，它与实际磨口锥体大端直径略有差别。表 1-2 列出了磨口的编号与大端直径的对照。

表 1-2　磨口的编号与大端直径的对照

磨口编号	10	14	19	24	29	34	40
大端直径/mm	10.0	14.5	18.8	24.0	29.2	34.5	40.0

使用标准磨口玻璃仪器时需注意以下几点。

① 磨口处必须洁净。若粘有固体杂物，会使磨口对接不严密而导致漏气；若有硬质杂物，更会损坏磨口。

② 用后应拆卸并洗净。否则若长期放置，磨口的连接处常会粘牢，难以拆开。

③ 一般用途的磨口无需涂润滑剂，以免沾染反应物或产物；若反应中有强碱，则应涂润滑剂，以免磨口连接处因碱腐蚀粘牢而无法拆开；减压蒸馏时，磨口应涂真空脂，以免漏气。

④ 安装标准磨口玻璃仪器装置时，应注意安得正确、整齐、稳妥，使磨口连接处不受歪斜的应力，否则易将仪器折断，特别在加热时，仪器受热，应力更大。

2. 旋转蒸发仪

旋转蒸发仪由蒸发器（圆底烧瓶，可由马达带动而旋转）、冷凝器和接收器组成（如图 1-3 所示），可在常压或减压下操作；可一次进料，也可分批吸入蒸发料液。由于蒸发器的不断旋转，可免加沸石而不会暴沸。蒸发器旋转时，会使料液的蒸发面大大增加，加快了蒸发速度。因此，它是浓缩溶液、回收溶剂的理想装置。

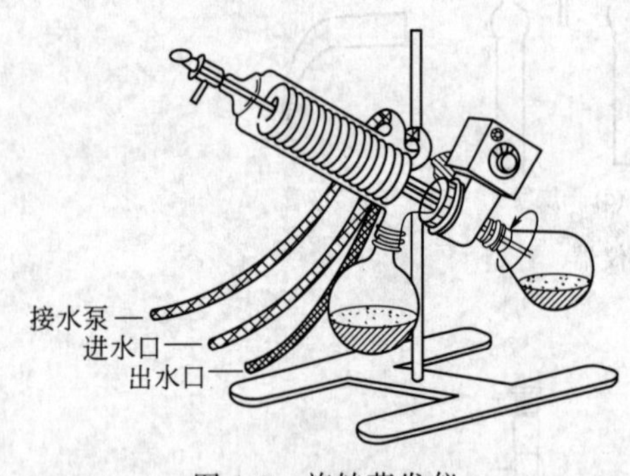

图 1-3　旋转蒸发仪

3. 调压变压器

调压变压器是调节电源电压的一种装置，常用来调节加热电炉的温度、调整电动搅拌器的转速等。使用时应注意以下事项。

① 电源应接到注明为输入端的接线柱上，输出端的接线柱与搅拌器或电炉等的导线连接切勿接错。同时变压器应有良好的接地。

② 调节旋钮时应当均匀缓慢，防止因剧烈摩擦而引起火花及炭刷接触点受损。当炭刷磨损较大时应予更换。

③ 不允许长期过载，以防止烧毁或缩短使用期限。

④ 炭刷及绕线组接触表面应保持清洁，经常用软布抹去灰尘。

⑤ 使用完毕后应将旋钮调回零位，并切断电源，放在干燥通风处，不得靠近有腐蚀性的物体。

4. 电动搅拌器

电动搅拌器在化学实验中作搅拌用，一般适用于油-水等溶液或固-液反应中，不适用于过黏的胶状溶液。若超负荷使用，很易发热而烧毁。使用时必须接上地线，平时应注意经常保持清洁干燥，防潮防腐蚀。轴承应经常加油保持润滑。

5. 磁力搅拌器

磁力搅拌器由一小段以玻璃或塑料密封的软铁（磁棒）和一个可旋转的磁铁组成。将磁棒投入盛有欲搅拌的反应物容器中，将容器置于内有旋转磁场的搅拌器托盘上，接通电源，由于内部磁铁旋转，使磁场发生变化，容器内磁棒也随之旋转，达到搅拌的目的。一般的磁力搅拌器（如 79-1 型磁力搅拌器）都有控制磁铁转速的旋钮及可控制温度的加热装置。

第二节　合成实验常用仪器装置

为便于查阅和比较有机化学实验中常见的基本操作，以下介绍回流、蒸馏、气体吸收及搅拌等操作的常用仪器装置。

一、回流装置

很多有机化学反应需在反应体系溶剂（或液体反应物）的沸点附近进行，这时就要用到回流装置（如图 1-4 所示）。图中，（a）是普通加热回流装置；（b）是防潮加热回流装置；（c）是带有气体吸收瓶（吸收反应中生成的气体）的回流装置，适用于回流时有水溶性气体（如 HCl、HBr、SO_2 等）产生的实验；（d）是回流时可以同时滴加液体的装置。回流加热前应先放入沸石，根据瓶内液体的沸腾温度，可选用水浴、油浴或隔石棉网直接加热等方式。在条件允许的情况下，一般不采用隔石棉网直接用明火加热的方式。回流的速率应控制在液体蒸气浸润不超过两个球为宜。

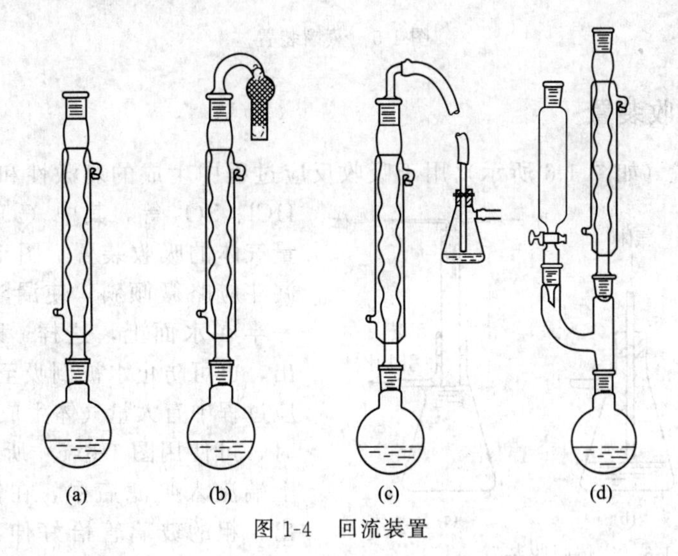

图 1-4　回流装置

二、蒸馏装置

蒸馏是分离两种及两种以上沸点相差较大的液体和除去有机溶剂的常用方法。几种常用的蒸馏装置（如图 1-5 所示）可用于不同要求的场合。图 1-5(a) 是最常用的蒸馏装置，由于这种装置出口处与大气相通，可能逸出蒸馏液蒸气，当蒸馏易挥发的低沸点液体时，需将接液管的支管连上橡皮管，通向水槽或室外。支管口接上干燥管，可用作防潮的蒸馏。

图 1-5(b) 是应用空气冷凝管的蒸馏装置，常用于蒸馏沸点在 140℃以上的液体。不能使用直形水冷凝管，以防液体蒸气温度高而炸裂冷凝管。图 1-5(c) 为蒸除较大量溶剂的装

置，由于液体可自滴液漏斗中不断地加入，既可调节滴入和蒸出的速度，又可避免使用较大的蒸馏瓶。

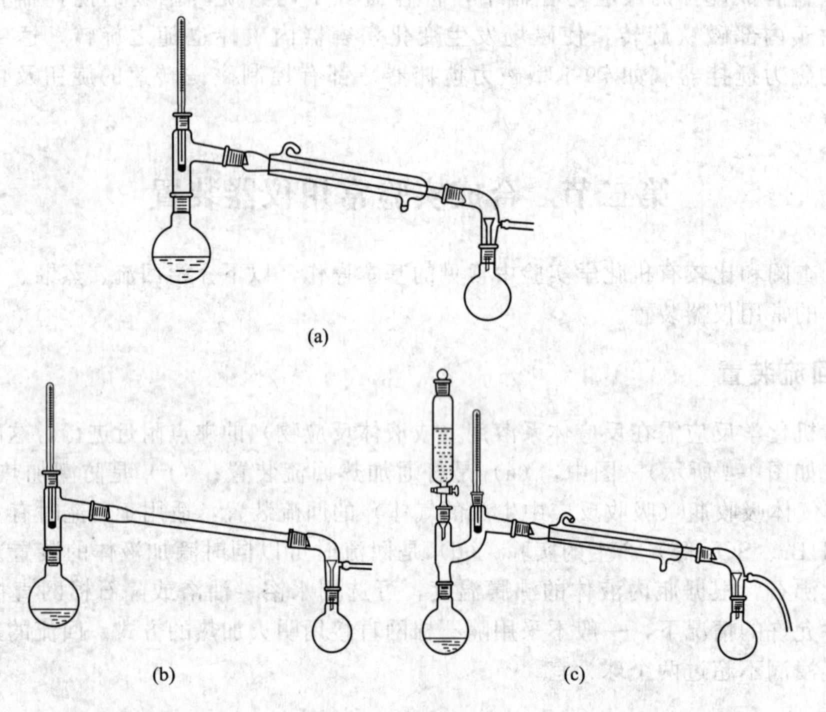

图 1-5 蒸馏装置

三、气体吸收装置

气体吸收装置（如图 1-6 所示）用于吸收反应过程中生成的刺激性和水溶性气体，如 HCl、SO_2 等，其中（a）和（b）可作少量气体的吸收装置。图 1-6(a) 中的玻璃漏斗应略微倾斜，使漏斗口一半在水中，一半在水面上，这样，既能防止气体逸出，也可防止水被倒吸至反应瓶中。当反应过程中有大量气体生成或气体逸出很快时，可使用图 1-6(c) 所示的装置，水自上端流入吸滤瓶中，在恒定的平面上溢出；粗的玻璃管恰好伸入水面，被水封住，以防止气体逸入大气中；图中的粗玻璃管也可用 Y 形管代替。

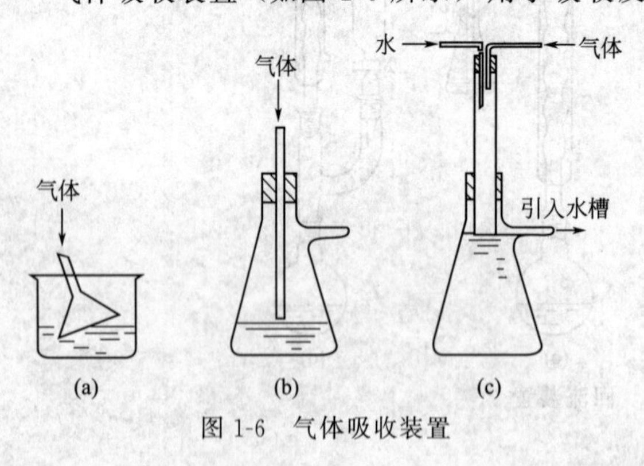

图 1-6 气体吸收装置

四、搅拌装置

1. 搅拌装置

当反应在均相溶液中进行时，一般可以不用搅拌，因为加热时溶液存在一定程度的对流，从而保持液体各部分均匀地受热。如果是非均相反应，或反应物之一系逐渐滴加时，为了尽可能使其迅速均匀地混合，以避免因局部过浓过热而导致其他副反应发生或有机物的分解；有时反应产物是固体，如不搅拌将影响反应顺利进行，在这些情况下均需进行搅拌操作。在许多合成实验中若使用搅拌装置，不但可以较好地控制反应温度，同时也能缩短反应时间和提高产率。常用的搅拌装置如图 1-7 所示。图 1-7(a) 是可同时进行搅拌、回流和自滴液漏斗加入液体的实验装置；图 1-7(b) 的装置还可同时测量反应的温度；图 1-7(c) 是带干燥管的搅拌装置；图 1-7(d) 同时兼有搅拌、测温、滴液、回流等四种功能。

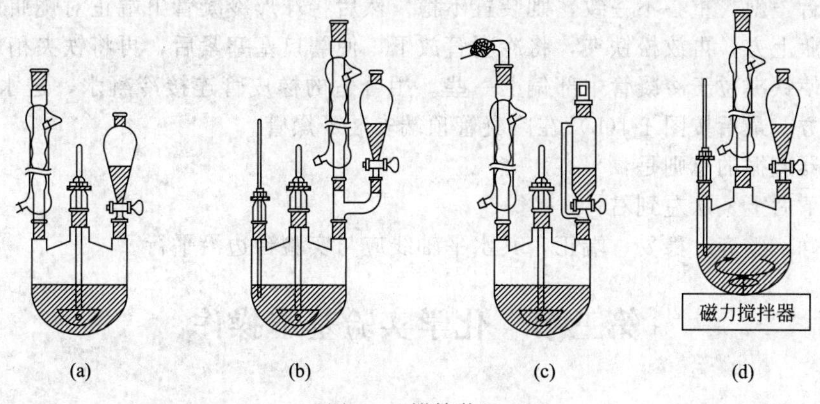

图 1-7　搅拌装置

搅拌机的轴头和搅拌棒之间可通过两节真空橡皮管和一段玻璃棒连接，这样搅拌器导管不致磨损或折断（如图 1-8 所示）。

2. 密封装置

常用的密封装置如图 1-9 所示。

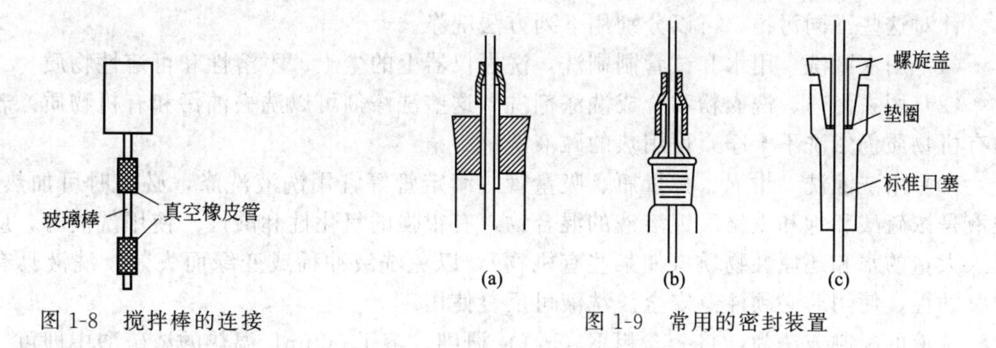

图 1-8　搅拌棒的连接

图 1-9　常用的密封装置

3. 搅拌棒

搅拌所用的搅拌棒通常由玻璃棒制成，式样很多，常用的如图 1-10 所示。其中（a）、（b）两种可以容易地用玻璃棒弯制；（c）、（d）较难制，其优点是可以伸入狭颈的瓶中，且搅拌效果较好；（e）为筒形搅拌棒，适用于两相不混溶的体系，其优点是搅拌平稳，搅拌效果好。

五、仪器的安装方法

有机化学实验常用的玻璃仪器装置，一般皆用铁夹将仪器依次固定于铁架台上。铁夹的双钳应贴有橡皮、绒布等软性物质，或缠上石棉绳、布条等。因为若用铁钳直接夹住玻璃仪器，容易

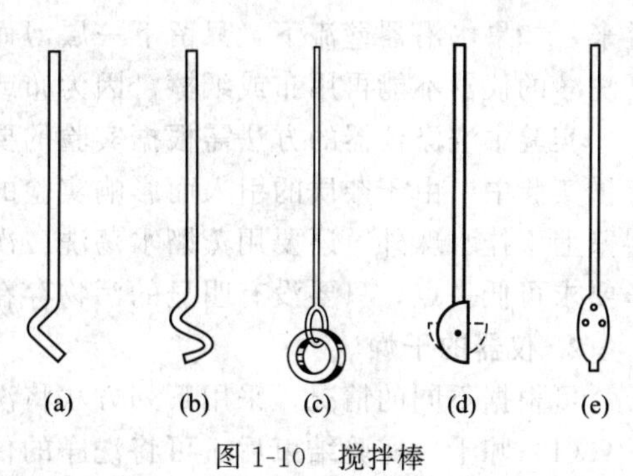

图 1-10　搅拌棒

将仪器夹坏。

用铁夹夹玻璃器皿时，先用左手手指将双钳夹紧，再拧紧铁夹螺丝，待夹钳手指感到螺丝触到双钳时，即可停止旋动，做到夹物不松不紧。

以回流装置［见图 1-4(b)］为例。安装仪器时先根据热源高低（一般以三脚架高低为准）用铁夹夹住圆底烧瓶瓶颈，垂直固定于铁架台上。铁架台应正对实验台外面，不要歪斜；若铁架台歪斜，重心不一致，则装置不稳。然后将球形冷凝管下端正对烧瓶口用铁夹垂直固定于烧瓶上方，再放松铁夹，将冷凝管放下，使磨口塞塞紧后，再将铁夹稍旋紧，固定好冷凝管，使铁夹位于冷凝管中部偏上一些。用合适的橡皮管连接冷凝水，进水口在下方，出水口在上方。最后按图 1-4(b) 在冷凝管顶端安装干燥管。

安装仪器遵循的总则是：

(1) 先下后上，从左到右；

(2) 正确、整齐、稳妥、端正，其水平轴线应与实验台边沿平行。

第三节　化学实验基本操作

一、仪器的洗涤与干燥

1. 仪器的洗涤

化学实验中经常使用各种玻璃仪器和瓷器。如用不干净的仪器进行实验，往往由于污物和杂质的存在而得不到准确的结果。因此，在进行化学实验时，必须把仪器洗涤干净。

一般来说，附着在仪器上的污物有尘土和其他不溶性物质、可溶性物质、有机物和油垢。针对这些不同污物，可以分别用下列方法洗涤。

(1) 用水刷洗　用水和试管刷刷洗，洗去仪器上的尘土、不溶性和可溶性物质。

(2) 用去污粉、洗衣粉和合成洗涤剂洗　这些洗涤剂可以洗去油污和有机物质。若油污和有机物质仍然洗不干净，可用热的碱液洗。

(3) 用洗液洗　坩埚、称量瓶、吸量管、滴定管等宜用洗液洗涤，必要时可加热洗液。洗液是浓硫酸和饱和重铬酸钾溶液的混合物，有很强的氧化性和酸性。使用洗液时，应避免引入大量的水和还原性物质（如某些有机物），以免洗液冲稀或变绿而失效。洗液具有很强的腐蚀性，使用时必须注意安全。洗液可反复使用。

洗液的配制方法为：将 25g 粗 $K_2Cr_2O_7$ 研细，溶于 500mL 温热的浓硫酸中即可。

(4) 用特殊的试剂洗　特殊的玷污应选用特殊试剂洗涤。如仪器上沾有较多的 MnO_2，用酸性硫酸亚铁溶液或稀双氧水溶液洗涤，效果会更好些。

已洗净的仪器壁上不应附着不溶物、油垢，这样的仪器可以被水完全润湿。把仪器倒转过来，如果水沿器壁流下，只留下一层薄而均匀的水膜而不挂水珠，则表示仪器已洗干净。已洗净的仪器不能再用布或纸擦，因为布或纸的纤维会留在器壁上弄脏仪器。

实验中洗涤仪器的方法需根据实验的要求、污物的性质、脏污的程度来选择。在定性、定量实验中，由于杂质的引入而影响实验的准确度，对仪器洗净的要求比较高：除一定要求器壁上不挂水珠外，还要用蒸馏水荡洗三次。在有些情况下，如一般无机物制备，仪器的洗净要求可低一点，只要没有明显的污物存在就可以了。

2. 仪器的干燥

可根据不同的情况，采用下列方法将洗净的仪器干燥。

(1) 晾干　实验结束后，可将洗净的仪器倒置在干燥的实验柜内（倒置后不稳定的仪器应平放），或在仪器架上晾干以供下次实验使用。

（2）烤干　烧杯和蒸发皿可以放在石棉网上用小火烤干。试管可直接用小火烤干，操作时应将管口向下，并不时来回移动试管，待水珠消失后，将管口朝上，以便水汽逸去。

（3）烘干　将洗净的仪器沥干水分，放进烘箱中烘干。

（4）用有机溶剂干燥　在洗净的仪器内加入少量有机溶剂（最常用的是酒精和丙酮），转动仪器使容器中的水与其混合，倾出混合液（回收），晾干或用电吹风将仪器吹干（因含有机溶剂，不能放烘箱内干燥）。

注意：带有刻度的容器不能用加热的方法进行干燥，一般可采用晾干或用有机溶剂干燥的方法，吹风时宜用冷风。

二、基本度量仪器的使用方法

1. 量筒

量筒是用来量取液体体积的容器。读数时应使眼睛的视线和量筒内弯月面的最低点保持水平（如图 1-11 所示）。

在进行某些实验时，如果不需要准确地量取液体试剂，不必每次都用量筒，可以根据在日常操作中所积累的经验来估量液体的体积。如普通试管容量是 20mL，则 4mL 液体占试管总容量的 1/5。又如滴管每滴出 20 滴约为 1mL，可以用液滴计数的办法估计所取试剂的体积。

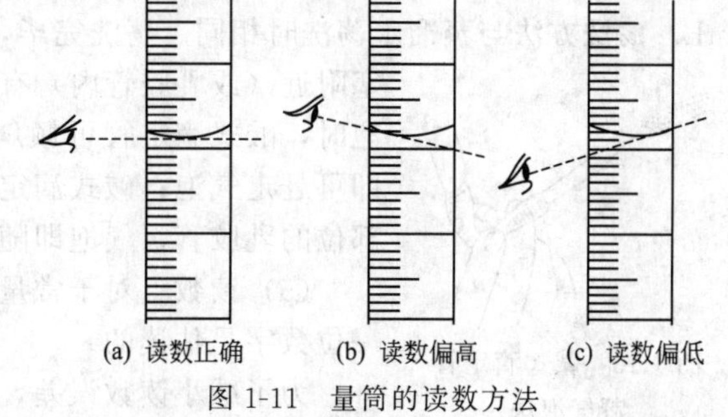

图 1-11　量筒的读数方法

2. 滴定管

滴定管是在滴定过程中，用于准确测量滴定剂体积的一类玻璃量器。滴定管一般分成酸式和碱式两种。酸式滴定管的刻度管和下端的尖嘴玻璃管之间通过玻璃活塞相连，适于盛装酸性或氧化性的溶液；碱式滴定管的刻度管与尖嘴玻璃管之间通过乳胶管相连，在乳胶管中间装有一颗玻璃珠，用于控制溶液的流出速度。碱式滴定管用于盛装碱性溶液，不能用来盛装高锰酸钾、碘和硝酸银等能与橡皮起作用的溶液。

（1）洗涤　滴定管可用自来水冲洗或先用滴定管刷蘸肥皂水或其他洗涤剂洗涤（但不能用去污粉），而后再用自来水冲洗。如有油污，酸式滴定管可直接在管中加入洗液浸泡，而碱式滴定管则要先去掉乳胶管，再用洗液浸泡。总之，为了尽快而方便地洗净滴定管，可根据污物的性质、脏污的程度选择合适的洗涤剂和洗涤方法。污物去除后，需用自来水多次冲洗。若把水放掉以后，管壁上还挂有水珠，说明未洗干净，应该重洗。

（2）检漏　检查滴定管是否漏水时，可将滴定管内装水至“0”刻度线附近，并将其夹在滴定管夹上，直立约 2min，观察活塞边缘和管端有无水滴渗出。将活塞旋转 180°后，再观察一次，如无漏水现象，即可使用。

（3）涂凡士林　使用酸式滴定管时，如果活塞转动不灵活或漏水，必须将滴定管平放于实验台上，取下活塞，用吸水纸将活塞上和活塞套内的水吸干［如图 1-12(a) 所示］。用手指或玻璃棒取少许凡士林，在活塞孔的两边沿圆周涂上薄薄的一层［如图 1-12(b) 所示］。注意不要把凡士林涂在活塞孔的近旁，以免堵塞活塞孔。把涂好凡士林的活塞插进活塞套内，单方向地旋转活塞，直到活塞接触处全部透明为止［如图 1-12(c) 所示］。涂好的活塞转动要灵活，而且不漏水。把装好活塞的滴定管平放在桌上，让活塞的小头朝上，然后在小头上套一个小的橡皮圈（可从乳胶管上剪下一小段），以防活塞掉落损坏。碱式滴定管要检查玻璃珠的大小和乳胶管粗细是否匹配，做到既不漏水，又能灵活控制液滴。

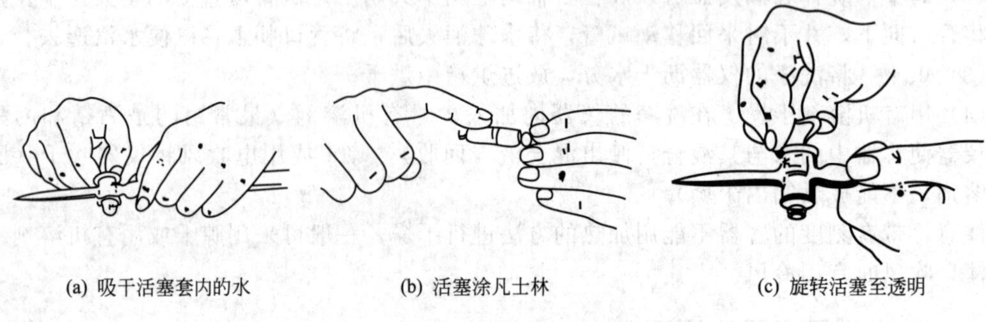

(a) 吸干活塞套内的水　(b) 活塞涂凡士林　(c) 旋转活塞至透明

图 1-12　活塞涂凡士林

（4）加入操作溶液　加入操作溶液前，先用蒸馏水荡洗滴定管 3 次，每次用 5～10mL。荡洗时，两手平端滴定管，慢慢旋转，使水遍及全管内壁，然后大部分水从上端放出，少量的水从下端放出，以冲洗出口管。再用操作溶液荡洗三次，用量依次为 10mL、5mL、5mL。荡洗方法与蒸馏水荡洗时相同。荡洗完毕，装入操作液至“0”刻度线以上，检查活塞附近（或乳胶管内）有无气泡。如有气泡，应将其排出。排出气泡时，酸式滴定管可倾斜约 30°，然后迅速打开活塞，使溶液冲下即可赶走气泡；碱式滴定管应将乳胶管向上弯曲，挤捏玻璃珠中上部位的乳胶管，气泡即随溶液排出（如图 1-13 所示）。

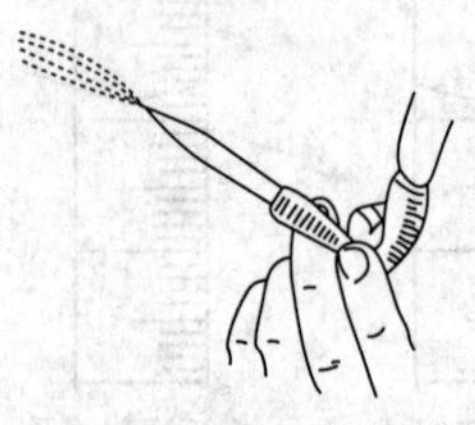

图 1-13　碱式滴定管赶气泡法

（5）读数　对于常量滴定管，应读至小数点后第二位，即最后一位数字是估读的。

为了减小读数误差，应注意以下几点。

① 注入或放出溶液后需静置 1min 左右再读数。每次滴定前应将液面调节在“0”刻度或稍下的位置。

② 为了保证垂直读数，应将滴定管从蝴蝶夹上取下，用手指捏住滴定管的中上部位，使其自然下垂。视线应与所读的液面处于同一水平面上，对透明溶液应读取弯月面最低点对应的刻度，而对于看不清弯月面的有色溶液，可读取液面两侧的最高点处。注意：初、末读数必须按同一标准。

③ 对于乳白板蓝线衬背的滴定管，无色溶液面的读数应以两个弯月面相交的最尖部位为准［如图 1-14(a) 所示］。深色溶液也是读取液面两侧的最高点。

④ 为使弯月面显得更清晰，可借助于读数卡。将黑白两色的卡片紧贴在滴定管的后面，黑色部分放在弯月面下约 1mm 处，即可见到弯月面的最下缘映成的黑色，读取黑色弯月面的最低点［如图 1-14(b) 所示］。

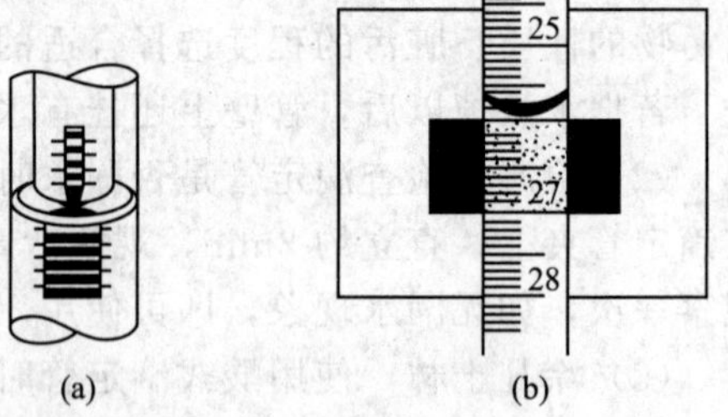

图 1-14　滴定管读数

（6）滴定　滴定前需去掉滴定管尖端悬挂的残余液滴，读取初读数，将滴定管尖端插入烧杯（或锥形瓶口）内约 1cm 处，管口放在烧杯的左侧，但不要靠杯壁（或锥形瓶颈壁），左手操纵活塞（或捏玻璃珠的右上方的乳胶管）使滴定液逐滴加入；同时，右手用玻璃棒顺着一个方向充分搅拌溶液［如图 1-15(a) 所示］，但勿使玻璃棒碰击杯底与杯壁。在锥形瓶内进行滴定时，则右手拿住锥形瓶颈，使溶液单方向不断旋转［如图 1-15(b) 所示］。使用碘量瓶滴定时，则要把玻璃塞夹在右手的中指和无名指之间［如图 1-15(c) 所示］。

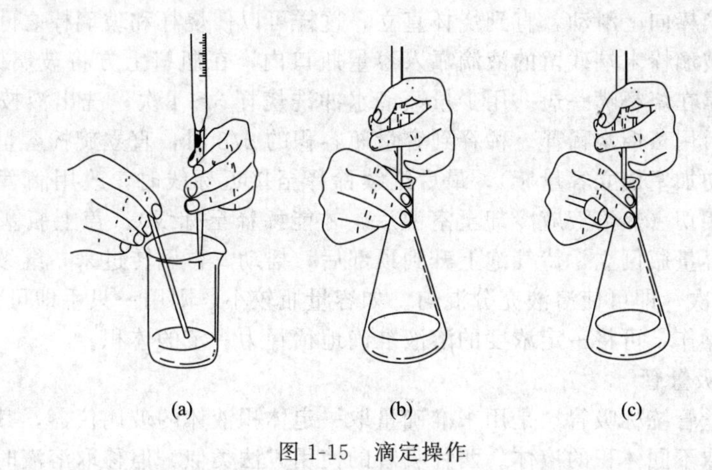

图 1-15　滴定操作

无论使用哪种滴定管，都必须掌握 3 种加液速度：开始时连续滴加（每分钟不超过 10mL）；接近终点时，改为每加一滴搅拌几下（或摇匀）；最后每加半滴搅匀（或摇匀）。用锥形瓶加半滴溶液时，应使悬挂的半滴溶液沿器壁流入瓶内，并用蒸馏水冲洗瓶颈内壁；在烧杯中滴定时，应用玻璃棒碰接悬挂的半滴溶液，然后将玻璃棒插入溶液中搅拌。终点前，需用蒸馏水冲洗杯壁或瓶壁，再继续滴到终点。

实验完毕，将滴定管中的剩余溶液倒出，洗净后倒置在滴定台上，控干水分备用。

3. 容量瓶

容量瓶主要用来配制标准溶液或稀释溶液到一定的浓度。

容量瓶使用前，必须检查是否漏水。检漏时，在瓶中加水至标线附近，盖好瓶塞，用一手食指按住瓶塞，另一手三指托住瓶底，将瓶倒立 2min［如图 1-16(a) 所示］。观察瓶塞周围是否渗水，然后将瓶直立［如图 1-16(b) 所示］，把瓶塞转动 180°后再盖紧，再倒立，若仍不渗水，即可使用。

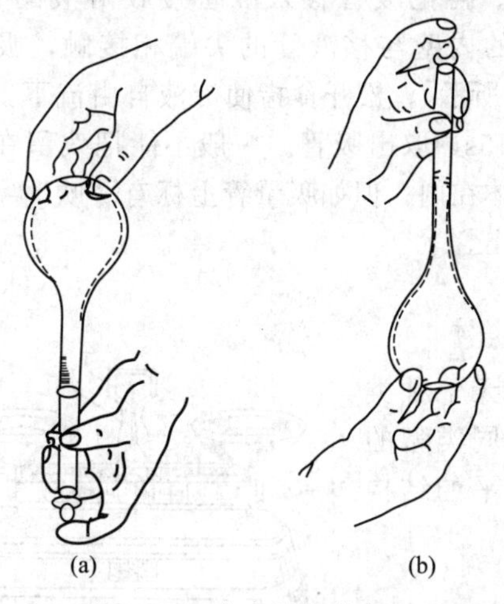

图 1-16　拿容量瓶的方法

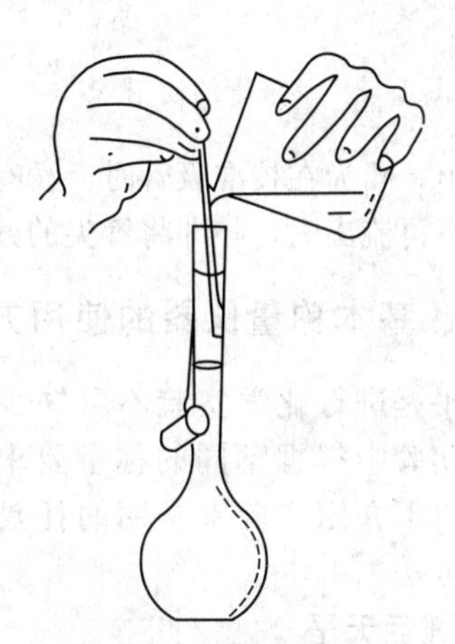

图 1-17　定量转移操作

欲将固体物质准确配制成一定体积的溶液时，需先把准确称量的固体物质置于一小烧杯内溶解，然后定量转移到预先洗净的容量瓶中。转移时一手拿着玻璃棒，一手拿着烧杯，在瓶口上慢慢将玻璃棒从烧杯中取出，并将它插入容量瓶口（但不要与瓶口接触），再将烧杯嘴贴紧玻璃棒，慢慢倾斜烧杯，使溶液沿着玻璃棒流下（如图 1-17 所示）。当溶液流完后，使烧杯嘴贴着玻璃棒向上滑动，直到烧杯直立，这样可以使烧杯和玻璃棒之间附着的液滴流回烧杯中，再将玻璃棒末端残留的液滴靠入容量瓶口内，在瓶口上方将玻璃棒放回烧杯内，但不得将玻璃棒靠在烧杯嘴一边。用少量蒸馏水冲洗烧杯 3～4 次，洗出液按上法全部转移入容量瓶中，然后用蒸馏水稀释。稀释到容量瓶容积的 2/3 时，直立旋摇容量瓶，使溶液初步混合（此时切勿加塞倒立容量瓶），最后继续稀释至接近标线时，改用滴管逐渐加水至弯月面恰好与标线相切（热溶液应冷却至室温后，才能稀释至标线）。盖上瓶塞，按如图 1-16 所示的拿法，将容量瓶倒立，待气泡上升到顶部后，摇动，再倒转过来，继续摇动，如此反复倒转摇动 10 余次，即可使溶液充分混匀。如容量瓶较小，则用一只手即可将其振荡混匀。

按照同样的操作，可将一定浓度的溶液准确地稀释为一定的体积。

4. 移液管和吸量管

移液管和吸量管统称吸管，是用来准确量取一定体积液体的玻璃仪器，其中吸量管带有分刻度，可以吸取不同体积的液体。两种吸管的使用方法类似，但移取溶液时，吸量管应尽量避免使用尖端处的刻度。

用吸管吸取溶液之前，首先应该用洗液洗净内壁，经自来水冲洗和蒸馏水荡洗 3 次后，再用少量待吸取的溶液荡洗内壁 3 次，以保证溶液吸取后的浓度不变。

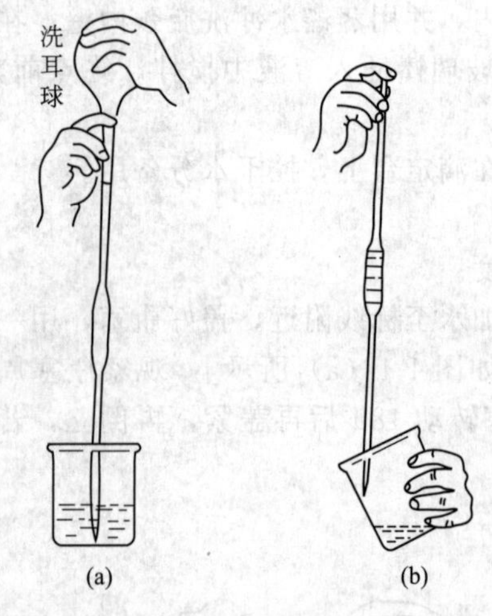

图 1-18　移液管的使用

用吸管从容量瓶（或烧杯）中吸取溶液时，一般用左手拿洗耳球（预先排除空气），右手拇指及中指拿住吸管管颈标线以上的地方，管尖插入液面以下 1～2cm 深度，以防吸空［如图 1-18(a) 所示］。当溶液上升到标线以上时，迅速用右手食指紧按管口，将管取出液面。左手改拿容量瓶（或烧杯），并使其倾斜约 45°，右手垂直地拿住吸管，使管尖紧靠液面以上的容器壁，稍放松食指使液面缓缓下降至与标线相切时，立即紧按食指，使液体不再流出。再把吸管移入准备接收溶液的容器中，倾斜容器使它的内壁与移液管的尖端相接触，吸管直立［如图 1-18(b) 所示］。松开食指使溶液自由流下，待溶液流尽后，约等 15s，取出吸管。一般不能把残留在管尖的液体吹出，因为在校准吸管时，没有考虑这部分液体在内；但如吸量管上标有“吹”字，则要等溶液不再流出时，随即将管尖的残留液体一次吹出。

三、基本称量仪器的使用方法

天平是进行化学实验不可缺少的称量仪器。天平种类很多，实验中根据不同的称量要求，需要使用不同类型的天平。以下介绍实验室常用的托盘天平及电子天平的结构与称量方法。

1. 托盘天平

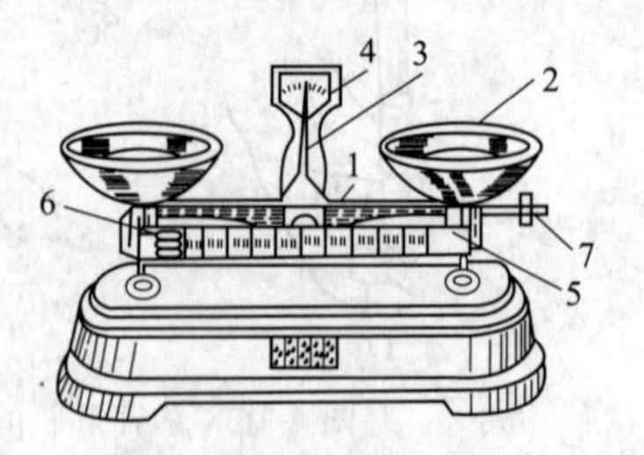

图 1-19　托盘天平

1—横梁；2—托盘；3—指针；4—刻度盘；5—游码标尺；6—游码；7—平衡调节螺丝

托盘天平又称架盘药物天平，俗称台秤，是根据杠杆原理制造的，一般能称准到 0.1g，其构造如图 1-19 所示。在称量前，首先将游码拨至左边“零”位，检查托盘天平的指针是否停留在刻度盘的中间位置。否则，需调节托盘下面的螺丝，使指针正好停在刻度盘的中间位置上，称为零点。称量时，左盘放称量物，右盘放砝码。10g 以上的砝码放在砝码盒内，10g 以下的砝码通过移动游码标尺（常简称游标）上的游码来添加。当砝码添加到托盘天平两边平衡时，指针停在刻度盘的中间位置，称为停点。停点与零点之间允许偏差在 1 小格之内。这时砝码和游码所示质量之和就是称量物的质量。

使用托盘天平时应注意以下几点。

① 不能称量热的物体。

② 称量物不能直接放在托盘上。根据不同情况要放在纸上、表面皿上或其他容器内。易吸潮或具有腐蚀性的药品必须放在玻璃容器内。

③ 称量完毕，砝码要放回原处，使托盘天平各部分恢复原状。

④ 保持整洁，托盘上有药品或其他污物时要立即清除。

2. 电子天平

电子天平是新一代的天平，其原理是：利用电子装置完成电磁力补偿的调节，使物体在重力场中实现力的平衡。电子天平分为顶部承载式和底部承载式，目前常见的多是顶部承载式的上皿天平。电子天平最基本的功能是自动调零、自动校准、自动扣除空白和自动显示称量结果。

电子天平根据称量的精度，可以有 0.1g（十分之一）、0.01g（百分之一）、0.001g（千分之一）和 0.0001g（万分之一）等不同的型号。化学分析法中常用的为万分之一天平（精确称量时用）和十分之一天平（粗略称量时用）。

以 FA/JA 系列上皿天平为例，对电子天平作简单介绍。

（1）天平的主要性能　FA/JA 系列天平是采用 MCS-51 系列单片微机的多功能电子天平，具有自动校准称量、可调积分时间、可适当选择灵敏度等性能。它有克、米制克拉、金盎司三种计量单位可供选择，还有数据接口装置，可与电脑和打印机相接。

（2）外形结构　如图 1-20 所示。

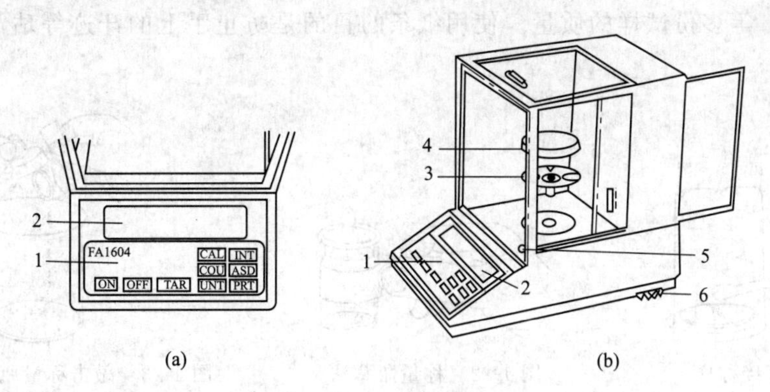

图 1-20　电子天平外形

1—控制面板；2—显示器；3—盘托；4—秤盘；5—水平仪；6—水平调节器

（3）控制面板的操作功能

① ON 为显示器开启键。只要轻按一下 ON 键，显示器全亮，并对显示器的功能进行检查。约过 2s 后，显示天平的型号，例如“－1604－”，然后就是称量模式“0.0000g”。

② OFF 为显示器关闭键。轻按 OFF 键，显示器即可关闭。

③ TAR 为清零、去皮键。置容器于秤盘上，显示容器质量，如“＋18.9801g”，然后轻按 TAR 键，即显示全零状态“0.0000g”，容器质量显示值已去除，即除去了皮重。当取走容器时，显示器显示容器质量的负值“－18.9801g”，再轻按 TAR 键，显示器为全零，即天平清零。

④ 其他按键不常用，如 CAL 为天平校准键，COU 为点数功能键，UNT 为量制单位转换键，INT 为积分时间调整键，ASD 为灵敏度调整键，PRT 为输出模式设定键等。这些功能预先都已调试完毕，正常称量时不要随意触动其按键，以免造成错误。确需调整时，其功能与使用方法可参见仪器自带的说明书。

（4）电子天平的使用步骤

① 查看气泡式水平仪，若不水平，需调整天平下端的水平调节器。

② 接通电源，预热。天气冷时需预热较长时间（如 1h），以便读数能够稳定。

③ 轻按 ON 显示键，等待 2s，显示“0.0000g”时即可开始称量。

④ 将称量物轻放在秤盘上，这时显示器上数字不断变化，待数字稳定并出现质量单位 g 后，即可读数，并记录称量结果。

（5）称量方法

① 直接称量法　先称出干燥洁净的表面皿或硫酸纸的质量，按去皮键 TAR，显示“0.0000g”后，打开天平门，缓缓加入试样（如图 1-21 所示）。当达到所需质量时停止加样，关上天平门，读数稳定后即可记录所称试样的净质量。

② 差减称量法　此法常用于称量易吸水、易氧化或易与二氧化碳起反应的试样。称取试样时，先将盛有样品的称量瓶置于天平盘上准确称量（设其质量为 m_1）。然后用纸条套住称量瓶（如图 1-22 所示），从天平盘上取下，用左手将其置于盛放试样的容器（烧杯或锥形瓶等）上方，右手用小纸片夹住瓶盖柄，打开瓶盖，将称量瓶慢慢地向下倾斜，并用瓶盖轻轻敲击瓶口上沿，使试样慢慢落入容器内（注意不要撒在容器外），如图 1-23 所示。当倾出的样品接近所要称量的质量时，将称量瓶慢慢竖起，同时用瓶盖轻轻敲击瓶口使附在瓶口的试样落入容器中，再盖好瓶盖。将称量瓶放回天平上称量（设其质量为 m_2），两次称量之差（m_1-m_2）就是试样的质量。同法可称出第 2 份（m_2-m_3）、第 3 份（m_3-m_4）等多份试样的质量。使用纸条的目的是防止手上的汗迹等玷污称量瓶，影响称量的精度。

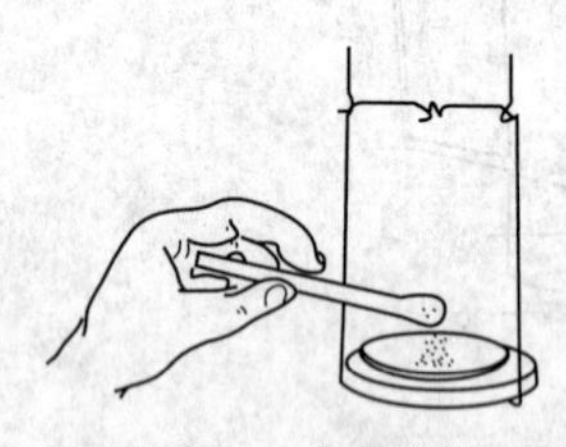

图 1-21　直接称样

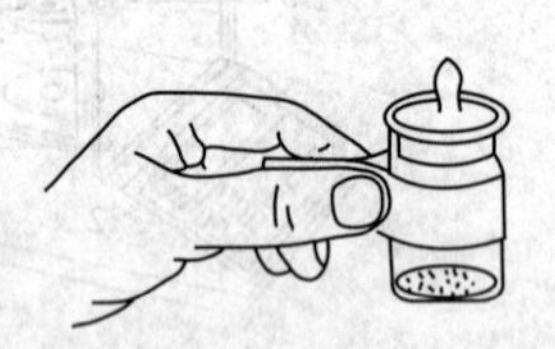

图 1-22　称量瓶拿法

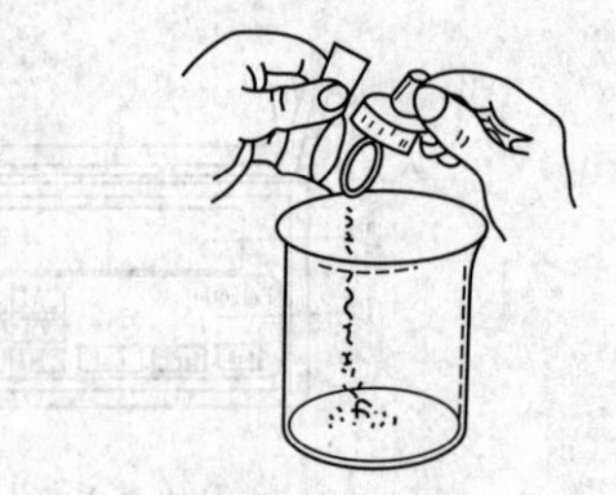

图 1-23　敲击称量瓶取试样的方法

③ 减量法　此法最为简便，可不用计算而直接读出试样的质量。具体步骤是：称量试样及称量瓶的总重 m_0，按去皮键 TAR，显示“0.0000g”后，取出称量瓶，向容器中敲出一定量的试样（倒出试样的方法和注意事项与差减称量法相同），再将称量瓶放回天平上称量，如果所示质量 m_1（显示为“－”值）达到要求的范围，即可记录数据。再按去皮键 TAR，即可同法称出第二份试样的质量 m_2。如此可连续称出多份试样。减量法充分利用了天平的去皮功能，称量瓶中减少的质量以负值的形式显示，其绝对值即为称出的试样质量。

（6）电子天平的使用注意事项

① 学生称量时一般只需用到 ON、TAR 及 OFF 键，其他按键不要随便触及，以免影响称量。特别是校准键“CAL”，仅在天平称量失准时用到，正常称量时切勿按下。如不慎触及，要及时告知教师，需使用标准砝码重新校准后才能再次使用。

② 电子天平自重较轻，容易被碰撞移位，造成不水平，从而影响称量结果。所以在使用时要特别注意，动作要轻、缓，并要经常查看水平仪。

③ 电子天平的精度越高，其最大负荷往往越低。如 FA1004N 型天平可精确到 0.1mg，最大负荷却只有 100g，称量时切勿超出负荷，以免损坏天平。

四、化学试剂及其取用

1. 化学试剂的等级及应用范围

化学试剂是纯度较高的化学制品。按其杂质含量的多少，通常分成 4 个等级，如表 1-3 所示。

表 1-3 化学试剂的等级及应用范围

等 级	一级品	二级品	三级品	四级品
名称	优级纯(保证试剂)	分析纯(分析试剂)	化学纯	实验试剂
表示符号	G. R.	A. R.	C. P.	L. R.
标签颜色	绿色	红色	蓝色	黄色或其他颜色
应用范围	精密分析及科学研究	一般分析及科学研究	一般定性分析及化学制备	一般化学制备

应根据节约的原则，按照实验的具体要求选用试剂，不要刻意追求高纯度。级别不同，试剂价格相差很大，在要求不是很高的实验中使用超出要求的高纯度试剂，会造成很大的浪费。

固体试剂应装在广口瓶内，液体试剂盛放在细口瓶或滴瓶内，见光易分解的试剂装在棕色瓶内。盛碱液的试剂瓶要用橡皮塞。每个试剂瓶上都要贴上标签，标明试剂的名称、浓度、纯度、使用人及配制日期等信息。

2. 化学试剂的取用

（1）液体试剂的取用　从滴瓶中吸取液体试剂时，必须保持滴管垂直，避免倾斜，尤忌倒立，防止试剂流入橡皮头内而将试剂弄脏。滴加试剂时，滴管的尖端不可接触容器内壁，应在容器口上方将试剂滴入；也不得把滴管放在原滴瓶以外的任何地方，以免被杂质玷污。

用倾注法取用液体试剂时，取下瓶盖应倒放在桌上，右手握住瓶子，试剂标签向着手心，缓缓倾出所需量的液体，使液体沿着器壁往下流。若所用容器为烧杯，则倾注液体时可用玻璃棒引入。倾倒完毕，应将试剂瓶口在容器上靠一下，再使试剂瓶竖直，以免液体流到瓶的外壁。用完后，随手盖上瓶盖。

加入反应器内所有液体的总量不得超过总容量的 2/3，如用试管则一般不能超过其容积的 1/3。

（2）固体试剂的取用　固体试剂要用干净的药匙取用。有的药匙两端有大、小两个匙，可分别取用不同量的试剂。取试剂前首先应该保证药匙是洁净干燥的，取出试剂后，一定要将试剂瓶瓶塞盖严并放回原处，再将药匙洗净，干燥备用。

要求取一定质量的固体时，可把固体放在纸上、表面皿上或其他玻璃容器内，用台秤称取。具有腐蚀性或易潮解的固体不能放在纸上称量，应放在玻璃容器内称量。

要求准确称取一定质量的固体时，应选用分析天平称取。

五、加热方法

在化学实验中，常用煤气灯、煤气喷灯、酒精喷灯及各种电加热器进行加热。

1. 煤气灯

煤气灯是化学实验室常用的加热器具，使用者应掌握其正确的使用方法。

（1）煤气灯的构造　煤气灯的构造如图 1-24 所示。拔去灯管 1 可以看到煤气出口 2，空气通过铁环 3 的通气口进入管中，转动铁环，利用孔隙的大小可以调节空气的输入量。

（2）火焰的调节　当煤气完全燃烧时，可以得到最大的热量，这时生成不光亮的火焰，称为正常火焰。当空气不足时，煤气燃烧不完全而析出碳，碳部分燃烧形成光亮的火焰，温度不高，这种火焰称为还原焰。

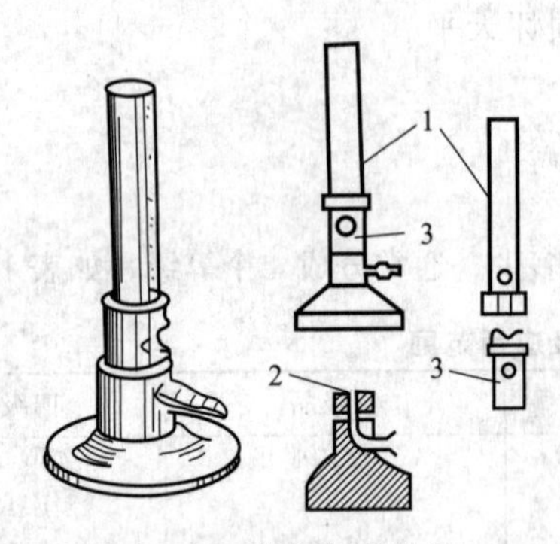

图 1-24　煤气灯的构造

1—灯管；2—煤气出口；3—铁环及空气入口

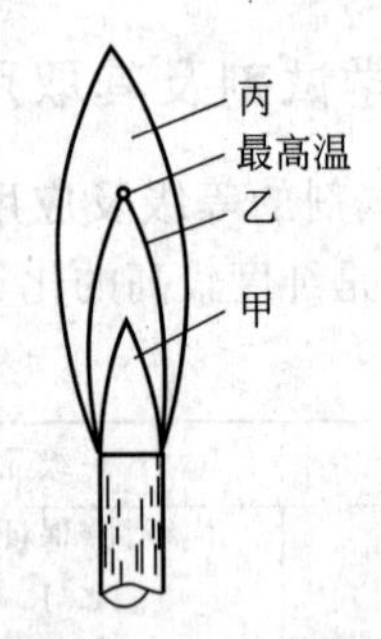

图 1-25　正常火焰各部分温度的高低

煤气完全燃烧时，正常火焰可以分为三个锥形区（见图 1-25），如表 1-4 所示。

表 1-4　正常火焰的三个锥形区

锥形区	名　称	火焰颜色	温度	燃　烧　反　应
甲	焰心	黑色	最低	煤气和空气混合，未燃烧
乙	还原焰（内焰）	淡蓝	较高	燃烧不完全，由于煤气分解为含碳的产物，这部分火焰具有还原性
丙	氧化焰（外焰）	淡紫	最高	完全燃烧，由于有过剩的氧气，这部分火焰具有氧化性

实验中一般都用氧化焰加热，温度的高低可通过调节火焰的大小来控制。

点燃煤气灯的具体步骤如下：先旋转铁环把通气孔关小，划着火柴，打开煤气龙头，在接近灯管口处，把煤气灯点着，然后旋转铁环，调节空气进入量至成为正常火焰。

当煤气和空气的进入量调节得不合适时，会产生不正常的火焰。当火焰脱离金属灯管的管口而临空燃烧产生临空火焰时，说明空气的进入量太大或煤气和空气的进入量都很大，需要重新调节。一般可将煤气开关开小一点，或将空气进入量调小一些。

有时煤气在金属灯管内燃烧，在管内有细长火焰，并常常带绿色（如果灯管是铜的），并听到一种“嘘唏”的声响，这种火焰称为侵入火焰。这是在空气的进入量较大，而煤气的进入量较小或者中途煤气供应突然减少时发生的。侵入火焰常使金属灯管烧得很热，并有未燃烧完全的煤气臭味。如果发生这种现象，应立即将煤气关闭，重新进行调节。此时灯管一般很烫，调节时应防止烫伤手指。

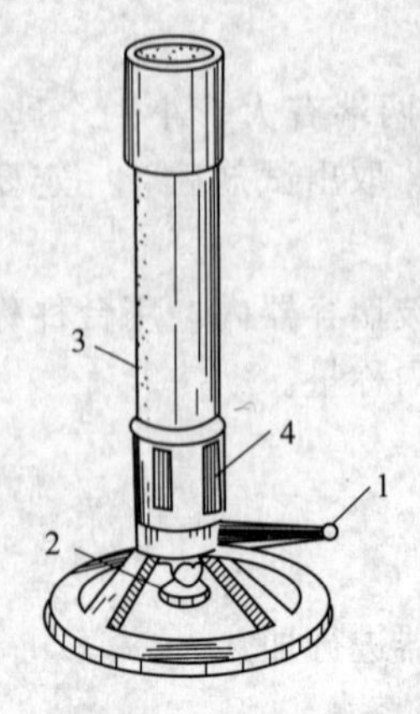

图 1-26　煤气喷灯

1—侧管；2—螺丝针；3—灯管；4—铁环及空气入口

（3）使用注意事项　因为煤气中含有窒息性的有毒气体 CO，且当煤气和空气混合到一定比例时，遇火源即可发生爆炸，所以不用时，一定要注意把煤气龙头关紧；点燃时一定要先划着火柴，再打开煤气龙头；离开实验室时再检查一下开关是否已关好！

（4）煤气灯的简单维修　由于煤气中夹带有未除尽的煤焦油，时间久了容易造成孔道堵塞。一般可以用细铁丝疏通孔道。堵塞严重时，可用苯洗去煤焦油。

2. 煤气喷灯

煤气喷灯（如图 1-26 所示）不仅能调节空气的输入量，还能调节煤气的流入量。煤气从侧管 1 输入，转动底部螺丝针 2 可调节煤气流量的大小（螺丝针向下旋转，煤气流量增加）。使用方法与一般煤气灯相同。在需要较高温度时可选用煤气喷灯。

3. 座式酒精喷灯

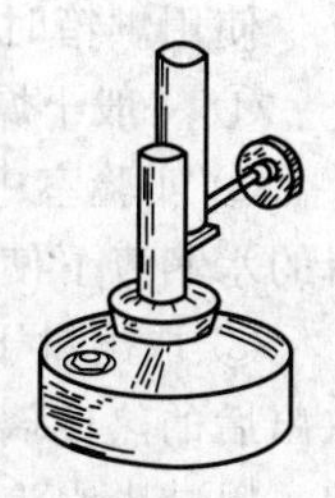

图 1-27　座式酒精喷灯

使用座式酒精喷灯（如图 1-27 所示）时，首先用捅针疏通酒精蒸气出口，保证出气畅通。借助小漏斗向酒精壶内添加酒精，酒精壶内的酒精不能装得太满，以不超过酒精壶容积的 2/3 为宜。往预热盘里注入一些酒精，点燃酒精使灯管受热，待预热盘里的酒精快要燃尽且灯管口已有火焰时，用调节器上下调节成为正常火焰。座式酒精喷灯连续使用不能超过半小时，如果超过半小时，必须暂时熄灭喷灯，待冷却后，添加酒精再继续使用。如发现灯身温度升高或酒精壶内酒精沸腾（有气泡破裂声）时，要立即停用，避免由于酒精壶内压力增大而导致壶身崩裂。用毕，用石棉网或硬质板材盖灭火焰，也可以将调节器上移来熄灭火焰。若长期不用，则需将酒精壶内剩余的酒精倒出。若酒精喷灯的酒精壶底部凸起，则不能再使用，以免发生事故。

4. 电加热器

根据需要，实验室还常用电炉（见图 1-28）、电加热套（见图 1-29）、管式炉（见图 1-30）、马弗炉（见图 1-31）、烘箱、电吹风等多种电器加热。管式炉和马弗炉一般都可加热到 1000℃以上，并且适宜于某一温度下长时间恒温。

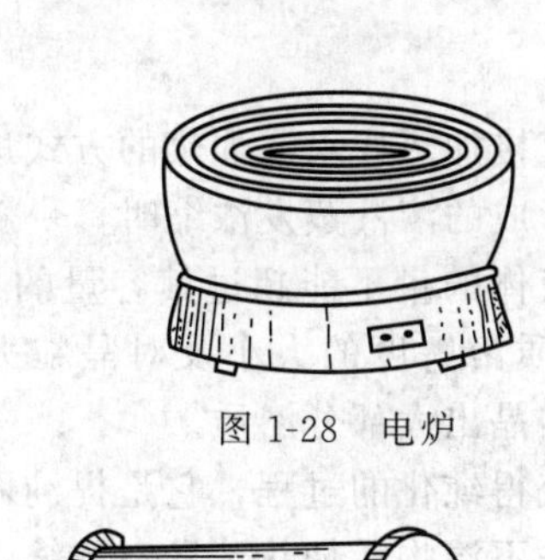

图 1-28　电炉

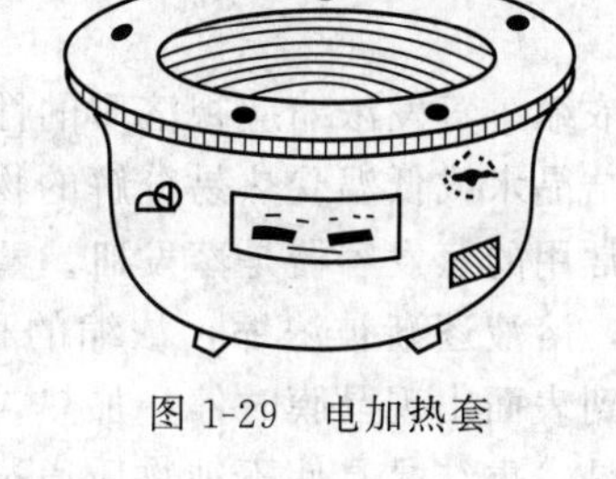

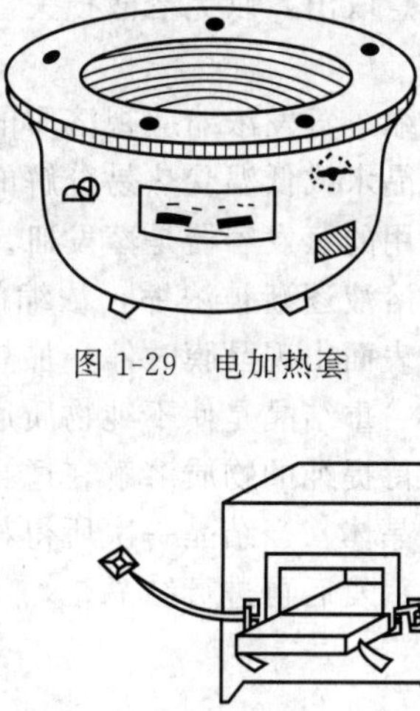

图 1-29　电加热套

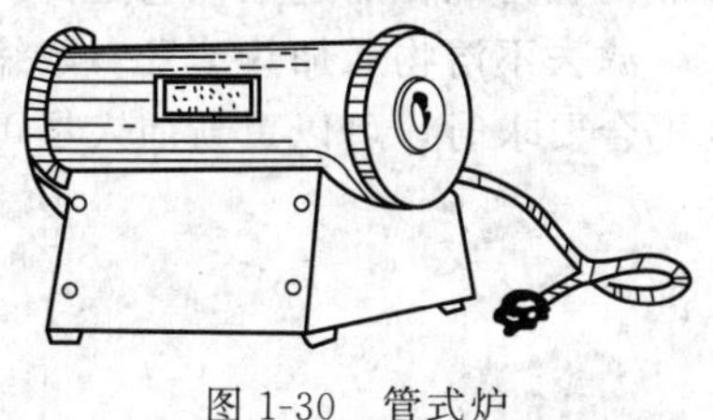

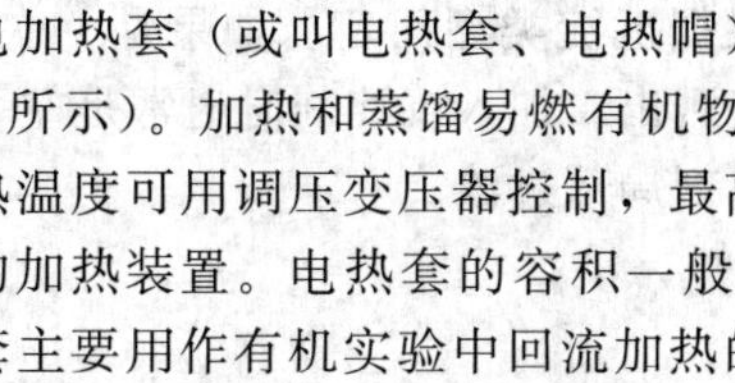

图 1-30　管式炉

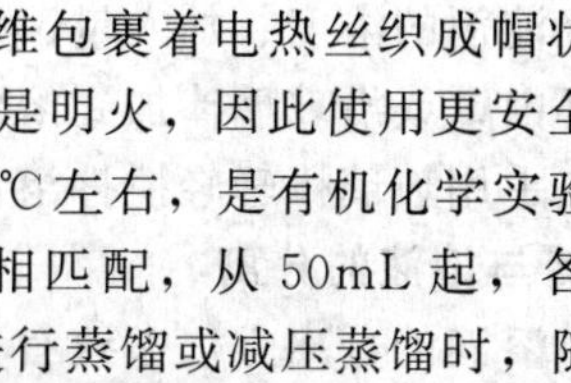

图 1-31　马弗炉

(1) 电加热套（或叫电热套、电热帽）　它是玻璃纤维包裹着电热丝织成帽状的加热器（如图 1-29 所示）。加热和蒸馏易燃有机物时，由于它不是明火，因此使用更安全，热效率也高。加热温度可用调压变压器控制，最高温度可达 400℃左右，是有机化学实验中一种简便、安全的加热装置。电热套的容积一般与烧瓶的容积相匹配，从 50mL 起，各种规格均有。电热套主要用作有机实验中回流加热的热源。用它进行蒸馏或减压蒸馏时，随着蒸馏的进行，瓶内物质逐渐减少，容易造成瓶壁过热，致使蒸馏物被烤焦。为避免这种情况发生，宜选用大一号的电热套，在蒸馏过程中，不断降低放置电热套的升降台高度，就会减少烤焦现象。

(2) 烘箱　烘箱用以干燥玻璃仪器或烘干无腐蚀性、加热时不分解的物品。挥发性易燃物或刚用酒精、丙酮淋洗过的玻璃仪器切勿放入烘箱内，以免发生爆炸。

使用烘箱时应注意以下事项。

① 一般干燥玻璃仪器时应先沥干，无水滴下时才放入烘箱，温度一般控制在100～120℃。

② 实验室中的烘箱是公用仪器，往烘箱里放玻璃仪器时应自上而下依次放入，以免残留的水滴流下使下层已烘热的玻璃仪器炸裂。

③ 取出烘干后的仪器时，应用干布衬手，防止烫伤；取出后不能马上碰水，以防炸裂；取出后的热玻璃器皿，若任其自行冷却，则器壁常会凝结水汽，可用电吹风吹入冷风助其冷却，以减少水汽的凝聚。

六、溶解和结晶

1. 试样的溶解

用溶剂溶解试样，加入溶剂时应先把烧杯适当倾斜，然后使量筒嘴靠近烧杯壁，使溶剂慢慢顺着杯壁流入；或使溶剂顺着玻璃棒慢慢流入，以防杯内溶液溅出而损失。溶剂加入后，用玻璃棒搅拌，使试样完全溶解。对溶解时会产生气体的试样，应先用少量水将其润湿成糊状，用表面皿将杯口盖好，然后用滴管将试剂自烧杯嘴逐滴加入，以防生成的气体将粉状的试样带出。对于需要加热溶解的试样，加热时要盖上表面皿，以防止溶液剧烈沸腾时迸溅。加热后要用蒸馏水冲洗表面皿和烧杯内壁，冲洗时也应使水顺器壁流下。

在实验的整个过程中，盛放试样的烧杯要用表面皿盖上，以防污物落入。放在烧杯中的玻璃棒，不要随意取出，以免溶液损失。

2. 结晶

(1) 蒸发浓缩　蒸发浓缩应视溶质的性质分别采用直接加热或水浴加热的方式进行。对于固态时带有结晶水或低温受热易分解的物质，由它们形成的溶液蒸发浓缩时，一般只能在水浴上进行。常用的蒸发容器是蒸发皿。蒸发皿内所盛液体的量不能超过其容量的2/3。随着水分的蒸发，溶液逐渐被浓缩，浓缩的程度取决于溶质溶解度的大小及对晶粒大小的要求。一般浓缩到表面出现晶膜时停止加热，冷却后即可结晶出大部分溶质。

(2) 重结晶　重结晶是使不纯物质通过重新结晶而获得纯化的过程，它是提纯固体的重要方法之一。把待提纯的物质溶解在适当的溶剂中，滤去不溶物后加热蒸发、浓缩，经冷却就会析出溶质的晶体。当结晶一次所得物质的纯度不合要求时，可以重新加入尽可能少的溶剂溶解晶体，经蒸发后再进行结晶。

七、沉淀

1. 沉淀剂的加入

加入沉淀剂的浓度、加入量、温度及速度应根据沉淀类型而定。如果是一次性加入的，则应沿烧杯内壁或沿玻璃棒加到溶液中，以免溶液溅出。加入沉淀剂时通常是左手用滴管逐滴加入，右手用玻璃棒轻轻搅拌溶液，以免使沉淀剂局部过浓。

2. 沉淀与溶液的分离

沉淀与溶液的分离方法大致有下列三种。

(1) 倾析法　当沉淀的相对密度较大或结晶的颗粒较大，静置后能沉降至容器底部时，可用倾析法进行沉淀的分离和洗涤。把沉淀上部的清液倾入另一容器内，然后加入少量洗涤液（如蒸馏水）洗涤沉淀，充分搅拌，沉降后倾去洗涤液，如此重复操作三遍以上，基本可以洗净沉淀。

(2) 离心分离法　少量沉淀与溶液进行分离时，可使用离心机。实验室中常用的离心仪器是电动离心机（如图 1-32 所示）。使用时应注意以下几点。

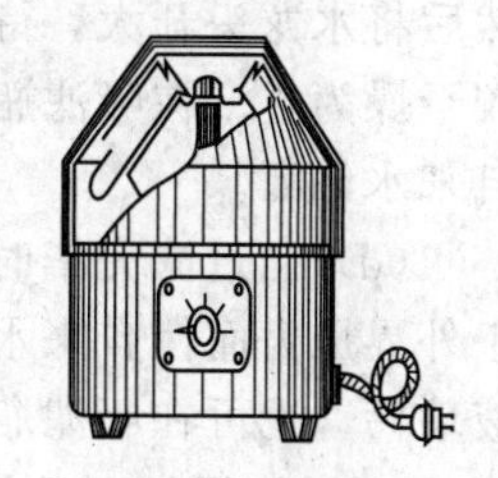
图 1-32　电动离心机

① 离心试管放入金属套管中，位置要对称，重量要平衡，否则易损坏离心机的轴。如果只有一支离心试管需要离心沉降，则需要另取一支空的离心试管，盛以相应质量的水，然后把两支离心试管分别装入离心机的对称套管内，以保持平衡。

② 打开旋钮，调节转速由小到大。数分钟后慢慢恢复旋钮到原来的位置，使其自行停止。

③ 离心时间和转速由沉淀的性质决定。结晶型的紧密沉淀，转速为 $1000r \cdot min^{-1}$，1～2min 后即可停止。无定形的疏松沉淀，沉降时间要长些，转速可提高到 $2000r \cdot min^{-1}$。如经3～4min 后仍不能使其分离，则应设法（如加入电解质或加热等）促使其沉降，然后再进行离心分离。

离心分离的操作步骤如下。

① 沉淀　在溶液中边搅拌边加沉淀剂，待反应完全后，离心沉降。上层清液中再加沉淀剂一滴，如清液不变浑浊，即表示沉淀完全；否则必须再加沉淀剂直至沉淀完全。离心分离。

② 溶液的转移　离心沉降后，用胶头滴管把清液与沉淀分开。其方法是：先用手指捏紧滴管上的橡皮头，排除空气，然后将滴管轻轻插入清液（切勿在插入清液以后再捏橡皮头），慢慢放松橡皮头，溶液则慢慢进入管中，随着试管中溶液的减少，将滴管逐渐下移至全部溶液吸入管内为止。滴管尖端接近沉淀时要特别小心，勿使其触及沉淀（如图 1-33 所示）。

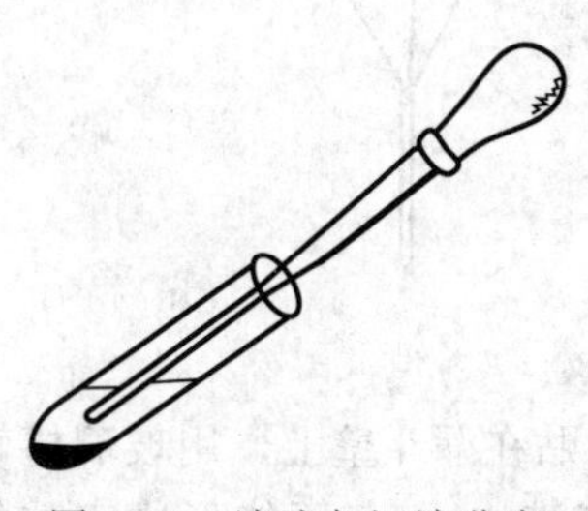
图 1-33　溶液与沉淀分离

③ 沉淀的洗涤　如果要将沉淀溶解后再做鉴定，必须在溶解之前，将沉淀洗涤干净。常用的洗涤剂是蒸馏水。加洗涤剂后，用搅拌棒充分搅拌，离心分离，清液用滴管吸出。必要时可重复洗几次。

（3）过滤法　常用的过滤法有减压过滤和常压过滤两种。

① 减压过滤　减压可以加速过滤，还可以把沉淀抽吸得比较干燥。最简单的减压过滤是使用水抽气泵（见图 1-34），它的原理是水抽气泵的 A 处有一窄口，当自来水急剧流经 A 处时，水即把空气带出而使吸滤瓶内的压力减小。

水抽气泵的减压效果有限而且浪费大量自来水，实验室中已很少使用，而是代之以性能更佳的水循环泵。二者的减压原理类似，但是水循环泵采用电机产生较大的负压，而且自来水是循环利用的，所以水抽气泵基本上已被淘汰。但水抽气泵的结构简单，价格低廉，减压原理更加直观、易于理解，其使用方法也同样适用于水循环泵。因此，作为较早使用的一种减压工具，在此仍然作一介绍。

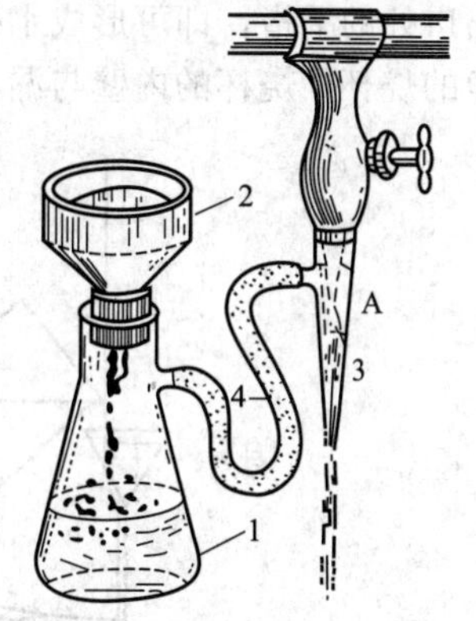

图 1-34　减压过滤装置

1—吸滤瓶；2—布氏漏斗；3—水抽气泵；4—橡皮管

以水抽气泵为例，减压过滤操作过程如下。

a. 吸滤操作

（a）先剪好一张比布氏漏斗底部内径略小但又能把全部瓷孔盖住的圆形滤纸。

（b）把滤纸放入漏斗内，用少量水润湿滤纸。微开水龙头，按图 1-34 连好装置（注意漏斗端的斜口应对着吸滤瓶的吸气嘴），滤纸便紧贴在布氏漏斗的瓷板上。

（c）过滤时，将溶液沿着玻璃棒流入漏斗（注意：溶液不要超过漏斗总容量的 2/3），然后将水龙头开大，待溶液滤下后，转移沉淀，并将其平铺在漏斗中，继续抽吸，至沉淀比较干燥为止。在吸滤瓶中滤液高度不得超过吸气嘴。吸滤过程中，不得突然关闭水泵，以免自来水倒灌。

(d) 当过滤完毕时，要记住先拔掉橡皮管，再关闭水龙头，以防由于吸滤瓶内压力低于外界压力而使自来水吸入吸滤瓶，玷污滤液（这一现象称为倒吸）。为了防止倒吸而使滤液玷污，也可在吸滤瓶与抽气水泵之间连接一个安全瓶。

b. 洗涤沉淀　洗涤沉淀时拔掉橡皮管，关掉水龙头，加入洗涤液润湿沉淀。再微开水龙头接上橡皮管，让洗涤液慢慢透过全部沉淀，最后开大水龙头尽量抽干漏斗中的沉淀。如沉淀需洗涤多次，则重复以上操作，直至达到要求为止。

② 常压过滤　下面按定量分析的要求介绍常压过滤的步骤。

a. 过滤前的准备工作　把滤纸对折两次，展成圆锥体放入漏斗中（见图 1-35），若滤纸圆锥体与漏斗不密合，可改变滤纸折叠的角度，直到与漏斗密合为止。为了使滤纸三层的那边能紧贴漏斗，常把这三层的外面两层撕去一角（撕下来的纸角保存起来，可用于擦拭烧杯或漏斗中残留的沉淀）。

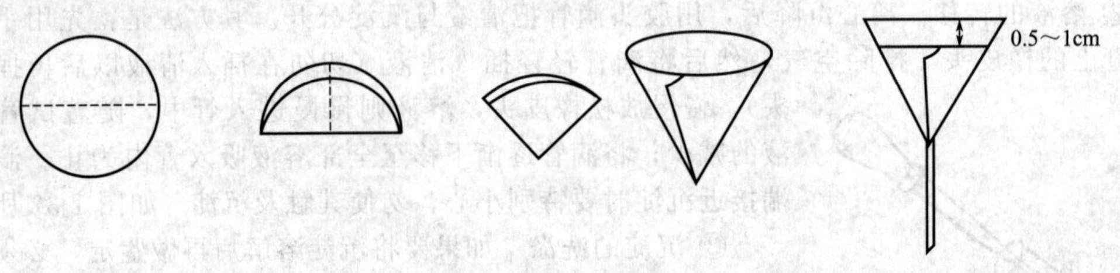

图 1-35　滤纸的折叠和安放

用手指按住滤纸中三层的一边，以少量的水润湿滤纸，使它紧贴在漏斗壁上，用玻璃棒轻压滤纸，赶走气泡。加水至滤纸边缘使之形成水柱（即漏斗颈中充满水）。若不能形成完整的水柱，可一边用手指堵住漏斗下口，一边稍掀起三层那一边的滤纸，用洗瓶在滤纸和漏斗之间加水，使漏斗颈和锥体的大部分被水充满。然后一边轻轻按下掀起的滤纸，一边断续放开堵在出口处的手指，即可形成水柱。将这种准备好的漏斗安放在漏斗架上，盖一表面皿，下接一洁净的烧杯，烧杯的内壁与漏斗出口尖处接触，然后开始过滤（如图 1-36 所示）。

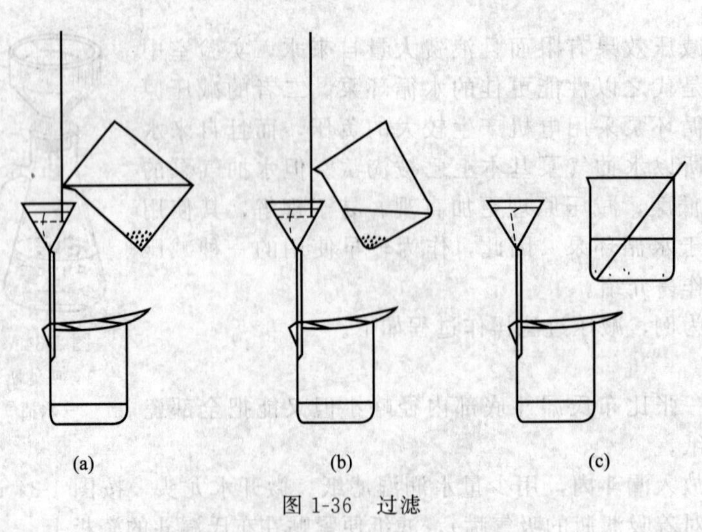

图 1-36　过滤

b. 过滤操作　过滤操作分成以下三步。

(a) 用倾析法把清液倾入漏斗内的滤纸上，沉淀仍留在烧杯内。为此，在漏斗上方将玻璃棒从烧杯中慢慢取出并直立于漏斗中，下端对着三层滤纸的那一边并尽可能靠近，但不要碰到滤纸，如图 1-36(a) 所示。将上层清液沿着玻璃棒倾入漏斗，漏斗中的液面至少要比滤纸边缘低 5mm，以免部分沉淀可能由于毛细管作用越过滤纸上缘而损失。当上层清液过滤完后，用少量洗涤液吹洗玻璃棒和烧杯壁并进行搅拌。澄清后，再按上法滤去清液。当倾析暂停时，要小心把烧杯扶正，玻璃棒不离烧杯嘴，到最后一滴流完后，将玻璃棒收回放入烧杯中（此时玻璃棒不要靠在烧杯嘴处，因为烧杯嘴处可能沾有少量的沉淀），然后将烧杯从漏斗上移开，如图 1-36(b)、(c) 所示。如此反复洗涤 2～3 次，使沾附在烧杯壁上的沉淀洗下，并将烧杯中的沉淀进行初步洗涤。

(b) 把沉淀转移到滤纸上。为此，先用洗涤液冲下烧杯壁和玻璃棒上的沉淀，再把沉淀搅起，将悬浮液小心转移到滤纸上，每次加入的悬浮液不得超过滤纸锥体高度的 2/3。如此反复几次，尽可能地将沉淀转移到滤纸上。烧杯中残留的少量沉淀，则可按图 1-37 所示用左手将烧杯倾斜放在漏斗上方，烧杯嘴朝向漏斗。用左手食指按住架在烧杯嘴上的玻璃棒上方，其余手指拿住烧杯，杯底略朝上，玻璃棒下端对准三层滤纸处，右手拿洗瓶冲洗烧杯壁上所沾附的沉淀，使沉淀和洗涤液一起顺着玻璃棒流入漏斗中（注意勿使溶液溅出）。

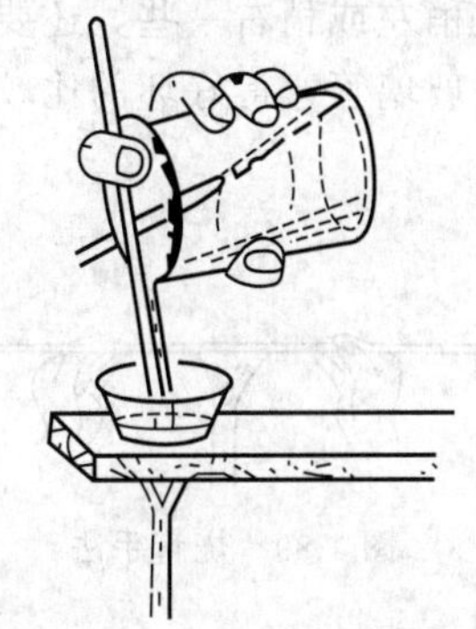

图 1-37　残留沉淀的转移

(c) 洗涤烧杯和沉淀。沾附在烧杯壁和玻璃棒上的沉淀可用淀帚自上而下刷至杯底，再转移到滤纸上，最后在滤纸上将沉淀洗至无杂质。洗涤时应先使洗瓶出口管充满液体后，用细小缓慢的洗涤液从滤纸上部沿漏斗壁螺旋式向下吹洗，绝不可骤然浇在沉淀上。待上一次洗涤液流完后，再进行下一次洗涤。在滤纸上洗涤沉淀主要是洗去杂质并将沾附在滤纸上部的沉淀冲洗至下部。

八、简单玻璃管及塞子的加工

用非标准磨口的玻璃仪器（如圆底烧瓶、蒸馏瓶、冷凝管、温度计等）装配成一套实验装置时，一般是用塞子、玻璃管、橡皮管等将这些仪器连接在一起。因此，首先要对所用的塞子和玻璃管进行加工，使之适合装配工作的需要。

1. 玻璃管（棒）的加工

简单的玻璃加工，通常是指玻璃管（棒）的截断、圆口、弯曲、拉伸等。

(1) 玻璃管（棒）的截断　截断玻璃管（或玻璃棒）可用扁锉、三角锉或小砂轮片。将玻璃管（棒）平放在实验台上，用锉刀（或砂轮片）的锋棱压在玻璃管（棒）要截断处，然后用力向前或向后拉，同时把玻璃管（棒）略微朝相反方向转动，在玻璃管（棒）上划一条清晰、细直的深痕。注意不要来回锉。要折断玻璃管（棒）时，只要用两拇指抵住锉痕的背面，轻轻外推，同时用食指和拇指将玻璃管（棒）向两边拉，以截断玻璃管（棒），如图 1-38所示。

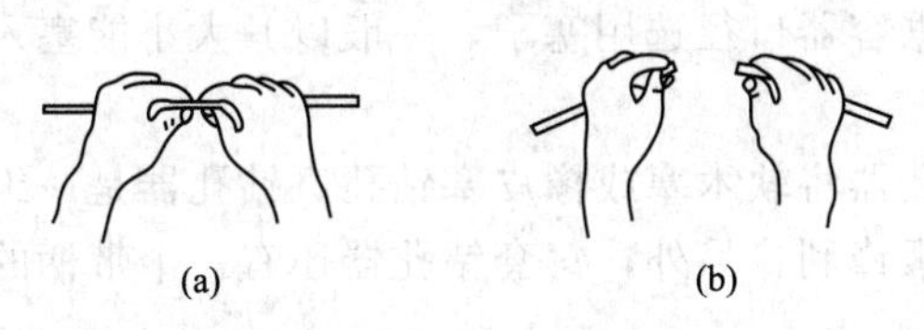

图 1-38　玻璃管（棒）的截断

(2) 玻璃管（棒）的圆口　新截断的玻璃管（棒）截面很锋利，容易割伤皮肤，且难以插入塞子的圆孔内，因此必须放在火焰中熔烧，使之平滑，这一操作称为圆口。方法是将断面斜插入（约 45°）煤气灯的氧化焰中加热，并且缓慢转动，将断面熔烧至圆滑为止。注意：圆口时，烧的时间不宜过长，以免玻璃管口径缩小甚至封死。熔烧后的玻璃管（棒）应放在石棉网上冷却，不能直接放在桌面上。

（3）玻璃管的弯曲　实验中经常用到弯成一定角度的玻璃管作连接件。弯玻璃管时，先用小火将玻璃预热一下，然后双手持玻璃管，将要弯曲的部分斜插入氧化焰中加热以增加玻璃管的受热面积；同时双手缓慢而均匀地转动玻璃管，如图 1-39 所示。两手用力要均等，转动要同步，以免玻璃管在火焰中扭曲。当玻璃管受热部分发出黄红光而且变软时，立即将玻璃管移离火焰，稍等 1～2s，待温度均匀后用“V”字形手法准确弯至一定的角度，如图 1-40 所示。

弯曲 120°以上的角度，可以一次弯成。弯曲较小角度时可分几次弯成，先弯成较大角度，待玻璃稍冷后，再加热弯成较小的角度。分次弯管时，各次的加热部位应在上次加热部位稍左或稍右一些，还要注意每次弯曲均应在同一平面上，不要使玻璃管变得歪扭。图1-41 是玻璃管弯得好坏的比较。

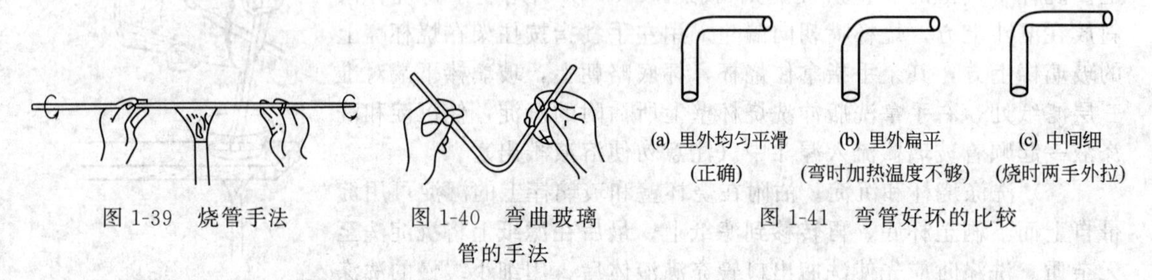

图 1-39　烧管手法

图 1-40　弯曲玻璃管的手法

图 1-41　弯管好坏的比较

（4）玻璃管（棒）的拉伸　拉伸时加热玻璃管（棒）的方法与玻璃管弯曲时相同，但要烧得更软一些。玻璃管（棒）应烧到呈红黄色时才可从火焰中取出，顺水平方向边拉边来回转动玻璃管（棒），如图 1-42 所示。拉至所需细度时，一手持玻璃管（棒），使之垂直片刻。冷却后，按所需长度在拉细的部位截断。如果要拉制滴管，需要将细管口在小火焰上烧平滑，再把粗的一端烧熔并垂直向下往石棉网上轻压，冷却后安上橡皮头即可。

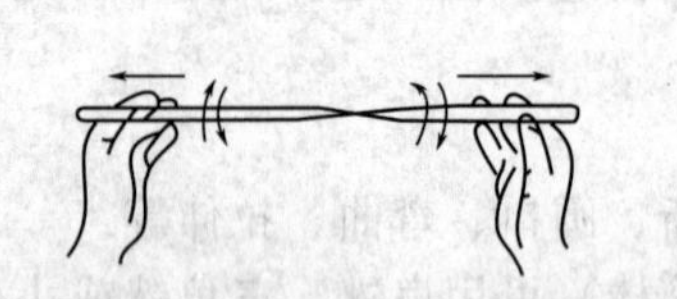

图 1-42　玻璃管（棒）的拉伸

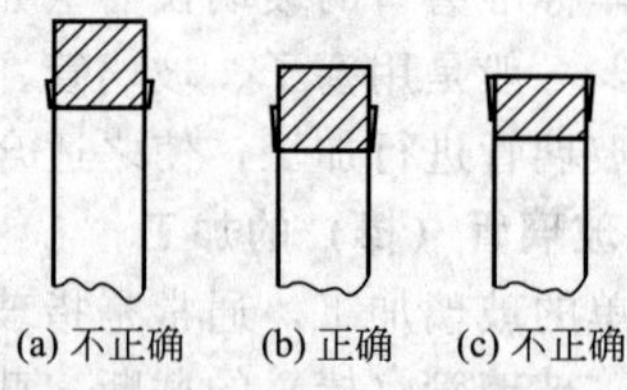

图 1-43　塞子的配置

2. 塞子的加工

实验室中常用的塞子是软木塞和橡皮塞。根据容器口径选用塞子，一般以其大小能塞入瓶口 1/2～2/3 为宜，如图 1-43 所示。

由于装置仪器需要在塞子上钻孔时，可用钻孔器将软木塞或橡皮塞钻孔。钻孔器是一组直径不同的金属管，管的一端有柄，另一端管口很锋利，另外，每套钻孔器还有一个带柄的捅条，用来捅出进入钻孔器的橡皮或软木。

在软木塞上打孔时，钻孔器的外径应比要插入软木塞的玻璃管的外径略小；而在橡皮塞上钻孔时，选用的钻孔器应该刚好能套住玻璃管。钻孔时，为了减小钻孔器与塞子间的摩擦，钻孔器的前端可用水、肥皂水或甘油等润湿。把塞子平放在桌面上，小的一端向上。先用手指转动钻孔器，在塞子的中心钻出印痕，然后左手按紧塞子，右手持钻孔器的柄，按同一方向边压边钻。这时，钻孔器应始终与桌面垂直，以免把孔钻斜。待钻到塞子厚度的一半时，即按反方向旋转，退出钻孔器，并用捅条捅去钻孔器中的软木或橡皮。再用同样的方法从塞子的另一端钻孔，注意要对准孔位，直到把孔钻通为止（也可以从小的一端一次钻通）。

旋入钻孔器的力量要均匀合适，这样塞子的孔道光滑整齐；若用力不均或过大，会使塞子孔道表面粗糙，孔道扭曲，孔径过度缩小或粗细不均。若孔道稍有不光滑或孔径略小，可用圆锉修整。

在一个塞子上要钻两个孔时，应更加小心，务必使两个孔道笔直且互相平行。否则，插入管子后，两根管子就会歪斜或交叉，以致塞子不能使用。

九、钢瓶及其使用

1. 钢瓶

在化学实验中，经常要使用一些气体，例如燃烧热的测定实验中要使用氧气，合成氨反应平衡常数的测定实验中要用到氢气和氮气。为了便于运输、贮藏和使用，通常将气体加压成为压缩气体（如氢气、氮气、氧气、空气等）或液化气体（如二氧化碳、氨、氯、石油气等），灌入耐压钢瓶（又称高压气瓶）内。

钢瓶受到撞击或高热有爆炸的危险。另外，有一些压缩气体或液化气体则有剧毒，一旦泄漏，将造成严重后果。因此在化学实验中，正确地使用各种钢瓶是十分重要的。

为了防止各种钢瓶混用，全国统一规定了瓶身、横条以及标字的颜色，以资区别。现将常用的几种钢瓶的标色摘录于表 1-5 中。

表 1-5　钢瓶的标色

钢瓶名称	外表颜色	字样	字样颜色	横条颜色	钢瓶名称	外表颜色	字样	字样颜色	横条颜色
氧气瓶	天蓝	氧	黑		氯气瓶	草绿	氯	白	白
氢气瓶	深绿	氢	红	红	氟氯烷瓶	铝白	氟氯烷	黑	
氮气瓶	黑	氮	黄	棕	空气	黑	空气	白	
纯氩气瓶	灰	纯氩	绿		其他一切可燃气体	红			
二氧化碳气瓶	黑	二氧化碳	黄	黄	其他一切不可燃气体	黑			
氨气瓶	黄	氨	黑						

2. 减压表

减压表由指示钢瓶压力的总压力表、控制压力的减压阀和减压后的分压力表三部分组成。使用时应注意，把减压表与钢瓶连接好（勿猛拧）后，将减压表的调压阀旋到最松位置（即关闭状态），然后打开钢瓶总气阀门，总压力表即显示瓶内气体总压。用肥皂水检查各接头不漏气后，方可缓慢旋紧调压阀门，使气体缓缓送入系统。使用完毕，应首先关紧钢瓶总阀门，排空系统的气体，待总压力表与分压力表均指到 0 时，再旋松调压阀门。如钢瓶与减压表连接部分漏气，应加垫圈使之密封，切忌用丝、麻等物堵漏，特别注意氧气钢瓶及减压表绝对不能涂油。

3. 钢瓶的使用注意事项

① 在气体钢瓶使用前，要按照钢瓶外表油漆颜色、字样等正确识别气体种类，切勿误用，以免造成事故。如钢瓶因使用日久后色标脱落，应及时按以上规定进行漆色、标注气体名称和涂刷横条。

② 钢瓶应放置在阴凉、干燥、远离热源的地方，避免日光直晒。搬运钢瓶时要旋上瓶帽，套上橡皮圈，轻拿轻放，防止摔碰或剧烈振动，以免引起钢瓶爆炸。

③ 使用钢瓶时，如直立放置，应有支架或用铁丝绑住，以免摔倒；如水平放置，应垫稳，防止滚动，还应防止油和其他有机物玷污钢瓶。为确保安全，最好在钢瓶外面装置橡胶防震圈。液化气体钢瓶使用时一定要直立放置，禁止倒置使用。

④ 钢瓶使用时要用减压表，一般可燃性气体（氢气、乙炔等）钢瓶气门螺纹是反向的，不燃或助燃性气体（氮气、氧气等）钢瓶气门螺纹是正向的。各种减压表不得混用。开启气门时应站在减压表的另一侧，以防减压表脱出而被击伤。

⑤ 使用钢瓶时，应缓缓打开钢瓶上端的阀门，不能猛开阀门；也不能将钢瓶内的气体全部用完，应留有0.5%表压以上的气体，以防止外界空气进入气体钢瓶，导致重新灌气时发生危险。

⑥ 用可燃性气体时，一定要有防止回火的装置（有的减压表带有此种装置）。在导管中塞细铜丝网，管路中加液封可以起保护作用。

⑦ 钢瓶应定期试压检验（一般钢瓶三年检验一次）。逾期未经检验、锈蚀严重或漏气的钢瓶，不得继续使用。

⑧ 严禁油脂等有机物玷污氧气钢瓶，因为油脂遇到逸出的氧气就可能燃烧。如已有油脂玷污，则应立即用四氯化碳洗净。氢气、氧气或可燃性气体钢瓶严禁靠近明火。

⑨ 实验室中应尽量少放钢瓶，氢气钢瓶应放在与实验室隔开的气瓶房内。存放氢气钢瓶或其他可燃性气体钢瓶的房间应注意通风，以免漏出的氢气或可燃性气体与空气混合后遇到火种发生爆炸。室内的照明灯及电气通风装置均应防爆。

⑩ 原则上有毒气体钢瓶（如液氯等）应单独存放，严防有毒气体逸出。注意室内通风，最好在存放有毒气体钢瓶的室内设置毒气鉴定装置。若两种气体接触后可能引起燃烧或爆炸，则灌装这两种气体的钢瓶不能存放在一起，如氢气瓶和氧气瓶、氢气瓶和氯气瓶等。氧气、压缩空气等助燃气体的钢瓶严禁与易燃物品放置在一起。

第四节　常用测量仪器及使用（Ⅰ）——电性测量仪器

一、酸度计

酸度计是用电位法测定溶液 pH 值的一种电子仪器。它能准确测量各种溶液的 pH 值，也能测量电池的电动势（mV）。

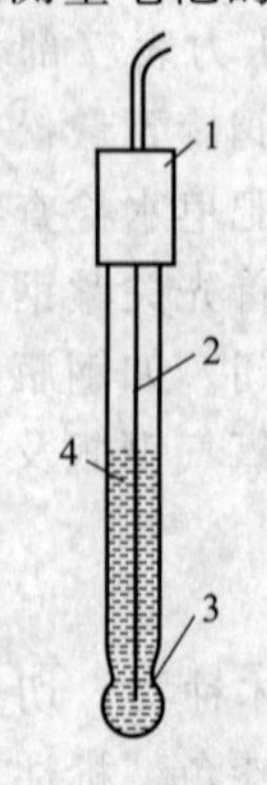

图 1-44　玻璃电极
1—绝缘套；2—Ag-AgCl电极；3—玻璃膜；4—内部缓冲溶液

酸度计是利用指示电极、参比电极在不同 pH 值的溶液中产生不同的电动势这一原理设计的。指示电极一般用玻璃电极（如图 1-44 所示），其底部是由导电玻璃吹制成的很薄的空心小球，球内装有 $0.1mol \cdot L^{-1}$ 的 HCl 溶液（或一定 pH 值的缓冲溶液）和 Ag-AgCl 电极，当电极插入待测溶液中时，便组成了原电池的一极。由于玻璃膜对 H^+ 很敏感，当玻璃膜内外的 H^+ 浓度不同时就产生一定的电位，其数值大小取决于玻璃膜内外的 H^+ 浓度差，而玻璃膜内的 H^+ 浓度是固定的，所以该电极的电位只随待测溶液 pH 值的不同而改变。在 298K 时

$$\varphi_G = \varphi_G^\ominus - \frac{2.303RT}{F}\text{pH} = \varphi_G^\ominus - 0.059\text{pH} \tag{1-1}$$

式中，φ_G 与 $\varphi_G^\ominus$ 分别代表玻璃电极的电位和标准电极电位；F 为法拉第常数；R 为摩尔气体常数。

常用的参比电极为甘汞电极或 Ag-AgCl 电极。以甘汞电极为例，

它由 Hg、Hg_2Cl_2 及 KCl 饱和溶液组成，其构造如图 1-45 所示。外玻璃管中装入 KCl 溶液，内玻璃管中封接一根铂丝，铂丝插入汞中，下置一层甘汞（Hg_2Cl_2）和汞的糊状物，底端有多孔物质与外部 KCl 溶液相通。电极下端开口用陶瓷塞塞住，溶液通过塞内的毛细孔向外渗透。

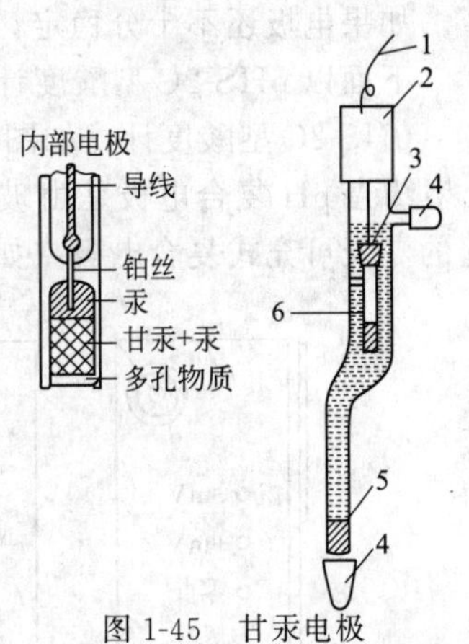

图 1-45　甘汞电极

1—导线；2—绝缘体；3—内部电极；4—橡皮帽；5—多孔物质；6—饱和 KCl 溶液

甘汞电极表示形式如下：

$$Hg\text{-}Hg_2Cl_2(s)|KCl(a)$$

电极反应为：$Hg_2Cl_2(s)+2e \rightleftharpoons 2Hg(l)+2Cl^-(a_{Cl^-})$

$$\varphi_{甘汞}=\varphi^{\ominus}_{甘汞}-\frac{RT}{F}\ln a_{Cl^-}$$

可见甘汞电极的电位随氯离子活度 a_{Cl^-} 的不同而改变。不同氯化钾溶液浓度时 $\varphi_{甘汞}$ 与温度的关系见表 1-6。

各文献上列出的甘汞电极的电位数据常不相符合，这是因为接界电位的变化对甘汞电极电位有影响，由于所用盐桥的介质不同，因而影响甘汞电极电位的数据。

表 1-6　不同氯化钾溶液浓度时 $\varphi_{甘汞}$ 与温度的关系

氯化钾溶液的浓度/$mol\cdot L^{-1}$	电极电位 $\varphi_{甘汞}$/V
饱和	$0.2412-7.6\times10^{-4}(t-25)$
1.0	$0.2801-2.4\times10^{-4}(t-25)$
0.1	$0.3337-7.0\times10^{-5}(t-25)$

使用甘汞电极时应注意以下几点。

① 由于甘汞电极在高温时不稳定，故甘汞电极一般适用于 70℃以下的测量。

② 甘汞电极不宜用在强酸性、强碱性溶液中，因为此时的液体接界电位较大，而且甘汞可能被氧化。

③ 如果被测溶液中不允许含有氯离子，则应避免直接插入甘汞电极，这时应使用双液接甘汞电极。

④ 应注意甘汞电极的清洁，不得使灰尘或局外离子进入该电极内部。

⑤ 当电极内溶液太少时应及时补充。

将玻璃电极与甘汞电极插入待测溶液中组成原电池时，就可以测定该电池的电动势。

$$E=\varphi_{正}-\varphi_{负}=\varphi_{甘汞}-\varphi_{G} \tag{1-2}$$

将式(1-1) 代入式(1-2)，得

$$pH=\frac{(E-\varphi_{甘汞}+\varphi^{\ominus}_{G})F}{2.303RT} \tag{1-3}$$

298K 时

$$pH=\frac{E-0.2415+\varphi^{\ominus}_{G}}{0.059}$$

$\varphi^{\ominus}_{G}$可以用一个已知 pH 值的缓冲溶液（对于醋酸，选用邻苯二甲酸氢钾溶液，在 298K 时 pH=4.00）代替待测溶液而求得。

酸度计就是将测得的电池电动势直接用 pH 值表示出来的仪器。为此，仪器加装了定位调节器。当测量标准缓冲溶液时，利用这一调节器，把读数直接调节在标准缓冲溶液的 pH 值上，这样测未知溶液时，指针就直接指出溶液的 pH 值，省去计算程序。一般把前一步称为“校准”，后一步称为“测量”。一台已校准过的仪器在一定时间内可连续测量多份未知液，如果电极还不十分稳定，则需经常校准。

下面以 pHS-2C 型酸度计为例，说明酸度计的使用方法。

pHS-2C 型酸度计（如图 1-46 所示）由电位计和 201-C 型塑壳 pH 复合电极组成。201-C 型塑壳 pH 复合电极是由玻璃电极（测量电极）和 Ag-AgCl 电极（参比电极）组合在一起的塑壳可充式复合电极（如图 1-47 所示）。

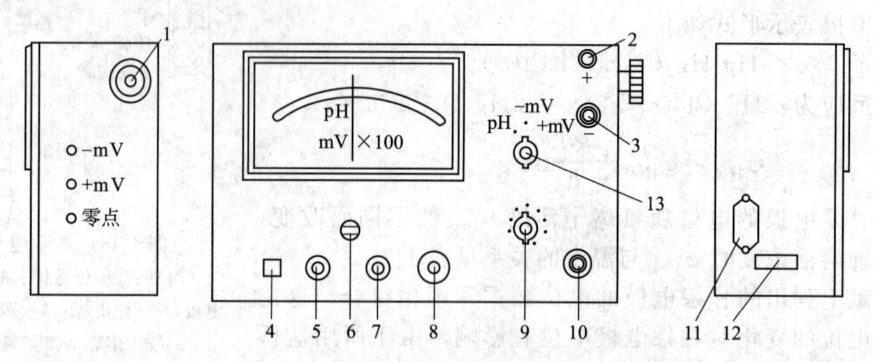

图 1-46　pHS-2C 型酸度计面板上各调节旋钮示意图

1—电极梗插孔；2—甘汞电极；3—玻璃电极；4—电源指示灯；5—温度；6—机械调零；7—斜率；8—定位；9—范围；10—读数；11—电源插座（220V）；12—电源开关；13—选择开关

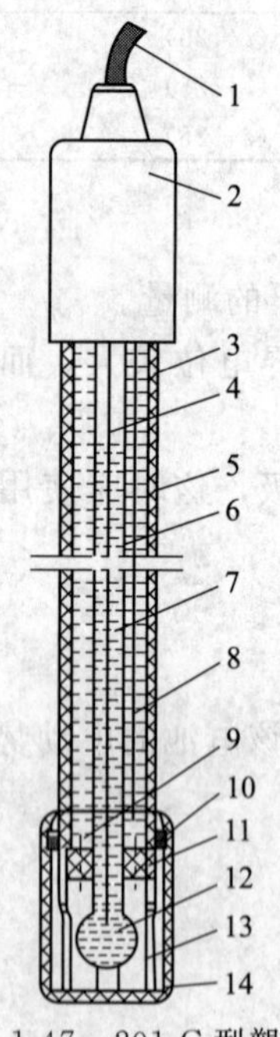

图 1-47　201-C 型塑壳 pH 复合电极结构图

1—电极导线；2—电极帽；3—电极塑壳；4—内参比电极；5—外参比电极；6—电极支持杆；7—内参比溶液；8—外参比溶液；9—液接界；10—密封盖；11—硅胶圈；12—电极球泡；13—球泡护罩；14—护套

测量范围：pH，0～14；mV，0～±1400mV。

被测溶液温度：0～60℃。

精确度：pH，±0.02pH/3pH；mV，±2mV/200mV。

面板上各调节旋钮如图 1-46 所示。

1. 操作步骤

（1）准备

① 撑好仪器机箱支架，使仪器与水平面成 30°。

② 接通 220V 交流电源，打开电源开关，电源指示灯亮，预热。

③ 安装电极。把电极杆装在机箱上，将复合电极插在塑料电极夹上。把此电极夹装在电极杆上，复合电极插头插在电极插口内。测量时，将电极上近电极帽处的加液口橡胶管下移，使小口外露，以保持电极内 KCl 溶液的液位差。

（2）pH 校正（两点校正法）

① 将仪器面板上的选择开关置“pH”挡，范围开关置“6”挡，斜率开关旋钮顺时针旋转到底（100％处），温度旋钮置标准缓冲溶液的温度。

② 用蒸馏水将电极洗净后用滤纸吸干，将电极放入盛有 pH=7 的标准缓冲溶液的烧杯中，按下读数开关，调节定位旋钮，使仪器指示值为此溶液温度下的标准 pH 值（仪器上的“范围”读数加上表头指示值）。在定位结束后，放开读数开关，使仪器置于准备状态。此时仪器指针在中间位置。

③ 把电极从 pH=7 的标准缓冲溶液中取出，用蒸馏水冲洗干净，用滤纸吸干。根据待测样品溶液的酸碱性选择 pH=4 或 pH=9 的标准缓冲溶液。将电极放入标准缓冲溶液中，仪器的范围置

“4”挡（此时为 pH=4 的标准缓冲溶液）或置“8”挡（此时为 pH=9 的标准缓冲溶液），按下读数开关，调节斜率旋钮，使仪器指示值为该标准缓冲溶液的 pH 值。然后放开读数开关。

④ 按②的方法再测 pH=7 的标准缓冲溶液，此时斜率旋钮维持不动，若指示值与标准缓冲溶液 pH 值一致，再按③操作后 pH 值位置不变，可认为此时仪器已校正完毕，可进行待测溶液 pH 值的测量。若 pH 值误差不符合要求，则可调节定位旋钮，然后再按③操作。重复②、③操作，直到“斜率”、“定位”固定后，②、③操作的指示值与标准缓冲溶液的 pH 值一致为止。此时仪器已校正好，定位旋钮、斜率旋钮不能再动。

(3) 样品溶液 pH 值的测定

① 将电极用蒸馏水冲洗干净，用擦镜纸（或滤纸）吸干电极上的水珠，插入待测样品液中。

② 将温度旋钮旋至待测样品液的温度值，范围开关置待测样品溶液的 pH 值挡上，按下读数开关。若表针打出左面刻度线，则应减小范围开关值；若表针打出右面刻度线，则应增大范围开关值，直至表针在刻度范围内。此时表针指示的值加上范围开关值，即为样品溶液的 pH 值。

③ 取出电极，用蒸馏水冲洗，用滤纸吸干，将电极上的加液口用橡胶管套住，下端的玻璃泡用电极保护帽套上，备用。

(4) 电极电位的测量

① 测量电极插头芯线接“－”，参比电极连线接“＋”。复合电极插头芯线为测量电极，外层为参比电极，在仪器内参比电极接线柱已与电极插口外层相接，不必另连线。如测量电极的极性和插座极性相同，则仪器的选择开关置“＋mV”挡；否则，仪器的选择开关置“－mV”挡。

② 将电极放入被测溶液中，下按读数开关。如仪器的选择开关置“＋mV”挡，当表针打出右面刻度时，则应增大范围开关值；反之，则减小“范围”开关值，直至表针在刻度范围内。如仪器的选择开关置“－mV”挡，当表针打出右面刻度时，则减小范围开关值；反之，则增加范围开关值。

③ 将仪器的范围开关值加上表针指示值，其和再乘以 100，即得电极电位值，单位为 mV。当仪器的选择开关置“＋mV”挡时，则测量电极极性与插座极性相同；反之，则测量电极极性为“－”。

2. 注意事项

① 电极在测量前必须用已知 pH 值的标准缓冲溶液进行定位校正，而且其 pH 值越接近被测液的 pH 值越好。

② 取下电极保护帽后要注意，塑料保护栅内的敏感玻璃泡不要与硬物接触，任何破损和擦毛都会使电极失效。

③ 每测一个溶液之前，必须用蒸馏水冲洗电极，并用滤纸吸干上面的水珠，以免污染被测液，影响测量结果。

④ 测量完毕，应将电极保护帽套上，帽内放少许补充液，以保持电极球泡的湿润。

⑤ 复合电极的外参比补充液为 $3mol \cdot L^{-1}$ 的 KCl，补充液可从上端小孔加入。

⑥ 仪器输入端（即复合电极插口）必须保持清洁干燥，不用时将短路插头插入，使仪器输入处于短路状态，这样能防止灰尘进入，并能保护仪器不受静电影响。

⑦ 电极避免长期浸在蒸馏水、蛋白质溶液和酸性氟化物溶液中，并防止和有机硅油脂接触。

⑧ 仪器在按下读数开关，发现指针打出刻度时，应放下读数开关，检查分挡开关位置及其他调节器是否适当，电极头是否浸入溶液。如在“pH”挡时，输入信号近于pH=7或输入端短路时，分挡开关应在“6”挡；在“mV”挡时，分挡开关应在0mV。

⑨ 被测溶液中如含有易污染敏感球泡或堵塞液接界的物质，使电极钝化时，应根据污染物的性质，以适当溶液清洗，使之复新。

二、电导率仪

1. 电导

电解质的电导是熔融盐和碱，以及盐、酸和碱水溶液的一种物理化学性质。电导这个物理化学参量不仅反映了电解质溶液中离子存在的状态及运动的信息，而且由于稀溶液中电导与离子浓度之间的简单线性关系，因而被广泛用于分析化学与化学动力学过程的测试。

对于电解质水溶液体系，电导和电导率都是常用来表示其导电能力的物理量。根据电导与电阻的关系，有

$$G=\kappa \frac{A}{l} \tag{1-4}$$

式中，κ 称为电导率，$\kappa=\frac{1}{\rho}$，其数值为电阻率 ρ 的倒数。它表示在相距1m、面积为 $1m^2$ 的两极之间溶液的电导，其单位是 $S \cdot m^{-1}$。

电解质溶液的浓度不同，其电导也不同。若将1mol电解质溶液全部置于相距1m的两个平行电极之间，则溶液的电导称为摩尔电导（率），以 Λ_m 表示。若溶液的物质的量浓度以 c 表示，则摩尔电导率可表示为：

$$\Lambda_m=\frac{\kappa}{c} \tag{1-5}$$

摩尔电导率的单位是 $S \cdot m^2 \cdot mol^{-1}$；$c$ 的单位是 $mol \cdot m^{-3}$。Λ_m 的数值常通过溶液的电导率 κ 经式(1-4)代入式(1-5)计算得到。

对于确定的电导池来说，电极距离和面积之比 $\frac{l}{A}$ 是常数，称为电极常数或电导池常数，用 K_{cell} 表示。

$$K_{cell}=\frac{l}{A} \tag{1-6}$$

$$G=\kappa \frac{1}{K_{cell}} \tag{1-7}$$

$$\kappa=K_{cell}G \tag{1-8}$$

不同的电极，其电极常数 K_{cell} 不同，因此测出同一溶液的电导 G 也就不同。通过式(1-8)换算成电导率 κ，由于 κ 的值与电极本身无关，因此用电导率可以比较溶液电导的大小。而电解质水溶液的电导与溶液中电解质的含量成正比，所以通过对电解质水溶液电导率的测量又可以测定水溶液中电解质的含量。

2. 电导的测量及电导率仪的使用

测量待测溶液电导的方法称为电导分析法。电导是电阻的倒数，因此电导值的测量实际上是通过电阻值的测量换算得到的，也就是说，电导的测量方法应该与电阻的测量方法相同。但在溶液电导的测定过程中，当电流通过电极时，由于离子在电极上会发生放电，产生

极化引起误差，因而测量电导时要使用频率足够高的交流电，以防止电解产物的产生。另外，为了减小超电位，提高测量结果的准确性，所用的电极应镀铂黑。人们更感兴趣的量是电导率，目前测量溶液电导率的仪器，广泛使用的是 DDS-11A 型电导率仪。下面对电导率仪的测量原理及操作方法作一介绍。

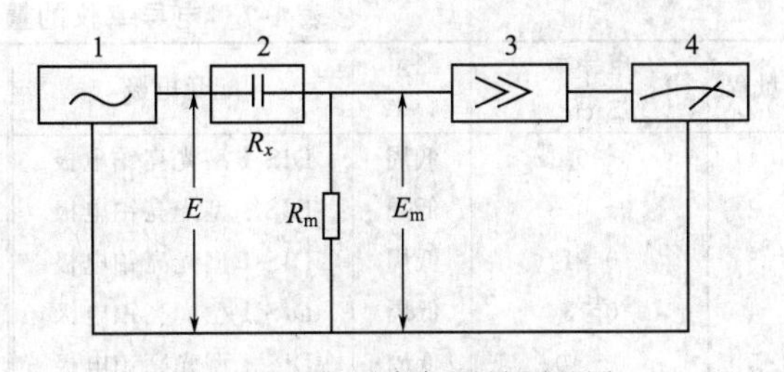

图 1-48　电导率仪测量原理图

1—振荡器；2—电导池；3—放大器；4—指示器

(1) DDS-11A 型电导率仪　DDS-11A 型电导率仪的测量范围广，不仅能测量一般液体的电导率，还能测量高纯水的电导率，广泛用于水质检测，水中含盐量、大气中 SO_2 含量等的测定和电导滴定等方面。

① 测量原理　电导率仪的工作原理如图 1-48 所示。把振荡器产生的一个交流电压 E 送到电导池 R_x 与量程电阻（分压电阻）R_m 的串联回路里，电导池里的溶液电导愈大，R_x 愈小，R_m 获得的电压 E_m 也就越大。将 E_m 送至交流放大器放大，再经过信号整流，以获得推动表头的直流信号输出，从表头上可以直接读取电导率的数值。

由图 1-48 可知：

$$E_m = \frac{ER_m}{R_m + R_x} = ER_m \Big/ \left(R_m + \frac{K_{cell}}{\kappa}\right) \tag{1-9}$$

式中，K_{cell} 为电导池常数。当 E、R_m 和 K_{cell} 均为常数时，电导率 κ 的变化必将引起 E_m 作相应的变化，所以通过测量 E_m 的大小，也就测得了溶液电导率的数值。

本机振荡产生低周（约 140Hz）及高周（约 1100Hz）两个频率，分别作为低电导率测量和高电导率测量的信号源频率。振荡器用变压器耦合输出，因而使信号 E 不随 R_x 变化而改变。因为测量信号是交流电，所以电极极片间及电极引线间均出现了不可忽视的分布电容 C_0（大约 60pF），电导池则有电抗存在。如果将电导池视作纯电阻来测量，则存在比较大的误差，特别是在 $0 \sim 0.1\mu S \cdot cm^{-1}$ 低电导率范围内，此项影响较显著，需采用电容补偿消除，其原理见图 1-49。

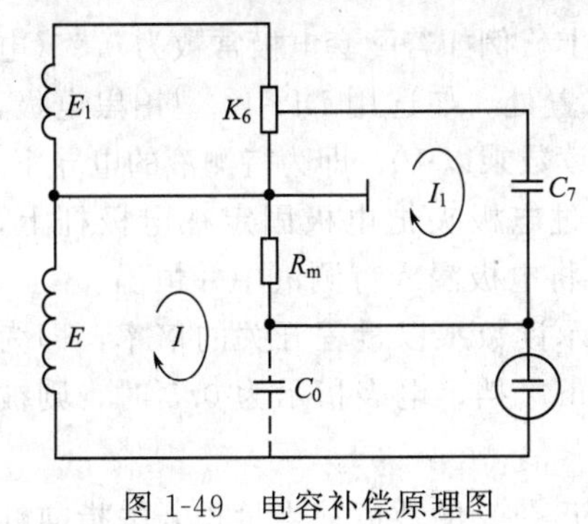

图 1-49　电容补偿原理图

信号源输出变压器的次极有两个输出信号 E_1 及 E，E_1 作为电容的补偿电源。E_1 与 E 的相位相反，所以由 E_1 引起的电流 I_1 流经 R_m 的方向与测量信号 I 流过 R_m 的方向相反。测量信号 I 中包括通过纯电阻 R_x 的电流和流过分布电容 C_0 的电流。调节 K_6 可以使 I_1 与流过 C_0 的电流振幅相等，使它们在 R_m 上的影响大体抵消。

② 测量范围

a. 测量范围：$0 \sim 10^5\mu S \cdot cm^{-1}$，分 12 个量程。

b. 配套电极：DJS-1 型光亮铂电极；DJS-1 型铂黑电极；DJS-10 型铂黑电极。光亮铂电极用于测量较小的电导率（$0 \sim 10\mu S \cdot cm^{-1}$），而铂黑电极用于测量较大的电导率（$10 \sim 10^5\mu S \cdot cm^{-1}$）。通常用铂黑电极，因为它的表面比较大，这样降低了电流密度，减少或消除了极化。但在测量低电导率溶液时，铂黑对电解质有强烈的吸附作用，会出现不稳定的现象，这时宜用光亮铂电极。

c. 电导率仪的量程范围与配套用电极列在表 1-7 中。

表 1-7　电导率仪的量程范围及配套用电极

量程	电导率/$\mu S \cdot cm^{-1}$	测量频率	配套电极	量程	电导率/$\mu S \cdot cm^{-1}$	测量频率	配套电极
1	0～0.1	低周	DJS-1 型光亮铂电极	7	0～102	低周	DJS-1 型铂黑电极
2	0～0.3	低周	DJS-1 型光亮铂电极	8	0～3×102	低周	DJS-1 型铂黑电极
3	0～1	低周	DJS-1 型光亮铂电极	9	0～103	高周	DJS-1 型铂黑电极
4	0～3	低周	DJS-1 型光亮铂电极	10	0～3×103	高周	DJS-1 型铂黑电极
5	0～10	低周	DJS-1 型光亮铂电极	11	0～104	高周	DJS-1 型铂黑电极
6	0～30	低周	DJS-1 型铂黑电极	12	0～105	高周	DJS-10 型铂黑电极

③ 使用方法　DDS-11A 型电导率仪的面板如图 1-50 所示。

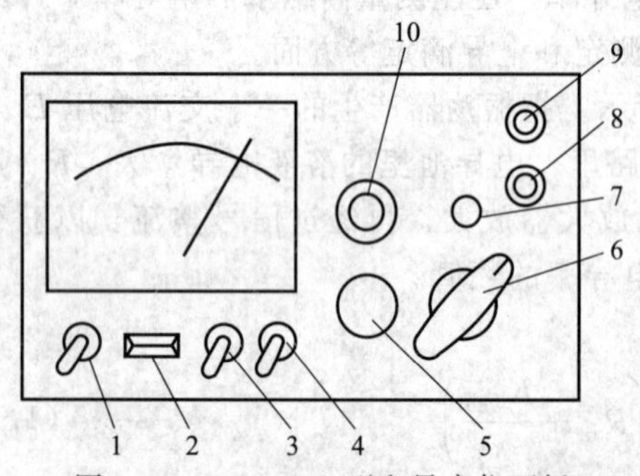

图 1-50　DDS-11A 型电导率仪面板

1—电源开关；2—电源指示灯；3—高低周开关；4—校正、测量开关；5—校正调节器；6—量程选择开关；7—电容补偿调节器；8—电极插口；9—10mV 输出插口；10—电极常数补偿调节器

a. 打开电源开关前，应观察表针是否指零。若不指零，可调节表头的螺丝，使表针指零。

b. 将校正、测量开关拨在“校正”位置。

c. 插好电源后，再打开电源开关，此时指示灯亮。预热数分钟，待指针完全稳定下来为止。调节校正调节器，使表针指向满刻度。

d. 根据待测液电导率的大致范围选用低周或高周，并将高低周开关拨向所选位置。

e. 将量程选择开关拨到测量所需范围。如预先不知道被测溶液电导率的大小，则由最大挡逐挡下降至合适范围，以防表针打弯。

f. 根据电极选用原则，选好电极并插入电极插口。各类电极要注意调节好配套电极常数，当使用 DJS-1 型光亮铂电极和 DJS-1 型铂黑电极时，把电极常数调节器调节在与配套电极的常数相对应的位置上。例如若配套电极常数为 0.95(电极上已标明)，则将电极常数调节器调节到相应的 0.95 位置处。如选用 DJS-10 型铂黑电极，这时应把电极常数调节器调节在 0.95 位置上，再将测得的读数乘以 10，即为待测液的电导率。

g. 使用电极时，用电极夹夹紧电极的胶木帽，并通过电极夹把电极固定在电极杆上，将电极插头插入电极插口内。旋紧插口上的紧固螺丝，再将电极浸入待测液中并恒温。

h. 将校正、测量开关拨向“测量”，这时表头上的指示读数乘以量程开关的倍率，即为待测液的实际电导率。例如，量程开关放在 0～103 $\mu S \cdot cm^{-1}$挡，电表指示为 0.5 时，则被测液电导率为 $0.5 \times 103 \mu S \cdot cm^{-1} = 51.5 \mu S \cdot cm^{-1}$。

i. 当量程开关指向黑点时，读表头上刻度（0～1$\mu S \cdot cm^{-1}$）的数值；当量程开关指向红点时，读表头下刻度（0～3$\mu S \cdot cm^{-1}$）的数值。

j. 当用 0～0.1$\mu S \cdot cm^{-1}$或 0～0.3$\mu S \cdot cm^{-1}$这两挡测量高纯水时，在电极未浸入溶液前，调节电容补偿调节器，使表头指示为最小值（此最小值是电极铂片间的漏阻，由于此漏阻的存在，使调节电容补偿调节器时表头指针不能达到零点），然后开始测量。

④ 注意事项

a. 电极的引线不能潮湿，否则测不准。

b. 高纯水应迅速测量，否则空气中 CO_2 溶入水中变为 CO_3^{2-}，使电导率迅速增加。

c. 测定一系列浓度待测液的电导率，应注意按浓度由小到大的顺序测定。

d. 盛待测液的容器必须清洁，没有离子玷污。

e. 每测一份样品后，用蒸馏水冲洗，用吸水纸吸干，切忌擦铂黑，以免铂黑脱落，引起电极常数的改变。可用待测液淋洗3次后再进行测定。

(2) DDS-11A数字型电导率仪 DDS-11A数字型电导率仪的测量原理与DDS-11A型电导率仪一样，是基于“电阻分压”原理的不平衡测量方法，其面板如图1-51所示，使用方法如下。

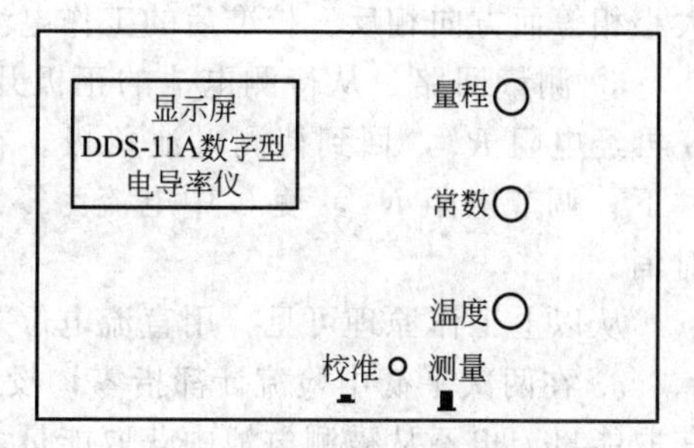

图1-51 DDS-11A数字型电导率仪面板

① 接通电源，仪器预热10min。

② 用温度计测出被测溶液的温度，将“温度”补偿旋钮置于被测溶液的实际温度上。当旋钮置于25℃时，仪器无温度补偿功能。

③ 将电极浸入被测溶液中，电极插头插入仪器后面的电极插座内，“校准/测量”开关置于“校准”状态，调节常数旋钮，使仪器显示所用电极的常数标称值。

④ 将“校准/测量”开关置于“测量”状态，将量程旋钮置于合适量程，待仪器显示值稳定后，该显示值即为待测液在该温度下的电导率。

⑤ 当待测液的电导率低于$200\mu S \cdot cm^{-1}$时，宜选用DJS-1C型光亮铂电极；当待测液的电导率高于$200\mu S \cdot cm^{-1}$时，宜选用DJS-1C型铂黑电极；当待测液的电导率高于$20 mS \cdot cm^{-1}$时，可选用DJS-10型铂黑电极，此时，测量范围可扩大到$200 mS \cdot cm^{-1}$。

三、电位差计

原电池电动势一般是用直流电位差计并配以饱和式标准电池和检流计来测量的。电位差计可分为高阻型和低阻型两类，使用时可根据待测系统的不同选用不同类型的电位差计。通常高电阻系统选用高阻型电位差计，低电阻系统选用低阻型电位差计。但不管电位差计的类型如何，其测量原理都是一样的。下面具体以UJ-25型电位差计为例，说明其原理及使用方法。

1. UJ-25型电位差计

UJ-25型直流电位差计属于高阻型电位差计，适用于测量内阻较大的电源电动势以及较大电阻上的电压降等。由于工作电流小、线路电阻大，故在测量过程中工作电流变化很小，因此需要高灵敏度的检流计。它的主要特点是测量时几乎不损耗被测对象的能量，测量结果稳定、可靠，而且有很高的准确度，因此为教学、科研部门广泛使用。

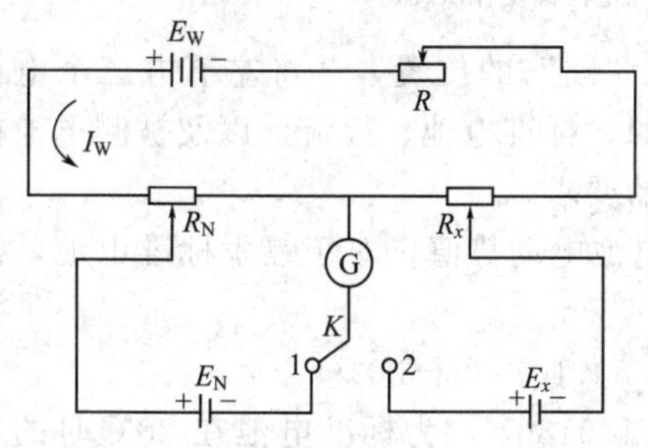

图1-52 对消法测量电动势原理示意

E_W—工作电源；E_N—标准电池；E_x—待测电池；R—调节电阻；R_x—待测电池电动势补偿电阻；K—转换电键；R_N—标准电池电动势补偿电阻；I_W—工作电流；G—检流计

(1) 测量原理 电位差计是按照对消法测量原理而设计的一种平衡式电学测量装置，能直接给出待测电池的电动势值（以V表示）。图1-52是对消法测量电动势原理示意图。从图可知电位差计由三个回路组成：工作电流回路、标准回路和测量回路。

① 工作电流回路 也叫电源回路。从工作电源正极开始，经电阻R_N、R_x，再经工作电流调节电阻R，回到工作电源负极。其作用是借助于调节R使在补偿电阻上产生一定的电位降。

② 标准回路 从标准电池的正极开始（当转换电键K扳向“1”一方时），经电阻R_N，再经检

流计 G 回到标准电池负极。其作用是校准工作电流回路以标定补偿电阻上的电位降。通过调节 R 使 G 中电流为零，此时产生的电位降 V 与标准电池的电动势 E_N 相对消，也就是说大小相等而方向相反。校准后的工作电流 I 为某一定值 I_0。

③ 测量回路　从待测电池的正极开始（当转换电键 K 扳向“2”一方时），经检流计 G 再经电阻 R_x，回到待测电池负极。在保证校准后的工作电流 I_0 不变，即固定 R 的条件下，调节电阻 R_x，使 G 中电流为零。此时产生的电位降 V 与待测电池的电动势 E_x 相对消。

从以上工作原理可见，用直流电位差计测量电动势时，有以下两个明显的优点。

a. 在两次平衡中检流计都指零，没有电流通过，也就是说电位差计既不从标准电池中获取能量，也不从被测电池中获取能量，表明测量时没有改变被测对象的状态，因此在被测电池的内部就没有电压降，测得的结果是被测电池的电动势，而不是端电压。

b. 被测电动势 E_x 的值是由标准电池电动势 E_N 和电阻 R_N、R_x 来决定的。因为标准电池电动势的值十分准确，并且具有高度的稳定性，而电阻元件也可以制造得具有很高的准确度，所以当检流计的灵敏度很高时，用电位差计测量的准确度就非常高。

(2) 使用方法　UJ-25 型电位差计面板如图 1-53 所示。电位差计使用时都配用灵敏检流计和标准电池以及工作电源。UJ-25 型电位差计测电动势范围的上限为 600V，下限为 0.000001V，但当测量高于 1.911110V 的电压时，就必须配用分压箱来提高上限。下面说明测量 1.911110V 以下电压的方法。

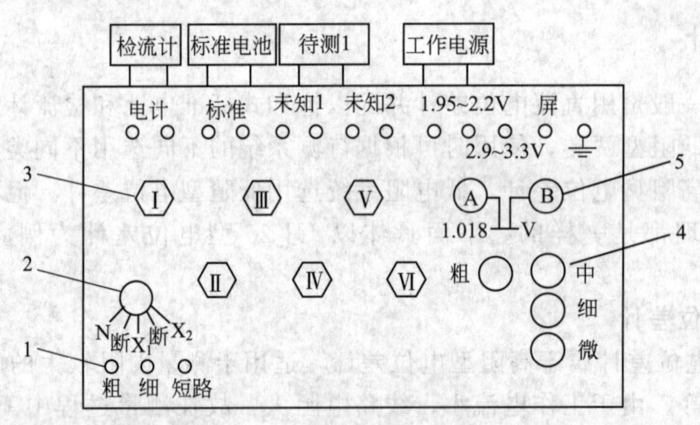

图 1-53　UJ-25 型电位差计面板

1—电计按钮（共 3 个）；2—转换开关；3—电位测量旋钮（共 6 个）；4—工作电流调节旋钮（共 4 个）；5—标准电池温度补偿旋钮

① 连接线路　先将（N、X_1、X_2）转换开关放在“断”的位置，并将左下方三个电计按钮（粗、细、短路）全部松开，然后依次将工作电源、标准电池、检流计以及被测电池按正、负极性接在相应的端钮上（其中检流计没有极性的要求）。

② 调节工作电压（标准化）　算出室温时的标准电池电动势值。对于镉汞标准电池，温度校正公式为：

$$E_t = E_0 - 4.06\times10^{-5}(t-20) - 9.5\times10^{-7}(t-20)^2$$

式中，E_t 为室温 t℃时的标准电池电动势；$E_0 = 1.0186$V，为标准电池在 20℃时的电动势。调节温度补偿旋钮（A、B），使数值为校正后的标准电池电动势。

将（N、X_1、X_2）转换开关放在 N（标准）位置上，按“粗”电计按钮，旋动右下方（粗、中、细、微）四个工作电流调节旋钮，使检流计示零，然后再按“细”电计按钮，重复上述操作。注意按电计按钮时，不能长时间按住不放，需要“按”和“松”交替进行。

③ 测量未知电动势　将（N、X_1、X_2）转换开关放在 X_1 或 X_2（未知）的位置，按下“粗”电计按钮，由左向右依次调节六个测量旋钮，使检流计示零。然后再按下“细”电计按钮，重复以上操作使检流计示零。读出六个旋钮下方小孔示数的总和即为电池的电动势。

(3) 注意事项

a. 测量过程中，当发现检流计受到冲击时，应迅速按下短路按钮，以保护检流计。

b. 由于工作电源的电压会发生变化，故在测量过程中要经常标准化。另外，新制备的电池电动势也不够稳定，应隔数分钟测一次，最后取平均值。

c. 测定时电计按钮按下的时间应尽量短，以防止电流通过而改变电极表面的平衡状态。

d. 若在测定过程中，检流计一直向一边偏转，找不到平衡点，这可能是电极的正负号接错、线路接触不良、导线有断路、工作电源电压不够等原因引起的，应该进行检查。

2. 其他配套仪器及设备

(1) 盐桥　当原电池存在两种电解质界面时，便产生一种称为液体接界电位的电动势，它干扰电池电动势的测定。减小液体接界电位的办法常用盐桥。盐桥是在U形玻璃管中灌满盐桥溶液，用捻紧的滤纸塞紧管两端，把管插入两个互相不接触的溶液，使其导通。

一般盐桥溶液用正、负离子迁移速率都接近于0.5的饱和盐溶液，如饱和氯化钾溶液等。这样当饱和盐溶液与另一种较稀溶液相接界时，主要是盐桥溶液向稀溶液扩散，从而减小了液体接界电位。

应注意盐桥溶液不能与两端的电池溶液发生反应。如果实验中使用硝酸银溶液，则盐桥溶液就不能用氯化钾溶液，而选择硝酸铵溶液较为合适，因为硝酸铵中正、负离子的迁移速率比较接近。

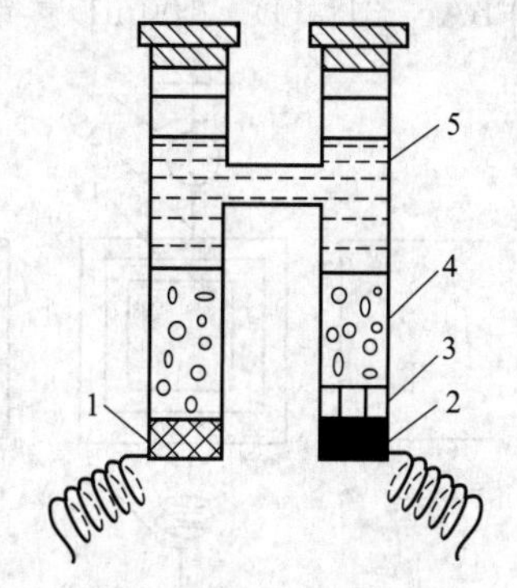

图 1-54　标准电池
1—含 Cd 12.5%的镉汞齐；2—汞；3—硫酸亚汞的糊状物；4—硫酸镉晶体；5—硫酸镉饱和溶液

(2) 标准电池　标准电池是电化学实验中的基本校验仪器之一，其构造如图1-54所示。电池由一H形管构成，负极为含镉12.5%的镉汞齐，正极为汞和硫酸亚汞的糊状物，两极之间盛以硫酸镉的饱和溶液，管的顶端加以密封。电池反应如下：

负极　$Cd(汞齐) \longrightarrow Cd^{2+} + 2e^-$

正极　$Hg_2SO_4(s) + 2e^- \longrightarrow 2Hg(l) + SO_4^{2-}$

电池反应　$Cd(汞齐) + Hg_2SO_4(s) + \frac{8}{3}H_2O \longrightarrow 2Hg(l) + CdSO_4 \cdot \frac{8}{3}H_2O$

标准电池的电动势很稳定，重现性好，20℃时 $E_0 = 1.0186V$，其他温度下 E_t 可按下式算得：

$$E_t = E_0 - 4.06 \times 10^{-5}(t-20) - 9.5 \times 10^{-7}(t-20)^2$$

使用标准电池时应注意。

a. 使用温度为4～40℃。

b. 正负极不能接错。

c. 不能振荡，不能倒置，携取要平稳。

d. 不能用万用表直接测量标准电池。

e. 标准电池只是校验器，不能作为电源使用，测量时间必须短暂，间歇按键，以免电流过大，损坏电池。

f. 电池若未加套直接暴露于日光下，会使硫酸亚汞变质，电动势下降。

g. 按规定时间，需要对标准电池进行计量校正。

（3）常用电极

① 甘汞电极（参见本节酸度计部分）

② 铂黑电极　铂黑电极是在铂片上镀一层颗粒较小的黑色金属铂所组成的电极，镀铂黑的目的是为了增大铂电极的表面积。

电镀前一般需进行铂表面处理。对新制作的铂电极，可放在热的氢氧化钠-乙醇溶液中，浸洗 15min 左右，以除去表面油污，然后在浓硝酸中煮几分钟，取出用蒸馏水冲洗。长时间用过的老化的铂黑电极可浸在 40～50℃的混酸（硝酸：盐酸：水＝1：3：4）中，经常摇动电极，洗去铂黑，再经过浓硝酸煮 3～5min 以去氯，最后用水冲洗。以处理过的铂电极为阴极，另一铂电极为阳极，在 $0.5mol \cdot L^{-1}$ 的硫酸中电解 10～20min，以消除氧化膜。观察电极表面出氢是否均匀，若有大气泡产生则表明有油污，应重新处理。在处理过的铂片上镀铂黑，一般采用电解法，电解液的配制如下：3g 氯铂酸（H_2PtCl_6）、0.08g 醋酸铅（$PbAc_2 \cdot 3H_2O$）、100mL 蒸馏水（H_2O）。电镀时将处理好的铂电极作为阴极，另一铂电极作为阳极。阴极电流密度在 15mA 左右，电镀约 20min。若所镀的铂黑一洗即落，则需重新处理。铂黑不宜镀得太厚，但太薄又易老化和中毒。

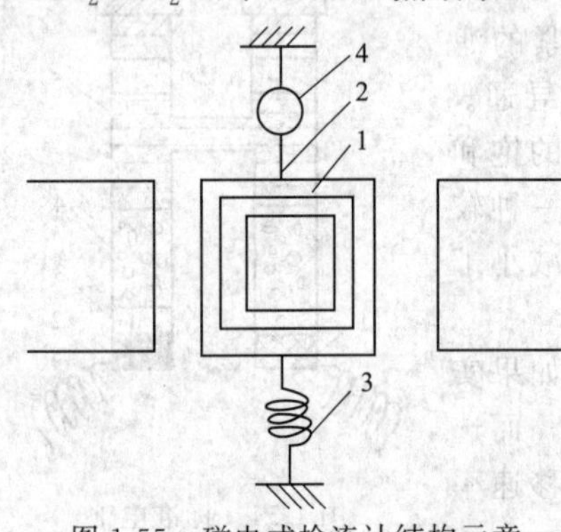

图 1-55　磁电式检流计结构示意

1—动圈；2—悬丝；3—电流引线；4—反射小镜

（4）检流计

检流计灵敏度很高，常用来检查电路中有无电流通过。主要用在平衡式直流电测量仪器如电位差计、电桥中作示零仪器，另外在光电测量、差热分析等实验中用于测量微弱的直流电流。目前实验室中使用最多的是磁电式多次反射光点检流计，它可以和分光光度计及 UJ-25 型电位差计配套使用。

① 工作原理　磁电式检流计的结构如图 1-55 所示。当检流计接通电源后，由灯泡、透镜和光栏构成的光源发射出一束光，投射到平面镜上，又反射到反射镜上，最后成像在标尺上。被测电流经悬丝通过动圈时，使动圈发生偏转，其偏转的角度与电流的强弱有关。因平面镜随动圈而转动，所以在标尺上光点移动距离的大小与电流的大小成正比。

电流通过动圈时，产生的磁场与永久磁铁的磁场相互作用，产生转动力矩，使动圈偏转，但动圈的偏转又使悬丝的扭力产生反作用力矩，当两力矩相等时，动圈就停在某一偏转角度上。

② AC15 型检流计的使用方法　AC15 型检流计的仪器面板如图 1-56 所示。

a. 首先检查电源开关所指示的电压是否与所使用的电源电压一致，然后接通电源。

b. 旋转零点调节器，将光点准线调至零位。

c. 用导线将输入接线柱与电位差计“电计”接线柱接通。

d. 测量时先将分流器开关旋至最低灵敏度挡（0.01 挡），然后逐渐增大灵敏度进行测量（“直接”挡灵敏度最高）。

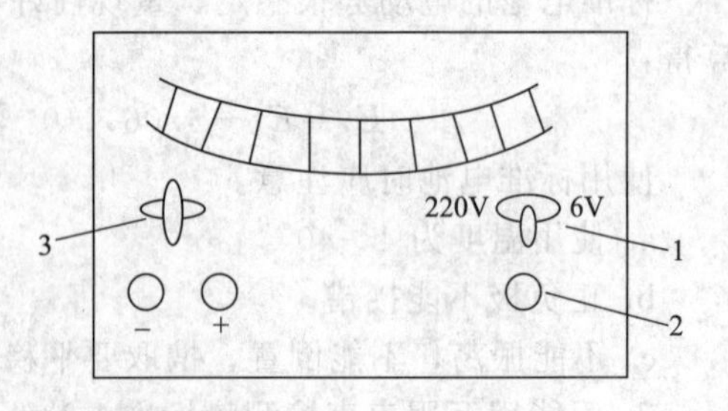

图 1-56　AC15 型检流计面板

1—电源开关；2—零点调节器；3—分流器开关

e. 在测量中如果光点剧烈摇晃，则可按电位差计短路键，使其受到阻尼作用而停止。

f. 实验结束或移动检流计时，应将分流器开关置于“短路”，以防止损坏检流计。

第五节　常用测量仪器及使用（Ⅱ）——光性测量仪器

一、分光光度计

吸光光度法是根据被测物质分子对紫外-可见波长范围（200～800nm）内单色辐射的吸收进行物质的定性、定量或结构分析的一种方法。

1. 分光光度计的基本部件

分光光度计是测量物质分子对不同波长或特定波长处的辐射吸收强度的一种仪器，常见的仪器类型有紫外分光光度计、可见分光光度计和紫外-可见分光光度计。分光光度计按光源分为单波长单光束分光光度计、单波长双光束分光光度计、双波长双光束分光光度计。其部件由以下五部分组成。

（1）辐射源（光源）　具有稳定的、有足够输出功率的连续光谱。钨灯是可见区用的光源，适用波长范围为350～2500nm；紫外区（180～460nm）则用氢灯或氘灯。

（2）单色器　产生高纯度单色光束。单色器由入射狭缝、出射狭缝、透镜等元件组成，色散元件为棱镜或衍射光栅。

（3）吸收池　用作液体吸光度测定的容器，有石英池和玻璃池两种。前者适用于紫外-可见区，后者只适用于可见区。

（4）检测器　又称光电转换器。通常用光电管作波长检测器，也有的用二极管阵列等检测器以进行全波长同时检测。

（5）显示装置　显示光电转换后的信号大小。

2. 光度测量条件的选择

为了保证吸光度测定的准确度和灵敏度，在测量吸光度时还需注意选择适当的测量条件，如入射光波长、参比溶液和读数范围。

（1）入射光波长的选择　由于溶液对不同波长的光吸收程度不同，一般应选择最大吸收时的波长为入射光波长，这时摩尔吸光系数数值最大，测量的灵敏度较高。当在最大吸收波长处有干扰时，可考虑使用其他波长为入射光波长。

（2）参比溶液的选择　入射光照射装有待测溶液的吸收池时，将发生反射、吸收和透射等情况；而反射以及试剂、共存组分等对光的吸收也会造成透射光强度的减弱。为使光强度减弱仅与溶液中待测物质的浓度有关，必须通过参比溶液对上述影响进行校正。

选择参比溶液的原则是：

① 若共存组分、试剂在所选入射光波长处均不吸收入射光，则选用蒸馏水或纯溶剂作参比溶液；

② 若试剂在所选入射光波长处吸收入射光，则以试剂空白作参比溶液；

③ 若共存组分吸收入射光，而试剂不吸收入射光，则以原试液作参比溶液；

④ 若共存组分和试剂都吸收入射光，则取原试液掩蔽被测组分，再加入试剂后作为参比溶液。

3. 722 型光栅分光光度计的使用方法

图1-57为722型光栅分光光度计的外形图。该仪器用碘钨灯作光源，工作波长范围为360～800nm，波长精度为±2nm，波长重现性为0.5nm，单色光带宽为6nm，吸光度显示

范围为 0～1.999，样品架可放置 4 个吸收池。该仪器的基本操作如下。

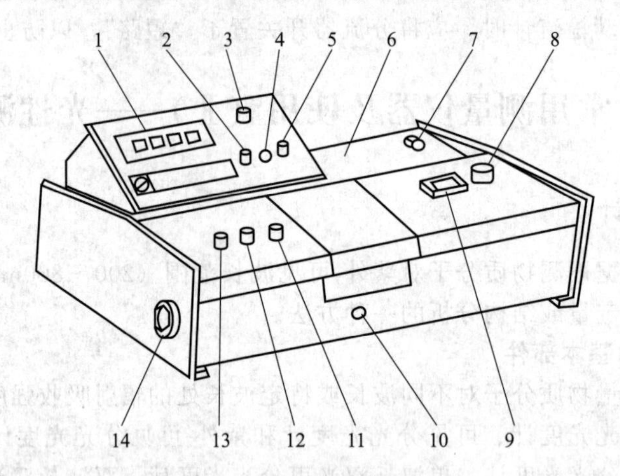

图 1-57　722 型光栅分光光度计

1—数字显示器；2—吸光度调零旋钮；3—选择开关；4—吸光度调斜率电位器；5—浓度旋钮；6—光源室；7—电源开关；8—波长选择旋钮；9—波长刻度窗；10—样品架拉手；11—100%T 旋钮；12—0%T 旋钮；13—灵敏度调节旋钮；14—干燥器

(1) 预热　接通电源开关 7，指示灯亮，打开吸收池暗箱盖。预热 20min 后才能进行测定工作。

(2) 设定波长　将灵敏度调节旋钮 13 置于“1”挡（放大倍率最小），转动波长选择旋钮 8 选择所需的单色光波长。

(3) 调 $T=0\%$和 $T=100\%$　将选择开关 3 置于“T”挡（即“透光率”挡），打开吸收池暗箱盖，放入吸收池，调节 0%T 旋钮 12，使数字显示器为“0.000”，将盛参比溶液的吸收池放入样品架的第一格内，盛样品溶液的吸收池放入样品架的其他格内，盖上吸收池暗箱盖。推吸收池拉杆，将盛参比溶液的吸收池置于光路之中，调节 100%T 旋钮 11，使数字显示器准确显示 100%；若数字显示器调不到 100%处，则可适当增加灵敏度调节旋钮 13 的挡数。一般应尽可能使用低挡数，这样仪器将有更高的稳定性。改变灵敏度后再调节 $T=100\%$，使数字显示器显示 100%。然后再反复几次调整零位和 $T=100\%$，待显示稳定后，将选择开关 3 置于“A”挡（即“吸光度”挡），此时吸光度显示应为“0.000”；若不是，则调节吸光度调零旋钮 2，使显示器为“0.000”后即可进行测定。

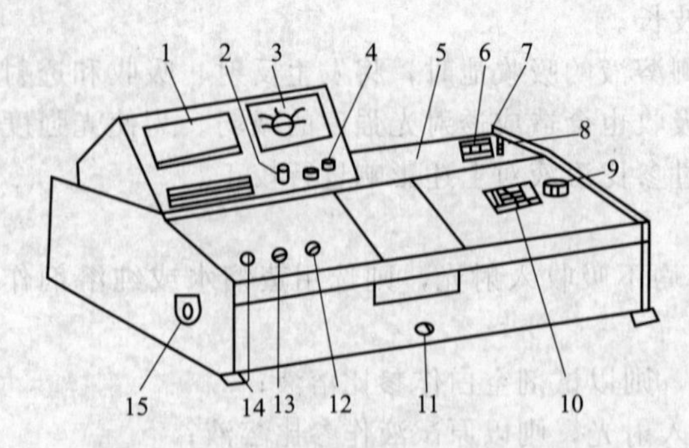

图 1-58　752C 型紫外光栅分光光度计

1—数字显示器；2—浓度按钮；3—选择开关；4—浓度旋钮；5—光源室；6—电源开关；7—氢灯电源开关；8—氢灯触发按钮；9—波长手轮；10—波长刻度窗；11—试样室拉手；12—100%T 旋钮；13—0%T 旋钮；14—灵敏度调节旋钮；15—干燥器

(4) 测定　将吸收池拉杆拉出一格，使待测溶液进入光路，从数字显示器上读取该溶液的吸光度，读取读数后立即打开吸收池暗箱盖。

重复操作，再依次测量其他溶液的吸光度。

测量完毕，取出吸收池，洗净擦干，将各旋钮恢复到起始位置，开关置于“关”处，拔下电源插头。

4. 752C 型紫外光栅分光光度计的使用方法

752C 型紫外光栅分光光度计的外形结构如图 1-58 所示，使用方法如下。

① 将灵敏度调节旋钮调置“1”挡（放大倍率最小）。按电源开关，（开关内2只指示灯亮），钨灯点亮。按氢灯电源开关（开关内左侧指示灯亮），氢灯电源接通。再按氢灯触发按钮（开关内右侧指示灯亮），氢灯点亮。仪器预热30min。

注意：仪器后背部有一只钨灯开关，如不需要可以将其关闭。

② 选择开关置于“T”。打开样品室盖（光门自动关闭），调节0%T旋钮，使数字显示为“000.0”。

③ 将波长置于所需要测的波长。

④ 将装有溶液的比色皿置于比色皿架中（波长在360nm以上时，可以用玻璃比色皿；波长在360nm以下时，要用石英比色皿）。盖上样品室盖，将参比溶液比色皿置于光路，调节100%T旋钮，使T的数字显示为100.0%（如果显示不到100.0%，则可适当增加灵敏度的挡数，同时应重复②，调整仪器的“000.0”）。

⑤ 将被测溶液置于光路中，从数字显示器上直接读出被测溶液的透过率（T）值。

⑥ 吸光度A的测量：参照②和④，调整仪器的“000.0”和“100.0”。将选择开关置于“A”。旋动吸光度调节旋钮，使数字显示为“0.000”，然后移入被测溶液，显示值即为试样的吸光度A值。

⑦ 浓度c的测量：选择开关由“A”旋至“c”，将已标定浓度的溶液移入光路，调节浓度旋钮使数字显示为标定值。将被测溶液移入光路，即可读出相应的浓度值。

⑧ 如果大幅度改变测试波长，则需要等数分钟后才能正常工作（因波长由长波向短波或短波向长波移动时，光能量变化急剧，使光电管受光后响应缓慢，需一定光响应平衡时间）。

⑨ 仪器在使用时，应经常参照本操作方法中②和④进行调“000.0”和“100.0”的工作。每台仪器所配套的比色皿不能与其他仪器上的比色皿单个调换。

二、旋光仪

1. 基本概念

（1）旋光现象和旋光度　一般光源发出的光，其光波在垂直于传播方向的一切方向上振动，这种光称为自然光，或称非偏振光；而只在一个方向上有振动的光称为平面偏振光。当一束平面偏振光通过某些物质时，其振动方向会发生改变，此时光的振动面旋转一定的角度，这种现象称为物质的旋光现象，这种物质称为旋光物质。许多物质具有旋光性，如石英晶体、酒石酸晶体、蔗糖、葡萄糖、果糖的溶液等。旋光物质使偏振光振动面旋转的角度称为旋光度。使偏振光的振动面向左旋的物质称为左旋物质，向右旋的称为右旋物质。通过测定物质旋光度的方向和大小，可以对物质进行鉴定。

（2）旋光仪与物质浓度的关系　旋光物质的旋光度除了取决于旋光物质的本性外，还与测定温度、光经过物质的厚度、光源的波长等因素有关。若被测物质是溶液，当光源波长、温度、厚度恒定时，其旋光度与溶液的浓度成正比。

① 测定旋光物质的浓度　先将已知浓度的样品按一定比例稀释成若干不同浓度的试样，分别测出其旋光度。再以浓度为横轴，旋光度为纵轴，绘制α-c曲线。然后取未知浓度的样品测旋光度，根据所测旋光度，可在α-c曲线上查出该样品的浓度。

② 根据物质的比旋光度测出物质的浓度　由于实验条件的不同，物质的旋光度有很大的差异，所以提出了物质比旋光度的概念。规定以钠光D线作为光源，温度为20℃，样品液层厚度为l（常以10cm为单位），浓度为c［常用100mL溶液中所含物质的质量（g）来表示］的旋光物质所产生的旋光度为该物质的比旋光度，通常用符号$[\alpha]_D^t$表示，其中D表

示光源，t 表示温度。

$$[\alpha]_D^t = \frac{\alpha}{lc} \tag{1-10}$$

比旋光度是衡量旋光物质旋光能力的一个常数。

根据被测溶液的比旋光度，可以测出该溶液的浓度，其方法如下。

a. 从手册上查出被测物质的比旋光度 $[\alpha]_D^t$。

b. 选择一定长度（最好 10cm）的旋光管。

c. 在 20℃时，用旋光仪测出未知浓度样品的旋光度，代入式(1-10)，即可求出溶液的浓度 c。

2. 旋光仪的构造和测试原理

普通光源发出的光称为自然光，其光波在垂直于传播方向的一切方向上振动，如果借助某种方法可以从这种自然光聚集体中挑选出只在平面内的方向上振动的光线，这种光线称为偏振光。尼科尔（Nicol）棱镜就是根据这一原理设计的。旋光仪的主体是两块尼科尔棱镜。尼科尔棱镜是将方解石晶体沿一对角面剖成两块直角棱镜，然后用加拿大树脂沿剖面黏合起来而构成的，如图 1-59 所示。

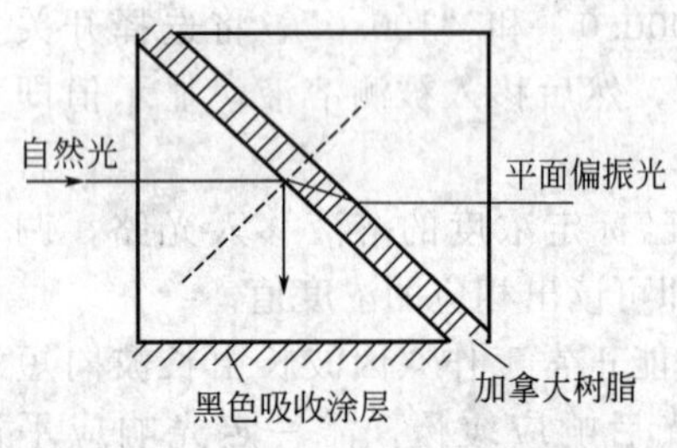

图 1-59　尼科尔棱镜的起偏振原理

当光线进入棱镜后，分解为两束相互垂直的平面偏振光，一束折射率为 1.658 的寻常光，另一束折射率为 1.486 的非寻常光。这两束光线到达方解石与加拿大树脂的黏合面上时，折射率为 1.658 的一束光就被全反射到棱镜的底面上（加拿大树脂的折射率为 1.550）。若底面是黑色涂层，则折射率为 1.658 的寻常光将被吸收，折射率为 1.486 的非寻常光则通过树脂而不产生全反射现象，这样就获得了一束单一的平面偏振光。用于产生偏振光的棱镜称为起偏镜，从起偏镜出来的偏振光仅限于在一个平面上振动。假如再有一个尼科尔棱镜，其投射面与起偏镜透射面平行，则由起偏镜出来的一束光线也必能通过第二个棱镜，第二个棱镜称为检偏镜。若起偏镜与检偏镜的透射面相互垂直，则由起偏镜出来的光线完全不能通过检偏镜。如果起偏镜与检偏镜的两个透射面的夹角 θ 在 0°～90°之间，则由起偏镜出来的光线部分透过检偏镜，如图 1-60 所示。一束振幅为 E 的 OA 方向的平面偏振光，可以分解成为互相垂直的两个分量，其振幅分别为 $E\cos\theta$ 和 $E\sin\theta$。但只有与 OB 重合的振幅为 $E\cos\theta$ 的偏振光才能透过检偏镜，透过检偏镜的振幅为 $OB = E\cos\theta$，由于光的强度 I 正比于光的振幅的平方，因此

$$I = OB^2 = E^2\cos^2\theta = I_0\cos\theta \tag{1-11}$$

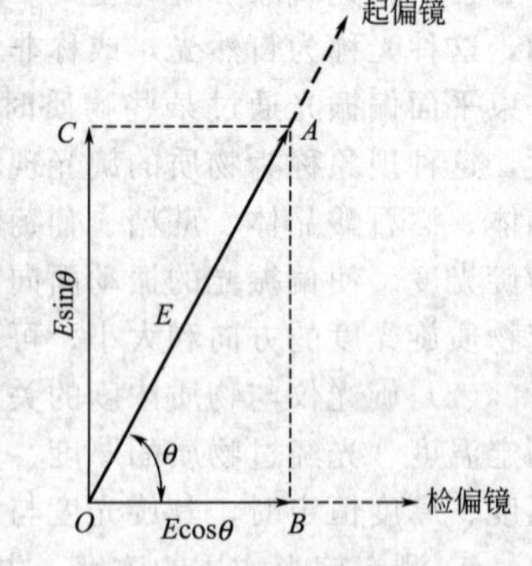

图 1-60　偏振光强度

式中　I——透过检偏镜的光强度；

I_0——透过起偏镜的光强度。

当 $\theta=0°$时，$E\cos\theta=E$，此时透过检偏镜的光最强；当 $\theta=90°$时，$E\cos\theta=0$，此时没有光透过检偏镜，光最弱。旋光仪就是利用透过光的强弱来测定旋光物质的旋光度的。

旋光仪的光学系统如图 1-61 所示。

N_3 上附有刻度盘，当旋转 N_3 时，刻度盘随同转动，其旋转的角度可以从刻度盘上读出。光管中盛以待测溶液，由于待测溶液具有旋光性，必须将 N_3 相应旋转一定的角度 α，

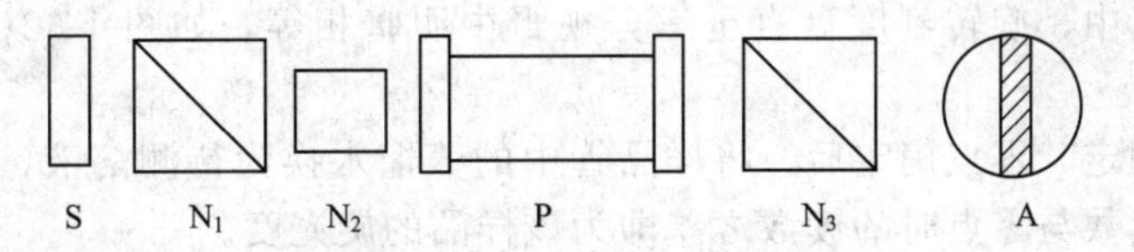

图 1-61　旋光仪的光学系统

S—钠光光源；N_1—起偏镜；N_2—一块石英片；P—旋光管（盛放待测溶液）；N_3—检偏镜；A—目镜的视野

目镜中才会又呈黑暗，α 即为该物质的旋光度。但人们的视力对鉴别两次全黑相同的误差较大（可差 4°～6°），因此设计了一种三分视野或二分视野，以提高人们观察的精确度。

为此在起偏镜 N_1 后放置一块狭长的石英片 N_2，石英片具有旋光性，偏振光经石英片 N_2 后偏转了一角度 α，在 N_2 后观察到的视野如图 1-62(a) 所示。

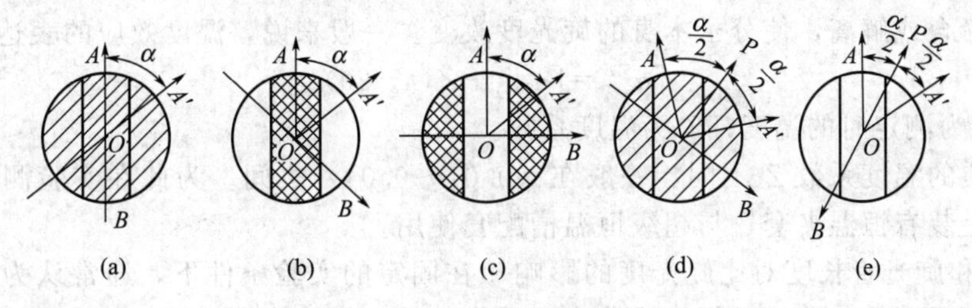

图 1-62　旋光仪的测量原理

OA 是经起偏镜 N_1 后的振动方向，OA'是经起偏镜 N_1 后又经石英片 N_2 后的振动方向，此时左右两侧亮度相同，而与中间不同，α 角称为半阴角。如果旋转检偏镜 N_3 的位置，使其透射面 OB 与OA'垂直，则经过石英片 N_2 的偏振光不能透过检偏镜 N_3。目镜视野中部黑暗而左右两侧较亮，如图 1-62(b) 所示。若旋转检偏镜 N_3 使 OB 与 OA 垂直，则目镜视野中部较亮而两侧黑暗，如图 1-62(c) 所示。如调节检偏镜 N_3 的位置使 OB 的位置恰巧在图 1-62(c) 和 (b) 的情况之间，则可以使视野三部分明暗相同，如图 1-62(d) 所示。此时 OB 恰好垂直于半阴角的角平分线 OP。由于人们视力对选择明暗相同的三分视野易于判断，因此在测定时先在 P 管中盛无旋光性的蒸馏水，转动检偏镜 N_3，调节三分视野明暗度相同，此时的读数作为仪器的零点。当 P 管中盛具有旋光性的溶液后，由于 OA 与 OA'的振动方向都被转动过某一角度，只有相应地把检偏镜 N_3 转动某一角度，才能使三分视野的明暗度相同，所得读数与零点之差即为被测溶液的旋光度。测定时若需将检偏镜 N_3 顺时针方向转某一角度，使三分视野明暗相同，则被测物质为右旋；反之为左旋，常在角度前加负号表示。

若调节检偏镜 N_3，使 OB 与 OP 重合，如图 1-62(e) 所示，则三分视野的明暗也应相同，但是 OA 与 OA'在 OB 上的光强度比 OB 垂直于 OP 时大，三分视野特别亮。由于人们的眼睛对弱亮度变化比较灵敏，调节亮度相等的位置更为准确，因此总是选取 OB 与 OP 垂直的情况作为旋光度的标准。

3. 圆盘旋光仪的使用方法

(1) 调节望远镜焦距　打开钠光灯，稍等几分钟，待光源稳定后，从目镜中观察视野，如不清楚可调节目镜焦距。

(2) 旋光仪零点校正　把旋光管一端的管盖旋开（注意盖内玻片，以防跌碎），洗净旋光管，用蒸馏水充满，使蒸馏水在管口形成一凸出的液面，盖上玻片（旋光管内不能有气泡，以免观察时视野模糊）。旋紧管盖，用干净纱布擦干旋光管外面及玻片外面的水渍。把旋光管放入旋光仪中，旋转刻度盘直至三分视野中明暗相等，如图 1-62(d) 所示，以此为零点（暗视野）。

(3) 旋光度测定　零点确定后，将样品管中的蒸馏水换为待测溶液，按同样方法测定，此时刻度盘上的读数与零点时的读数之差即为该样品的旋光度。

(4) 影响因素

① 溶剂的影响　旋光物质的旋光度主要取决于物质本身的构型。另外，与光线透过物质的厚度以及测量时所用光的波长和温度有关。如果被测物质是溶液，影响因素还包括物质的浓度，溶剂也有一定的影响。因此在不同的条件下，旋光物质的旋光度测定结果通常不一样。由于旋光度与溶剂有关，故测定比旋光度值时，应说明使用什么溶剂，如不说明一般指水为溶剂。

② 温度的影响　温度升高会使旋光度增大，但会降低液体的密度。温度的变化还可能引起分子间缔合或解离，使分子本身的旋光度改变。一般来说，温度效应的表达式为：

$$[\alpha]_{\lambda}^{t}=[\alpha]_{\mathrm{D}}^{t}+Z(t-20) \tag{1-12}$$

式中，t 为测定时的温度；Z 为温度系数。

不同物质的温度系数 Z 不同，一般在（0.01～0.04）之间。为此在实验测定时必须恒温，旋光管上装有恒温夹套，与超级恒温槽配套使用。

③ 浓度和旋光管长度对比旋光度的影响　在固定的实验条件下，通常认为旋光物质的旋光度与浓度成正比，此时必须将比旋光度看成常数。但是旋光物质的旋光度和溶液浓度之间并非严格地呈线性关系，所以旋光物质的比旋光度严格地说并非常数，在给出 $[\alpha]_{\lambda}^{t}$ 值时，必须说明测量浓度，在精密的测定中，比旋光度和浓度间的关系一般可采用拜奥（Biot）提出的三个方程之一表示，即

$$[\alpha]_{\lambda}^{t}=A+Bw \tag{1-13}$$

$$[\alpha]_{\lambda}^{t}=A+Bw+Cw^{2} \tag{1-14}$$

$$[\alpha]_{\lambda}^{t}=A+\frac{Bw}{C+w} \tag{1-15}$$

式中，w 为溶液的质量分数；A、B、C 为常数。

式(1-13) 代表一条直线，式(1-14) 为一抛物线，式(1-15) 为双曲线。常数 A、B、C 可从不同浓度的几次测量中加以确定。

旋光度与旋光管的长度成正比。旋光管一般有 10cm、20cm、22cm 三种长度。使用 10cm 长的旋光管计算比旋光度比较方便，但对旋光能力较弱或者较稀的溶液，为提高准确度，降低读数的相对误差，可用 20cm 或 22cm 的旋光管。

(5) 使用注意事项

① 旋光仪在使用时，需通电预热几分钟，但钠光灯使用时间不宜过长。

② 旋光仪是较精密的光学仪器，使用时，仪器金属部分切忌沾染酸碱，防止腐蚀。

③ 光学镜片部分不能与硬物接触，以免损坏镜片。

④ 不能随便拆卸仪器，以免影响精度。

4. 自动指示旋光仪的结构及测试原理

目前国内生产的自动指示旋光仪，其三分视野检测及检偏镜角度的调整采用了光电检测器，通过电子放大及机械反馈系统自动进行，最后数字显示。该旋光仪具有体积小、灵敏度高、读数方便、可以减小观察三分视野明暗度相同时产生的人为误差，对弱旋光性物质同样适用。

WZZ 型自动数字显示旋光仪的结构原理如图 1-63 所示。

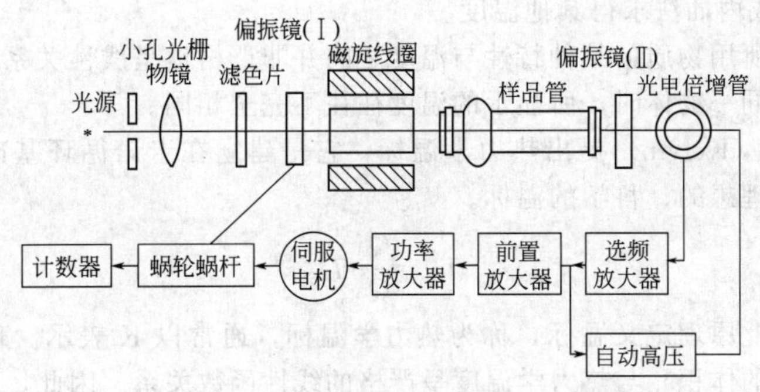

图 1-63　WZZ 型自动数字显示旋光仪的结构原理

该仪器用 20W 钠光灯为光源，并通过可控硅自动触发恒流电源点燃，光线通过聚光镜、小孔光栅和物镜后形成一束平行光，经过起偏镜后产生平行偏振光，这束偏振光经过有法拉第效应的磁旋线圈时，其振动面产生 50Hz 的一定角度的往复振动，该偏振光线通过检偏镜透射到光电倍增管上，产生交变的光电信号。当检偏镜的透光面与偏振光的振动面正交时，即为仪器的光学零点，此时出现平衡指示。而当偏振光通过一定旋光度的测试样品时，偏振光的振动面转过一个角度 α，此时光电信号就能驱动工作频率为 50Hz 的伺服电机，并通过蜗轮蜗杆带动检偏镜转动 α 角而使仪器回到光学零点，此时读数盘上的示值即为所测物质的旋光度。

三、阿贝折光仪

详见实验二十九。

第六节　常用测量仪器及使用（Ⅲ）——温度测量仪器

一、温标

温度是表征体系中物质内部大量分子、原子平均动能的一个宏观物理量。物体内部分子、原子平均动能的增加或减少，表现为物体温度的升高或降低。物质的物理化学特性与温度有密切的关系，温度是确定物体状态的一个基本参量，因此准确测量和控制温度，在科学实验中十分重要。

温度是一个特殊的物理量，两个物体的温度不能像质量那样互相叠加，两个温度间只有相等或不等的关系。为了表示温度的数值，需要建立温标，即温度间隔的划分与刻度的表示，这样才会有温度计的读数。所以温标是测量温度时必须遵循的带有“法律”性质的规定。确立一种温标，需要有以下三条。

(1) 选择测温物质　作为测温物质，它的某种物理性质（如体积、电阻、温差电位以及辐射电磁波的波长等）与温度有依赖关系且有良好的重现性。

(2) 确定基准点　测温物质的某种物理特性，只能显示温度变化的相对值，必须确定与其相当的温度值，才能实际使用。通常是以某些高纯物质的相变温度，如凝固点、沸点等，作为温标的基准点。

(3) 划分温度值　基准点确定以后，还需要确定基准点之间的分隔，例如，摄氏温标是以 1atm❶ 下水的冰点（0℃）和沸点（100℃）为两个定点，定点间分为 100 等份，每一份

❶ 1atm＝101.325kPa；后同。

为 1℃。用外推法或内插法求得其他温度。

实际上，一般所用物质的某种特性与温度之间并非严格地呈线性关系，因此用不同物质制作的温度计测量同一物体时，所显示的温度往往不完全相同。

1848 年开尔文（Kelvin）提出热力学温标，它是建立在卡诺循环基础上的，与测温物质性质无关的一种理想的、科学的温标。

$$T_2=\frac{Q_1}{Q_2}T_1 \tag{1-16}$$

开尔文建议用此原理定义温标，称为热力学温标，通常以 K 表示。理想气体在定容下的压力（或定压下的体积）与热力学温度呈严格的线性函数关系。因此，国际上选定气体温度计，用它来实现热力学温标。氦、氢、氮等气体在温度较高、压力不太大的条件下，其行为接近理想气体。所以，这种气体温度计的读数可以校正为热力学温度。热力学温度用单一固定点定义，规定“热力学温度单位 K 是水三相点热力学温度的 1/273.16”。水的三相点热力学温度为 273.16K。热力学温度与通常习惯使用的摄氏温度分度值相同，只是差一个常数：

$$t/℃=T-273.15\text{K} \tag{1-17}$$

由于气体温度计的装置复杂，使用很不方便，为了统一国际上的温度量值，1927 年拟定了“国际温标”，建立了若干可靠而又能高度重现的固定点。随着科学技术的发展，又经多次修订，现在采用的是 1990 国际温标（ITS—90）。

二、水银温度计

温度计的种类很多，水银温度计是实验室常用的温度计。作为测温物质的水银，通常盛在一根下端为球体的玻璃毛细管内，毛细管的剩余部分被抽成真空或充以某种气体（氮或氩），温度的变化借助水银体积的变化，使毛细管内水银柱的上升或下降表现出来。在毛细管上标出温度值，便可直接读出温度。水银的热导率较大，比热容较小，膨胀系数比较均匀，而且在相当大的温度的变化范围内，水银体积随温度的变化接近直线关系，又因玻璃的热膨胀系数小，毛细管直径均匀，水银在玻璃上的附着力甚微，所以水银温度计是一种结构简单、使用方便、测量准确、测量范围较大的常用温度计之一。其不足之处是易损坏，损坏后无法修理，且水银易挥发，人体吸入后易引起慢性中毒，所以在使用水银温度计时一定要细心。常用的水银温度计刻度间隔有 2℃、1℃、0.5℃、0.2℃、0.1℃等，与温度计的量程范围有关，可根据测定精度选用。

水银温度计的校正方法有读数校正和露茎校正两种。

1. 读数校正

① 以纯物质的熔点或沸点作为标准进行校正。

② 以标准水银温度计为标准，与待校正的温度计同时测定某一体系的温度，将对应值一一记录，作出校正曲线。

标准水银温度计由多支温度计组成，各支温度计的测量范围不同，交叉组成 −10～360℃范围，每支都经过计量部门的鉴定，读数准确。

2. 露茎校正

水银温度计有“全浸”和“非全浸”两种。非全浸式水银温度计常刻有校正时浸入量的刻度，在使用时若室温和浸入量均与校正时一致，则所示温度正确。

全浸式水银温度计使用时应当全部浸入被测体系中，如图 1-64 所示，达到热平衡后才能读数。全浸式水银温度计如不能全部浸没在被测体系中，则因露出部分与体系温度不同，必然存在读数误差，因此必须进行校正，这种校正称为露茎校正，如图 1-65 所示。校正公式为：

$$\Delta t=\frac{kh}{1+kh}(t_{测}-t_{环}) \tag{1-18}$$

式中，$\Delta t=t_{实}-t_{测}$，是读数校正值；$t_{实}$是温度的正确值；$t_{测}$是温度计的读数值；$t_{环}$是露出待测体系外水银柱的有效温度（从放置在露出一半位置处的另一支辅助温度计读出）；h 是露出待测体系外部的水银柱长度，称为露茎高度，以温度差值表示；k 是水银对于玻璃的膨胀系数，使用摄氏度时，$k=0.00016$。上式中，$kh\ll 1$，所以

$$\Delta t\approx kh(t_{测}-t_{环}) \tag{1-19}$$

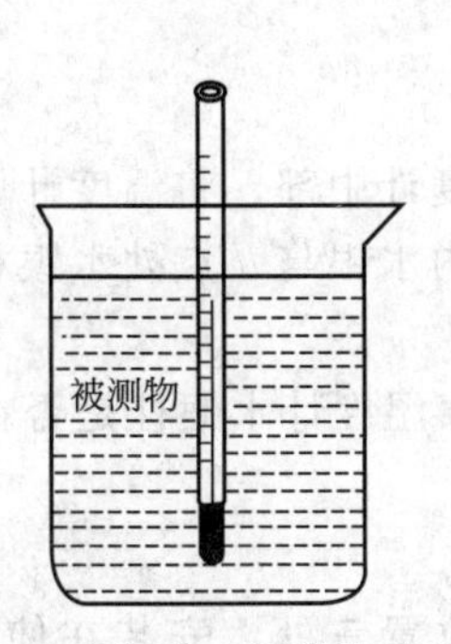

图 1-64　全浸式水银温度计的使用

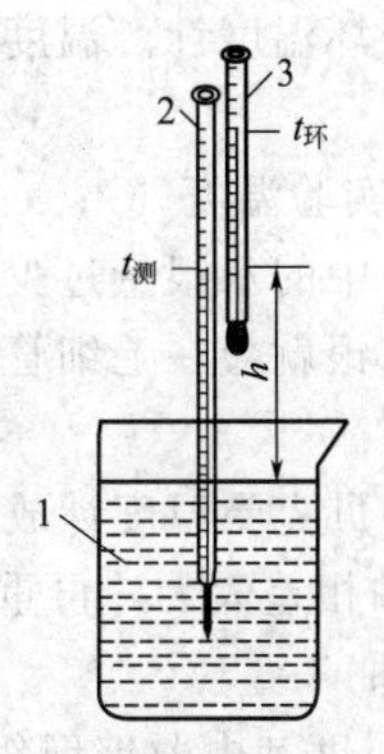

图 1-65　温度计露茎校正

1—被测体系；2—测量温度计；3—辅助温度计

三、贝克曼温度计

1. 特点

贝克曼（Beckmann）温度计是精确测量温差的温度计，它的主要特点如下。

① 它的最小刻度为 0.01℃，用放大镜可以读准到 0.002℃，测量精度较高；还有一种最小刻度为 0.002℃，可以估读到 0.0004℃。

② 一般只有 5℃量程，最小刻度为 0.002℃的贝克曼温度计量程只有 1℃。为了适用于不同用途，其刻度方式有两种：一种是 0℃刻在下端；另一种是 0℃刻在上端。

③ 其结构（如图 1-66 所示）与普通温度计不同，在它的毛细管 2 上端，加装了一个水银贮管 4，用来调节水银球 1 中的水银量。因此虽然量程只有 5℃，却可以在不同范围内使用。一般可以在−6～120℃使用。

④ 由于水银球 1 中的水银量是可变的，因此水银柱的刻度值不是温度的绝对值，只是在量程范围内的温度变化值。

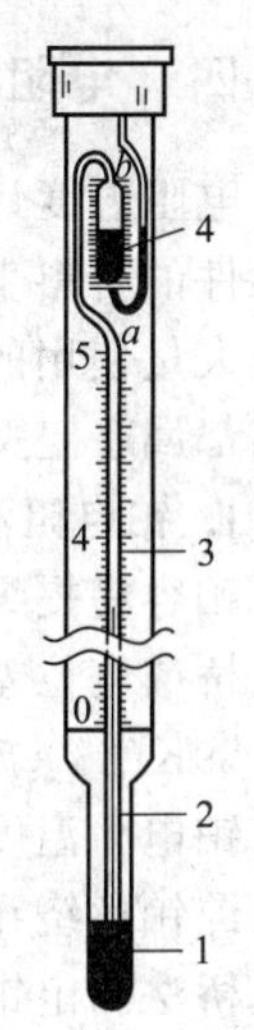

图 1-66　贝克曼温度计

1—水银球；2—毛细管；3—温度标尺；4—水银贮管；a—最高刻度；b—毛细管末端

2. 使用方法

首先根据实验要求确定选用哪一类型的贝克曼温度计。使用时需经过以下步骤。

（1）测定贝克曼温度计的 R 值　贝克曼温度计最上部刻度 a 处到毛细管末端 b 处所相当的温度值称为 R 值。将贝克曼温度计与一支普通温度计（最小刻度为 0.1℃）同时插入盛水或其他液体的烧杯中加热，贝克

曼温度计的水银柱就会上升，由普通温度计读出从 a 到 b 段相当的温度值，称为 R 值。一般取几次测量值的平均值。

(2) 水银球 1 中水银量的调节　在使用贝克曼温度计时，首先应当将它插入一杯与待测体系温度相同的水中，达到热平衡以后，如果毛细管内水银面在所要求的合适刻度附近，说明水银球 1 中的水银量合适，不必进行调节；否则，就应当调节水银球中的水银量。若球内水银过多，毛细管水银量超过 b 点，就应当左手握贝克曼温度计中部，将温度计倒置，右手轻击左手手腕，使水银贮管 4 内水银与 b 点处水银相连接，再将温度计轻轻倒转放置在温度为 t' 的水中，平衡后用左手握住温度计的顶部，迅速取出，离开水面和实验台，立即用右手轻击左手手腕，使水银贮管 4 内水银在 b 点处断开。此步骤要特别小心，切勿使温度计与硬物碰撞，以免损坏温度计。温度 t' 的选择可以按照下式计算：

$$t'=t+R+(5-x) \tag{1-20}$$

式中，t 为实验温度，℃；x 为 t 时贝克曼温度计的读数。

若水银球 1 中的水银量过少，则应当左手握住贝克曼温度计中部，将温度计倒置，右手轻击左手腕，水银就会在毛细管中向下流动，待水银贮管 4 内水银与 b 点处水银相接后，再按上述方法调节。

调节后，将贝克曼温度计放在实验温度为 t 的水中，观察温度计水银柱是否在所要求的刻度 x 附近，如相差太大，再重新调节。

3. 注意事项

① 贝克曼温度计由薄玻璃组成，易被损坏，一般只能放置三处：安装在使用仪器上；放在温度计盒内；握在手中。不准随意放置在其他地方。

② 调节时，应当注意防止骤冷或骤热，还应避免重击。

③ 已经调节好的温度计，注意不要使毛细管中水银再与水银贮管 4 内的水银相连接。

④ 使用夹子固定温度计时，必须垫有橡胶垫，不能用铁夹直接夹温度计。

四、电阻温度计

电阻温度计是利用金属和半导体的电阻随温度变化的特性制成的测温仪器。目前，按感温元件的材料来分，有金属导体和半导体两大类。金属导体有铂、铜、镍、铁和铑铁合金，目前大量使用的材料为铂、铜和镍。铂制成的为铂电阻温度计，铜制成的为铜电阻温度计，它们都属于定型产品。半导体有锗、碳和热敏电阻（氧化物）等。

1. 铂电阻温度计

铂容易提纯，化学稳定性高，电阻温度系数稳定且重现性很好。所以，铂电阻与专用精密电桥或电位差计组成的铂电阻温度计有极高的精确度，被选定为 13.81K(−259.34℃)～903.89K(630.74℃) 温度范围的标准温度计。

铂电阻温度计用的纯铂丝，必须经 933.35K(660℃) 退火处理，以增加其重现性和稳定性，纯铂丝绕在交叉的云母片上，密封在硬质玻璃管中，内充干燥的氦气，成为感温元件，用电桥法测定铂丝电阻。

在 273K 时，铂电阻每欧姆温度系数大约为 $0.00392\Omega\cdot K^{-1}$。此温度下电阻为 25Ω 的铂电阻温度计，温度系数大约为 $0.1\Omega\cdot K^{-1}$，欲使所测温度能准确到 0.001K，测得的电阻值必须精确到 $\pm10^{-4}\Omega$ 以内。

2. 热敏电阻温度计

热敏电阻的电阻值会随着温度的变化而发生显著的变化，它是一个对温度变化极其敏感的元件。它对温度的灵敏度比铂电阻、热电偶等其他感温元件高得多。目前，常用的热敏电阻由金属氧化物半导体材料制成，能直接将温度变化转换成电性能（如电压或电流）的变化，测量电性能的变化就可得到温度的变化结果。

热敏电阻与温度之间并非线性关系，但当测量温度范围较小时，近似为线性关系。实验证明，其测定温差的精度足以和贝克曼温度计相比，而且还具有热容量小、响应快、便于自动记录等优点。根据电阻-温度特性可将热敏电阻器分为两类：一类是具有正温度系数的热敏电阻器（Positive Temperature Coefficient，PTC）；另一类是具有负温度系数的热敏电阻器（Negative Temperature Coefficient，NTC）。

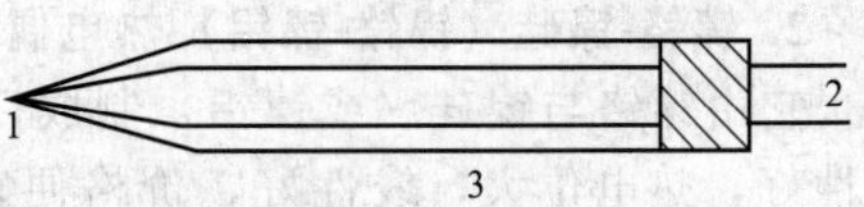

图 1-67　珠形热敏电阻器的构造示意图
1—热敏元件；2—引线；3—壳体

热敏电阻器可以制成各种形状，图 1-67 是珠形热敏电阻器的构造示意图。在实验中可将其作为电桥的一臂，其余三臂为纯电阻（如图 1-68 所示）。其中 R_2、R_3 是固定电阻，R_1 是可变电阻，R_r 为热敏电阻，E 为电源。当在某一温度下将电桥调节平衡时，记录仪中无电压信号输入，当温度发生变化时，电桥不平衡，则有电压信号输给记录仪，记录笔记录下电压变化，只要标定出记录笔对应单位温度变化时的走纸距离，就能很容易地求得所测温度。实验时应避免热敏电阻的引线受潮漏电，否则将影响测量结果和记录仪的稳定性。

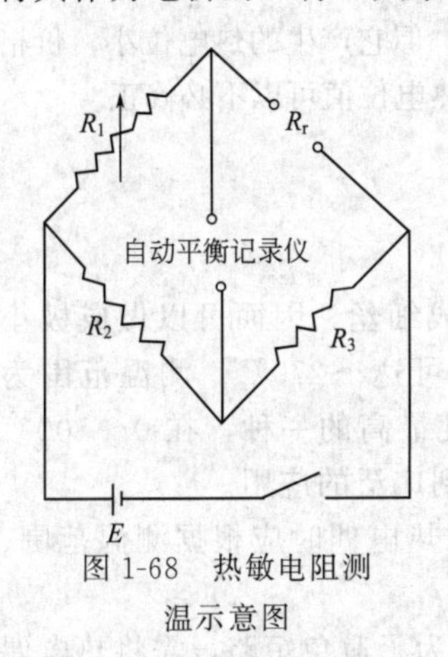

图 1-68　热敏电阻测温示意图

五、热电偶温度计

两种不同金属导体构成一个闭合线路，如果连接点温度不同，回路中将会产生一个与温差有关的电位，称为温差电位。这样的一对金属导体称为热电偶，可以利用其温差电位测定温度。自 1821 年塞贝克（Seebeck）发现热电效应起，热电偶的发展已经历了一个多世纪。据统计，在此期间曾有 300 余种热电偶问世，但应用较广的热电偶仅有 40～50 种。国际电工委员会（IEC）对其中被国际公认、性能优良和产量最大的七种制定标准，即 IEC 584-1 和 IEC 584-2 中所规定的：S 分度号（铂铑 10-铂）、B 分度号（铂铑 30-铂铑 6）、K 分度号（镍铬-镍硅）、T 分度号（铜-康铜）、E 分度号（镍铬-康铜）、J 分度号（铁-康铜）、R 分度号（铂铑 13-铂）等热电偶。

热电偶根据材质可分为廉价金属、贵金属、难熔金属和非金属四种。其具体材质、对应组成、使用温度及热电位系数见表 1-8。

表 1-8　热电偶基本参数

热电偶类别	材质及组成	新分度号	旧分度号	使用范围/℃	热电位系数/mV·K^{-1}
廉价金属	铁-康铜(CuNi40)		FK	0～+800	0.0540
	铜-康铜	T	CK	−200～+300	0.0428
	镍铬 10-考铜(CuNi43)		EA-2	0～+800	0.0695
	镍铬-考铜		NK	0～+800	
	镍铬-镍硅	K	EU-2	0～+1300	0.0410
	镍铬-镍铝(NiAl2SiMg2)			0～+1100	0.0410
贵金属	铂铑 10-铂	S	LB-3	0～+1600	0.0064
	铂铑 30-铂铑 6	B	LL-2	0～+1800	0.00034
难熔金属	钨铼 5-钨铼 20		WR	0～+200	

1. 铂铑 10-铂热电偶

它由纯铂丝和铂铑丝（铂 90%、铑 10%）制成。由于铂和铂铑能得到高纯度材料，故其复制精度和测量的准确性较高，可用于精密温度测量和作基准热电偶，有较高的物理化学稳定性，可在1300℃以下温度范围内长期使用。主要缺点是热电位较弱，在长期使用后，铂铑丝中的铑分子产生扩散现象，使铂丝受到污染而变质，从而引起热电特性失去准确性，成本高。

2. 镍铬-镍硅（镍铬-镍铝）热电偶

它由镍铬与镍硅（或镍铝）制成，化学稳定性较高，可用于900℃以下温度范围，复制性好，热电位大，线性好，价格便宜。虽然测量精度偏低，但基本上能满足工业测量的要求，是目前工业生产中最常见的一种热电偶。镍铬-镍铝和镍铬-镍硅两种热电偶的热电性质几乎完全一致，由于后者在抗氧化及热电位稳定性方面都有很大提高，因而逐渐代替前者。

3. 铂铑30-铂铑6热电偶

这种热电偶可以测1600℃以下的高温，其性能稳定，精确度高，但它产生的热电位小，价格高。由于其热电位在低温时极小，因而冷端在40℃以下范围时，对热电位值可以不必修正。

4. 镍铬-考铜热电偶

这种热电偶灵敏度高，价廉，测温范围在800℃以下。

5. 铜-康铜热电偶

铜-康铜热电偶的两种材料易于加工成漆包线，而且可以拉成细丝，因而可以做成极小的热电偶，时间常数很小（为ms级）。其测量低温性能极好，可达－270℃。测温范围为－400～－270℃，而且热电灵敏度高，是标准型热电偶中准确度最高的一种，在0～100℃范围可以达到0.05℃(对应热电位为2μV左右)，在医疗方面得到广泛的应用。

如前所述，各种热电偶都具有不同的优缺点。因此，在选用热电偶时应根据测温范围、测温状态和介质情况综合考虑。

热电偶的两根材质不同的偶丝，需要在氧焰或电弧中熔接。为了避免短路，需将热电偶丝穿在绝缘套管中。

使用时一般是将热电偶的一个接点放在待测物体中（热端），而将另一端放在存有冰水的保温瓶中（冷端），这样可以保持冷端的温度恒定（如图1-69所示）。校正一般是通过用一系列温度恒定的标准体系，测得热电位和温度的对应值来得到热电偶的工作曲线。

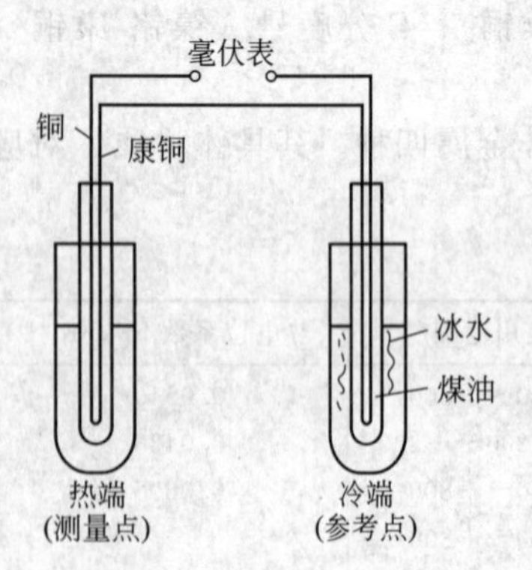

图1-69 热电偶的使用

为了提高测量精度，需使温差电位增大，为此可将几支热电偶串联，称为热电堆。热电堆的温差电位等于各个热电偶温差电位之和。

温差电位可以用直流毫伏表、电位差计或数字电压表测量。热电偶是良好的温度变换器，可以直接将温度参数转换成电参量，可自动记录和实现复杂的数据处理、控制，这是水银温度计无法比拟的。

六、自动控温简介

实验室内都有自动控温设备，如电冰箱、恒温水浴、高温电炉等。现在多数采用电子调节系统进行温度控制，这类系统具有控温范围广、可任意设定温度、控温精度高等优点。

电子调节系统种类很多，但从原理上讲，它必须包括三个基本部件，即变换器、电子调节器和执行机构。变换器的功能是将被控对象的温度信号变换成电信号；电子调节器的功能是对来自变换器的信号进行测量、比较、放大和运算，最后发出某种形式的指令，使执行机构进行加热或制冷。电子调节系统按其自动调节规律可以分为断续式二位置控制和比例-积分-微分控制两种，简介如下。

1. 断续式二位置控制

实验室常用的烘箱、电冰箱、高温电炉和恒温水浴等，大多采用这种控制方法。变换器的形式分为以下两种。

（1）双金属膨胀式　利用不同金属的线膨胀系数不同，选择线膨胀系数差别较大的两种金属，线膨胀系数大的金属棒在中心，另外一种金属套在外面，两种金属内端焊接在一起，外套管的另一端固定，如图 1-70 所示。当温度升高时，中心金属棒便向外伸长，伸长长度与温度成正比。通过调节触点开关的位置，可使其在不同温度区间内接通或断开，达到控制温度的目的。其缺点是控温精度差，一般范围为几开（K）。

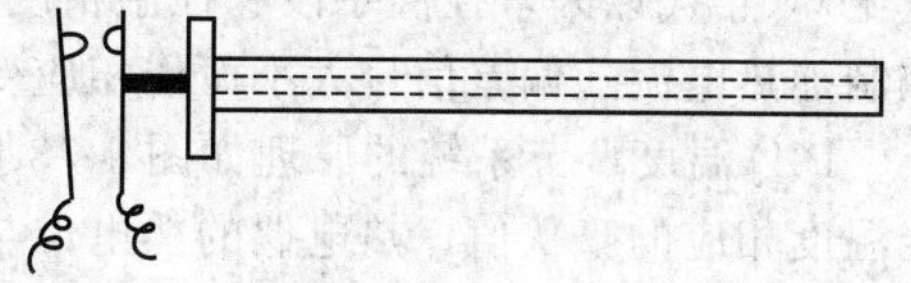

图 1-70　双金属膨胀式温度控制器示意图

（2）导电表式　若控温精度要求在 1K 以内，实验室多用导电表（电接点温度计）作变换器。

电子调节器多采用以下几种。

① 电子管继电器　电子管继电器由继电器和控制电路两部分组成，控制温度的灵敏度很高。通过电接点温度计的电流最大为 30μA，因而电接点温度计使用寿命很长，故获得普遍使用。

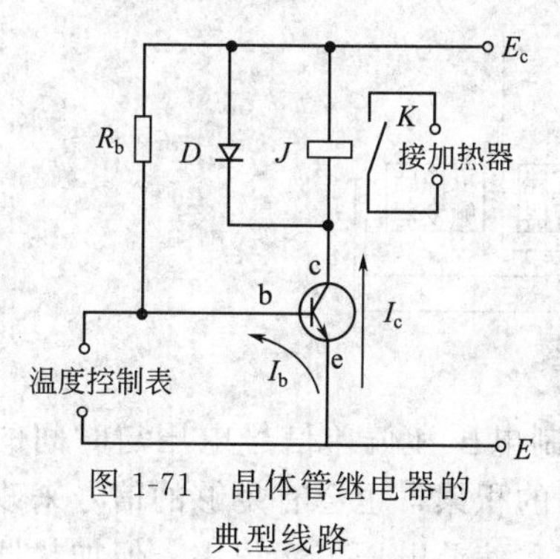

图 1-71　晶体管继电器的典型线路

② 晶体管继电器　随着科技的发展，电子管继电器中的电子管逐渐被晶体管代替，典型线路如图 1-71 所示。当温度控制表呈断开状态时，E_c 通过电阻 R_b 给 PNP 型三极管的基极 b 通入正向电流 I_b，使三极管导通，集电极电流 I_c 使继电器 J 吸下衔铁，K 闭合，加热器加热。当温度控制表接通时，三极管发射极 e 与基极 b 被短路，三极管截止，J 中无电流，K 被断开，加热器停止加热。当 J 中线圈电流突然减小时会产生反电动势，二极管 D 的作用是将它短路，以保护三极管，避免被击穿。

③ 动圈式温度控制器　由于温度控制表、双金属膨胀类变换器不能用于高温，因而产生了可用于高温控制的动圈式温度控制器。采用能在高温下工作的热电偶作为变换器，其原理如图 1-72 所示。热电偶将温度信号变换成电压信号，加于动圈式毫伏计的线圈上，当线圈中因为电流通过而产生的磁场与外磁场相作用时，线圈就偏转一个角度，故称为“动圈”。偏转的角度与热电偶的热电位成正比，并通过指针在刻度板上直接将被测温度指示出来，指针上有一片铝旗，它随指针左右偏转。另有一个调节设定温度的检测线圈，它分成前后两半，安装在刻度的后面，并且可以通过机械调节机构沿刻度板左右移动。检测线圈的中心位置，通过设定针在刻度板上显示出来。当高温设备的温度未达到设定温度时，铝旗在检测线圈之外，电热器在加热；当温度达到设定温度时，铝旗全部进入检测线圈，改变了电感量，电子系统使加热器停止加热。为防止当被控对象的温度超过设定温度时，铝旗冲出检测线圈而产生加热的错误信号，在温度控制器内设有挡针。

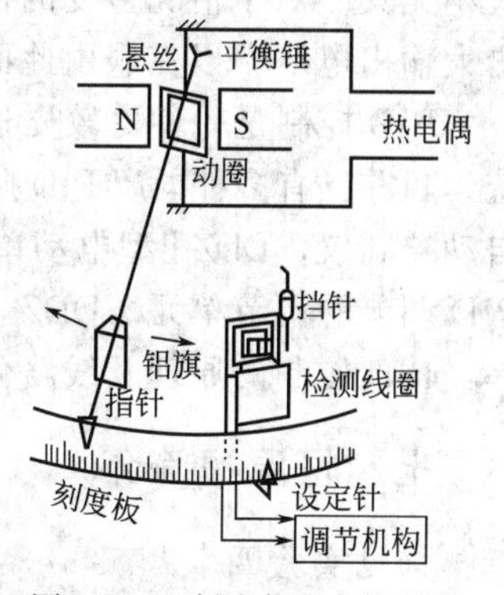

图 1-72　动圈式温度控制器

2. 比例-积分-微分控制（简称 PID）

随着科学技术的发展，要求控制恒温和程序升温或降温的范围日益广泛，要求的控温精度也大大提高。在通常温度下，使用上述的断续式二位置控制器比较方便，但是由于只存在通、断两个状态，电流大小无法自动调节，控制精度较低，特别是在高温时精度更低。20世纪60年代以来，控温手段和控温精度有了新的进展，广泛采用PID调节器，使用可控硅控制加热电流随偏差信号大小而作相应变化，提高了控温精度。

PID温度调节系统的原理如图1-73所示。炉温用热电偶测量，由毫伏定值器给出与设定温度相应的毫伏值，热电偶的热电位与定值器给出的毫伏值进行比较，如有偏差，说明炉温偏离设定温度。此偏差经过放大后送入PID调节器，再经可控硅触发器推动可控硅执行器，以相应调整炉丝加热功率，从而使偏差消除，炉温保持在所要求的温度控制精度范围内。比例调节作用，就是要求输出电压能随偏差（炉温与设定温度之差）电压的变化，自动按比例增大或减小。但在比例调节时会产生“静差”。这是因为，要使被控对象的温度能在设定温度处稳定下来，必须使加热器继续给出一定热量，以补偿炉体与环境热交换产生的热量损耗，但由于在单纯的比例调节中，加热器发出的热量会随温度回升时偏差的减小而减少，当加热器发出的热量不足以补偿热量损耗时，温度就不能达到设定值，这被称为“静差”。

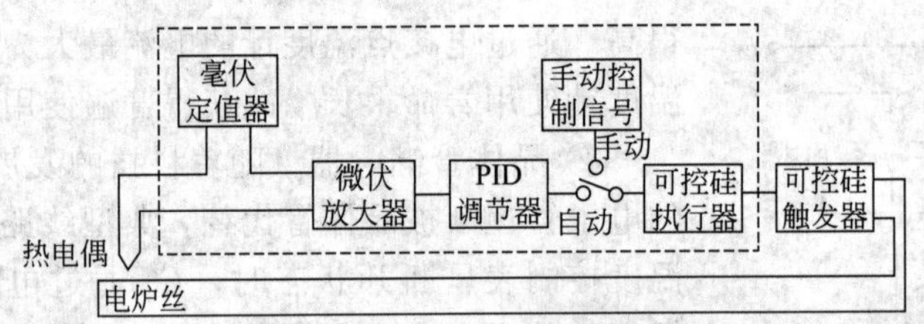

图 1-73 PID温度调节系统方框图

为了克服“静差”，需要加入积分调节，也就是输出控制电压和偏差信号电压与时间的积分成正比。只要有偏差存在，即使非常微小，经过长时间的积累，也会有足够的信号来改变加热器的电流。当被控对象的温度回升到接近设定温度时，偏差电压虽然很小，但加热器仍然能够在一段时间内维持较大的输出功率，因而消除“静差”。

微分调节作用，就是输出控制电压与偏差信号电压的变化速率成正比，而与偏差电压的大小无关。对于情况多变的控温系统，如果产生偏差电压的突然变化，微分调节器会减小或增大输出电压，以克服由此而引起的温度偏差，保持被控对象的温度稳定。

PID控制是一种比较先进的模拟控制方式，适用于各种条件复杂、情况多变的实验系统。目前已有多种国产PID控温仪可供选用，常用的有：DWK-720型、DWK-703型精密温度自动控制仪，DDZ-Ⅱ型电动单元组合仪表中DTL-121、DTL-161、DTL-152、DTL-154等都是PID调节的调节单元。DDZ-Ⅲ型调节单元可与计算机联用，使模拟调节更加完善。

PID控制的原理及线路分析比较复杂，请参阅有关专门著作。

七、恒温槽简介

详见实验四十九。

第三章　化学实验中的误差分析与数据处理

在化学实验及研究工作中，一方面要研究实验方案，选择适当的测量方法，进行各物理量的直接测量；另一方面还必须从直接测量值计算间接测量值，将所得数据加以整理归纳和科学分析，以寻求被研究的变量间的规律。不论是测量工作还是数据处理，均应树立正确的误差概念。应该说，一个实验工作者具有正确地表达实验结果的能力和具有精细地进行实验工作的本领是同等重要的。下面简单介绍有关误差分析与数据处理的一些基本概念和理论。

第一节　误差理论

一、基本概念

1. 直接测量与间接测量

在化学实验中，经常要量取或者测量物质的各种物理量和参数。常见的测量方法可归纳为直接测量和间接测量两类。直接测量是指实验结果可直接用实验数据表示，如温度计测量温度、天平称量物质的质量、电位计测量电池的电动势等。若所求的结果由数个测量值以某种公式计算而得，则这种测量称为间接测量，如电导法测定乙酸乙酯皂化反应的速率常数就属于间接测量。物理化学实验中的测量大多是通过间接测量所得的。无论是直接测量还是间接测量，所得测量数据都存在误差。

2. 误差的分类及特点

在任何一种测量中，无论所用仪器多么精密，方法多么完善，实验者多么细心，所得结果常常不能完全一致，而是有一定的误差或偏差。严格地说，误差是指观测值与真实值之差，偏差是指观测值与平均值之差，但习惯上常将两者混用而不加以区别。

根据误差的性质和来源，可将误差分为系统误差、偶然误差和过失误差三类。

（1）系统误差　在相同条件下多次测量同一物理量时，测量误差的绝对值（即大小）和符号保持恒定，或在条件改变时，测量误差按某一确定的规律而变，这种测量误差称为系统误差。系统误差的主要来源有以下几方面。

① 仪器刻度不准或刻度的零点发生变动、样品的纯度不符合要求等。

② 实验控制条件不合格。如用毛细管黏度计测量液体的黏度时，恒温槽的温度偏高或偏低都会产生显著的系统误差。

③ 实验者感官上的最小分辨力和某些固有习惯等引起的误差。如读数时恒偏高或恒偏低；在光学测量中用视觉确定终点和电学测量中用听觉确定终点时，实验者本身所引进的系统误差。

④ 实验方法有缺点或采用了近似的计算公式。例如用凝固点降低法测出的分子量偏低于真值。

（2）偶然误差　在相同条件下多次重复测量同一物理量，每次测量结果都有些不同（在末位数字或末两位数字上不相同），它们围绕着某一数值上下无规则地变动，其误差符号时正时负，其误差绝对值时大时小，这种测量误差称为偶然误差。

造成偶然误差的原因大致来自以下几方面。

① 实验者对仪器最小分度值以下的估读，很难每次严格相同。

② 测量仪器的某些活动部件所指示的测量结果，在重复测量时很难每次完全相同。这种现象在使用年久或质量较差的电学仪器时最为明显。

③ 暂时无法控制的某些实验条件的变化，也会引起测量结果不规则地变化。如许多物质的物理化学性质与温度有关，实验测定过程中，温度必须控制恒定，但温度恒定总有一定限度，在这个限度内温度仍然不规则地变动，导致测量结果也发生不规则变动。

(3) 过失误差　由于实验者的粗心、不正确操作或测量条件的突变引起的误差，称为过失误差。例如使用有毛病的仪器，实验者读错、记错或算错数据等都会引起过失误差。

上述三类误差都会影响测量结果。显然，过失误差在实验工作中是不允许发生的，如果仔细专心地从事实验，过失误差是完全可以避免的。因此这里着重讨论系统误差和偶然误差对测量结果的影响。为此，需要给出系统误差和偶然误差的严格定义。

设在相同的实验条件下，对某一物理量 x 进行等精度的独立的 n 次测量，得值 x_1、x_2、x_3、…、x_i、…、x_n，则测定值的算术平均值为：

$$\bar{x}=\frac{1}{n}\sum_{i}^{n}x_i \tag{1-21}$$

当测量次数 n 趋于无穷（$n\rightarrow\infty$）时，算术平均值的极限称为测定值的数学期望 x_∞：

$$x_\infty=\lim_{n\rightarrow\infty}\bar{x}=\lim_{n\rightarrow\infty}\frac{1}{n}\sum_{i=1}^{n}x_i \tag{1-22}$$

测定值的数学期望 x_∞ 与测定值的真值 x_T 之差被定义为系统误差 ε，即

$$\varepsilon=x_\infty-x_T \tag{1-23}$$

n 次测量中各次测定值 x_i 与测定值的数学期望 x_∞ 之差，被定义为偶然误差 δ_i，即

$$\delta_i=x_i-x_\infty \tag{1-24}$$

故有

$$\varepsilon+\delta_i=x_i-x_T=\Delta x_i \tag{1-25}$$

式中，Δx_i 为测量次数从 1 至 n 的各次测量误差，它等于系统误差 ε 和各次测定的偶然误差 δ_i 的代数和。

从上述定义不难理解，系统误差越小，则测量结果越准确。因此系统误差 ε 可以作为衡量测定值的数学期望与其真值偏离程度的尺度。偶然误差 δ_i 说明了各次测定值与其数学期望的离散程度。测量数据越离散，则测量的精密度越低，反之越高。Δx_i 反映了系统误差与偶然误差的综合影响，故它可作为衡量准确度的尺度。所以，一个精密测量结果可能不正确（未消除系统误差），也可能正确（消除了系统误差）。只有消除了系统误差，精密测量才能获得准确的结果。

消除系统误差，通常可采用下列方法：

① 用标准样品校正实验者本身引进的系统误差；

② 用标准样品或标准仪器校正测量仪器引进的系统误差；

③ 纯化样品，校正样品引进的系统误差；

④ 实验条件、实验方法、计算公式等引进的系统误差比较难以发觉，需仔细探索是哪些方面的因素不符合要求，才能采取相应措施设法消除。

此外还可以用不同的仪器、不同的测量方法由不同的实验者进行测量和对比，以检出和消除这些系统误差。

3. 准确度和精密度

准确度是指测量结果的正确性，即测量值与真值的偏离程度。精密度是指测量结果的可

重复性。测量值与真值越接近，则准确度越高。测量值的重复性越好，则精密度越高。对准确度和精密度的理解，可以用打靶的例子来说明，如图 1-74 所示。

图 1-74 中（a）～（c）表示三个射手的成绩，（a）表示准确度和精密度都很高；（b）因能密集射中一个区域，就精密度而言是很高的，但没射中靶眼，所以准确度不高；（c）是准确度和精密度都很不好。在实际工作中，尽管测量的精密度很高但准确度不一定高，而准确度很高的测量要求其精密度必定也很高。通常用准确度来表征某一测量工作的系统误差的大小，系统误差小的测量称为准确度高的测量；同样，用精密度来表征某一测量的偶然误差的大小，偶然误差小的测量称为精密度高的测量。只有在没有系统误差时，准确度和精确度才是一致的。

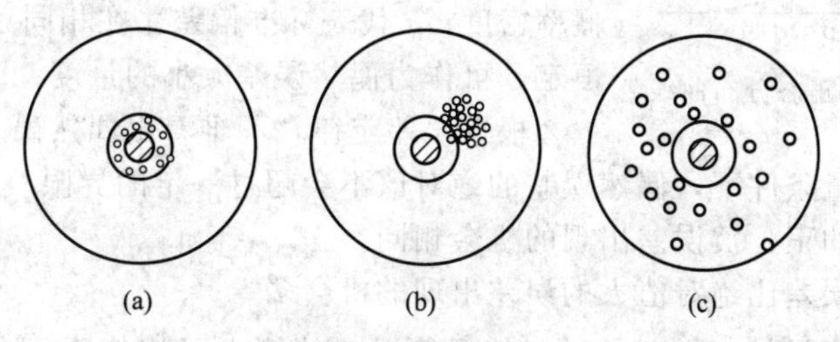

图 1-74　准确度和精密度的关系示意图

这里必须指出，在科学测量中，只有设想的真值。通常以由操作熟练的人员运用正确的测量方法并用校正过的仪器多次测量所得的算术平均值或载自文献手册的公认值来代替真值。

4. 测量的绝对误差和相对误差

对于物理量的测量，绝对误差是测量值与真值之差，相对误差是绝对误差与真值之比。

$$\text{绝对误差}=\text{测量值}-\text{真值} \tag{1-26}$$

$$\text{相对误差}=\frac{\text{绝对误差}}{\text{真值}} \tag{1-27}$$

绝对误差的单位与测量值相同，相对误差是无量纲量。对于同一量的测量，绝对误差可以评定其测量准确度的高低。对于不同的测量，相对误差可以相互比较。因此，无论是比较各种测量的精密度还是评定测量结果的准确度，采用相对误差评定更为确切、方便。

5. 测量的平均偏差和标准偏差

（1）平均偏差　测量结果的精密度，一般用单次样本测量的平均偏差来表示，即平均偏差$\delta=\frac{\sum|d_i|}{n}$。其中 d_i 为测量值 x_i 与算术平均值 $\bar{x}$ 之差，n 为测量次数，且 $\bar{x}=\frac{\sum x_i}{n}$（$i=1，2，\cdots，n$）。测量的相对平均偏差为：

$$\text{相对平均偏差}=\frac{\delta}{\bar{x}}\times 100\% \tag{1-28}$$

（2）标准偏差　用数理统计方法处理实验数据时，常用标准偏差来衡量测量精密度。标准偏差又称为均方根偏差，其定义为 $\sigma=\sqrt{\frac{\sum d_i^2}{n-1}}$，其中 $n-1$ 称为自由度，是指独立测定的次数减去处理这些测量值时所用的外加关系条件的数目。因此，在测量次数有限时，标准偏差计算公式中采用 $n-1$ 的自由度就起了除去这个外加关系条件（$\bar{x}$ 等式）的作用。

用标准偏差表示精密度比用平均偏差好，因为单次样本测量的误差平方之后，较大的误差更显著地反映出来，更能说明数据的分散程度。

$$\text{相对标准偏差}=\frac{\sigma}{\bar{x}}\times 100\% \tag{1-29}$$

6. 偶然误差的统计规律和处理方法

在消除系统误差和过失误差后，测量的误差主要来源于偶然误差。误差理论主要研究偶然误差的特性及其应用。

（1）偶然误差的统计规律　如前所述，偶然误差是一种不规则变动的微小差别，其绝对值时大时小，其符号时正时负。但是，在相同的实验条件下，对同一物理量进行重复测量，则发现偶然误差的大小和符号完全受某种误差分布（一般指正态分布）的概率规律所支配，这种规律称为误差定律。偶然误差的正态分布曲线如图 1-75 所示。图中 $y(x)$ 代表测定值的概率密度；σ 代表标准偏差，在相同条件的测量中其数值恒定，可作为偶然误差大小的量度。

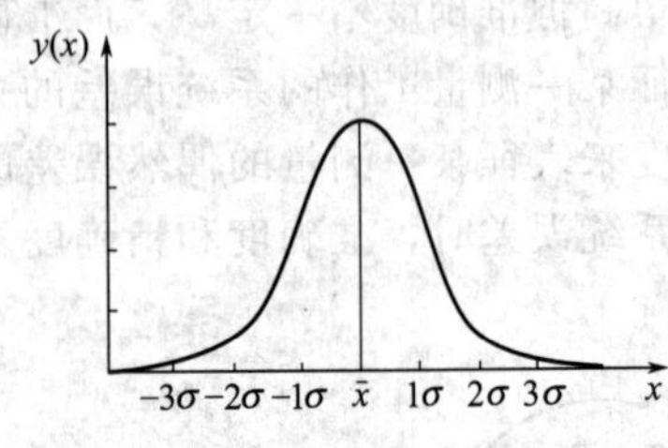

图 1-75　偶然误差的正态分布曲线

根据误差定律，不难看出偶然误差具有下述特点。

① 在一定的测量条件下，偶然误差的绝对值不会超过一定的界限。

② 绝对值相同的正、负误差出现的机会相同。

③ 绝对值小的误差比绝对值大的误差出现的机会多。

④ 以相等精度测量某一物理量时，其偶然误差的算术平均值 $\overline{\delta}$，随着测量次数 n 的无限增加而趋近于零，即

$$\lim_{n\to\infty}\overline{\delta}=\lim_{n\to\infty}\frac{1}{n}\sum_{i=1}^{n}\delta_i=0 \tag{1-30}$$

因此，为了减小偶然误差的影响，在实际测量中常常对被测物理量进行多次重复的测量，以提高测量的精密度或重复性。

（2）可靠值及其可靠程度　在等精度的多次重复测量中，每次测定值的大小不等，那么如何从一系列的测量数据 x_1、x_2、x_3、…、x_i、…、x_n 中来确定被测物理量的可靠值呢？

在只有偶然误差的测量中，假设系统误差已被消除，即

$$\varepsilon=x_\infty-x_{真}=0 \tag{1-31}$$

则得到

$$x_{真}=x_\infty=\lim_{n\to\infty}\overline{x} \tag{1-32}$$

上式说明，在消除了系统误差之后，测定值的数学期望 x_∞ 等于被测物理量的真值 $x_{真}$，这时测量结果不受偶然误差的影响。

但是，在有限次测量时，无法求得测定值的数学期望 x_∞。不过，在大多数场合下，可以用测定值的算术平均值近似作为测量结果的可靠值，因为此时 $\overline{x}$ 远比各次测定的 x_i 值更逼近于真值 $x_{真}$。

显然，$\overline{x}$ 并不完全等于 $x_{真}$，故希望知道这个可靠值 $\overline{x}$ 的可靠程度如何，即 $\overline{x}$ 与 $x_{真}$ 究竟可能相差多大。按照误差定律，可以认为 $x_{真}$ 在绝大多数情况（概率为 99.7%）下落在 $\overline{x}\pm3\sigma_{\overline{x}}$ 的范围内。其中 $\sigma_{\overline{x}}$ 称为样本平均值的标准偏差，即

$$\sigma_{\overline{x}}=\sqrt{\frac{\sum_{i=1}^{n}(x_i-\overline{x})^2}{n(n-1)}} \tag{1-33}$$

也就是说，以平均值标准偏差的 3 倍作为有限次测量结果（可靠值 $\overline{x}$）的可靠程度。

样本平均值的标准偏差 $\sigma_{\overline{x}}$ 与单次样本测量的标准偏差 σ 的关系是：

$$\sigma_{\overline{x}}=\frac{\sigma}{\sqrt{n}} \tag{1-34}$$

上式说明，$\sigma_{\bar{x}}$的大小与测量次数 n 的平方根成反比。

实际应用 $\bar{x}\pm 3\sigma_{\bar{x}}$ 来表示可靠值的可靠程度，有时稍显麻烦。因为在物理化学实验中，实际上测定某物理量的重复次数是很有限的，同时各次测量时实验条件的控制也并非完全相同，故它的可靠程度比按误差理论得出的结果还要差一些。所以在物理化学实验数据的处理中，常常将上式简化为：

若 $n\geqslant 15$，则 $$\bar{x}\pm\delta \tag{1-35}$$

若 $n\geqslant 5$，则 $$\bar{x}\pm 1.73\delta \tag{1-36}$$

$$\delta=\frac{1}{n}\sum_{i=1}^{n}|x_i-\bar{x}| \tag{1-37}$$

式中，δ 称为平均偏差。

式(1-35) 及式(1-36) 应用起来很方便，它表明了测量结果的可靠程度。换言之，如果测定重复了 15 次或更多，那么真值（$x_{真}$）落在 $\bar{x}\pm\delta$ 的范围内；如果重复测定的次数只有 5 次以上，那么真值（$x_{真}$）落在 $\bar{x}\pm 1.73\delta$ 的范围内。

7. 使测量结果达到足够准确度的方法

综上所述，可知测定某一物理量时，应按下列次序进行。

(1) 仪器的选择　按实验要求，确定所用仪器的规格，仪器的精密度不能劣于实验结果要求的精密度，但也不必过分优于实验结果要求的精密度。

(2) 校正仪器和药品可能引进的系统误差　即校正仪器，纯化药品，并先用标准样品测量。

(3) 缩小测量过程中的偶然误差　测定某物理量 x 时，要在相同的实验条件下连续重复测量多次，直到发现这些数值 x_i 围绕某一数值上下规则地变动，此时取这些数值的算术平均值 $\bar{x}$ 作为初步的测量结果，并求出其精密度。

$$\bar{x}=\frac{\sum_{i=1}^{n}x_i}{n} \tag{1-38}$$

$$\delta=\frac{\sum_{i=1}^{n}|x_i-\bar{x}|}{n} \tag{1-39}$$

(4) 进一步校正系统误差　将 $\bar{x}$ 与标准值 $x_{标}$ 比较，若二者差值 $|\bar{x}-x_{标}|$ 小于 δ（若 $\bar{x}$ 是重复测量次数 $n\geqslant 15$ 时的平均值）或 1.73δ（若 $\bar{x}$ 是重复测量次数 $n\geqslant 5$ 时的平均值），测量结果就是对的。这时，在原则上无法判断是否存在其他系统误差。如果认为所得结果的精密度已够好的话，测定工作至此便告结束。

反之，若 $|\bar{x}-x_{标}|$ 大于 $\delta(n\geqslant 15$ 时）或 $1.73\delta(n\geqslant 5$ 时），则说明测定过程中有“错误”或存在系统误差。“错误”（称为个人的过失误差）是实验工作中不允许存在的。假定不存在“错误”，可以得出结论，系统误差可能来源于实验条件控制不当或实验方法或计算公式本身有问题。因此需要进一步探索，反复试验（例如改变实验条件，改用其他实验方法或计算公式等），找出症结，直到 $|\bar{x}-x_{标}|\leqslant\delta$(或 1.73δ) 为止。如果这种探索试验并不能使 $|\bar{x}-x_{标}|\leqslant\delta$(或 1.73δ)，同时又能用其他办法证明测定的条件、方法、公式等不存在系统误差，那么可以怀疑标准本身存在系统误差，再经仔细证实后，原来的标准值将为新的标准值所代替。

如果待测物质的某个物理量暂时不存在标准值，原则上应在测定前先选一个已知物理量标准值的物质进行测量，结果达到上述要求后，才能测定该待测物质。

8. 有效数字

任何直接或间接测量值的有效数字都说明其精度，一般最后一位有效数字为可疑数字，前面各位均为可靠数字。因此，在读取、记录实验数据及进行实验数据处理时，正确取舍有效数字是十分重要的。

一个数从左边第一位不为零的数字至最后一位数字称为有效数字。一般情况下，数中小数点位于有效数字之间或最后时，此数可直接表示，否则用科学计数法表示。注意：科学记数法的 10^n 不是有效数字。

读取直接测量值时，根据测量仪器示数部分的刻度读出数值的可靠数字，再由刻度间估读一位可疑数字。如某个温度测量值为 12.0℃，表示它是用 1℃分刻度温度计测量的，最后一位“0”是根据水银柱在刻度间的位置估读的。而 12.00℃是用 0.1℃分刻度温度计测量的，可以认为其读数误差为±0.01℃或±0.02℃。

在数值运算中有效数字保留的规则简述如下。

(1) 加减运算　运算结果只保留第一位可疑数字，第二位可疑数字四舍五入，后面各位舍弃。例如 19.3(5)+3.24(5)−20.1(0)=2.4(9)(5)，得数取 2.50，式中（　）内数字为可疑数字。

(2) 乘除运算　计算结果有效数字位数与各因数中有效数字位数最少者相同。如果因数中有效数字位数最少者的首位数字大于或等于 8，计算结果可多取一位有效数字。例如：

$$\frac{5.32\times2.3}{28.00}=0.44 \qquad \frac{2.430\times0.061}{8.1}=1.80\times10^{-2}$$

(3) 对数及指数运算　对数小数点后的有效数字位数应与真数的有效数字位数相同。例如：

$$\lg401.2=2.6034 \qquad e^{32.46}=1.3\times10^{14}$$

在多重计算中，运算中间值通常比原有的有效数字多保留一位，以免四舍五入对最终结果影响太大，最终结果应按上述规则保留应有的有效数字。

计算平均值时，参加平均的数在 4 个或 5 个以上者，平均值的有效数字多取一位。

计算中的常数，如圆周率、通用气体常数、阿伏伽德罗常数或单位换算常数等所取的有效数字位数应比式中各物理量测量值的有效数字位数多一位以上，以减小常数取值不当带来的误差。

误差（绝对误差和相对误差）一般只有一位有效数字，至多不超过两位。测量值的末位数与绝对误差的末位数要划齐，如某物理量的测量值是 1.27，误差是 0.01，记为：

1.27±0.01(正确的)

1.27±0.1(错误的，缩小了结果的精度)

1.27±0.001(错误的，扩大了结果的精度)

又如某测量值可表示为 $(1.234\pm0.009)\times10^5$。

二、误差分析

1. 间接测量结果的误差计算——误差的传递

前面所讨论的均为直接测量的误差。在化学实验中，大多数实验结果是由一些直接测量的物理量值根据一定的函数关系计算而得的，这样的结果称为间接测量结果。显然，每个直接测量值的误差都会影响最后结果的误差，该影响称为间接测量中的误差传递。

(1) 平均误差与相对平均误差的传递　设实验最后计算结果 N 是直接测量值 x、y、z 等的函数：

$$N=f(x,y,z,\cdots) \tag{1-40}$$

全微分结果为：

$$\mathrm{d}N=\left(\frac{\partial N}{\partial x}\right)_{y,z,\cdots}\mathrm{d}x+\left(\frac{\partial N}{\partial y}\right)_{x,z,\cdots}\mathrm{d}y+\left(\frac{\partial N}{\partial z}\right)_{x,y,\cdots}\mathrm{d}z+\cdots \tag{1-41}$$

设各个自变量的绝对误差 Δx、Δy、Δz 是很小的，可用它们的微分 $\mathrm{d}x$、$\mathrm{d}y$、$\mathrm{d}z$ 代替，并考虑在最不利的情况下，直接测量的正负误差不能对消而引起误差积累，故取其绝对值，用 ΔN 表示误差的综合结果，则式(1-41) 可写成

$$\Delta N=\left|\left(\frac{\partial N}{\partial x}\right)_{y,z,\cdots}\right|\left|\Delta x\right|+\left|\left(\frac{\partial N}{\partial y}\right)_{x,z,\cdots}\right|\left|\Delta y\right|+\left|\left(\frac{\partial N}{\partial z}\right)_{x,y,\cdots}\right|\left|\Delta z\right|+\cdots \tag{1-42}$$

式(1-42) 是计算最后结果的平均误差的普遍公式。

在计算最后结果时，一般常用相对平均误差（$\Delta N/N$）衡量其准确度。相对平均误差的普遍公式为：

$$\frac{\Delta N}{N}=\frac{1}{f(x,y,z,\cdots)}\left[\left|\left(\frac{\partial N}{\partial x}\right)_{y,z,\cdots}\right|\left|\Delta x\right|+\left|\left(\frac{\partial N}{\partial y}\right)_{x,z,\cdots}\right|\left|\Delta y\right|+\left|\left(\frac{\partial N}{\partial z}\right)_{x,y,\cdots}\right|\left|\Delta z\right|+\cdots\right]$$

或

$$\frac{\Delta N}{N}=\frac{1}{N}\left[\left|\left(\frac{\partial N}{\partial x}\right)_{y,z,\cdots}\right|\left|\Delta x\right|+\left|\left(\frac{\partial N}{\partial y}\right)_{x,z,\cdots}\right|\left|\Delta y\right|+\left|\left(\frac{\partial N}{\partial z}\right)_{x,y,\cdots}\right|\left|\Delta z\right|+\cdots\right] \tag{1-43}$$

几个常用的绝对平均误差和相对平均误差的传递公式列入表 1-9 中。

表 1-9　部分函数的平均误差传递公式

函数关系	绝对平均误差 ΔN	相对平均误差 $\frac{\Delta N}{N}$	函数关系	绝对平均误差 ΔN	相对平均误差 $\frac{\Delta N}{N}$
$N=x+y$	$\pm(\lvert\Delta x\rvert+\lvert\Delta y\rvert)$	$\pm\frac{\lvert\Delta x\rvert+\lvert\Delta y\rvert}{x+y}$	$N=x/y$	$\pm\frac{y\lvert\Delta x\rvert+x\lvert\Delta y\rvert}{y^2}$	$\pm\left(\frac{\lvert\Delta x\rvert}{x}+\frac{\lvert\Delta y\rvert}{y}\right)$
$N=x-y$	$\pm(\lvert\Delta x\rvert+\lvert\Delta y\rvert)$	$\pm\frac{\lvert\Delta x\rvert+\lvert\Delta y\rvert}{x-y}$	$N=x^n$	$\pm(nx^{n-1}\lvert\Delta x\rvert)$	$\pm n\frac{\lvert\Delta x\rvert}{x}$
$N=xy$	$\pm(y\lvert\Delta x\rvert+x\lvert\Delta y\rvert)$	$\pm\left(\frac{\lvert\Delta x\rvert}{x}+\frac{\lvert\Delta y\rvert}{y}\right)$	$N=\ln x$	$\pm\frac{\lvert\Delta x\rvert}{x}$	$\pm\frac{\lvert\Delta x\rvert}{x\ln x}$

（2）标准误差的传递　设 $N=f(x, y, z, \cdots)$，若 σ_x、σ_y、σ_z、…分别为 x、y、z、…的标准误差（偏差），则函数 N 最后结果的标准误差（偏差）为：

$$\sigma_N=\sqrt{\left(\frac{\partial N}{\partial x}\right)^2_{y,z,\cdots}\sigma_x^2+\left(\frac{\partial N}{\partial y}\right)^2_{x,z,\cdots}\sigma_y^2+\left(\frac{\partial N}{\partial x}\right)^2_{y,z,\cdots}\sigma_z^2+\cdots} \tag{1-44}$$

式(1-44) 为计算间接测量结果标准误差（偏差）的普遍公式（证明从略）。几个常用的标准误差的传递公式列入表 1-10 中。

表 1-10　部分函数的标准误差传递公式

函数关系	绝对标准误差 σ_N	相对标准误差 $\frac{\sigma_N}{N}$	函数关系	绝对标准误差 σ_N	相对标准误差 $\frac{\sigma_N}{N}$
$N=x+y$	$\pm\sqrt{\sigma_x^2+\sigma_y^2}$	$\pm\frac{1}{\lvert x+y\rvert}\sqrt{\sigma_x^2+\sigma_y^2}$	$N=x/y$	$\pm\frac{1}{y}\sqrt{\sigma_x^2+x^2\sigma_y^2/y^2}$	$\pm\sqrt{\sigma_x^2/x^2+\sigma_y^2/y^2}$
$N=x-y$	$\pm\sqrt{\sigma_x^2+\sigma_y^2}$	$\pm\frac{1}{\lvert x-y\rvert}\sqrt{\sigma_x^2+\sigma_y^2}$	$N=x^n$	$\pm nx^{n-1}\sigma_x$	$\pm\frac{n}{x}\sigma_x$
$N=xy$	$\pm\sqrt{y^2\sigma_x^2+x^2\sigma_y^2}$	$\pm\sqrt{\sigma_x^2/x^2+\sigma_y^2/y^2}$	$N=\ln x$	$\pm\frac{\sigma_x}{x}$	$\pm\frac{\sigma_x}{x\ln x}$

（3）间接测量中最终结果的可靠程度　在有限次的测量中，$\overline{N}$ 的可靠程度本应以 $3\sigma_N$ 表示为妥，但 σ 的计算频繁，所以在粗略近似中，认为可以用 ΔN 来代替 $3\sigma_N$ 表示 $\overline{N}$ 的可靠程度。当然，这种看法是不严格的，但因为在大多数情况下，算出的 ΔN 总比 $3\sigma_N$ 要大一些，所以作为初步评判最终结果的质量依据还是有一定价值的；在严格的工作中，则应按 $3\sigma_N$ 来判断。

（4）进行间接测量工作前应考虑的若干重要问题

① 仪器的选择　在前面讨论直接测量时提到，选择仪器的精密度应不劣于实验要求的精密度。在间接测量中，涉及到对各物理量的精密度应如何要求的问题。由式(1-42)～式(1-44) 可见，各分量的精密度大致相同最为合适，因为若某一分量的精密度很差，则最终结果的精密度主要由此分量的精密度所确定，这时改进其他分量的精密度并不能改善最终结果的精密度。

② 测量过程中最有利条件的确定　测量的最有利条件是使测量误差最小所需的条件。现以电桥测定电阻为例，说明如下。

用电桥测电阻时，电阻 R_x 可由下式算出：

$$R_x = R\frac{l_1}{l_2} = R\frac{L-l_2}{l_2}$$

式中，R 是已知电阻；L 是电阻线全长；l_1、l_2 分别是电阻线两臂之长。间接测量 R_x 的平均误差取决于直接测量 l_2，将上式取对数后微分，并将 $\mathrm{d}R_x$、$\mathrm{d}l_2$ 换成 ΔR_x、Δl_2，得

$$\left|\frac{\Delta R_x}{R_x}\right| = \frac{L}{L-l_2}\Delta l_2$$

因为 L 是常数，所以 $(L-l_2)l_2$ 为最大时，即当

$$\frac{\mathrm{d}}{\mathrm{d}l_2}[(L-l_2)l_2] = 0$$

或 $L-2l_2=0$，$l_2=\dfrac{L}{2}$ 时，R_x 的相对平均误差最小。

这就是用电桥测量电阻的最有利条件，在大多数物化实验中，常常可以用类似的分析来预先选定某些较佳的实验条件。

（5）间接测量的最终结果与标准值的比较　设最终结果为 N，其精密度为 ΔN，可以粗略认为标准值 $N_{标}$ 应落在 $N \pm \Delta N$ 的范围内。如果确属如此，结果便是正常的；如果 $|N_{标}-N|$ 比 ΔN 要大很多，说明有较大的系统误差存在，应设法找出这种系统误差的根源。

从某种意义上讲，常常希望在实验结果中出现并非由于仪器刻度不准或药品不纯或主观读数不准等原因所造成的系统误差，因为这正是人们对客观世界认识到一个新的更高阶段的重要标志。为了做到这一点，就需要在测定前仔细校正所有仪器，纯化所用药品，并改善仪器本身的精度和测定结果的精密度。

2. 误差分析

在化学实验的测定工作中，绝大多数情况是测定间接测量值。为设计一个合理的实验方案并鉴定实验的质量，需要进行误差分析。误差分析的基本任务在于查明直接测量误差对间接测量结果的影响，找出影响间接测量值精密度的主要因数，以便选择适当的实验方法，合理配置测量仪器，寻求测量的有利条件。

误差分析仅限于估计间接测量结果的最大可能误差，因此它是从各直接测量值的最大误差（均取绝对值）出发，进行误差传递计算。当系统误差已经消除（如仪器已作过校正），

操作足够精细、正确时，通常可用仪器的读数精度来表示直接测量误差的最大值，如分析天平是±0.0001g，50mL滴定管是±0.02mL，贝克曼温度计是±0.002℃等。但也有不少例子可以说明，有时操作控制精确度和仪器本身性能与读数精度不符，如有的恒温槽由于控制器性能有限，温度涨落为±0.5℃，而测温的温度计读数精度为0.02℃，这时温度测量的误差应取0.5℃。

为求间接测量结果的最大误差，在进行误差传递计算时各直接测量误差均取绝对值。

下面通过实例说明误差分析的具体方法。

【例 1-1】 在气体温度实验中，用理想气体公式 $T=\frac{pV}{nR}$ 测定温度 T。今直接测量得 p、V、n 的数据及其精密度如下：

$$p=(6.67\pm0.01)\times10^3\,\mathrm{Pa}$$

$$V=(1000.0\pm0.1)\,\mathrm{cm}^3$$

$$n=(0.0100\pm0.0001)\,\mathrm{mol}$$

$$R=8.314\,\mathrm{J\cdot mol^{-1}\cdot K^{-1}}$$

$$T=\frac{pV}{nR}=\frac{6.67\times10^3\times1000.0\times10^{-6}}{0.0100\times8.314}=80.2\,(\mathrm{K})$$

可计算 T 的相对平均误差为：

$$\frac{\Delta T}{T}=\frac{\Delta p}{p}+\frac{\Delta V}{V}+\frac{\Delta n}{n}=\frac{0.01}{6.67}+\frac{0.1}{1000.0}+\frac{0.0001}{0.0100}=0.0116\times100\%=1.16\%$$

$$\Delta T=80.2\times1.16\%=0.930\,(\mathrm{K})$$

T 的精密度是 (80.2 ± 1.0)K。

【例 1-2】 摩尔折射度 $[R]=\frac{n^2-1}{n^2+2}\times\frac{M}{\rho}$。设苯的 $n=(1.498\pm0.002)$mol，$\rho=(0.879\pm0.001)\,\mathrm{g\cdot cm^{-3}}$，$M=78.08\,\mathrm{g\cdot mol^{-1}}$，间接测量 $[R]$ 的标准误差计算如下。

由普遍公式(1-44) 得

$$\sigma_{[R]}=\left[\left(\frac{\partial[R]}{\partial n}\right)_\rho^2\Delta n^2+\left(\frac{\partial[R]}{\partial\rho}\right)_n^2\Delta\rho^2\right]^{\frac{1}{2}}\tag{1}$$

$$\frac{\partial[R]}{\partial n}=\frac{M}{\rho}\times\frac{6n}{(n^2+2)^2}=\frac{78.08}{0.879}\times\frac{6\times1.498}{(1.498^2+2)^2}=44$$

$$\frac{\partial[R]}{\partial\rho}=-\frac{n^2-1}{n^2+2}\times\frac{M}{\rho^2}=-\frac{1.498^2-1}{1.498^2+2}\times\frac{78.08}{0.879^2}=-29.6$$

将 $\Delta n=0.002$，$\Delta\rho=0.001$ 代入式(1) 得

$$\sigma_{[R]}=[44^2\times(2\times10^{-3})^2+(-29.6)^2\times(10^{-3})^2]^{\frac{1}{2}}$$

$$=(7.7\times10^{-3}+8.8\times10^{-4})^{\frac{1}{2}}$$

$$=9.3\times10^{-2}$$

第二节　化学实验中的数据表达方法

实验结果的表达方法主要有三种，即列表法、图解法、数学方程法。现分述如下。

一、列表法

在化学实验中，用表格来表示实验结果是指将主变量 x 与应变量 y 一个一个地对应着

排列起来，以便从表格上能清楚而迅速地看出二者的关系。制作表格时，应注意以下几点。

（1）表格名称　每一表格均应有一个完全而简明的名称。

（2）行名与量纲　将表格分成若干行，每一变量应占表格中的一行。每一行的第一列写上该行变量的名称及量纲。

（3）有效数字　每一行所记数据应注意其有效数字位数，并将小数点对齐。如果用指数来表示数据中小数点的位置，为简便起见，可将指数放在行名旁，但此时指数上的正负号应易号。例如醋酸的解离常数为 1.75×10^{-5} $mol\cdot L^{-1}$，则该行行名可写成：解离常数$\times10^{5}$ $mol\cdot L^{-1}$。

（4）主变量的选择　主变量的选择有时有一定的伸缩性。通常选较简单的，如温度、时间、距离等。主变量最好是均匀地等间隔地增加的，如果实际测量结果并不这样，可以先将直接测定数据作图，由图上读出主变量是均匀等间隔地增加的一套新数据，再作表。

二、图解法

1. 图解法在物理化学实验中的应用

图解法可使实验测得各数据间的相互关系表现得更为直观，并可由此图线较简便地找出各函数的中间值，还可显示最高点、最低点或转折点的特性，以及确定经验方程式中的常数，或利用图形进而求取其他物理量。现举例说明。

（1）表达变量间的定量依赖关系　以主变量作横轴，应变量作纵轴，得一曲线，表示二变量间的定量依赖关系。在曲线所示的范围内，欲求对应于任意主变量值的应变量值，均可方便地从曲线上读出。自制热电偶的工作曲线（或称校正曲线）即为一例。

（2）求外推值　有时测定的直接对象不能或不易由实验直接测定，在适当的条件下，常可用作图外推的方法获得。所谓外推法，就是将测量数据间的函数关系外推至测量范围以外，求测量范围外的函数值。显然，只有有充分理由确信外推所得结果可靠时，外推法才有实际价值。因此，外推法常常只在下列情况下应用：

① 在外推的那段范围及其邻近测量数据间的函数关系是线性关系或可认为是线性关系；

② 外推的那段范围距离实际测量的那段范围不能太远；

③ 外推所得结果与已有的正确经验不能有抵触。

例如，强电解质无限稀释溶液的极限摩尔电导率 $\Lambda_{m,\infty}$ 的值不能由实验直接测定，因为无限稀释的溶液本身就是一个极限溶液；但可直接测定不同浓度的摩尔电导率，直至最低浓度而仍可得准确摩尔电导率值为止，然后作图外推至浓度为零，即得无限稀释溶液的摩尔电导率。

（3）求函数的微商（图解微分法）　作图法不仅能表示测量数据间的定量函数关系，而且可从图上求出各点函数的微商，而不必先求出函数关系的解析表示式，因此称为图解微分法。具体做法是在所得曲线上选若干点，作出相应的切线，计算出切线的斜率，即得对应点函数的微商值。求函数的微商在物化实验数据处理中经常遇到，例如测定不同浓度溶液的表面张力后，计算溶液的表面吸附量时，需求表面张力对溶液浓度的微商值。

（4）求函数的极值点或转折点　函数的极大、极小或转折点，在图形上表现得直观且准确，因此，物理化学实验数据处理中求函数的极值或转折点时，几乎无例外地均用作图法。例如，二元恒沸混合物的最低或最高恒沸点及其组成的测定、二元金属混合物的相变点的确定等。

（5）图解法求函数的积分值　设图形中的应变量是主变量的导数函数，则在不知道该导数函数解析表达式的情况下，也能利用图形求出定积分值，该法称为图解积分法，通常用此法求曲线下所包含的面积。

（6）求测定数据间函数关系的解析表达式　如果找出测量数据间函数关系的解析表达式，则无论对客观事物的认识深度还是对方便应用而言，都将远远跨前一步。通常寻找这种解析表达式的途径也是从作图入手，即作出测量结果的函数关系的图形表示，分析图形的类型，作变换，使图形线性化，即得新函数 y 和新变量 x 间的线性关系：

$$y=mx+b$$

算出此直线的斜率 m 和截距 b（详见后面介绍）后，再换回原来的函数和变量，即得原函数的解析表达式。例如，反应速率常数 k 与活化能 E 的关系式为指数函数关系：

$$k=A\mathrm{e}^{-E/RT}$$

可使等号两边均取对数令其直线化，即作 $\lg k$-$1/T$ 图，由直线斜率和截距分别可求出活化能 E 和碰撞频率 A 的数值。

2. 作图技术

图解法获得优良结果的关键之一是作图技术。以下介绍作图技术要点。

（1）工具　在处理物理化学实验数据时，作图所需工具主要有铅笔、直尺、曲线板、曲线尺、圆规等。铅笔一般以中等硬度（如 1H）的为宜，太硬或太软的铅笔、颜色笔、蓝墨水钢笔都不适于此处作图。直尺和曲线板应选用透明的，这样作图时才能全面观察实验点的分布情况；二者的边均应平滑。圆规在这里主要作直径 1mm 左右的小圆之用，最好使用专供绘制这种小圆用的“点圆规”。

（2）坐标纸　作图用得最多的是直角坐标纸。半对数坐标纸和对数-对数坐标纸也常用到，前者两轴中有一轴是对数标尺，后者两轴均系对数标尺。将一组测量数据绘图时，究竟使用什么形式的坐标纸，要尝试后才能确定（以能获得线性图形的为佳）。在表达三组分体系相图时，则常用三角坐标纸。

（3）坐标轴　用直角坐标纸上作图时，以主变量为横轴，应变量（函数）为纵轴，坐标轴比例尺的选择一般遵循下列原则。

① 能表示出全部有效数字，使图上读出的各物理量的精密度与测量时的精密度一致。

② 方便易读。例如用坐标轴 1cm 表示数量 1、2 或 5 都是适宜的，表示 3 或 4 就不好了，表示 6、7、8、9 在一般场合下是不妥的。

③ 在前两个条件满足的前提下，还应考虑充分利用图纸，即若无必要，不必把坐标的原点作为变量的零点。曲线若系直线，或系近乎直线的曲线，则应被安置在图纸的对角线邻近。

比例尺选定后，要画上坐标轴，在轴旁注明该轴变量的名称及单位。在纵轴的左面和横轴的下面每隔一定距离（如 5cm 间距）写下该处变量应有的值，以便作图及读数，但不要将实验值写在轴旁。

（4）代表点　代表点是指测得的各数据在图上的点。代表点除了要表示测得数据的正确数值外，还要表示它的精密度。若纵轴与横轴上两测量值的精密度相近，可用点圆符号（如⊙）表示代表点，圆心小点表示测得数据的正确值，圆的半径表示精密度值。若同一图纸上有数组不同的测量值，则各组测量值可各用一种变形的点圆符号（如⊕、●、⊗等）来表示代表点。

若纵、横两轴变量的精密度相差较大，则代表点需用矩形符号（▭或▯）来表示，此时矩形两边的半长度表示两变量各自的精密度值，矩形的中心是数据的正确数值。同一图纸上有数组不同的测量值时，可用变形矩形符号（如⊡、⊡等）来表示不同组的代表点。

（5）曲线　在图纸上作好代表点后，按代表点的分布情况，作一曲线，表示代表点的平均变动情况。因此曲线不必全部通过各点，只要使各代表点均匀地分布在曲线两侧邻近即可，或者更确切地说，只要使所有代表点离开曲线距离的平方和为最小即可，这就是“最小二乘法原理”（关于最小二乘法原理，后面还要谈到）。所以，绘制曲线时，毫无理由地不顾个别代表点离曲线很远而使所作曲线通过所有代表点，一般所得曲线都不会是正确的，即使此时其他所有代表点都正好落在曲线上。遇到这种情况最好将此个别代表点的数据重新测量，如原测量确属无误，则应严格遵循上述正确原则绘线。

曲线的具体画法：先用淡铅笔轻轻地循各代表点的变动趋势，手描一条曲线（这条曲线当然不会十分平滑），然后用曲线板逐段凑合手描线的曲率，作出光滑的曲线。这里要特别注意各段接合处的连续，做好这一点的关键是：

① 不要将曲线板上的曲边与手描线所有重合部分一次描完，一般每次只描半段或2/3段；

② 描线时用力要均匀，尤其在线段的起点和终点处，更应注意用力适当。

(6) 图名与说明　曲线作好后，还应在图上注上图名，说明坐标轴代表的物理量及比例尺，以及主要的测量条件（如温度、压力）。最后，写上姓名与实验日期。

3. 图解技术

图解技术是指从已得图形与曲线进一步计算与处理，以获得所需结果的技术。由于物化实验中许多情况下的实验结果都不能简单地由前面所得图形直接读出，因此，图解技术的重要性并不亚于作图技术。目前常用的图解技术有：内插、外推、计算直线的斜率与截距、图解微分、图解积分、曲线的直线化等。内插、外推都比较简单，其意义与注意点已在前面提到，这里不再赘述。以下分别介绍后四种的内容。

(1) 计算直线的斜率与截距　设直线方程式为：

$$y=mx+b$$

式中，m 为斜率；b 为截距。由解析几何可知，此时欲求 m，仅需在直线上选两个点 (x_1,y_1)、(x_2,y_2)，将它们代入上式，得

$$\begin{cases}y_1=mx_1+b\\y_2=mx_2+b\end{cases}$$

由此方程组可得

$$\begin{cases}m=\dfrac{y_2-y_1}{x_2-x_1}\\b=y_1-mx_1=y_2-mx_2\end{cases}$$

为了减小误差，所取两点不宜相隔太近，通常在直线的两个端点附近选此两点。m、b 也可利用使直线延长与 y 轴、x 轴相交而求出。若 y 轴即为 $x=0$ 的轴，则直线与 y 轴相交点的 y 值即为 b，直线与 x 轴交角 θ 的正切值 $\tan\theta$ 即为 m。但通常很少用后一种方法。

在个别物化实验中，斜率值对实验最终结果的影响极大，例如在用溶液法测定极性分子偶极矩的实验中，介电常数-浓度图的直线斜率值对最终欲求的偶极矩值的影响极大，直线稍加倾斜，偶极矩值即会由坏变好，或由好变坏。这种情况下，不是“巧妙”地凑出一条“好”直线，而是应该“严格”地按前面作图技术中所谈的原则，作出一条“正确”的直线来；或者设法改善介电常数测量的精密度，以求准确斜率。另外，这里求出的斜率也有一定的误差范围，或者说有一定的精密度，这个精密度的大小与介电常数、浓度的测量精密度有关。

(2) 图解微分　图解微分的中心问题是如何准确地在曲线上作切线。作切线的方法很多，但以镜像法最简便可靠，这里只介绍此法。

将一块平面镜垂直地放在图纸上，如图 1-76 所示，并使镜和图纸的交线通过曲线上某点，以该点为轴旋转平面镜，使曲线在镜中的像和图上的曲线连续，不形成折线。然后沿镜面作一直线，此直线可被认为是曲线在该点上的法线。再将此镜面与另半段曲线用相同的方法找出该点的法线，如与前者不重叠，可取此二法线的中线作为该点的法线。再作这条法线的垂直法线，即得在该点处曲线的切线或其平行线。求此切线或其平行线的斜率，即得所需微商值。

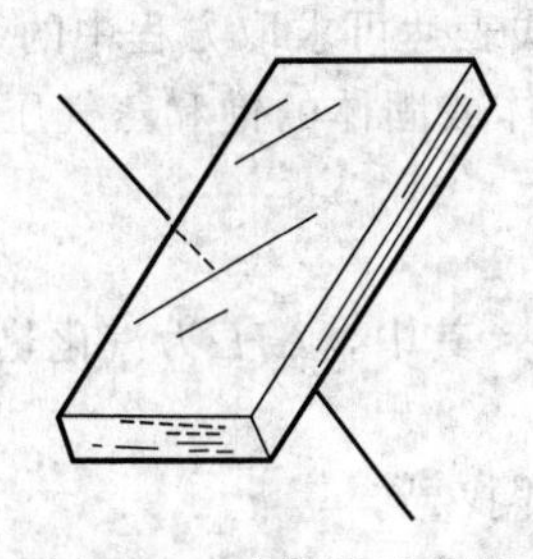

图 1-76　镜像法示意图

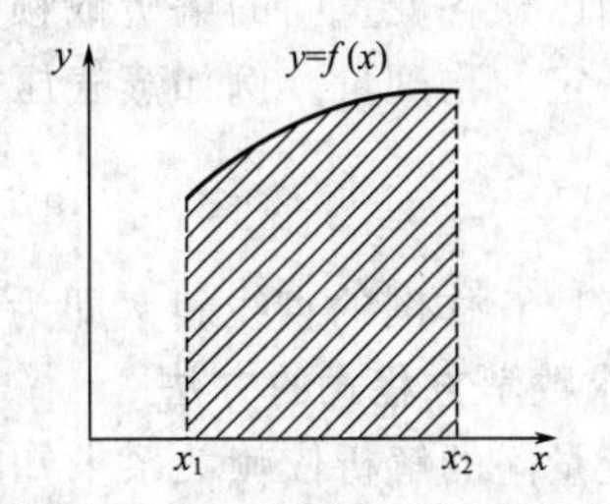

图 1-77　图解积分法示意图

(3) 图解积分　设 $y=f(x)$，则定积分值 $\int_{x_1}^{x_2} y\mathrm{d}x$ 即为图 1-77 中曲线下阴影部分的面积，故图解积分仍归结为求此面积的问题。求面积可用求积仪量或直接数阴影部分小格子的数目。

(4) 曲线的直线化　从已得图形上曲线的形状，根据解析几何知识，判断曲线类型，作变换得直线。例如所得曲线形状近似为一抛物线，如图 1-78 所示，由解析几何可知，这种抛物线的解析表达式为：

$$y=a+bx^2$$

所以，如果以 y 对 x^2 作图，就可得一直线。

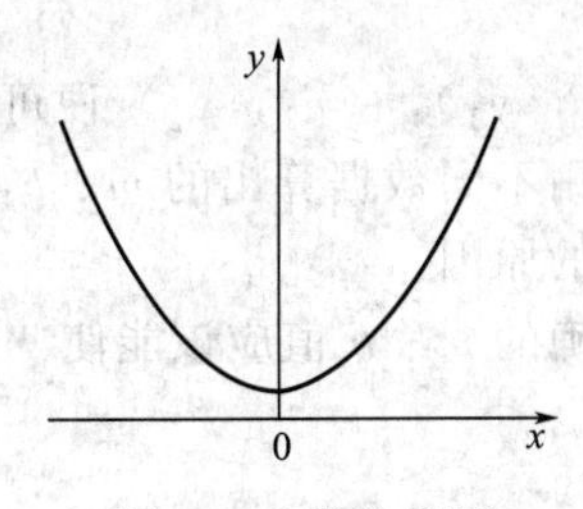

图 1-78　抛物线图

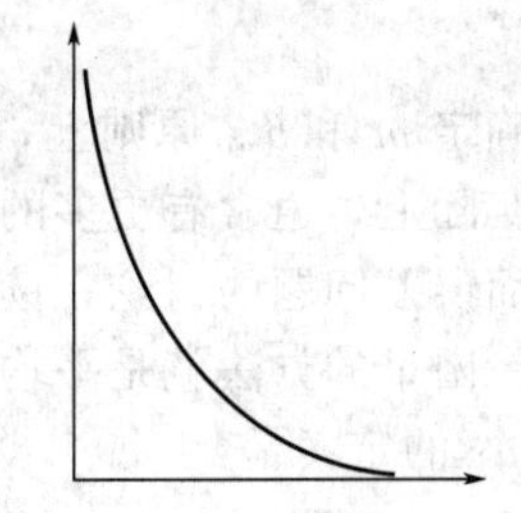

图 1-79　指数曲线图

若所得曲线形状近似为一指数曲线，如图 1-79 所示，这种指数曲线的图解表达式为：

$$y=A\mathrm{e}^{-x^n}$$

式中，A、n 为常数；e 为自然对数底。将上式两边取对数，得

$$\ln y=\ln A-x^n$$

故以 $\ln y$ 对 x^n 作图，得一直线，其截距即 $\ln A$。由于 n 事先并不知道，可将上式再取对数，得

$$\ln\ln y=-n\ln x$$

故以 $\ln\ln y$ 对 $\ln x$ 作图，也得一直线，其斜率即 $-n$。

以上只是两个简例，实际情况还有比这更复杂的，但基本目的均相同，都是使图形直线化后更准确地求取经验常数。

三、数学方程法

1. 数学方程法的优点

数学方程法就是将实验中各变量间的依赖关系用解析的形式表达出来。这种方法的主要优点有：

（1）表达简单清晰，并便于求微分、积分和内插值；

（2）当已知各变量间的解析依赖关系时，用数学方程式表达可求取方程中的系数，系数常对应于一定的物理量。例如蒸气压方程，温度为 T 时液体或固体的饱和蒸气压为 p，有

$$\lg p=\frac{-\Delta H}{2.303R}\times\frac{1}{T}+\text{常数}$$

$\lg p$ 对 $1/T$ 作图的直线斜率即为系数 $-\Delta H/(2.303R)$，其中，ΔH 为汽化热。

2. 寻求数学方程式的方法

当各变量间的解析依赖关系未知时，一般按照下列步骤找寻。

（1）从实验结果所得各变量中选出主变量和应变量后，作图，绘出曲线。

（2）将所得曲线形状与已知函数的曲线形状比较。

（3）由比较结果改换变量，重新作图，使原曲线线性化。

（4）计算线性方程的常数。

（5）若曲线无法线性化，可将原函数表达成主变量的多项式，即

$$y=a+bx+cx^2+dx^3+\cdots$$

多项式项数的多少以结果能表示的可靠程度在实验误差范围内为准。

3. 直线方程常数的确定

直线方程常数的确定有图解法、平均法、最小二乘法三种方法。图解法前面已介绍，这里不再重复。以下介绍后两种方法。

（1）平均法　设线性方程为：

$$y=mx+b$$

现在要确定 m 和 b。原则上，只要有两对变量（x_1，y_1），（x_2，y_2）便可把 m、b 确定下来，但实际上，通常有更多的变量可资应用，而且用不同数据算出的 m、b 值一般并不相同。由前面误差问题的讨论，读者不难理解这种不同的原因。

解决这一困难的方法就是平均法。平均法认为，正确的 m、b 值应该能使“残差”之和为零。残差 μ_i 的定义是：

$$\mu_i=mx_i+b-y_i$$

式中，下标 i 表示第 i 次测量。但这样仅得一个条件方程，不能解出两个未知数 m、b。因此，将测得的数据 (x_1,y_1)，(x_2,y_2)，…，(x_i,y_i)，…，(x_n,y_n) 平分成以下两套：

$$(x_1,y_1),(x_2,y_2),\cdots,(x_k,y_k)$$

和

$$(x_{k+1},y_{k+1}),(x_{k+2},y_{k+2}),\cdots,(x_n,y_n)$$

通常 k 值大致为 n 值的一半。对这两套数据分别应用平均法原理，得

$$\sum_{i=1}^{k}\mu_i=m\sum_{i=1}^{k}x_i+kb-\sum_{i=1}^{k}y_i=0$$

$$\sum_{i=k+1}^{n}\mu_i=m\sum_{i=k+1}^{n}x_i+kb-\sum_{i=k+1}^{n}y_i=0$$

两式联立，即可解出 m、b 值。

（2）最小二乘法　平均法原理的基本思想是认为正负残差大致相等，因此残差之和应为

零。实际在有限次数的测量中，这个假定通常是并不严格成立的，因此应用平均法处理数据，需有一定经验才能获得较佳结果。另一种准确的处理方法就是最小二乘法。这种方法的基本思想是，最佳结果应能使标准误差最小，所以残差的平方和应为最小。设残差的平方和为 s，即

$$s=\sum_{i=1}^{n}(mx_i+b-y_i)^2=m^2\sum_{i=1}^{n}x_i^2+2bm\sum_{i=1}^{n}x_i-2m\sum_{i=1}^{n}x_iy_i+nb^2-2b\sum_{i=1}^{n}y_i+\sum_{i=1}^{n}y_i^2$$

使 s 为极小值的必要条件为：

$$\frac{\partial s}{\partial m}=0=2m\sum_{i=1}^{n}x_i^2+2b\sum_{i=1}^{n}x_i-2\sum_{i=1}^{n}x_iy_i$$

$$\frac{\partial s}{\partial b}=0=2m\sum_{i=1}^{n}x_i+2bn-2\sum_{i=1}^{n}y_i$$

由这两个式子解出的 m、b 分别为：

$$m=\frac{n\sum_{i=1}^{n}x_iy_i-\sum_{i=1}^{n}x_i\sum_{i=1}^{n}y_i}{n\sum_{i=1}^{n}x_i^2-(\sum_{i=1}^{n}x_i)^2}\qquad b=\frac{\sum_{i=1}^{n}x_i^2\sum_{i=1}^{n}y_i-\sum_{i=1}^{n}x_i\sum_{i=1}^{n}x_iy_i}{n\sum_{i=1}^{n}x_i-(\sum_{i=1}^{n}x_i)^2}$$

最小二乘法能得出确定的不因处理者而异的可靠结果，但这种方法计算很麻烦，而且耗时较长，一般只在精密的工作中应用。不过，随着电子计算机的出现，最小二乘法已愈来愈被广泛用于数据处理。

第二部分 无机化学实验

基本型实验

实验一 实验室常用玻璃仪器的洗涤和干燥

一、实验目的

1. 了解洗涤剂的种类及使用范围。
2. 掌握常用洗涤液的配制方法及适用范围。
3. 掌握洗涤常用玻璃仪器的步骤与要求。
4. 了解玻璃仪器的干燥方法。

二、实验原理

化学实验室使用的各种玻璃仪器，应保证是干净的。此处“干净”的含义是指“不含有影响实验准确性的杂质”。一般说来，玻璃仪器洗干净后，内壁附着的水膜应铺展均匀，既不聚集成滴，也不成股流下。此实验的部分内容在本书“第一部分 化学实验基础知识”中亦有涉及，可互为补充。

最简单常用的清洗方法是用长柄毛刷（试管刷）蘸皂粉或去污粉，刷洗润湿的器壁，直至玻璃表面的污物去除为止，再用自来水清洗。有时去污粉的微小粒子会粘附在玻璃器皿壁上，不易被水冲走，此时可用2%盐酸摇洗一次，再用自来水清洗；当需要更洁净的仪器时，则可用洗涤液洗涤；若用于精制产品，或供分析用的仪器，则必须用蒸馏水摇洗，以除去自来水冲洗时带入的杂质。

应养成在每次实验结束后立即清洗的好习惯，因为污物的性质当时是清楚的，容易用合适的方法除去。例如已知瓶中残渣为碱性时，可用稀盐酸或稀硫酸溶解；酸性残渣可用稀的氢氧化钠溶液除去；油垢可用适量的有机溶剂处理。当不清洁的仪器放置一段时间后，往往由于挥发性溶剂逸去，使洗涤工作变得困难；若仪器中为焦油状物，则应先擦拭再针对性洗涤。

必须反对盲目使用各种化学试剂和有机溶剂来清洗仪器，这样不仅造成浪费，也不利于环保，而且还可能有危险。

有机实验室中常用超声波清洗器来洗涤玻璃仪器，既省时又方便。只要把用过的仪器，放在配有洗涤剂的溶液中，接通电源，利用声波的振动和能量，即可达到清洗仪器的目的。清洗过的仪器，再用自来水漂洗干净即可。

1. 洁净剂及使用范围

最常用的洁净剂是肥皂、皂液、洗衣粉、去污粉、洗涤液和有机溶剂等。洗涤液多用于不便用毛刷刷洗的仪器，如滴定管、移液管、容量瓶和蒸馏器等形状特殊的仪器，也可用于洗涤长久不用的杯皿器具和刷子刷不下的结垢。用洗涤液洗涤仪器，是利用洗涤液本身与污物起化学反应，将污物去除，因此需要浸泡一定的时间使其充分作用。

2. 洗涤液的制备及使用注意事项

洗涤液有时简称洗液，根据要求有各种不同的洗液，现将较常用的几种介绍如下。

(1) 强酸氧化剂洗液　强酸氧化剂洗液常用浓硫酸和 $K_2Cr_2O_7$ 配制而成，通常所说的洗液就是指这种溶液，简称铬酸洗液，其去污力很强，曾广泛使用，但由于其强腐蚀性及重金属离子 Cr(Ⅵ) 的毒性，应尽量少用。

(2) 碱性洗液　碱性洗液用于洗涤有油污的仪器，采用长时间（经常 24h 以上）浸泡或者浸煮法。由此洗液中捞取仪器时，要戴乳胶手套，以免腐蚀皮肤。常用的碱性洗液是氢氧化钠（钾）-乙醇溶液，其配制方法可查阅有关手册。这种洗液去污力强，玻璃磨口不能长期暴露其中，否则造成腐蚀损坏。

(3) 碱性高锰酸钾洗液　其作用缓慢，适于洗涤油污器皿。配法：取 $KMnO_4$ 4g 加少量水溶解后，再加入 10%的 NaOH 溶液 100mL。

(4) 纯酸纯碱洗液　根据器皿污垢的性质，直接用浓 HCl、浓 H_2SO_4、浓 HNO_3 浸泡或浸煮器皿（温度不宜太高，否者浓酸挥发造成刺激）。纯碱洗液多采用 10%以上的浓 NaOH、KOH 或 Na_2CO_3 溶液浸泡或浸煮器皿（可以煮沸）。

(5) 有机溶剂　带有脂肪性污物的器皿，可以用汽油、甲苯、二甲苯、丙酮、酒精、三氯甲烷、乙醚等有机溶剂擦洗或浸泡。但用有机溶剂作为洗液浪费较大，能用刷子洗刷的大件仪器尽量采用碱性洗液。只有无法使用刷子的小件或特殊形状的仪器才使用有机溶剂洗涤，如活塞内孔、移液管尖头、滴定管尖头、滴定管活塞孔、滴管、小瓶等。

(6) 洗消液　有些食品或医疗用器皿，在洗刷之前需使用对微生物有破坏分解作用的洗消液进行浸泡，然后再进行洗涤。比如，1%或 5% NaOCl 溶液对黄曲霉素有破坏作用。

3. 玻璃仪器的干燥

各种实验对干燥要求不同，一般定量分析用的烧杯、锥形瓶等仪器洗净即可使用，而用于食品分析或有机实验的仪器很多要求干燥（有刻度的量器不能用加热的方法进行干燥）。

(1) 晾干　即自然干燥，可平放，亦可用钉架或带有透气孔的玻璃柜控干。

(2) 烘干　烘箱温度调为 105～110℃，烘 1h 左右；也可用红外干燥箱（器）烘干。硬质试管可用酒精灯加热烘干，要从底部烤起，把管口向下，以免水珠倒流把试管炸裂，烘到无水珠后把试管口向上赶净水汽。

(3) 热（冷）风吹干　对于需立即使用或不适于放入烘箱的较大仪器，可用吹干的方法。先热风吹，再冷风吹，否则被吹热的仪器在自然冷却过程中会在瓶壁上凝结一层水汽。为了节省时间，还可将水尽量沥干后，用少量乙醇、丙酮（或最后再用乙醚）倒入仪器中摇洗（使用后的乙醇或丙酮等应倒回专用的回收瓶中），然后用电吹风吹干。

三、仪器和试剂

试管，烧杯，锥形瓶，量筒，试剂瓶，吸量管，滴定管，容量瓶，单口圆底烧瓶，空气冷凝管，蒸馏头，玻璃棒，天平，洗瓶，试管刷，量筒刷，烧杯刷，烧瓶刷等。

去污粉，洗洁精，重铬酸钾，浓硫酸等。

四、实验内容

1. 常法洗涤试管、烧杯、锥形瓶、量筒、空气冷凝管等先用自来水粗洗一下待洗仪器，再用合适的毛刷蘸少量去污粉，将仪器内外仔细刷洗，再用自来水冲洗至没有泡沫，用蒸馏水洗 3 次以上，检验内外壁是否洗净。用蒸馏水洗时，应坚持少量多次的原则，用洗瓶顺着容器内壁转圈冲洗，不留死角，把自来水中的钙、镁、铁、氯等杂质离子除去。

2. 铬酸洗液洗涤吸量管、滴定管、容量瓶、圆底烧瓶、蒸馏头等

先将仪器用自来水刷洗，倒净其中的水，加入铬酸洗液（必要时可温热使用以提升去污力），根据脏污程度浸泡一段时间后，将洗液倒回原瓶。仪器先用自来水冲洗，再用蒸馏水冲洗 2～3 次。

(1) 圆底烧瓶、容量瓶和蒸馏头　对于常法无法洗涤的油污，可以使用铬酸洗液浸泡，待顽固油污去除之后，再用常法洗涤即可。

(2) 碱式滴定管　首先将其最下端的玻璃尖嘴卸掉，然后将滴定管倒立，使上口插入盛有铬酸洗液的烧杯或锥形瓶中，并固定在滴定台的蝴蝶夹上，接着和滴定操作一样，左手的拇指与食指挤压乳胶管中的玻璃珠，与此同时，右手拿着洗耳球尖嘴对准乳胶管口，右手再轻轻放松洗耳球，这时，随着滴定管内空气的抽出，洗液将由滴定管中缓缓上升，如果一次不能吸满，则先松开左手，后移开洗耳球，排出空气后再重复上述步骤，直至洗液充满全管，左手先停止挤压乳胶管，右手再将洗耳球挪开。这样洗液就可以在管中保留很长一段时间，从而达到了用洗液浸泡内壁，清除污物的目的。

(3) 吸量管　在吸量管的上口处装上一段内装有一个玻璃珠的乳胶管，吸取洗液时只需将已排过空气的洗耳球紧压在乳胶管的上口部，左手挤压玻璃珠处乳胶管，右手慢慢放松洗耳球，则洗液即可慢慢上升至刻度线以上。然后与洗涤碱管一样操作，即可洗净吸量管。

3. 玻璃仪器的干燥

洗净的玻璃仪器可在无尘处倒置控去水分，自然干燥；亦可用安有木钉的架子或带有透气孔的玻璃柜放置晾干；对于急用的玻璃仪器，可置放于烘箱内烘干。

五、思考题

1. 如何防止由于试管刷多次刷洗造成玻璃仪器内出现划痕?

2. 量筒、移液管等量器能否置于烘箱中烘干?

六、实验指导

1. 配制洗液时，切勿将重铬酸钾水溶液倒入浓硫酸中。新配制的洗液为红褐色，氧化能力很强。当洗液用久后变为黑绿色，即为失效。注意不能让洗液溅到身上，以免“烧”破衣服和皮肤。

2. 玻璃仪器洗涤时应注意轻拿轻放，避免操作不当造成损坏。如：使用毛刷刷洗试管时，应旋转、抽拉毛刷进行刷洗，不可用力过大；也不要同时抓住几只试管一起刷洗。

3. 带实心玻璃塞的仪器烘干时，要注意先将玻塞取出，慢慢升温并且温度不可过高，以免破裂。湿的仪器应放在烘箱下层进行干燥，瓶口向上，避免冷水滴在热的仪器上面造成仪器炸裂。

4. 光学玻璃制成的比色皿可用热的合成洗涤剂或盐酸-乙醇混合液浸泡内外壁数分钟(时间不宜过长)。

5. 应养成用完即洗的好习惯。凡是洗净的仪器，不宜再用布或纸擦拭。否则，布或纸纤维将留在器壁上而沾污仪器。

实验二　粗食盐的提纯

一、实验目的

1. 练习溶解、过滤、蒸发、结晶、干燥等基本操作。

2. 掌握提纯粗食盐的原理、方法及有关离子的鉴定。

3. 掌握台秤、量筒、pH 试纸、滴管和试管的正确使用方法。

二、实验原理

粗食盐中除含有泥沙等不溶性杂质外，还含有 K^+、Ca^{2+}、Mg^{2+} 和 SO_4^{2-} 等相应盐类的可溶性杂质。不溶性杂质可利用溶解和过滤的方法除去，而可溶性杂质 SO_4^{2-}、Mg^{2+}、Ca^{2+} 则要用化学方法处理才能除去，处理的方法如下。

先加入稍过量的 $BaCl_2$ 溶液，溶液中的 SO_4^{2-} 便转化为难溶的 $BaSO_4$ 沉淀：

$$SO_4^{2-} + Ba^{2+} = BaSO_4 \downarrow \text{（白色）}$$

在过滤掉 $BaSO_4$ 沉淀后的溶液中，再加入 NaOH 和 Na_2CO_3 溶液，Ca^{2+}、Mg^{2+} 及过量的 Ba^{2+} 便都生成沉淀：

$$Ca^{2+} + CO_3^{2-} = CaCO_3 \downarrow \text{（白色）}$$

$$Mg^{2+} + 2OH^- = Mg(OH)_2 \downarrow \text{（白色）}$$

$$Ba^{2+} + CO_3^{2-} = BaCO_3 \downarrow \text{（白色）}$$

过滤后，原溶液中 Ca^{2+}、Mg^{2+} 和 SO_4^{2-} 都已除去，但又引入了过量的 Na_2CO_3 和 NaOH，可用盐酸将溶液调至微酸性以中和 OH^- 并除去 CO_3^{2-}。对于含量很少的可溶性杂质如 KCl，由于其含量少而溶解度又很大，在蒸发结晶过程中仍留在母液内而与氯化钠分离。

三、仪器与试剂

烧杯，量筒，长颈漏斗，漏斗架，吸滤瓶，布氏漏斗，铁架台，石棉网，泥三角，酒精灯，台秤，蒸发皿，滤纸，pH 试纸。

$BaCl_2$（$1mol \cdot L^{-1}$），Na_2CO_3（$1mol \cdot L^{-1}$），NaOH（$2mol \cdot L^{-1}$），HCl（$2mol \cdot L^{-1}$），H_2SO_4（$2mol \cdot L^{-1}$），$(NH_4)_2C_2O_4$（$0.5mol \cdot L^{-1}$），镁试剂。

四、实验内容

1. 粗食盐的提纯

(1) 称取 4.0g 粗食盐，放入 50mL 烧杯中，加入 15mL 水，加热搅拌使之溶解，溶解后一边搅拌一边滴加 $BaCl_2$ 溶液（$1mol \cdot L^{-1}$），使 SO_4^{2-} 沉淀完全（$BaCl_2$ 溶液用量约需 1mL）。为了检验沉淀是否完全，可将烧杯取下，待沉淀沉降后沿烧杯壁滴入 1～2 滴 $BaCl_2$ 溶液，观察上层清液中是否有浑浊现象。如无浑浊，说明 SO_4^{2-} 沉淀完全；如有浑浊，则需继续滴加 $BaCl_2$ 溶液，直至沉淀完全为止。沉淀完全后继续加热 3min，以使颗粒长大而易于沉降和过滤。用长颈漏斗过滤，除去 $BaSO_4$ 和不溶性杂质。

(2) 在滤液中加入 0.5mL NaOH 溶液（$2mol \cdot L^{-1}$）和 1.5mL Na_2CO_3 溶液（$1mol \cdot L^{-1}$）并加热至沸，同上方法用 Na_2CO_3 溶液检验沉淀是否完全。沉淀完全后，用长颈漏斗过滤，

弃去沉淀。

（3）在滤液中滴加 HCl($2mol \cdot L^{-1}$)，使溶液 pH 值达 5～6 后，将溶液倒入蒸发皿中，用小火加热蒸发，浓缩至呈糊状稠液为止，切不可将溶液蒸干。冷却后，用布氏漏斗抽滤至干。

（4）将晶体转移至蒸发皿中，在石棉网上小火加热干燥。冷却后称重，计算产率。

2. 产品检验

分别取粗食盐和提纯后的氯化钠各 1g，溶于 5mL 蒸馏水中。将粗食盐溶液过滤，用下列方法检验并比较它们的纯度。

（1）SO_4^{2-} 的检验　取上述清液各 1mL，分别加入 2 滴 $BaCl_2$ 溶液（$1mol \cdot L^{-1}$）和数滴 HCl 溶液（$2mol \cdot L^{-1}$），观察有无 $BaSO_4$ 沉淀产生。

粗食盐________________；提纯后的氯化钠________________。

（2）Mg^{2+} 的检验　取上述清液各 1mL，分别加入 2 滴 NaOH 溶液（$2mol \cdot L^{-1}$），使溶液呈碱性，再分别加入 2～3 滴镁试剂，观察现象。

粗食盐________________；提纯后的氯化钠________________。

（3）Ca^{2+} 的检验　取上述清液各 1mL，分别加入 2 滴 $(NH_4)_2C_2O_4$ 溶液（$0.5mol \cdot L^{-1}$），观察有无 CaC_2O_4 沉淀产生。

粗食盐________________；提纯后的氯化钠________________。

（4）Ba^{2+} 的检验　取上述清液各 1mL，分别加入 2 滴 H_2SO_4 溶液（$2mol \cdot L^{-1}$），观察有无 $BaSO_4$ 沉淀产生。

粗食盐________________；提纯后的氯化钠________________。

五、思考题

1. 在蒸发结晶过程中为什么不能将溶液蒸干？
2. 在进行普通过滤时，应注意哪些问题？
3. 溶解粗食盐时可用自来水，而溶解提纯后的氯化钠时为什么必须用蒸馏水？
4. 在产品检验中，为什么要检查 Ba^{2+}？

六、实验指导

1. 在减压过滤操作过程中，尤其要注意过滤完毕后，应先拔下吸滤瓶支管上的抽气管，再关闭抽气泵，以防止倒吸，详见第二章第三节化学实验基本操作中的过滤法。

2. pH 试纸的正确使用方法：将一小片试纸放在点滴板或表面皿上，用蘸有待测溶液的玻璃棒碰点试纸中部，试纸即被润湿而显色，与标准色阶比较，即可得出相应 pH 值，试纸的颜色以 30s 内观察到的为准。把 pH 试纸浸入待测溶液中测定 pH 的方法不够恰当。

3. 蒸发结晶时一般溶液体积不要超过蒸发皿容量的 2/3，否则晶体会沿器壁向上析出，聚集在边口上不易收集。若溶液太多，可以边蒸发边分次将溶液加入蒸发皿，也可先在烧杯中蒸发掉部分水分后再移入蒸发皿。在蒸发结晶过程中要常用玻璃棒搅拌，以析出质量和外观都较好的细小结晶。

4. 判断氯化钠结晶是否烘干的方法：当结晶被加热至不冒水汽、不成团粒而呈粉状，无噼啪响声时，即可认为氯化钠结晶已干燥。

5. 量筒可较准确地量取一定体积的液体试剂，在不要求量取的液体体积十分准确且用量较少（一般不超过 2mL）的情况下，可以利用数滴的方法大概估计体积。如利用滴管滴加试剂，1mL 约 20 滴。

6. 镁试剂为对硝基偶氮间苯二酚，结构式为：

$$HO-C_6H_3(OH)-N{=}N-C_6H_4-NO_2$$

镁试剂检验 Mg^{2+} 必须在碱性介质中进行。在碱性溶液中，镁试剂呈紫色或红色，它与 Mg^{2+} 作用生成天蓝色沉淀，可检验 Mg^{2+} 的存在。

实验三　醋酸解离度和解离常数的测定

一、实验目的

1. 学习正确使用酸度计。

2. 用 pH 法测定醋酸的解离度和解离常数。

二、实验原理

HAc 为一元弱酸，在水溶液中存在如下解离平衡：

$$\mathrm{HAc} \rightleftharpoons \mathrm{H^+} + \mathrm{Ac^-} \qquad K_a$$

起始浓度/$mol \cdot L^{-1}$　　c　　0　　0

平衡浓度/$mol \cdot L^{-1}$　　$c-c\alpha$　　$c\alpha$　　$c\alpha$

式中，K_a 表示 HAc 的解离常数；α 为解离度；c 为起始浓度。根据定义：

$$\alpha=\frac{[\mathrm{H^+}]}{c}$$

$$K_a=\frac{c\alpha^2}{1-\alpha}$$

配制一系列已知浓度的醋酸溶液，在一定温度下，用酸度计测出 pH 值，求出其解离出的 H^+ 的浓度，就可由上述公式计算出该温度下一系列对应的 α 和 K_a 值。取所得的一系列 K_a 值的平均值，即为该温度下醋酸的解离常数。

三、仪器与试剂

酸度计，温度计，移液管（25mL），吸量管（5mL），容量瓶（50mL），烧杯（50mL）。

HAc 溶液（0.2$mol \cdot L^{-1}$）。

四、实验内容

1. 配制不同浓度的醋酸溶液

用吸量管或移液管分别移取 2.50mL、5.00mL、25.00mL 已知准确浓度的 HAc 溶液于 3 个 50mL 容量瓶中，用蒸馏水稀释至刻度，摇匀，即制得了浓度为 $c/20$、$c/10$、$c/2$ 的 HAc 溶液。

2. 不同浓度醋酸溶液 pH 值的测定

将 4 只 50mL 干燥的小烧杯编号，并分别加入上述四种（$c/20$、$c/10$、$c/2$、c）已知准确浓度的 HAc 溶液约 25mL，按由稀到浓的次序，用酸度计分别测出其 pH 值，记录数据和室温，填入下表。

HAc 解离度和解离常数的测定　　室温：____℃

编号	c/$mol \cdot L^{-1}$	pH	$[H^+]$	α	K_a	
					测定值	平均值
1						
2						
3						
4						

3. 数据处理

根据测得的数据，计算各 HAc 溶液的解离度和该温度下 HAc 的解离常数，填入上表。

五、思考题

1. 本实验有四份浓度不同的醋酸溶液，随着醋酸浓度的增加其 pH 值、解离度及解离常数将分别发生怎样的变化？

2. 醋酸溶液中氢离子浓度为什么要用酸度计测量？用酸碱滴定的方法或用 pH 试纸测定可以吗？

3. 为什么在测 pH 值时用于盛装醋酸溶液的小烧杯一定要干燥？若无干燥的烧杯，则用欲盛装的溶液荡洗 2～3 次也可，为什么？

六、实验指导

1. 盛装溶液以测量 pH 值的小烧杯一定要干燥，否则会稀释醋酸溶液浓度，影响实验结果的准确性。若没有干燥好的烧杯，可将洗净的小烧杯用少量欲盛装溶液洗涤 2～3 次。

2. 用酸度计测定醋酸溶液的 pH 值时，应注意以下几点酸度计的使用（详见第二章第四节中）。

(1) 一定要按照从稀到浓的顺序测定，并应在读数前充分振荡以加速平衡。否则，由于玻璃电极平衡较慢，会延长实验时间，影响结果的准确度。

(2) 在读出数据之后，要首先松开读数键，然后再取走溶液，严禁在未松开读数键时取走溶液，以免指针剧烈偏转而打断指针。

(3) 测定完一份溶液之后，一定要用蒸馏水充分洗净电极，并用吸水纸小心吸干电极上的水分（切勿擦，以免划伤玻璃膜），然后才能进行下一份溶液的测定。

3. 在测定过程中若读数不稳定或不准确，应从下述几个方面找原因。

(1) 仪器未充分预热。

(2) 插入电极后溶液未充分振荡，体系未达平衡，H^+ 浓度不均匀。

(3) 测量过程中，零点或定位调节旋钮因疏忽而转动。

(4) 仪器接地不良。

实验四　解离平衡和沉淀反应

一、实验目的

1. 掌握同离子效应对解离平衡的影响。
2. 了解盐类的水解和影响盐类水解的因素。
3. 学习缓冲溶液的配制并了解其缓冲作用。掌握精密 pH 试纸的使用方法。
4. 了解沉淀生成和溶解的条件及分步沉淀和沉淀的转化。

二、实验原理

弱电解质的溶液中加入含有同离子的另一强电解质时，使弱电解质的解离程度减小，这种效应叫作同离子效应。例如，HAc 的解离度会因加入 NaAc 或 HCl 而降低。

盐类的水解是酸碱反应的逆反应，水解后溶液的酸碱性取决于盐的类型。由于水解是吸热反应并有平衡存在，因此升高温度和稀释溶液都有利于水解的进行。

缓冲溶液是不因少量的水、酸或碱的加入而明显改变其 pH 值的溶液。这种溶液一般是由弱酸及其共轭碱配制而成的混合溶液。

缓冲溶液的 pH 值可用下式计算：

$$[H^+]=K_a\frac{c_a}{c_b}$$

式中，c_a、c_b 分别为弱酸及其共轭碱的浓度；K_a 为弱酸解离常数。

溶解-沉淀平衡是难溶电解质（用通式 A_mB_n 表示）与溶液中相应组成离子所建立的多相化学平衡：

$$A_mB_n(s) \rightleftharpoons mA^{n+}+nB^{m-} \qquad K_{sp}$$

溶度积常数 K_{sp} 的表示式为：

$$K_{sp}=[A^{n+}]^m[B^{m-}]^n$$

根据溶度积规则可判断沉淀的生成和溶解（其中离子积 $Q_i=c^m_{A^{n+}}\cdot c^n_{B^{m-}}$）：

(1) $Q_i>K_{sp}$，溶液过饱和，有沉淀析出。

(2) $Q_i=K_{sp}$，饱和溶液。

(3) $Q_i<K_{sp}$，溶液未饱和，无沉淀析出或沉淀溶解。

在难溶电解质的饱和溶液中，加入与平衡无关的其他易溶强电解质，使难溶电解质溶解度比在纯水中溶解度增大的现象称为盐效应。

如果溶液中含有多种离子，当逐步加入某种试剂可能与溶液中的几种离子发生反应而生成几种沉淀时，同样可以用溶度积规则来判断沉淀反应进行的次序。即当某种难溶电解质的离子浓度幂的乘积首先达到它的溶度积时，这种难溶电解质便先沉淀出来；然后，当第二种难溶电解质的离子浓度幂的乘积等于它的溶度积时，第二种沉淀便开始析出。这种先后次序进行的沉淀称为分步沉淀。

使一种难溶电解质转化为另一种难溶电解质的过程称为沉淀的转化。一般来说，溶解度大的难溶电解质容易转化为溶解度小的难溶电解质。例如，在 AgCl 沉淀中加入足量 I^-，由平衡 $AgCl \rightleftharpoons Ag^++Cl^-$ 所产生的 Ag^+ 与加入的 I^- 会结合成溶解度更小的 AgI 沉淀。

三、仪器与试剂

离心机，酸度计（pH 计）。

液体试剂：HAc(0.1mol·L^{-1}、2mol·L^{-1})，HCl(0.1mol·L^{-1}、2mol·L^{-1})，HNO_3(6mol·L^{-1})，$NH_3·H_2O$(0.1mol·L^{-1}、2mol·L^{-1})，NaOH(0.1mol·L^{-1})，NaCl(1mol·L^{-1})，NaAc(0.1mol·L^{-1})，Na_2S(0.1mol·L^{-1})，NH_4Cl(0.1mol·L^{-1}、1mol·L^{-1})，$(NH_4)_2C_2O_4$(饱和)，$CaCl_2$(0.1mol·L^{-1})，$CuSO_4$(0.1mol·L^{-1})，K_2CrO_4(0.1mol·L^{-1})，$AgNO_3$(0.1mol·L^{-1})，KI(0.02mol·L^{-1}，0.1mol·L^{-1})，$Pb(Ac)_2$(0.01mol·L^{-1})，$Pb(NO_3)_2$(0.1mol·L^{-1}，1mol·L^{-1})，$ZnSO_4$(0.1mol·L^{-1})，$MgSO_4$(0.1mol·L^{-1})，$BiCl_3$(0.1mol·L^{-1})，酚酞，甲基橙。固体试剂：NH_4Ac，NaAc，$NaNO_3$。

其他：pH试纸（广泛、精密）。

四、实验内容

1. 同离子效应

(1) 在试管中加入1mL氨水（0.1mol·L^{-1}），再加入1滴酚酞溶液，观察溶液颜色。再加入少量NH_4Ac固体，摇动试管使其溶解，观察溶液颜色有何变化。试用平衡移动的观点加以说明。

(2) 与 (1) 类似，用HAc(0.1mol·L^{-1})代替氨水，用甲基橙代替酚酞进行实验，观察现象并说明原因。

2. 盐类的水解和影响盐类水解的因素

(1) 温度对水解的影响：取少量固体NaAc溶于少量水中，加1滴酚酞溶液，观察溶液的颜色。在小火上将此溶液加热，观察现象并说明原因。

(2) 稀释对水解平衡的影响：在试管中加入5滴$BiCl_3$溶液（0.1mol·L^{-1}），然后加入2mL水，观察现象。再滴入HCl溶液（2mol·L^{-1}），观察又有何现象。写出反应方程式。

3. 缓冲溶液的配制和性质

(1) 按下表中溶液的用量，配制两份缓冲溶液。用精密pH试纸分别测定其pH值，填入表中，并与事先计算出的pH值比较（若用pH计，则测量更为精准）。

缓冲溶液的pH值

编　号	缓　冲　溶　液	pH计算值	pH测定值
1	0.1mol·L^{-1}氨水5mL与0.1mol·L^{-1} NH_4Cl 5mL混合		
2	0.1mol·L^{-1} HAc 5mL与0.1mol·L^{-1} NaAc 5mL混合		

(2) 在上面配制好的第2号缓冲溶液中加入0.1mL(约2滴) HCl溶液（0.1mol·L^{-1}），测定其pH值；再加入0.2mL(约4滴) NaOH溶液（0.1mol·L^{-1}），测定其pH值；填入下表中并与计算值比较。比较实验 (1)、(2) 的结果，可得出什么结论？

缓冲溶液的缓冲性能

编号2溶液	pH计算值	pH测定值
(1)加入0.1mL 0.1mol·L^{-1}的HCl溶液		
(2)再加入0.2mL 0.1mol·L^{-1}的NaOH溶液		

4. 沉淀的生成和溶解

(1) 在试管中先后加入约0.5mL饱和$(NH_4)_2C_2O_4$溶液和0.5mL $CaCl_2$溶液(0.1mol·L^{-1})，观察白色CaC_2O_4沉淀的生成。然后加入HCl溶液（2mol·L^{-1}）约2mL，搅拌，观察沉淀是否溶解。重新制得CaC_2O_4沉淀后，再加入HAc溶液（2mol·L^{-1})2mL，

观察沉淀是否溶解并解释原因。

(2) 在试管中加入数滴 $MgSO_4$ 溶液（$0.1mol \cdot L^{-1}$），加入氨水（$2mol \cdot L^{-1}$）数滴，观察现象。再向此溶液中滴加 NH_4Cl 溶液（$1mol \cdot L^{-1}$），观察现象并进行解释。

(3) 分别取5滴 $ZnSO_4$ 溶液（$0.1mol \cdot L^{-1}$）和5滴 $CuSO_4$ 溶液（$0.1mol \cdot L^{-1}$）于两支离心试管中，然后各加入5滴 Na_2S 溶液（$0.1mol \cdot L^{-1}$），观察沉淀颜色后离心分离。在沉淀中加入 HCl 溶液（$2mol \cdot L^{-1}$）数滴，观察沉淀是否溶解。如不溶解，离心分离后再向沉淀中加入 HNO_3 溶液（$6mol \cdot L^{-1}$），并在水浴中加热，观察沉淀是否溶解，解释以上现象。

(4) 取5滴 $Pb(Ac)_2$ 溶液（$0.01mol \cdot L^{-1}$），加入5滴 KI 溶液（$0.02mol \cdot L^{-1}$），振荡试管，观察有无沉淀生成。在此混合液中再加少量固体 $NaNO_3$，振荡试管后观察沉淀是否溶解并进行解释。

5. 分步沉淀

(1) 取2滴 $AgNO_3$ 溶液（$0.1mol \cdot L^{-1}$）和5滴 $Pb(NO_3)_2$ 溶液（$0.1mol \cdot L^{-1}$）于试管中混合，加3mL蒸馏水稀释混匀，逐滴加入 K_2CrO_4 溶液（$0.1mol \cdot L^{-1}$），并不断振荡试管，观察沉淀颜色。继续滴加 K_2CrO_4 溶液（$0.1mol \cdot L^{-1}$），观察沉淀颜色变化并解释之。

(2) 在试管中加5滴 Na_2S 溶液（$0.1mol \cdot L^{-1}$）和5滴 K_2CrO_4 溶液（$0.1mol \cdot L^{-1}$），混匀，逐滴加入 $Pb(NO_3)_2$ 溶液（$0.1mol \cdot L^{-1}$），观察生成沉淀颜色。离心分离后，再向清液中滴加 $Pb(NO_3)_2$ 溶液（$0.1mol \cdot L^{-1}$），观察现象并进行解释。

6. 沉淀的转化

在离心试管中滴加5滴 $Pb(NO_3)_2$ 溶液（$1mol \cdot L^{-1}$），再滴加 NaCl 溶液（$1mol \cdot L^{-1}$），振荡试管，待沉淀完全后，离心分离。用蒸馏水洗涤沉淀一次后，在沉淀中滴加 KI 溶液（$0.1mol \cdot L^{-1}$），观察沉淀颜色变化。将此沉淀再次离心分离，洗涤沉淀一次后在沉淀中加入几滴 Na_2S 溶液（$0.1mol \cdot L^{-1}$），观察沉淀颜色变化。解释所观察到的现象。

五、思考题

1. 什么是同离子效应？同离子效应对弱电解质的解离度和难溶强电解质的溶解度各有什么影响？

2. 影响盐类水解的因素有哪些？

3. 什么是盐效应？盐效应对溶解度有什么影响？

4. 根据溶度积规则怎样判断沉淀的先后顺序？沉淀转化的一般规律是什么？

六、实验指导

(1) 盐类水溶液的pH值　蒸馏水的pH值往往低于7.0，这是因为空气中或多或少含有一些酸性气体如 CO_2 等，它溶于水再解离而显弱酸性。实验室所用蒸馏水的pH值在6.5左右，当用这样的蒸馏水配制溶液时，溶液的pH值也表现出程度不同的差异，所以在测盐类溶液的pH值时，可同时测蒸馏水的pH值以资比较。

(2) 测缓冲溶液的缓冲性能　在缓冲溶液中加入少量的强酸或强碱，用pH计测其pH值。在测试前必须将溶液搅拌均匀，使体系达平衡即溶液中氢离子浓度不再改变时，再进行测量。用pH计测pH值的精度为小数点后两位，十分位是可靠的，百分位是估计的。本实验用精密pH试纸代替pH计，测量精度为0.5个pH单位。要根据被测溶液的酸碱性，选用测量范围相对应的精密试纸！

(3) 盐效应　将 $Pb(Ac)_2$ 溶液（0.01mol·L^{-1}）和 KI 溶液（0.02mol·L^{-1}）各 5 滴混合振荡后，有金黄色沉淀形成。加入少量固体 $NaNO_3$ 后，由于盐效应而使沉淀溶解。但盐效应对溶解度的影响较小，若试剂取量太多，则形成沉淀过多，盐效应的作用不能把所形成的沉淀全部溶解而只能使沉淀的量减少，结果使实验现象不够明显。

(4) 分步沉淀　向稀释后的 $AgNO_3$ 和 $Pb(NO_3)_2$ 混合溶液中逐滴加入 K_2CrO_4 溶液时，粗略计算可知，黄色的 $PbCrO_4$ 先沉淀，而砖红色的 Ag_2CrO_4 后沉淀。但若不逐滴加入 K_2CrO_4 溶液并不断振荡，则会出现红色沉淀，而看不到先黄后红的分步沉淀现象。这是因为 CrO_4^{2-} 刚滴入时来不及扩散，若不进行振荡，会造成 CrO_4^{2-} 局部浓度过大，使得黄色的 $PbCrO_4$ 和砖红色的 Ag_2CrO_4 两者同时沉淀下来，由于黄色的 $PbCrO_4$ 沉淀含有砖红色的 Ag_2CrO_4 沉淀，所以出现的沉淀为红色。

(5) 沉淀的先后顺序　判断沉淀的先后顺序应根据溶度积规则，离子积先达到溶度积的先沉淀。因为沉淀生成的先后顺序与有关离子的浓度、难溶电解质的类型及 K_{sp} 的大小都有关，所以不能简单地只根据 K_{sp} 的大小来判断生成沉淀的先后顺序。

(6) $BiCl_3$ 的水解反应方程式一般写为：

$$BiCl_3 + H_2O \xlongequal{} BiOCl\downarrow(白) + 2HCl$$

(7) 关于离心试管及离心机的使用，详见本书第一部分相关内容。溶液混合后一定要充分混匀（用力振荡或搅拌）令其反应完全。洗涤沉淀时也要充分搅拌均匀后再离心分离。

(8) 本实验涉及 29 种液体及 3 种固体试剂，使用时注意其种类及浓度，以免取错混淆。

实验五　常见主族非金属元素的性质（卤素、氧、氮、硫、磷）

一、实验目的

1. 掌握卤素及其含氧酸盐的氧化性、卤离子的还原性。

2. 掌握过氧化氢、硫化氢及硫化物的主要性质。

3. 掌握硫、氮、磷的主要含氧酸及其盐的性质。

4. 掌握元素性质实验的基本操作。

二、实验原理

卤素为元素周期表中第ⅦA族元素。卤素单质均为强氧化剂，其氧化性强弱顺序为$F_2>Cl_2>Br_2>I_2$，而卤素离子的还原性强弱顺序为$I^->Br^->Cl^->F^-$。Br^-和I^-可利用氯水氧化为Br_2和I_2，如用CCl_4萃取，Br_2在CCl_4层呈橙黄色，I_2在CCl_4层呈紫色，借此可鉴定Br^-和I^-。在酸性介质中，卤素各种含氧酸及其盐均为强氧化剂；在中性或碱性介质中，卤素的含氧酸盐一般氧化性明显下降。

氧、硫、氮、磷分别为元素周期表中第ⅥA族和第ⅤA族元素。在H_2O_2中O的氧化值为-1，故其既有氧化性又有还原性。H_2O_2不太稳定，在室温下分解较慢，见光、受热或有MnO_2及其他重金属离子存在时可加速H_2O_2的分解。

H_2S是强还原剂，它可与多种金属离子生成不同颜色的金属硫化物沉淀。根据金属硫化物溶解度和颜色的不同，可用来分离和鉴定金属离子。

SO_2溶于水生成H_2SO_3，亚硫酸及其盐中S的氧化值为$+4$，因此它们既有氧化性又有还原性。其中亚硫酸及其盐氧化性较弱，只有与H_2S等强还原剂反应才显示出氧化性。

$Na_2S_2O_3$是常用的还原剂，能将I_2还原为I^-，本身被氧化为$Na_2S_4O_6$（连四硫酸钠）。$S_2O_3^{2-}$与Ag^+生成的白色硫代硫酸银沉淀会迅速变为黄色、棕色，最后变为黑色的硫化银沉淀，该反应可以鉴定$S_2O_3^{2-}$的存在。

过硫酸及其盐由于分子中存在过氧键，因此具有氧化性。酸性介质中在Ag^+的催化下，过二硫酸盐可将Mn^{2+}氧化为MnO_4^-：

$$2Mn^{2+}+5S_2O_8^{2-}+8H_2O\xrightarrow[\triangle]{Ag^+}2MnO_4^-+10SO_4^{2-}+16H^+$$

硝酸盐、亚硝酸盐热稳定性较差，加热易分解放出氧气。亚硝酸可通过亚硝酸盐和稀酸反应而得，但HNO_2不稳定，易分解：

$$2HNO_2\underset{冷}{\overset{热}{\rightleftharpoons}}H_2O+N_2O_3(浅蓝色)\underset{冷}{\overset{热}{\rightleftharpoons}}H_2O+NO\uparrow+NO_2\uparrow$$

N_2O_3为中间产物，在水溶液中变为浅蓝色，不稳定，易分解。亚硝酸及其盐既有氧化性又有还原性。

磷的含氧酸及其盐不具有明显的氧化性。较常用到的是H_3PO_4中等强度的酸性和可溶性磷酸盐的酸碱性，磷的其他含氧酸盐较常用的是偏磷酸盐及焦磷酸盐。PO_4^{3-}、PO_3^-、$P_2O_7^{4-}$与Ag^+反应分别生成难溶于水的Ag_3PO_4（淡黄色）、$AgPO_3$（白色胶状）、$Ag_4P_2O_7$（白色），它们均可溶于HNO_3。另外，PO_3^-可使蛋白溶液凝固。

三、主要试剂

液体试剂：H_2SO_4（$1mol\cdot L^{-1}$、$2mol\cdot L^{-1}$、浓），HCl（$2mol\cdot L^{-1}$、$6mol\cdot L^{-1}$、浓），

HNO_3(2mol·L^{-1}、浓)，HAc(2mol·L^{-1})，NaOH(2mol·L^{-1})，KI(0.1mol·L^{-1})，KBr (0.1mol·L^{-1})，$KMnO_4$(0.01mol·L^{-1})，NaCl(0.1mol·L^{-1})，$ZnSO_4$(0.1mol·L^{-1})，$CdSO_4$(0.1mol·L^{-1})，$CuSO_4$(0.1mol·L^{-1})，$Hg(NO_3)_2$(0.1mol·L^{-1})，Na_2SO_3(0.1mol·L^{-1})，$Na_2S_2O_3$(0.1mol·L^{-1})，$MnSO_4$(0.01mol·L^{-1})，$AgNO_3$(0.1mol·L^{-1})，$NaNO_2$(1mol·L^{-1}、0.1mol·L^{-1})，Na_3PO_4(0.1mol·L^{-1})，Na_2HPO_4(0.1mol·L^{-1})，NaH_2PO_4(0.1mol·L^{-1})，$K_4P_2O_7$(0.1mol·L^{-1})，$NaPO_3$(0.1mol·L^{-1})，H_2O_2(3%)，鸡蛋白溶液（1%），氯水，溴水，碘水，H_2S饱和水溶液，品红溶液，王水。固体试剂：KI，KBr，NaCl，$KClO_3$，$(NH_4)_2S_2O_8$。其他：$Pb(Ac)_2$试纸，pH试纸，淀粉碘化钾试纸。

四、实验内容

1. 卤素氧化性的比较

(1) 在一支试管中，加入5滴KBr溶液（0.1mol·L^{-1}）、10滴CCl_4，再滴加氯水，边加边振荡。观察CCl_4层的颜色。

(2) 在一支试管中，加入5滴KI溶液（0.1mol·L^{-1}）、10滴CCl_4，再滴加氯水，边加边振荡。观察CCl_4层的颜色。

(3) 在一支试管中，加入5滴KI溶液（0.1mol·L^{-1}）、10滴CCl_4，再滴加Br_2水，边加边振荡。观察CCl_4层的颜色。通过上述实验，比较卤素单质的氧化性大小。

2. 卤化氢还原性的比较

(1) 向盛有少量（黄豆粒大小）KI固体的试管中加入数滴浓硫酸，观察反应产物的颜色和状态。用醋酸铅试纸检验试管中产生的气体，写出反应方程式。

(2) 以KBr代替KI做上述试验，用淀粉碘化钾试纸检验试管中产生的气体，写出反应方程式。

(3) 以NaCl代替KI做上述试验，用pH试纸检验试管中产生的气体。

根据实验结果，比较HCl、HBr、HI的还原性。

3. 次氯酸盐的氧化性

向一支试管中加入2mL氯水，逐滴加入NaOH溶液（2mol·L^{-1}）至溶液呈碱性为止（pH=8～9）。将所得溶液分成三份进行下列实验。

(1) 加入浓盐酸数滴，用淀粉碘化钾试纸检验放出的气体，写出反应方程式。

(2) 加入KI溶液（0.1mol·L^{-1}），再加入CCl_4数滴，观察CCl_4层的颜色，写出反应方程式。

(3) 加入1滴品红溶液，观察品红颜色是否褪去。

4. 氯酸盐的氧化性

(1) 取少量氯酸钾晶体于试管中，加入约1mL浓盐酸，检验所产生的气体。写出反应方程式。

(2) 取少量氯酸钾晶体于试管中，加入约1mL蒸馏水使之溶解，再加入1mL KI溶液（0.1mol·L^{-1}）和0.5mL CCl_4，摇动试管，观察水层和CCl_4层颜色有无变化。再加入2mL H_2SO_4(2mol·L^{-1})，摇动试管，观察有何变化。写出反应方程式。

根据以上实验，比较次氯酸盐与氯酸盐的性质。

5. 过氧化氢的性质

(1) 在试管中加入0.5mL KI溶液（0.1mol·L^{-1}），酸化后加5滴H_2O_2溶液（3%）和10滴CCl_4，振荡，观察溶液颜色，写出反应方程式。

(2) 在试管中加入0.5mL $KMnO_4$溶液（0.01mol·L^{-1}），酸化后滴加H_2O_2溶液

(3%)，观察现象，写出反应方程式。

6. 硫化氢和硫化物的性质

(1) 硫化氢的还原性　在试管中滴入几滴 $KMnO_4$ 溶液（0.01mol·L^{-1}），用 H_2SO_4 (1mol·L^{-1}) 酸化，然后滴加 H_2S 水溶液，观察现象，写出反应方程式。

(2) 硫化物的溶解性　分别向盛有 5 滴 NaCl(0.1mol·L^{-1})、$ZnSO_4$(0.1mol·L^{-1})、$CdSO_4$(0.1mol·L^{-1})、$CuSO_4$(0.1mol·L^{-1}) 和 $Hg(NO_3)_2$(0.1mol·L^{-1}) 溶液的离心试管中，加入 1mL 饱和 H_2S 水溶液，观察沉淀颜色，离心分离，弃去清液，向沉淀中分别加入 HCl(2mol·L^{-1})，观察现象。

将不溶解的沉淀离心分离，用数滴 HCl(6mol·L^{-1}) 处理沉淀，观察现象。将还不溶解的沉淀离心分离，用少量蒸馏水洗净沉淀后，向沉淀中加入数滴浓 HNO_3，微热，观察现象。

将仍不溶解的沉淀，再加入王水，微热，观察现象。

根据实验结果，对比金属硫化物的溶解性，写出反应方程式。

7. 硫的含氧酸及其盐的性质

(1) 亚硫酸、硫代硫酸的分解　取两支试管，分别加入 Na_2SO_3 溶液（0.1mol·L^{-1}）和 $Na_2S_2O_3$ 溶液（0.1mol·L^{-1}）各 10 滴，再各加入 10 滴 HCl(2mol·L^{-1})，观察现象。

(2) 亚硫酸盐的氧化还原性　在酸性介质中，分别试验 Na_2SO_3(0.1mol·L^{-1}) 与饱和 H_2S 水溶液、$KMnO_4$ 溶液（0.01mol·L^{-1}）的反应，观察现象，写出反应方程式。

(3) 硫代硫酸钠的还原性　在 $Na_2S_2O_3$ 溶液（0.1mol·L^{-1}）中滴加碘水，观察溶液颜色的变化，写出反应方程式。

(4) 过二硫酸盐的氧化性　将 1 滴 $MnSO_4$ 溶液（0.01mol·L^{-1}）用 1mL HNO_3 溶液 (2mol·L^{-1}) 酸化后，分为两份。向一份中加入 1 滴 $AgNO_3$ 溶液（0.1mol·L^{-1}）和少量 $(NH_4)_2S_2O_8$ 固体，向另一份中只加少量 $(NH_4)_2S_2O_8$ 固体，同时微热，观察现象并解释原因。

8. 亚硝酸和亚硝酸盐的性质

(1) 亚硝酸的生成和分解　在试管中加入 10 滴 $NaNO_2$(1mol·L^{-1}) 溶液，然后加入稀 H_2SO_4，加热，观察现象，写出反应方程式。

(2) 亚硝酸盐的氧化性和还原性　在酸性介质中，分别试验 $NaNO_2$(0.1mol·L^{-1}) 溶液与 $KMnO_4$(0.01mol·L^{-1}) 溶液、KI(0.1mol·L^{-1}) 溶液的反应，观察现象，写出反应方程式。

9. 磷酸盐的性质

(1) 正磷酸各种钠盐的酸碱性质　用 pH 试纸分别检验 Na_3PO_4 溶液（0.1mol·L^{-1}）、Na_2HPO_4 溶液（0.1mol·L^{-1}）、NaH_2PO_4溶液（0.1mol·L^{-1}）的酸碱性。

(2) 磷的含氧酸根的区别　取 Na_2HPO_4(0.1mol·L^{-1})、$K_4P_2O_7$(0.1mol·L^{-1}) 与 $NaPO_3$(0.1mol·L^{-1}) 溶液各 2 滴，分别装入 3 支试管中，向各试管中加入 $AgNO_3$ 溶液 (0.1mol·L^{-1})，观察沉淀颜色，并试验沉淀与 HNO_3 溶液（2mol·L^{-1}）的作用。

在 Na_2HPO_4、$K_4P_2O_7$、$NaPO_3$ 溶液中各加入 HAc(2mol·L^{-1}) 和鸡蛋白溶液（1%），观察现象。

五、思考题

1. 检验 Cl_2、Br_2 蒸气、H_2S 气体可用什么试纸？

2. 难溶金属硫化物的溶解情况可以分为几类？

3. 在验证 H_2O_2 和 $NaNO_2$ 的氧化还原性时，它们与 $KMnO_4$、KI 反应为什么要加酸酸化？

4. 亚硫酸盐在空气中久置后为什么会失效？

六、实验指导

1. 实验时应注意试剂用量。如在验证次氯酸盐能使品红溶液褪色的性质时，品红溶液加入量不能过多，否则品红溶液褪色不明显。另外，为减少空气污染，产生有害气体的实验中所用固体试剂的量一定要少。

2. 用氯水和 NaOH 溶液制备次氯酸钠溶液时，NaOH 溶液加入量不宜过多，溶液呈碱性即可（pH＝8～9）。若溶液碱性太强，在进行 NaClO 溶液与 KI 溶液的反应时，反应生成的 I_2 在较强碱性介质中会发生歧化反应，生成无色的 I^- 和 IO_3^-，而使实验现象不明显。

3. 在用湿润淀粉碘化钾试纸检验氯气时，有时会遇到试纸开始变蓝，后蓝色又褪去的现象，这是因为淀粉碘化钾试纸上析出的 I_2 又被氯气继续氧化为无色的 IO_3^-。

4. $Na_2S_2O_3$ 与稀盐酸反应时会析出单质 S，当单质 S 的量少时呈现乳白色，如 S 的量多或干态时呈黄色。

5. Na_2SO_3 和 $KMnO_4$ 溶液在酸性介质中反应会生成 Mn^{2+}，溶液颜色应由紫红色变为无色。若溶液中有棕色沉淀生成，则是因为 $KMnO_4$ 过量引起的。这是由于过量的 $KMnO_4$ 可和 Mn^{2+} 继续发生反应，从而生成棕色沉淀 MnO_2。

6. 偏磷酸盐可使蛋白质凝聚，其原因可能是它们的吸水性较强，破坏了蛋白胶粒周围水化膜的缘故。

实验六　常见主族金属元素的性质

（碱金属、碱土金属、锡、铅、锑、铋）

一、实验目的

1. 了解金属钠、镁的活泼性，比较碱土金属碳酸盐、草酸盐、铬酸盐的溶解性。
2. 掌握锡、铅、锑、铋氢氧化物的酸碱性及其盐的水解性。
3. 掌握锡、铅、锑、铋硫化物及某些难溶铅盐的性质。
4. 掌握锡、铅、锑、铋高低价态时的氧化还原性。
5. 练习焰色反应的操作，掌握常见主族元素离子的鉴定方法。

二、实验原理

碱金属和碱土金属是s区元素，皆为活泼金属元素，碱土金属的活泼性仅次于碱金属。碱土金属的草酸盐、碳酸盐、铬酸盐等都为难溶盐，利用这些盐的溶解度性质可以进行沉淀分离和离子检出。碱金属和碱土金属及其挥发性化合物在高温火焰中可放出一定波长的光，使火焰呈特征的颜色，例如钠呈黄色，钾呈紫色，锂呈红色，锶呈洋红色，钙呈砖红色，钡呈黄绿色。利用焰色反应可鉴别碱金属和碱土金属离子。

锡、铅、锑、铋分别为元素周期表中第ⅣA族和第ⅤA族的p区元素，其中锡、铅能形成氧化值为+2、+4的化合物，锑、铋能形成氧化值为+3、+5的化合物。在锡、铅、锑、铋的低氧化值的盐中，除 Pb^{2+} 水解不显著外，Sn^{2+}、Sb^{3+}、Bi^{3+} 的盐都有较强的水解作用。

锡、铅、锑、铋离子都能与 H_2S 形成有色硫化物：SnS（棕色）、SnS_2（黄色）、PbS（黑色）、Sb_2S_3（橙红色）、Sb_2S_5（橙红色）、Bi_2S_3（黑色）。它们均不溶于水和稀酸，除 SnS、PbS、Bi_2S_3 外，都能与 Na_2S 或 $(NH_4)_2S$ 作用生成相应硫代酸盐，而该硫代酸盐不稳定，遇酸即分解，例如：

$$Sb_2S_3 + 3S^{2-} = 2SbS_3^{3-}$$

$$2SbS_3^{3-} + 6H^+ = Sb_2S_3 + 3H_2S\uparrow$$

铅能生成许多难溶化合物，且有特征颜色。如 Pb^{2+} 能与 CrO_4^{2-} 反应生成黄色 $PbCrO_4$ 沉淀，该反应可用作 Pb^{2+} 的鉴定反应。

在锡、铅、锑、铋中，Sn（Ⅱ）具有较强还原性，$SnCl_2$ 是常见还原剂。Pb（Ⅳ）、Bi（Ⅴ）具有较强氧化性，PbO_2、$NaBiO_3$ 是常见氧化剂。在酸性介质中，Sn^{2+} 与少量 $HgCl_2$ 反应，可出现白色沉淀渐变灰黑现象，该反应可用于鉴定 Sn^{2+} 和 Hg^{2+}：

$$SnCl_2 + 2HgCl_2 = SnCl_4 + Hg_2Cl_2\downarrow\text{（白色）}$$

$$SnCl_2 + Hg_2Cl_2 = SnCl_4 + 2Hg\downarrow\text{（黑色）}$$

在碱性介质中 $[Sn(OH)_4]^{2-}$（或 SnO_2^{2-}）还原性较强，可将 Bi^{3+} 还原为黑色 Bi 沉淀，该反应可用于鉴定 Bi^{3+}：

$$3[Sn(OH)_4]^{2-} + 2Bi^{3+} + 6OH^- = 2Bi\downarrow\text{（黑色）} + 3[Sn(OH)_6]^{2-}$$

$NaBiO_3$ 和 PbO_2 在酸性介质中均为强氧化剂，它们可将 Mn^{2+} 氧化为 MnO_4^-：

$$2Mn^{2+} + 5NaBiO_3 + 14H^+ = 2MnO_4^- + 5Na^+ + 5Bi^{3+} + 7H_2O$$

$$2Mn^{2+} + 5PbO_2 + 4H^+ = 2MnO_4^- + 5Pb^{2+} + 2H_2O$$

以上两个反应可用于 Mn^{2+} 的鉴定。

三、主要试剂

液体试剂：HCl（2mol·L^{-1}、6mol·L^{-1}、浓），HNO_3（6mol·L^{-1}、0.1mol·L^{-1}），HAc(2mol·L^{-1}、6mol·L^{-1}），H_2SO_4（2mol·L^{-1}），NaOH(2mol·L^{-1}、6mol·L^{-1}），氨水(2mol·L^{-1}），KI（0.1mol·L^{-1}），$MgCl_2$（0.1mol·L^{-1}），Na_2CO_3（1mol·L^{-1}），$CaCl_2$（0.1mol·L^{-1}），$BaCl_2$（0.1mol·L^{-1}），K_2CrO_4（0.1mol·L^{-1}），LiCl(0.1mol·L^{-1}），NaCl（0.1mol·L^{-1}），KCl（0.1mol·L^{-1}），$SrCl_2$（0.1mol·L^{-1}），$SnCl_2$（0.1mol·L^{-1}），$SbCl_3$（0.1mol·L^{-1}），$Bi(NO_3)_3$（0.1mol·L^{-1}），$Pb(NO_3)_2$（0.1mol·L^{-1}），$MnSO_4$（0.1mol·L^{-1}），$HgCl_2$（0.1mol·L^{-1}），$AgNO_3$（0.1mol·L^{-1}），Na_2S(0.1mol·L^{-1}），碘水，NH_4Ac 饱和溶液，H_2S 饱和溶液，$(NH_4)_2C_2O_4$ 饱和溶液。固体试剂：金属钠，镁条，锡片，铂丝，PbO_2，$NaBiO_3$。其他：钴玻璃，砂纸。

四、实验内容

1. 金属与水的反应

（1）钠与水的反应　用镊子取一小块金属钠，用滤纸吸干表面的煤油，放入盛水的烧杯中，观察现象并验证反应后溶液的酸碱性，写出反应方程式。

（2）镁与水的反应　取一小段镁条，用砂纸擦去表面氧化物，放入盛水的小烧杯中，观察现象，然后加热至沸再观察现象，并验证反应后溶液的酸碱性，写出反应方程式。

2. 碱土金属难溶盐

（1）碳酸盐　在试管中加入几滴 $MgCl_2$ 溶液（0.1mol·L^{-1}），再加入少量和过量 Na_2CO_3 溶液（1mol·L^{-1}），观察现象并解释原因。

（2）草酸盐　在三支试管中分别加入少量的 $MgCl_2$ 溶液（0.1mol·L^{-1}）、$CaCl_2$ 溶液（0.1mol·L^{-1}）、$BaCl_2$ 溶液（0.1mol·L^{-1}），再各加入饱和 $(NH_4)_2C_2O_4$ 溶液，观察有无沉淀产生。若有沉淀产生，则分别试验沉淀与 HAc 溶液（2mol·L^{-1}）和 HCl 溶液（2mol·L^{-1}）的作用，并比较三种草酸盐的溶解度。其中 Ca^{2+} 与 $C_2O_4^{2-}$ 的反应可用于 Ca^{2+} 的鉴定。

（3）铬酸盐　在两支试管中分别加入少量 $CaCl_2$ 溶液（0.1mol·L^{-1}）、$BaCl_2$ 溶液（0.1mol·L^{-1}），再各加入少量 K_2CrO_4 溶液（0.1mol·L^{-1}），观察有无沉淀产生。若有沉淀产生，则分别试验沉淀与 HAc 溶液（2mol·L^{-1}）和 HCl 溶液（2mol·L^{-1}）的作用。其中 Ba^{2+} 与 CrO_4^{2-} 的反应可用于 Ba^{2+} 的鉴定。

3. 焰色反应

用一条铂丝或镍丝，蘸以 HCl 溶液（6mol·L^{-1}）在氧化焰中烧至无色，再蘸以 LiCl 溶液（0.1mol·L^{-1}）在氧化焰中灼烧，观察火焰颜色。同法分别观察 NaCl、KCl、$CaCl_2$、$SrCl_2$、$BaCl_2$ 的焰色反应，其中观察钾盐颜色时应用钴玻璃滤光。

4. 锡、锑、铋盐的水解性

在三支试管中，分别加入少量 $SnCl_2$ 溶液（0.1mol·L^{-1}）、$SbCl_3$ 溶液（0.1mol·L^{-1}）和 $Bi(NO_3)_3$ 溶液（0.1mol·L^{-1}），各加水稀释，观察现象。在水解产物中加酸，观察现象，写出有关反应方程式。

5. 低氧化值锡、铅、锑、铋氢氧化物的酸碱性

在四支试管中分别加入 10 滴 $SnCl_2$ 溶液（0.1mol·L^{-1}）、$Pb(NO_3)_2$ 溶液（0.1mol·L^{-1}）、

$SbCl_3$ 溶液（0.1mol·L^{-1}）、$Bi(NO_3)_3$ 溶液（0.1mol·L^{-1}），再向各试管中逐滴加入 NaOH 溶液（2mol·L^{-1}），制得白色沉淀后将沉淀各分为两份，用实验证明它们是否有两性，写出有关反应方程式。

6. 锡、铅、锑、铋化合物的氧化还原性

（1）Sn(Ⅱ) 的还原性

① 在1滴 $HgCl_2$ 溶液（0.1mol·L^{-1}）中逐滴加入 $SnCl_2$ 溶液（0.1mol·L^{-1}），观察沉淀颜色的变化，写出有关反应方程式。此反应可用于鉴定 Sn^{2+}。

② 在自制亚锡酸钠溶液中，加入 $Bi(NO_3)_3$ 溶液（0.1mol·L^{-1}），观察现象。该反应可用来鉴定 Sn^{2+} 或 Bi^{3+}。写出有关反应方程式。

（2）Sb(Ⅲ) 的氧化还原性

① 取少量自制的亚锑酸钠溶液，加酸调 pH 至中性左右，滴加碘水，观察现象，然后将溶液用浓盐酸酸化，观察又有何变化，写出有关反应方程式。

② 取1滴 $SbCl_3$ 溶液（0.1mol·L^{-1}），加入 NaOH 溶液（6mol·L^{-1}）至过量，然后加入 $NH_3·H_2O$(2mol·L^{-1}）和 $AgNO_3$(0.1mol·L^{-1}）的混合液，微热，观察现象。此反应可用于鉴定 Sb^{3+} 存在。

③ 在一小片光亮的锡片或锡箔上滴加1滴 $SbCl_3$ 溶液（0.1mol·L^{-1}），观察现象。此反应可用于鉴定 Sb^{3+} 的存在。注意：Bi^{3+} 也会出现类似现象，干扰 Sb^{3+} 的检出。

（3）Pb(Ⅳ) 的氧化性　在少量 PbO_2 中加入 2mL 稀 H_2SO_4(2mol·L^{-1}）及2滴 $MnSO_4$ 溶液（0.1mol·L^{-1}），微热，静止澄清后观察溶液颜色，写出反应方程式。

（4）Bi(Ⅴ) 的氧化性　取两滴 $MnSO_4$ 溶液（0.1mol·L^{-1}）和 2mL HNO_3(0.1mol·L^{-1}）于试管中，加入少量 $NaBiO_3$ 固体，微热，观察现象，写出有关反应方程式。

7. 锡、铅、锑、铋的硫化物

在四支试管中各加入10滴 $SnCl_2$ 溶液（0.1mol·L^{-1}）、$Pb(NO_3)_2$ 溶液（0.1mol·L^{-1}）、$SbCl_3$ 溶液（0.1mol·L^{-1}）、$Bi(NO_3)_3$ 溶液（0.1mol·L^{-1}），然后分别加入饱和 H_2S 水溶液，观察沉淀颜色。离心分离，弃去清液，用少量蒸馏水洗涤沉淀后，试验沉淀与 Na_2S 溶液（0.5mol·L^{-1}）的作用，振荡后观察沉淀是否溶解。若溶解再用稀 HCl(2mol·L^{-1}）酸化，观察是否又有沉淀产生。比较锡、铅、锑、铋硫化物的性质。

8. 铅(Ⅱ) 的难溶盐

（1）铅(Ⅱ) 的卤化物

① 在1mL水中加数滴 $Pb(NO_3)_2$ 溶液（0.1mol·L^{-1}），再加几滴稀 HCl(2mol·L^{-1}），观察沉淀的生成。将所得沉淀连同溶液一起加热，观察沉淀是否溶解。溶液冷却后，又有何现象，解释之。

取上述沉淀少许，加入浓 HCl，观察沉淀是否溶解。

② 取数滴 $Pb(NO_3)_2$ 溶液（0.1mol·L^{-1}），用蒸馏水稀释至1mL，加入1～2滴 KI 溶液（0.1mol·L^{-1}），试验沉淀在冷水和热水中的溶解性。

（2）铅(Ⅱ) 的含氧酸盐

① 在试管中加入10滴 $Pb(NO_3)_2$ 溶液（0.1mol·L^{-1}），然后加入数滴 K_2CrO_4 溶液（0.1mol·L^{-1}），观察沉淀的生成。该反应可用于鉴定 Pb^{2+} 的存在。

取所得沉淀，分别验证它在 HNO_3(6mol·L^{-1}）和 HAc(6mol·L^{-1}）中的溶解情况。

② 在1mL水中加数滴 $Pb(NO_3)_2$ 溶液（0.1mol·L^{-1}），加入几滴稀 H_2SO_4(2mol·L^{-1}）后即得沉淀。离心分离，弃去溶液，分别试验沉淀与 NaOH 溶液（6mol·L^{-1}）和 NH_4Ac 饱和溶液的反应。

五、思考题

1. 在焰色反应中，铂丝或镍丝为什么要先蘸以 $6mol \cdot L^{-1}$ 的 HCl 溶液在氧化焰中烧至无色？

2. 验证 $Pb(OH)_2$ 的碱性时应用什么酸？

3. 少量亚锡酸钠或亚锑酸钠如何制备？

4. 实验室配制 $SnCl_2$ 溶液时，往往既加酸又加锡粒，为什么这样做？

六、实验指导

1. 金属钠遇水会爆炸，在空气中也会被迅速氧化，所以通常将其保存在煤油中并放置在阴凉处。使用时应在煤油中切割成小块，用镊子夹取，并用滤纸吸干煤油，切勿与皮肤接触。未用完的金属碎屑不能乱丢，可加少量酒精使其缓慢分解。

2. $MgCl_2$ 与少量 Na_2CO_3 作用，首先生成 $Mg_2(OH)_2CO_3$ 白色沉淀，加入过量 Na_2CO_3 后，由于生成 $[Mg(CO_3)_2]^{2-}$ 配离子而使沉淀溶解。

3. 在进行锡、铅、锑、铋氢氧化物的两性实验时，NaOH 溶液必须逐滴加入，边加边振荡，否则会由于 NaOH 溶液过量而观察不到一些氢氧化物沉淀的生成。

4. 在做 $SnCl_2$ 的还原性实验时，$SnCl_2$ 必须逐滴加入到 $HgCl_2$ 溶液中，而不能在 $SnCl_2$ 溶液中逐滴加入 $HgCl_2$，否则看不到黑色 Hg 出现。

实验七　主要过渡金属元素及其化合物的性质与应用

（铬、锰、铁、钴、镍、铜、银*、锌、镉*、汞*）

一、实验目的

1. 掌握铬、锰、铁、钴、镍、铜、银化合物的氧化还原性。
2. 掌握铁、钴、镍、铜、银、锌、镉配合物的生成和性质。
3. 掌握铬、锰、铁、钴、镍、铜、银、锌、镉、汞的氧化物或氢氧化物的性质。
4. 学习铬、锰、铁、钴、镍、铜、银、锌、镉、汞离子的鉴定方法。

二、实验原理

铬、锰、铁、钴、镍为元素周期系中的 d 区元素，其中铬、锰分别为第ⅥB族、第ⅦB族元素，铁、钴、镍为第Ⅷ族元素，它们均有多种氧化值。它们的氢氧化物的酸碱性见下表。

氢氧化物	$Cr(OH)_3$	$Mn(OH)_2$	$Fe(OH)_2$	$Co(OH)_2$	$Ni(OH)_2$	$Fe(OH)_3$	$Co(OH)_3$	$Ni(OH)_3$
颜色	灰绿色	白色	白色	粉红色	苹果绿色	红褐色	褐色	黑色
酸碱性	两性	碱性	略显两性	略显两性	碱性	略显两性	碱性	碱性

铜、银是元素周期表中第ⅠB族元素，锌、镉、汞属于第ⅡB族元素。铜的常见氧化值为＋1和＋2，银的常见氧化值为＋1，锌、镉、汞的氧化值一般为＋2，在铜、银、锌、镉、汞的盐溶液中加碱时会生成相应的氧化物或氢氧化物，它们的酸碱性见下表。

离　子	Cu^{2+}	Ag^{+}	Zn^{2+}	Cd^{2+}	Hg^{2+}
加入适量 NaOH	$Cu(OH)_2$	Ag_2O	$Zn(OH)_2$	$Cd(OH)_2$	HgO
颜色	浅蓝色	褐色	白色	白色	黄色
酸碱性	两性	碱性	两性	略显两性	碱性

铬、锰各价态的氧化还原性受介质影响较大。Cr(Ⅲ)在碱性溶液中易被氧化为黄色 CrO_4^{2-}：

$$2CrO_2^- + 3H_2O_2 + 2OH^- \longrightarrow 2CrO_4^{2-} + 4H_2O$$

CrO_4^{2-} 与 $Cr_2O_7^{2-}$ 在水溶液中存在下列平衡：

$$2CrO_4^{2-}(\text{黄色}) + 2H^+ \rightleftharpoons Cr_2O_7^{2-}(\text{橙色}) + H_2O$$

在酸性介质中，$Cr_2O_7^{2-}$ 与 H_2O_2 反应生成蓝色过氧化物 CrO_5：

$$Cr_2O_7^{2-} + 4H_2O_2 + 2H^+ \longrightarrow 2CrO_5 + 5H_2O$$ （可用于鉴定 $Cr_2O_7^{2-}$ 或 Cr^{3+}）

在碱性溶液中白色 $Mn(OH)_2$ 不稳定，易被空气氧化为棕色 MnO_2 及其水合物 $MnO(OH)_2$。在酸性介质中 Mn^{2+} 很稳定，与强氧化剂如 PbO_2、$NaBiO_3$ 作用才能被氧化为 MnO_4^-：

$$5NaBiO_3 + 2Mn^{2+} + 14H^+ \longrightarrow 2MnO_4^- + 5Bi^{3+} + 5Na^+ + 7H_2O$$

（可用于鉴定 Mn^{2+} 的存在）

MnO_4^{2-} 只能稳定存在于强碱性溶液中，在中性或微碱性溶液中易发生歧化反应：

$$3MnO_4^{2-} + 2H_2O \xlongequal{} 2MnO_4^- + MnO_2\downarrow + 4OH^-$$

MnO_4^- 具有强氧化性，它的还原产物与溶液的酸碱性有关。MnO_4^- 在酸性、中性、碱性介质中与还原剂反应，可分别被还原为 Mn^{2+}、MnO_2 和 MnO_4^{2-}。

氧化值为 +2 的铁、钴、镍的氢氧化物均具有还原性，$Fe(OH)_2 \rightarrow Co(OH)_2 \rightarrow Ni(OH)_2$ 还原性依次减弱。$Fe(OH)_2$ 在空气中很快被氧化为 $Fe(OH)_3$，$Co(OH)_2$ 则被缓慢氧化为 $Co(OH)_3$，$Ni(OH)_2$ 在空气中不被氧化，但强氧化剂如溴水可将 $Ni(OH)_2$ 氧化为 $Ni(OH)_3$。

氧化值为 +3 的铁、钴、镍的氢氧化物均具有氧化性，$Fe(OH)_3 \rightarrow Co(OH)_3 \rightarrow Ni(OH)_3$ 氧化性依次增强。除 $Fe(OH)_3$ 外，$Co(OH)_3$、$Ni(OH)_3$ 均能与盐酸发生氧化还原反应，产生氯气。

Cu^{2+} 具有氧化性，与 I^- 反应时生成白色 CuI 沉淀：

$$2Cu^{2+} + 4I^- \xlongequal{} 2CuI\downarrow + I_2$$

碱性介质中，Cu^{2+} 与葡萄糖共煮，Cu^{2+} 被还原成 Cu_2O 红色沉淀：

$$2Cu^{2+} + 4OH^-(\text{过量}) + C_6H_{12}O_6 \xlongequal{} Cu_2O\downarrow + C_6H_{12}O_7 + 2H_2O$$

此反应称为铜镜反应，可用于糖尿病的定性鉴定。

银盐溶液中加入过量氨水，再用甲醛或葡萄糖还原，便可制得银镜：

$$2[Ag(NH_3)_2]^+ + C_6H_{12}O_6 + 2OH^- \longrightarrow 2Ag\downarrow + C_6H_{12}O_7 + 4NH_3 + H_2O$$

$$2[Ag(NH_3)_2]^+ + HCHO + 2OH^- \longrightarrow 2Ag\downarrow + HCOONH_4 + 3NH_3 + H_2O$$

Ag^+ 与 K_2CrO_4 反应生成 Ag_2CrO_4 砖红色沉淀：

$$2Ag^+ + CrO_4^{2-} \xlongequal{} Ag_2CrO_4\downarrow(\text{砖红色}) \qquad (\text{可用于 }Ag^+\text{ 的鉴定})$$

利用 Cd^{2+} 与 H_2S 饱和溶液反应生成黄色 CdS 沉淀，可鉴定 Cd^{2+} 的存在。

Hg^{2+} 与 $SnCl_2$ 反应生成 Hg_2Cl_2，Hg_2Cl_2 与过量 $SnCl_2$ 反应生成黑色 Hg：

$$2HgCl_2 + SnCl_2 \xlongequal{} Hg_2Cl_2\downarrow(\text{白色}) + SnCl_4$$

$$Hg_2Cl_2 + SnCl_2 \xlongequal{} 2Hg\downarrow(\text{黑色}) + SnCl_4 \qquad (\text{可用于 }Hg^{2+}\text{ 的鉴定})$$

铁、钴、镍、铜、银、锌能生成多种配合物。例如，Co^{2+} 与氨可形成土黄色 $[Co(NH_3)_6]^{2+}$，但它易被 H_2O_2、Br_2 等氧化剂氧化为红褐色 $[Co(NH_3)_6]^{3+}$；Ni^{2+} 与氨可形成稳定的蓝紫色 $[Ni(NH_3)_6]^{2+}$；Cu^{2+}、Ag^+、Zn^{2+}、Cd^{2+} 与过量氨水反应时，也可分别生成相应可溶性氨配合物。卤化银难溶于水，但可通过形成配合物而使之溶解：

$$AgCl(s) + 2NH_3 \xlongequal{} [Ag(NH_3)_2]^+ + Cl^-$$

$$AgBr(s) + 2S_2O_3^{2-} \xlongequal{} [Ag(S_2O_3)_2]^{3-} + Br^-$$

铁、钴、镍、铜、银、锌的一些配合物具有特征颜色，可用于鉴定铁、钴、镍、铜、银、锌离子的存在。

Fe^{3+} 与黄血盐 $K_4[Fe(CN)_6]$ 溶液或 SCN^- 反应，可生成深蓝色沉淀或血红色溶液：

$$Fe^{3+} + K^+ + [Fe(CN)_6]^{4-} \xlongequal{} KFe[Fe(CN)_6]\downarrow(\text{深蓝色}) \qquad (\text{可用于鉴定 }Fe^{3+}\text{ 的存在})$$

$$Fe^{3+} + nSCN^- \xlongequal{} [Fe(SCN)_n]^{3-n}(\text{血红色}) \qquad (\text{可用于鉴定 }Fe^{3+}\text{ 的存在})$$

Fe^{2+} 与赤血盐 $K_3[Fe(CN)_6]$ 溶液反应，可生成深蓝色沉淀：

$$Fe^{2+} + K^+ + [Fe(CN)_6]^{3-} \xlongequal{} KFe[Fe(CN)_6]\downarrow(\text{深蓝色}) \qquad (\text{可用于鉴定 }Fe^{2+}\text{ 的存在})$$

Co^{2+} 与 SCN^- 作用生成的深蓝色配合物可溶于丙酮或戊醇中：

$$Co^{2+} + 4SCN^- \xlongequal{} [Co(SCN)_4]^{2-} \qquad (\text{可用于鉴定 }Co^{2+}\text{ 的存在})$$

Ni^{2+} 在 pH=5～10 的介质中与二乙酰二肟（丁二酮肟）反应生成鲜红色螯合物沉淀：

$$Ni^{2+} + 2\begin{matrix}CH_3-C=N-OH\\ |\\ CH_3-C=N-OH\end{matrix} \longrightarrow \text{Ni(丁二酮肟)}_2\downarrow + 2H^+$$

（鲜红色）

Cu^{2+}在中性或弱酸性（HAc）介质中，与 $K_4[Fe(CN)_6]$ 反应生成红棕色的 $Cu_2[Fe(CN)_6]$ 沉淀：

$$2Cu^{2+} + [Fe(CN)_6]^{4-} = Cu_2[Fe(CN)_6]\downarrow\text{（红棕色）}\quad\text{（可用于 }Cu^{2+}\text{ 的鉴定）}$$

Zn^{2+} 在强碱性溶液中与二苯硫腙反应生成粉红色化合物，可用于鉴定 Zn^{2+}的存在。

Ag^+ 与 Cl^-生成的 AgCl 白色沉淀溶于氨水后生成无色 $[Ag(NH_3)_2]^+$，加 HNO_3 酸化，白色沉淀又析出，利用此现象可鉴定 Ag^+的存在。

三、主要试剂

HCl（浓），H_2SO_4（2mol·L^{-1}），HNO_3（2mol·L^{-1}、6mol·L^{-1}），NaOH（2mol·L^{-1}、40%），氨水（2mol·L^{-1}、6mol·L^{-1}），$CrCl_3$（0.1 mol·L^{-1}），$K_2Cr_2O_7$（0.1mol·L^{-1}），$MnSO_4$（0.1mol·L^{-1}），$KMnO_4$（0.01mol·L^{-1}），$CoCl_2$（0.1mol·L^{-1}），$NiSO_4$（0.1mol·L^{-1}），NH_4Cl（0.1mol·L^{-1}），$FeCl_3$（0.1mol·L^{-1}），KI（0.1mol·L^{-1}），KSCN（0.1mol·L^{-1}），$K_3[Fe(CN)_6]$（0.1mol·L^{-1}），$K_4[Fe(CN)_6]$（0.1mol·L^{-1}），$CuSO_4$（0.1mol·L^{-1}），$AgNO_3$（0.1mol·L^{-1}），$ZnSO_4$（0.1mol·L^{-1}），$CdSO_4$（0.1mol·L^{-1}），$HgCl_2$（0.1mol·L^{-1}），$Na_2S_2O_3$（0.1mol·L^{-1}），HAc（2mol·L^{-1}），NaCl（0.1mol·L^{-1}），葡萄糖溶液（10%），H_2O_2（3%），乙醇，乙醚，CCl_4，丙酮，丁二酮肟（1%），二苯硫腙，溴水，$NaBiO_3$，MnO_2，$FeSO_4·7H_2O$，KSCN，Na_2SO_3。

四、实验内容

1. 铬的化合物

（1）铬(Ⅲ) 氢氧化物的生成和性质　在 10 滴 $CrCl_3$ 溶液（0.1mol·L^{-1}）中逐滴滴加 NaOH 溶液（2mol·L^{-1}），观察 $Cr(OH)_3$ 沉淀的颜色，并试验 $Cr(OH)_3$ 的两性，写出反应方程式。

（2）铬(Ⅲ) 的还原性　取 8～10 滴 $CrCl_3$ 溶液（0.1mol·L^{-1}），加入 NaOH 溶液（2mol·L^{-1}）至沉淀溶解，再加入 10 滴 H_2O_2 溶液（3%），微热，观察溶液颜色的变化。冷却后加入 0.5mL 乙醚，滴入 HNO_3（6mol·L^{-1}）酸化，观察乙醚层是否出现深蓝色。该反应可用于鉴定 Cr^{3+}、CrO_4^{2-}、$Cr_2O_7^{2-}$，写出有关反应方程式。

（3）铬(Ⅵ) 的转化平衡和氧化性

① 取 10 滴 $K_2Cr_2O_7$ 溶液（0.1mol·L^{-1}），加入 10 滴 NaOH 溶液（2mol·L^{-1}）使呈碱性，观察颜色变化，再加入 2～3 滴 H_2SO_4（2mol·L^{-1}）酸化，观察颜色变化，写出有关反应方程式。

② 取数滴 $K_2Cr_2O_7$ 溶液，滴加 H_2SO_4 溶液（2mol·L^{-1}），再加入少量 Na_2SO_3 固体（约绿豆粒大小），观察溶液颜色的变化，写出有关反应方程式。

③ 取 10 滴 $K_2Cr_2O_7$ 溶液（0.1mol·L^{-1}），用 1mL H_2SO_4（2mol·L^{-1}）酸化，再滴加少量乙醇，微热，观察颜色变化，写出反应方程式。

2. 锰的化合物

（1）锰(Ⅱ) 氢氧化物的生成和性质　取 $MnSO_4$ 溶液（0.1mol·L^{-1}）少量，加入

NaOH 溶液（2mol·L^{-1}），观察沉淀颜色，试验生成的 $Mn(OH)_2$ 在空气中的稳定性。

（2）锰（Ⅱ）的还原性　取 5 滴 $MnSO_4$ 溶液（0.1mol·L^{-1}）于试管中，加入少量 $NaBiO_3$ 固体，再滴加 HNO_3(6mol·L^{-1})，振荡，观察溶液颜色的变化，写出反应方程式。该反应可用于 Mn^{2+} 的鉴定。

（3）Mn(Ⅵ）的生成及其氧化还原稳定性　取数滴 $KMnO_4$ 溶液（0.01mol·L^{-1}），加入 1mL NaOH 溶液（40%），再加入少量 MnO_2 固体，微热，搅拌，静置片刻，离心沉降，观察上层清液的颜色。取上层清液少量，滴加 H_2SO_4(2mol·L^{-1}）酸化，观察现象，写出有关反应方程式。

（4）Mn(Ⅶ）的氧化性　取三支试管，各加少量 $KMnO_4$ 溶液（0.01mol·L^{-1}）数滴，然后分别加入 H_2SO_4(2mol·L^{-1})、H_2O 和 NaOH 溶液（40%），再在各试管中分别加入少量 Na_2SO_3 固体，观察溶液颜色的变化，写出有关反应方程式。

3. 铁、钴、镍氢氧化物的生成和性质

（1）铁(Ⅱ)、钴(Ⅱ)、镍(Ⅱ）氢氧化物的生成和性质　利用 $FeSO_4·7H_2O$ 固体少量、$CoCl_2$ 溶液（0.1mol·L^{-1}）、$NiSO_4$ 溶液（0.1mol·L^{-1}）与 NaOH 溶液（2mol·L^{-1}）及蒸馏水，制备相应氢氧化物沉淀，观察沉淀的颜色，试验相应氢氧化物在空气中的稳定性，并比较它们的还原性相对强弱。

（2）钴(Ⅲ)、镍(Ⅲ）氢氧化物的生成和性质　利用 $CoCl_2$ 溶液（0.1mol·L^{-1}）、$NiSO_4$ 溶液（0.1mol·L^{-1}）、NaOH 溶液（40%）和 Br_2 水数滴制备出 $Co(OH)_3$ 和 $Ni(OH)_3$，观察沉淀颜色。向所制取的 $Co(OH)_3$ 和 $Ni(OH)_3$ 中分别滴加浓盐酸，用湿润淀粉碘化钾试纸检验生成的气体，写出有关反应方程式。

4. 铁盐的氧化还原性

（1）取少量 $FeSO_4·7H_2O$ 固体溶于水，加入 $KMnO_4$ 溶液（0.01mol·L^{-1}），酸化后观察现象，并写出反应方程式。

（2）取数滴 $FeCl_3$ 溶液（0.1mol·L^{-1}）于试管中，加入数滴 KI 溶液（0.1mol·L^{-1}），再加入少量 CCl_4，振荡后观察现象，写出反应方程式。

5. 铜、银、锌、镉、汞氢氧化物或氧化物的性质

分别利用几滴 $CuSO_4$ 溶液（0.1mol·L^{-1}）、$AgNO_3$ 溶液*（0.1mol·L^{-1}）、$ZnSO_4$ 溶液（0.1mol·L^{-1}）、$CdSO_4$ 溶液*（0.1mol·L^{-1}）、$HgCl_2$ 溶液*（0.1mol·L^{-1}）与 NaOH 溶液（2mol·L^{-1}）反应，制取相应铜、银、锌、镉、汞的氢氧化物或氧化物，观察其颜色并试验 $Cu(OH)_2$、$Zn(OH)_2$ 的酸碱性，写出相应的反应方程式。

6. Ag^+、Cu^{2+} 的氧化性

（1）Ag^+ 的氧化性*　在洁净的试管中，加入 2mL $AgNO_3$ 溶液（0.1mol·L^{-1}），滴加 $NH_3·H_2O$(2mol·L^{-1}）使沉淀溶解，再多加数滴 $NH_3·H_2O$，然后加入少量葡萄糖溶液（10%），摇匀后于水浴中加热，观察试管壁银镜的生成，写出反应方程式。

（2）Cu^{2+} 的氧化性　用一支洁净的试管取少量 $CuSO_4$ 溶液（0.1mol·L^{-1}），滴入过量 NaOH 溶液（40%）至蓝色沉淀溶解，向此溶液中加入少量葡萄糖溶液（10%），振荡，微热。观察沉淀的颜色，写出反应方程式。

7. 铁、钴、镍的配合物及离子鉴定

（1）铁的配合物

① 取几粒 $FeSO_4·7H_2O$ 固体溶于水制得 Fe^{2+} 溶液，取几滴 Fe^{2+}，加入 1～2 滴 $K_3[Fe(CN)_6]$ 溶液（0.1mol·L^{-1}），观察现象。该反应可鉴定 Fe^{2+} 的存在。

② 取几滴 $FeCl_3$ 溶液（0.1mol·L^{-1}），加入 1～2 滴 $K_4[Fe(CN)_6]$ 溶液（0.1mol·L^{-1}），

观察现象。该反应可鉴定 Fe^{3+} 的存在。

③ 取几滴 $FeCl_3$ 溶液（0.1mol·L^{-1}），加 2 滴 KSCN 溶液（0.1mol·L^{-1}），观察溶液颜色。该反应可鉴定 Fe^{3+} 的存在。

（2）钴的配合物

① 在几滴 $CoCl_2$ 溶液（0.1mol·L^{-1}）中，加入几滴 NH_4Cl 溶液（0.1mol·L^{-1}），再滴加氨水（6mol·L^{-1}）至沉淀溶解，观察溶液颜色。静置一段时间后，再观察溶液颜色的变化。

② 取 5 滴 $CoCl_2$ 溶液（0.1mol·L^{-1}），加入少量固体 KSCN，再加入数滴丙酮，振荡后，观察溶液颜色。该反应可用于 Co^{2+} 的鉴定。

（3）镍的配合物

① 在 10 滴 $NiSO_4$ 溶液（0.1mol·L^{-1}）中，滴加氨水（6mol·L^{-1}）至沉淀溶解为止，观察溶液颜色。静置一段时间后，观察溶液颜色有无变化，写出有关反应方程式。

② 在 5 滴 $NiSO_4$ 溶液（0.1mol·L^{-1}）中，加入 5 滴氨水（2mol·L^{-1}），再加入 1 滴丁二酮肟溶液（1%），观察沉淀颜色。该反应可鉴定 Ni^{2+} 的存在。

8. 铜、银*、锌、镉*的配合物及离子鉴定

（1）取一定量 $CuSO_4$（0.1mol·L^{-1}）、$CdSO_4$（0.1mol·L^{-1}）*、$ZnSO_4$（0.1mol·L^{-1}），分别加入少量氨水，观察沉淀的生成，然后加入过量氨水，观察沉淀是否溶解。

（2）* 制取少量 AgCl、AgBr，利用 $NH_3·H_2O$（6mol·L^{-1}）、$Na_2S_2O_3$（0.1mol·L^{-1}）溶液使上述卤化物溶解，写出反应方程式。

（3）Cu^{2+} 的鉴定　取 1 滴 Cu^{2+} 溶液，滴 1 滴 HAc(2mol·L^{-1})，再滴加 2 滴 $K_4[Fe(CN)_6]$（0.1mol·L^{-1}）溶液，观察沉淀颜色。该反应可鉴定 Cu^{2+} 的存在。

（4）* Ag^+ 的鉴定　取 2 滴 $AgNO_3$（0.1mol·L^{-1}）溶液于试管中，加入 1 滴 HNO_3（2mol·L^{-1}），再加 2 滴 NaCl(0.1mol·L^{-1}）溶液，观察沉淀颜色。在沉淀上加入数滴氨水（6mol·L^{-1}），振荡后观察，然后再加入 HNO_3（6mol·L^{-1}）酸化，观察现象。此法可鉴定 Ag^+ 的存在。

（5）Zn^{2+} 的鉴定　在 2 滴 Zn^{2+} 溶液（0.1mol·L^{-1}）中加入几滴 NaOH 溶液（40%），再加入 10 滴二苯硫腙，振荡试管，必要时水浴加热，观察现象，水溶液呈红色，CCl_4 层则由绿色变为棕色，表明有 Zn^{2+} 存在。

（6）* Cd^{2+} 的鉴定　在 Cd^{2+} 溶液（0.1mol·L^{-1}）中加入饱和 H_2S 水溶液，观察沉淀的颜色。该反应可鉴定 Cd^{2+} 的存在。

五、思考题

1. 在试验 $K_2Cr_2O_7$ 的氧化性时，为什么酸化用的酸通常为硫酸而不是盐酸？

2. $KMnO_4$ 在酸性、中性、碱性介质中的还原产物分别是什么？

3. $Co(OH)_3$ 或 $Ni(OH)_3$ 同浓 HCl 反应能否得到 $CoCl_3$ 或 $NiCl_3$？为什么？

4. 如何比较 $Fe(OH)_2$、$Co(OH)_2$、$Ni(OH)_2$ 的还原性强弱？

5. 能否利用 NaOH 来分离混合的 Zn^{2+}、Cu^{2+}？为什么？

6. 在制取银镜时，为什么是由 $AgNO_3$ 制成 $[Ag(NH_3)_2]^+$，然后再用葡萄糖还原？如用还原剂直接还原 $AgNO_3$ 能否制取银镜？为什么？

7. 在 $CuSO_4$ 溶液中加入 KI 即产生白色 CuI 的沉淀，而加入 NaCl 溶液为何不产生白色 CuCl 的沉淀？

六、实验指导

1. 在验证铬(Ⅲ）的还原性实验中，H_2O_2 有两种作用：一是在碱性条件下将铬(Ⅲ）

氧化为 CrO_4^{2-}；二是在酸性条件下与 $Cr_2O_7^{2-}$ 反应生成蓝色 CrO_5。因此，实验中加入 H_2O_2 溶液的量不能过少，否则没有多余的 H_2O_2 与 $Cr_2O_7^{2-}$ 作用生成 CrO_5。在碱性条件下加入 H_2O_2 溶液后加热时，一定要微热，一旦出现黄色（CrO_4^{2-}）应停止加热，并冷却试管中的溶液。若溶液温度过高或加热时间较长，多余 H_2O_2 会分解，再用 HNO_3 酸化时，在乙醚层中将观察不到 CrO_5 的蓝色，此外使溶液冷却的另一个原因是防止乙醚挥发。

2. 在酸性条件下，$Cr_2O_7^{2-}$ 具有强氧化性，可氧化乙醇：

$$2Cr_2O_7^{2-}(\text{橙色})+3C_2H_5OH+16H^+ = 4Cr^{3+}(\text{蓝绿色})+3CH_3COOH+11H_2O$$

根据溶液颜色的变化，可定性检查人体血液中是否有酒精，可判定是否酒后驾车或酒精中毒。

3. 在试验 $Fe(OH)_2$、$Co(OH)_2$ 的生成和性质时，由于 $Fe(OH)_2$ 极易被氧化，所以制备时要注意尽量避免与空气接触，才能观察到白色 $Fe(OH)_2$ 沉淀。制备操作如下：①NaOH 溶液和溶解 $FeSO_4 \cdot 7H_2O$ 的蒸馏水均需煮沸，以赶尽所溶的空气；②用一根细长管取 NaOH 溶液，小心插入 $FeSO_4$ 溶液至试管底部，缓慢放出 NaOH，勿摇动试管。Co^{2+} 与少量 NaOH 溶液作用时，先生成蓝色碱式盐 Co(OH)Cl 沉淀，进一步与过量 NaOH 作用，产生粉红色 $Co(OH)_2$ 沉淀。

4. 用 SCN^- 与 Co^{2+} 反应来鉴定 Co^{2+} 的存在时，若 Fe^{3+} 存在会干扰 Co^{2+} 的检出，可加 NH_4F 或 NaF，使 F^- 与 Fe^{3+} 形成更稳定无色的 $[FeF_6]^{3-}$，来消除 Fe^{3+} 的干扰。

5. 在做银镜实验时，反应完的银氨溶液应用水冲掉，不能久存，以免爆炸。试管壁上的银镜可用硝酸溶液洗去。

6. 实验中加 * 部分为选做实验，后同。

提高（综合、设计、应用）型实验

实验八　硫酸亚铁铵的制备及检测（附微型实验）*

一、实验目的

1. 掌握制备硫酸亚铁铵的原理和方法。
2. 了解产品纯度的检验方法。
3. 加强无机合成的基本操作。

二、实验原理

硫酸亚铁铵［$FeSO_4 \cdot (NH_4)_2SO_4 \cdot 6H_2O$］又称摩尔盐，是一种复盐，为浅绿色单斜晶体，在空气中比一般亚铁盐稳定，不易被氧化，可溶于水但不溶于乙醇。

根据同一温度下复盐的溶解度比组成它的简单盐溶解度小的特点，用适量的 $FeSO_4$ 和 $(NH_4)_2SO_4$ 在水溶液中相互作用，可制得浅绿色的 $FeSO_4 \cdot (NH_4)_2SO_4 \cdot 6H_2O$ 复盐晶体。

将铁屑溶于稀硫酸制得 $FeSO_4$：

$$Fe + H_2SO_4 = FeSO_4 + H_2 \uparrow$$

然后加入固体 $(NH_4)_2SO_4$ 并使其全部溶解，将该混合液加热、浓缩、冷却至室温，析出的晶体即为 $FeSO_4 \cdot (NH_4)_2SO_4 \cdot 6H_2O$ 复盐：

$$FeSO_4 + (NH_4)_2SO_4 + 6H_2O = FeSO_4 \cdot (NH_4)_2SO_4 \cdot 6H_2O$$

三、仪器与试剂

台秤，烧杯（或水浴锅），量筒，漏斗，蒸发皿，布氏漏斗，吸滤瓶，表面皿，吸量管，比色管，滤纸，剪刀。

$H_2SO_4(3mol \cdot L^{-1})$，$HCl(3mol \cdot L^{-1})$，$Na_2CO_3(10\%)$，$KSCN(1mol \cdot L^{-1})$，铁屑，$(NH_4)_2SO_4$ 固体，$NH_4Fe(SO_4)_2 \cdot 12H_2O$ 晶体。

四、实验内容

1. 铁屑的净化（去油污）

在台秤上称取 2.0g 铁屑，放入 100mL 小烧杯中，加入 15mL 10%的 Na_2CO_3 溶液，小火加热约 10min，用倾析法倾去碱液，然后用水洗净铁屑。

2. 硫酸亚铁的制备

往盛有铁屑的烧杯中加入 15mL $3mol \cdot L^{-1}$ 硫酸，盖上表面皿，小火加热，使铁屑与硫酸反应至不再冒气泡为止。因加热过程中水分蒸发，应适当补充，同时要控制溶液的 pH 值不大于 1。趁热过滤，滤液转移至蒸发皿中备用。

3. 硫酸亚铁铵的制备

根据 $FeSO_4$ 的理论产量，计算并称取所需用量的 $(NH_4)_2SO_4$ 固体，将其加到上面

所制得的 $FeSO_4$ 溶液中，搅拌使之溶解，调节溶液 pH=1～2，然后将溶液蒸发浓缩至表面出现晶膜为止。冷却后即有 $FeSO_4·(NH_4)_2SO_4·6H_2O$ 晶体析出。待冷却至室温后，减压抽滤并弃去母液，最后用少量乙醇洗去晶体表面所附着的水分（此时应继续抽气过滤）。将晶体取出，置于两张干净滤纸间，并轻压以吸干母液，称量所得到的 $FeSO_4·(NH_4)_2SO_4·6H_2O$的质量，计算理论产量和产率。

4. 产品纯度检验

检验项目是用目视比色法判断产品中所含杂质 Fe^{3+} 的含量，从而可确定产品等级。

(1) 标准色阶的配制　称取 $NH_4Fe(SO_4)_2·12H_2O$ 晶体 0.8634g，加入部分水和 2.5mL 浓 H_2SO_4，溶解后，移入 1000mL 容量瓶中，用水稀释至刻度。此溶液中 Fe^{3+} 的浓度为 $0.1000g·L^{-1}$。

取三支 25mL 的比色管，用吸量管分别加入 0.5mL、1.0mL、2.0mL 上述浓度为 $0.1000g·L^{-1}$ 的 Fe^{3+} 溶液，然后各加入 2mL $3mol·L^{-1}$ 的 HCl 溶液和 1mL $1mol·L^{-1}$ 的 KSCN 溶液，用蒸馏水稀释至刻度，摇匀后即得 Fe^{3+} 含量不同的标准色阶溶液。这三支比色管中所对应的 $FeSO_4·(NH_4)_2SO_4·6H_2O$ 试剂规格分别为Ⅰ级试剂（含 Fe^{3+} 0.05mg）、Ⅱ级试剂（含 Fe^{3+} 0.10mg）、Ⅲ级试剂（含 Fe^{3+} 0.20mg）。

(2) 产品级别的确定　称取 1.0g 产品于 25mL 比色管中，用 15mL 自制的不含氧的蒸馏水使之溶解，然后加入 2mL $3mol·L^{-1}$ HCl 和 1mL $1mol·L^{-1}$KSCN 溶液，继续加不含氧的蒸馏水至刻度，摇匀后与标准色阶进行目视比色，确定产品级别。

附：微型实验*

(1) 微型仪器　微型漏斗，微型烧杯（15mL），微型布氏漏斗（口径 $\phi=20mm$、容积 $V=5mL$），微型吸滤瓶（$\phi=19mm$、$V=20mL$），蒸发皿（10mL），洗耳球（代替真空泵），点滴板。

(2) 试剂用量　铁屑为 0.5g；预处理用的碱为 10%的 Na_2CO_3 3mL；$3mol·L^{-1}$ 的 H_2SO_4 3mL；$(NH_4)_2SO_4$的用量根据反应中生成的 $FeSO_4$ 的质量计算。

(3) 实验步骤　同常规实验，但 Fe 和 H_2SO_4 的反应时间缩短至 10min 左右。

(4) 产品纯度检验　定性检验产品中的 Fe^{3+}。

五、思考题

1. 在铁屑与稀硫酸反应过程中为什么要适当补充水分

2. 在制备 $FeSO_4·(NH_4)_2SO_4·6H_2O$ 时，为什么溶液必须呈酸性？

3. 将溶液蒸发浓缩至表面出现晶膜为止，若蒸发过度甚至蒸干，对结果有何影响？

4. 为什么检验产品中的 Fe^{3+} 含量时，要用不含氧的蒸馏水？如何制备不含氧的蒸馏水？

六、实验指导

1. 由工厂所得到的铁屑一般油污较多，需要对其进行除油净化，常采用碱煮的方法除油。铁屑采用碱液除油后，还必须用水冲洗至中性，否则残留的碱液要耗去部分硫酸，致使体系达不到反应过程所需的酸度。

2. 在制备硫酸亚铁铵的整个过程中，必须保持溶液所需的必要酸度，酸度达不到时，在蒸发过程中会引起 Fe^{2+} 的水解，进而被空气氧化，使反应液由浅蓝绿色逐渐变为黄色，造成产品不纯。若开始出现此现象时，应立即向反应液中滴入几滴浓硫酸以提高酸度，同时加入几粒纯净铁屑，将 Fe^{3+} 还原为 Fe^{2+}。

3. 在硫酸亚铁铵的制备中，可采用快速结晶法析出晶体，即当硫酸亚铁铵溶液蒸发浓缩至表面出现晶膜时，停止加热，在冷却结晶时，外面可用冷水冷却。这样生成的晶核多，晶粒细小，利于产品纯度的提高。

4. 铁屑与硫酸反应制备 $FeSO_4$ 时，由于铁屑中的杂质在反应中会产生一些有毒气体，最好在通风橱中进行。

5. 本实验中 * 内容为选做实验。

实验九　硫代硫酸钠的制备及性质检测

一、实验目的

1. 掌握制备和检测硫代硫酸钠的原理和方法。

2. 了解硫代硫酸钠的主要化学性质。

3. 进一步加强蒸发浓缩、过滤、结晶等无机合成的基本操作。

二、实验原理

$Na_2S_2O_3 \cdot 5H_2O$ 俗称海波，为无色透明单斜晶体。它难溶于乙醇，易溶于水，其溶解度随温度下降而降低。硫代硫酸钠有很大的实用价值，是重要的还原剂。在分析化学中用来定量测定碘，在纺织和造纸工业中作脱氯剂，在摄影业中作定影剂。

本实验中采用亚硫酸钠法，即以亚硫酸钠和硫粉反应制备硫代硫酸钠：

$$Na_2SO_3 + S \xlongequal{\triangle} Na_2S_2O_3$$

亚硫酸钠的溶液在沸腾温度下与硫粉化合，可得硫代硫酸钠，反应完成后，过滤得到硫代硫酸钠溶液，然后蒸发浓缩、冷却，析出晶体即为 $Na_2S_2O_3 \cdot 5H_2O$。

产品中 $Na_2S_2O_3 \cdot 5H_2O$ 的含量可以采用碘量法测定，SO_4^{2-}、SO_3^{2-} 杂质的含量可以用生成 $BaSO_4$ 比浊法进行分析。

三、仪器与试剂

台秤，锥形瓶，滴定管，烧杯，量筒，漏斗，布氏漏斗，吸滤瓶，滤纸等。

Na_2SO_3 固体，硫粉，HCl($2mol \cdot L^{-1}$)，$AgNO_3$($0.1mol \cdot L^{-1}$)，NaBr($0.1mol \cdot L^{-1}$)，I_2 水，甲醛溶液(40%)，HAc-NaAc 缓冲溶液（pH≈6），碘标准溶液($0.05mol \cdot L^{-1}$)，淀粉溶液(1%)，$Na_2S_2O_3$($0.05mol \cdot L^{-1}$)。

四、实验内容

1. 硫代硫酸钠的制备

称取 6.0g Na_2SO_3 固体置于 100mL 烧杯中，加入 30mL 蒸馏水使其溶解（可小火加热）。另称取 2.0g 硫粉，用 1mL 乙醇使其润湿后加至溶液中，加热并不断搅拌。待溶液沸腾后用小火加热，继续搅拌并保持微沸状态不少于 40min，直至仅剩少许硫粉悬浮在溶液中(在加热过程中应适当补加些水，以保持溶液体积)。趁热常压过滤，弃去残渣。将滤液转移至蒸发皿中，加热蒸发浓缩，直至溶液中有一些晶体析出或溶液呈微黄色浑浊为止，冷却至室温（若用冰水浴冷却，则效果更好）即有大量晶体析出。减压过滤，并用少量乙醇洗涤晶体，将所得晶体再用滤纸吸干，称量，计算产率。

2. 产品性质检验

(1) 定性检验

① 目视观察 $Na_2S_2O_3 \cdot 5H_2O$ 的晶体形状。

② 取少量自制 $Na_2S_2O_3 \cdot 5H_2O$ 晶体，加 3mL 蒸馏水溶解后进行以下试验：

a. 在一支试管中加入 0.5mL 上述 $Na_2S_2O_3$ 溶液，再加入 $2mol \cdot L^{-1}$ HCl 溶液数滴，观察现象。

b. 在一支试管中加入 I_2 水数滴，再加入 0.5mL 上述 $Na_2S_2O_3$ 溶液，观察现象。

c. 在一支试管中加入 2 滴 0.1mol·L^{-1} $AgNO_3$ 溶液和数滴 0.1mol·L^{-1} NaBr 溶液，观察沉淀颜色，在沉淀中加入上述 $Na_2S_2O_3$ 溶液，观察沉淀是否溶解。

(2) 纯度测定　称取 0.5g 样品（精确至 0.1mg）于锥形瓶中，加入刚煮沸过并冷却的去离子水 20mL 使其完全溶解。加入 5mL 中性 40%甲醛溶液，10mL HAc-NaAc 缓冲溶液，使溶液的 pH≈6，用 0.05mol·L^{-1}碘标准溶液滴定，近终点时，加 2mL1%的淀粉溶液，继续滴定至溶液呈蓝色，30s 内不消失即为终点。平行测定三次，计算产品中 $Na_2S_2O_3\cdot5H_2O$ 的百分含量。

五、思考题

1. 硫代硫酸钠有哪些主要化学性质？

2. 计算硫代硫酸钠的产率时应以哪种原料为准？

3. 过滤所得的晶体为什么要用乙醇洗涤？

4. 定量测定产品中 $Na_2S_2O_3$ 的含量时，为什么要用刚煮沸过并冷却的去离子水溶解样品？

六、实验指导

1. 采用碘量法测定 $Na_2S_2O_3\cdot5H_2O$ 的纯度，反应式为 $I_2+2S_2O_3^{2-}=2I^-+S_4O_6^{2-}$，该反应必须在中性或弱酸性条件下进行，可选用 HAc-NaAc 缓冲溶液，使 pH=6。滴定前应加入甲醛以排除未反应完全的 SO_3^{2-} 的干扰，反应式为：

$$Na_2SO_3+HCHO+H_2O\longrightarrow NaOH+H_2(OH)C-SO_3Na$$

2. 用比浊分析法可半定量判断产品中杂质的含量。本实验制备的硫代硫酸钠中，含有 SO_3^{2-} 和 SO_4^{2-} 杂质。分析时先用 I_2 将 SO_3^{2-}、$S_2O_3^{2-}$ 氧化为 SO_4^{2-}、$S_4O_6^{2-}$，然后加入 $BaCl_2$ 溶液与 SO_4^{2-} 反应生成难溶的 $BaSO_4$，使溶液变浑浊。溶液浑浊度与试样中的 SO_4^{2-} 含量成正比。因此可用比浊度的方法，半定量分析样品中 SO_3^{2-} 和 SO_4^{2-} 总量。

(1) SO_4^{2-} 标准溶液的配制　称取 0.1814g 的 K_2SO_4 溶于少量的去离子水中，定量转移到 1L 的容量瓶中，稀释至刻度。此溶液为 0.1000g·L^{-1} SO_4^{2-} 标准溶液。

(2) 标准浊度阶的配制　分别取 0.1000g·L^{-1} SO_4^{2-} 标准溶液 0.50mL、1.00mL、2.00mL 于 25mL 比色管中，加入 1mL 0.1mol·L^{-1} HCl 和 1mL 25% $BaCl_2$ 溶液，用去离子水稀释至刻度，摇匀，这三支比色管中 SO_4^{2-} 的含量分别相当于Ⅰ级、Ⅱ级、Ⅲ级试剂。

(3) 产品级别的确定　称取 1.0g 产品于烧杯中，加入 25mL 去离子水溶解后，先加入 30mL 0.05mol·L^{-1} I_2 溶液，在不断搅拌下继续滴加 I_2 溶液，使溶液呈淡黄色。然后，转移到 100mL 的容量瓶中，用去离子水稀释至刻度，摇匀。用 10mL 移液管移取该样品于 25mL 比色管中，加入 1mL 0.1mol·L^{-1} HCl 和 1mL 25% $BaCl_2$ 溶液，用去离子水稀释至刻度，摇匀。放置 10min 后，加 1 滴 0.05mol·L^{-1} $Na_2S_2O_3$ 溶液，摇匀，立即与标准浊度阶进行目测比浊，确定产品的级别。

3. 硫粉经乙醇润湿后可增大硫粉与亚硫酸钠的接触面，提高反应速率。

实验十　常见阴离子的分离与鉴定

一、实验目的

1. 熟悉常见阴离子的性质，掌握其鉴定反应。
2. 能够分离并检出混合液中的阴离子。

二、实验原理

实验中比较重要而又常见的阴离子并不很多，本实验仅对 Cl^-、Br^-、I^-、S^{2-}、SO_3^{2-}、SO_4^{2-}、$S_2O_3^{2-}$、NO_2^-、NO_3^-、PO_4^{3-}、CO_3^{2-} 十一种常见阴离子进行分离和鉴定，在这十一种阴离子中，有的阴离子具有氧化性，有得具有还原性，很少有多种阴离子共存的情况。在大多数情况下阴离子间彼此不妨碍鉴定，故而通常采用个别鉴定的方法。为简化分析步骤，一般都先做初步试验以消除某些阴离子存在的可能性，然后再对可能存在的阴离子进行个别鉴定。阴离子的初步试验方法简汇于下表（表中"+"表示起反应）。

阴离子	试剂					
	稀 H_2SO_4	$BaCl_2$	$AgNO_3$(稀 HNO_3)	I_2-淀粉(稀 H_2SO_4)	$KMnO_4$(稀 H_2SO_4)	KI-CCl_4(稀 H_2SO_4)
Cl^-			+		+	
Br^-			+		+	
I^-			+		+	
S^{2-}	+		+	+	+	
SO_3^{2-}	+	+		+	+	
SO_4^{2-}		+				
$S_2O_3^{2-}$	+	+①	+	+	+	
NO_2^-	+				+	+
NO_3^-						
PO_4^{3-}		+				
CO_3^{2-}	+	+				

① $S_2O_3^{2-}$ 浓度大时产生沉淀。

在鉴定时，当某些阴离子彼此发生相互干扰（例如 Cl^-、Br^-、I^- 共存时，及 S^{2-}、SO_3^{2-}、$S_2O_3^{2-}$ 共存时），需采取适当分离步骤。当溶液中同时存在 S^{2-}、SO_3^{2-}、$S_2O_3^{2-}$，分别鉴定时需先将 S^{2-} 除去，因为 S^{2-} 的存在妨碍 SO_3^{2-}、$S_2O_3^{2-}$ 的鉴定。除去方法是：在混合液中加入 $PbCO_3$ 固体，使 $PbCO_3$ 转化为溶解度更小的 PbS 沉淀，离心分离后再分别鉴定清液中的 SO_3^{2-}、$S_2O_3^{2-}$。

在 Cl^-、Br^-、I^- 共存时，可按图 2-1 所示的方法进行分离鉴定。

三、主要试剂

$NH_3 \cdot H_2O$($6mol \cdot L^{-1}$)，HCl($6mol \cdot L^{-1}$)，HNO_3($2mol \cdot L^{-1}$、$6mol \cdot L^{-1}$、浓)，H_2SO_4($2mol \cdot L^{-1}$、浓)，HAc($6mol \cdot L^{-1}$)，Na_2S($0.1mol \cdot L^{-1}$)，Na_2SO_3($0.1mol \cdot L^{-1}$)，$Na_2S_2O_3$($0.1mol \cdot L^{-1}$)，Na_2SO_4($0.1mol \cdot L^{-1}$)，NaCl($0.1mol \cdot L^{-1}$)，NaBr($0.1mol \cdot L^{-1}$)，KI($0.1mol \cdot L^{-1}$)，KNO_3($0.1mol \cdot L^{-1}$)，$NaNO_2$($0.1mol \cdot L^{-1}$)，Na_3PO_4($0.1mol \cdot L^{-1}$)，$AgNO_3$($0.1mol \cdot L^{-1}$)，$K_4[Fe(CN)_6]$($0.1mol \cdot L^{-1}$)，$BaCl_2$($1mol \cdot L^{-1}$)，$Na_2[Fe(CN)_5NO]$(1%)，

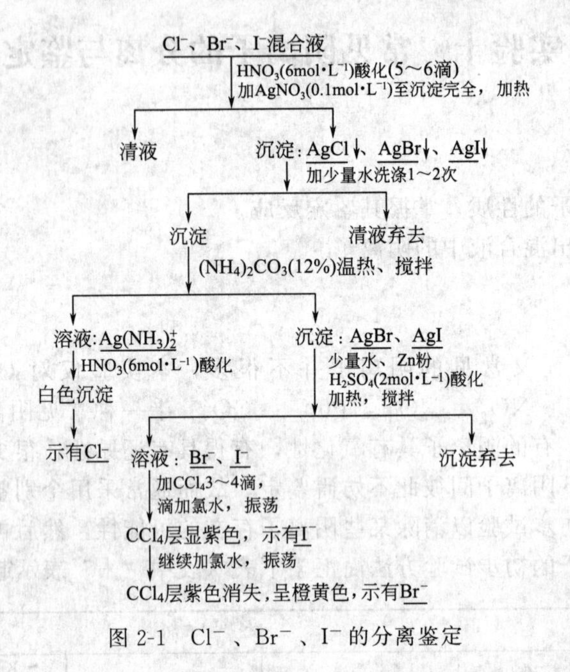

图 2-1　Cl^-、Br^-、I^- 的分离鉴定

$(NH_4)_2CO_3$（12%），$ZnSO_4$（饱和），$(NH_4)_2MoO_4$ 溶液，对氨基苯磺酸，α-萘胺，$FeSO_4$ 晶体，Zn 粉，氯水，CCl_4。

四、实验内容

1. 阴离子的个别鉴定反应

（1）S^{2-} 的鉴定　在点滴板上滴入 Na_2S，然后滴入 1% $Na_2[Fe(CN)_5NO]$，观察溶液颜色，出现紫红色即表示有 S^{2-}。

（2）SO_3^{2-} 的鉴定　在点滴板上滴入 2 滴饱和 $ZnSO_4$，然后再加入 1 滴 0.1mol·L⁻¹ 的 $K_4[Fe(CN)_6]$ 和 1 滴 1% 的 $Na_2[Fe(CN)_5NO]$，用 $NH_3·H_2O$ 调至中性（1 滴即可），再滴加 SO_3^{2-} 溶液，生成红色沉淀即表示有 SO_3^{2-} 存在。

（3）$S_2O_3^{2-}$ 的鉴定　在点滴板上滴加 1 滴 $Na_2S_2O_3$，然后加入 2 滴 $AgNO_3$，沉淀颜色由白→黄→棕→黑，即证明 $S_2O_3^{2-}$ 存在。

（4）SO_4^{2-} 的鉴定　在离心试管里加入 3～4 滴 Na_2SO_4 溶液，再加入 1 滴 1mol·L⁻¹ 的 $BaCl_2$，离心分离后在沉淀中加入 6mol·L⁻¹ 的 HCl 数滴，沉淀不溶解则表示有 SO_4^{2-} 存在。

（5）Cl^- 的鉴定　取 2 滴 0.1mol·L⁻¹ 的 NaCl 溶液于离心试管中，加入 1 滴 2mol·L⁻¹ 的 HNO_3，再加 2 滴 0.1mol·L⁻¹ 的 $AgNO_3$，观察沉淀颜色，离心沉降后弃去清液，在沉淀上加入数滴 6mol·L⁻¹ 的氨水，振荡后观察，然后再加入 6mol·L⁻¹ 的 HNO_3 酸化，观察现象，此法可鉴定 Cl^- 存在。

（6）Br^- 的鉴定　取 2 滴 0.1mol·L⁻¹ 的 NaBr 溶液于试管中，加入 1 滴 2mol·L⁻¹ 的 H_2SO_4 和 5～6 滴 CCl_4，然后逐滴加入新制氯水，边加边振荡，观察 CCl_4 层颜色，此法可鉴定 Br^- 存在。

（7）I^- 的鉴定　取 2 滴 0.1mol·L⁻¹ 的 KI 溶液于试管中，加入 1 滴 2mol·L⁻¹ 的 H_2SO_4 和 5～6 滴 CCl_4，然后逐滴加入新制氯水，边加边振荡，观察 CCl_4 层颜色，此法可鉴定 I^- 存在。

(8) NO_3^- 的鉴定（棕色环实验）　取 1mL 0.1mol·L^{-1}的 KNO_3 溶液于试管中，加入少量 $FeSO_4$ 晶体，振荡溶解后试管斜持，沿试管壁慢慢滴加 15～20 滴浓 H_2SO_4，勿振荡，静置观察浓 H_2SO_4 和溶液两个液面交界处有无棕色环出现，此法可鉴定 NO_3^- 的存在。

(9) NO_2^- 的鉴定　取 1 滴 0.1mol·L^{-1}的 $NaNO_2$ 溶液，滴加 6mol·L^{-1}的 HAc 酸化，再加入对氨基苯磺酸和 α-萘胺溶液各 1 滴，溶液立刻显红色，此法可鉴定 NO_2^- 的存在。

(10) PO_4^{3-} 的鉴定　取 3～5 滴 0.1mol·L^{-1}的 Na_3PO_4 溶液于试管中，加入 10 滴浓 HNO_3，然后再加入 20 滴钼酸铵试剂，必要时微热至 40～50℃，观察现象，此法可鉴定 PO_4^{3-} 存在。

2. 混合阴离子的分离与鉴定

(1) Cl^-、Br^-、I^- 共存时的分离与鉴定　在离心试管中加入 0.1mol·L^{-1}的 NaCl、NaBr、KI 溶液各 3 滴，按实验原理给出的方法进行分离与鉴定。

*(2) S^{2-}、SO_3^{2-}、$S_2O_3^{2-}$ 共存时的分离与鉴定　在离心试管中加入 0.1mol·L^{-1}的 Na_2S、Na_2SO_3、$Na_2S_2O_3$ 溶液各 4 滴，按实验原理给出的方法进行分离与鉴定。

*(3) 未知混合液的分析　向教师领取混合阴离子未知液一份（其中可能含有 Cl^-、Br^-、S^{2-}、SO_3^{2-}、SO_4^{2-}、$S_2O_3^{2-}$、NO_3^-、$NO_2{}^-$、PO_4^{3-}）按实验原理给出的方法，先进行初步试验，然后再自行设计分离与鉴定方案，进行实验。

五、思考题

1. 鉴定 SO_3^{2-}、$S_2O_3^{2-}$ 时需除去 S^{2-}的干扰，怎样检验 S^{2-}是否已除去？

2. 用氯水氧化 I^- 以鉴定 I^- 存在时，当氯水加入过多时为什么在 CCl_4 层中观察不到紫色？

3. 在中性或碱性混合阴离子试液中，加入 $BaCl_2$ 溶液后有白色沉淀生成，则在十一种常见阴离子中可能有哪些离子存在？

4. 离心分离后，怎样洗涤离心试管底部的沉淀？

六、实验指导

1. SO_3^{2-} 能与 $Na_2[Fe(CN)_5NO]$ 反应生成红色化合物，加入 $ZnSO_4$ 饱和溶液和 $K_4[Fe(CN)_6]$溶液，可使红色显著加深，酸能使红色消失，所以酸性溶液应以氨水中和。

2. 用钼酸铵试剂鉴定 PO_4^{3-} 时，必须在酸性溶液中进行，这是因为反应生成的磷钼酸铵黄色沉淀能溶于碱及氨水中。此外加入的钼酸铵试剂也必须过量，这是因为磷钼酸铵可溶于过量的磷酸盐，形成了配离子而溶于水。

3. 棕色环反应鉴定 NO_3^- 时，还原剂 Fe^{2+} 必须过量，浓硫酸必须沿试管壁加入，不宜滴加，试管也不能振荡，否则不能形成棕色环。NO_2^- 能起类似反应，但不能成环，而是使整个溶液都变成棕色，这是 NO_3^- 和 NO_2^- 鉴定现象的重要区别。由于 NO_2^- 的存在干扰 NO_3^- 的鉴定，所以在用棕色环法鉴定 NO_3^- 时应先将 NO_2^- 除去。方法是：向混合液中加入饱和 NH_4Cl 溶液并加热。反应如下：

$$NH_4^+ + NO_2^- \xlongequal{} N_2\uparrow + 2H_2O$$

此外，Br^-、I^- 的存在也干扰 NO_3^- 的鉴定，因为 Br^- 和 I^- 与浓硫酸生成 Br_2 和 I_2，与棕色环的颜色相近，因此也必须预先除去。方法是：取分析试液 20 滴，加入约 50mg Ag_2SO_4 固体，加热并搅拌数分钟，再滴加 1mol·L^{-1}的 Na_2CO_3 以沉淀溶液中的 Ag^+。离心分离，弃去沉淀，取清液鉴定 NO_3^- 的存在。

4. 判断沉淀是否完全的一般方法　先在试液中加入一定量的沉淀剂，离心分离，使沉淀集中在试管底部。在上层清液中继续滴加沉淀剂，如有浑浊产生，说明沉淀剂量不足，再多加几滴并充分搅拌，再次离心分离，直到加沉淀剂于上层清液中不再出现浑浊为止，此时可认为沉淀已完全。

5. 为了提高分析的正确性，防止离子“过度检出”及“失落”，应进行空白试验和对照试验。空白试验是以蒸馏水代替试液，在同样条件下进行试验，确定试液中是否真正含有被检离子。对照试验是用已知含有被检离子的试液，在同样条件下进行试验，与未知试液的试验结果进行比较。

实验十一　常见阳离子的分离与鉴定

一、实验目的

1. 掌握阳离子混合液分离操作的基本步骤。

2. 分离并检出未知液中的阳离子。

二、实验原理

阳离子的种类较多，常见的有二十多种，个别定性检出时容易发生相互干扰。所以一般阳离子分析都是利用阳离子的某些共同特性，先分成几组，然后再根据阳离子的个别特性加以检出。

凡能使一组阳离子在适当的反应条件下，生成沉淀而与其他组阳离子分离的试剂称为组试剂。常用的阳离子组试剂有 HCl、H_2SO_4、NaOH、$NH_3 \cdot H_2O$、H_2S 等。利用不同组试剂把阳离子逐组分离再进行检出的方法，叫作阳离子的系统分析。在阳离子系统分析中利用不同的组试剂有许多不同的分组方案，下面介绍一种两酸两碱系统分析法，本法将常见的二十多种阳离子分成以下五组，如图 2-2 所示。

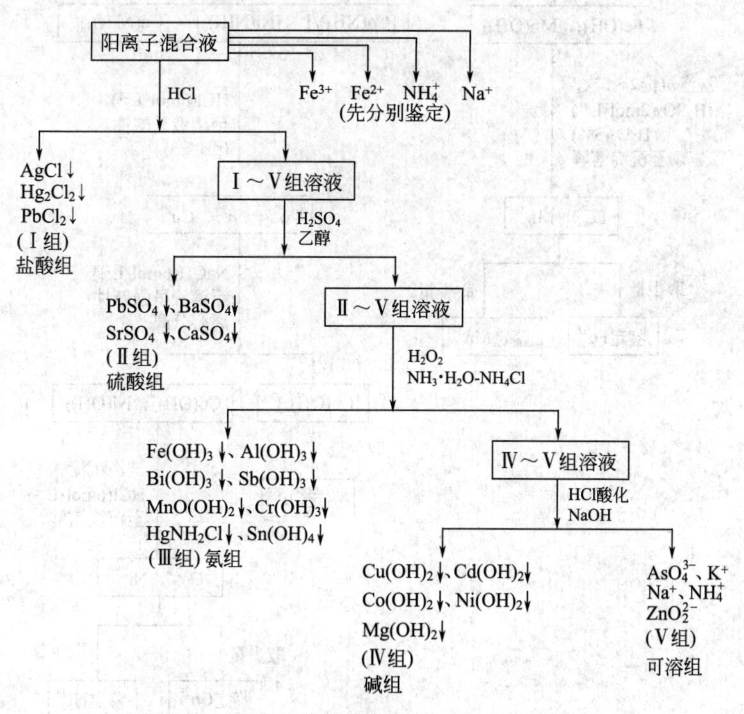

图 2-2　两酸两碱系统分析法对阳离子的分析

第Ⅰ组：盐酸组 Ag^+、Pb^{2+}、Hg_2^{2+}

第Ⅱ组：硫酸组 Ba^{2+}、Ca^{2+}、Pb^{2+}

第Ⅲ组：氨组 Fe^{3+}、Fe^{2+}、Al^{3+}、Mn^{2+}、Cr^{3+}、Bi^{3+}、Sb^{3+}、Hg^{2+}、Sn^{2+}

第Ⅳ组：碱组 Cu^{2+}、Co^{2+}、Ni^{2+}、Mg^{2+}、Cd^{2+}

第Ⅴ组：可溶组 K^+、Na^+、NH_4^+、Zn^{2+}、As^{3+}

每组分出后，继续再进行组内分离，直至鉴定时相互不发生干扰为止。在实际分析中，如果发现某组离子整组不存在（无沉淀产生），这组离子的分析就可省去，从而简化了分析的手续。

三、主要试剂

HCl(6mol·L^{-1})，HNO_3(6mol·L^{-1})，HAc(6mol·L^{-1})，H_2SO_4(2mol·L^{-1})，NaOH(6mol·L^{-1})，氨水(6mol·L^{-1})，$K_4[Fe(CN)_6]$(0.1mol·L^{-1})，KSCN(0.1mol·L^{-1})，H_2O_2(3%)，丙酮，丁二酮肟（1%），pH试纸，红色石蕊试纸，KSCN固体，$NaBiO_3$固体。

四、实验内容

向教师领取混合离子未知液一份，未知液中可能含有NH_4^+、Mn^{2+}、Co^{2+}、Ni^{2+}、Fe^{3+}、Cu^{2+}等离子，可参考图2-3所示的分离示意图，根据所学过的元素及其化合物性质，对其进行分离并鉴定，将分析结果交给指导教师，并注明未知液标号。

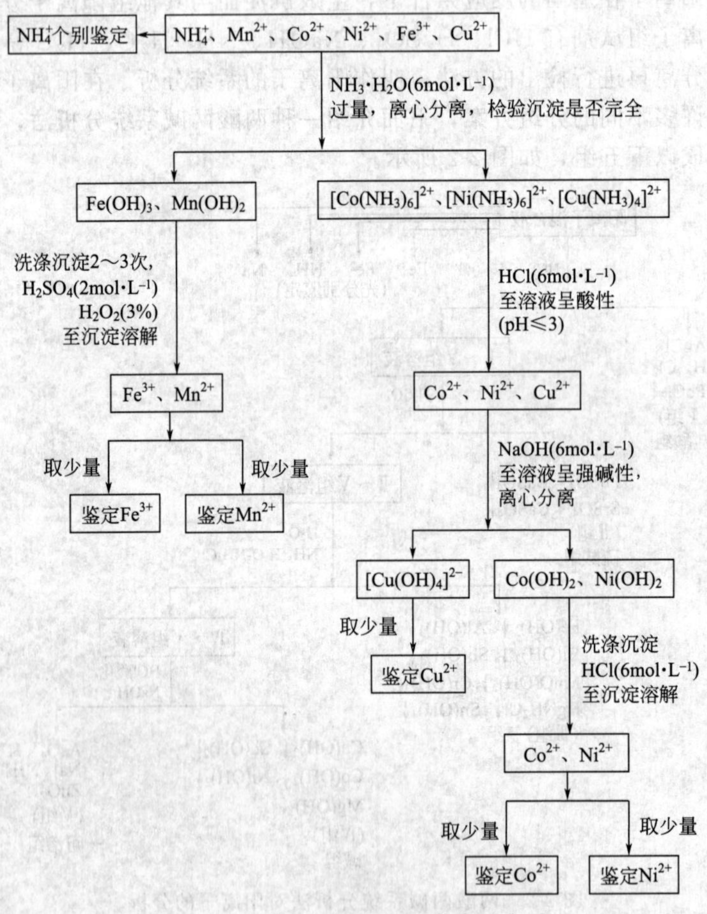

图2-3　混合离子未知液的分离示意图

五、思考题

1. 在两酸两碱系统分析法中，为什么要先对NH_4^+进行个别鉴定？可选用哪些鉴定方法？

2. 离心分离后，试管中的沉淀为什么需要洗涤？如何洗涤？

六、实验指导

1. NH_4^+ 鉴定可用气室法。即用两块干燥表面皿，在一块表面皿中滴入原试液与 $6mol \cdot L^{-1}$ 的 NaOH 各 2～3 滴，另一块中间贴上湿润的红色石蕊试纸或 pH 试纸，然后将两块表面皿合在一起做成气室，若红色石蕊试纸变蓝或 pH 试纸呈碱性反应，表示有 NH_4^+ 存在（也可用试管进行上述实验，适当增加试液用量，并将试纸置于试管口处即可）。

2. 用 $K_4[Fe(CN)_6]$ 鉴定 Cu^{2+} 时，若溶液中含有 Zn^{2+}、Co^{2+}、Ni^{2+} 会使 $Cu_2[Fe(CN)_6]$ 沉淀由红棕色变为豆沙色。

3. 用 KSCN 鉴定 Co^{2+} 时，Fe^{3+}、Cu^{2+} 有干扰，可加少许硫脲掩蔽 Cu^{2+}。可加 NH_4F 或 NaF，使 F^- 与 Fe^{3+} 形成更稳定无色的 $[FeF_6]^{3-}$，来消除 Fe^{3+} 干扰。

4. 鉴定 Mn^{2+} 时 Mn^{2+} 浓度要稀，否则生成的 MnO_4^- 又与未被氧化的 Mn^{2+} 反应，生成 $MnO_2 \cdot nH_2O$ 沉淀。另外，H_2O_2 的存在对 Mn^{2+} 鉴定有干扰，应加热将溶液中过量的 H_2O_2 赶尽。

第三部分　分析化学实验

基本型实验

实验十二　滴 定 练 习

一、实验目的

1. 练习滴定操作。

2. 学会配制标准溶液及正确判断滴定终点。

3. 熟悉甲基橙和酚酞指示剂的使用和终点颜色的变化，初步掌握酸碱指示剂的选择方法。

二、实验原理

酸碱中和反应的实质是：

$$H^{+}+OH^{-}=\!=\!=H_2O$$

当反应达到化学计量点时，用去的酸与碱的量符合化学反应式所表示的化学计量关系。具体到 NaOH 与 HCl 的滴定反应，这种关系就是：

$$(cV)_{HCl}=(cV)_{NaOH} \quad 或 \quad \frac{c(HCl)}{c(NaOH)}=\frac{V(NaOH)}{V(HCl)}$$

因此，NaOH 溶液及 HCl 溶液经过比较滴定，确定它们完全中和时所需的体积比，即可确定它们的浓度比。如果其中一溶液的浓度确定，则另一溶液的浓度即可求出。

浓盐酸易挥发，固体 NaOH 易吸收空气中的水分和 CO_2，因此，不能直接配制准确浓度的 HCl 和 NaOH 标准溶液，只能先配制近似浓度的溶液，然后用基准物质标定其准确浓度。

$0.1mol\cdot L^{-1}$ NaOH 和 HCl 溶液的滴定，其突跃范围为 pH＝4.3～9.7，凡在此范围内变色的指示剂皆可使用。本实验选用甲基橙和酚酞。

三、主要试剂

浓盐酸，固体 NaOH，甲基橙指示剂，酚酞指示剂。

四、实验内容

1. $0.1mol\cdot L^{-1}$ HCl 溶液的配制

取浓 HCl(相对密度为 1.19，约 12mol·L^{-1}) 约______mL(自己计算) 倒入 500mL 试剂瓶中，加水（指“纯水”；后同）稀释至 500mL，盖上瓶塞，摇匀，贴上标签，以防与其他试剂混淆。标签上应注明溶液名称、浓度、配制日期、班级、姓名等项。

2. 0.1mol·L^{-1} NaOH 溶液的配制

用小烧杯作容器，称取固体 NaOH______g(自己计算)，加水溶解，转入 500mL 试剂瓶中，加水稀释至 500mL，用橡皮塞塞紧，摇匀，贴上标签备用。

3. 酸碱标准溶液浓度的比较

洗净酸式和碱式滴定管各一支，检查不漏水后，分别用所配制的 HCl 和 NaOH 溶液润洗 2～3 次，每次用量 5～10mL，然后分别装上酸和碱至“0”刻度线以上，排除管尖的气泡，调整液面至 0.00 刻度或零点稍下处，静置 1min 后，精确读取滴定管内液面位置（记录格式见后）。

取锥形瓶（250mL）一只，洗净后放在碱式滴定管下，由滴定管放出约 20mL NaOH 溶液于锥形瓶中，加入一滴甲基橙指示剂，用 HCl 溶液滴定至由黄色变橙色为止，读取并记录 NaOH 溶液及 HCl 溶液的精确体积。反复滴定几次，记下读数，分别求出体积比 [V(NaOH)/V(HCl)]，直至三次测定结果的相对平均偏差在 0.1%（对初学者可放宽为 0.2%）之内，取其平均值。

以酚酞（加入1～2 滴）为指示剂，用 NaOH 溶液滴定 HCl 溶液，终点由无色变至刚出现红色且 30s 不褪即为终点，其他步骤同上。

记录格式示例（供参考）见下表。

NaOH 溶液与 HCl 溶液浓度的比较（以甲基橙为指示剂）

记录项目	1	2	3
NaOH 终读数/mL	20.08	20.06	20.08
NaOH 初读数/mL	0.00	0.04	0.06
V(NaOH)/mL	20.08	20.02	20.02
HCl 终读数/mL	20.12	20.05	20.19
HCl 初读数/mL	0.02	0.00	0.10
V(HCl)/mL	20.10	20.05	20.09
V(NaOH)/V(HCl)	0.9990	0.9985	0.9965
V(NaOH)/V(HCl)(平均值)	0.9980		
个别测定的绝对偏差	0.0010	0.0005	−0.0015
相对平均偏差	0.1%		

五、思考题

1. 配制 HCl 溶液时采用何种量器量取浓盐酸？为什么？

2. 配制 NaOH 溶液时，欲称取固体 NaOH 可选用哪种天平？可否用纸片来称取 NaOH？为什么？

3. 配制 HCl 及 NaOH 溶液所用水的体积，是否需要准确量度？为什么？

4. 本实验中所用的锥形瓶及试剂瓶，有的同学将之洗净后瓶口朝下倒控在实验台上，这种做法对不对？为什么？锥形瓶及试剂瓶要否干燥？

5. 滴定管读数时，应记录到小数点后第几位？

6. 在 HCl 溶液与 NaOH 溶液浓度比较的滴定中，以甲基橙和酚酞作指示剂，所得的溶液体积比是否一致？理论上哪个更大些？为什么？

六、实验指导

1. 由于 NaOH 易吸收空气中的 CO_2，所以在称量及溶解时都要尽量迅速，以减小误差。

2. 在要求严格的情况下，配制 NaOH 溶液时必须设法除去 CO_3^{2-}，常用方法：①水洗法；②加入 $BaCl_2$ 法；③配制 50% NaOH 溶液法。详见有关参考书。

3. 初学滴定时，一定要认真观察和判断终点。开始滴定时，滴落点周围无明显的颜色变化，滴速可以稍快；随着滴定的进行，滴落点周围颜色消失渐慢，表示离化学计量点越来越近，此时应逐滴加入；接近终点时，应每加半滴（可用锥形瓶内壁沾落滴定管出口嘴上的半滴溶液，再用少量蒸馏水吹洗瓶壁）即摇动锥形瓶；如此重复操作（初学者一定要耐心），直到加入某半滴标准溶液，待测液立即由一种颜色突变为另一种颜色即为终点。平行测定时，由于条件（如指示剂浓度）不会完全一致，终点颜色的深浅会略有差别，但只要有颜色“突变”，就说明到达终点，不必苛求颜色的深浅也一致。

4. 指示剂的加入量不可太多。一般来说，用量适当少些，变色会更敏锐。

5. 每次滴定完成后，应将标准溶液加至滴定管“0”刻度处，再进行第二次滴定，这样每次滴定使用滴定管的同一段体积，可以减小误差。

6. HCl 溶液与 NaOH 溶液的相互滴定，从原理上讲，甲基橙和酚酞都可选作指示剂。但由于甲基橙由黄变橙比由红变橙变色更明显，所以一般在 HCl 滴定 NaOH 时选用；而酚酞却是由无色变到红色变色更明显，所以在 NaOH 滴定 HCl 时一般选用酚酞作指示剂。这样可使终点判断易于把握，滴定更加准确。

7. 在用 NaOH 溶液滴定 HCl 溶液时，以酚酞为指示剂，终点时溶液由无色变为粉红色。放置时间稍长（30s 以后），红色会慢慢褪去，这是由于溶液吸收了 CO_2 生成了 H_2CO_3，使溶液的 pH 值降低，当 $pH<8$ 时，溶液就又变成了无色。

8. 还有一种滴定管为通用（酸碱两用）型，旋塞为聚四氟乙烯材料制造，能耐酸碱腐蚀，密封性和润滑性好，一般不用涂抹凡士林，但价格较高。普通滴定管及滴定操作规范详见第一部分。

实验十三 食用醋酸总酸量的测定

一、实验目的

1. 学习碱溶液浓度的标定方法。

2. 进一步练习滴定操作及天平减量法称量。

3. 学会用标准溶液测定未知物含量。

4. 熟悉移液管、吸量管和容量瓶的使用，巩固滴定操作。

二、实验原理

1. 常用于标定碱的基准物质有邻苯二甲酸氢钾、草酸等。本实验选用邻苯二甲酸氢钾作基准物，其反应为：

$$KHC_8H_4O_4 + NaOH \xlongequal{} KNaC_8H_4O_4 + H_2O$$

由于产物是弱碱，可选用酚酞作指示剂。

2. 醋酸（CH_3COOH，简记为 HAc）为一元弱酸，解离常数 $K_a^{\ominus}=1.8\times10^{-5}$，可用 NaOH 标准溶液直接滴定，滴定时用酚酞作指示剂。食用醋酸中酸的主要成分为醋酸，但也可能含有少量其他的酸，所以测定的是总酸量，测定结果用 c(HAc)（$g\cdot L^{-1}$）表示。

三、主要试剂

NaOH(A. R.)，邻苯二甲酸氢钾（A. R.），酚酞指示剂，食用醋酸。

四、实验内容

1. $0.1mol\cdot L^{-1}$ NaOH 溶液浓度的标定

（1）配制 NaOH 溶液（参见实验十二）。

（2）标定　减量法准确称取已烘干的邻苯二甲酸氢钾三份，每份 0.4～0.8g，分别放入三个已编号的 250mL 锥形瓶中，各加水 50mL，温热使之溶解，加入 1～2 滴酚酞指示剂，用所配 $0.1mol\cdot L^{-1}$的 NaOH 溶液滴定至呈现微红色（30s 不褪色）即为终点。

2. 食用醋酸总酸量的测定

（1）试液的配制　根据市售食用醋酸所标识的浓度范围，粗略确定其浓度，然后计算并配制一定体积、浓度约为 $0.1mol\cdot L^{-1}$的食用醋酸试液。

（2）总酸度的测定　用一支清洁的 25mL 移液管吸取 25.00mL 试液于 250mL 锥形瓶中，加入酚酞指示剂 1～2 滴，用 $0.1mol\cdot L^{-1}$的 NaOH 溶液滴定至溶液恰好出现微红色，于 30s 内不褪色即为终点。平行测定三次。根据 NaOH 标准溶液的浓度和滴定时消耗的体积，计算市售食用醋酸中的总酸量。

三次平行测定结果的相对平均偏差不得大于 0.2%，否则应重做。

五、思考题

1. 溶解基准物的水的体积，是否需要准确？为什么？

2. 用于标定的锥形瓶，其内壁是否要预先干燥？为什么？

3. 如果 NaOH 标准溶液在保存过程中吸收了空气中的 CO_2，用该标准溶液滴定 HCl，以甲基橙为指示剂，用 NaOH 溶液原来的浓度进行计算会不会引入误差？若用酚酞为指示剂进行滴定，又怎样？

4. 基准物应具备哪几个条件？

5. 标准溶液的浓度应保留几位有效数字？

6. 测定醋酸为什么要用酚酞作指示剂，用甲基橙是否可以？

7. 所取食用醋酸原液中的总酸量如何计算？

8. 如何正确洗涤和使用移液管、吸量管和滴定管？

9. 如何赶走碱式滴定管尖嘴部分的气泡？

10. 滴定管在使用时，读数应准确记录到小数点后第几位？

六、实验指导

1. 在标定标准溶液的浓度时，基准物的称取量范围一般按消耗 20～40mL 标准溶液进行计算，或按消耗标准溶液 25mL 计算大约的称取量（一个大约质量值）。

2. 实验记录参考格式，以 NaOH 溶液的标定为例：

记录项目	1	2	3
称量瓶＋$KHC_8H_4O_4$(前)/g			
称量瓶＋$KHC_8H_4O_4$(后)/g			
$KHC_8H_4O_4$ 的质量/g			
NaOH 终读数/mL			
NaOH 初读数/mL			
V(NaOH)/mL			
c(NaOH)/mol·L^{-1}			
$\bar{c}$(NaOH)/mol·L^{-1}			
个别测定的绝对偏差			
相对平均偏差			

3. 使用碱式滴定管滴定时，一定要挤捏玻璃珠中上部位的乳胶管，若挤捏玻璃珠下部的乳胶管，会使空气倒吸入滴定管内而造成体积误差。

4. 掌握好滴定终点是本实验的难点之一，要学会滴定的三种滴加速度，即较快滴加、逐滴滴加及半滴滴加。在本实验中，当滴定至锥形瓶内溶液开始出现浅红色且摇动后颜色消失较慢时，说明接近终点，此时务必逐滴加入，直至溶液出现浅红色且 30s 内不消失即为终点。在实际滴定中滴定不可能恰好在化学计量点时结束，因而一般都是稍过量些，所以最后一滴体积越小过量越少，因而在终点附近可用半滴的滴加方法，以减小误差。

5. 在滴定前或滴定完，滴定管玻璃尖嘴处不应留有液滴，尖嘴处也不应有气泡。在滴定过程中碱液可能溅在锥形瓶内壁上，因此快到终点时应把这些液体用洗瓶中的蒸馏水冲下去，以免引起误差。

6. 在酸碱滴定中指示剂用量一般为 1～2 滴，不可多用。这是因为指示剂加入量的多少会影响变色的敏锐程度。一般来说，指示剂少些变色明显些，而且指示剂一般是有机弱酸或弱碱，多加会消耗滴定液而引起误差。

7. 在配制食用醋酸试液时，注意所配制试液体积要适当，太多则造成浪费，太少则不足以用于实验。

8. 关于分析天平的使用及差减称量法详见第一部分“电子天平”。

实验十四　H_2O_2 含量的测定（$KMnO_4$ 法）

一、实验目的

1. 了解并掌握高锰酸钾标准溶液的配制及标定方法。

2. 掌握标定 $KMnO_4$ 溶液浓度的原理、方法及滴定条件。

3. 掌握应用 $KMnO_4$ 法测定双氧水中 H_2O_2 含量的原理和方法。

二、实验原理

$KMnO_4$ 试剂中常含有少量 MnO_2 和其他杂质，配成的标准溶液易在杂质作用下分解；$KMnO_4$ 是强氧化剂，易与水中的有机物、空气中的尘埃等还原性物质作用；$KMnO_4$ 溶液易自行分解。因此，$KMnO_4$ 标准溶液不能直接配制。

$KMnO_4$ 的分解速率随溶液的 pH 值而改变，在中性溶液中分解很慢。Mn^{2+}、MnO_2 和光照均能加速其分解。因此，$KMnO_4$ 在配制与保存时必须使溶液保持中性，避光、防尘，不含 MnO_2，这样，$KMnO_4$ 的浓度就比较稳定，但使用一段时间后仍需要定期标定。

一般用于标定 $KMnO_4$ 溶液浓度的基准物是 $Na_2C_2O_4$，因为 $Na_2C_2O_4$ 不含结晶水，性质稳定，容易提纯，操作简便。$Na_2C_2O_4$ 标定 $KMnO_4$ 的反应如下：

$$2MnO_4^- + 5C_2O_4^{2-} + 16H^+ \xlongequal{} 2Mn^{2+} + 10CO_2\uparrow + 8H_2O$$

滴定时可利用 MnO_4^- 本身的颜色指示终点。

商品双氧水中 H_2O_2 的含量可用 $KMnO_4$ 法测定，其滴定反应为：

$$5H_2O_2 + 2MnO_4^- + 6H^+ \xlongequal{} 2Mn^{2+} + 5O_2\uparrow + 8H_2O$$

此滴定在室温时可在 H_2SO_4 和 HCl 介质中顺利进行，但和滴定草酸钠一样，滴定开始时反应较慢。本实验采用 $KMnO_4$ 自身指示剂。

三、主要试剂

$KMnO_4$(s)，$Na_2C_2O_4$(A. R. 或基准试剂)，H_2SO_4 溶液（$3mol \cdot L^{-1}$）。

四、实验内容

1. $0.02mol \cdot L^{-1}$ $KMnO_4$ 标准溶液的配制

称取计算量的 $KMnO_4$ 溶于 1000mL 去离子水中，盖上表面皿，加热至沸，并保持 20～30min，随时加水补充蒸发损失。冷却后，在暗处放置 7～10 天，然后用玻璃棉过滤除去 MnO_2 等杂质。滤液贮于干净的棕色瓶中，摇匀，放置暗处保存。若溶液经煮沸并在水浴上保温 1h，冷却后过滤，则不必放置 7～10 天，可立即标定其浓度。

2. $0.02mol \cdot L^{-1}$ $KMnO_4$ 溶液浓度的标定

准确称取计算量的 $Na_2C_2O_4$（若干克）三份于三只 250mL 锥形瓶中，分别加去离子水 30mL 及 10mL $3mol \cdot L^{-1}$ 的 H_2SO_4，加热至 75～80℃（瓶口开始冒热气），趁热用待标定的 $KMnO_4$ 溶液进行滴定，滴定至溶液呈微红色，30s 内不褪色即为终点，平行测定三次。根据 $Na_2C_2O_4$ 的质量和消耗 $KMnO_4$ 的体积，计算 $KMnO_4$ 标准溶液的准确浓度。

3. H_2O_2 含量的测定

吸取 1.000mL H_2O_2 试液，加入 5mL 3mol·L^{-1}的 H_2SO_4 溶液，加入约 25mL 水，用 0.02mol·L^{-1}的 $KMnO_4$ 标准溶液滴定至溶液呈粉红色 30s 不褪色，即为终点。H_2O_2 的含量用 g·L^{-1}表示。

五、思考题

1. 配制 $KMnO_4$ 标准溶液时，为什么要把 $KMnO_4$ 溶液煮沸 20～30min 或放置数天？过滤后为何放于棕色瓶中并置于暗处保存？$KMnO_4$ 溶液能否用滤纸过滤？盛装 $KMnO_4$ 溶液应选用酸式滴定管还是碱式滴定管？如何读数？

2. 装 $KMnO_4$ 溶液的容器放置较久后，器壁上常有棕色沉淀，这种沉淀物质是什么？应如何洗涤？

3. MnO_4^- 本身为何能指示终点？

4. 此滴定反应为何开始时速率较慢，以后逐渐加快？催化剂是什么？

5. $KMnO_4$ 滴定的终点为何不稳定？

六、实验指导

1. 标定时，应从温度、酸度及催化剂等方面严格控制反应条件。滴定温度低于 60℃时，反应速率较慢；超过 90℃，草酸按下式分解：

$$H_2C_2O_4 \xrightarrow{>90℃} CO_2\uparrow + CO\uparrow + H_2O$$

滴定温度控制在 75～85℃为宜。

溶液酸度过低，会有部分 MnO_4^- 还原为 MnO_2；酸度过高，会使 $Na_2C_2O_4$ 分解。由于 Cl^- 有一定的还原性，可能被 MnO_4^- 氧化，而 HNO_3 又有一定氧化性，可能干扰 MnO_4^- 与还原物质的反应，故常用硫酸控制酸度。溶液的酸度为 0.5～1.0mol·L^{-1}。

MnO_4^- 与 $C_2O_4^{2-}$ 的反应是自动催化反应，反应开始速率较慢，随着反应的进行，不断产生 Mn^{2+}，由于 Mn^{2+} 的催化作用使反应速率加快。因此，滴定速度应先慢后快，尤其是开始滴定时，滴定速度一定要慢，在第一滴 $KMnO_4$ 紫红色没有褪去时，不要加入第二滴 $KMnO_4$ 溶液，否则过多的 $KMnO_4$ 溶液来不及和 $H_2C_2O_4$ 反应，就会在热的酸性溶液中分解：

$$4MnO_4^- + 12H^+ \longrightarrow 4Mn^{2+} + 5O_2\uparrow + 6H_2O$$

2. 若标定过程中出现棕色浑浊，是酸度不足引起的，应立即加入 H_2SO_4 补救，但若已经达到终点，则加入 H_2SO_4 已无效，这种情况下应重做实验。

3. $KMnO_4$ 色深，液面最低点不易看出，读数时应以液面的最高线为准（即读液面的边缘）。

4. $KMnO_4$ 法的滴定终点不太稳定，这是由于空气中含有还原性气体及尘埃等杂质，能使 $KMnO_4$ 分解，而使微红色消失，所以经过 30s 不褪色，即可认为已达终点。

实验十五　葡萄糖含量的测定（碘量法）

一、实验目的

1. 掌握 $Na_2S_2O_3$ 及 I_2 标准溶液的配制方法。

2. 掌握标定 $Na_2S_2O_3$ 及 I_2 标准溶液浓度的原理和方法。

3. 通过葡萄糖含量的测定，掌握碘量法的原理及其操作。

二、实验原理

碘量法的基本反应式为：

$$2S_2O_3^{2-}+I_2 \longrightarrow S_4O_6^{2-}+2I^-$$

配制好的 $Na_2S_2O_3$ 及 I_2 标准溶液经比较滴定，求出两者的体积比，然后标定其中一种溶液的浓度，算出另一种溶液的浓度。通常标定 $Na_2S_2O_3$ 溶液比较方便。所用的氧化剂有 $KBrO_3$、KIO_3、$K_2Cr_2O_7$、$KMnO_4$ 等。其中以 $K_2Cr_2O_7$ 最为方便，结果也相当准确，因此，本实验也用它来标定 $Na_2S_2O_3$ 标准溶液的浓度。

准确称取一定量的 $K_2Cr_2O_7$ 基准试剂，配成溶液，加入过量的 KI，在酸性溶液中定量地完成下列反应：

$$6I^-+Cr_2O_7^{2-}+14H^+ \longrightarrow 2Cr^{3+}+3I_2+7H_2O \tag{1}$$

生成的游离 I_2 立即用 $Na_2S_2O_3$ 标准溶液滴定：

$$2S_2O_3^{2-}+I_2 \longrightarrow S_4O_6^{2-}+2I^- \tag{2}$$

结果实际上相当于 $K_2Cr_2O_7$ 氧化了 $Na_2S_2O_3$。根据以上反应可知 $K_2Cr_2O_7$ 与 $Na_2S_2O_3$ 反应的物质的量之比为 1∶6，因而根据滴定的 $Na_2S_2O_3$ 标准溶液的体积和所取 $K_2Cr_2O_7$ 的质量，即可算出 $Na_2S_2O_3$ 标准溶液的准确浓度。

I_2 与 NaOH 作用能生成 NaIO(次碘酸钠)，而 $C_6H_{12}O_6$(葡萄糖）能定量地被 NaIO 氧化。在酸性条件下，未与 $C_6H_{12}O_6$ 作用的 NaIO 可转变成 I_2 析出，因此只要用 $Na_2S_2O_3$ 标准溶液滴定析出的 I_2，便可计算出 $C_6H_{12}O_6$ 的含量。以上各步可用反应方程式表示如下：

I_2 与 NaOH 作用：

$$I_2+2NaOH \longrightarrow NaIO+NaI+H_2O$$

$C_6H_{12}O_6$ 与 NaIO 定量作用：

$$C_6H_{12}O_6+NaIO \longrightarrow C_6H_{12}O_7+NaI$$

总反应为：

$$I_2+C_6H_{12}O_6+2NaOH \longrightarrow C_6H_{12}O_7+2NaI+H_2O$$

$C_6H_{12}O_6$ 作用完后，剩下的 NaIO 在碱性条件下发生歧化反应：

$$3NaIO \longrightarrow NaIO_3+2NaI$$

歧化产物在酸性条件下进一步作用生成 I_2：

$$NaIO_3+5NaI+6HCl \longrightarrow 3I_2+6NaCl+3H_2O$$

析出的 I_2 可用 $Na_2S_2O_3$ 标准溶液滴定：

$$I_2+2Na_2S_2O_3 \longrightarrow Na_2S_4O_6+2NaI$$

在这一系列的反应中，1mol 葡萄糖与 1mol NaIO 作用，而 1mol I_2 产生 1mol NaIO。因此，1mol 葡萄糖与 1mol I_2 相当。

本法可用来测定葡萄糖注射液中葡萄糖的含量。葡萄糖注射液浓度有 w 为 0.05、0.10、

0.50三种，本实验用 w 为0.50的注射液稀释500倍作为待测溶液。

三、主要试剂

$K_2Cr_2O_7(s)$，$Na_2S_2O_3 \cdot 5H_2O(s)$，KI溶液（10%），淀粉溶液（1%），$Na_2CO_3(s)$，NaOH溶液（$2mol \cdot L^{-1}$），HCl（$6mol \cdot L^{-1}$），葡萄糖注射液（$w$ 为0.50），淀粉指示剂（w 为0.0050）。

四、实验内容

1. $0.1mol \cdot L^{-1}$ $Na_2S_2O_3$ 标准溶液和 $0.05mol \cdot L^{-1}$ I_2 标准溶液的配制

称取 $Na_2S_2O_3 \cdot 5H_2O$ 固体6.2g溶于适量刚煮沸并已冷却的水中，加入 Na_2CO_3 0.05g后，稀释至250mL，倒入细口试剂瓶中，放置1～2周后标定。

称取 I_2（预先磨细过）约3.2g，置于250mL烧杯中，加6g KI，再加少量水，搅拌，待 I_2 全部溶解后，加水稀释至250mL，混合均匀后，贮存在棕色细口瓶中，置于暗处保存。

2. I_2 和 $Na_2S_2O_3$ 标准溶液的比较滴定

将 I_2 和 $Na_2S_2O_3$ 标准溶液分别装入酸式和碱式滴定管中，放出25.00mL I_2 标准溶液于锥形瓶中，加入50mL水，用 $Na_2S_2O_3$ 标准溶液滴定至浅黄色后，加入2mL淀粉指示剂，再用 $Na_2S_2O_3$ 标准溶液继续滴定至溶液的蓝色恰好消失即为终点。

重复滴定两次并计算以上两种标准溶液的体积比。

3. $Na_2S_2O_3$ 标准溶液的标定

准确称取0.15g左右 $K_2Cr_2O_7$ 基准试剂（预先干燥过）三份，分别置于三个250mL碘量瓶中，加入10～20mL水使之溶解。加20mL 10% KI溶液、5mL $6mol \cdot L^{-1}$ 的HCl，充分混合溶解后，盖好盖子以防止 I_2 因挥发而损失。在暗处放置5min，然后加50mL水稀释，用 $Na_2S_2O_3$ 标准溶液滴定至溶液呈浅绿黄色时，加1mL淀粉溶液。继续滴入 $Na_2S_2O_3$ 标准溶液，直至蓝色刚刚消失而 Cr^{3+} 的绿色出现为止。

记下 $Na_2S_2O_3$ 溶液的体积，计算 $Na_2S_2O_3$ 标准溶液的浓度。再根据比较滴定的数据计算 I_2 标准溶液的浓度。

4. 葡萄糖含量的测定

用移液管吸取25.00mL待测溶液，置于碘量瓶中，准确加入25.00mL碘标准溶液，一边摇动，一边慢慢滴加 $2mol \cdot L^{-1}$ 的NaOH溶液，直至溶液呈淡黄色。

将碘量瓶加塞于暗处放置10～15min后，加2mL $6mol \cdot L^{-1}$ 的HCl使呈酸性，立即用 $Na_2S_2O_3$ 标准溶液滴定至溶液呈淡黄色，加入1mL淀粉指示剂，继续滴定到蓝色消失为止。记录滴定读数。重复滴定一次，并按下式计算葡萄糖的含量（单位为 $g \cdot L^{-1}$）。

$$\text{葡萄糖的含量}=\frac{\left[c(I_2)V(I_2)-\frac{1}{2}c(Na_2S_2O_3)V(Na_2S_2O_3)\right]\times\frac{M(C_6H_{12}O_6)}{1000}}{25.00}\times 1000$$

五、思考题

1. 配制 I_2 溶液为何要加KI?

2. 用 $Na_2S_2O_3$ 标准溶液滴定 I_2 溶液和用 I_2 溶液滴定 $Na_2S_2O_3$ 溶液都用淀粉指示剂，为什么要在不同的时候加入？终点颜色变化有何不同?

3. 标定 $Na_2S_2O_3$ 标准溶液时，加入的KI溶液量要很精确吗？为什么？

4. 为何 $Na_2S_2O_3$ 不能直接用于配制标准溶液？配制后为何要放置数日后，才能进行标定？为什么要用刚煮沸并放冷的蒸馏水配制？为何要在配制的 $Na_2S_2O_3$ 溶液中加入少量 Na_2CO_3？

5. 碘量法主要的误差来源有哪些？如何避免？

6. 说明碘量法为什么既可测定还原性物质，又可测定氧化性物质。测定时如何控制溶液的酸碱性？为什么？

六、实验指导

1. $Cr_2O_7^{2-}$ 和 I^- 的反应不是立刻完成的，在稀溶液中进行得更慢。所以应待反应完成后再加水稀释，在上述条件下，大约需经 5min 反应才能完成。

2. $Cr_2O_7^{2-}$ 还原后所生成的 Cr^{3+} 呈绿色，妨碍终点的观察。滴定前预先稀释可使 Cr^{3+} 浓度降低，绿色变浅，结果到达终点时溶液由蓝到绿的转变容易观察出来。同时，稀释可降低酸度，以降低溶液中过量 I^- 被空气氧化的速度，以免引起误差。

3. 淀粉指示剂不宜过早加入，否则大量 I_2 与淀粉结合生成蓝色化合物，化合物中的 I_2 不易与 $Na_2S_2O_3$ 溶液作用。

4. 滴定到终点的溶液，经过一些时间后会变成蓝色。如果不是很快变蓝，那是由于空气中氧的氧化作用所造成的。但如果很快变蓝而且又不断加深，那就说明稀释得太早，$K_2Cr_2O_7$ 和 KI 反应在滴定前进行得不完全，在这种情况下，实验应重做。

5. 加碱速度不能太快，否则过量的 NaIO 来不及氧化 $C_6H_{12}O_6$ 而歧化为不与葡萄糖反应的 $NaIO_3$ 和 NaI，使测定结果偏低。这一步骤对测定结果影响较大，必须仔细操作和观察。

实验十六　氯化钡中钡的测定（重量法）

一、实验目的

1. 了解晶型沉淀的沉淀条件、原理和沉淀方法。

2. 练习沉淀的过滤、洗涤、烘干、灼烧等操作技术。

3. 学习测定 $BaCl_2$ 中钡的含量，并用换算因数法计算测定结果。

二、实验原理

Ba^{2+} 与 SO_4^{2-} 作用，形成难溶于水的 $BaSO_4$ 沉淀。沉淀经陈化、过滤、洗涤并灼烧至恒重，由所得到的 $BaSO_4$ 和试样的质量计算试样中钡的含量。为了得到较大颗粒和纯净的 $BaSO_4$ 晶型沉淀，试样溶于水后，要用稀盐酸酸化，加热至近沸，并在不断搅动下，缓慢加入热、稀、适当过量的 H_2SO_4 沉淀剂，这样有利于得到较好的晶型沉淀。

三、仪器与试剂

瓷坩埚 2 只，坩埚钳 1 把，马弗炉（公用）。

盐酸（$2mol·L^{-1}$），H_2SO_4 溶液（$1mol·L^{-1}$），HNO_3 溶液（$6mol·L^{-1}$），$AgNO_3$ 溶液（$0.1mol·L^{-1}$），$BaCl_2$ 试样，慢速定量滤纸。

四、实验内容

本实验平行做两份。

1. 空坩埚恒重

洗净两只瓷坩埚，烘干后置于马弗炉中，在 800～850℃的高温下灼烧 30min，取出置于干燥器中冷却至室温，称重。第二次灼烧 15～20min，冷却至室温，再称重，如此操作直至恒重。

2. 沉淀的制备

准确称取 0.4～0.6g 氯化钡试样两份，分别置于两个 250mL 烧杯中，加约 100mL 去离子水，搅拌使其溶解，再加入 2～3mL 盐酸（$2mol·L^{-1}$），盖上表面皿，在水浴锅上加热至 90℃左右。

在两个小烧杯中各加入 5mL H_2SO_4 溶液（$1mol·L^{-1}$），并加水稀释至 50mL，加热至近沸。在不断搅拌下逐滴加入温度保持 90℃左右的试样溶液中，待沉淀下沉之后，再在上层清液中滴 2 滴 H_2SO_4 溶液（$1mol·L^{-1}$），以检查沉淀是否完全。沉淀完全后，用少量水吹洗表面皿和烧杯壁，再盖上表面皿，在微沸（约 90℃，不能沸腾，以防溅失）的水浴上保温陈化 1h(其间要搅拌几次)，冷却至室温即可过滤。另一份试液也按上法沉淀后放置陈化。

3. $0.01mol·L^{-1}$ H_2SO_4（洗涤液）的配制

取 3mL H_2SO_4 溶液（$1mol·L^{-1}$）稀释至 300mL。

4. 过滤和洗涤

预先准备 2 只充满水柱的漏斗，用慢速定量滤纸过滤 $BaSO_4$ 沉淀，漏斗下面放一个洁净的烧杯接收滤液（因 $BaSO_4$ 可能会穿透滤纸，遇此情况还可重新过滤）。

用倾析法过滤，先滤去上层清液，然后将沉淀全部转移到滤纸上，以稀 H_2SO_4 洗涤液洗涤沉淀，每次10～20mL，直到滤液不含Cl^-为止。

检查方法：将漏斗颈末端的外部用洗瓶吹洗后，用干净的小试管接取从漏斗中滴下的滤液数滴，加入2滴HNO_3（$6mol·L^{-1}$）和2滴$AgNO_3$溶液（$0.1mol·L^{-1}$），若无白色沉淀或浑浊，表示无Cl^-存在。

5. 灼烧和恒重

将盛有沉淀的滤纸折成小包，放入已恒重的坩埚中，在电炉上烘干、炭化、灰化（黑色碳素全部或大部分烧掉，沉淀变白）后，移入马弗炉中，在800～850℃灼烧30min，取出置于干燥器内冷却至室温，称量。第二次灼烧15～20min，冷却，称量，如此操作直至恒重。根据试样及沉淀的质量计算钡的含量。

五、思考题

1. 重量分析的基本操作都有哪些？每一步的操作要点是什么？
2. 怎样用沉淀理论解释本实验的沉淀条件？
3. 沉淀完全后，陈化时是否将玻璃棒拿出烧杯外？过滤时为何要冷却至室温，而不是趁热过滤？
4. 如何根据沉淀的性状选用不同的滤纸？需要烘干而不必灼烧的沉淀，一般用什么滤器？
5. 若实验中$BaCl_2$和$BaSO_4$形成了共沉淀，则结果将偏高还是偏低？

六、实验指导

1. 原则上连续两次称量之差不超过沉淀质量的0.1%，即可认为达恒重。一般来说，当此质量之差不大于0.2～0.3mg时，即认为已达恒重。

2. 对于晶型沉淀，一般使其称量形式的质量在0.4～0.6g范围内，据此决定试样的称取量。本实验中$BaCl_2$试样的称取量就是这样计算出来的。

3. 在酸性溶液（盐酸介质）中沉淀$BaSO_4$，可以防止生成$BaCO_3$、$Ba_3(PO_4)_2$（或$BaHPO_4$、$BaCrO_4$、BaC_2O_4）等沉淀。一般在$0.05mol·L^{-1}$左右的HCl溶液中进行沉淀，同时还可以防止胶溶作用。

4. 搅拌溶液时玻璃棒不要碰烧杯壁，以免划损烧杯，且使沉淀黏附在烧杯壁上，难以洗下。

5. 滤纸灰化时空气要充足，否则硫酸盐易被滤纸中的碳还原，而使结果偏低，反应如下：

$$BaSO_4 + 4C \longrightarrow BaS + 4CO\uparrow$$

$$BaSO_4 + 4CO \longrightarrow BaS + 4CO_2\uparrow$$

此时可将沉淀用浓H_2SO_4润湿，仔细升温，灼烧，使其重新转变为$BaSO_4$。

6. $BaSO_4$灼烧温度太低，杂质（主要是H_2SO_4）不易除尽；灼烧温度也不能太高，如超过900℃，$BaSO_4$也会被碳还原；如超过950℃，部分$BaSO_4$将按下式分解：

$$BaSO_4 \longrightarrow BaO + SO_3\uparrow$$

7. H_2SO_4在灼烧时能挥发，是沉淀Ba^{2+}的一种理想的沉淀剂，使用时可过量50%～100%。

8. 称量坩埚或坩埚加沉淀时，均应用坩埚钳夹取，不许用手直接拿取，以防玷污，造成称量误差。

实验十七　铅铋混合液中 Pb^{2+}，Bi^{3+} 的连续滴定

一、实验目的

1. 掌握利用酸效应用 EDTA 法测定混合离子含量的方法。

2. 了解二甲酚橙指示剂的应用。

二、实验原理

Pb^{2+}、Bi^{3+} 均能与 EDTA 形成稳定的 1∶1 配合物，$\lg K_{稳}$ 值分别为 18.04 和 27.94，由于两者的 $\lg K_{稳}$ 值相差很大，故可利用酸效应，控制不同的酸度，分别进行滴定。通常在 pH≈1 时滴定 Bi^{3+}，在 pH≈5～6 时滴定 Pb^{2+}。

在铅铋混合液中，首先调节溶液的 pH≈1，以二甲酚橙为指示剂，用 EDTA 标准溶液滴定 Bi^{3+}，此时 Bi^{3+} 与指示剂形成紫红色配合物（Pb^{2+} 在此条件下不形成紫红色配合物），然后用 EDTA 滴定至溶液突变为亮黄色，即为测定 Bi^{3+} 的终点。

在滴定 Bi^{3+} 后的溶液中，加入六亚甲基四胺，调节溶液的 pH 为 5～6，此时 Pb^{2+} 与二甲酚橙形成紫红色配合物，溶液再次呈现紫红色，然后用 EDTA 标准溶液继续滴定至溶液由紫红色变为亮黄色，即为测定 Pb^{2+} 的终点。

三、试剂

0.01mol·L^{-1} EDTA 标准溶液（提前标定出准确浓度），0.2%二甲酚橙指示剂，20%六亚甲基四胺缓冲溶液，1+1 氨水。

四、实验内容

1. Bi^{3+} 的滴定

准确吸取 pH=1.0 的 Pb^{2+}，Bi^{3+} 混合液三份（每份 25.00mL）于三个 250mL 锥形瓶中，加入二甲酚橙指示剂 2 滴，以 EDTA 标准溶液滴定至由紫红色变为棕红色，再加 1 滴，突变为亮黄色，即为终点。根据滴定时消耗的 EDTA 溶液的体积，计算混合液中 Bi^{3+} 的含量（以 g·L^{-1} 表示）。

2. Pb^{2+} 的滴定

在滴点 Bi^{3+} 后的溶液中，补加 1～2 滴二甲酚橙指示剂，并逐滴滴加 1+1 氨水，边滴加边摇动，至溶液由黄色变橙色（不能多加，否则生成 $Pb(OH)_2$ 沉淀，影响测定），然后立即加入 20%六亚甲基四胺（边加边摇动），至溶液呈现稳定的紫红色后，再过量 3～5mL，最后以 0.01mol·L^{-1} EDTA 溶液滴定至溶液由紫红色突变为亮黄色，即为终点。据滴定 Pb^{2+} 所消耗的 EDTA 溶液的体积，计算 Pb^{2+} 的含量（以 g·L^{-1} 表示）。

五、思考题

1. 滴定 Bi^{3+}、Pb^{2+} 时溶液酸度各控制在什么范围？用什么缓冲溶液？

2. 能否在同一份试液中先滴定 Pb^{2+}，后滴定 Bi^{3+}？

3. 二甲酚橙指示剂的使用 pH 范围是多少？终点是怎样变色指示的？

4. 配位滴定中，用控制酸度法分别滴定金属离子的判据是什么？

六、实验指导

1. $NH_3 \cdot H_2O$ 易挥发，加入溶液的速度要适中，太慢，则挥发损失多；太快或太猛，局部易形成 $Pb(OH)_2$ 沉淀，使溶液变浑浊。最好是先在小量筒中准备好 8～10mL 六次甲基四胺溶液，待用 $NH_3 \cdot H_2O$ 调至溶液刚变橙色，就立即加入。否则稍加放置，橙色易褪去，还需用 $NH_3 \cdot H_2O$ 再调 pH 值（不再加 $NH_3 \cdot H_2O$ 亦可，但需加较多的六次甲基四胺溶液）。

2. 滴定完 Bi^{3+} 再滴 Pb^{2+} 时，由于滴定中加入 EDTA 标准溶液后使体积增大等原因，指示剂的量会感到不足（溶液颜色变浅，终点变色敏锐性降低），所以需要补加 1～2 滴。

3. 平行测定时，滴完 Bi^{3+} 要接着滴定 Pb^{2+}，然后再滴定第二份溶液，不能将 Bi^{3+}，Pb^{2+} 的滴定间隔开来，否则就不是连续滴定了。

实验十八　邻二氮杂菲分光光度法测定铁

一、实验目的

1. 了解分光光度法测定物质含量的一般条件及其选定方法。

2. 掌握邻二氮杂菲分光光度法对铁的测定。

3. 了解 722 型分光光度计的构造和使用方法。

二、实验原理

根据比耳定律 $A=\varepsilon bc$，用工作曲线法测定铁的含量。

在 pH＝2～9 的溶液中，Fe^{2+} 与邻二氮杂菲（邻菲啰啉）生成稳定的橘红色配合物，反应式如下：

此配合物的 $\lg K_{稳}=21.3$，摩尔吸光系数 $\varepsilon_{510nm}=1.1\times10^{4}\,L\cdot mol^{-1}\cdot cm^{-1}$。

在显色前，首先用盐酸羟胺将 Fe^{3+} 还原为 Fe^{2+}，其反应式如下：

$$2Fe^{3+}+2NH_2OH\cdot HCl \longrightarrow 2Fe^{2+}+N_2\uparrow+2H_2O+4H^{+}+2Cl^{-}$$

测定时，控制溶液酸度在 pH 为 5 左右较为适宜。酸度高时，反应进行较慢；酸度太低，则 Fe^{2+} 水解，影响显色。

三、仪器与试剂

722 型分光光度计，容量瓶，吸量管等。

$100\mu g\cdot mL^{-1}$的铁标准溶液［准确称取 0.864g 分析纯 $NH_4Fe(SO_4)_2\cdot 12H_2O$，置于一烧杯中，以 30mL $2mol\cdot L^{-1}$的 HCl 溶液溶解后移入 1000mL 容量瓶中，以水稀释至刻度，摇匀］，$10\mu g\cdot mL^{-1}$的铁标准溶液（由 $100\mu g\cdot mL^{-1}$的铁标准溶液准确稀释 10 倍而成），盐酸羟胺固体及其 10％的溶液（因其不稳定，需临用时配制），0.1％的邻二氮杂菲溶液（新配制），$1mol\cdot L^{-1}$的 NaAc 溶液。

四、实验内容

1. 条件试验（选做）

（1）吸收曲线的测绘　准确移取 $10\mu g\cdot mL^{-1}$的铁标准溶液 5mL 于 50mL 容量瓶中，加入 10％盐酸羟胺溶液 1.0mL，摇匀，稍冷，加入 $1mol\cdot mL^{-1}$的 NaAc 溶液 5mL 和 0.1％的邻二氮杂菲溶液 3mL，以水稀释至刻度，在 722 型分光光度计上，用 1cm 比色皿，以水为参比液，用不同的波长从 570nm 开始到 430nm 为止，每隔 10nm 或 20nm 测定一次吸光度

(其中530～490nm，每隔10nm测一次)。然后以波长为横坐标，吸光度为纵坐标绘制出吸收曲线，从吸收曲线上确定该测定的适宜波长。

(2) 邻二氮杂菲-亚铁配合物的稳定性　用上面溶液继续进行测定，其方法是在最大吸收波长（510nm）处，每隔一定时间测定其吸光度，例如在加入显色剂后立即测定一次吸光度，经30min、90min、120min后，再各测一次吸光度。然后以时间（t）为横坐标，吸光度（A）为纵坐标绘制A-t曲线。此曲线表示了该配合物的稳定性。

(3) 显色剂浓度试验　取50mL容量瓶7个，编号，用5mL移液管准确移取10μg·mL^{-1}的铁标准溶液5mL于容量瓶中，加入1.0mL 10%的盐酸羟胺溶液，经2min后，再加入5mL 1mol·L^{-1}的NaAc溶液，然后分别加入0.1%的邻二氮杂菲溶液0.3mL、0.6mL、1.0mL、1.5mL、2.0mL、3.0mL和4.0mL，以水稀释至刻度，摇匀。在分光光度计上，在适宜波长（如510nm）下用1cm比色皿，以水为参比，测定上述各溶液的吸光度。然后以加入的邻二氮杂菲试剂的体积为横坐标，吸光度为纵坐标绘制曲线，从中找出显色剂最适宜的加入量。

(4) 溶液酸度对配合物的影响　准确移取100μg·mL^{-1}的铁标准溶液5mL于100mL容量瓶中，加入5mL 2mol·L^{-1}的HCl溶液和10mL 10%的盐酸羟胺溶液，经2min后加入0.1%的邻二氮杂菲溶液30mL，以水稀释至刻度，摇匀，备用。取50mL容量瓶7个，编号，用移液管分别准确移取上述溶液10mL于各容量瓶中。在滴定管中装0.4mol·L^{-1}的NaOH溶液0、2.0mL、3.0mL、4.0mL、6.0mL、8.0mL及10.0mL，以水稀释至刻度，摇匀，使各溶液从pH≤2开始逐步增加至12以上。测定各容量瓶中溶液的pH值，先用pH=1～14的广泛pH试纸粗略确定其pH值，然后进一步用精密pH试纸确定其较准确的pH值。同时在分光光度计上用适宜的波长（如510nm）、1cm比色皿，水为空白测定各溶液的吸光度（A）。最后以pH值为横坐标，吸光度为纵坐标绘制A-pH曲线。从曲线上找出适宜的pH范围。

根据上面条件试验的结果，拟出邻二氮杂菲分光光度法测定铁的分析步骤并讨论。

2. 铁含量的测定

(1) 标准系列（编号为1～6）及未知含量溶液（编号为7）的配制　在7个50mL容量瓶中，按下表由上至下依次加入各试剂。对各容量瓶均用水稀释至刻度，摇匀。

加入溶液体积	1	2	3	4	5	6	7
10μg·mL^{-1}的铁标准溶液/mL	0.0	2.0	4.0	6.0	8.0	10.0	未知液5.0
10%的盐酸羟胺溶液/mL	1.0	1.0	1.0	1.0	1.0	1.0	1.0
摇匀，2min后，加1mol·L^{-1}的NaAc溶液/mL	5.0	5.0	5.0	5.0	5.0	5.0	5.0
0.1%的邻二氮杂菲溶液/mL	3.0	3.0	3.0	3.0	3.0	3.0	3.0

(2) 吸光度的测定　用1cm比色皿，在最大吸收波长（510nm）处，测定1～7号溶液的吸光度，以50mL溶液中的铁含量为横坐标，相应的吸光度为纵坐标，利用1～6号系列标准溶液，可绘制标准曲线；由7号溶液（未知液）的吸光度在标准曲线上查出5.0mL原未知液中铁的含量，计算原未知液中铁的含量（μg·mL^{-1}表示）。

五、思考题

1. 722型分光光度计的主要构造是怎样的？其工作原理、操作要点是什么？
2. 如何正确使用比色皿？如何正确使用吸量管？

3. 本实验中测铁的含量时，根据分光光度计的选择原则，是否可以用纯蒸馏水代替空白溶液作参比？为什么？

4. 邻二氮杂菲分光光度法测铁的适宜条件是什么？

5. 用实验方法测定一般铁盐的总铁量时，是否需要加盐酸羟胺？

六、实验指导

1. 在测定铁含量时，量取铁标准溶液及未知液的量必须十分准确，因为它会直接影响到标准曲线的测绘及分析结果的准确度，其他试剂的量取则不必特别准确。

2. 配制铁溶液时，加盐酸羟胺后等 2min，是为了保证 Fe^{3+} 定量还原为 Fe^{2+}。

3. 可以用回归分析的办法处理实验数据，提高测量的准确度。可以用手工计算简单回归方程，也可编制简单程序利用微机完成。具体处理过程请参阅有关书籍。

4. 对各次测定结果（包括条件试验）均可通过制表和作图的办法得出结论，如标准曲线的测绘与铁含量测定可制成下表记录数据：

试验编号	铁标准溶液的量/mL	总含铁量/μg	吸光度 A
1	0.0	0	
2	2.0	20	
3	4.0	40	
4	6.0	60	
5	8.0	80	
6	10.0	100	
7(未知液)	未知液 5.0		

5. 关于分光光度计的使用，详见本书第一部分。

提高（综合、设计、应用）型实验

实验十九　混合碱中各组分含量的测定（双指示剂法）

一、实验目的

1. 学习酸溶液浓度的标定方法。
2. 了解双指示剂法测定混合碱中各组分含量的原理。
3. 了解混合指示剂的使用及其优点。

二、实验原理

常用于标定酸的基准物质有无水碳酸钠和硼砂。本实验选用无水碳酸钠作基准物，其反应为：

$$Na_2CO_3 + 2HCl = 2NaCl + H_2O + CO_2\uparrow$$

反应完全后，化学计量点的 pH＝3.9，可以选用甲基红或甲基橙作指示剂。

混合碱主要是指 NaOH 和 Na_2CO_3 或 Na_2CO_3 和 $NaHCO_3$ 的混合物。碱液中各组分的含量，可以在同一份试液中用两种不同的指示剂来测定，这种方法即所谓“双指示剂法”。

实验中，先向试液中加入酚酞指示剂，以 HCl 标准溶液滴定。当溶液由红色突变为无色时，若混合碱中含有 NaOH，发生的滴定反应为：

$$NaOH + HCl = NaCl + H_2O$$

若混合碱中还含有 Na_2CO_3，则还将发生如下的滴定反应：

$$Na_2CO_3 + HCl = NaHCO_3 + NaCl$$

此变色点时耗用 HCl 溶液的体积记为 V_1(mL)。

再向溶液中加入甲基橙指示剂，继续用 HCl 标准溶液滴定。当溶液由黄色突变为橙色时，发生的滴定反应为：

$$NaHCO_3 + HCl = NaCl + H_2O + CO_2\uparrow$$

此时耗用 HCl 标准溶液的体积记为 V_2(mL)。根据 V_1、V_2 的大小，可定性判断混合碱的组成，还可定量测定各组分的含量（$g\cdot L^{-1}$）。

由于第一个滴定终点时酚酞的变色不太明显，故可用甲酚红和百里酚蓝的混合指示剂代替。该混合指示剂变色点的 pH 为 8.3，酸色呈黄色，碱色呈紫色，在 pH＝8.2 时为玫瑰红（樱桃）色，终点变色较敏锐。

三、主要试剂

浓 HCl，无水碳酸钠（A. R.），甲基橙指示剂，酚酞指示剂（或甲酚红和百里酚蓝混合指示剂），混合碱试液。

四、实验内容

1. HCl 溶液浓度的标定

配制 $0.2mol\cdot L^{-1}$ HCl 标准溶液。

减量法准确称取已烘干的无水碳酸钠三份（每份的质量自己计算），置于 3 只 250mL 的锥形瓶中，各加水约 30mL，温热使之溶解，加入 1 滴甲基橙指示剂，用 $0.2 mol\cdot L^{-1}$ 的 HCl 溶液滴定至由黄色变为橙色，即为终点。

2. 混合碱的测定

用移液管吸取碱试液 25.00mL 三份，置于三个 250mL 锥形瓶中，加酚酞指示剂 1～2 滴，用 $0.2 mol\cdot L^{-1}$ 的 HCl 标准溶液滴定，边滴加边充分摇动，滴至溶液由红色突变为无色，此时即为第一个终点，记下所用 HCl 溶液的体积 V_1。然后再加 1～2 滴甲基橙指示剂，继续用 HCl 滴定至由黄色突变为橙色，即为第二个终点，记下所用 HCl 溶液的体积 V_2。

根据 V_1、V_2 的大小判断混合碱的组成，并计算碱液中各组分的含量，结果以 $g\cdot L^{-1}$ 表示。

五、思考题

1. 用 Na_2CO_3 为基准物标定 HCl 溶液时，为什么不用酚酞作指示剂？

2. 何谓“双指示剂法”？混合碱的测定原理是怎样的？

3. 本实验中两个滴定终点的变色是否明显？试根据 Na_2CO_3 的 K_{b1} 和 K_{b2} 值从理论上作出解释。

4. 用双指示剂法测定某一批混合碱试样（可能是 NaOH、Na_2CO_3、$NaHCO_3$ 或它们的混合物）时，若分别出现 $V_1<V_2$、$V_1=V_2$、$V_1>V_2$、$V_1=0$、$V_2=0$ 等五种情况，说明各样品的组成有何差别。

六、实验指导

1. 用 Na_2CO_3 作基准物标定 HCl 时，在 CO_2 存在下，终点变色不够敏锐。若在滴定进行至接近终点时，将溶液加热煮沸，以除去 CO_2，冷却后继续滴定，此时终点变色十分明显。

2. 由于 Na_2CO_3 的 $pK_{b1}^{\ominus}=3.75$，$pK_{b2}^{\ominus}=7.62$，$\Delta pK^{\ominus}=3.87$，稍小于 4，两步中和反应交叉进行，滴定突跃较小，故第一个终点时变色不够明显（如使用混合指示剂，变色会敏锐些）；第二个终点时，由于 $pK_{b2}^{\ominus}$ 仅为 7.62，根据 $cK_b^{\ominus}\geqslant 10^{-8}$ 的判据，HCO_3^- 也只能勉强滴定（准确度不高），故第二个终点 pH 突跃也不大，变色也不太明显。为提高测定的准确度，最好在终点时采用参比溶液作颜色对比，参比溶液可选用被 CO_2 所饱和并含有相同浓度 NaCl 和等量指示剂的溶液。

实验二十　水中化学耗氧量（COD）的测定（$KMnO_4$ 法）

一、实验目的

1. 掌握酸性 $KMnO_4$ 法测定水中 COD 的分析方法。

2. 了解测定水中 COD 的意义。

二、实验原理

化学耗氧量（COD）是 1L 水中还原性物质在一定条件下被氧化时所消耗的氧量（$mg \cdot L^{-1}$）。不同的条件得出的耗氧量不同，因此必须严格控制反应条件，并在结果报告时注明方法。本实验采用常见的酸性 $KMnO_4$ 法，适合于测定地面水、河水等污染不十分严重的水质。

COD 是表示水质污染程度的主要指标之一，是环境保护和水质控制中经常需要测定的项目。COD 值越高，说明水质污染越严重。

酸性 $KMnO_4$ 法测定 COD 的提要如下。

在酸性溶液中加入过量的 $KMnO_4$ 溶液。加热使水中的还原性物质（有机物或无机物）充分氧化后，加入过量 $Na_2C_2O_4$ 溶液，使剩余的 $KMnO_4$ 与 $Na_2C_2O_4$ 作用，剩余 $C_2O_4^{2-}$ 再用 $KMnO_4$ 溶液回滴。反应式如下：

$$4KMnO_4+6H_2SO_4+5C = 2K_2SO_4+4MnSO_4+5CO_2\uparrow+6H_2O$$

$$2MnO_4^-+5C_2O_4^{2-}+16H^+ = 2Mn^{2+}+10CO_2\uparrow+8H_2O$$

水样中 Cl^- 的量大于 $300mg \cdot L^{-1}$，将影响测定结果。加入 $AgNO_3$ 或 Ag_2SO_4 或将水样稀释可以消除干扰。通常加入 1g Ag_2SO_4 可消除 200mg Cl^- 的干扰。

一般蒸馏水中常含有若干可以氧化的物质，因此当采用蒸馏水稀释水样时，应取加入水样同量的蒸馏水，测定空白值加以校正。

三、主要试剂

$KMnO_4$ 标准溶液（$0.002mol \cdot L^{-1}$，将实验九中 $0.02mol \cdot L^{-1}$ 的 $KMnO_4$ 溶液稀释 10 倍），$Na_2C_2O_4$（固体，基准试剂或 A. R.），Ag_2SO_4（固体，A. R.），1∶3 的 H_2SO_4 溶液。

四、实验内容

1. $0.005000mol \cdot L^{-1}$ $Na_2C_2O_4$ 标准溶液的配制

准确称取 0.6700g $Na_2C_2O_4$ 于 100mL 小烧杯中，加入 50mL 蒸馏水溶解，然后定量转入 1000mL 容量瓶中，加水稀释至刻度，充分摇匀后备用。

2. COD 的测定

于 250mL 锥形瓶中，加入 100.0mL 水样，加入 5mL 1∶3 的 H_2SO_4 溶液，并准确加入 10.00mL $0.002mol \cdot L^{-1}$ $KMnO_4$ 溶液，摇匀，若 $KMnO_4$ 红色不消失，记录 $KMnO_4$ 溶液的体积（V_1），以大火加热至沸，从冒第一个大气泡开始计时，准确煮沸 10min，取下锥形瓶，冷却 1min，准确加入 10.00mL $0.005000mol \cdot L^{-1}$ 的 $Na_2C_2O_4$ 标准溶液，充分摇匀，此时溶液应由红色转变为无色。用 $KMnO_4$ 标准溶液滴定至溶液由无色变为稳定的淡红色即为终点。记录用去 $KMnO_4$ 标准溶液的体积（V_2）。

另取适量蒸馏水代替水样，同上述操作，求出空白值。如空白值很小且不要求精确分析，此步骤可以省略。

五、思考题

1. 水中化学耗氧量（COD）的测定有何意义？
2. 酸性 $KMnO_4$ 法测定 COD 的原理是什么？
3. 水样中 Cl^- 含量高时，为什么对测定有干扰？应采取什么方法消除？

六、实验指导

1. COD 的计算

由实验原理可知，测定 COD 时用去 $KMnO_4$ 的总量减去与 $Na_2C_2O_4$ 反应的 $KMnO_4$ 的量之差，即为氧化水样中还原性物质的 $KMnO_4$ 的量。从 $KMnO_4$ 与有机物的氧化还原反应可知

$$1\text{mol } MnO_4^- \sim \frac{5}{4}\text{mol C} \sim \frac{5}{4}\text{mol } O_2$$

从滴定反应可知：

$$1\text{mol } C_2O_4^{2-} \sim \frac{2}{5}\text{mol } MnO_4^-$$

所以水中耗氧量（以 O_2 计，$mg \cdot L^{-1}$）的计算式如下：

$$\text{耗氧量} = \frac{\left[c_{KMnO_4}V_{KMnO_4} - \frac{2}{5}c_{NaC_2O_4}V_{NaC_2O_4}\right] \times \frac{5}{4} \times M_{O_2} \times 1000}{V_{\text{水样}}}$$

式中，c_{KMnO_4}、$c_{Na_2C_2O_4}$ 分别为 $KMnO_4$ 和 $Na_2C_2O_4$ 标准溶液的浓度，$mol \cdot L^{-1}$；V_{KMnO_4} 为测定所用去的 $KMnO_4$ 标准溶液的总体积（V_1+V_2），mL；$V_{Na_2C_2O_4}$ 为加入的 $Na_2C_2O_4$ 标准溶液的体积，mL；$V_{\text{水样}}$ 为水样的体积，mL；M_{O_2} 为氧的摩尔质量，$g \cdot mol^{-1}$。

必要时可用下式校正蒸馏水的耗氧量：

水样中实际化学耗氧量＝测定化学耗氧量－测定空白值

2. 所取水样的量可视水质污染程度而定，洁净透明的水样可取 100mL，浑浊水样被污染严重的取 10～30mL，然后加蒸馏水至 100mL。蒸馏水中的耗氧量根据所加蒸馏水的多少采用水中耗氧量相同的方法测定，按同样公式计算出空白值予以扣除。

3. 水样中含有 Fe^{2+}、H_2S、NO_2^- 等还原性物质时，室温下即与 $KMnO_4$ 反应。一开始加入 10.00mL $KMnO_4$ 后，若 $KMnO_4$ 颜色已褪，再继续准确加入 10.00mL 该 $KMnO_4$ 溶液。记录所加 $KMnO_4$ 标准溶液的总体积 V_1。若要测定总污染物有多少是属于无机物，则可采用在室温下用 $0.002mol \cdot L^{-1}$ 的 $KMnO_4$ 标准溶液滴定至出现微红色 30s 不消失时所用去 $KMnO_4$ 标准溶液的量计算。然后再准确加入 10.00mL $KMnO_4$ 标准溶液，按操作步骤测定有机物的耗氧量。测定过程中所加试剂的次序，应当严格保持一致。

4. 加热至沸的时间应当很短，并尽可能相同，此时溶液应仍为 $KMnO_4$ 的紫红色，若溶液的红色消失，说明水中有机物的含量较多。遇此情况应补加适量的 $KMnO_4$ 标准溶液，其体积应加在 V_1 中；或将试样稀释重做。

5. 加热的时间很重要，煮沸 10min 要从冒第一个大气泡算起，这是经验，不这样操作则精密度很差。

6. 加入 10.00mL $Na_2C_2O_4$ 标准溶液并充分摇匀后，若溶液仍为红色，可补充加入 $Na_2C_2O_4$ 溶液，记录加入 $Na_2C_2O_4$ 溶液的总体积 $V_{Na_2C_2O_4}$。

实验二十一　自来水硬度的测定（EDTA 配位滴定法）

一、实验目的

1. 学习 EDTA 标准溶液的配制和标定方法。
2. 掌握 EDTA 法测定自来水的硬度的原理和方法。
3. 熟悉钙指示剂、铬黑 T 指示剂的使用和颜色变化情况。
4. 了解水的硬度的测定意义和常用的硬度表示方法。

二、实验原理

乙二胺四乙酸（简称 EDTA，常用 H_4Y 表示）难溶于水，通常用 EDTA 二钠盐配制标准溶液，其水溶液呈弱酸性（pH＝4.5～5.0），通常采用间接法配制标准溶液。

标定 EDTA 溶液常用的基准物有：Zn、ZnO、$CaCO_3$、Bi、Cu、$MgSO_4 \cdot 7H_2O$、Ni、Pb 等。选用的标定条件应尽可能与测定条件一致，以免引起系统误差。如果用被测元素的纯金属或化合物作基准物质，就更为理想。

以 $CaCO_3$ 为基准物标定 EDTA 溶液时，首先用 HCl 溶解 $CaCO_3$，调 pH≥12，用钙指示剂为终点指示剂，以 EDTA 溶液滴定至溶液由酒红色变为纯蓝色，即为终点。

标定时主要反应如下。

（1）钙指示剂（以 H_3In 表示）首先解离：$H_3In \longrightarrow 2H^+ + HIn^{2-}$

（2）调溶液的 pH≥12，指示剂与少量 Ca^{2+} 结合：

$$HIn^{2-}(\text{纯蓝色}) + Ca^{2+} \longrightarrow CaIn^-(\text{酒红色}) + H^+$$

（3）标定反应：　$Ca^{2+} + Y^{4-} \longrightarrow CaY^{2-}$

（4）终点变色反应：

$$CaIn^-(\text{酒红色}) + H_2Y^{2-} + OH^- \longrightarrow CaY^{2-}(\text{无色}) + HIn^{2-}(\text{纯蓝色}) + H_2O$$

一般含有钙、镁盐的水叫硬水（硬度小于 8°的，一般可称为软水，我国规定饮用水的硬度不能超过 25°）。

水的硬度又有暂时硬度和永久硬度之分，这两项的总和成为总硬度。暂时硬度是指水中含有 Ca、Mg 的酸式碳酸盐，遇热即成碳酸盐沉淀而失去其硬性；永久硬度是指水中含有 Ca、Mg 的硫酸盐、氯化物、硝酸盐，在加热时也不沉淀（但在锅炉运用温度下，溶解度低的可析出而形成锅垢）。

另外，由钙离子形成的硬度称为“钙硬”，由镁离子形成的硬度称为“镁硬”。

测定水的总硬度实际上就是测定水中 Ca^{2+}、Mg^{2+} 的含量。配位滴定法测定 Ca^{2+}、Mg^{2+} 的含量，一般是用铬黑 T 做指示剂，以 NH_3-NH_4Cl 缓冲溶液控制溶液的 pH 为 10 左右，用 EDTA 标准溶液滴定。

水中钙硬的测定用钙指示剂，控制溶液 pH 为 12 以上，用 EDTA 标准溶液滴定。

常以 CaO 的量来表示水的硬度。各国对水的硬度表示不同，我国沿用的硬度有两种表示方法：一种以（°）计，硬度单位表示 10 万份水中含一份 CaO（1L 水中含 10mg CaO），即 $1° = 10mg \cdot L^{-1}$ CaO；另一种以 $mmol \cdot L^{-1}$ CaO 表示。经过计算，1L 水中含有 1mmol CaO 时，其硬度为 5.6°。硬度（°）计算公式为：

$$\text{硬度}(°) = \frac{c_{EDTA} V_{EDTA} M_{CaO}}{V_{\text{水}}} \times 100$$

三、主要试剂

乙二胺四乙酸二钠（固体，A.R.），$CaCO_3$（固体，G.R. 或 A.R.），HCl 溶液（1∶1），NaOH 溶液(10%)，钙指示剂（固体），NH_3-NH_4Cl 缓冲溶液（pH≈10），铬黑 T 指示剂。

四、实验内容

1. 0.01mol·L^{-1}EDTA 标准溶液的配制

称取分析纯乙二胺四乙酸二钠（$Na_2H_2Y \cdot 2H_2O$）1.9g，溶于 150～200mL 温水中，冷却后转入 500mL 试剂瓶中，加去离子水稀释到 500mL。长期放置时应贮于聚乙烯瓶中。

2. 以 $CaCO_3$ 为基准物标定 EDTA 溶液

（1）标准钙盐溶液的配制　准确称取 0.2～0.3g $CaCO_3$ 基准物于小烧杯中，盖以表面皿，加几滴水润湿，再从杯嘴边逐滴加入约 1～2 胶头滴管 1∶1HCl 至完全溶解，用水把可能溅到表面皿上的溶液淋洗于杯中，然后将溶液定量移入 250mL 容量瓶中，稀释至刻度，摇匀。

（2）标定　用移液管移取 25.00mL 标准钙溶液，置于锥形瓶中，加入 25mL 水，约 10mg（绿豆粒大小）钙指示剂，用胶头滴管慢慢加入 10%的 NaOH 溶液至红色不再加深(约需 4～6mL)，再过量 1 胶头滴管，摇匀后，用 EDTA 溶液滴定至由红色变为蓝色，即为终点。平行测定三次。

3. 总硬的测定

量取澄清的水样 50.00mL 放入 250mL 锥形瓶中，加入约 5mL NH_3-NH_4Cl 缓冲溶液，摇匀。再加入 2～3 滴铬黑 T 液体指示剂（或约 0.01g 固体指示剂），再摇匀。此时溶液呈酒红色，以 0.01mol·L^{-1}EDTA 标准溶液滴定至纯蓝色，即为终点。

*4. 钙硬和镁硬的测定

根据实验原理及有关参考书，自行设计测定方案。

五、思考题

1. 标定 EDTA 常用的基准物有哪些？如何选用基准物？

2. 本实验中，基准物（$CaCO_3$）称取所需量的 10 倍，溶解后又取其溶液的 1/10 用于标定，这叫作称大样，请问这样做的目的是什么？

3. 水的硬度 1°等于多少 mg·L^{-1}的 CaO？水的总硬度是指什么？

4. 如果对硬度测定中的数据要求保留两位有效数字，应如何量取 100mL 水样？

5. 当水样中 Mg^{2+} 含量低时，以铬黑 T 作指示剂测定其 Ca^{2+}、Mg^{2+} 总量终点不明晰，因此常在水样中先加少量 MgY^{2-} 配合物，再用 EDTA 滴定，终点就敏锐。这样做对测定结果有无影响？说明其原理。

6. 量取水样的量器和盛接水样的锥形瓶是否都要用纯水洗净？为什么？

六、实验指导

1. 配位反应较酸碱反应速率要慢，故滴定时加入 EDTA 溶液的速度不能太快，并充分摇动，在室温低及近终点时尤要注意。

2. 指示剂的用量要适当，平行测定时用量要一致。

3. 溶解 $CaCO_3$ 时，“盖以表面皿，加水润湿及从杯嘴边逐滴加入 HCl”均是为了防止反应过于剧烈而产生 CO_2 气泡，使 $CaCO_3$ 飞溅损失。

4. 用标准钙溶液标定 EDTA 时，加入 NaOH 溶液的量需仔细把握，该用量受溶解 $CaCO_3$ 时 HCl 加入量的影响，故每个人的用量会有所不同。若加得太少，pH<12；加得太多或过猛，溶液易浑浊［产生 $Ca(OH)_2$］。这两种情况都会影响标定的准确度，应尽量避免。

5. 量取 100mL 的量仅适于硬度按 $CaCO_3$ 计算为 10～250mg·L^{-1} 的水样。若硬度大于 250mg·L^{-1} $CaCO_3$，则取样量应相应减少。

6. 硬度较大的水样，在加 NH_3-NH_4Cl 缓冲溶液后常析出 $CaCO_3$、$Mg_2(OH)_2CO_3$ 微粒，使滴定终点不稳定。遇此情况，可于水样中加适量稀 HCl 溶液，振摇后，再调至近中性，然后加缓冲液，则终点稳定。

7. 若水样不澄清必须过滤，如水样中有少量 Fe^{3+}、Al^{3+}、Mn^{2+} 等离子存在，可加 1～3mL 1∶2 三乙醇胺溶液掩蔽，如有 Cu^{2+} 存在可使滴定终点不明显，可加 1mL 2% 的 Na_2S 溶液，使之生成 CuS 沉淀而过滤除去。

8. 如果选用 ZnO 作基准物标定 EDTA 溶液，步骤如下。

准确称取 0.2～0.3g ZnO 基准物于 100mL 烧杯中，加几滴水润湿，然后逐滴加入 1∶1 HCl，边加边摇动烧杯至完全溶解为止（约需 3～5mL）。将溶液定量转移至 250mL 容量瓶中，稀释至刻度并摇匀。

称取 25.00mL 标准锌溶液于 250mL 锥形瓶中，加约 30mL 水及 2 滴二甲酚橙指示剂，先加入 1∶1 氨水至溶液由黄色刚变橙色，立即滴加六亚甲基四胺缓冲溶液至呈稳定的紫红色后再多加 3mL（共需缓冲溶液约 8～10mL），用 EDTA 溶液滴定至呈亮黄色，即为终点。平行标定 3 次。

实验二十二　蛋壳中 Ca、Mg 含量的测定（配位滴定法）

一、实验目的

1. 进一步巩固配位滴定的方法与原理。
2. 学习使用配位掩蔽法排除干扰离子影响的方法。
3. 训练对实物试样中某组分含量测定的一般步骤。

二、实验原理

鸡蛋壳的主要成分为 $CaCO_3$，其次为 $MgCO_3$、蛋白质、色素及少量的 Fe、Al。

在 pH=10 时，用铬黑 T 作指示剂，EDTA 可直接测量钙镁总量。但因有少量的 Fe^{3+}、Al^{3+} 干扰离子的存在，必须加入掩蔽剂如三乙醇胺使之与 Fe^{3+}、Al^{3+} 生成更稳定的配合物，以排除干扰。

三、主要试剂

HCl($6mol \cdot L^{-1}$)，铬黑 T 指示剂，三乙醇胺水溶液（1：2），NH_4Cl-NH_3 缓冲溶液（pH=10），EDTA 标准溶液（$0.01mol \cdot L^{-1}$），95%乙醇。

四、实验内容

1. 蛋壳的预处理

先将蛋壳洗净，加水煮沸 5～10min，除去蛋壳内表层的蛋白薄膜，然后把蛋壳放于蒸发皿中，用小火烤干，用研钵研成粉末。

2. $0.01mol \cdot L^{-1}$ EDTA 标准溶液的配制与标定（参见实验二十一）。

3. 自拟确定蛋壳称量范围的实验方案。

4. 钙镁总量的测定

准确称取 0.3～0.4g 的蛋壳粉末于小烧杯中，加 $6mol \cdot L^{-1}$ 的 HCl 溶液约 4～5mL，微火加热至完全溶解（少量蛋白膜不溶），冷却，转移至 250mL 容量瓶，稀释至接近刻度线，若有泡沫，滴加约 10 滴 95%乙醇，泡沫消除后，滴加水至刻度线，加塞摇匀，此为试液。

吸取试液 25.00mL，置于 250mL 锥形瓶中，分别加去离子水 20mL、三乙醇胺 5mL，摇匀。再加 NH_4Cl-NH_3 缓冲溶液 10mL，摇匀。加入少许铬黑 T 指示剂，用 EDTA 标准溶液滴定至由红色恰变为蓝色，即达终点。根据 EDTA 消耗的体积计算钙镁总量，结果以 CaO 的百分含量表示。

五、思考题

1. 怎样配制和标定 EDTA 标准溶液，根据实验拟出方案。
2. 蛋壳粉溶解稀释时，加入乙醇的作用是什么？
3. EDTA 滴定时，为什么要加入三乙醇胺和氨缓冲溶液？
4. 请列出求钙镁总量的计算式（以 CaO 的百分含量表示）。

六、实验指导

确定蛋壳粉称量范围的方法：原则是先粗略确定蛋壳粉中钙、镁的大约含量，再估算蛋壳粉的称量范围。可先在普通药物天平上称取少量蛋壳粉（如 0.2g），置于锥形瓶中，逐滴加入 HCl 溶解，用氨缓冲液调 pH 值后用 EDTA 滴定。根据消耗 EDTA 的体积，就可以确定正式测定时蛋壳的称量范围。

第四部分　有机化学实验

基本型实验

实验二十三　蒸馏及沸点的测定

一、实验目的

1. 熟悉蒸馏基本原理。
2. 掌握蒸馏操作的要领和方法。
3. 学会通过蒸馏（常量法）测定物质的沸点。

二、实验原理

纯的液态物质在一定压力下具有确定的沸点，不同的物质具有不同的沸点。蒸馏操作就是利用不同物质的沸点差异对液态混合物进行分离和纯化的。当液态混合物受热时，由于低沸点物质易挥发，首先被蒸出，而高沸点物质因不易挥发或挥发出的少量气体易被冷凝而滞留在蒸馏瓶中，从而使混合物得以分离。不过，只有当组分沸点相差在30℃以上时，蒸馏才有较好的分离效果。如果组分沸点差异不大，则需要采用分馏操作对液态混合物进行分离和纯化。

需要指出的是，具有恒定沸点的液体并非都是纯化合物，因为有些化合物相互之间可以形成二元或三元共沸混合物，而共沸混合物不能通过蒸馏操作进行分离。通常，纯化合物的沸程（沸点范围）较小（为0.5～1℃），而混合物的沸程较大。因此，蒸馏操作既可用来定性地鉴定化合物，也可用以判定化合物的纯度。

安装好蒸馏烧瓶、冷凝管、接引管和接收瓶后，将待蒸馏液体通过漏斗从蒸馏烧瓶颈口加入到瓶中，投入1～2粒沸石，再配置温度计（如图4-1所示）。

接通冷凝水，开始加热，使瓶中液体沸腾。调节火焰，控制蒸馏速度，以每秒1～2滴为宜。在蒸馏过程中，注意温度计读数的变化，记下第一滴馏出液流出时的温度。当温度计读数稳定后，另换一个接收瓶收集馏分。如果仍然保持平稳加热，但不再有馏分流出，而且温度会突然下降，这表明该段馏分已经蒸完，需停止加热，记下该段馏分的沸程和体积（或质量）。馏分的温度范围愈小，其纯度就愈高。

有时，在有机反应结束后，需要对反应混合物直接蒸馏，此时，可以将三口烧瓶作蒸馏瓶组装成蒸馏装置直接进行蒸馏，如图4-2所示。

三、仪器与试剂

蒸馏瓶，蒸馏头，铁架台，电热套，温度计，直形冷凝管，接引管，锥形瓶，玻璃漏斗，量筒等。

纯乙醇，工业乙醇。

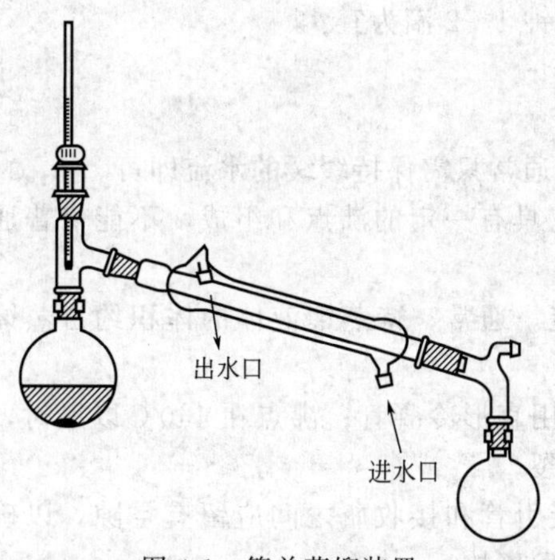

图 4-1　简单蒸馏装置

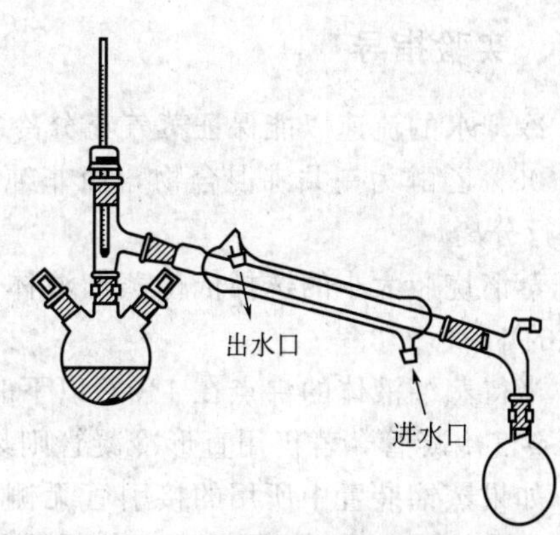

图 4-2　由反应装置改装的蒸馏装置

四、实验内容

1. 在 125mL 蒸馏瓶中，放置 80mL 纯乙醇。加料时用玻璃漏斗将蒸馏液体小心倒入，加入 2～3 粒沸石，再配置温度计，通入冷凝水，然后用水浴加热。开始时火焰可稍大些，并注意观察蒸馏瓶中的现象和温度计读数的变化。当瓶内液体开始沸腾时，蒸气前沿逐渐上升，待到达温度计时，温度计读数急剧上升。这时应适当调小火焰，使温度略微下降，让水银球上的液滴和蒸气达到平衡，然后再稍微加大火焰进行蒸馏。调节火焰，控制流出的液滴，以每秒钟 1～2 滴为宜。在蒸馏过程中，应使温度计水银球常有被冷凝的液滴润湿，此时温度计的读数就是馏出液的沸点。记录第一滴馏出液滴入接收器时的温度和液体快蒸完时（剩余 2～3mL）的温度（沸程）。

蒸馏完毕，先停火，再停止通水，最后拆卸仪器。

2. 在 125mL 蒸馏瓶中，放置 80mL 浅黄色浑浊的工业乙醇。加料时用玻璃漏斗将蒸馏液体小心倒入，加入 2～3 粒沸石，再配置温度计，通入冷凝水，然后用水浴加热。开始时火焰可稍大些，并注意观察蒸馏瓶中的现象和温度计读数的变化。当瓶内液体开始沸腾时，蒸气前沿逐渐上升，待到达温度计时，温度计读数急剧上升。这时应适当调小火焰，使温度略微下降，让水银球上的液滴和蒸气达到平衡，然后再稍微加大火焰进行蒸馏。调节火焰，控制流出的液滴，以每秒钟 1～2 滴为宜。当温度计读数上升至 77℃时，换一个已称量过的干燥的接收瓶，收集 77～79℃的馏分。当瓶内只剩下少量（0.5～1mL）液体时，若维持原来的加热速度，温度计的读数会突然下降，即可停止蒸馏。不应将瓶内液体完全蒸干。称量所收集馏分的质量或量其体积，并计算回收率。本实验约需 4h。

95%乙醇的沸点为 78.2℃。

纯乙醇的沸点为 78.85℃，熔点为－115℃，折射率（n_D^{20}）为 1.3616，相对密度（d_4^{20}）为 0.7893。

3. 数据记录和处理

记录纯乙醇的沸程。针对工业乙醇，称量所收集馏分的质量或量其体积，计算回收率。

五、思考题

1. 什么叫沸点？液体的沸点和大气压有什么关系？

2. 蒸馏时加入沸石的作用是什么？如果蒸馏前忘加沸石，能否立即将沸石加至将近沸腾的液体中？当重新进行蒸馏时，用过的沸石能否继续使用？

3. 为什么蒸馏时最好控制馏出液的速度为每秒钟1～2滴为宜？

六、实验指导

1. 冷却水的流速以能保证蒸气充分冷凝为宜。通常只需保持缓缓的水流即可。

2. 95%乙醇为一共沸混合物，而非纯物质，它具有一定的沸点和组成，不能借普通蒸馏法进行分离。

3. 蒸馏烧瓶大小的选择依待蒸馏液体的量而定。通常，待蒸馏液体的体积约占蒸馏烧瓶体积的1/3～2/3。

4. 当待蒸馏液体的沸点在140℃以下时，应选用直形冷凝管；沸点在140℃以上时，就要选用空气冷凝管，若仍用直形冷凝管则易发生爆裂。

5. 如果蒸馏装置中所用的接引管无侧管，则接引管和接收瓶之间应留有空隙，以确保蒸馏装置与大气相通。否则，封闭体系受热后会引发事故。

6. 沸石是一种多孔性的物质，如素瓷片或毛细管。当液体受热沸腾时，沸石内的小气泡就成为汽化中心，使液体保持平稳沸腾。如果蒸馏已经开始，但忘了投沸石，此时千万不要直接投放沸石，以免引发暴沸。正确的做法是先停止加热，待液体稍冷片刻后再补加沸石。

实验二十四　分馏操作

一、实验目的

1. 了解分馏的原理和意义。

2. 学会分馏操作方法。

二、实验原理

当混合物受热沸腾时，其蒸气首先进入分馏柱。由于柱内外存在温差，柱内蒸气中高沸点组分受柱外空气的冷却而被冷凝，并流回至烧瓶，从而导致继续上升的蒸气中低沸点组分的含量相对增加。这一过程可以看作是一次简单蒸馏。当高沸点冷凝液在回流途中遇到新蒸上来的蒸气时，两者之间发生热交换，在上升的蒸气中，同样是高沸点组分被冷凝，低沸点组分继续上升。这又可以看作是一次简单蒸馏。蒸气就是这样在分馏柱内反复地进行着汽化、冷凝和回流的过程，或者说，重复地进行着多次简单蒸馏。因此，只要分馏柱的效率足够高，从分馏柱上端蒸出的蒸气组分就能接近低沸点单组分的纯度，而高沸点组分仍回流到蒸馏烧瓶中。需要指出的是，由于共沸混合物具有恒定的沸点，与蒸馏一样，分馏操作也不可用来分离共沸混合物。

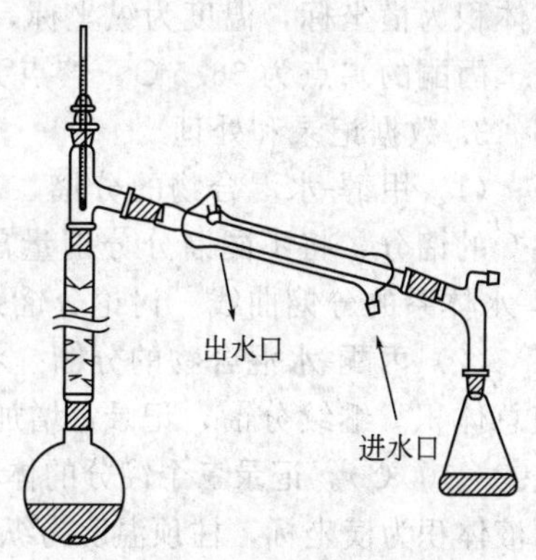

图 4-3　普通分馏装置图

将待分馏物质装入圆底烧瓶，并投放几粒沸石，然后依序安装分馏柱、温度计、冷凝管、接引管及接收瓶（如图 4-3 所示）。

接通冷凝水，开始加热，使液体平稳沸腾。当蒸气缓缓上升时，注意控制温度，使馏出速度维持在 2～3s 一滴。记录第一滴馏出液滴入接收瓶时的温度，然后根据具体要求分段收集馏分，并记录各馏分的沸点范围及体积。

三、仪器与试剂

圆底烧瓶，温度计，直形冷凝管，接引管，锥形瓶，分馏柱，蒸馏头，铁架台，电热套，量筒等。

甲醇-水（或用丙酮-水）混合物。

四、实验内容

1. 甲醇-水混合物的分馏

在 100mL 圆底烧瓶中，加入 25mL 甲醇和 25mL 水的混合物，加入几粒沸石，按图 4-3 装好分馏装置。用水浴慢慢加热，开始沸腾后，蒸气慢慢进入分馏柱中，此时要仔细控制加热温度，使温度慢慢上升，以保持分馏柱中有一个均匀的温度梯度。当冷凝管中有蒸馏液流出时，迅速记录温度计所示的温度。控制加热速度，使馏出液慢慢地均匀地以每分钟 2mL（约 60 滴）的速度流出。当柱顶温度维持在 65℃时，约收集 10mL 馏出液（A）。随着温度的上升，分别收集 65～70℃(B)、70～80℃(C)、80～90℃(D)、90～95℃(E) 的馏分。瓶内所剩为残留液。90～95℃的馏分很少，需要隔石棉网直接进行加热。分别量出不同馏分的

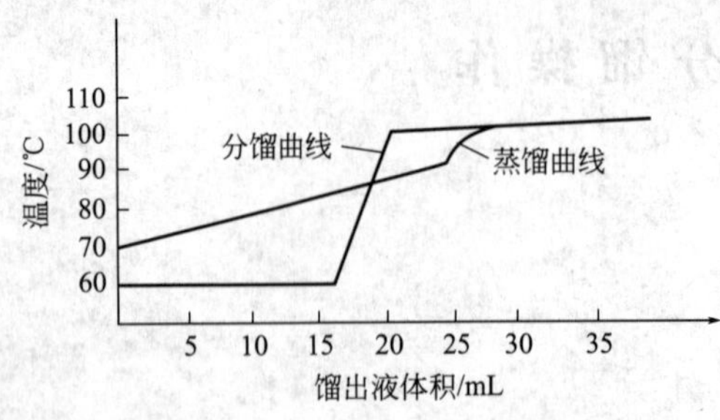

图 4-4 甲醇-水混合物（1∶1）的蒸馏和分馏曲线

体积，以馏出液体积为横坐标，温度为纵坐标，绘制分馏曲线，如图 4-4 所示。讨论分馏效率。本实验需 3～4h。

甲醇的沸点为 64.65℃，熔点为−97.8℃，d_4^{20}为 0.7915。

2. 丙酮-水混合物的分馏

准备三只 15mL 的量筒作为接收器，分别写明 A、B、C。

在 100mL 圆底烧瓶中，加入 25mL 丙酮和 25mL 水的混合物，加入几粒沸石，开始缓缓加热，控制馏出液以每 1～2s 一滴的速率蒸出。将初馏液收集于量筒 A，注意并记录柱顶温度及接收器 A 的馏出液总体积。继续分馏，记录每增加 1mL 馏出液时的温度及总体积。温度达 62℃时换量筒 B 接收，98℃时换量筒 C 接收，直至蒸馏烧瓶中残液为 1～2mL，停止加热。将不同馏分分别量出体积，以馏出液体积为横坐标，温度为纵坐标，绘制分馏曲线。讨论分馏效率。本实验约需 3h。

丙酮的沸点为 56.5℃，熔点为−94℃，n_D^{20}为 1.3588，d_4^{20}为 0.7899。

3. 数据记录和处理

(1) 甲醇-水混合物的分馏　收集 65～70℃（B）、70～80℃（C）、80～90℃（D）、90～95℃的馏分，将不同馏分分别量出体积，以馏出液体积为横坐标，温度为纵坐标，绘制甲醇-水体系的分馏曲线。讨论分馏效率。

(2) 丙酮-水混合物的分馏　将初馏液收集于量筒 A，记录柱顶温度及接收器 A 的馏出液总体积。继续分馏，记录每增加 1mL 馏出液时的温度及总体积（A 56～62℃，B 62～98℃，C 98～100℃）。记录三个馏分的体积，待分馏柱内液体流回烧瓶时测量并记录残液体积。以馏出液体积为横坐标，柱顶温度为纵坐标，绘制丙酮-水体系的分馏曲线。讨论分馏效率。

五、思考题

1. 分馏和蒸馏在原理及装置上有哪些异同？
2. 若 A、B 两液体的沸点差小于 30℃，应采用何种方法将其分离？
3. 假设在分馏操作中，把分馏柱顶上温度计的水银柱的位置插下些可以吗？为什么？

六、实验指导

1. 选择合适的蒸馏瓶、冷凝管。

2. 分馏柱柱高是影响分馏效率的重要因素之一。一般来讲，分馏柱越高，上升蒸气与冷凝液之间的热交换次数就越多，分离效果就越好。但是，如果分馏柱过高，则会影响馏出速度。

3. 实验室中常用的韦氏（Vigreux）分馏柱是一种柱内呈刺状的简易分馏柱，不需另加填料。

4. 当室温较低或待分馏液体的沸点较高时，分馏柱的绝热性能会对分馏效率产生显著影响。在这种情况下，如果分馏柱的绝热性能差，其散热就快，因而难以维持柱内气液两相间的热平衡，从而影响分离效果。为了提高分馏柱的绝热性能，可用玻璃布等保温材料将柱身裹起来。

5. 在分馏过程中，要注意调节加热温度，使馏出速度适中。如果馏出速度太快，就会产生液泛现象，即回流液来不及流回至烧瓶而逐渐在分馏柱中形成液柱。若出现这种现象，应停止加热，待液柱消失后重新加热，使气液达到平衡，再恢复收集馏分。

实验二十五　水蒸气蒸馏

一、实验目的

1. 了解水蒸气蒸馏的原理和意义。

2. 学会水蒸气蒸馏的操作方法。

二、实验原理

根据道尔顿分压定律，当与水不相混溶的物质与水共存时，整个体系的蒸气压应为各组分蒸气压之和，即：

$$p=p_A+p_B$$

式中，p 为总的蒸气压；p_A 为水的蒸气压；p_B 为与水不相混溶物质的蒸气压。

当混合物中各组分蒸气压总和等于外界大气压时，这时的温度即为它们的沸点。此沸点比各组分的沸点都低。因此，在常压下用水蒸气蒸馏，就能在低于100℃的情况下将高沸点组分与水一起蒸出来。因为总的蒸气压与混合物中二者间的相对量无关，直到其中一组分几乎完全移去，温度才上升至留在瓶中液体的沸点。我们知道，混合物蒸气中各个气体分压（p_A、p_B）之比等于它们的物质的量（n_A、n_B）之比，即：

$$\frac{n_A}{n_B}=\frac{p_A}{p_B}$$

而 $n_A=m_A/M_A$；$n_B=m_B/M_B$

式中，m_A、m_B 为各物质在一定容积中蒸气的质量；M_A、M_B 为物质A和B的相对分子质量。因此：

$$\frac{m_A}{m_B}=\frac{M_A n_A}{M_B n_B}=\frac{M_A p_A}{M_B p_B}$$

可见，这两种物质在馏液中的相对质量（就是它们在蒸气中的相对质量）与它们的蒸气压和相对分子质量成正比。

以苯胺为例，它的沸点为184.4℃，且和水不相混溶。当和水一起加热至98.4℃时，水的蒸气压为95.4kPa，苯胺的蒸气压为5.6kPa，它们的总压力接近大气压力，于是液体就开始沸腾，苯胺就随水蒸气一起被蒸馏出来，水和苯胺的相对分子质量分别为18和93，代入上式：

$$m_A/m_B=\frac{95.4\times18}{5.6\times93}=\frac{33}{10}$$

即蒸出3.3g水能够带出1g苯胺。苯胺在溶液中的组分占23.3%。实验中蒸出的水量往往超过计算值，因为苯胺微溶于水，实验中尚有一部分水蒸气来不及与苯胺充分接触便离开蒸馏烧瓶的缘故。

利用水蒸气蒸馏来分离提纯物质时，要求此物质在100℃左右时的蒸气压至少在1.33kPa左右。如果蒸气压在0.13～0.67kPa，则其在馏出液中的含量仅占1%，甚至更低。为了要使馏出液中的含量增高，就要想办法提高此物质的蒸气压，也就是说要提高温度，使蒸气的温度超过100℃，即要用过热水蒸气蒸馏。例如苯甲醛（沸点178℃），进行水蒸气蒸馏时，在97.9℃沸腾，这时 $p_A=93.8$kPa，$p_B=7.5$kPa，则：

$$m_A/m_B=\frac{93.8\times18}{7.5\times106}=\frac{21.2}{10}$$

这时馏出液中苯甲醛占 32.1%。

假如导入 133℃过热蒸气，苯甲醛的蒸气压可达 29.3kPa，因而只要有 72kPa 的水蒸气压，就可使体系沸腾，则：

$$m_A/m_B=\frac{72\times18}{29.3\times106}=\frac{4.17}{10}$$

这样馏出液中苯甲醛的含量就提高到了 70.6%。

应用过热水蒸气还具有使水蒸气冷凝少的优点，为了防止过热蒸气冷凝，可在蒸馏瓶下保温，甚至加热。

从上面的分析可以看出，使用水蒸气蒸馏这种分离方法是有条件限制的，被提纯物质必须具备以下几个条件：①不溶或难溶于水；②与沸水长时间共存而不发生化学反应；③在100℃左右必须具有一定的蒸气压（一般不小于 1.33kPa）。

水蒸气蒸馏的方法分为直接法和间接法两种。直接法在实验上较为方便，常用于微量实验。操作时将盛有被蒸馏物的烧瓶中加入适量蒸馏水，加热至沸以便产生蒸气，水蒸气与被蒸馏物一起蒸出。对于挥发性液体和数量较少的物料，此法非常适用。

间接法是常量实验中经常使用的方法，其操作相对比较复杂，需要安装水蒸气发生器，常用的水蒸气蒸馏装置如图 4-5 所示。图中 A 是水蒸气发生器，可使用三口瓶，也可使用金属制成的水蒸气发生器，通常盛水量以其容积的 3/4 为宜。如果太满，沸腾时水将冲至烧瓶。安全玻璃管 B 几乎插到发生器 A 的底部。当容器内气压太大时，水可沿着玻璃管上升，以调节内压。如果系统发生阻塞，水便会上升甚至从管的上口喷出，起到防止压力过高的作用。

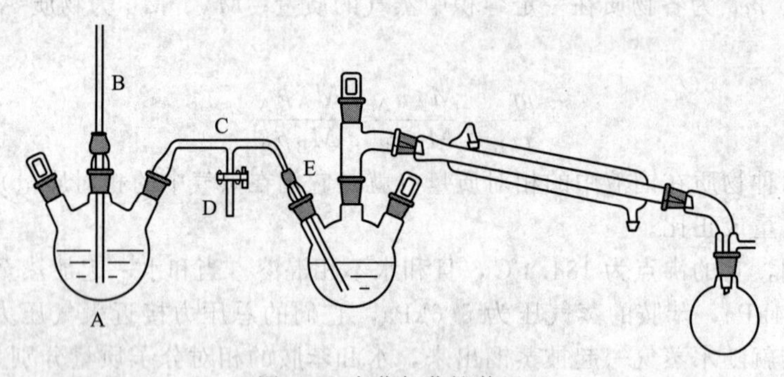

图 4-5 水蒸气蒸馏装置

蒸馏部分可用三口烧瓶，瓶内液体不宜超过其容积的 1/3。蒸气导入管 E 的末端正对瓶底中央并伸到接近瓶底 2～3mm 处。馏液通过接液管进入接收器，接收器外围可用冷水浴冷却。

水蒸气发生器与盛物的圆底烧瓶之间应装上一个 T 形管 C。在 T 形管下端连一个带螺旋夹的胶管或两通活塞 D，以便及时除去冷凝下来的水滴，应尽量缩短水蒸气发生器与圆底烧瓶之间的距离，以减少水气的冷凝。

进行水蒸气蒸馏时，先将被蒸溶液置于三颈瓶中，加热水蒸气发生器 A，直至接近沸腾后再关闭两通活塞，使水蒸气均匀地进入圆底烧瓶。为了使蒸气不致在 D 中冷凝而积聚过多，必要时可在 D 下置一石棉网，用小火加热。必须控制加热速度，使蒸气能全部在冷凝管中冷凝下来。如果随水蒸气挥发的物质具有较高的熔点，在冷凝后易析出固体，则应调小冷凝水的流速，使它冷凝后仍然保持液态。假如已有固体析出，并且接近阻塞时，可暂时停止冷凝水或将冷凝水暂时放去，以使物质熔融后随水流入接收器中。当冷凝管夹套中要重新通入冷却水时，要小心而缓慢，以免冷凝管因骤冷而破裂。万一冷凝管已被阻塞，应立即停止蒸馏，并设法疏通（可用玻棒将阻塞的晶体捅出或用电吹风的热风吹化结晶，也可在冷凝管夹套中灌以热水使之熔化后流出来）。

在蒸馏需要中断或蒸馏完毕后，一定要先打开螺旋夹使通大气，然后方可停止加热，否则蒸馏瓶中的液体将会倒吸到 A 中。在蒸馏过程中，如发现安全管 B 中的水位迅速上升，则表示系统中发生了堵塞。此时应立即打开活塞，然后移去热源。待排除了堵塞后再继续进行水蒸气蒸馏。

在 100℃左右蒸气压较低的化合物可利用过热蒸气来进行蒸馏。例如可在 T 形管 C 和蒸馏瓶之间串连一段铜管（最好是螺旋形的）。铜管下用火焰加热，以提高蒸气的温度。水蒸气蒸馏是用以分离和提纯有机化合物的重要方法之一，适用于以下情况：

（1）混合物中含有大量的固体，通常蒸馏、过滤、萃取等方法都不能适用；

（2）混合物中含有焦油状物质，采用通常的蒸馏、萃取等方法非常困难；

（3）在常压下蒸馏会发生分解的高沸点有机物质。

简化的水蒸气蒸馏装置可用蒸馏装置代替，见图 4-6，在蒸馏烧瓶中加入待分离有机物和适量水，进行蒸馏操作，保持平稳沸腾，控制馏出液的流出速度，以 2～3 滴每秒为宜，馏出液澄清透明时为加热蒸馏终点，或者当温度计读书 100℃时停止蒸馏。当水量过少时，可通过蒸馏头上配上配置的滴液漏斗补加水。

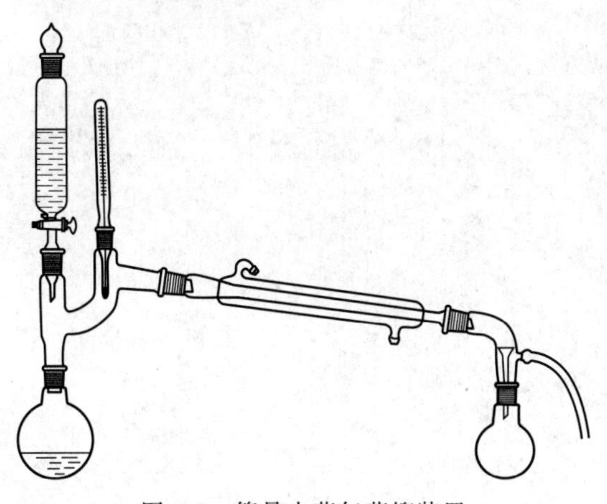

图 4-6　简易水蒸气蒸馏装置

三、仪器与试剂

圆底烧瓶，温度计，直形冷凝管，尾接管，锥形瓶，滴液漏斗，铁架台，电热套，量筒，克氏蒸馏头等。

苯甲醛，水。

四、实验步骤

首先安装好简易水蒸气蒸馏实验装置（见图 4-6）。

取 5mL 苯甲醛，加入 5～10mL 水将混合物放入烧瓶中，滴液漏斗中加入半漏斗水，没到蒸馏终点，而液量不足时可滴加水。冷凝管通水，开始加热蒸馏，至终点，分液（苯甲醛的相对密度 1.046，与水相近，若不分层，可加 NaCl 增加水相密度），记录 $V_{苯甲醛}$ 和 $V_{水}$，并计算苯甲醛的回收率。

五、思考题

1. 水蒸气蒸馏的基本原理是什么？在什么情况下使用？
2. 水蒸气蒸馏的操作中应注意那些事项？为什么？

六、实验指导

1. 操作前，仔细检查整套装置的严密性。
2. 控制馏出液的流出速度，以 2～3 滴每秒为宜。
3. 馏出液澄清透明时为加热蒸馏终点，或者当温度计读数 100℃时停止蒸馏。

实验二十六 减压蒸馏

一、实验目的

1. 了解减压蒸馏的原理。

2. 掌握减压蒸馏装置的安装和实际操作。

二、实验原理

液体的沸点是指它的蒸气压等于外界压力时的温度，因此液体的沸点是随外界压力的变化而变化的，如果借助于真空泵降低系统内压力，就可以降低液体的沸点，这便是减压蒸馏操作的理论依据。减压蒸馏是分离可提纯有机化合物的常用方法之一。减压蒸馏特别适用于那些在常压蒸馏时未达沸点即已受热分解、氧化或聚合的物质的分离。

减压蒸馏装置主要由蒸馏、抽气（减压）、安全保护和测压四部分组成。蒸馏部分由蒸馏瓶、克氏蒸馏头、毛细管、温度计及冷凝管、接收器等组成。克氏蒸馏头可减少由于液体暴沸而溅入冷凝管的可能性；而毛细管的作用，则是作为气化中心，使蒸馏平稳，避免液体过热而产生暴沸冲出现象。毛细管口距瓶底约1～2mm，为了控制毛细管的进气量，可在毛细玻璃管上口套一段软橡皮管，橡皮管中插入一段细铁丝，并用螺旋夹夹住。蒸出液接收部分，通常用多尾接液管连接两个或三个梨形或圆形烧瓶，在接收不同馏分时，只需转动接液管，在减压蒸馏系统中切勿使用有裂缝或薄壁的玻璃仪器。尤其不能用不耐压的平底瓶（如锥形瓶等），以防发生内向爆炸。抽气部分用减压泵，最常见的减压泵有水泵和油泵两种。安全保护部分一般有安全瓶，若使用油泵，还必须有冷阱及分别装有粒状氢氧化钠、块状石蜡、活性炭、硅胶、无水氯化钙等物质的吸收干燥塔，以避免低沸点溶剂，特别是酸和水汽进入油泵而降低泵的真空效能。所以在油泵减压蒸馏前必须在常压或水泵减压下蒸除所有低沸点液体和水以及酸、碱性气体。测压部分采用测压计测压（见图4-7）。

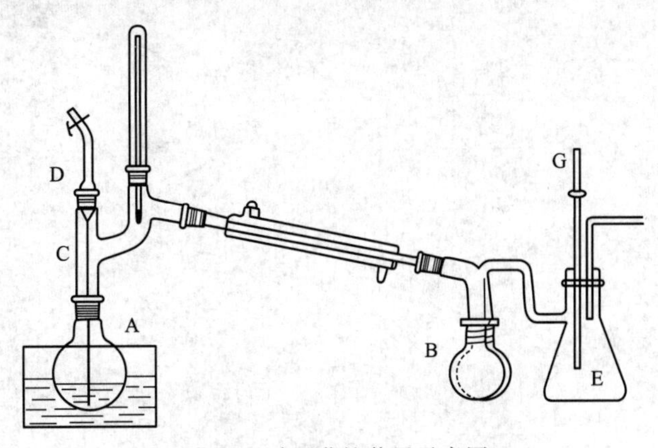

图4-7 减压蒸馏装置示意图

操作方法：仪器安装好后，先检查系统是否漏气，方法是：关闭毛细管，减压至压力稳定后，夹住连接系统的橡皮管，观察水泵指针有否变化，无变化说明不漏气，有变化即表示漏气。为使系统密闭性好，磨口仪器的所有接口部分都必须用真空油脂润涂好，检查仪器不漏气后，加入待蒸的液体，量不要超过蒸馏瓶的一半，关好安全瓶上的活塞，开动油泵，调节毛细管导入的空气量，以能冒出一连串小气泡为宜。当压力稳定后，开始加热。液体沸腾后，应注意控制温度，并观察沸点变化情况。待沸点稳定时，转动多尾接液管接受馏分，蒸馏速度以 0.5～1 滴每秒为宜。蒸馏完毕，除去热源，慢慢旋开夹在毛细管上的橡皮管的螺旋夹，待蒸馏瓶稍冷后再慢慢开启安全瓶上的活塞，平衡内外压力，然后才关闭抽气泵。

三、仪器与试剂

圆底烧瓶，直形冷凝管，克氏蒸馏头，温度计，温度计套管，三叉燕尾管，毛细管，螺旋夹，缓冲瓶，三通，胶塞，水泵，铁架台，电热套，量筒。

丙三醇，水。

四、实验内容

在 100mL 的单口圆底烧瓶中加入 20mL 水和 10mL 丙三醇，按图 4-7 安装好实验装置，检查仪器装置的气密性，调节通气量，先通冷凝水，后加热进行减压蒸馏。收集稳定的馏分，记录稳定的温度。减压蒸馏完毕，除去热源，慢慢旋开夹在毛细管上的橡皮管的螺旋夹，待蒸馏瓶稍冷后再慢慢开启安全瓶上的活塞，平衡内外压力，然后才关闭抽气泵。拆卸实验装置，整理实验仪器和实验台。

五、思考题

试回答蒸馏、分馏、减压蒸馏的概念和原理，并指出它们之间的区别。

六、实验指导

1. 安装实验装置时坚持“自下而上，自左而右”的原则，拆卸装置时的顺序正好相反。

2. 安装实验装置时要有加热源、反应瓶颈要固定、温度计安装要正确、冷凝管要固定、接受瓶应放在实验桌面上或用升降台等物品垫起，切忌悬空。

3. 实验装置要在和操作者平行的平面内，并应检查装置的密封性。

实验二十七 重 结 晶

一、实验目的

1. 了解重结晶原理。

2. 初步学会用重结晶方法提纯固体有机化合物。

3. 掌握热过滤和抽滤操作。

二、实验原理

固体有机物在溶剂中的溶解度受温度的影响很大。一般来说，升高温度会使溶解度增大，而降低温度则使溶解度减小。如果将固体有机物制成热的饱和溶液，然后使其冷却，这时，由于溶解度下降，原来热的饱和溶液就变成了冷的过饱和溶液，因而有晶体析出。就同一种溶剂而言，对于不同的固体化合物，其溶解性是不同的。重结晶操作就是利用不同物质在同一溶剂中的不同溶解度，或者经热过滤将溶解性差的杂质滤除，或者使溶解性好的杂质在冷却结晶过程仍保留在母液中，从而达到分离纯化的目的。

对于1g以上的固体样品纯化，一般都采用常量重结晶法。常量重结晶法的具体操作如下。首先将待重结晶的有机物装入容器中，加入少于估算量的溶剂，投入几粒沸石，加热至沸，并不时地摇动容器。如果仍有部分固体没有溶解，再逐次添加溶剂，并保持回流。如果溶剂的沸点较低，当固体全部溶解后再添加一些溶剂，其量约为已加入溶剂量的15%。如果溶液中含有色杂质，可以采用活性炭脱色。加入活性炭之前，一定要待上述溶液稍冷却，以防引起暴沸。加入活性炭的量一般为待重结晶有机物投入量的1%～5%。继续加热，沸煮5～10min，用经预热过的布氏漏斗趁热过滤，滤除不溶性杂质和活性炭。使所得滤液自然冷却至室温，使晶体析出。然后在室温下过滤，以除去在溶剂中溶解度大、仍残留在母液中的杂质。滤除母液后，再用少量溶剂将固体收集物洗涤几次，抽干后将晶体放置在表面皿上进行干燥。晶体的纯度可采用熔点测定法进行初步鉴定。

三、仪器与试剂

250mL锥形瓶，烧杯，电热套，热漏斗，铁架台，铁卷，石棉网，玻璃棒，药匙，滤纸，台秤抽滤装置。

粗乙酰苯胺，活性炭。

四、实验内容

1. 工业乙酰苯胺的精制

称取4g工业乙酰苯胺粗品，置于250mL锥形瓶中，加入计算量的水，放在石棉网上加热并用玻璃棒搅动，观察溶解情况。如至水沸腾仍有不溶性固体，可分批补加适量水直至沸腾温度下可以全溶或基本溶。与此同时，将布氏漏斗放在另一个大烧杯中并加水煮沸预热。

暂停对溶液加热，稍冷后加入半匙活性炭，搅拌使之分散开。重新加热至沸并煮沸约5min。

取出预热的布氏漏斗，立即放入事先选定的略小于漏斗底面的圆形滤纸，迅速安装好抽滤装置，以数滴沸水润湿滤纸，开泵抽气使滤纸紧贴漏斗底。将热溶液倒入漏斗中，每次倒入漏斗的液体不要太满，也不要等溶液全部滤完再加。在热过滤过程中，应保持溶液的温度，为此，将未过滤的部分继续用小火加热，以防冷却。待所有的溶液过滤完毕后，用少量热水洗涤漏斗和滤纸。滤毕，立即将滤液转入烧杯中并用表面皿盖住杯口，室温放置冷却结晶。如果抽滤过程中晶体已在吸滤瓶中或漏斗尾部析出，可将晶体一起转入烧杯中，将烧杯放在石棉网上温热溶解后再在室温放置结晶，或将烧杯放在热水浴中随热水一起缓缓冷却结晶。

结晶完成后，用布氏漏斗抽滤，用玻璃塞将结晶压紧，使母液尽量除去。打开安全瓶上的活塞，停止抽气，加少量冷水洗涤，然后重新抽干，如此重复1～2次。最后将结晶转移到表面皿上，摊开，在红外灯下烘干，测定熔点，并与粗品的熔点作比较。称重，计算回收率。本实验需3～4h。

乙酰苯胺在水中的溶解度为 $5.5g \cdot (100mL)^{-1}$（100℃时），$0.53g \cdot (100mL)^{-1}$（0℃时）。

纯乙酰苯胺的沸点为305℃，熔点为114～116℃。

2. 数据记录和处理

称量重结晶的产品，计算回收率。

五、思考题

1. 重结晶法一般包括哪几个步骤？
2. 本实验中为什么要加入活性炭？
3. 用水重结晶乙酰苯胺，在溶解过程中有无油珠状物质出现？这是什么？
4. 如何证明经重结晶纯化的产物是纯净的？

六、实验指导

1. 选择适当的溶剂是重结晶过程中一个重要的环节。所选溶剂应该具备以下条件：不与待纯化物质发生化学反应；待纯化物质和杂质在所选溶剂中的溶解度有明显的差异，尤其是待纯化物质在溶剂中的溶解度应随温度的变化有显著的差异；溶剂应容易与重结晶物质分离。如果所选溶剂不仅满足上述条件，而且经济、安全、毒性小、易回收，那就更理想了。

2. 如果所选溶剂是水，则可以不用回流装置。若使用易挥发的有机溶剂，一般都要采用回流装置。

3. 在采用易挥发溶剂时通常要加入过量的溶剂，以免在热过滤操作中，因溶剂迅速挥发导致晶体在过滤漏斗上析出。另外，在添加易燃溶剂时应该注意避开明火。

4. 溶液中若含有色杂质，会使析出的晶体污染，若含树脂状物质更会影响重结晶操作。遇到这种情况，可以用活性炭来处理。通常，活性炭在极性溶液（如水溶液）中的脱色效果较好，而在非极性溶液中的脱色效果要差一些。需要指出的是，活性炭在吸附杂质的同时，对待纯化物质也同样具有吸附作用。因此，在能满足脱色的前提下，活性炭的用量应尽量少。

5. 热过滤操作是重结晶过程中的另一个重要的步骤。热过滤前，应将漏斗事先充分预热。热过滤时操作要迅速，以防止由于温度下降而使晶体在漏斗上析出。

6. 热过滤后所得滤液应使其静置冷却结晶。如果滤液中已出现絮状结晶，可以适当加热使其溶解，然后自然冷却，这样可以获得较好的结晶。

实验二十八　玻璃管的加工及熔点的测定

Ⅰ　玻璃管的加工

一、实验目的

练习玻璃管的简单加工。

二、实验原理

与结晶态物质不同，玻璃态物质没有固定的熔点。加热时，随着温度的升高，玻璃态物质会逐渐变软，在较高温度下才能变成能够流动的液体。玻璃管的加工就是利用玻璃管在不同温度下的软硬度及黏稠度的不同，将玻璃管弯曲、拉细等，加工成不同形状的玻璃管、滴管以及各种直径的毛细管，以满足实验的要求。这是进行有机化学实验必不可少的基本操作。

三、主要仪器

玻璃管，锉刀，砂轮片，酒精喷灯等。

四、实验内容

1. 玻璃管的洗净

所加工的玻璃管应清洁、干燥。玻璃管内的灰尘可用水洗净，如果管内附着油腻的东西不易洗净时，可先将其浸在铬酸洗液里，然后再用水冲洗。洗净的玻璃管必须干燥后才能加工，可在空气中晾干，也可用热风吹干或在烘箱中烘干，不宜用灯火直接烤干，以免炸裂。如果玻璃管保存得好，也可以不洗，仅用布把玻璃管外面擦拭干净就可以使用。

2. 玻璃管的截断

玻璃管的截断操作，一是锉痕，二是折断。锉痕可用扁锉、三角锉或小砂轮片。操作方法是：把玻璃管平放在桌子边缘，左手的拇指按住要截断的地方，右手将锉刀（或砂轮片）的锋棱压在玻璃管要截断处，然后用力把锉刀向前推或向后拉，同时把玻璃管略微朝相反的方向转动，划出一条清晰、细直的凹痕，凹痕约占管周的 1/6。不要来回拉锉，否则，锉痕多，锉刀变钝。

折断玻璃管时，两手分别握住凹痕的两边，凹痕向外，两手的拇指抵住锉痕的背面，一面用力拉，一面用拇指轻加压力，就可使玻璃管断开，如图 4-8 所示。断口处应整齐。

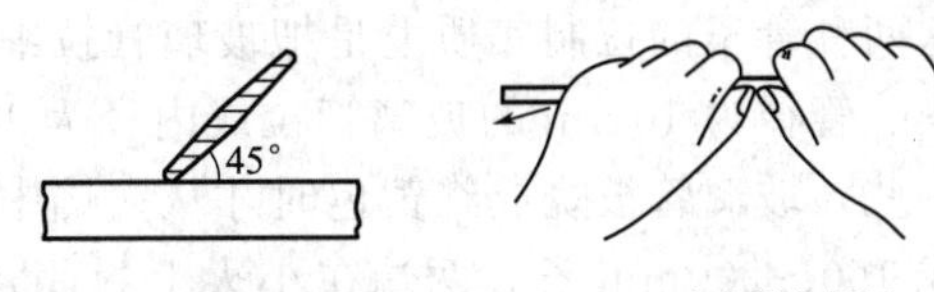

(a) 锉刀锋棱压在玻璃管上　　(b) 玻璃管的折断

图 4-8　玻璃管的截断

玻璃管的断口很锋利，容易划破皮肤、橡皮管或塞，所以要把断口在灯焰上烧熔使之光滑。方法是将断口放在灯焰上不断转动，烧到管口微红即可。

3. 玻璃管的弯曲

有机化学实验常用到弯成一定角度的玻璃管。弯曲玻璃管时，先在弱火焰中将玻璃管烤热，然后双手持玻璃管，将需要弯曲处放在氧化焰中加热（最好在灯管上套一个鱼尾灯头）。受热部分宽约 5cm，同时双手等速、缓慢而均匀地向同一个方向旋转玻璃管，以使受热均匀。当玻璃管受热部分足够软化（发出黄红光）时，立即移离火焰，轻轻地顺势弯至成一定的角度（如图 4-9 所示）。为了维持管径的大小，玻璃管在火焰中加热不要歪扭，不要向外拉，其次在弯成角度之后，可在管口轻轻吹气。如果要弯成较小的角度，可分几次弯成，以免一次弯得过多使弯曲部分瘪陷或纠结（如图 4-10 所示）。分次弯管时，各次的加热部位应稍有偏移，并且要等弯过的部分稍冷后再重新加热，还要注意每次弯曲应在同一平面上，不要使玻璃管变得歪扭。

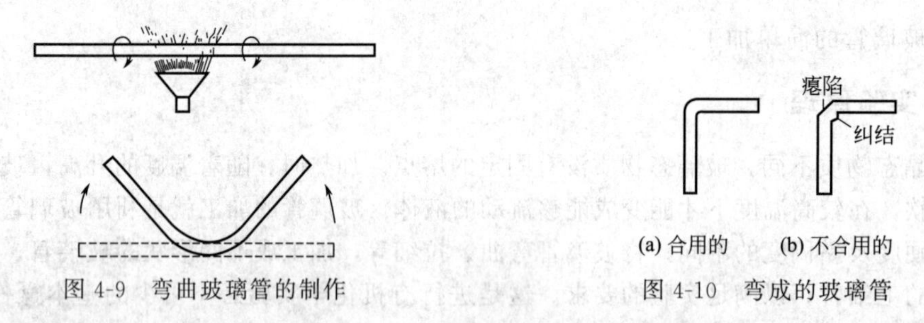

图 4-9　弯曲玻璃管的制作

图 4-10　弯成的玻璃管

弯好的玻璃管从整体看应在同一平面上。弯好后用小火烘烤 1～2s(退火)，再放在石棉网上冷却至室温。不可将热的玻璃管直接放在桌面上或与冷的物体接触，因为骤冷会使已弯好的玻璃管破裂。如果不作退火处理，玻璃管因急速冷却，内部产生很大的应力，即使不立即开裂，过后也有破裂的可能。

4. 拉制滴管

选择干燥好的管径为 6～7mm 的玻璃管，截成约 200mm 长的小段，按照弯曲玻璃管相同的操作在火焰的氧化焰中加热。加热的温度要比弯曲玻璃管高一些，烧成暗红色时移离火焰，趁热慢慢拉制成适当直径的细管。拉伸开始时要慢，待拉到一定长度后快速拉伸。拉伸时两手要作同方向旋转，边拉边转动。拉好后不能马上松开，需继续转动直到变硬后置于石棉网上冷却。拉出来的细管要求和原来的玻璃管处在同一轴线上，不能歪斜，否则要重新拉制，直到符合要求为止（如图 4-11 所示）。

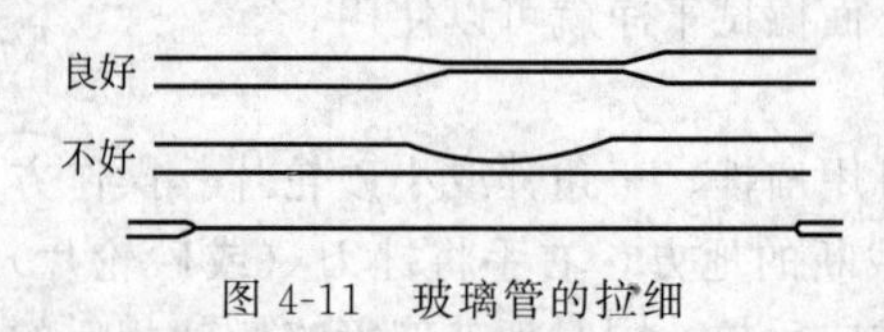

图 4-11　玻璃管的拉细

冷却后截断细管，这样，一次可拉制成两支滴管。其细管口要用小火焰烧平滑，另一端在大火焰上烧软后，竖直向下将管口轻摁到石棉网上，然后放在石棉网上冷却。

5. 拉制熔点管和沸点管

这两种管子的拉制实质上是把玻璃管拉细成一定规格的毛细管。像拉制滴管一样，将洁净干燥、管径为 10mm 的玻璃管拉成内径为 1mm 的毛细管来制作熔点管。只是加热程度要稍强一些，玻璃管被烧成红黄色时才从火焰中取出。拉制时应密切注意毛细管的粗细。冷却后截成 150～200mm 长，两端在小火上封闭，封闭的管底要薄。使用时把毛细管从中间切断，就成为两根熔点管。

沸点管的拉制，是将玻璃管拉成内径为 3～4mm 的毛细管，截成 70～80mm 长，在小火上封闭一端，另将内径为 1mm 的毛细管截成 80～90mm 长，封闭其一端，这两根毛细管就可组成沸点管留作沸点测定时使用。

6. 拉制减压蒸馏用毛细管

减压蒸馏用毛细管的拉制方法与拉制熔点管相似。拉制时动作要迅速，管口要很细。检查毛细管口的方法是：将毛细管放入乙醚或丙酮中，向管内吹气，若能冒出一连串的细小气泡，形如一条细线，即为合用。

五、思考题

1. 为什么要对玻璃管进行加工？常见的加工方式有哪些？

2. 折断玻璃管时的动作要领是什么？

3. 加热玻璃管时为什么两手要缓慢转动玻璃管？怎样防止玻璃管歪扭？

4. 在加热玻璃管之前，应先用小火加热，在加工完毕后，又需经弱火“退火”，这是为什么？

5. 将玻璃管拉细时两手要一边转动一边拉伸，为什么？

六、实验指导

1. 折断玻璃管时要远离眼睛，也不要对着别人，可在锉痕的两边包上布再折，以防受伤。

2. 弯曲或拉细后的玻璃管温度很高，小心烫伤。

3. 已变软玻璃管的转动和玻璃管熔融“火候”的掌握是玻璃工操作的关键，应通过练习逐渐掌握。

Ⅱ 熔点的测定

一、实验目的

1. 了解熔点测定的意义。

2. 掌握测定熔点的操作方法。

二、实验原理

严格地说，所谓熔点指的是在大气压力下化合物的固液两相达到平衡时的温度。通常纯的有机化合物都具有确定的熔点，而且从固体初熔到全熔的温度范围（称熔程或熔距）很窄，一般不超过 0.5～1℃。但是，如果样品中含有杂质，就会导致熔点下降、熔距变宽。因此，通过测定熔点，观察熔距，可以很方便地鉴别未知物并判断其纯度。显然，这一性质可用来鉴别两种具有相近或相同熔点的化合物究竟是否为同一化合物。其方法十分简单，只要将这两种化合物混合在一起，并观测其熔点即可。如果熔点下降，而且熔距变宽，一定是两种性质不同的化合物。需要指出的是，有少数化合物受热时易发生分解，因此，即使其纯度很高，也不具有确定的熔点，而且熔距较宽。

化合物温度不到熔点时以固相存在，加热使温度上升，达到熔点开始有少量液体出现，而后固液相平衡。继续加热，温度不再变化，此时加热所提供的热量使固相不断转变为液相，两相间仍为平衡。最后的固体熔化后，继续加热则温度线性上升（如图 4-12 所示）。因

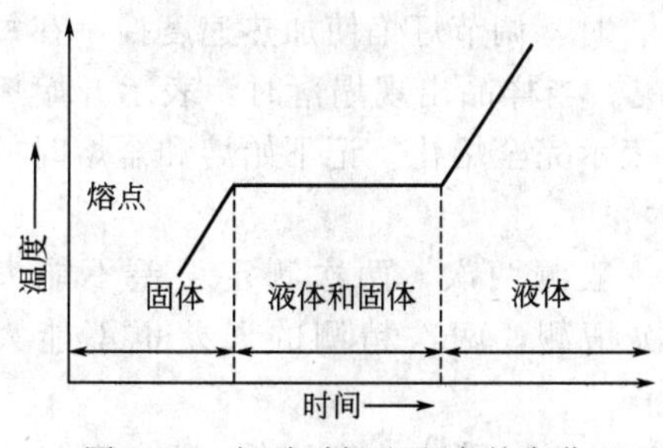

图 4-12 相随时间和温度的变化

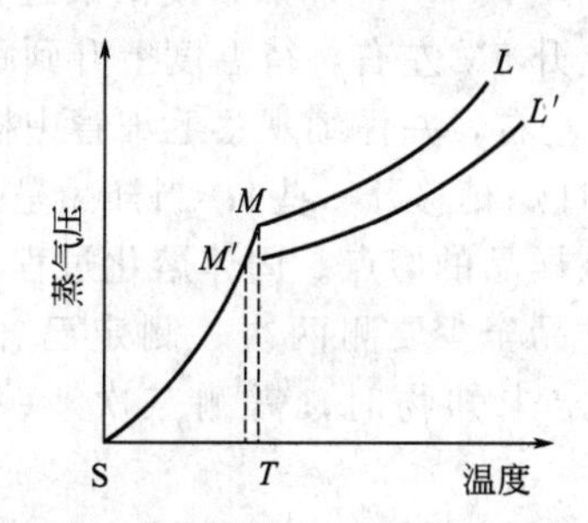

图 4-13 物质蒸气压随温度的变化曲线

此在接近熔点时，加热速度一定要慢，每分钟温度升高不能超过 2℃，只有这样，才能使整个熔化过程尽可能接近于两相平衡条件，测得的熔点才能较精确。

当含杂质时（假定两者不形成固溶体），根据拉乌尔定律可知，在一定的压力和温度条件下，在溶剂中增加溶质，导致溶剂蒸气分压降低（图 4-13 中 $M'L'$），固液两相交点 M' 即代表含有杂质化合物达到熔点时的固液相平衡共存点，$T_M{}'$ 为含杂质时的熔点，显然，此时的熔点较纯物质的熔点低。

三、仪器与试剂

提勒（Thiele）管 1 个，6～8cm 毛细管（ϕ1～2mm）10 根，200℃温度计 1 支，酒精灯 1 盏，表面皿 1 只，30～50cm 玻璃管（ϕ8mm）1 根，橡皮圈，铁架台 1 个。

液体石蜡（或其他浴液），尿素（A.R.），苯甲酸（A.R.），尿素与苯甲酸的混合物，未知样品。

四、实验内容

测定尿素（A.R.）、苯甲酸（A.R.）、尿素与苯甲酸的混合物及未知物的熔点。

1. 熔点的测定

测定熔点的方法很多，最常用的方法是毛细管测定法。该方法具有所用仪器简单、样品用量少、操作简便、结果较准确等优点。其操作步骤如下。

（1）毛细管封口　将准备好的毛细管一端放在酒精灯火焰边缘，慢慢转动加热，毛细管因玻璃熔融而封口。操作时转速要均匀，使封口严密且厚薄均匀，要避免毛细管烧弯或熔化成小球。

（2）样品的填装　将少量研细的样品置于干净的表面皿上，聚成小堆，将毛细管开口的一端插入其中，使样品挤入毛细管中。将毛细管开口端朝上，投入准备好的玻璃管（竖直放在洁净的表面皿上）中，让毛细管自由落下，样品因毛细管上下弹跳而被压入毛细管底。重复几次，把样品填装均匀、密实，使装入的样品高度为 2～3mm。

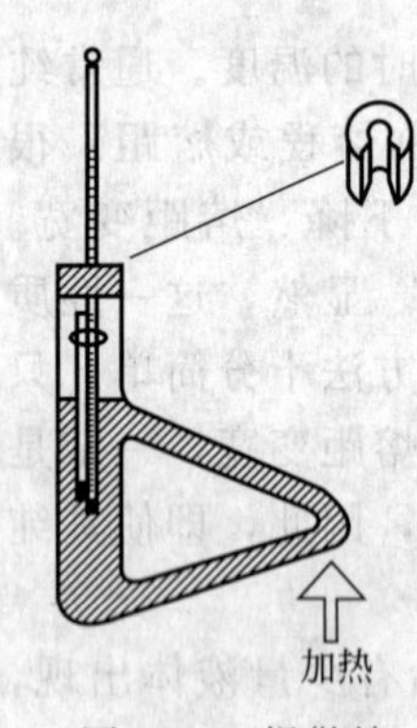

图 4-14　提勒熔点测定管

（3）仪器装置　毛细管法测定熔点最常用的仪器是提勒管，如图 4-14 所示。将其固定在铁架台上，倒入导热油，使液面位于提勒管的叉管处。管口处安装插有温度计的开槽塞子，毛细管通过导热油黏附（或用橡皮圈套）在温度计上（注意橡皮圈应在导热油液面之上），使试样位于水银球的中部。然后调节温度计位置，使水银球位于提勒管上下叉管中间，因为此处对流循环好，温度均匀。

（4）测定熔点　熔点测定装置安装完毕，用酒精灯在提勒管支管下端加热，使浴液进行热循环，保证温度计受热均匀。开始加热时控制温度每分钟上升 5℃左右，待温度上升到距熔点 15℃左右时，调节灯焰使加热速度控制在每分钟上升 1℃左右，并仔细观察毛细管中样品的熔化情况。当样品出现塌落时，表示开始熔化（此时可将灯焰稍移开一些）；当样品呈透明溶液时，表示完全熔化。记下始熔和全熔时的温度，即为该样品的熔点。固体熔化过程如图 4-15 所示。

每种样品至少要测两次。测定已知物熔点时，一般测两次，两次测定误差不能大于±1℃。测定未知物时，需测三次，一次粗测，两次精测，两次精测的误差也不能大于±1℃。

混合熔点的测定，一般是把待测物质与已知熔点的纯物质按一定比例（1∶1、1∶9、

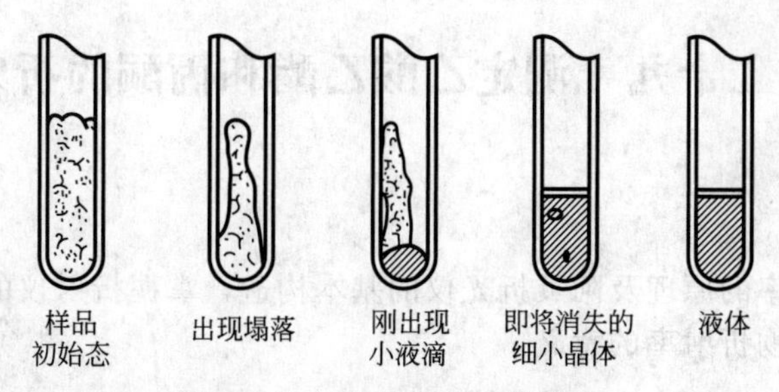

图 4-15　固体样品的熔化过程

9∶1）混合均匀，按上述方法测定其熔点，如果测得的熔点与已知物的熔点相同，一般认为两者是同一种化合物。

纯苯甲酸的沸点为 249℃，熔点为 122.4℃，相对密度（d_4^{20}）为 1.2659。尿素的熔点为 132.7℃。一些有机化合物的熔点见下表。

样品名称	熔点/℃	样品名称	熔点/℃	样品名称	熔点/℃	样品名称	熔点/℃
p-二氯苯	53.1	*o*-苯二酚	105	水杨酸	159	尿素	132.7
p-二硝基苯	174	*p*-苯二酚	173～174	苯甲酸	122.4	乙酰苯胺	114

2. 数据记录和处理

每组样品至少测定两次并记录被测样品的熔程。

五、思考题

1. 什么是熔程?

2. 影响熔点测定的因素有哪些?

3. 有 A、B 和 C 三种样品，其熔点都是 148～149℃，用什么方法可判断它们是否为同一物质?

六、实验指导

1. 常用导热油有液体石蜡、甘油、硫酸和硅油等，其选用往往根据待测物的熔点而定。注意在倒入导热油前提勒管一定要干燥。导热介质的选择可根据待测物质的熔点而定。若熔点在 95℃以下，可以用水作导热液；若熔点在 95～220℃范围内，可选用液体石蜡油；若熔点温度再高些，可用浓硫酸（250～270℃），但需注意安全。

2. 因导热油受热后会膨胀，故不宜加得太多，其以防止导热油逸出引起火灾。

3. 待测样品一定要经充分干燥后再进行熔点测定，否则，含有水分的样品会导致其熔点降低、熔距变宽。另外，样品还应充分研细，装样要致密均匀，否则，样品颗粒间传热不匀，也会使熔距变宽。

4. 在向提勒熔点测定管中注入导热液时不要过量，要考虑到导热液受热后，其体积会膨胀的因素。另外，用于固定熔点管的细橡皮圈不要浸入导热液中，以免溶胀脱落。

5. 样品经测定熔点冷却后又会转变为固态，由于结晶条件不同，会产生不同的晶型。同一化合物的不同晶型，其熔点往往不一样。因此，每次测熔点都应该使用新装样品的熔点管。

实验二十九　测定乙酸乙酯和丙酮的折射率

一、实验目的

1. 了解测定折射率的原理及阿贝折光仪的基本构造，掌握折射仪的使用方法。
2. 了解测定化合物折射率的意义。

二、实验原理

折射率是液体有机化合物的物理常数之一。通过测定折射率可以判断有机化合物的纯度，也可以用来鉴定未知物。

在不同介质中，光的传播速度是不相同的，当光从一种介质射入到另一种介质时，其传播方向会发生改变，这就是光的折射现象。根据折射定律，光线自介质 A 射入介质 B，其入射角与折射角的正弦之比和两种介质的折射率成反比，即

$$\frac{\sin\alpha}{\sin\beta}=\frac{n_B}{n_A}$$

若设定介质 A 为光疏介质，介质 B 为光密介质，则 n_B/n_A 大于 1。换句话说，折射角 β 必小于入射角 α，如图 4-16 所示。

如果入射角 $\alpha=90°$，即 $\sin\alpha=1$，则折射角为最大值（称为临界角，以 β_0 表示）。折射率的测定都是在空气中进行的，但仍可近似地视作在真空状态之中，即 $n_A=1$，故有

$$n=\frac{1}{\sin\beta_0}$$

因此，通过测定临界角 β_0，即可得到介质的折射率 n。通常，折射率用阿贝（Abbe）折光仪来测定，其工作原理就是基于光的折射现象。

由于入射光的波长、测定温度等因素对物质的折射率有显著影响，因而其测定值通常要标注操作条件。例如，在 20℃条件下，以钠光 D 线波长（589.3nm）的光线作入射光，所测得的四氯化碳的折射率为 1.4600，记为 n_D^{20} 1.4600。由于所测数据可读至小数点后第 4 位，精度高，重复性好，因而以折射率作为液态有机物的纯度标准甚至比沸点还要可靠。另外，温度与折射率呈反比关系，通常温度每升高 1℃，折射率将下降 $3.5\times10^{-4}\sim5.5\times10^{-4}$。为了方便起见，在实际工作中常以 4×10^{-4} 近似地作为温度变化常数。例如，

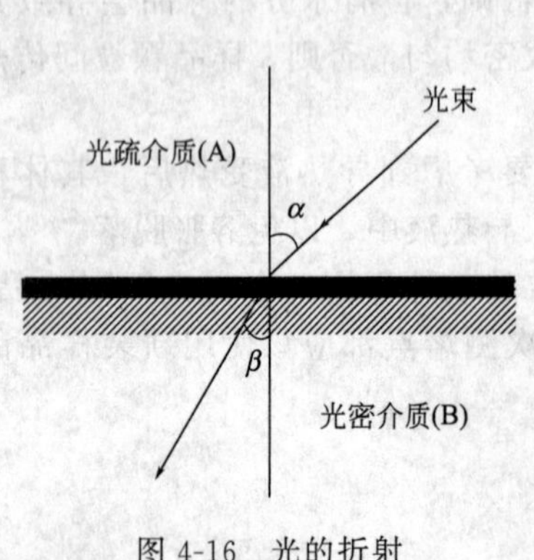

图 4-16　光的折射

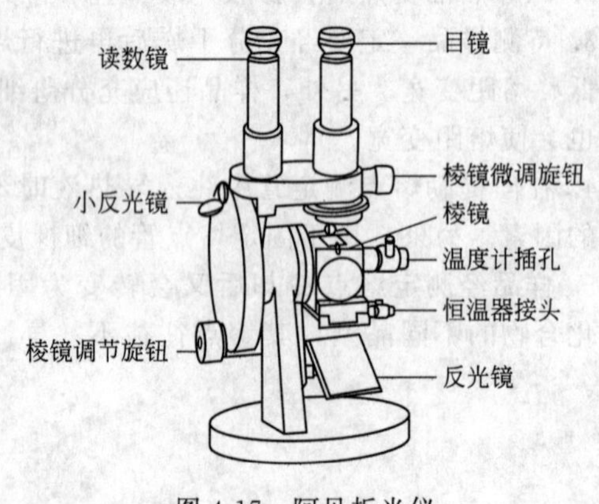

图 4-17　阿贝折光仪

甲基叔丁基醚在 25℃时的实测值为 1.3670，其校正值应为：

$$n_{\mathrm{D}}^{20}=1.3670+5\times4\times10^{-4}=1.3690$$

打开折光仪（如图 4-17 所示）的棱镜，先用镜头纸蘸丙酮擦净棱镜的镜面，然后加 1～2 滴待测样品于棱镜面上，合上棱镜。旋转反光镜，让光线入射至棱镜，使两个镜筒视场明亮。再转动棱镜调节旋钮，直至在目镜中可观察到半明半暗的图案。若出现彩色带，可调节消色散棱镜（棱镜微调旋钮），使明暗界线清晰。接着，再将明暗分界线调至正好与目镜中的十字交叉中心重合［如图 4-18(d) 所示］。记录读数及温度，重复两次，取其平均值。测定完毕，打开棱镜，用丙酮擦净镜面。

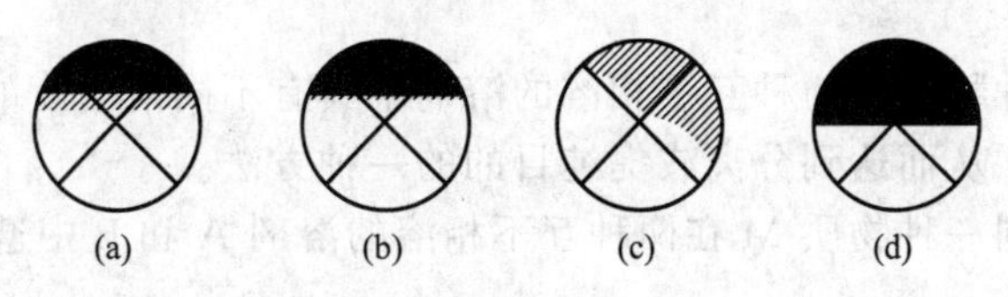

图 4-18　测定折射率时目镜中常见的图案

三、仪器与试剂

阿贝折光仪，小滴管，擦镜纸。

乙酸乙酯，丙酮。

四、实验内容

按实验原理中给出的方法，测定乙酸乙酯和丙酮的折射率。每种样品测定 2～3 次，记录数据，与文献值对照。

纯丙酮的沸点为 56.5℃，熔点为－94℃，n_{D}^{20}为 1.3588，d_4^{20}为 0.7899。

纯乙酸乙酯的沸点为 77.06℃，熔点为－83℃，n_{D}^{20}为 1.3723，d_4^{20}为 0.9003。

五、思考题

1. 测定有机化合物折射率的意义是什么？

2. 假定测得松节油的折射率为 $n_{\mathrm{D}}^{30}=1.4710$，在 25℃时其折射率的近似值应是多少？

六、实验指导

1. 由于阿贝折光仪设置有消色散棱镜，可使复色光转变为单色光，因此，可直接利用日光测定折射率，所得数据与用钠光时所测得的数据一样。

2. 要注意保护折光仪的棱镜，不可测定强酸或强碱等具有腐蚀性的液体。

3. 测定之前，一定要用镜头纸蘸少许易挥发性溶剂将棱镜擦净，以免其他残留液的存在而影响测定结果。

4. 如果测定易挥发性液体，滴加样品时可由棱镜侧面的小孔加入。

5. 在测定折射率时常见情况如图 4-18 所示，其中图 4-18(d) 是读取数据时的图案。

6. 如果读数镜筒内视场不明，应检查小反光镜是否开启。

实验三十 醋酸水溶液中醋酸的萃取

一、实验目的

1. 明确萃取法的基本原理。

2. 学会液液萃取操作方法。

二、实验原理

萃取是利用同一种物质在两种互不相溶的溶剂中具有不同溶解度的性质，将其从一种溶剂转移到另一种溶剂，从而达到分离或提纯目的的一种方法。

在一定温度下，同一种物质 M 在两种互不相溶的溶剂 A 和 B 中遵循如下分配原理：

$$K=\frac{m_{\mathrm{M}}/V_{\mathrm{A}}}{m'_{\mathrm{M}}/V'_{\mathrm{B}}}$$

式中，K 表示分配常数；$m_{\mathrm{M}}/V_{\mathrm{A}}$ 表示 M 组分在体积为 V 的溶剂 A 中所溶解的质量(g)；$m'_{\mathrm{M}}/V'_{\mathrm{B}}$表示 M 组分在体积为 V'的溶剂 B 中所溶解的质量（g)。

换句话说，物质 M 在两种互不相溶的溶剂中的溶解度之比，在一定温度下是一个常数。

上式也可以改写为：

$$K=\frac{m_{\mathrm{M}}}{m'_{\mathrm{M}}}\times\frac{V'_{\mathrm{B}}}{V_{\mathrm{A}}}$$

可见，当两种溶剂的体积相等时，分配常数 K 就等于物质 M 在这两种溶剂中的溶解度之比。显然，如果增加溶剂的体积，溶解在其中的物质 M 的量也会增加。

由以上公式还可以推出，若用一定量的溶剂进行萃取，分次萃取比一次萃取的效率高。当然，这并不是说萃取次数越多，效率就越高，一般以萃取 3 次为宜，每次所用萃取剂约相当于被萃取溶液体积的 1/3。

此外，萃取效率还与溶剂的选择密切相关。一般来讲，选择溶剂的基本原则是：对被萃取物质的溶解度较大；与原溶剂不相混溶；沸点低、毒性小。例如，从水中萃取有机物时常用氯仿、石油醚、乙醚、乙酸乙酯等溶剂；若从有机物中洗除其中的酸、碱或其他水溶性杂质，可分别用稀碱或稀酸或直接用水洗涤。

三、仪器与试剂

碱式滴定管，锥形瓶，吸量管，铁架台，滴定管夹，分液漏斗，铁圈，量筒，移液管。

冰醋酸，NaOH 溶液，乙醚，酚酞。

四、实验内容

1. 用移液管准确量取 10mL 冰醋酸与水的混合液（冰醋酸与水以 1∶19 的体积比相混合)，放入分液漏斗中。用 30mL 乙醚萃取（注意近旁不能有火)。加入乙醚后，按正确的操作振摇分液漏斗（注意放气)，如图 4-19 所示。平衡内外压力，重复操作 2～3 次，然后再用力振摇相当时间，使乙醚与醋酸水溶液充分接触，提高萃取率。

将分液漏斗置于铁圈上，当溶液分成两层后，小心转动活塞，放出下层水溶液于 50mL 锥形瓶内，加入 2～3 滴酚酞作指示剂，用 $0.2\mathrm{mol\cdot L^{-1}}$的氢氧化钠标准溶液滴定，记录用去氢氧化钠的体积（mL)。计算留在水中的醋酸的百分率。

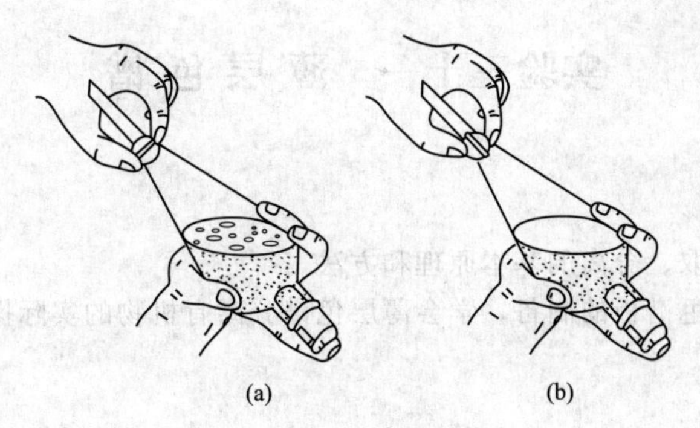

图 4-19 分液漏斗的放气方法

2. 用移液管准确量取 10mL 冰醋酸与水的混合液于分液漏斗中，用 10mL 乙醚同上法萃取，分去乙醚溶液。水溶液再用 10mL 乙醚萃取，再分出乙醚溶液后，水溶液仍用 10mL 乙醚萃取。这样共计 3 次。最后将用乙醚第三次萃取后的水溶液放入 50mL 锥形瓶内，用 $0.2mol \cdot L^{-1}$的氢氧化钠溶液滴定。计算留在水中的醋酸的百分率。

3. 数据记录和处理

列表记录各实验数据，并比较醋酸的萃取效率。

五、思考题

1. 如何使用分液漏斗？

2. 本实验中，乙醚的作用是什么？如何选择萃取剂？

3. 通过本实验，你得出的结论是什么？

六、实验指导

1. 所用分液漏斗的容积一般要比待处理的液体体积大 1～2 倍。在分液漏斗的活塞上应涂上薄薄一层凡士林，注意不要抹在活塞孔中。然后转动活塞使其均匀透明。在萃取操作之前，应先加入适量的水以检查活塞处是否滴漏。

2. 在使用低沸点溶剂（如乙醚）作萃取剂时，或使用碳酸钠溶液洗涤含酸液体时，应注意在振荡过程中要不时地放气。否则，分液漏斗中的液体易从上口塞处喷出。

3. 如果在振荡过程中，液体出现乳化现象，可以通过加入强电解质（如食盐）破乳。

4. 分液时，如果一时不知哪一层是萃取层，则可以通过再加入少量萃取剂来判断：若加入的萃取剂穿过分液漏斗中的上层液溶入下层液，则下层是萃取相；反之，则上层是萃取相。为了避免出现失误，最好将上下两层液体都保留到操作结束。

5. 在分液时，上层液应从漏斗上口倒出，以免萃取层受污染。

6. 如果打开活塞却不见液体从分液漏斗下端流出，首先应检查漏斗上口塞是否打开。如果上口塞已打开，液体仍然放不出，则应该检查活塞孔是否被堵塞。

实验三十一 薄层色谱

一、实验目的

1. 了解混合物提取、分离的基本原理和方法。
2. 掌握薄层色谱色谱板的制备，学会薄层色谱分离有机物的实际操作。

二、实验原理

天然产物中的某些有效成分可选择一定的溶剂来提取，提取液常是含有各种组分的混合液。黄杨、菠菜等叶子中已知含有β-胡萝卜素、叶绿素、叶黄素等多种组分，用乙醇可将这些组分提取出来。利用色层分离法可以在提取液中分离各种组分，先使用薄层色谱探索分离各组分的分离条件，然后利用这些条件在柱色谱中分离而得到各组分物。

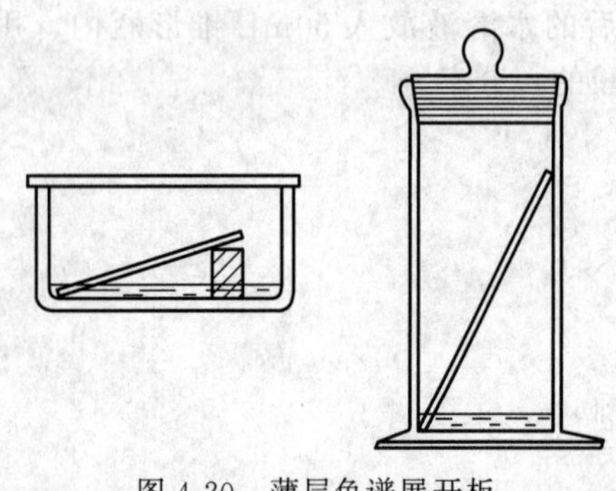

图 4-20 薄层色谱展开板

薄层色谱是将吸附剂均匀地铺在一块玻璃板表面上形成薄层（其厚度一般为 0.1～2mm），在此薄层上进行色谱分离的方法。见图 4-20。

由于吸附剂对不同组分的吸附能力强弱不同，对极性大的组分吸附力强，反之，则吸附力弱。因此当选择适当溶剂（被称之洗脱剂或展开剂）流过吸附剂时，组分便在吸附剂和溶剂之间发生连续的吸附和解析过程，经过一定时间，各组分便达到相互分离。

试样中各组分的分离效果可用其比移值 R_f 的差来衡量。R_f 值是某组分的色谱斑点中心到原点的距离与溶剂前沿到原点距离的比值，即 $R_f=a/b$（见图 4-21），R_f 值一般在 0～1 之间，其值大表示组分的分配比大，易随溶剂流下，且两组分的 R_f 值相差越大，则它们的分离效果就越好。

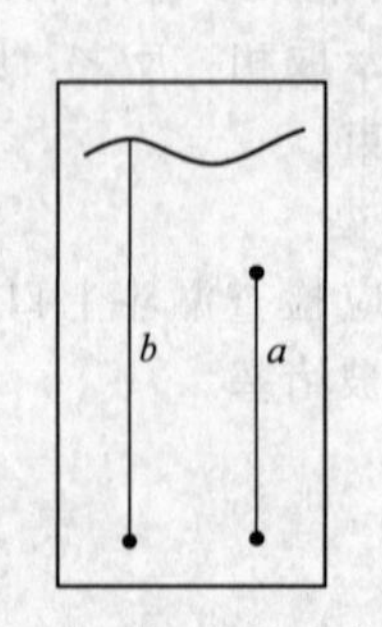

图 4-21 R_f 值确定方法

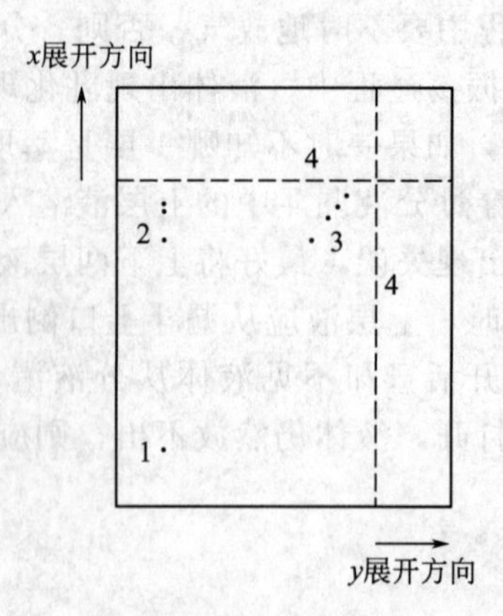

图 4-22 双向展开层析

1—点样点；2—一次展开色点；

3—二次展开色点；4—展开剂前沿线

薄层色谱所使用吸附剂和溶剂的性质直接影响试样中各组分的分离效果，应根据试样中组分的极性大小来选择活性合适的吸附剂，为了避免试样的组分在吸附剂上吸附过于牢固而不展开，致使保留时间过长，斑点扩散，对极性小的组分可选择吸附活性较高的吸附剂，对极性大的组分，可选择吸附活性较低的吸附剂。最常用的吸附剂是硅胶和氧化铝，颗粒大小要小于200目，硅胶略带酸性，适用于酸性和中性物质的分离，氧化铝略带碱性，适用于碱性和中性物质的分离，若有必要也可将碱性氧化铝转变成中性或酸性氧化铝，或把酸性硅胶转变成中性或碱性硅胶再用，除了硅胶和氧化铝之外，还可用纤维素粉、聚酰胺粉等作为吸附剂。

吸附剂所吸附试样的组分由洗脱剂在薄层中展开，选择一个合适的能有效分离各组分的洗脱剂是很不容易的。首先洗脱剂对欲分离组分的溶解度相差较大，这样当洗脱剂在薄层板上移动时，被溶解的组分亦跟着向上移动，若组分上移过快，则应选择极性较小的溶剂，若组分上移太慢，则应选择极性较强的溶剂。薄层色谱中通常使用的溶剂有石油醚、二氯甲烷、三氯甲烷、乙醚、乙酸乙酯、丙酮、乙醇、甲醇、水，其极性按序逐增。

在薄层色谱中，若各组分的 R_f 值相差很小，未能完全分离，可进行双向展开。其方法为在双向薄层板距底边和左侧皆为1cm处点样，画好对应的两条展开剂的前沿线，离点样点都是5cm，在第一次展开得到色点干燥后，再在另一方向进行第二次展开，这样可将色点分开（如图4-22所示）。

三、仪器与试剂

载玻片（2.5cm×8cm）4片，研钵2个，锥形瓶（100mL）1个，广口瓶（ϕ3.0cm×18cm）1个，烧杯（100mL）2个，玻璃漏斗1个，试管（10mL）1支，剪刀1把，量筒（10mL）1个，玻璃棒1支，胶头滴管1支。

菠菜，羧甲基纤维素钠，薄层色谱用硅胶，石油醚（bp：60～90℃），丙酮，乙醇（95%），大滤纸。

四、实验内容

1. 菠菜色素的提取

取1～2片洗净后用滤纸吸干的新鲜（或冷冻）的菠菜叶，用剪刀剪碎并与10mL石油醚-乙醇混合液（体积比3∶2）拌匀，在研钵中研磨约5min，然后用滴管吸出萃取液转移至小试管。

2. 薄层色谱定性分析

（1）薄层色谱板的制备

称取适量的羧甲基纤维素钠（CMC-Na），分次加入盛有70℃水的小烧杯中，配制15mL 0.5% CMC-Na水溶液。用玻璃漏斗下端塞脱脂棉过滤至小烧杯中，滤液煮沸1～2min。

将上述CMC-Na水溶液倒入研钵中，分批加入3.5g薄层色谱用硅胶，研磨0.5h。

取四块玻璃片，用研磨棒蘸取调制后的硅胶铺在玻璃片上，用手轻轻在玻璃片上来回摇振，注意要使硅胶分布均匀平滑。室温下晾干24h，在110℃活化1h，备用。

（2）展开剂的配制

用石油醚和丙酮按不同比例混合，得到不同极性的展开剂：如3∶1和1∶1。

（3）分离

用毛细点样管吸取少量色素溶液，将其滴在薄层板底边约1cm处。点样时点样管保持垂直，点样要尽量小而圆，点样时不要点破硅胶层，如样品浓度较稀，可重复点2～3次。点后晾干，同样点样4块薄层板。

薄层展开需在密闭的容器中进行，本实验在广口瓶中进行薄层展开。在广口瓶中分别装入配好的展开剂，展开剂装入高度约为0.5cm（此高度要小于载玻片上的点样高度）。将薄层板放入广口瓶中，瓶口加盖，注意点样的位置必须在展开剂液面之上。当展开剂上升到薄层板的3/4高度后，取出薄层板，用铅笔或小针标记展开剂到达的位置，晾干后，记录展开的各点的中心位置。计算各展开点的 R_f 值。

按上述方法测定色素样品在各种展开剂条件下各展开点的 R_f 值。确定分离出胡萝卜素、叶绿素a、叶绿素b、叶黄素的最佳展开剂。

实验结果和处理

展开剂				
胡萝卜素 R_f				
叶绿素a的 R_f				
叶绿素b的 R_f				
叶黄素的 R_f				

五、思考题

1. 色素浓缩液展开时，各个色素点的顺序是什么？结合各色素的分子结构解释这一顺序。

2. 薄层色谱中的 R_f 值有何意义？为什么使用 R_f 值时必须注明所用的展开剂系统？

3. 简述薄层色谱法的主要应用。

六、实验指导

1. 点样可用微量注射器，或微量吸管、毛细管。点样量一般在50μg之内，点样体积不宜超过20μL。样品液可直接点在薄层板的原点上。也可点在圆形滤纸片上（直径2～3mm），再把滤纸片小心地放在薄层板原点上，并加少许可溶性淀粉糊，使滤纸片粘牢在薄层板上。

2. 薄层色谱展开后，如果样品本身有颜色，就可直接看到斑点所在位置。若是无色物质，则需加以显色。可用显色剂显色，也可用紫外光显色。

实验三十二　从茶叶中提取生物碱

一、实验目的

1. 明确固-液萃取及升华原理。

2. 学习利用萃取和升华原理从茶叶中提取生物碱的方法。

二、实验原理

固体物质受热后不经熔融就直接转变为蒸气，该蒸气经冷凝又直接转变为固体，前一过程称为升华（后一过程称为凝华）。升华是纯化固体有机物的一种方法。利用升华不仅可以分离具有不同挥发度的固体混合物，而且还能除去难挥发的杂质。一般由升华提纯得到的固体有机物纯度都较高。但是，由于该操作较费时，而且损失也较大，因而升华操作通常只限于实验室少量物质的精制。

一般来说，无论是由固体物质直接挥发，还是由液体物质蒸发，所产生的蒸气只要是不经过液态而直接转变为固体，这一过程都称为升华。能够通过升华操作进行纯化的物质通常是那些在熔点温度以下具有较高蒸气压的固体物质。这类物质具有三相点，即固、液、气三相并存点。一种物质的熔点，通常指的是该物质的固、液两相在大气压下达到平衡时的温度；而某物质的三相点指的是该物质在固、液、气三相达到平衡时的温度和压力。在三相点以下，物质只有固、气两相。这时，只要将温度降低到三相点以下，蒸气就可不经液态直接转变为固态；反之，若将温度升高，则固态又会直接转变为气态。由此可见，升华操作应该在三相点温度以下进行。

将待升华物质研细后放置在蒸发皿中，然后用一张刺有许多小孔的滤纸覆盖在蒸发皿口上，并用一玻璃漏斗倒置在滤纸上面，在漏斗的颈部塞上一团疏松的棉花［如图4-23(a)所示］。用小火隔着石棉网慢慢加热，使蒸发皿中的物质慢慢升华，蒸气透过滤纸小孔上升，凝结在玻璃漏斗的壁上，滤纸面上也会结晶出一部分固体。升华完毕，可用不锈钢刮匙将凝结在漏斗壁以及滤纸上的结晶小心刮落并收集起来。通过循环水冷凝的办法可以提高升华的收率［如图 4-23(b) 所示］。

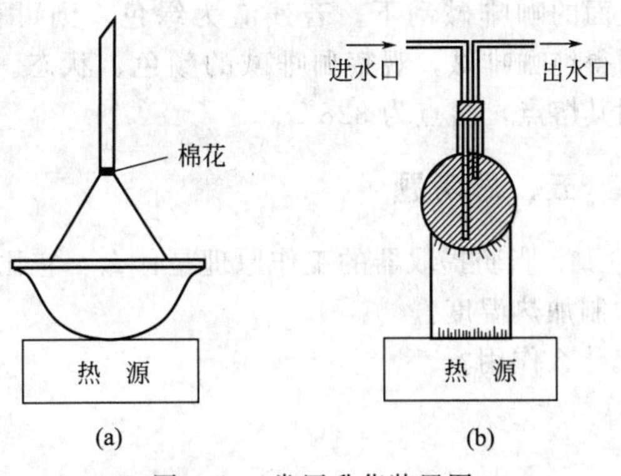

图 4-23　常压升华装置图

在实验室中，通常用索氏（Soxhlet）提取器（也称脂肪提取器）从固体中作连续提取操作（如图 4-24 所示）。其工作原理是通过对溶剂加热回流并利用虹吸现象，使固体物质连续被溶剂所萃取。此方法萃取效率高且节省溶剂。

茶叶中含有多种生物碱，其中以咖啡碱为主（占1%～5%），还有少量的茶碱和可可豆碱，此外还含有丹宁酸、纤维素、蛋白质等。

咖啡碱是杂环化合物嘌呤的衍生物，它的化学名称是1,3,7-三甲基-2,6-二氧嘌呤，其结构式为：

$$\begin{array}{ccccccc} & & O & & & CH_3 & \\ & & \| & & & | & \\ H_3C- & N & - C & - & C & - N & \\ & | & & & \| & & \searrow \\ & C & & & & & CH \\ & \| & & & & & \swarrow \\ O= & C & - N & - & C & = N & \\ & & | & & & & \\ & & CH_3 & & & & \end{array}$$

含结晶水的咖啡碱系无色针状晶体，味苦，在100℃失去结晶水并开始升华，180℃可升华为针状晶体。

咖啡碱是一种弱碱，具有兴奋中枢神经的作用，它能溶于水、酒精、乙醚、氯仿等。

三、仪器与试剂

脂肪提取器（一套），圆底烧瓶，蒸馏装置（一套），蒸发皿，铁架台，滤纸，量筒，台秤，玻璃棒等。

茶叶，生石灰，酒精，活性炭。

四、实验内容

称取茶叶6g放入索氏提取器的滤纸筒中，加入40mL 95%的乙醇，在平底烧瓶中加入20mL 95%乙醇，水浴加热回流提取，直到提取液颜色较浅时为止（约2.5h），待冷凝液刚刚虹吸下去时，立即停止加热。冷却后改用蒸馏装置进行蒸馏，待蒸出25～30mL乙醇溶液时停止蒸馏。把剩余的液体倒入蒸发皿中，加入2～3g生石灰，搅成浆状，在蒸汽浴上蒸干成粉状，然后移至石棉网上用酒精灯小火加热，焙烧片刻，去除水分。冷却后，在蒸发皿上盖一张刺有许多小孔且孔刺向上的滤纸，再在滤纸上罩一玻璃漏斗。用酒精灯大火加热，当纸上出现针状晶体时，暂停止加热，冷却片刻后，揭开漏斗和滤纸，将附在上面的咖啡碱刮下，若残渣为绿色，则可再次升华直至棕色为止。制得纯咖啡碱，观察咖啡碱的颜色、状态。合并几次升华的咖啡碱测其熔点，熔点为328℃。

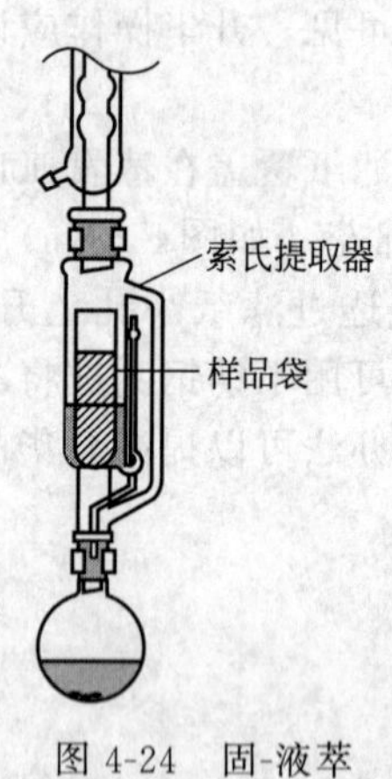

图4-24　固-液萃取装置

五、思考题

1. 脂肪提取器的工作原理是什么？它比一次浸煮有何好处？
2. 升华时为什么要控制加热温度？
3. 实验中，生石灰起什么作用？

六、实验指导

1. 待升华物质要经充分干燥，否则在升华操作时部分有机物会与水蒸气一起挥发出来，影响分离效果。

2. 在蒸发皿上覆盖一层布满小孔的滤纸，主要是为了在蒸发皿上方形成一温差层，使逸出的蒸气容易凝结在玻璃漏斗壁上，提高物质升华的收率。必要时，可在玻璃漏斗外壁上敷上冷湿布，以助冷凝。

3. 为了达到良好的升华分离效果，最好采取砂浴或油浴而避免用明火直接加热，使加热温度控制在待纯化物质的三相点温度以下。如果加热温度高于三相点温度就会使不同挥发性的物质一同蒸发，从而降低分离效果。

4. 注意滤纸桶的大小既要紧贴器壁，又能取放方便，其高度又不得超过虹吸管。

5. 茶叶纸包要严密，防止漏出茶末堵塞虹吸管。

6. 纸套上面要折成凹形，以保证回流液均匀浸润被萃取的茶叶，提高抽提效率。

7. 升华时要控制加热温度。

实验三十三　乙酸乙酯的制备

一、实验目的

1. 了解从有机酸合成酯的一般原理及方法。
2. 熟练掌握蒸馏、分液漏斗的使用等操作。

二、实验原理

羧酸与醇在酸的催化下作用生成酯和水的反应叫做酯化反应。

$$CH_3COOH + CH_3CH_2OH \xrightleftharpoons[110\sim120℃]{H_2SO_4} CH_3COOCH_2CH_3 + H_2O$$

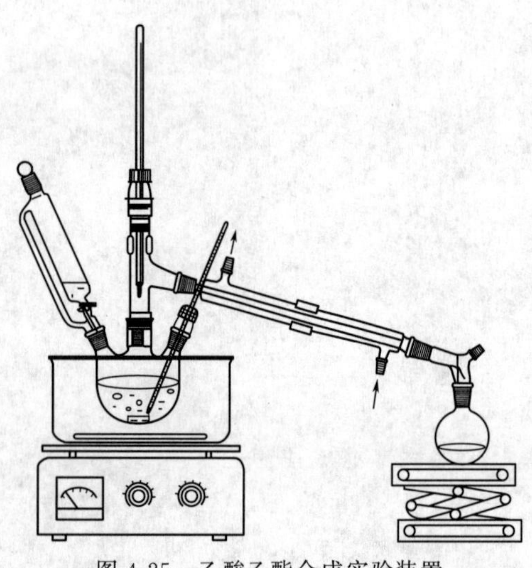

图 4-25　乙酸乙酯合成实验装置

酯化为可逆反应，升高温度与使用催化剂可加速反应达到动态平衡。当平衡达到后，酯的生成量就不再增多。为了提高产量，可以根据质量作用定律，增加反应物的浓度，或除去生成物以破坏平衡，使平衡向右进行。

本实验以浓硫酸作催化剂，加速达到平衡，使用过量醋酸，并用蒸馏装置，不断移去反应过程中生成的乙酸乙酯和水，使反应完全。实验装置如图 4-25 所示。

三、仪器与试剂

125mL 三颈烧瓶，150℃温度计，150mL 分液漏斗，直形冷凝管，接收管，50mL 锥形瓶，电热套。

95%乙醇，冰醋酸，浓硫酸，饱和碳酸钠溶液，饱和食盐水，饱和氯化钙溶液，无水硫酸钠，铁架台，蒸馏头，滴液漏斗，量筒。

四、实验内容

按图 4-25 装置进行实验。在 100mL 三颈瓶中放入 10mL 乙醇，在用冷水冷却的同时，一边振摇一边分批加入 5mL 浓硫酸，使混合均匀，加入几粒沸石，在烧瓶两侧的两口分别插入温度计和 60mL 滴液漏斗（其中已经分别加入 10mL 95%乙醇和 10mL 醋酸并混合均匀），温度计的水银球必须浸入液面以下距离瓶底 0.5～1cm 处，烧瓶的中间一口装一根与直形冷凝管相连接的蒸馏头，直形冷凝管通过一接引管与三角瓶相通。

将反应瓶在油浴上加热，当反应液温度升到 110～120℃时，开始通过滴液漏斗滴加混合液，控制滴加速度与蒸出液体的速度尽可能等同，并始终维持反应液温度在 110～120℃之间，滴加完毕后继续加热数分钟，直到反应液温度升高到 130℃时不再有液体馏出为止。

在馏出液中慢慢加入饱和碳酸钠溶液，边加边摇，直至不再有二氧化碳气体产生，然后将混合液移入分液漏斗，分去下层水溶液，酯层用 6mL·次$^{-1}$饱和食盐水洗涤 2～3 次，再用饱和氯化钙溶液 20mL 分两次洗涤。最后分去下层液体，酯层自漏斗上口倒入一干燥的三角烧瓶中，用无水硫酸钠干燥。

将干燥后的酯层进行蒸馏，收集 73～78℃的馏分，产率在 60％左右。

纯乙酸乙酯为无色而有香味的液体，沸点为 77.06℃，折射率为 1.3723。

五、思考题

1. 酯化反应有什么特点？在实验中如何创造条件促使酯化反应尽可能向生成物方向进行？

2. 实验中若采用醋酸过量的做法是否合适？为什么？

3. 实验有哪些可能副反应？蒸出的粗乙酸乙酯中主要有哪些杂质？如何除去？

4. 洗涤步骤的作用是什么？

六、实验指导

1. 若滴加速度太快则乙醇和乙酸可能来不及完全反应就随着酯和水一起蒸出，从而影响酯的收率。

2. 在馏出液中除了酯和水外，还含有未反应的少量乙醇和乙酸，也还有副产物乙醚。故必须用碱来除去其中的酸，并用饱和氯化钙溶液来除去未反应的醇。否则将影响酯的收率。

3. 当酯层用碳酸钠洗过后，若紧接着就用氯化钙溶液洗涤，有可能产生絮状的碳酸钙沉淀，使进一步分离变得困难，故在这两步操作之间必须水洗一下。由于乙酸乙酯在水中有一定的溶解度，为了尽可能减少由此而造成的损失，所以实际上用饱和食盐水来进行水洗

4. 乙酸乙酯与水或乙醇可分别生成共沸混合物，若三者共存则生成三元共沸物：

沸点/℃	组成/%		
	酯	乙醇	水
70.2	82.6	8.4	9.0
70.4	91.9	—	8.1
71.8	69.0	31.0	—

因此，酯层中的乙醇不除净或干燥不够时，由于形成低沸点的共沸混合物，从而影响到酯的产率。

5. 酸的用量为醇用量的 3％时即能起催化作用。当硫酸用量较多时，由于它同时又能起脱水作用而增加酯的产率。但硫酸用量过多时，由于高温时的氧化作用对反应反而不利。

6. 用油浴加热时，油浴的温度在 135℃左右。如果不采用油浴，也可改用在电热套上加热的方法，但必须控制反应液的温度不超过 120℃，否则将增加副产物乙醚的量。

实验三十四　己二酸的制备

一、实验目的

1. 了解用环己醇氧化制备己二酸的基本原理和方法。
2. 掌握电动搅拌器的使用方法及浓缩、过滤、重结晶等基本操作。

二、实验原理

己二酸是合成尼龙-66 的主要原料之一。以 $KMnO_4$ 作氧化剂，氧化环己醇而得到产品。

$$\text{环己醇(C}_6\text{H}_{11}\text{OH)} \xrightarrow{KMnO_4} \text{环己酮(C}_6\text{H}_{10}\text{=O)}$$

$$\text{环己酮} \xrightarrow{[O]} \xrightarrow{H^+} HOOC(CH_2)_4COOH\text{（白色结晶）}$$

三、仪器与试剂

搅拌器，烧杯（250mL、1000mL 各 1 个），温度计，吸滤瓶，铁架台，电热套，滤纸，量筒，台秤，布氏漏斗等。

环己醇，高锰酸钾，Na_2CO_3，亚硫酸钠，浓硫酸。

四、实验内容

称取 7.5g 碳酸钠溶于 50mL 水中配成溶液，与 5.2mL 环己醇混合后加入 1000mL 大烧杯中，开动搅拌器，在迅速搅拌下分批小量（6～10 批）地加入研细的 22.5g 高锰酸钾，加入时，控制反应温度在 45℃左右。加完后，继续搅拌，直至反应温度不再上升为止。然后在 50℃的水浴中加热并不断搅拌 0.5h，反应过程中，有大量二氧化锰沉淀产生（未反应的高锰酸钾用亚硫酸钠除去）。将反应混合物趁热抽滤，用 20mL 10%的碳酸钠溶液洗涤滤渣，在搅拌下，慢慢滴加硫酸，直到溶液呈强酸性，己二酸沉淀析出。冷却、抽滤、晾干。观察己二酸的颜色状态，称量产品，计算产率。

己二酸为白色结晶粉末，熔点 152℃，沸点 330.5℃，$d_4^{20}=1.366$

五、思考题

1. 为什么必须严格控制氧化反应的温度？
2. 用高锰酸钾作氧化剂，如何判断反应终点？
3. 本实验浓缩的目的是什么？

六、实验指导

1. 仪器安装要点

在安装电动搅拌装置时应做到：

（1）搅拌器的轴与搅拌棒在同一直线上。

（2）先用手试验搅拌棒转动是否灵活，再以低转速开动搅拌器，试验运转情况。

（3）搅拌棒下端位于液面以下，以离烧杯底部 3～5mm 为宜。

（4）温度计应与搅拌棒平行且伸入液面以下。

2. 操作要点

（1）$KMnO_4$ 要研细，以利于 $KMnO_4$ 充分反应。

（2）己二酸的制备反应大量放热，实验中应严格控制反应温度，稳定在 43～47℃之间为好。

（3）反应终点的判断：反应温度降至 43℃以下。用玻璃棒蘸一滴混合物，点在平铺的滤纸上，若无紫色存在表明已没有 $KMnO_4$。

（4）用热水洗涤 MnO_2 滤饼时，每次加水量为 5～10mL，不可太多。

（5）用硫酸酸化时，要慢慢滴加，酸化至 pH＝1～3。

（6）浓缩蒸发时，加热不要过猛，以防液体外溅。浓缩至 10mL 左右后停止加热，使其自然冷却、结晶。

3. 本实验的成败关键是反应温度的控制。

实验三十五　邻苯二甲酸二丁酯的制备

一、实验目的

1. 学习邻苯二甲酸二丁酯的制备原理和方法。
2. 学习分水器的使用方法。
3. 掌握减压蒸馏等操作。

二、实验原理

羧酸与醇或酚在无机或有机强酸催化下发生反应生成酯和水，这个过程称为酯化反应。常用的催化剂有浓 H_2SO_4、干燥的 HCl、有机强酸或阳离子交换树脂。在酯化反应中，如果参与反应的羧酸本身就具有足够强的酸性，例如甲酸、草酸等，那就可以不另加催化剂。

$$RCOOH + R'OH \xrightleftharpoons{H^+} RCOOR' + H_2O$$

酯化反应是一个可逆反应，当酯化反应达到平衡时，通常只有 65%左右的酸和醇生成酯。为了使反应有利于酯的生成，可以从反应物中不断移去产物酯或水，或者使用过量的羧酸或醇。至于究竟是用过量的酸还是过量的醇，取决于原料的性质及价格等因素。例如，在合成乙酸乙酯时，由于乙醇比乙酸便宜，因而加入过量的乙醇与乙酸反应。另外，为了除去反应中生成的水，通常采用共沸蒸馏法，即在酯化反应混合物中加入一些能与水共沸的有机溶剂，如苯、甲苯或氯仿等，通过蒸馏共沸物带出生成的水。如果酯的沸点比酸、醇及水的沸点还要低，则可采取不断蒸除酯的方法使平衡正向移动。例如在合成甲酸甲酯、乙酸乙酯时，就可以这样处理。

在三口烧瓶上配置油水分离器（如果酯的沸点比原料及水的沸点低，就不必安装油水分离器，可以直接采用蒸馏装置，边反应边将产物酯蒸出）和回流冷凝管（如图 4-26 所示）。

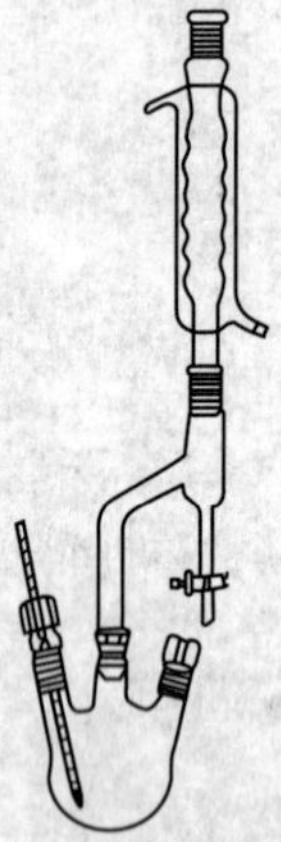

图 4-26　回流分水装置

邻苯二甲酸二丁酯一般以苯酐为原料来制备：

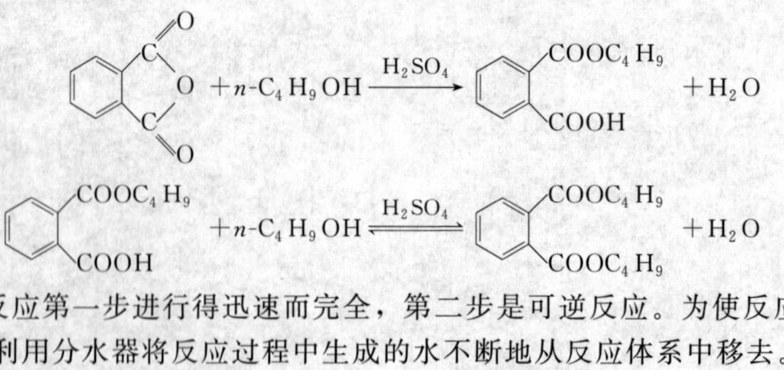

$$C_6H_4(CO)_2O + n\text{-}C_4H_9OH \xrightarrow{H_2SO_4} C_6H_4(COOC_4H_9)(COOH) + H_2O$$

$$C_6H_4(COOC_4H_9)(COOH) + n\text{-}C_4H_9OH \xrightleftharpoons{H_2SO_4} C_6H_4(COOC_4H_9)_2 + H_2O$$

反应第一步进行得迅速而完全，第二步是可逆反应。为使反应向生成二丁酯的方向进行，需利用分水器将反应过程中生成的水不断地从反应体系中移去。

三、仪器与试剂

三口烧瓶，温度计，分水器，回流冷凝管，克氏烧瓶，铁架台，电热套，分液漏斗，量筒，减压蒸馏装置。

邻苯二甲酸酐，正丁醇，浓 H_2SO_4，5%（质量分数）的 Na_2CO_3溶液，饱和食盐水。

四、实验内容

在 100mL 三口烧瓶的侧口配一软木塞插入一支温度计，它的水银球应位于离烧瓶底

0.5～1cm 处。烧瓶的中间口通过分水器与回流冷凝管相接。从烧瓶的另一侧口加入 5.9g (0.04mol) 邻苯二甲酸酐以及由 12.6mL(0.12mol) 正丁醇和 0.2mL(约 5～8 滴) 浓 H_2SO_4 均匀混合而配成的溶液。封闭侧口并在分水器中加入正丁醇直至与支管口相平，然后用小火隔石棉网加热。

待邻苯二甲酸酐固体消失后，很快就有正丁醇-水的共沸物蒸出，并可看到有小水珠逐渐沉到分水器的底部，丁醇则仍到反应瓶中继续参与反应。随着反应的进行，瓶内的液温缓慢上升，当温度升到 140℃时便可停止反应。反应时间约需 2h。

当反应液冷却到 70℃以下时，将其移入分液漏斗中，用 20～30mL 5%的 Na_2CO_3 溶液中和，然后用温热的饱和食盐水洗涤 2～3 次使之呈中性。将洗涤过的油层倒入 60mL 克氏烧瓶中，先在水泵减压下蒸去过量的正丁醇，最后在油泵减压下收集 180～190℃/1333Pa (10mmHg) 的馏分，观察邻苯二甲酸二丁酯的颜色状态，以酸酐计算产率。

纯邻苯二甲酸二丁酯为无色油状液体，沸点为 340℃，折射率 (n_D^{20}) 为 1.4911。

五、思考题

1. 丁醇在 H_2SO_4 存在下加热至高温时，可能发生哪些反应？H_2SO_4 用量过多会有什么不良影响？

2. 本实验为什么要使用分水器？

3. 产品产率如何计算？

4. 减压蒸馏操作中，应注意哪些问题？

5. 你如何确定产品纯度？

六、实验指导

1. 可根据收集水的体积来判断反应终点，不过，水的实际收集量要比理论计算值高，因为水常以共沸物形式蒸出，故应以等量水所形成的相应共沸物体积来判断反应终点。也可通过观察油水分离器中是否有水珠继续下沉来判断终点。

2. 如果水和酯分层困难，可以加入饱和食盐水洗涤。

3. 中和时温度不宜超过 70℃，碱的浓度也不宜过高，也不宜使用 NaOH，否则，易发生酯的皂化反应。用饱和食盐水代替水来洗涤有机层，一方面是为了尽可能地减少酯的损失，另一方面也是为了防止在洗涤过程中发生乳化现象，而且这样处理后不必进行干燥即可接着进行下一步的操作。

4. 正丁醇与水的共沸混合物组成为 55.5%正丁醇与 44.5%水，沸点为 93℃。共沸混合物冷凝时分为两层：上层是正丁醇（含水 20.1%），它由分水器上部回流到反应瓶中；下层是水（含正丁醇 7.7%）。

5. 邻苯二甲酸二丁酯在酸性条件下，当温度超过 180℃时易发生分解反应：

$$C_6H_4(COOC_4H_9)_2 \xrightarrow[180℃]{H^+} C_6H_4(CO)_2O + 2CH_2{=}CHCH_2CH_3 + H_2O$$

6. 减压蒸馏原理及装置

液体化合物的沸点与外界压力有密切的关系。当外界压力降低时，使液体表面分子逸出而沸腾所需要的能量也会降低。换句话说，如果降低外界压力，液体沸点就会随之下降。例如，苯甲醛在常压下的沸点为 179℃/101.3kPa (760mmHg)，当压力降至 6.7kPa

(50mmHg) 时，其沸点已降低到95℃。通常，当压力降低到2.67kPa(20mmHg) 时，多数有机化合物的沸点要比其常压下的沸点低100℃左右。沸点与压力的关系可近似地用图4-27推出。

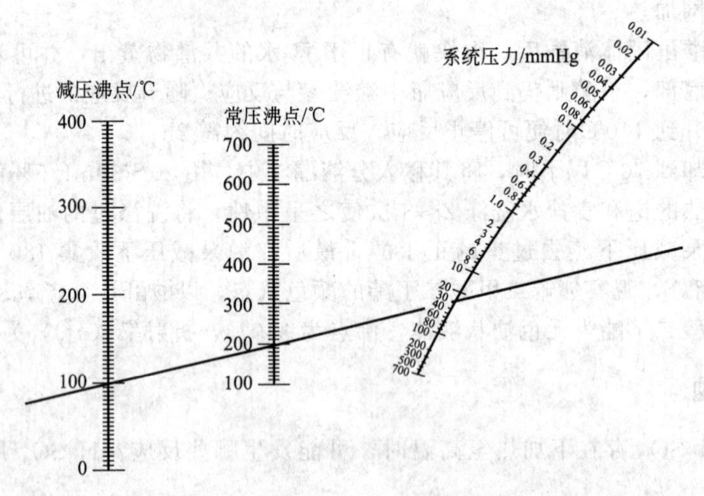

图 4-27　液体在常压和减压下的沸点近似关系图（1mmHg≈133Pa）

例如，某一化合物在常压下的沸点为200℃，若要在4.0kPa(30mmHg) 的减压条件下进行蒸馏操作，那么其蒸出沸点是多少呢？首先在图4-27中常压沸点刻度线上找到200℃标示点，在系统压力曲线上找出4.0kPa(30mmHg) 标示点，然后将这两点连接成一直线并向减压沸点刻度线延长相交，其交点所示的数字就是该化合物在4.0kPa(30mmHg) 减压条件下的沸点，即100℃。在没有其他资料来源的情况下，由此法所得估计值对于实际减压蒸馏操作还是具有一定参考价值的。

通常，减压蒸馏系统由蒸馏装置、安全瓶、气体吸收装置、缓冲瓶及测压装置组成。在进行减压蒸馏操作时，依次装配蒸馏烧瓶、克氏蒸馏头、冷凝管、真空接引管及接收瓶，以玻璃漏斗将待蒸馏物质注入蒸馏烧瓶中，配置毛细管，使毛细管尽量接近瓶底（如图4-28所示）。

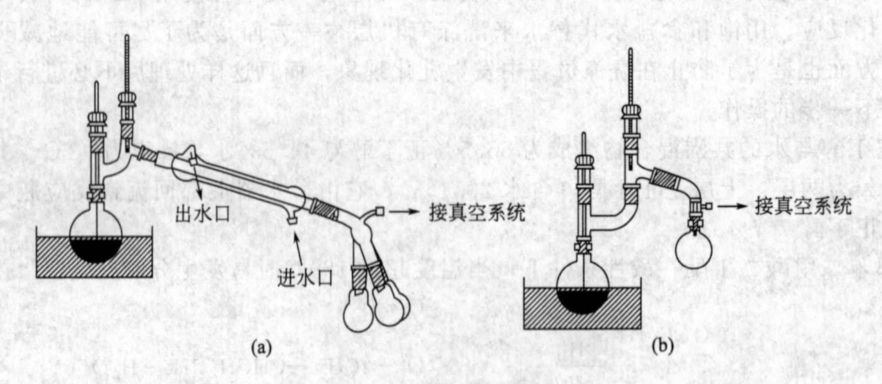

图 4-28　减压蒸馏装置

将真空接引管用厚壁真空橡皮管依次与安全瓶、冷却阱、真空计、气体吸收塔、缓冲瓶及油泵相连接（如图4-29所示)。冷却阱可置于广口保温瓶中，用液氮或冰-盐冷却剂冷却。

先打开安全瓶上的活塞，使体系与大气相通。然后开启油泵抽气，慢慢关闭安全瓶上的旋塞，同时注意观察压力计读数的变化。通过小心旋转安全瓶上的旋塞，使体系真空度调节

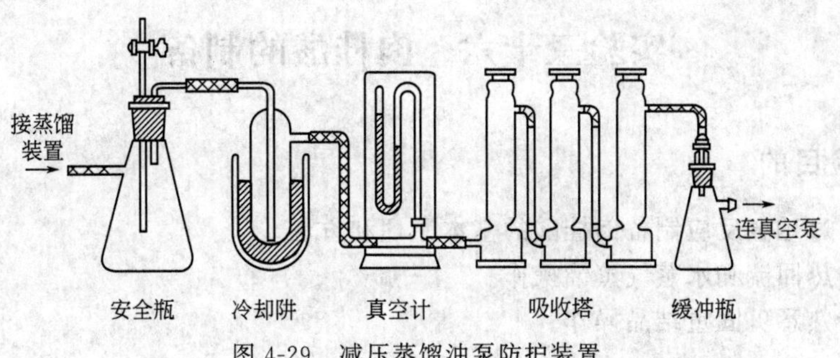

图 4-29　减压蒸馏油泵防护装置

至所需值。

接通冷凝管上的冷凝水，开始用热浴液对蒸馏烧瓶加热，通常浴液温度要高出待蒸馏物质减压时的沸点 30℃左右。蒸馏速度以每秒 1～2 滴为宜。当有馏分蒸出时，记录其沸点及相应的压力读数。如果待蒸馏物中有几种不同沸点的馏分，可通过旋转多头接引管收集不同的馏分。

蒸馏结束后，停止加热，慢慢打开安全瓶上的旋塞，待系统内外的压力达到平衡后，关闭油泵。

实验三十六　肉桂酸的制备

一、实验目的

1. 了解通过珀金反应制备肉桂酸的基本原理和方法。
2. 掌握加热回流和水蒸气蒸馏操作。
3. 进一步熟悉巩固重结晶操作。

二、实验原理

在碱性催化剂作用下，芳香醛和酸酐会发生缩合反应，生成 α,β-不饱和芳香酸，此反应称作珀金（Perkin）反应。在珀金反应中，碳负离子产生于酸酐，因而所用的碱性催化剂必须以不与酸酐发生反应为前提，通常采用的碱是与酸酐结构相应的羧酸钠盐或钾盐或者采用叔胺。例如，在无水醋酸钾催化下苯甲醛和醋酸酐发生缩合，生成肉桂酸。其反应机理如下：

$$CH_3\overset{O}{\overset{\|}{C}}-O^- + CH_3\overset{O}{\overset{\|}{C}}-O-\overset{O}{\overset{\|}{C}}CH_3 \rightleftharpoons CH_3\overset{O}{\overset{\|}{C}}-OH + \bar{C}H_2\overset{O}{\overset{\|}{C}}-O-\overset{O}{\overset{\|}{C}}CH_3$$

$$C_6H_5CHO + \bar{C}H_2C(O)OC(O)CH_3 \rightleftharpoons C_6H_5CH(O^-)CH_2C(O)OC(O)CH_3 \underset{}{\overset{CH_3\overset{O}{\overset{\|}{C}}-OH}{\rightleftharpoons}} C_6H_5CH(OH)CH_2C(O)OC(O)CH_3$$

$$\xrightarrow{-H_2O} C_6H_5CH=CHC(O)OC(O)CH_3 \xrightarrow[\text{② HCl}]{\text{① } Na_2CO_3} C_6H_5CH=CHCOOH + CH_3\overset{O}{\overset{\|}{C}}-OH$$

因为催化剂碱性较弱，故而反应时间较长，反应温度也比较高。由于缩合产物在高温下易发生脱羧反应，从而导致收率不高。珀金反应尽管有些不足，但是由于所用原料价廉易得，因而在工业上仍具应用价值。

三、仪器与试剂

圆底烧瓶，温度计，滴液漏斗，冷凝管，接引管，锥形瓶，铁架台，电热套，滤纸，量筒，台秤，水蒸气蒸馏装置，吸滤瓶，布氏漏斗等。

苯甲醛，乙酸酐，无水乙酸钾，Na_2CO_3，活性炭，浓盐酸，刚果红试纸。

四、实验内容

在 100mL 圆底烧瓶中加入 3g 无水乙酸钾粉末、5.5mL 乙酸酐和 3mL 新蒸馏过的苯甲醛及几粒沸石，装上回流冷凝管，在石棉网上加热回流 1.5～2h，此时反应液的温度保持在 150～170℃之间。

将反应液趁热倒入盛有 25mL 水的 250mL 圆底烧瓶内，用 20mL 水分三次洗涤反应瓶，洗涤液一起并入 250mL 烧瓶中，一边充分摇动烧瓶，一边慢慢加入饱和 K_2CO_3 溶液，直到混合物呈弱碱性，然后进行水蒸气蒸馏至馏出液无油珠状为止。

在上述圆底烧瓶中加入少量活性炭，装上回流冷凝管，回流10min，趁热过滤，将滤液冷却至室温，小心地用浓盐酸酸化至刚果红试纸变蓝。再用冷水浴冷却，抽滤，用少量冷水洗涤沉淀，干燥后称重。观察肉桂酸的颜色状态，计算产率。（产量为2～2.5g，粗品可用水或30%乙醇重结晶。）

纯肉桂酸（反式）为白色片状晶体，熔点133℃，沸点300℃，$d_4^{20}=1.245$。

五、思考题

1. 在制备中，回流完毕后加入Na_2CO_3，使溶液呈碱性，此时溶液中有几种化合物？各以什么形式存在？

2. 为什么不能用NaOH代替Na_2CO_3来中和水溶液？

3. 用水蒸气蒸馏除去什么？能不能不用水蒸气蒸馏？

六、实验指导

1. 无水乙酸钾需要重新烘焙，方法是：将含水乙酸钾放入蒸发皿中加热，先在自身的结晶水中溶化，水分蒸发后又结成固体，再猛烈加热使其熔融，不断搅拌，趁热倒在金属上，冷却后研碎，放入干燥器中待用。

2. 所用苯甲醛及乙酸酐必须在实验前进行重新蒸馏，苯甲醛收集170～180℃的馏分，乙酸酐收集137～140℃的馏分。

3. 加入活性炭的作用是脱色。

4. 酸化后一定要冷却，晶体全部析出后才能抽滤。

5. 水蒸气发生器与烧瓶之间的连接管路应尽可能短，以减少水蒸气在导入过程中的热损耗。

6. 加热回流装置（如图4-30所示）。

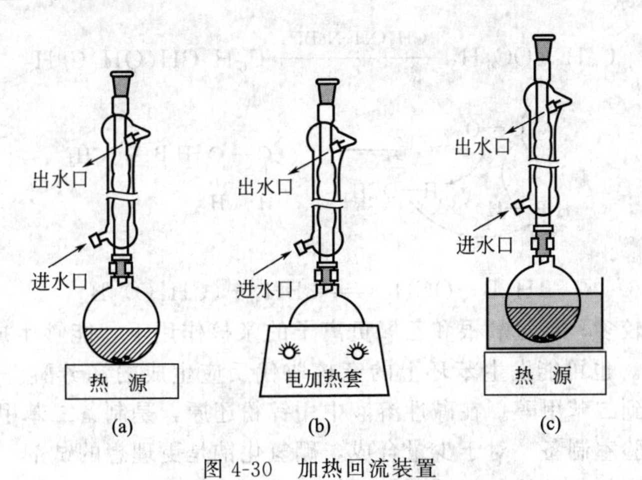

图4-30　加热回流装置

实验三十七　二苯甲醇的制备

一、实验目的

1. 了解酮还原制备醇的反应机理。

2. 掌握加热回流、重结晶等基本单元操作，学会利用还原剂由酮类化合物制备醇类化合物的方法。

二、实验原理

1. 锌粉还原

$$C_6H_5COC_6H_5 \xrightarrow[\triangle]{Zn+NaOH} C_6H_5CH(OH)C_6H_5$$

$$2NaOH + Zn \xrightarrow{\triangle} Zn^{2+}(H^-)_2$$

$$Ph_2C{=}O + Zn^{2+}(H^-)_2 \longrightarrow Ph_2CHOH$$

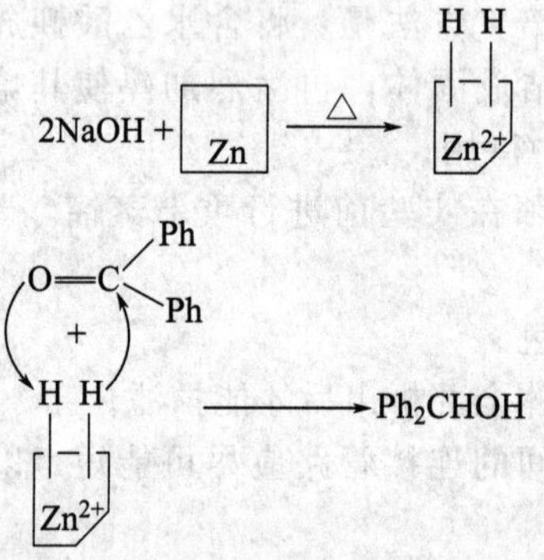

2. 硼氢化钠还原

$$C_6H_5COC_6H_5 \xrightarrow{CH_3OH,NaBH_4} C_6H_5CH(OH)C_6H_5$$

$$>C{=}O + H_3\bar{B}{-}H + H{-}OCH_3 \longrightarrow >CH{-}OH + H_3\bar{B}{-}OCH_3$$

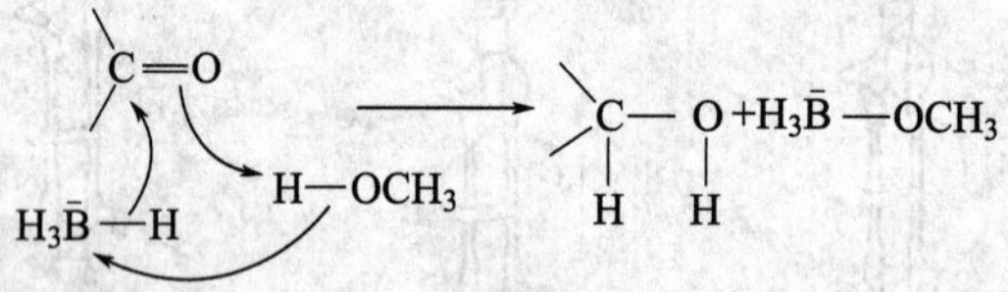

$$4H_3\bar{B}{-}OCH_3 \rightleftharpoons 3\bar{B}H_4 + (CH_3O)_4\bar{B}$$

该反应副反应较多，在氢氧根和乙氧负离子的亲核作用下，能够生成 $PhC(OH)_2Ph$ 和 $Ph_2C(OH)OC_2H_5$，也可能发生苯环上的亲核取代反应生成酚和芳醚。二苯酮可以通过多种还原剂还原，得到二苯甲醇。在碱性溶液中用锌粉还原，是制备二苯甲醇的常用方法，适用于中等规模的实验室制备；对于少量合成，硼氢化钠是更理想的试剂。硼氢化钠是一个选择性地将醛酮还原为相应醇的负氢试剂，它操作方便，反应可在醇溶液中进行，1mol 硼氢化钠理论上能还原 4mol 醛酮。

三、仪器和试剂

三口烧瓶，温度计，球形冷凝管，铁架台，电热套，滤纸，圆底烧瓶，量筒，台秤，搅拌器等。

二苯酮，锌粉，氢氧化钠，95%乙醇，浓盐酸，60～90℃石油醚。

四、实验内容

1. 锌粉还原法

（1）在装有冷凝管的100mL的三颈瓶中见图4-31，依次加入3.0g（0.076mol）NaOH、2.79g（15.3mmol）$C_6H_5COC_6H_5$（mp：48.5℃，bp：305.4℃/760mmHg）、3.0g（0.046mol）Zn粉和30mL 95%的乙醇。

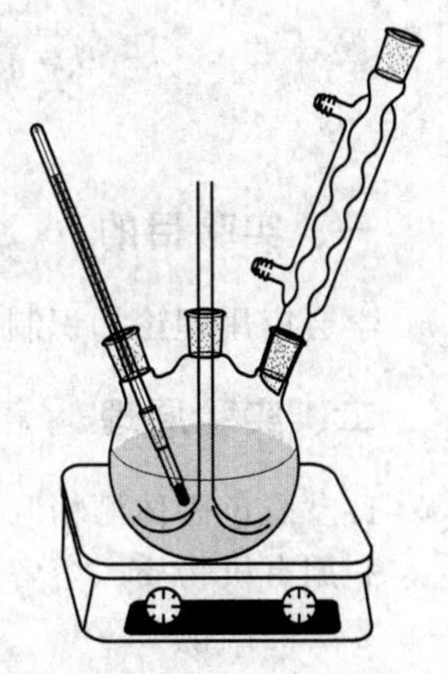

图4-31　带电动搅拌的回流装置

（2）充分振摇（电动搅拌），反应微微放热，约30min后，在80℃的水浴上加热搅拌2h，使反应完全（多数情况下，在加热40min左右体系开始变成棕黄色或棕色）。

（3）冷却，减压抽滤，固体用少量乙醇洗涤。滤液倒入150mL事先用冰水浴冷却的水中，摇荡混匀后用浓盐酸小心酸化（约5mL），使溶液的pH值为5～6，减压抽滤析出固体。粗产物在空气中晾干。

（4）晾干后的粗产物在60～90℃用适量石油醚（根据制备的粗产物的量来定）重结晶，干燥，得二苯甲醇（无色针状晶体，mp：69℃）。鉴于二苯甲醇很难溶于石油醚，改用石油醚：无水乙醇＝3：1的混合溶液进行重结晶。

2. 硼氢化钠还原法

（1）在装有回流冷凝管的100mL圆底烧瓶中，加入3.66g（20.08mmol）二苯酮和16mL甲醇，摇动使其溶解。

（2）迅速称取0.46g（12.2mmol）硼氢化钠加入瓶中，摇动使其溶解。反应物自然升温至沸，然后室温下放置20min，并不时振荡。

（3）加入6mL水，在水浴上加热至沸，保持5min。冷却，析出结晶。抽滤，粗品干燥后用石油醚（沸程60～90℃，每克粗品约需3mL石油醚）重结晶。

五、思考题

1. 用硼氢化钠还原，反应后加水并加热至沸的目的是什么？

2. 锌粉还原法中，为什么要电动搅拌？为什么要用水浴加热？温度为什么要控制在80℃，高点或低点如何？为什么要减压抽滤？滤液为什么要倒入事先用冰水浴冷却的水中？

六、实验指导

1. 采用硼氢化钠还原法，实验开始前应干燥仪器。

2. 可用硼氢化钠或氢化锂铝负氢还原剂还原，也可用其他一些还原剂，如过渡金属催化氢化，乙硼烷还原，醇铝还原等。

硼氢化钠或氢化锂铝负氢还原剂是比Zn＋ROH强的还原剂，在操作上，前者形成了均相溶液，不用过滤；后者仍有部分金属锌还原剂未溶解，需要过滤除掉。另外，后者在碱性条件下进行，需要用酸中和才能析出产物结晶。

实验三十八 “小化工”产品的制作

一、实验目的

学会应用理论知识制备与日常生活紧密相关的“小化工”产品。

二、实验原理

1.“彩色固体酒精”

利用有机物质“溶解度性质”的变化来实现固体酒精制作。

2.“凸凹镜”

根据银镜反应性质，实现“凸凹镜”的制作。

$$CH_2OH(CH_2OH)_4CHO+[Ag(NH_3)_2]OH+H_2O \longrightarrow CH_2OH(CH_2OH)_4COONH_4+Ag\downarrow$$

3.“香味肥皂”

利用有机化学“皂化反应”实现“香味肥皂”的制作。

三、仪器和试剂

加热回流装置，搅拌器，烧杯，量筒，三颈瓶，铁架台，电热套，量筒，台秤，滴液漏斗，抽滤装置，模具，表面皿等。

工业酒精，硬脂酸，氢氧化钠，纯碱，植物油，葡萄糖，硝酸银等。

四、实验内容

1. 制作“彩色固体酒精”

方法一

(1) 原料与配方　工业酒精 50mL，硬脂酸 4.5g，氢氧化钠 1.5g。

(2) 制作方法　将 50mL 工业酒精分成两份，分别加入 4.5g 硬脂酸和 1.5g 氢氧化钠。加入氢氧化钠的酒精溶液需先用 12mL 水溶解 NaOH，混合液转移至滴液漏斗中备用。

酒精与硬脂酸混合物在水浴中加热回流至 60～70℃，并连续搅拌，至全部溶解。

慢慢滴入酒精与 NaOH 混合液，保持水浴 10～15min，使反应完全，移去水浴，待物料稍冷停止回流。然后趁热灌装到模具中，待冷却后形成半透明固体，点燃试烧。

加入少量色料可制作各种颜色的“彩色固体酒精”。

方法二

将纯碱制成热的饱和溶液，将醋精慢慢加入碳酸钠溶液中（醋酸与碳酸钠反应生成什么），直到不再产生气泡为止。将所得溶液蒸发制成饱和溶液（如何判断溶液的饱和性），在溶液中慢慢加入酒精（找出最佳用量）。注意：一开始酒精会剧烈沸腾，需慢慢倒入酒精。灌注到成型的模具中，待溶液冷却后即成为固体酒精燃料。点燃试烧。

2. 制作“凸凹镜”

(1) 配制溶液

溶液	$AgNO_3$	NaOH	葡萄糖	$SnCl_2$
浓度	2%	5%	2%	10%

（2）银氨溶液

在 2% $AgNO_3$ 溶液中滴加浓氨水，边滴边搅拌，直到析出的沉淀恰好溶解为止。

（3）镀银用玻璃洗涤

先把玻璃用肥皂水洗净，自来水冲洗，蒸馏水冲洗。再用 10% $SnCl_2$ 溶液倒在板上均匀地展开，放置 5min 然后用蒸馏水洗涤，最后干燥后用于实验。

（4）形成银镜

放好凸凹玻璃板，按 5∶1（银氨液∶葡萄糖液）混合液倒入在玻璃板上，过一段时间便形成光亮的银镜。

3. 制作“香味肥皂”

在一个小烧杯中加入 40mL 植物油，40mL 30%氢氧化钠溶液和 25mL 醇，并将小烧杯置于盛水的大烧杯中，加热大烧杯，同时搅拌小烧杯中的溶液。20min 后取出小烧杯，直接加热，至溶液变成奶油般的糊状物，向其中加入 40mL 热的氯化钠饱和溶液（如何配制?）并搅拌，这一步操作称“盐析”，静置，冷却，将混合物上层固体取出并用水洗净，加入适量香精，灌入皂模中压紧成型，将所得固体造型并与普通香皂进行比较。

五、思考题

1. 查阅相关文献，总结其他制作固体酒精的试验方法。
2. 说一说银镜反应在日常生活中的应用。
3. 小结肥皂制作工艺流程。

六、实验指导

1. 配制 $SnCl_2$ 溶液，要先在稀盐酸中溶解，而后用蒸馏水稀释制得（为什么）。
2. 银氨溶液要现用现配，浓氨水切莫过量（形成 AgONC，易爆炸）。
3. 蒸馏水冲洗玻璃是为除去自来水中阻碍银镜生成的 K^+、Ca^+、Mg^{2+}。10% $SnCl_2$ 溶液洗涤能改善银均镀在玻璃板上的效果。

实验三十九　典型有机物的定性鉴别

一、实验目的

1. 学会配制多种溶液。

2. 用所学有机化学理论知识设计有机物定性鉴别的方案及方案的实施应用。

二、实验原理

1. 碘仿反应

5 滴试样中加 1mL I_2-KI 溶液，再加 5%NaOH 溶液，至碘的颜色消失，反应液呈微黄色为止（若无沉淀，可放入 60℃水浴中加热几分钟，取出冷却后，再观察颜色）。碱不能过量，否则碘仿分解。

$$R-COCH_3 \xrightarrow[NaOH]{I_2} RCOONa + CHI_3\downarrow$$

$$CHI_3 + 4NaOH \longrightarrow H-\overset{\overset{\displaystyle O}{\|}}{C}-ONa + 3NaI + 2H_2O$$

2. 双缩脲反应

双缩脲反应指具有两个或两个以上肽键的化合物在碱性条件下与 Cu^{2+} 反应，生成红紫色的配合物。所有的蛋白质均有此显色反应。双缩脲试剂就是指能与具有两个以上肽键的化合物发生红紫色显色反应的试剂，它是 NaOH 和 $CuSO_4$ 两种溶液。在实验过程中，先在含蛋白质的溶液中加入等体积的 NaOH 溶液，混合均匀后，再滴几滴 $CuSO_4$ 溶液（量较少）。即先后加入 NaOH 和 $CuSO_4$ 溶液。如果在 NaOH 中滴几滴 $CuSO_4$ 溶液混合后，再加入到含蛋白质的溶液中，混合液中就没有 Cu^{2+}，显色反应就不会发生。

在干净试管中放入 0.3g 尿素，用小火加热，出现熔融物继续加热，最后凝结成白色固体（双缩脲）。待试管稍冷后加 2mL 热水，并用玻璃棒搅拌，将上层溶液转移到另一试管中，然后先滴加 3 滴 10%NaOH 溶液，再加 1 滴 2%$CuSO_4$ 溶液进行鉴别。

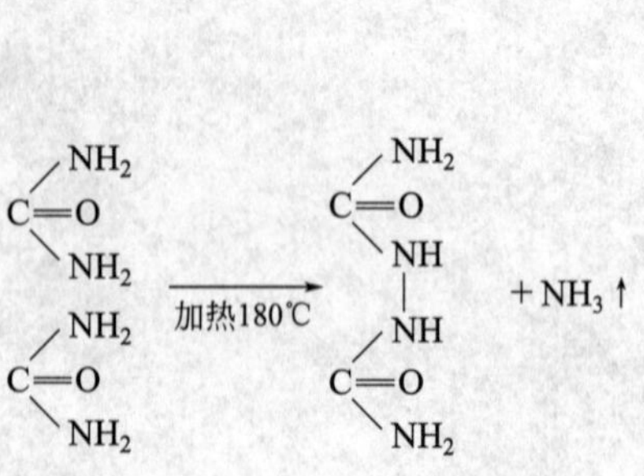

$$2\,H_2N-\overset{\overset{\displaystyle O}{\|}}{C}-NH_2 \xrightarrow{加热180℃} H_2N-\overset{\overset{\displaystyle O}{\|}}{C}-NH-NH-\overset{\overset{\displaystyle O}{\|}}{C}-NH_2 + NH_3\uparrow$$

双缩脲

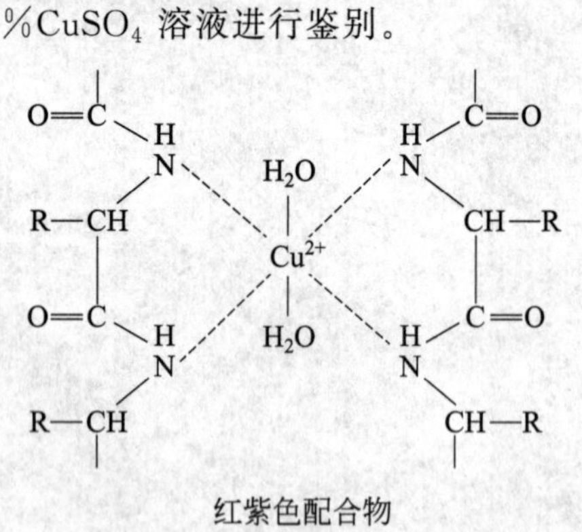

红紫色配合物

3. 羟肟酸铁反应

羧酸衍生物能与羟胺反应生成羟肟酸，羟肟酸与三氯化铁在弱酸性溶液中能生成紫色或深红色的可溶性羟肟酸铁，由此可以鉴别羧酸衍生物。

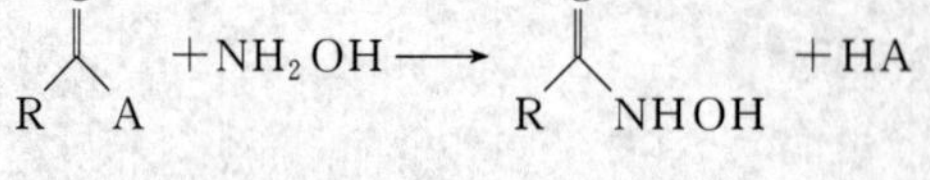

$$R-\overset{\overset{\displaystyle O}{\|}}{C}-A + NH_2OH \longrightarrow R-\overset{\overset{\displaystyle O}{\|}}{C}-NHOH + HA$$

$$3\ \mathrm{R{-}C({=}O){-}NHOH} + FeCl_3 \longrightarrow (\mathrm{R{-}C({=}O){-}NHO})_3Fe + 3HCl$$

有机化学中重要的鉴别反应列于表4-1中。

表4-1　有机化学中重要的鉴别反应

所用试剂	被鉴别物质	反应现象
Br_2 水(或 Br_2/CCl_4 溶液)	烯、炔、环丙烷、环丁烷、苯酚、苯胺、乙酰乙酸乙酯等	红棕变无色　苯酚、苯胺:白色沉淀
$KMnO_4$ 水溶液	烯、炔	棕褐色 MnO_2 沉淀
$KMnO_4$ 酸性溶液	甲酸、伯、仲醇、醛、草酸、烷基苯(含 α-H)	紫红色褪
硝酸银的氨溶液	$HC{\equiv}CH$,$R{-}C{\equiv}CH$、$C_6H_5{-}C{\equiv}CH$ 醛,甲酸,还原糖,环状半缩醛	炔　白色沉淀 醛,甲酸,还原糖,环状半缩醛　加热出现银镜
氯化亚铜氨溶液	$HC{\equiv}CH$、$R{-}C{\equiv}CH$、$C_6H_5{-}C{\equiv}CH$	红棕色沉淀
顺丁烯二酸酐	共轭二烯烃(如1,3-丁二烯)	结晶固体
硝酸银的醇溶液	不同类型卤代烃	生成AgX沉淀的速度或颜色不同
硝酸银溶液	酰氯	AgCl白色沉淀
卢卡斯试剂($ZnCl_2+HCl$)	不同类型的醇(6个碳以下)	变浑浊的快慢不同(伯醇室温不变浑)
新配制 $Cu(OH)_2$	丙三醇(即甘油) 邻二醇类	生成鲜艳的蓝色甘油铜溶液 鲜艳的蓝色溶液
苯肼 2,4-二硝基苯肼	醛、酮	白色沉淀 黄色沉淀
饱和 $NaHSO_3$ 溶液	醛、脂肪族甲基酮、C_8 以下环酮	无色结晶(白色沉淀)
斐林试剂	醛、还原糖	甲醛出现金黄色铜镜Cu(加热),其他醛、还原糖出现红色 Cu_2O 沉淀(加热),芳醛不与斐林试剂反应
班氏(Benedict)试剂	醛、还原糖	红色 Cu_2O 沉淀(加热)
希夫试剂(品红试剂)	醛	变紫红色,滴浓 H_2SO_4 甲醛不褪色,其他醛褪色
I_2/NaOH(或NaOI)	乙醛、乙醇 甲基酮、甲基醇	生成碘仿 CHI_3(黄色沉淀)
$K_2Cr_2O_7+H_2SO_4$ 溶液	伯、仲醇、醛	橙色变绿色
NaOH溶液(加热)	酰胺 苯酚	放出刺激性气味的 NH_3 气体(石蕊试纸变色),生成的酚钠溶于溶液中
Na_2CO_3 或 $NaHCO_3$ 溶液	羧酸	放出 CO_2 气体使澄清石灰水变浑浊
$CaCl_2$ 溶液	草酸	CaC_2O_4 白色沉淀
$FeCl_3$ 溶液	酚等有烯醇结构的化合物	苯酚:蓝紫色;对苯二酚:暗绿色结晶固体 烯醇结构的化合物-“三乙”(棕红色)
$NaNO_2+HCl$(即:亚硝酸)	伯、仲、叔胺	脂肪族伯胺:0℃放 N_2 气体 芳香族伯胺:室温放 N_2 气体 仲胺:黄色油状液体 脂肪族叔胺:无现象 芳香族叔胺:绿色固体

续表

所用试剂	被鉴别物质	反应现象
苯肼	还原糖	黄色结晶(即:糖脎)
I_2 液	淀粉	蓝色
TsCl-NaOH(兴斯堡试验)	伯、仲、叔胺	伯胺沉淀溶于碱中、仲胺不溶、叔胺油状物
异腈试验($CHCl_3$+NaOH)	伯胺	恶臭
漂白粉溶液	苯胺 *N*-甲基苯胺 *N*,*N*-二甲基苯胺	显紫色 红棕色 不变色
水合茚三酮	*α*-氨基酸	加热出现蓝紫色
缩二脲反应 $CuSO_4$/NaOH	尿素、蛋白质	红紫色
HCl-松木片	五元杂环	呋喃显绿色,吡咯显红色
靛红-H_2SO_4	噻吩	蓝色
醋酸-苯胺	糠醛	红色
盐酸	胺	溶于酸中
羟胺+$FeCl_3$	羧酸衍生物	紫色或深红色

三、仪器和试剂

试管，三脚架，石棉网，酒精灯，玻璃棒，烧杯，滴管，量筒，药匙，台秤，滴瓶等。

四、实验内容

第一部分　讨论设计方案、明确实验最终目的。

宣布设计的方案内容，舍去不合理情况，确定最终实施方案。

第二部分　自配溶液

查阅相关资料，分组配出以下各种溶液。

序号	溶液	序号	溶液
1	银氨溶液(现用现配)	12	5%、10%、6mol·L^{-1}的 NaOH
2	2,4-二硝基苯肼试剂(现用现配)	13	2%的 $AgNO_3$
3	碘-碘化钾溶液	14	2%的稀氨水
4	盐酸-氯化锌试剂(卢卡斯试剂)	15	15%的 $NaHCO_3$
5	斐林试剂Ⅰ	16	5%的 $FeCl_3$
6	斐林试剂Ⅱ	17	0.5%的 $KMnO_4$
7	班氏(Benedict)试剂	18	5%的 $K_2Cr_2O_7$
8	饱和溴水	19	1mol·L^{-1}的盐酸
9	氯化钙溶液	20	新配漂白粉溶液
10	0.5mol·L^{-1}的盐酸羟胺乙醇溶	21	2%$CuSO_4$
11	15%的 $NaHCO_3$	22	硝酸银的醇溶液

第三部分　鉴别各组有机物

准备 24 组鉴别内容，每组有机物不同，以编号形式告知可能是某几种有机物中的 3 种，要求学生自行设计 2 套鉴别方案并实施，现场给出实验结果。

① 第一轮　共 8 组

第 1 组：现有 3 瓶无标签的试剂（标号 1、2、3），它们可能是下列 5 种试剂中的 3 种。

异丙醇	冰醋酸	丙酮	甲醇	环己烷

提示：

若用 2,4-二硝基苯肼，1mL 试剂对 3 滴试样，且试剂要新配现用！

第 2 组：现有 3 瓶无标签的试剂（标号 4、5、6），它们可能是下列 4 种试剂中的 3 种。

叔丁醇	环己醇	1,2-丙二醇	乙醇

提示：

a. 新配制的 $Cu(OH)_2$ 可检出邻二醇。用等量 1%$CuSO_4$ 和 10%NaOH 配制。

b. 卢卡斯试剂的配制见本指导书溶液的配制。

第 3 组：现有 3 瓶无标签的试剂（标号 7、8、9），它们是下列 4 种试剂中的 3 种。

苯甲醛	正丁醇	甘油	乙醇

第 4 组：现有 3 瓶无标签的试剂（标号 10、11、12），它们是下列 3 种试剂。

环己醇	石油醚	环己酮

第 5 组：现有 3 瓶无标签的试剂（标号 13、14、15），它们是下列 3 种试剂。

肉桂酸	硬脂酸	硬脂酸钙

第 6 组：现有 3 瓶无标签的试剂（标号 16、17、18），它们可能是下列 4 种试剂中的 3 种。

葡萄糖	纤维素(滤纸纸浆)	淀粉	果糖

第 7 组：现有 3 瓶无标签的试剂（标号 19、20、21），它们可能是下列 4 种试剂中的 3 种。

苯甲醛	己醛	乙醛	甲醛

提示：用斐林反应做铜镜，需放入 60～70℃ 的水浴中加热几分钟且试管内壁要十分干净。

第 8 组：现有 3 瓶无标签的试剂（标号 22、23、24），它们是下列 3 种试剂。

苯胺	*N*-甲基苯胺	*N*,*N*-二甲基苯胺

提示：a. 磺酰化试剂要与 NaOH 溶液配合使用。

b. 漂白粉遇苯胺蓝紫色，*N*-甲基苯胺棕红色，*N*,*N*-二甲基苯胺不变色。

② 第二轮　共 8 组

第 9 组：现有 3 瓶无标签的试剂（标号 25、26、27），它们可能是下列 4 种试剂中的 3 种。

对苯二酚	乙酰乙酸乙酯	乙酰乙酸	苯酚

提示：a. 一元酚、多元酚、含烯醇结构有机物遇 $FeCl_3$ 溶液显示不同颜色，注意观察。

b.

$$\underset{\text{酮式}}{CH_3-\overset{\overset{O}{\|}}{C}-CH_2-\overset{\overset{O}{\|}}{C}-OC_2H_5} \rightleftharpoons \underset{\text{烯醇式}}{CH_3-\overset{\overset{OH}{|}}{C}=CH-\overset{\overset{O}{\|}}{C}-OC_2H_5}$$

第 10 组：现有 3 瓶无标签的试剂（标号 28、29、30），它们是下列 3 种试剂。

尿素	α-萘酚	乙酰苯胺

第 11 组：现有 3 瓶无标签的试剂（标号 31、32、33），它们可能是下列 4 种试剂中的 3 种。

草酸	乙二醇	丁烯二酸	己二酸

第 12 组：现有 3 瓶无标签的试剂（标号 34、35、36），它们是下列 3 种试剂。

乙酸	乙醚	仲丁醇

第 13 组：现有 3 瓶无标签的试剂（标号 37、38、39），它们是下列 3 种试剂。

乙酸乙酯	正辛醇	乙醛

提示：酯的鉴别，在试管中混合 1mL 0.5mol·L^{-1}盐酸羟胺的乙醇溶液，0.2mL 6mol·L^{-1} NaOH 溶液和 2 滴试样（固体酯 40～50mg）。将溶液煮沸，稍冷后加入 2mL 1mol·L^{-1}的盐酸，如溶液浑浊，加约 2mL 乙醇使其变清。然后加入 1 滴 5%三氯化铁溶液。

第 14 组：现有 3 瓶无标签的试剂（标号 40、41、42），它们可能是下列 4 种试剂中的 3 种。

苯乙酮	苯	二甲苯	苯乙炔

第 15 组：现有 3 瓶无标签的试剂（标号 43、44、45），它们是下列 3 种试剂。

乙酰胺	正辛醇	十二烷基磺酸钠

第 16 组：现有 3 瓶无标签的试剂（标号 46、47、48），它们是下列 3 种试剂。

乙酸	乙酐	苯磺酰氯

③ 第三轮　共 8 组

第 17 组：现有 3 瓶无标签的试剂（标号 49、50、51），它们是下列 3 种试剂。

甲酸	甲醇	甲醛

第 18 组：现有 3 瓶无标签的试剂（标号 52、53、54），它们是下列 3 种试剂

苄氯	1-碘丙烷	四氯化碳

第 19 组：现有 3 瓶无标签的试剂（标号 55、56、57），它们是下列 3 种试剂

环己烷	叔丁醇	叔丁基氯

第 20 组：现有 3 瓶无标签的试剂（标号 58、59、60），它们是下列 3 种试剂。

叔丁醇	正丁醇	仲丁醇

第 21 组：现有 3 瓶无标签的试剂（标号 61、62、63），它们是下列 3 种试剂。

麦芽糖	蔗糖	淀粉

第 22 组：现有 3 瓶无标签的试剂（标号 64、65、66），它们是下列 3 种试剂。

苯甲醛	苯酚	苯

第 23 组：现有 3 瓶无标签的试剂（标号 67、68、69），它们是下列 3 种试剂。

谷氨酸	柠檬酸	淀粉

第 24 组：现有 3 瓶无标签的试剂（标号 70、71、72），它们是下列 3 种试剂。

苯甲醇	苯胺	苯酚

五、思考题

1. 写出银镜反应方程式，试管中剩余银镜如何除去？
2. 有何更好的方法配制卢卡斯试剂？
3. 还原糖和非还原糖的本质区别是什么？

六、实验指导

1. 硝酸银溶液与皮肤接触，立即形成难于洗去的黑色金属银，故滴加和摇荡时应小心操作。银氨溶液要现用现配，浓氨水切莫过量（形成 AgONC，易爆炸）。硝酸银储存于棕色试剂瓶中。

2. 斐林试剂Ⅰ和斐林试剂Ⅱ等量混合用于实验，斐林反应也需放入 60～70℃的水浴中加热几分钟。

3. 碘-碘化钾溶液应储存于棕色试剂瓶中。

4. 2,4-二硝基苯肼试剂应储存于棕色试剂瓶中，它本身有毒，使用要小心。

5. 漂白粉溶液易在空气中变质，要现用现配。

6. 配制饱和溴水溶液时一定注意通风。

7. 苯胺与溴水反应，1 滴苯胺与 4mL 水混合，振摇后滴加饱和溴水（反应液有时呈粉红色，是因为溴水将部分苯胺氧化，生成了复杂有色物）。

8. 石油醚为无色透明液体，成分为戊烷、己烷。石油醚不溶于水，溶于无水乙醇、苯、油类等多数有机溶剂。

实验四十　正溴丁烷的制备

一、实验目的

1. 学习卤代烃制备的原理和方法。
2. 学习气体吸收装置的搭装。
3. 复习回流、蒸馏、萃取和干燥等基本操作。

二、实验原理

卤代烃是一类重要的有机溶剂，也常作为有机合成的中间体出现在反应体系中，如在格氏试剂反应中需要用卤代烃作为反应原料制备格氏试剂。卤代烃在自然界存在很少，一般都是通过合成制备的。

由醇和氢卤酸反应制备卤代烃，是卤代烃制备中的重要方法。氢卤酸是一种极易挥发的无机酸，无论是液体还是气体刺激性都很强。因此，一般在实验中均采用溴化钠与硫酸或氯化锌与盐酸等作用生成氢卤酸的方法，并在反应装置中加入气体吸收装置，将外逸的氢卤酸气体吸收，以免造成环境污染。在反应中，过量的无机酸还可以起到移动平衡的作用，通过产生高浓度的氢卤酸促使反应加速，还可以将反应中形成的水质子化，阻止卤代烷通过水的亲核进攻而返回到醇。

本实验的主要反应：

$$NaBr + H_2SO_4 \longrightarrow HBr + NaHSO_4$$

$$CH_3CH_2CH_2CH_2OH + HBr \longrightarrow CH_3CH_2CH_2CH_2Br + H_2O$$

三、仪器与试剂

50mL 圆底烧瓶，球形冷凝管，烧杯，普通漏斗，直形冷凝管，蒸馏头，单股接引管，接收瓶，分液漏斗，锥形瓶，温度计和温度计套管，药匙，滴管。

正丁醇，溴化钠，浓硫酸，饱和碳酸钠溶液，无水氯化钙。

四、实验内容

1. 在 50mL 圆底烧瓶中，加入 10mL 水然后再滴入 12mL 浓硫酸，混合冷却，加入 7.5mL 正丁醇（0.08mol），混合均匀后加入 10g（0.097mol）研细的溴化钠，充分摇动，加沸石 1～2 粒。按照图 4-32 所示装好回流冷凝管、干燥管及气体吸收装置，在烧瓶中加入 5%氢氧化钠吸收液。

2. 加热回流 40min，在此期间应不断摇动反应装置，以使反应物充分接触。冷却后改成蒸馏装置，蒸出正溴丁烷粗品，剩余液体趁热倒入烧杯中，待冷却后，再倒入装有饱和亚硫酸氢钠的废液桶中。

3. 正溴丁烷粗品倒入分液漏斗中，加入 10mL 水洗涤，分出水层将有机层倒入另一干燥的分液漏斗中，用 5mL 浓硫酸洗涤，分出酸层（经中和后倒入下水道）。有机层分别用 10mL 水、10mL 饱和碳酸氢钠水溶液和 10mL 水洗涤后，用无水氯化钙干燥。常压蒸馏收集 90～103℃的馏分，产率约为 60%。测定产品

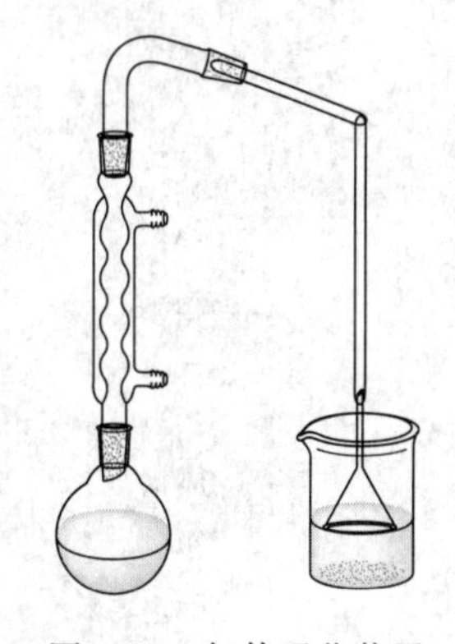

图 4-32　气体吸收装置

的折射率。

4. 数据记录与处理

记录实验现象和实验数据，比较实际产率和理论产率。

五、思考题

1. 本实验可能有哪些副反应？

2. 各洗涤步骤洗涤的目的是什么？

3. 加原料时如不按实验操作顺序加入会出现什么后果？

4. 为什么用饱和碳酸氢钠溶液洗涤之前要用水先洗涤一次。

六、实验指导

1. 本实验应按操作步骤中给出的顺序加入原料，千万不要颠倒。

2. 正溴丁烷粗品是否蒸完，可以用以下三种方法进行判断：馏出液是否由浑浊变为清亮；馏出瓶中液体上层的油层是否消失；取一表面皿收集馏出液，加入少量水摇动，观察是否有油珠存在，无油珠说明正溴丁烷已经蒸完。这一步相当于简易水蒸气蒸馏将合成出来的粗产物从反应体系中分离出来。

3. 分液时，根据液体的密度判断产物在上层还是在下层，如果一时难以判断，应将两相全部留下来。

4. 洗涤后产物如有红色，说明含有溴，应再加适量饱和亚硫酸氢钠溶液进行洗涤，将溴全部去除。

5. 正丁醇与溴乙烷可以形成共沸物（沸点为98.6℃，正丁醇的质量分数为13%），蒸馏时很难去除。因此在用浓硫酸洗涤时，应充分振荡。

实验四十一　硝基苯的制备

一、实验目的

1. 加深对苯环亲电取代反应的理解，学习硝化反应的机理。

2. 熟悉简单蒸馏的基本操作。

二、实验原理

$$C_6H_6 + HNO_3\text{（浓）} \xrightarrow[50\sim55^\circ C]{H_2SO_4\text{（浓）}} C_6H_5NO_2 + H_2O$$

$$HNO_3 + 2H_2SO_4 \rightleftharpoons \overset{+}{N}O_2 + H_3O^+ + 2HSO_4^-$$

$$C_6H_6 + O{=}\overset{+}{N}{=}O \longrightarrow [C_6H_6NO_2]^+ \xrightarrow{-H^+} C_6H_5NO_2$$

三、仪器与试剂

锥形瓶，三口圆底烧瓶，搅拌棒，温度计，恒压滴液漏斗，铁架台，烧杯，空气冷凝管，电热套，量筒，分液漏斗，常压蒸馏装置，电动搅拌器，电热套，电子天平。

苯，浓硝酸，浓硫酸，氢氧化钠，无水氯化钙。

四、实验内容

1. 在100mL三角瓶中加入18mL浓硝酸，在冷却和摇荡下慢慢加入20mL浓硫酸制成混合酸备用。

2. 在100mL三口瓶上分别装上搅拌器、温度计（水银球伸入液面下）及100mL恒压滴液漏斗（见图4-31）。在三口瓶内放入18mL苯，开动搅拌，自恒压滴液漏斗逐渐滴入上述制好的冷的混合酸。控制滴加速度使反应温度维持在50～55℃之间，勿超过60℃，必要时可用冷水浴冷却。滴加完毕后，将三口瓶在60℃左右的热水浴上继续搅拌0.5h。

3. 待反应物冷至室温后，倒入盛有100mL水的烧杯中（注意应尽量缓慢倒入，边倒边搅拌，必要时可多加水使油相沉降），充分搅拌后让其静置，待硝基苯沉降后尽可能分出酸液（倒入废液缸）。粗产物转入分液漏斗，依次用等体积的水、5%的氢氧化钠溶液（将1g NaOH溶解于20mL蒸馏水中）、水洗涤后，分离出下层有机相，用无水氯化钙干燥（加入量以溶液澄清为准）。

4. 将干燥好的硝基苯滤入蒸馏瓶，接空气冷凝管，在电热套中加热蒸馏，收集205～210℃的馏分（切忌将液体蒸干！以免残留在烧瓶中的二硝基苯在高温时发生剧烈分解而爆炸!）。

5. 数据记录与处理

记录实验现象和实验数据，计算实际收率，比较实际产率和理论产率。

五、思考题

1. 制备硝基苯时混酸的加入速度为什么不能过快？过快会出现什么结果？

2. 粗产物用水、碱液、水洗涤的目的何在？

3. 试比较苯、甲苯和苯甲酸硝化反应的难易？

六、实验指导

1. 滴加酸液时注意调节搅拌速率（以能打破相界面为准），并控制滴加速率，勿使溶液温度超过60℃。

2. 控制5%氢氧化钠溶液的加入量，使溶液的pH值为7～8。

3. 蒸馏时，加入的氯化钙干燥剂要事先过滤掉。

实验四十二　苯乙醚的制备

一、实验目的

1. 掌握 Williamson（威廉姆逊）法合成醚的反应机理。

2. 熟悉萃取、减压蒸馏的基本操作。

二、实验原理

$$C_6H_5OH + CH_3CH_2Br \xrightarrow{NaOH} C_6H_5OCH_2CH_3$$

$$C_6H_5O^- + H(H)(H_3C)C—Br \xrightarrow{S_N2} C_6H_5OCH_2CH_3 + Br^-$$

三、仪器与试剂

电动搅拌器，球形回流冷凝管，恒压滴液漏斗，三口圆底烧瓶，电热套，铁架台，量筒，台秤，恒温水浴锅，梨型分液漏斗，蒸馏装置，减压蒸馏装置，温度计。

苯酚，溴乙烷，氢氧化钠，食盐，无水乙醚，无水氯化钙。

四、实验内容

1. 在装有搅拌器、回流冷凝管和恒压滴液漏斗的 100mL 三口瓶中见图 4-31，加入 7.50g（0.08mol）苯酚、4.00g（0.10mol）NaOH、4mL 蒸馏水，开动搅拌，水浴加热使固体全部溶解。

2. 调节水浴温度在 80～90℃之间，开始慢慢滴加 8.5mL（0.12mol）溴乙烷。约 1h 可滴加完毕，继续保温搅拌 2h，然后降至室温。装置见图 4-31。

3. 加适量水（10～20mL）使固体全部溶解，转移至梨形分液漏斗；分出水相，有机相用等体积饱和食盐水（25℃，1g NaCl 溶于 2.8mL 水）洗两次（若出现乳化现象时，可减压抽滤）。分出有机相，合并两次的洗涤液，用 15mL 乙醚提取一次，提取液与有机相合并，用无水氯化钙干燥。

4. 水浴蒸出乙醚，再减压蒸馏，收集目标产品；也可以常压蒸馏，收集 171～183℃的馏分，产品为无色透明液体。

5. 数据记录与处理

记录实验现象和实验数据，比较实际产率和理论产率。

五、思考题

1. 可否用一氯代苯和乙醇钠制取苯乙醚，为什么？

2. 如果加入溴乙烷过快会发生哪些副反应？

六、实验指导

1. 苯酚对皮肤有较强的腐蚀性，取用时应戴手套。

2. 应缓慢滴加溴乙烷，以减少副反应的发生。

3. 蒸馏时切忌蒸干！产物苯乙醚要回收。

实验四十三　环己酮的制备

一、实验目的

1. 掌握醇氧化制备酮的方法和机理。

2. 熟悉简单蒸馏等的基本操作。

二、实验原理

醛和酮是重要的化工原料及有机合成中常用的试剂。工业上可用相应的醇在高温（450℃左右）催化脱氢来制备，可用的催化剂种类很多，如锌、铬、锰、铜的氧化物以及金属银、铜等。

实验室制备脂肪或脂环醛酮最常用的方法是将伯醇和仲醇用铬酸氧化。铬酸是重铬酸盐与40％～50％硫酸的混合物。

1. 制备分子量低的醛（丙醛、丁醛），可以将铬酸滴加到热的酸性醇溶液中，以防止反应混合物中有过量的氧化剂存在，并采用将沸点较低的醛不断蒸出的方法，可以达到中等产率。尽管如此，仍有部分醛被进一步氧化成酸，并生成少量的酯。酯的生成是由于醛和未反应的醇生成半缩醛，后者进一步氧化的结果。

2. 利用铬酸酐（CrO_3）在无水条件下操作，反应可停留在醛的阶段。

3. 用铬酸氧化仲醇是制备脂肪酮常用的方法。铬酸氧化是一个放热反应，必须严格控制反应温度以免反应过于剧烈。对不溶于水的化合物，可用铬酸在丙酮或冰醋酸中进行反应。铬酸在丙酮中的氧化反应速度较快，并且选择性地氧化羟基，分子中的双键通常不受影响。

4. 二元羧酸盐（钙或钡盐）加热脱酸是制备对称五元和六元环酮的一种方法，随着二元羧酸碳原子数目的增加环增大时，产率很快下降。

本实验的反应式及机理如下：

$$3\ C_6H_{11}OH + Na_2Cr_2O_7 + 4H_2SO_4 \longrightarrow 3\ C_6H_{10}O + Cr_2(SO_4)_3 + Na_2SO_4 + 7H_2O$$

$$R_2CHOH + H_2CrO_4 \rightleftharpoons R_2CHOCrO_3H + H_2O$$

$$H_2\ddot{O} + H{-}CR_2(O{-}CrO_3H) \longrightarrow R_2C{=}O + H_3CrO_3 + H_2O$$

三、仪器与试剂

三口烧瓶，电动搅拌器或磁力搅拌器，蒸馏装置，电热套，铁架台，空气冷凝管，量筒，台秤，梨形分液漏斗，量筒，温度计，电子天平，烧杯，滴管。

重铬酸钠（重铬酸钾），环己醇，浓硫酸，食盐，无水乙醚，无水碳酸钾，沸石。

四、实验内容

1. 按图4-31组装仪器，在100mL三口瓶中，加入5.25g（17.5mmol）$Na_2Cr_2O_7\cdot 2H_2O$或5.15g（17.5mmol）$K_2Cr_2O_7$、30mL H_2O，然后在搅拌下，慢慢加入4.5mL浓

硫酸，得一橙红色溶液，冷却至30℃以下。

2. 往上述体系中加入5.25mL（0.05mol）环己醇，搅拌使之混合均匀，观察温度变化情况。当温度上升至55℃时，立即用水浴冷却，保持反应温度在55～60℃之间。

3. 约0.5h之后，温度开始出现下降趋势，移去水浴再搅拌0.5h以上，使反应完全，反应液呈墨绿色。

4. 在反应瓶内加入30mL水和1～2粒沸石，改成蒸馏装置，将环己酮和水一起蒸出来（形成共沸混合物，沸点95℃），直到馏出液不再浑浊后再多蒸10～15mL，约收集25mL馏出液。

5. 馏出液用精盐饱和（约需6g）后，转入分液漏斗，静置后分出有机层（如果产率太低，则可直接转入下一步）。水层分别用10mL乙醚提取两次，合并有机层与萃取液，用无水碳酸钾干燥，在水浴上蒸去乙醚后，改用空气冷凝管，蒸馏，收集151～155℃的馏分（无色透明油状液体）。

6. 数据记录与处理

记录实验现象和实验数据，比较实际产率和理论产率。

五、思考题

1. 本实验为什么要严格控制反应温度在55～60℃之间，温度过高和过低有什么不好？

2. 铬酸氧化法制备醛与酮时，两者在操作上有什么不同？为什么？

六、实验指导

1. 本实验要严格控制反应温度。

2. 重铬酸盐废液回收到指定容器。

实验四十四　乙酸异戊酯的制备

一、实验目的

1. 掌握醇、酸制备酯的反应机理。
2. 掌握回流、常压蒸馏等的基本操作。

二、实验原理

酸催化的直接酯化是工业和实验室制备羧酸酯最重要的方法，常用的催化剂有硫酸、氯化氢和对甲苯磺酸等。酸的作用是使羰基质子化从而提高羰基的反应活性。酯化反应是可逆的。为了使反应向右进行，通常采用过量的羧酸或醇，或者除去反应中生成的酯和水，或者二者同时采用。究竟使用过量的酸还是过量的醇，则取决于原料是否易得、价格及过量的原料与产物容易分离与否等因素。

过量的酸改变了体系的环境，并通过水合作用除去了反应中生成的部分水。在实践中，提高反应收率常用的方法是除去反应中形成的水。共沸酯化是指在反应体系中加入能与水、醇形成恒沸物的第三组分，如苯、四氯化碳、环己烷等，以除去反应中不断生成的水。

酯化反应的速率明显受羧酸和醇结构的影响，特别是空间位阻。位阻大的羧酸最好先转化为酰氯，然后再与醇反应，或在叔胺的催化下，利用羧酸盐和卤代烷反应。酰氯和酸酐能迅速地与伯、仲醇反应生成相应的酯；叔醇在碱存在下，与酰氯反应生成氯代烷，但在叔胺（吡啶、三乙胺）存在下，可顺利地与酰氯发生酰化反应。

本实验反应式如下：

$$CH_3CO_2H + (CH_3)_2CHCH_2CH_2OH \underset{}{\overset{H^+}{\rightleftharpoons}} CH_3CO_2CH_2CH_2CH(CH_3)_2 + H_2O$$

$$R-\overset{\overset{O}{\|}}{C}-OH \overset{H^+}{\rightleftharpoons} R-\overset{\overset{OH^+}{\|}}{C}-OH \overset{R'OH}{\rightleftharpoons} R-\underset{H_2O}{\overset{OH}{\overset{|}{\underset{|}{C}}}}-\underset{\underset{H}{|}}{\overset{+}{O}}R'$$

$$\overset{\text{proton transfer}}{\rightleftharpoons} R-\underset{H_2O^+}{\overset{OH}{\overset{|}{\underset{|}{C}}}}-OR' \overset{-H_2O}{\rightleftharpoons} R-\overset{\overset{OH^+}{\|}}{C}-OR' \overset{-H^+}{\rightleftharpoons} R-\overset{\overset{O}{\|}}{C}-OR'$$

三、仪器与试剂

圆底烧瓶，球形回流冷凝管，分水器，分液漏斗，电热套，铁架台，蒸馏装置，量筒，温度计。

异戊醇，冰醋酸，浓硫酸，环己烷，碳酸氢钠，无水硫酸镁，氯化钠。

四、实验内容

1. 按图 4-33 组装仪器。在 100mL 的圆底烧瓶中，加入 6mL 异戊醇、4mL 冰醋酸、0.6mL 浓硫酸、25mL 环己烷和 1～2 粒沸石，摇匀后装上分水器，分水器上接一回流冷凝管。

2. 小心加热回流，当从分水器观察到不再有水生成时停止回流，分出约 1.0～1.5mL

水（约需 1～1.5h）。

3. 把反应液倒入分液漏斗中，用 25mL 水洗涤一次，用 5%碳酸氢钠水溶液洗至中性，再用 5mL 饱和食盐水洗涤一次，用无水硫酸镁干燥。

4. 将干燥后的含有粗酯的环己烷溶液蒸馏，先收集环己烷，再收集 138～142℃的馏分，称量。

5. 数据记录与处理

记录实验现象和实验数据，比较实际产率和理论产率。

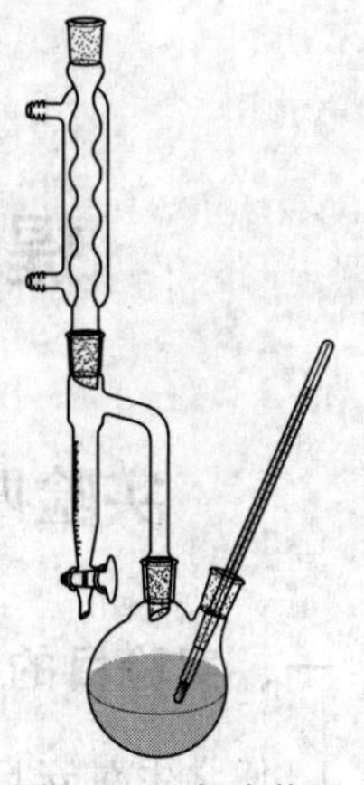

图 4-33　实验装置（回流分水装置）

五、思考题

1. 制备乙酸乙酯时，使用过量的乙醇，本实验为何要用过量的乙酸？

2. 本实验若使用过量的异戊醇有何不好？请分析说明。

六、实验指导

1. 分水器使用前要检漏。

2. 取用浓硫酸时要特别小心。

3. 蒸馏溶剂前要先过滤干燥剂。

提高（综合、设计、应用）型实验

实验四十五　辅酶用量对合成安息香产率的影响

一、实验目的

1. 使学生对安息香缩合反应的理论认识提升至实践操作，并对辅酶催化法优于传统氰盐催化法进行验证，同时找出辅酶催化剂的用量对合成安息香产率的影响。

2. 使学生巩固并熟练掌握加热回流、冰浴冷却、抽滤、重结晶、测熔点等有机化学单元操作及技能。

二、实验原理

芳香醛在 NaCN（或 KCN）作用下，发生分子间缩合生成安息香（二苯羟乙酮）的反应称为安息香缩合。因为 NaCN（或 KCN）为剧毒药品，使用不方便，改用维生素 B_1 代替氰化物催化安息香缩合反应，反应条件温和、无毒且产率高。

反应式如下：

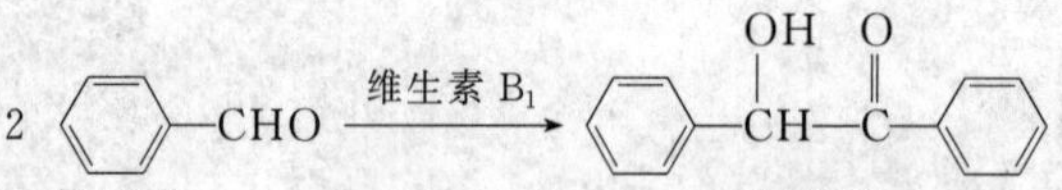

$$2\,C_6H_5CHO \xrightarrow{\text{维生素 } B_1} C_6H_5CH(OH)C(=O)C_6H_5$$

苯甲醛　　　　安息香

维生素 B_1 又称硫胺素或噻胺，是一种辅酶，作为生物化学反应的催化剂，在生命过程中起着重要作用。其结构如下：

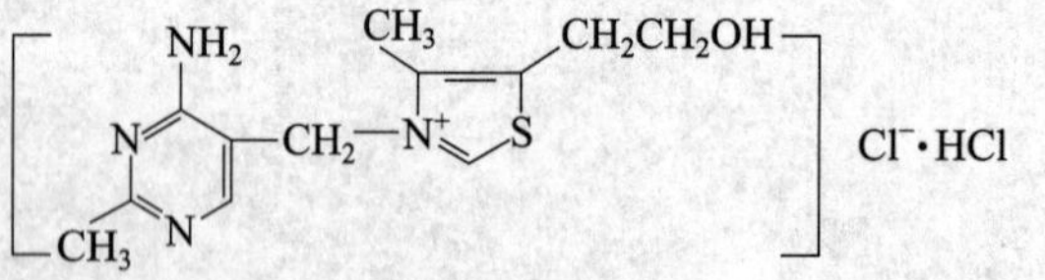

$Cl^-\cdot HCl$

绝大多数生化过程都是在特殊条件下进行的化学反应，酶的参与可以使反应更巧妙、更有效及在更温和的条件下进行。维生素 B_1 在生化过程中可对形成偶姻（如 α-羟基酮）反应发挥辅酶作用。

从化学角度看，维生素 B_1 分子中最主要的部分是噻唑环，其 C2 上的质子由于受氮和硫原子的影响，有明显的酸性，在碱作用下，质子容易解离下去，产生碳负离子反应中心，形成苯偶姻。

反应机理如下：

第一步：碱作用下

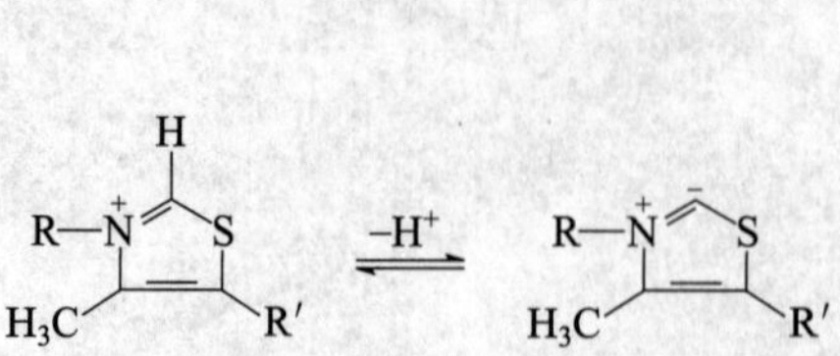

$$\xrightleftharpoons{-H^+}$$

维生素B_1　　　　内鎓盐

第二步：亲核加成——烯醇加合物

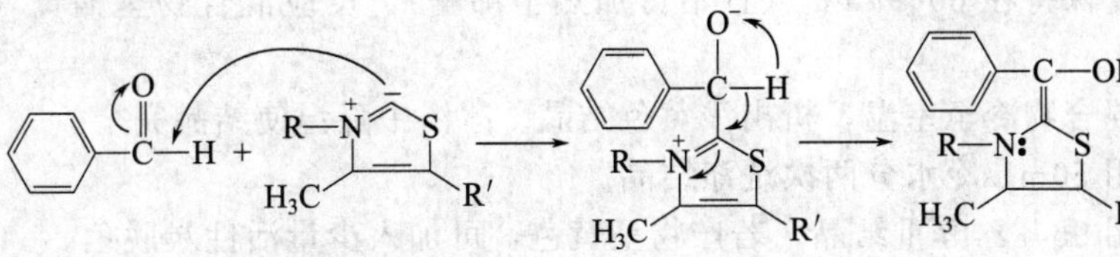

O　C—H + R—$\overset{+}{N}$　S　H_3C　R′ ⟶ O^-　C—H　R—$\overset{+}{N}$　S　H_3C　R′ ⟶ C—OH　R—N:　S　H_3C　R′

第三步：亲核加成——辅酶加合物

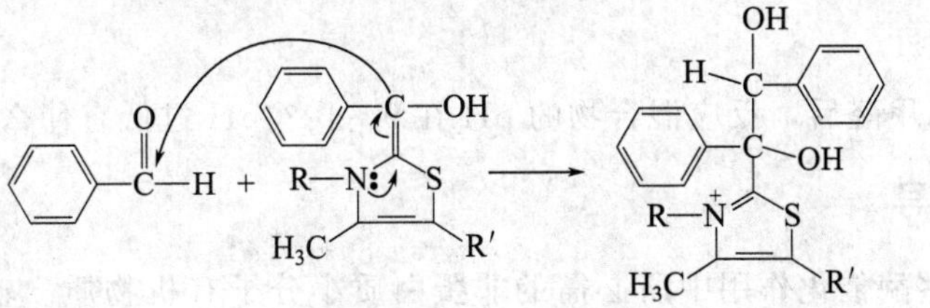

O　C—H + C—OH　R—N:　S　H_3C　R′ ⟶ OH　H—C　C—OH　R—$\overset{+}{N}$　S　H_3C　R′

第四步：辅酶复原

OH　H—C　C—ÖH　R—$\overset{+}{N}$　S　H_3C　R′ ⟶ R—$\overset{+}{N}$　S　H_3C　R′ + OH　$\overset{+}{O}H$　CH—C

H^+　　　$-H^+$

R—$\overset{+}{N}$　H　S　H_3C　R′　　　OH　O　CH—C

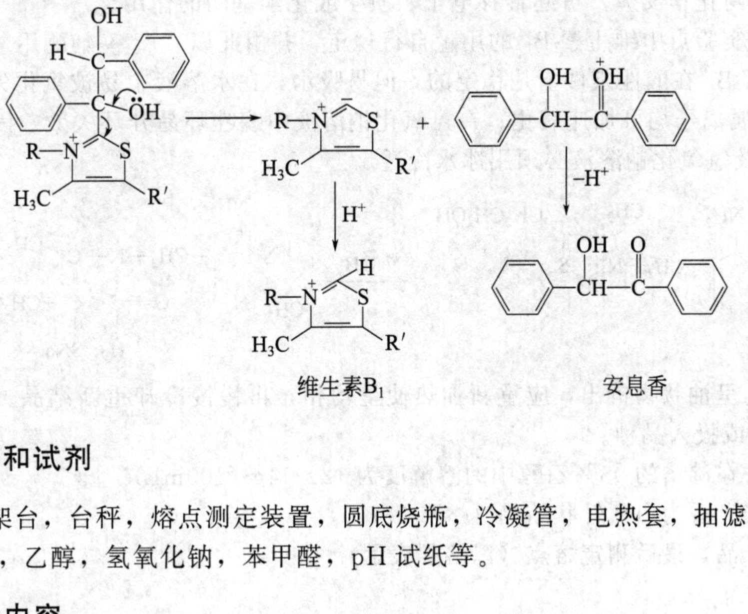

维生素B_1　　　　安息香

三、仪器和试剂

量筒，铁架台，台秤，熔点测定装置，圆底烧瓶，冷凝管，电热套，抽滤装置等。

维生素 B_1，乙醇，氢氧化钠，苯甲醛，pH 试纸等。

四、实验内容

辅酶催化法合成安息香。合成流程如下：

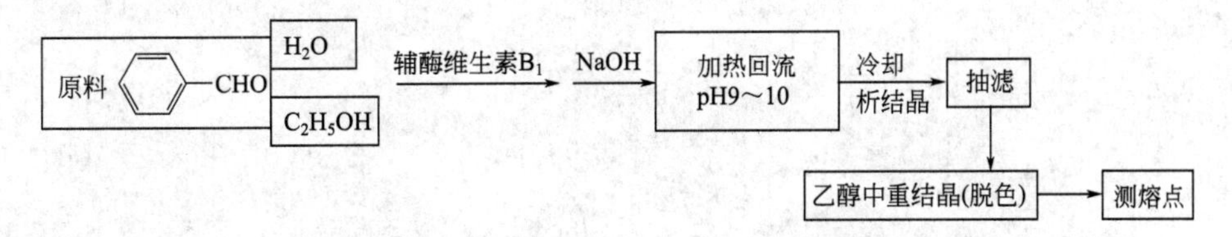

1. 在 100mL 圆底烧瓶中，加入维生素 B_1 1.8g，5mL 蒸馏水和 15mL 乙醇，将烧瓶置于冰浴中冷却（同时取 5mL 10%NaOH 溶液于一支试管中也置于冰浴中冷却）。

2. 冰浴冷却下，将 NaOH 溶液在 10min 内滴加至维生素 B_1 溶液中，不断摇荡，调节溶液 pH 为 9～10（此时溶液呈黄色）。

3. 去掉冰水浴，加入 10mL 苯甲醛，装上回流冷凝管，加几粒沸石，将混合物置于水浴上温热 1.5h 左右。

4. 水浴温度保持在 60～75℃（且不可加热至沸腾），反应混合物呈橘黄（红）色均相溶液。

5. 将反应混合物冷至室温，析出浅黄色结晶。冰浴中降温使结晶完全。

6. 抽滤，用 50mL 冷水分两次洗涤结晶。

7. 粗产物用 95％乙醇重结晶，若产物呈黄色，可加入少量活性炭脱色。

8. 测熔点，与文献值对照。

五、思考题

为什么加入苯甲醛后，反应混合物的 pH 在 9～10？pH 过低有什么不好？

六、实验指导

1. 辅酶是某些酶催化作用中所必需的非蛋白质小分子有机物质。辅酶耐热，不受蛋白质变性剂的破坏。大多数为 B 族维生素的衍生物，而且参与辅酶组成是 B 族维生素的重要生理功能，参与化学反应，可起转移电子、质子或化学基团的作用。

其他 4 个实验点中维生素 B_1 的用量自行规定，并由此以“产率-辅酶用量”作图。

2. 维生素 B_1 在酸性条件下是稳定的，但易吸水，在水溶液中易被氧化失效，光及 Cu、Fe、Mn 等金属离子均可加速氧化；在氢氧化钠溶液中噻唑环易开环失效。因此，反应前维生素 B_1 溶液及氢氧化钠溶液必须用冰水冷透。

NH_2, N, N, CH_3, CH_2—N^+, CH_3, S, CH_2CH_2OH $\xrightarrow{NaOH}$ NH_2, N, N, CH_3, CH_2—N—C—CH_3, O=C, C—CH_2CH_2OH, H, SNa

3. 若产物呈油状物析出，应重新加热使呈均相，再慢慢冷却重新结晶。必要时可用玻璃棒摩擦瓶壁或投入晶种。

4. 安息香在沸腾的 95％乙醇中的溶解度为 12～14g·$(100mL)^{-1}$。

5. 纯粹安息香为白色针状结晶（熔点 137℃）。

6. 收集产品，最后测定熔点（以熔程表示）。

实验四十六　乙酰乙酸乙酯的合成及应用

一、实验目的

学会用乙醇及乙酸为原料连续合成乙酰乙酸乙酯及其相关产品。

二、实验原理

乙醇与乙酸在硫酸催化下发生酯化反应生成乙酸乙酯。乙酸乙酯经克莱森（Claisen）缩合反应生成乙酰乙酸乙酯。乙酰乙酸乙酯有酮式和烯醇式两种互变异构体：

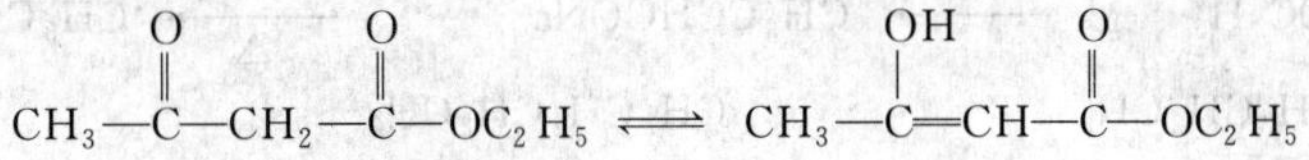

$$CH_3-\overset{O}{\overset{\|}{C}}-CH_2-\overset{O}{\overset{\|}{C}}-OC_2H_5 \rightleftharpoons CH_3-\overset{OH}{\overset{|}{C}}=CH-\overset{O}{\overset{\|}{C}}-OC_2H_5$$

酮式［41℃(bp)/266Pa］　　　　烯醇式［33℃(bp)/266Pa］

在常温下烯醇式约占8%。若无催化剂存在，即使在高温下两种异构体间的互变也是缓慢的。只要有微量碱性催化剂存在，这种互变就会迅速达到平衡。当一种异构体因反应消耗而减少时，另一种异构体迅速转变成可反应的异构体继续维持反应，直至乙酰乙酸乙酯被全部消耗掉。乙酰乙酸乙酯兼具酮式和烯醇式的反应在合成中有广泛的应用。

一分子酮式异构体和一分子烯醇式异构体间失去两分子乙醇而缩合成六元环状化合物3-乙酰基-6-甲基-2H-吡喃-2,4-二酮，俗称脱氢醋酸。

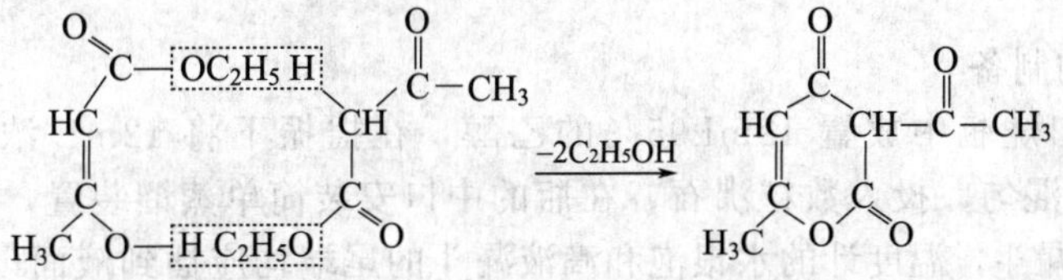

$$\text{(烯醇式)} + \text{(酮式)} \xrightarrow{-2C_2H_5OH} \text{脱氢醋酸}$$

脱氢醋酸是一种广谱性抑菌剂，在国外曾作为食品防腐剂使用多年，现已禁用，但在非食品的抑菌防腐方面仍有应用。

乙酰乙酸乙酯分子中有一个亚甲基夹在两个羰基之间，受两个羰基的共同影响，该亚甲基上的氢原子具有较大的酸性，在强碱作用下易形成碳负离子，可发生碳负离子的一系列反应，例如可进行烷基化或酰基化等。反应生成的衍生物再经不同方式水解可制得取代丙酮(甲基酮)、取代乙酸、二元酮、二元酸、酮酸及环状化合物等多种类型的化合物。所以乙酰乙酸乙酯在合成中具有广泛的应用，以乙酰乙酸乙酯为原料的合成方法称为“三乙”合成法，在有机合成中与丙二酸酯合成法占有同样重要的地位。

本系列实验在制得乙酰乙酸乙酯之后再将其转变成正丁基取代的衍生物，然后水解以制取2-庚酮。

2-庚酮存在于某些植物体中，如丁香油、肉桂油中都含有2-庚酮；也存在于成年工蜂的颚腺中，并已被证明是蜜蜂的警戒信息素（在工蜂的螯刺毒汁中还存在着另一种警戒信息素乙酸异戊酯）。若将2-庚酮的石蜡油溶液浸涂在软木塞上，将软木塞放在蜂箱的入口处，蜜蜂就会如临大敌般地俯冲到软木塞上，但若软木塞上只涂有石蜡油，蜜蜂却视若无睹，行为如常。

反应如下：

$$CH_3COOH + CH_3CH_2OH \xrightarrow[110\sim120℃]{H_2SO_4} CH_3COOCH_2CH_3 + H_2O$$

$$CH_3COOCH_2CH_3 \xrightarrow[Na]{C_2H_5OH} \left[CH_3\overset{O}{\overset{\|}{C}}CH\overset{O}{\overset{\|}{C}}OC_2H_5 \right]^{\ominus} \overset{\oplus}{Na} \xrightarrow{H^+} CH_3\overset{O}{\overset{\|}{C}}CH_2\overset{O}{\overset{\|}{C}}OC_2H_5$$

$$2\ CH_3\overset{O}{\overset{\|}{C}}CH_2\overset{O}{\overset{\|}{C}}OC_2H_5 \xrightarrow{NaHCO_3} \text{(3-乙酰基-6-甲基吡喃-2,4-二酮环状结构)}$$

（脱氢醋酸）

$$CH_3\overset{O}{\overset{\|}{C}}CH_2\overset{O}{\overset{\|}{C}}OC_2H_5 \xrightarrow{NaOC_2H_5} \left[CH_3\overset{O}{\overset{\|}{C}}CH\overset{O}{\overset{\|}{C}}OC_2H_5 \right]^{\ominus} \overset{\oplus}{Na} \xrightarrow{CH_3CH_2CH_2CH_2Br}$$

$$CH_3\overset{O}{\overset{\|}{C}}\underset{CH_2CH_2CH_2CH_3}{\underset{|}{CH}}\overset{O}{\overset{\|}{C}}OC_2H_5 \xrightarrow{NaOH} CH_3\overset{O}{\overset{\|}{C}}\underset{CH_2CH_2CH_2CH_3}{\underset{|}{CH}}\overset{O}{\overset{\|}{C}}ONa \xrightarrow[\triangle]{H_2SO_4} CH_3\overset{O}{\overset{\|}{C}}(CH_2)_4CH_3$$

三、仪器与试剂

三口烧瓶，滴液漏斗，温度计，冷凝管，锥形瓶，圆底烧瓶，电热套，铁架台，量筒，台秤，干燥管等。

95%乙醇，浓硫酸，冰乙酸，二甲苯，碘化钾，金属钠，正溴丁烷，二氯甲烷，盐酸，无水硫酸镁等

四、实验内容

1. 乙酸乙酯的制备

在 100mL 三口烧瓶中放置 12mL95%的乙醇，在摇振下将 12mL 浓硫酸分数批加入，加完后再充分摇振混匀，投入数粒沸石，在瓶的中口安装简单蒸馏装置，两侧口分别安装温度计和 60mL 滴液漏斗，温度计的水银泡和滴液漏斗的尾端均应插到液面以下距瓶底约 0.5～1cm 处。将 12mL 95%乙醇与 12mL 冰醋酸（约 12.6g、0.21mol）混合均匀加入滴液漏斗中。小心开启活塞，将 3～5mL 混合液放入三口烧瓶中，关闭活塞。

开启冷却水，隔石棉网加热三口烧瓶。当温度升至 110℃时调节加热强度使不超过 120℃。当液体开始馏出时，小心地从滴液漏斗滴加混合液，控制滴加速度与馏出速度大体相同，约 1h 滴完。滴液初期温度基本稳定在 120℃左右，后期会缓缓上升至约 125℃。滴完后继续加热数分钟，当温度上升至 130～132℃，基本上再无液体馏出时，停止加热。

向馏出液中慢慢加入饱和碳酸钠溶液，振摇混合并用 pH 试纸检查，直至酯层 pH＝7 时，不再有气泡产生，共用去碳酸钠溶液约 10～11mL。将此混合液转入分液漏斗中充分振摇（注意及时放气），静置分层后分出水层。酯层依次用 10mL 饱和食盐水和 2×10mL 饱和氯化钙溶液洗涤。弃去水层，酯层自漏斗上口倒入小锥形瓶中，加入2～3g无水硫酸镁，塞紧瓶口干燥 30min 以上。

将此粗产物滤入 25mL 蒸馏瓶中，加入数粒沸石，水浴加热蒸馏，收集 73～78℃馏分。得产物 10.5～12.5g，收率为 57%～68%。

本实验约需 6h。

乙酸乙酯纯品为无色液体，熔点为－83.6℃，沸点为 77.06℃，d_4^{20}为 0.9003，n_{20}^{D}为 1.3723。

2. 乙酰乙酸乙酯的合成

在干燥的 250mL 圆底烧瓶中放置 25～30mL 经过干燥的二甲苯，塞住瓶口，连瓶一起称重。将刮去了氧化皮的金属钠切成小块投入瓶中直至增重达 5g 左右。用草纸擦净瓶口，

涂上少许凡士林，装上回流冷凝管，旋转至磨口透明。

隔石棉网加热回流。当金属钠熔融成银白色液珠状时熄灭火焰，拆去冷凝管，立即用干燥的橡皮塞塞紧瓶口，以干抹布衬手，将圆底烧瓶用力来回振摇，金属钠即被撞碎成细粒状钠珠。持续振摇直到钠珠冷却凝固。静置片刻，钠珠沉于瓶底。拔去瓶塞，小心地将二甲苯倾注入指定的回收瓶中。立即向圆底烧瓶中加入 55mL 乙酸乙酯，擦净瓶口，重新装上回流冷凝管，并在冷凝管上口安装氯化钙干燥管。此时反应已经开始，有气泡冒出。如果反应很慢，可隔石棉网稍稍加热引发反应。待激烈反应过后重新加热维持回流直至钠珠全部作用完为止，约经历 70～100min，反应液呈橘红色，有时可能有黄白色沉淀析出。

稍冷后拆去冷凝管，在摇动下缓缓加入 50％醋酸溶液至 pH 值为 6.5～7，共用 30mL 左右。将该混合物转入 250mL 分液漏斗，加入等体积饱和食盐水（85～88mL），有大量食盐晶体析出。用力摇振后静置分层。将下层黄色液体连同其中的食盐晶体一起从下口放出，将上层血红色液体自漏斗上口倒入干燥锥形瓶中，加入适量无水硫酸钠，塞住瓶口干燥 30min 以上。将已充分干燥的粗产物通过折叠滤纸滤入 100mL 蒸馏瓶，用少量乙酸乙酯洗涤干燥剂。水浴加热蒸馏以回收未反应的乙酸乙酯，蒸至水浴沸腾而不再有馏出液滴出为止，共回收乙酸乙酯 20～25mL。

将瓶中残留液转入 25mL 圆底烧瓶，安装减压蒸馏装置。减压蒸馏，并从下表中选取一组合适的压力/沸点关系数据来接收产物。得产物 13～14g，收率为45％～50％。

压力/Pa	1600	1867	2400	2666	4000	5333	8000	10666	101325
乙酰乙酸乙酯的沸点/℃	71	74	78	82	88	92	97	100	181

本实验约需 9h。

乙酰乙酸乙酯纯品为无色液体，有水果香味，沸点为 180.4℃，相对密度（d_4^{20}）为 1.0282，折射率 n_D^{20} 为 1.4194。

3. 2-庚酮的合成

（1）正丁基乙酰乙酸乙酯的制备　在干燥的 250mL 三口烧瓶上安装回流冷凝管和滴液漏斗，在冷凝管顶端安装氯化钙干燥管。将 2.3g 切成细条的金属钠（0.1mol）从第三口加入瓶中，投入两粒沸石，塞住投料口。自滴液漏斗慢慢滴加 50mL 绝对乙醇，滴加速度以维持乙醇沸腾为限。待金属钠作用完全后，加入 1.2g 碘化钾粉末，水浴加热溶解。再加入 13mL 乙酰乙酸乙酯(0.13 mol)，加热到重新开始回流后，自滴液漏斗加入 15.1g 正溴丁烷(11.84 mL、10.11 mol)，继续回流 3h。

反应液冷却后抽滤，并用少量乙醇洗涤溴化钠晶体。将所得滤液常压蒸去乙醇后，用 110mL 1％盐酸洗涤残液，在分液漏斗中分出有机层。用 10mL 二氯甲烷萃取酸层。将二氯甲烷萃取液与有机层合并，用 8mL 水洗涤。分出有机层，用无水硫酸镁干燥后滤除干燥剂。

水浴加热蒸出二氯甲烷后减压蒸馏，收集 112～117℃/2133Pa(16mmHg) 或 124～130℃/2666Pa(20mmHg) 的馏分。得产物 11～12g，收率为 59.0％～64.5％。

（2）2-庚酮的制备　将 50mL 5％氢氧化钠溶液和 18.6g 正丁基乙酰乙酸乙酯（0.1mol）加入 250mL 三口烧瓶中室温搅拌 2.5h。然后在持续搅拌下由滴液漏斗慢慢加入 30mL 20％硫酸溶液，至不再大量产生二氧化碳气泡后改为蒸馏装置，蒸馏收集馏出液，分出油层。每次用 20mL 二氯甲烷萃取水层两次，将萃取液与油层合并，用 20mL 40％的氯化钙溶液洗涤一次，用无水硫酸镁干燥。滤除干燥剂后蒸馏收集 145～152℃的馏分。得产物约 8g，收率约 70％。

本实验需 10～11h。

纯 2-庚酮的沸点为 151.4℃，折射率（n_D^{20}）为 1.4088。

五、思考题

1. 在实验中如何创造条件促使酯化反应尽量向生成物方向进行？

2. 如何检验产品是 2-庚酮？

六、实验指导

1. 乙酸乙酯的制备过程中应注意以下问题。

(1) 硫酸加入过快会使温度迅速上升超过乙醇的沸点。若不及时摇振均匀，则在硫酸与乙醇的界面处会产生局部过热炭化，反应液变为棕黄色，同时产生较多的副产物。

(2) 本反应的适宜温度为 120℃左右。如果温度过高，将会有较多的乙醇来不及反应即被蒸出，同时副产物的量也会有所增加。因此应控制温度，使其不过早上升。

(3) 为减少乙酸乙酯在水中的溶解度，应采用饱和食盐水洗涤而不用自来水。洗涤后的食盐水中含有碳酸钠，必须彻底分离干净，否则在后步用氯化钙溶液洗涤时会产生碳酸钙絮状沉淀，增加分离的麻烦。如果遇到了发生絮状沉淀的情况，应将其滤除，然后再重新转入分液漏斗中静置分层。

(4) 如果乙酸乙酯中含有少量水或乙醇，在蒸馏时可能产生以下三种共沸物：酯-醇共沸物（沸点为 71.8℃，含醇 31%）、酯-水共沸物（沸点为 70.4℃，含水 8.1%）、酯-水-醇三元共沸物（沸点为 70.2℃，含水 9%、醇 8.4%）。所以如果洗涤不净或干燥不充分，在蒸馏时就会有大量前馏分，造成严重的产品损失。

2. 乙酰乙酸乙酯的合成中应注意以下问题：

(1) 本实验中乙酸乙酯兼作试剂和溶剂，故按金属钠的实际用量计算收率。钠的用量为(5±0.5)g，但必须称量准确。如有压钠机，可直接向干燥的 250mL 圆底烧瓶中压入 5g 左右钠丝，立即加入 55mL 乙酸乙酯使之反应，以后的操作相同。金属钠遇水即燃烧爆炸，故全部实验仪器应充分干燥。金属钠暴露于空气中的时间应尽可能短，以避免吸收水汽，在反应过程中也要避免水汽侵入。

(2) 此处不可用玻璃塞，以防黏结。

(3) 冷却的钠珠为灰褐色分散的细粒。如过早停止振摇，则会粘结成蜂窝状或凝聚成块状。块状钠必须重新加热回流熔融。

(4) 倾出的二甲苯中混有细小的钠珠，不可倒入废液缸或水槽，以免发生危险。

(5) 所用乙酸乙酯应充分干燥，但其中应含有 1%～2%的乙醇。新开瓶的化学纯或分析纯的乙酸乙酯一般可直接使用。

(6) 反应的时间长短主要决定于钠珠的粗细。一般应使钠全部溶解，但很少量未反应的钠并不妨碍后步操作。

(7) 在加醋酸溶液的过程中先析出黄白色固体，后逐渐溶解。当 pH 值达到 6.5～7 时，充分振摇，固体一般可以全溶。如仍有少量固体未溶也不要再加醋酸，可连同液体一起转入分液漏斗中，加入饱和食盐水后自会溶解。

(8) 乙酰乙酸乙酯在常压下蒸馏易分解，故以减压蒸馏为宜。本实验最好连续进行，若粗产物久置，则可能生成脱氢醋酸而使收率略有降低。

3. 2-庚酮的合成中应注意以下问题：

(1) 本实验所用全部仪器均需充分干燥。

（2）本实验须使用绝对乙醇。若乙醇中含有少量水，则会使正丁基乙酰乙酸乙酯的产量明显降低。

（3）碘化钾的作用是在溶液中与正溴丁烷发生卤素交换反应，将正溴丁烷转化为正碘丁烷，反应为 $I^- + R-Br \longrightarrow R-I + Br^-$，产生的正碘丁烷更易发生亲核取代反应，因而对反应起催化作用。

（4）在回流过程中，由于生成的溴化钠晶体沉降于瓶底，会出现剧烈的崩沸现象。如果采用搅拌装置可避免崩沸现象。

实验四十七　己内酰胺的合成

一、实验目的

学会以环己醇为原料经多步反应合成己内酰胺的方法。

二、实验原理

实验室制备己内酰胺是以环己醇为原料，经重铬酸钠氧化得到环己酮。环己酮与羟胺作用生成环己酮肟。环己酮肟受酸性催化剂如硫酸或五氧化二磷作用，发生贝克曼（Beckmann）重排而制得己内酰胺。反应如下：

$$3\ \text{—OH} + Na_2Cr_2O_7 + 4H_2SO_4 \longrightarrow 3\ \text{=O} + Cr_2(SO_4)_3 + Na_2SO_4 + 7H_2O$$

$$\text{=O} + NH_2OH \longrightarrow \text{=N—OH} + H_2O$$

$$\text{=N—OH} \xrightarrow{85\%H_2SO_4} \left[\ \text{N=C—OH}\ \right] \xrightarrow{20\%NH_3\cdot H_2O} \text{N—H, C=O}$$

三、仪器与试剂

圆底烧瓶，温度计，锥形瓶，红外灯，三口烧瓶，电热套，铁架台，量筒，接液管，蒸馏头，台秤，搅拌器，滴液漏斗，冷凝管等。

环己醇，重铬酸钠，乙醚，无水硫酸钾，羟氨盐酸盐，醋酸钠，硫酸，氨水，石油醚，四氯化碳等。

四、实验内容

1. 环己酮的制备

在 250mL 圆底烧瓶中，加入 10.5mL 环己醇（0.1mol），然后一次加入已制备好的重铬酸钠溶液振摇使充分混合。放入温度计，测量初始反应温度，并观察温度变化情况。当温度上升至 55℃时，立即用水浴冷却，保持反应温度在 55～60℃。约 0.5h 后，温度开始出现下降趋势，移去水浴再放置 0.5h 以上。其间要不时地振摇，使反应完全，反应液呈墨绿色。

在反应瓶内加入 60mL 水和几粒沸石，改成蒸馏装置，将环己酮与水一起蒸馏出来直至馏出液不再浑浊时，再多蒸 15～20mL，约蒸出 50mL 馏出液。馏出液用精盐饱和（约 12g 精盐）后，转入分液漏斗，静置后分出有机层。水层用 15mL 乙醚提取一次，合并有机层与萃取液，用无水硫酸钾干燥。在水浴上蒸出乙醚后，蒸馏收集 151～155℃的馏分。产量为 6～7g，收率为 61.1%～71.3%。

本实验约需 5h。

纯环己酮的沸点为 155.7℃，折射率（n_D^{20}）为 1.4507。

2. 环己酮肟的制备

在 250mL 锥形瓶中，将 9.8g 羟氨盐酸盐（0.141mol）及 14 g 结晶醋酸钠溶于 30mL 水中，温热溶液，使达到 35～40℃。分批加入 10.5mL（每次约 2mL）环己酮（约 10g、

0.1mol)，边加边摇动，此时有固体析出。加完后，用橡皮塞塞紧瓶口，激烈振摇 2～3min，环己酮肟呈白色粉状结晶析出。冷却后，抽滤并用少量水洗涤。抽压干后，在红外灯下进一步干燥。得环己酮肟 11.2g，收率约 99.1%，沸点为 89～90℃。

本实验约需 2h。

3. 己内酰胺的制备

在 800mL 烧杯中，放置 10g 环己酮肟（0.088mol）和 20mL 85%硫酸，旋摇烧杯使混合均匀。在烧杯内放一支 200℃温度计，用小火加热。当开始有气泡时（约 120℃时），立即移去火源，此时发生强烈的放热反应，温度很快自行上升，可达到 160℃，反应在几秒钟内即可完成。稍冷后，将此溶液倒入 250mL 三口烧瓶中，并在冰盐浴中冷却。三口瓶上分别装上搅拌器、温度计和滴液漏斗。当溶液温度下降至 0～5℃时，在搅拌下小心滴入 20%氨水，控制溶液温度在 20℃以下（以免己内酰胺在温度较高时发生水解），直至溶液恰对石蕊试纸呈碱性（通常加约 60mL，约需 1h）。

粗产物倒入分液漏斗中，分出水层，油层转入 25mL 克氏烧瓶中，用油泵进行减压蒸馏，收集 127～133℃/0.93kPa(7mmHg)、137～140℃/1.6kPa(12mmHg) 或 140～144℃/1.86kPa(14mmHg) 的馏分。馏出物在接收瓶中固化成无色结晶，熔点为 69～70℃，产量约 5g，收率约 50%。

己内酰胺易潮解，应贮于密闭的容器中。

本实验约需 7h。

五、思考题

1. 还可以用什么方法由环己醇制备环己酮？
2. 如何用重结晶的方法提纯制备的己内酰胺？

六、实验指导

1. 制备环己酮时的注意事项

（1）重铬酸钠溶液的配制方法：在 400mL 烧杯中，溶解 10.5g 重铬酸钠于 60mL 水中，在搅拌下，慢慢加入 9mL 浓硫酸，得一橙红色溶液，冷却至 30℃以下备用。

（2）本实验操作实际上是一种恒沸蒸馏，环己酮与水形成恒沸混合物，沸点为 95℃，含环己酮 38.4%。

（3）31℃时，环己酮在水中的溶解度为 2.4g。加入精盐的目的是为了降低环己酮的溶解度，并有利于环己酮的分层。水的馏出量不宜过多，否则即使使用盐析，仍不可避免有少量环己酮溶于水中而损失掉。

2. 在制备环己酮肟时，若环己酮肟呈白色小球状，则表示反应还未完全，须继续振摇。

3. 合成己内酰胺时应注意以下问题：

（1）由于重排反应进行猛烈，故需用大烧杯以利于散热，使反应缓和。

（2）用氨水进行中和时，开始要加得很慢，因反应强烈放热，初时溶液黏稠，散热慢，若加得太快，会造成局部过热发生水解而降低收率。

实验四十八　相转移催化合成卡宾及卡宾的反应

一、实验目的

1. 了解相转移催化原理。

2. 学会利用相转移催化剂合成卡宾。

3. 学会用二氯卡宾与环己烯反应制取双环化合物——7,7-二氯双环［4.1.0］庚烷。

二、实验原理

卡宾又称碳烯，是一类具有6个价电子的两价碳原子活性中间体，构造式为：$:CH_2$。

卡宾是缺电子的，具有很强的亲电性，可发生多种反应。在有机合成中常使之与烯烃反应以制取环丙烷衍生物。本组实验则是用二氯卡宾与环己烯反应以制取双环化合物。

二氯卡宾是一种取代卡宾，通常由氯仿与强碱作用产生：

$$CHCl_3 + B^- \longrightarrow :CH_2 + HB + Cl^-$$

但反应通常要求在高度无水的条件下进行，有时还需使用毒性很高的试剂。在有水的情况下，卡宾一旦生成即被迅速水解：

$$:CCl_2 \xrightarrow{H_2O} CO + 2Cl^- + 2H^+$$

$$:CCl_2 \xrightarrow{2H_2O} HCOO^- + 2Cl^- + 3H^+$$

故不易被烯烃捕获。但在有相转移催化剂存在下，二氯卡宾在有机相中生成并立即与烯烃反应，故可在相当温和的条件下得到预期产物。

相转移催化反应简称PTC反应，是在最近三十几年间发展并成熟起来的一类非常实用的催化反应。其基本原理是借助于催化剂将一种试剂的活性部分从一相“携带”到另一相中参加反应，这样的催化剂被称为相转移催化剂。相转移催化剂一般可分为鎓盐类（多用于液-液相转移）、冠醚类（多用于固-液相转移）和开链多醚类三个大类。二氯卡宾与环己烯的反应以季铵盐为催化剂，收率可达60%以上，而在相同条件下若无催化剂，收率约5%。季铵盐的作用是以离子对的形式将溶解于水相中的反应试剂之一（OH^-）带入有机相中与另一试剂（$CHCl_3$）反应以生成二氯卡宾。可以表示如下：

$$(C_4H_9)_4\overset{+}{N}\overset{-}{Br} + {}^{-}OH \xrightleftharpoons{NaOH} (C_4H_9)_4\overset{+}{N}\overset{-}{O}H + Br^- \quad \text{水相}$$

界面（水相/有机相）

$$\text{有机相：}\ \overset{+}{H}\overset{-}{C}Cl_3 + (C_4H_9)_4\overset{+}{N}\overset{-}{O}H \rightleftharpoons (C_4H_9)_4\overset{+}{N}\overset{-}{C}Cl_3 + H_2O$$

$$(C_4H_9)_4\overset{+}{N}\overset{-}{Cl} + :CCl_2 \rightleftharpoons (C_4H_9)_4\overset{+}{N}\overset{-}{C}Cl_3$$

$$:CCl_2 + \text{环己烯} \longrightarrow \text{7,7-二氯双环[4.1.0]庚烷 (Cl, Cl)}$$

相转移催化反应通常是在搅拌下进行的，无需很高温度，催化剂用量一般为试剂质量的1%～3%。反应如下：

$$\text{环己醇(OH)} \xrightarrow[\triangle]{H_2SO_4} \text{环己烯} + H_2O$$

$$CHCl_3 \xrightarrow[NaOH]{季铵盐} [:CCl_2] \xrightarrow{环己烯}$$ 7,7-二氯双环[4.1.0]庚烷

三、仪器与试剂

圆底烧瓶，韦氏分馏柱，温度计，直形冷凝管，分液漏斗，电热套，铁架台，量筒，接液管，蒸馏头，台秤，电动搅拌器，三口烧瓶等。

环已醇，浓硫酸，无水氯化钙，氯仿，四丁基溴化铵，氢氧化钠等。

四、实验内容

1. 环已烯的制备

在 50mL 圆底烧瓶中加入 20g 环已醇（21mL、约 0.2mol），在摇动下将 1mL 浓硫酸逐滴滴入其中并充分摇匀，再投入数粒沸石。在瓶口安装韦氏分馏柱，分馏柱的直口装温度计，斜口依次安装直形冷凝管、尾接管和 50mL 锥形瓶，并在锥形瓶外加置冰水浴。

隔石棉网加热圆底烧瓶，瓶中液体微沸时调小火焰并严格稳定加热强度，使产生的气雾缓缓上升，经历 10～15min 升至柱顶再次调节并稳定加热强度，使出料速度为 2～3s 一滴。反应前段温度会缓缓上升，应控制柱顶温度在 90℃以下，反应后段出料速度会变得很慢，可稍稍加大火焰将温度控制在 93℃以下。当反应瓶中只剩下很少残液并出现阵发性白雾时停止加热。从开始有液体馏出到反应结束需 60～80min。

向馏出液中加入精盐至饱和，再加入 3～4mL 5%碳酸钠中和被蒸出的微量硫酸。将液体转移至分液漏斗中，摇振后静置分层。分去水层，将有机层自漏斗上口倒入一干燥的小锥瓶中，加入 2～3g 无水氯化钙，塞住瓶口干燥 30min 以上。将干燥好的粗产物滤入 25mL 圆底烧瓶中，安装简单蒸馏装置，水浴加热蒸馏。收集 80～85℃馏分，称重并计算收率。得产物 9～11g，收率为 55%～67%。

本实验需 6h。

纯环已烯为无色液体、沸点为 82.98℃，相对密度（d_4^{20}）为 0.8102，折射率（n_D^{20}）为 1.4465。

2. 7,7-二氯双环［4.1.0］庚烷的制备

在 250mL 三口烧瓶的中口上安装电动搅拌器（要求密封良好），两侧口分别安装回流冷凝管和温度计，试运转灵活后拔下温度计，加入新蒸环已烯 10.1mL（0.1mol）、氯仿 24mL（约 0.3mol）和四丁基溴化铵 0.3g，重新装好温度计。开启冷却水，启动搅拌器剧烈搅拌使固体溶解。

在小烧杯中用 16g 氢氧化钠和 16mL 水配成溶液并冷到室温。在约 10min 内将该溶液分数批从冷凝管口加入。反应混合物逐渐乳化，温度先慢后快地上升，当升至约 62℃时，冷凝管中开始有回流液滴下，用水浴稍稍降温。约 10min 后温度自动下降，用水浴加热以维持小量回流约 80min，停止加热。

用冷水浴将反应混合物冷到室温，加入 40mL 水，稍加旋摇，转入分液漏斗中静置分层。分出有机层。每次用 20mL 乙醚萃取水层三次。合并醚层和第一次分出的有机层，用 25mL 2mol·L^{-1} 盐酸洗涤一次，再每次用 25mL 水洗二次。最后将有机层分入干燥的 100mL 锥瓶中（最后一次必须把水彻底分离干净!），用无水硫酸镁或无水硫酸钠干燥。

用 50mL 圆底烧瓶作蒸馏瓶，安装简单蒸馏装置，用水浴加热，将经过干燥并滤去了干燥剂的粗产品溶液分 2～3 批蒸馏以除去乙醚和残余的氯仿，直至水浴沸腾而不再有馏出液

滴下时，改用石棉网加热并以空气冷凝管冷凝蒸馏产物，收集192～199℃馏分，称重并计算收率。得产物10～13g，收率为61%～78.8%。

本实验需8h。

纯的7,7-二氯双环［4.1.0］庚烷为无色液体、沸点为197～198℃，折射率（n_D^{20}）为1.5014。

五、思考题

1. 什么是相转移催化？常用的相转移催化剂有哪些？

2. 在制备7,7-二氯双环［4.1.0］庚烷的实验中，如何防止氯仿蒸气逸出？

六、实验指导

1. 环己烯的制备时应注意以下问题：

（1）常温下环己醇为黏稠液体，最好直接称入反应瓶以避免黏附损失。如果用量筒量取，则在计量时应将量筒内壁黏附的量考虑在内。

（2）如不充分摇匀，则会有游离态硫酸存在，当加热时在硫酸的界面处会发生局部炭化，反应液迅速变为棕黑色。

（3）反应过程中会形成以下三种共沸物：a. 烯-水共沸物（沸点为70.8℃，含水10%）；b. 烯-醇共沸物（沸点为64.9℃，含醇30.5%）；c. 醇-水共沸物（沸点为97.8℃，含水80%）。其中a和b是需要移出反应区的，c则是希望不被蒸出的，故应将柱顶温度控制在90℃以下。

（4）无水氯化钙除起干燥作用之外，还兼有除去部分未反应的环己醇的作用。干燥应充分，否则在蒸馏过程中残留的水分会与产品形成共沸物，从而使一部分产品损失在前馏分中。如果已经出现了前馏分（80℃以下馏分）过多的情况，则应将该前馏分重新干燥并蒸馏，以收回其中的环己烯。

2. 制备7，7-二氯双环［4.1.0］庚烷时应注意的问题：

（1）也可使用其他的季铵盐作催化剂，如四乙基铵、三乙基苄基铵、二甲基苄基十六烷基铵、三甲基苄基铵、三甲基十六烷基铵的溴化物或氯化物都可作为本实验的催化剂。催化剂不可多加，否则在后步的分离纯化中会严重乳化而难于分层。

（2）在回流温度下反应效果较好。但若搅拌器密封不好，在回流温度下会有氯仿蒸气逸出。为避免氯仿逸出，可将反应温度降至55～60℃，收率亦略有降低。如果发现氯仿已经逸出甚多，可适当补加。

（3）也可在蒸去低沸点馏分后以减压蒸馏法收集产物。7,7-二氯双环［4.1.0］庚烷的减压沸点为：61～62℃/400Pa；64～65℃/933Pa；78～79℃/2000Pa；80～82℃/2133Pa；94～96℃/4666Pa。

第五部分　物理化学实验

基本型实验

实验四十九　恒温槽的组装及性能测定

一、实验目的

1. 了解恒温槽的构造及恒温原理。
2. 初步掌握恒温槽的装配和调试技术，熟练掌握恒温槽的调节及使用方法。
3. 了解恒温槽灵敏度的意义，绘制灵敏度曲线。

二、实验原理

物质的许多物理性质和化学性质，如折射率、黏度、蒸气压、表面张力、电导、吸附量、电动势、化学反应速率常数等都与温度有关。因此许多化学实验必须在恒温条件下进行，这就需要高灵敏度的恒温装置。

利用物质的相平衡温度的恒定性来控制温度是获得恒温条件的重要方法之一。例如冰水混合物、各种蒸气浴等，但是这种方法对温度的选择有一定的限制。

在实验室工作中，通常用恒温槽来控制温度。恒温槽主要是依靠恒温控制器调节加热器的工作状态来控制恒温槽的热平衡，从而达到恒温的目的。当恒温槽散热，保温介质温度降低时，恒温控制器启动槽内的加热器工作；当温度达到所需控制的温度时，恒温控制器使加热器停止加热，从而维持恒温。恒温槽装置一般如图 5-1 所示。

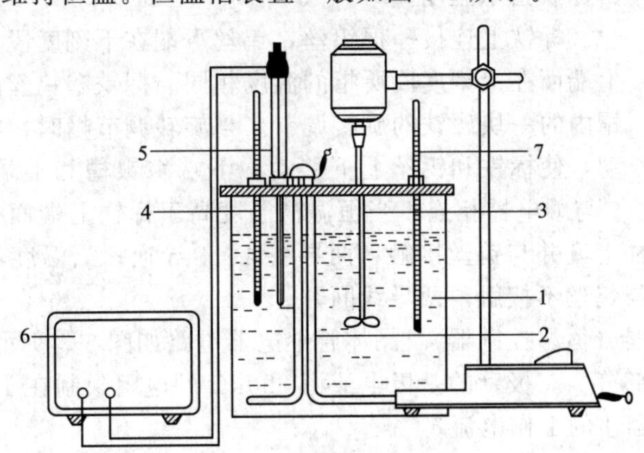

图 5-1　恒温槽装置

1—浴槽；2—加热器；3—搅拌器；4—温度计；5—感温元件（接触温度计）；6—恒温控制器；7—贝克曼温度计

恒温槽一般由浴槽、加热器、搅拌器、温度计、感温元件（接触温度计和恒温控制器）以及保温介质等部分组成。现分别介绍如下。

（1）浴槽　如所需温度与室温相差不大，可以用玻璃制作，便于观察。在较高或较低温度使用时，为了保温，需在浴槽内外层附加保温设备。浴槽的容量和形状视需要而定。

（2）保温介质　保温介质的热容应尽可能大，这样温度不易变化而便于恒定温度。根据控制温度的不同，选择合适的保温介质。

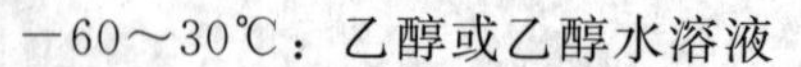
－60～30℃：乙醇或乙醇水溶液

0～80℃：水（大于50℃时应加一层石蜡油防止水分蒸发）

80～160℃：甘油或甘油水溶液

70～200℃：液体石蜡、硅油等

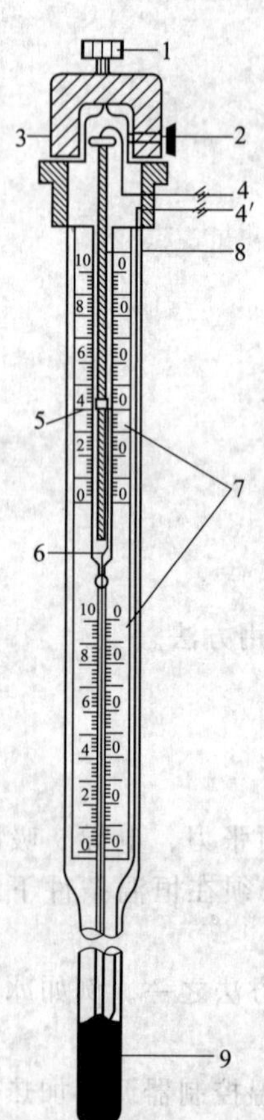

图 5-2　接触温度计的构造

1—调节帽；2—调节帽固定螺丝；3—磁铁；4—螺丝杆引出线；4′—水银槽引出线；5—标铁；6—触针；7—刻度板；8—螺丝杆；9—水银槽

（3）加热器　常用电加热器，要求其体积小、导热性好、功率适当。电加热器功率的选择应根据恒温槽的容量、恒温温度以及与环境的温差大小来确定。如容量为20L、恒温在25℃左右的恒温槽一般需功率为250W的加热器。为了提高恒温槽的效率和精度，有时采用两套加热器，开始时使用功率大的加热器加热，当温度恒定时，使用功率小的加热器维持恒温。

若所需温度低于室温，需增加冷却装置，选择适当的冷冻剂。

（4）搅拌器　采用电动搅拌器，其大小和功率视恒温槽的大小而定。一般选用40W的电动搅拌器。通过搅拌，保温介质能缓慢对流，使温度均匀一致。

（5）温度计　常用经过校正的1/10℃水银温度计以随时观察恒温槽内的准确温度。为了测定恒温槽的灵敏度，可用1/100℃温度计或贝克曼温度计。

（6）感温元件　这是恒温槽的感觉中枢，是决定恒温程度、提高恒温槽精度的关键。感温元件的种类很多，如接触温度计、热敏电阻、热电偶等。这里介绍目前普遍使用的接触温度计（又称水银导电表）。

接触温度计的构造如图5-2所示，类似于普通水银温度计，但它是可以导电的特殊温度计。接触温度计上下两段均有刻度，上刻度段由标铁指示温度。

标铁上连接一根钨丝，钨丝下端在下刻度段所指的温度，与标铁上端面在上刻度段所指的温度相同。标铁和钨丝的位置可由顶端调节帽内的一块磁铁的旋转调节。当旋转调节帽时，帽内磁铁带动螺杆转动，使标铁和钨丝上下移动。下端水银槽和上端螺杆引出两根线4、4′与继电器相连。当恒温槽温度高于标铁上端面指示的温度时，下刻度段毛细管内的水银柱上升并与钨丝接触，两导线4、4′导通；当温度低于标铁上端面所指示的温度时，水银柱与钨丝不接触，两导线断开。

（7）晶体管继电器（恒温控制器）　晶体管继电器电路如图5-3所示。右侧为电源部分，左侧为晶体管继电器部分。三极管的基极电流由220kΩ的电阻限制在120mA左右，使集电极的电流略小于继电器J的工作电流。

当接触温度计内水银柱未与钨丝接触时，1、2点断路，三极管的集电极电流使继电器工作，电加热器通电加热，恒温槽温度上升；当温度到达控制温度时，水银柱与钨丝接触，

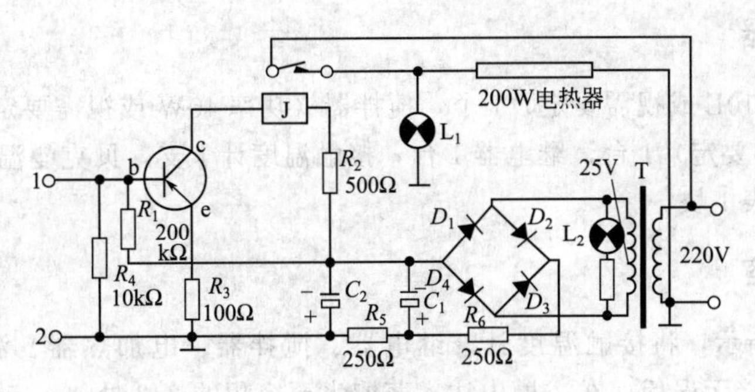

图 5-3　晶体管继电器电路

T—电源变压器；D_1，D_2，D_3，D_4—2AP3 晶体二极管；J—121 型灵敏继电器；

C_1，C_2—滤波电容；L_1—工作指示氖泡；L_2—电源指示灯泡

1、2 点短路，此时基极电流为零，集电极电流很小，继电器将标铁放开，电加热器停止加热，恒温槽温度下降。当温度下降时，水银柱与钨丝断开，集电极电流增大，继电器重新吸引衔铁，电加热器重新加热。如此反复进行，使恒温槽温度恒定。一般控制温度的波动范围为±(0.1～0.01)℃。

恒温槽的温度控制装置是通过电加热器的通断电来完成控制的。但是由于感温、继电器和加热器的动作需要一定的时间，传热、传质有一定速度，保温介质可能存在温度梯度等原因，造成热量的补充与温度升降之间存在滞后的现象。因此恒温槽控制的温度有一个波动范围，而不是控制在某一温度固定不变。

灵敏度是衡量恒温槽性能的主要标志之一，控制温度的波动范围越小，槽内各处温度越均匀，恒温槽的灵敏度越高。恒温槽灵敏度的测定，是在一定的温度下，观察温度的波动情况，用较灵敏的温度计（如贝克曼温度计）测定温度随时间的变化。若最高温度为 t_1，最低温度为 t_2，则恒温槽的灵敏度 T_E 为：

$$T_E = \pm \frac{t_1 - t_2}{2}$$

灵敏度常以温度为纵坐标，时间为横坐标，绘成温度-时间曲线即灵敏度曲线来表示。图 5-4 是几种典型的灵敏度曲线。曲线（a）表示恒温槽灵敏度较高；曲线（b）表示加热器功率适中，但灵敏度稍差，需更换较灵敏的感温元件；曲线（c）表示加热器功率过大，需更换较小功率的加热器；曲线（d）表示加热器功率太小或浴槽散热太快。

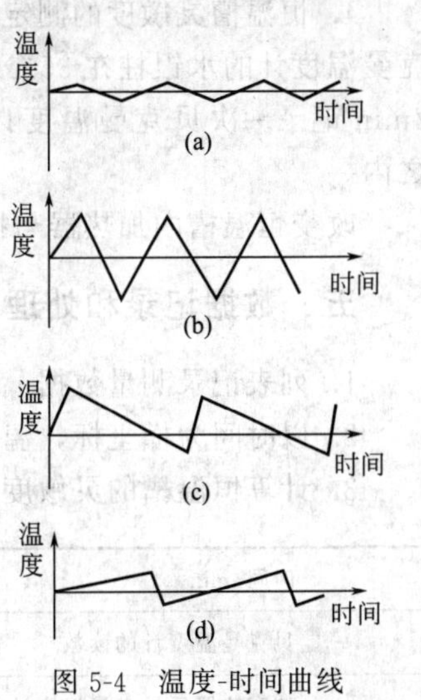

图 5-4　温度-时间曲线

由于外界因素干扰的随机性，实际控温灵敏度曲线要复杂些。组装好恒温槽后，根据测定的灵敏度曲线，选用合适的感温元件和电加热器。

恒温槽灵敏度与感温元件、继电器、搅拌器效率、电加热器功率以及各部件的布局情况均有关系。为了提高灵敏度，在设计安装恒温槽时应注意：

① 恒温槽的热容要大，保温介质的热容越大越好，加热器的热容要尽可能小。

② 为了加快电加热器与接触温度计间传热的速度，感温元件的热容要尽可能小，感温元件与加热器距离要近一些，搅拌器效率要高。

③ 作调节温度用的加热器功率要小。

三、主要仪器

玻璃缸（容量10L或视需要定）1个，搅拌器（功率40W或视需要定）1台，电加热器（功率250W或视需要定）1台，继电器1台，接触温度计1支，贝克曼温度计1支，温度计(1/10℃)1支，停表1块。

四、实验内容

1. 按图2-25所示，将接触温度计、继电器、搅拌器、电加热器、温度计等安装连接好，经检查安装连接无误后，在浴槽内注入蒸馏水至容积的2/3处。

2. 调节温度，注意标铁上端面所指温度与触针（钨丝）下端所指的温度是否一致。旋开接触温度计上部的调节帽紧固螺丝，旋转调节帽使标铁上端面所指示温度较所需要控制的温度（如30℃）低1～2℃，固定调节帽。

接通电源，打开搅拌器，选择合适转速。打开加热器，在恒温槽升温过程中注意观察1/10℃温度计和继电器指示灯。一般继电器红灯亮，指示加热。当指示灯由红灯转为绿灯亮时，指示加热停止，此时恒温槽温度一般较所需控制的温度（如30℃）低，例如达24.2℃。重新调节调节帽使标铁位置适当升高，继电器指示灯由绿灯转为红灯亮，重新加热。注意观察1/10℃温度计，若温度仍未到达所需控制温度，而继电器绿灯亮，需再次调节。当观察到浴槽接近所需控制温度时，调节标铁位置，使继电器由红灯转为绿灯亮。由于加热器有余热，温度会继续上升少许，若温度稳定后，仍未达到控制温度，再次调节，直至恒温槽温度恒定于所需控制的温度（如30℃），固定调节帽。

3. 按上述步骤，将恒温槽温度调节至35℃。

4. 恒温槽灵敏度的测定。当恒温槽恒温于35℃后，将贝克曼温度计放入恒温槽内（贝克曼温度计的水银柱在35℃时调节到2.5左右），观察贝克曼温度计的读数，利用停表，每2min记录一次贝克曼温度计的读数。连续测定约60min，温度变化范围要求在±0.15℃之内。

改变恒温槽内加热器与接触温度计的相对位置，按同样方法测定灵敏度。

五、数据记录和处理

1. 列表记录测量数据。

2. 以时间为横坐标，温度为纵坐标，绘制35℃时的温度-时间曲线。

3. 计算恒温槽的灵敏度。

时间/min	
贝克曼温度计的读数	
改变位置后贝克曼温度计的读数	

六、思考题

1. 可以从哪些方面提高恒温槽的灵敏度？

2. 为了测定恒温槽温度的波动，要求温度计的分度值为多少？

3. 如果所需控制的温度低于室温，如何装备恒温槽？

七、实验指导

1. 开始调节温度时，应调节标铁上端面所指温度低于所需控制的温度（一般低 1～2℃），然后视温度上升情况再缓慢调高，否则将造成温度过高。

2. 在调节温度过程中，绝不能以接触温度计的刻度为依据，必须以 1/10℃的温度计为准，接触温度计所指的刻度数，只用作粗略的估计，供调节温度用。

3. 这类恒温槽靠自然散热而降温，而且浴槽的热容较大，若浴槽温度高于所控制的温度，降温很慢。因此调节过程要小心仔细，防止温度过高。

4. 各种温度计的介绍详见第一部分第二章第六节。

实验五十 液体黏度的测定

一、实验目的

1. 了解黏度的概念和意义，学习液体黏度的测定方法。
2. 测定乙醇在不同温度下的黏度，求出流动表观活化能。
3. 了解恒温槽的构造及恒温原理，掌握恒温槽的使用方法。

二、实验原理

黏度是流体的一种重要性质，它反映了流体流动时由于各点流速不同而产生的剪切应力的大小。许多流体在流动时，任一微分体积单元上的剪切应力与垂直于流动方向的速度梯度成正比，这种流体称为牛顿型流体。几乎所有的气体和许多简单的液体都是牛顿型流体，而聚合物、浆状物、含蜡油等是常见的非牛顿型流体。对于牛顿型流体，剪切力 F（即流动时内摩擦力）与流速梯度 du/dy 及接触面积 A 之间符合下述关系：

$$F = -\eta A \frac{du}{dy} \tag{1}$$

式中，负号表示剪切力的方向与流动方向相反；比例系数 η 称为绝对黏度（简称黏度）。η 的物理意义为：在流体中两个相距单位长度的具有单位面积的流体层，以单位流速发生相对运动时所需剪切力的大小。当 $A=1m^2$，$du/dy=1m \cdot s^{-1}$，$F=1N$ 时，绝对黏度 η 为$1N \cdot s \cdot m^{-2}$，即为 $1Pa \cdot s$。

测定液体黏度的方法主要有三种：①毛细管法，测定液体在毛细管中流过的时间；②落球法，测定圆球在液体中下落的时间；③转筒法，测定液体在同心轴圆柱筒体之间对筒体相对转动的影响。毛细管法根据使用的毛细管黏度计的不同又各不相同，常用的毛细管黏度计有乌氏（Ubbelohde）和奥氏（Ostwald）两种。本实验采用奥氏黏度计（结构如图 5-5 所示）测定牛顿型液体的黏度。

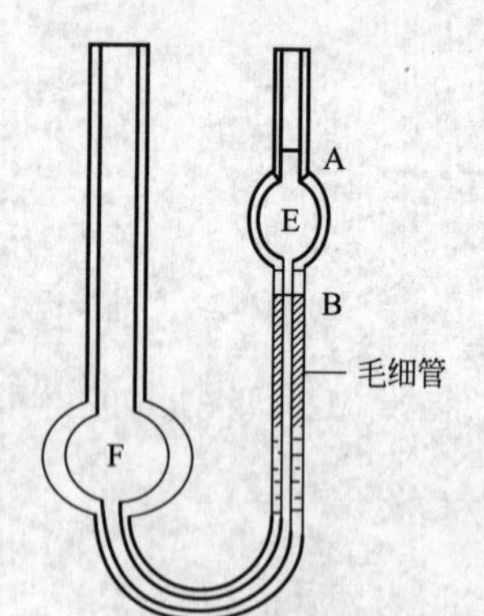

图 5-5 奥氏黏度计

液体的黏度可以用体积 V 的液体流过毛细管的时间 t 来衡量。液体在毛细管黏度计内，因重力作用而流动时，遵守泊塞勒（Poiseuille）公式：

$$\eta = \frac{\pi r^4 gh\rho t}{8Vl} \tag{2}$$

式中，V 为流经毛细管液体的体积；r 为毛细管半径；ρ 为液体密度；l 为毛细管的长度；t 为流出时间；h 为流经毛细管液体的平均液柱高度；g 为重力加速度。

液体在毛细管内靠液柱的重力流动，它所具有的位能，除了消耗于克服分子内摩擦的阻力外，同时使液体本身获得动能，使实际测得的液体黏度偏低。因此应对泊塞勒公式进行修正，更完全的公式为：

$$\eta = \frac{\pi r^4 gh\rho t}{8Vl} - \frac{m\rho V}{8\pi lt} \tag{3}$$

式中，m 为毛细管末端校正参数，若 $l>r$ 时，$m=1$。当选用毛细管较细的黏度计测定时，液体流动较慢，若流出时间在 100s 以上，则上式第二项可以忽略。

对于同一只黏度计，h、r、l、V 均为常数，则泊塞勒公式可以改写为：

$$\eta = k\rho t \tag{4}$$

式中，k 称为黏度计常数（或毛细管常数），其值受温度影响，但影响很小。液体黏度的绝对值不易测定，一般用已知黏度的液体测出黏度计常数，待测液体的黏度可以根据在相同条件下测得的流出时间求出：

$$\eta = \frac{\rho t}{\rho_0 t_0}\eta_0 \tag{5}$$

式中，η_0、ρ_0、t_0 为已知黏度液体的黏度、密度和流出时间；η、ρ、t 为待测液体的黏度、密度和流出时间。

黏度受温度的影响较大，对于一般液体，温度越高，黏度越小。温度与黏度的关系可用下列经验公式表示：

$$\ln\eta = \frac{A}{T} + B \tag{6}$$

式中，A、B 为经验常数，其数值因液体而异。其中，$A=\Delta E/R$，R 为气体通用常数，ΔE 为液体的表观流动活化能。以 $\ln\eta$ 对 $1/T$ 作图可得一直线，由直线斜率可求出 ΔE。

本实验必须在恒温条件下进行。

物质的许多物理性质和化学性质，如折射率、黏度、蒸气压、表面张力、电导、吸附量、电动势、化学反应速率常数等都与温度有关，因此许多化学实验必须在恒温条件下进行，这就需要高灵敏度的恒温装置。有关恒温槽的知识参见实验二十二中的相关内容。恒温槽装置参见图 2-25。

除前述一般恒温槽外，实验室中还常用一种数显超级恒温槽（或称万用恒温槽）。其恒温原理和构造与一般恒温槽相同，只是它附加有循环水泵，能将浴槽中恒温的水循环绕过待测体系。例如将恒温水送入电导池夹层水套内，使样品恒温，而不必将整个仪器浸入浴槽。

三、仪器与试剂

恒温槽 1 套，移液管（10mL）2 支，奥氏黏度计 1 支，洗耳球 1 个，1/10 秒表 1 块。

无水乙醇（分析纯）。

四、实验内容

1. 将恒温槽温度调节至（25.0±0.1）℃。

2. 取一支如图 2-29 所示的干燥洁净的奥氏黏度计，垂直放置于恒温槽中。恒温槽的水面要浸没过黏度计 E 球的 A 刻度。黏度计放置位置要合适，便于观察液体流动情况。恒温槽的搅拌器转速应合适，不致产生剧烈震动，影响测定结果。用移液管移取 10mL 蒸馏水，由黏度计粗管口注入黏度计。待恒温 10min 后，用洗耳球由黏度计上部将液体吸至 A 刻线以上，然后放开洗耳球，让液体自然流下。当液面达到 A 刻线时，启动秒表计时，当液面到达 B 刻线时，停止计时，记录液体流经毛细管的时间。重复操作三次，每次相差不应超过 1%，取平均值。

3. 取出黏度计，倒去蒸馏水。用无水乙醇仔细冲洗黏度计 3～5 次。然后用移液管移取 10mL 无水乙醇加入黏度计，按上述相同的方法测定无水乙醇在 25℃、30℃和 35℃下流经毛细管的时间。

五、数据记录和处理

1. 列表记录各次测量数据。

室温：________气压：________

液体名称		流经毛细管的时间/s				黏度/Pa•s
		1	2	3	平均值	
水(25℃)						
乙醇	25℃					
	30℃					
	35℃					

2. 用蒸馏水的流出时间，按式(4) 计算黏度计常数。蒸馏水的密度和黏度可查表得到。

3. 按式(4) 或式(5) 计算乙醇在 25℃、30℃和 35℃下的黏度。

4. 以 $\ln\eta$ 对 $1/T$ 作图，得一直线，由斜率求出表观流动活化能。

六、思考题

1. 为什么黏度计在恒温槽内必须垂直放置?

2. 黏度计毛细管的粗细对实验有何影响?

3. 为什么加入标准物及被测物的体积应相同? 为什么测定黏度时温度要恒定?

七、实验指导

1. 黏度计必须洁净，有时微量的灰尘、油污等会产生局部的堵塞现象，影响液体在毛细管中的流速，导致较大的误差。

2. 黏度计毛细管的直径和长度应合适，使液体流出时间在 100s 以上。

3. 黏度计应垂直浸入恒温槽内，实验中不要振动黏度计，因为倾斜会造成液位差变化，引起测量误差，同时会使液体流经时间变长。

实验五十一　电导法测定难溶盐的溶解度

一、实验目的

1. 掌握电导法测定难溶盐溶解度的原理和方法。
2. 测定 $PbSO_4$ 在 25℃的溶解度。
3. 巩固对溶液电导基本概念的理解，了解电导测定的应用。

二、实验原理

$BaSO_4$、AgCl、$PbSO_4$ 等难溶盐在水中的溶解度很小，用一般的分析方法很难直接测定其溶解度，但难溶盐在水中的微量溶解部分是完全解离的，因此可以利用电导测定的方法方便地求出其溶解度。

电解质溶液是第二类导体，通过正负离子的定向迁移而导电。其导电能力的大小常以电导（电阻的倒数）表示：

$$G=\frac{1}{R} \tag{1}$$

式中，G 为电导，S(西门子)；R 为电阻，Ω(欧姆)。

根据电导与电阻的关系，有

$$G=\kappa\frac{A}{l} \tag{2}$$

$$\kappa=G\frac{l}{A} \tag{3}$$

式中，κ 为电导率或比电导（电阻率的倒数），$\kappa=1/\rho$，它相当于导体的截面积 $A=1m^2$，长度 $l=1m$ 时的电导，单位为 $S\cdot m^{-1}$。

为了比较电解质溶液的导电能力，常使用摩尔电导率 Λ_m。在相距为 1m 的两个平行电极之间放置含有 1mol 电解质的溶液，此溶液的电导称为摩尔电导率 Λ_m，单位为 $S\cdot m^2\cdot mol^{-1}$。

在一定温度下，电解质溶液的浓度 $c(mol\cdot m^{-3})$、Λ_m 与电导率 κ 的关系为：

$$\Lambda_m=\kappa/c \tag{4}$$

利用式(4) 可计算出难溶盐的溶解度。

由于难溶盐的溶解度很小，盐又是强电解质，其饱和溶液可视为无限稀释，饱和溶液的摩尔电导率 Λ_m 可近似认为与难溶盐的无限稀释溶液的摩尔电导率 Λ_m^∞ 相等，即 $\Lambda_m\approx\Lambda_m^\infty$。根据科尔劳施（kohlrausch）离子独立运动定律，$PbSO_4$ 的无限稀释摩尔电导率 Λ_m^∞ 可由 $\Lambda_m^\infty\left(\frac{1}{2}Pb^{2+}\right)$ 与 $\Lambda_m^\infty\left(\frac{1}{2}SO_4^{2-}\right)$ 相加而得。

电导率是通过测定溶液电导 G，代入式(3) 求得。对于确定的电导电极来说，l/A 是常数，称为电导池常数。电导池常数可以通过测定已知电导率的电解质溶液的电导来确定；将已知电导率的标准 KCl 溶液装入电导池，测定其电导 G，由已知电导率 κ 可计算出电导池常数。

必须注意，由于难溶盐在水中的溶解度很微小，其饱和溶液的电导率实际上是盐和水的电导率之和：

$$\kappa_{溶液} = \kappa_{盐} + \kappa_{水} \tag{5}$$

因此，还必须测出配制溶液所用水的电导率 $\kappa_{水}$，才能求得 $\kappa_{盐}$。

在测得 $\kappa_{盐}$ 后，代入式(4) 可求得该温度下难溶盐在水中的饱和浓度 c（$mol \cdot m^{-3}$），经换算即得该难溶盐的溶解度。

电导是电阻的倒数，因此测定电解质溶液的电导，实际上是测定其电阻。测量溶液的电阻，可利用惠斯登（Wheatstone）电桥来测量。但不能使用直流电源，因为直流电通过电解质溶液时，由于电化学反应的发生，不但使电极附近溶液的浓度改变，还会在电极上析出产物而改变电极的本质，所以必须采用频率高于 100Hz 的交流电源。另外，电极应采用惰性铂电极，以免电极与溶液间发生化学反应。

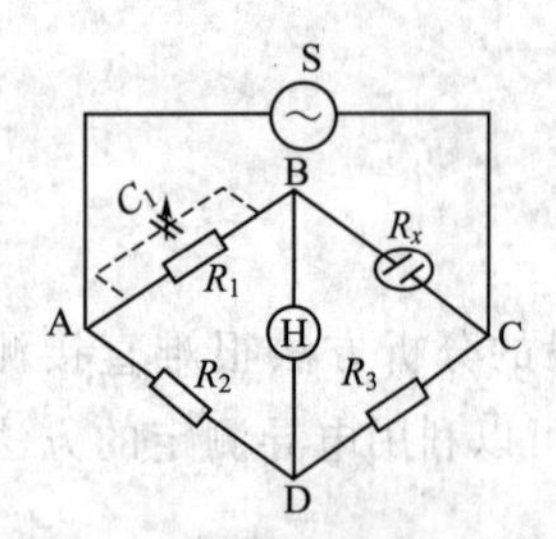

图 5-6　惠斯登电桥线路

线路如图 5-6 所示。其中，S 为音频信号发生器；R_1、R_2 和 R_3 是三个可变电阻箱的电阻值；R_x 为待测溶液的电阻；H 为示零装置；C_1 是与电阻 R_1 并联的一个可变电容，用以平衡电导电极的电容。测定时调节 R_1、R_2、R_3 和 C_1，使 H 无电流通过。此时，表明 B、D 两点电位相等，电桥达平衡。即有

$$R_x = \frac{R_1 R_3}{R_2} \tag{6}$$

R_x 的倒数即为待测溶液的电导。

温度对电导有影响，实验应在恒温下进行。本实验使用电导率仪直接测量电导率。

三、仪器与试剂

超级恒温槽 1 个，电导电极 1 支，DDS-ⅡA 型电导率仪 1 台，电导仪 1 台，锥形瓶（500mL）1 只，恒温瓶 2 只。

标准氯化钾溶液（$0.02mol \cdot L^{-1}$），$PbSO_4$（A. R.）。

四、实验内容

1. 调节恒温槽温度至（25.00±0.14)℃。

2. 测定电导池常数

依次用重蒸馏水和 $0.02mol \cdot L^{-1}$ 的标准 KCl 溶液浸洗电导电极和恒温瓶 2～3 次。把电导电极插入盛有适量的 $0.02mol \cdot L^{-1}$ 标准 KCl 溶液的恒温瓶中，液面应高于电极铂片 1～2cm。10min 后测定 $0.02mol \cdot L^{-1}$ 标准 KCl 溶液在 25℃的电导，然后换溶液再测定两次，取平均值。

3. 测定重蒸馏水的电导率

依次用蒸馏水、重蒸馏水浸洗电导电极和恒温瓶各 2～3 次，在恒温瓶内加入约 30mL 重蒸馏水。待恒温后，测定重蒸馏水在 25℃的电导率，测定 3 次，取平均值。

4. 测定 $PbSO_4$ 溶液的电导率

取约 1g 固体 $PbSO_4$ 放入 500mL 锥形瓶中，加入约 100mL 重蒸馏水，摇动并加热至沸腾，倒掉清液，以除去可溶性杂质。按同样方法重复两次。再加入约 100mL 重蒸馏水，加热至沸腾，使其充分溶解。自然降至室温，然后放入恒温槽中静置 20min，以使固体沉淀。

用上层澄清的饱和 $PbSO_4$ 溶液浸洗电导电极和恒温瓶 2～3 次，然后在恒温瓶中装入适量澄清的饱和 $PbSO_4$ 溶液。待恒温后，测其电导率，换溶液再测两次，取平均值。

五、数据记录和处理

1. 列表记录各测量数据。

2. 由测定的 0.02$mol·L^{-1}$标准 KCl 溶液的电导及该标准溶液在实验温度下的电导率，用式(3) 计算电导池常数。

3. 由式(5) 根据重蒸馏水、饱和 $PbSO_4$ 溶液的电导率计算 $PbSO_4$ 的电导率。

4. 查表计算 $PbSO_4$ 在 25℃的无限稀释摩尔电导率。

5. 由式(4) 计算饱和 $PbSO_4$ 溶液的浓度（$mol·m^{-3}$）、溶解度（$mol·L^{-1}$）及溶度积。

六、思考题

1. 如何测定电导池常数？

2. 用惠斯登电桥法测定溶液的电导时为什么选用 100Hz 的交流电，而不采用直流电？

3. 配制饱和 $PbSO_4$ 溶液为什么要煮沸数次？

4. 配制饱和 $PbSO_4$ 溶液时能否使用普通蒸馏水？

七、实验指导

1. 蒸馏水是电的不良导体，但由于溶有杂质，如二氧化碳和可溶性固体杂质，它的电导显得很大，影响电导测量的结果，因此需对蒸馏水进行处理，使用重蒸馏水。本实验要求水的电导率应小于 $1\times10^{-4}S·m^{-1}$。

2. 电导率仪的使用，详见 P34。

实验五十二　蔗糖水解反应速率常数的测定

一、实验目的

1. 了解蔗糖转化反应体系中各物质浓度与旋光度之间的关系。
2. 测定蔗糖转化反应的速率常数和半衰期。
3. 了解旋光仪的基本原理，掌握其使用方法。

二、实验原理

蔗糖水解反应一般在 H^+ 的催化作用下进行，其反应式为：

$$\underset{\text{蔗糖}}{C_{12}H_{22}O_{11}} + H_2O \longrightarrow \underset{\text{葡萄糖}}{C_6H_{12}O_6} + \underset{\text{果糖}}{C_6H_{12}O_6}$$

在催化剂 H^+ 浓度固定的条件下，此反应本应为二级反应，但是因为反应物水是大量存在的，整个反应中水的浓度基本不变，可视为常数。因此该反应可视为准一级反应，反应速率只与蔗糖浓度有关，其动力学方程为：

$$-\frac{\mathrm{d}c}{\mathrm{d}t}=kc \tag{1}$$

式中，k 为反应速率常数；c 为时间 t 时反应物蔗糖的浓度。

将式(1) 整理、积分得

$$\ln c=-kt+\ln c_0 \tag{2}$$

式中，c_0 为反应物的初始浓度。

当 $c=\frac{1}{2}c_0$ 时，t 可用 $t_{1/2}$ 表示，即为反应的半衰期。由式(2) 可得

$$t_{1/2}=\frac{\ln 2}{k}=\frac{0.693}{k} \tag{3}$$

上式说明一级反应的半衰期只取决于速率常数 k，而与起始浓度无关，这是一级反应的一个特点。

如何测定不同反应时间 t 时的蔗糖浓度 c？本实验中，蔗糖及水解产物均为旋光性物质。但它们的旋光能力不同，故可以利用体系在反应过程中旋光度的变化来衡量反应的进程。溶液的旋光度与溶液中所含旋光物质的种类、浓度、溶剂的性质、液层厚度、光源波长及温度等因素有关。

物质的旋光性是指能使在其中通过的偏振光的偏振面旋转某一角度的性质。具有此种性质的物质称为旋光性物质。蔗糖、葡萄糖使偏振面按顺时针方向旋转，称为右旋物质；果糖使偏振面按逆时针方向旋转，称为左旋物质。旋光性物质的旋光能力以使偏振面旋转的角度来度量，此角度称为旋光度，以 α 表示。一般规定右旋物质的旋光度为正值，左旋物质的旋光度为负值。含有旋光性物质的溶液，其旋光度与溶液中所含旋光物质的种类、浓度、溶剂性质、液层厚度、光源波长及温度等因素有关。

旋光度因实验条件的不同而具有很大的差异，因此引入比旋光度［α］的概念。比旋光度可用下式表示：

$$[\alpha]_{\mathrm{D}}^{t}=\frac{\alpha}{lc} \tag{4}$$

式中，t 为实验温度，℃；D 表示以钠光 D 线作为光源；α 为旋光度；l 为液层厚度（常

以10cm为单位)；c 为浓度［常用100mL溶液中所含物质的质量（g）来表示］。

由式(4) 可知，当其他条件不变时，旋光度 α 与反应物浓度 c 成正比。即

$$\alpha = Kc \tag{5}$$

式中，K 是一个与物质旋光能力、液层厚度、溶剂性质、光源波长、温度等因素有关的常数。

在蔗糖的水解反应中，反应物蔗糖是右旋性物质，其比旋光度 $[\alpha]_D^{20}=66.6°$。产物中葡萄糖也是右旋性物质，其比旋光度 $[\alpha]_D^{20}=52.5°$；而产物中的果糖则是左旋性物质，其比旋光度 $[\alpha]_D^{20}=-91.9°$。因此，反应开始时，体系为右旋，随着水解反应的进行，葡萄糖和果糖逐渐增多，由于果糖的左旋程度大于葡萄糖的右旋程度，所以右旋角不断减小，最后经过零点变成左旋。旋光度与浓度成正比，并且溶液的旋光度为各组成的旋光度之和。若反应时间为0、t、∞时溶液的旋光度分别用 α_0、α_t、α_∞ 表示，则

$$\alpha_0 = K_{反} c_0 \text{（表示蔗糖未转化）} \tag{6}$$

$$\alpha_\infty = K_{生} c_0 \text{（表示蔗糖已完全转化）} \tag{7}$$

式(6) 和式(7) 中的 $K_{反}$ 和 $K_{生}$ 分别为对应反应物与产物的比例常数。

$$\alpha_t = K_{反} c + K_{生}(c_0 - c) \tag{8}$$

由式(6)～式(8) 联立可以解得：

$$c_0 = \frac{\alpha_0 - \alpha_\infty}{K_{反} - K_{生}} = K'(\alpha_0 - \alpha_\infty) \tag{9}$$

$$c = \frac{\alpha_t - \alpha_\infty}{K_{反} - K_{生}} = K'(\alpha_t - \alpha_\infty) \tag{10}$$

将式(9)、式(10) 代入式(2) 即得

$$\ln(\alpha_t - \alpha_\infty) = -kt + \ln(\alpha_0 - \alpha_\infty) \tag{11}$$

由式(11) 可见，以 $\ln(\alpha_t - \alpha_\infty)$ 对 t 作图为一直线，由该直线的斜率即可求得反应速率常数 k，进而可求得半衰期 $t_{1/2}$。本实验利用旋光仪测定 α_t、α_∞ 值，通过作图由截距得 α_0。

三、仪器与试剂

旋光仪1台，容量瓶（50mL）1个，旋光管1只，恒温槽1套，锥形瓶（100mL）2只，上皿天平1台，停表1块，烧杯（100mL、500mL）各1只，移液管（25mL）2支。

HCl溶液（$2\text{mol}\cdot\text{L}^{-1}$），蔗糖（A.R.）。

四、实验内容

1. 将恒温槽调节到（20.0±0.1)℃恒温，然后在恒温旋光管中接上恒温水，如图5-7所示。

2. 旋光仪零点的校正

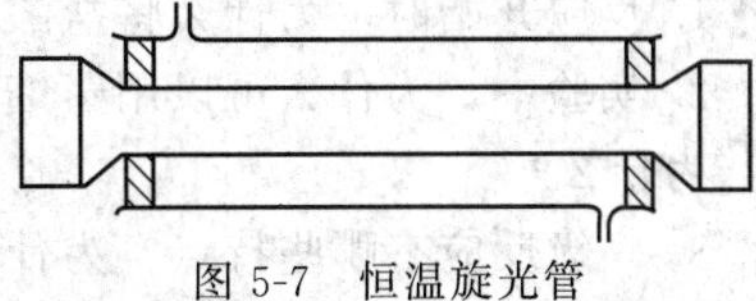

图5-7　恒温旋光管

蒸馏水为非旋光物质，可以用来核对旋光仪的零点。洗净旋光管，将管子一端的盖子旋紧，向管内注满蒸馏水，使蒸馏水在管口形成一凸出的液面，从侧面沿管口轻轻推上玻璃盖片，再旋紧套盖，注意勿使漏水或产生气泡。操作时不要用力过猛，以免压碎玻璃片。用吸水纸擦净旋光管，再用擦镜纸将管两端的玻璃片擦净。把旋光管放入旋光仪中，盖上槽盖，打开光源，调节目镜使视野清晰，然后旋转检偏镜使视野中能观察到明暗相等的三分视野（必须在暗视野下测定)，记下刻度读数，重复操作三次，取其平

均值，此即为旋光仪的零点，用来校正仪器的系统误差。

3. 溶液的配制

称取 10g 蔗糖，用少量蒸馏水溶解，注入 50mL 容量瓶中配成溶液。若溶液浑浊则需进行过滤。

4. 蔗糖水解过程中旋光度 α_t 的测定

用移液管取 25mL 蔗糖溶液置于 50mL 旋光管中。再移取 25mL $2mol \cdot L^{-1}$ 的 HCl 溶液迅速加入蔗糖溶液中，并且在加入 HCl 溶液一半时开始计时，作为反应的起始时间。不断摇动使溶液充分混合，迅速取少量混合液清洗旋光管两次，然后以此混合液装满旋光管（操作同装蒸馏水相同），盖好旋紧（检查是否漏液，有气泡），擦干、擦净两端玻璃片，立刻置于旋光仪中，盖上槽盖。测量不同时间 t 时溶液的旋光度 α_t。由于旋光度 α_t 随时间不断地变化，因此测定各反应时间 t 时溶液的旋光度 α_t 时要迅速准确，将三分视野暗度调节相同后，立即记下时间，再读取旋光度。每隔一定时间，读取一次旋光度，可在测定第一个旋光度数值之后的第 5min、10min、15min、20min、30min、50min、75min 各测一次。

5. α_∞ 的测定

可以将步骤 4 中的混合液放置 48h 后，在相同温度下测定其旋光度，即为 α_∞ 值。为了缩短时间，也可将剩余的混合液置于近 60℃的水浴中，恒温 40min 以加速反应，然后冷却至实验温度，按上述操作测定其旋光度，此值即可认为是 α_∞。注意水浴温度不可过高，否则将产生副反应，溶液颜色变黄，保温过程中应避免溶液挥发影响浓度。

需要注意，测到 30min 后，每次测量间隔应将钠光灯熄灭，以免因长期使用过热而损坏，但在下次测量前提前 10min 打开钠光灯，使光源稳定。另外，实验结束后，应立即洗净擦干旋光管，防止旋光管被酸腐蚀。

五、数据记录和处理

1. 将实验数据记录于下表。

实验温度：________ 盐酸浓度________ 零点：________ α_∞：________

反应时间	α_t	$\alpha_t-\alpha_\infty$	$\ln(\alpha_t-\alpha_\infty)$	k

2. 以 $\ln(\alpha_t-\alpha_\infty)$ 对 t 作图，由所得直线的斜率求出反应速率常数 k。

3. 由截距求得 α_0。

4. 计算蔗糖水解反应的半衰期 $t_{1/2}$。

六、思考题

1. 反应开始时，为什么将盐酸倒入蔗糖溶液中，而不是将蔗糖倒入盐酸中？

2. 实验中，为什么可以用蒸馏水校正旋光仪的零点？若不进行校正，对结果是否有影响？为什么？

3. 一级反应有哪些特点？为什么配制蔗糖溶液可以用上皿式天平称量？

4. 如何判断一旋光物质是右旋还是左旋？

七、实验指导

旋光仪的构造及使用，见第一部分。

实验五十三　燃烧热的测定

一、实验目的

1. 掌握用氧弹式量热计测定萘的燃烧热。
2. 巩固恒压燃烧热和恒容燃烧热的关系式。
3. 学会应用图解法校正温度改变值。

二、实验原理

燃烧热是指 1mol 物质与氧进行完全氧化反应的热效应。如果是在恒容条件下测得的燃烧热，称为恒容燃烧热，用符号 $Q_{V,\mathrm{m}}$ 表示。由热力学第一定律知，燃烧时系统内能发生变化，内能改变。若系统不对外做功，则恒容燃烧热等于系统内能的改变，即

$$Q_{V,\mathrm{m}}=\Delta_V U_\mathrm{m} \tag{1}$$

同理，若是在恒压条件下测得的燃烧热则称为恒压燃烧热，用符号 $Q_{p,\mathrm{m}}$（或 $\Delta_p H_\mathrm{m}$）表示。若把参加反应的气体和反应生成的气体近似为理想气体，则有下列关系式：

$$Q_{p,\mathrm{m}}=Q_{V,\mathrm{m}}+\sum\nu_\mathrm{B}(\mathrm{g})RT \tag{2}$$

式中，$\sum\nu_\mathrm{B}(\mathrm{g})$ 为摩尔反应式中产物与反应物中气体物质的计量系数之代数和；R 为通用气体常数；T 为反应的热力学平均温度。由上式可知，若测得某物质的恒容燃烧热，则可求得恒压燃烧热。值得指出的是，如未经特殊指明，通常所说的燃烧热均指恒压燃烧热。

测量化学反应热的仪器称为量热计。本实验采用氧弹式量热计（如图 5-8 所示）测量萘的恒容燃烧热，进而求得萘的恒压燃烧热。

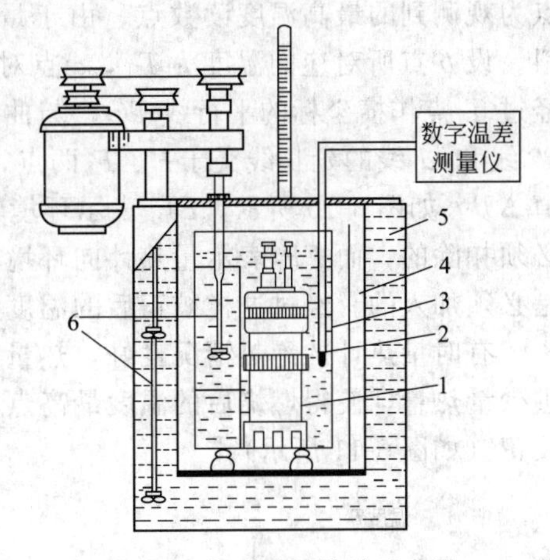

图 5-8　氧弹式量热计示意图

1—氧弹；2—温度传感器；3—内筒；4—空气隔层；5—外筒；6—搅拌器

测量恒容燃烧热的基本原理是将一定的待测物质样品在充足氧气的氧弹中完全燃烧，放出的热量使量热计本身及氧弹周围介质（本实验用水）的温度升高。根据测定燃烧前后温度的变化值，可求算出该样品的恒容燃烧热。其关系式为：

$$\frac{m}{M}|Q_{V,\mathrm{m}}|+|Q_{丝}|m_{丝}=W_{水}\Delta T \tag{3}$$

式中，m 为待测物质的质量，g；M 为待测物质的摩尔质量；$Q_{V,\mathrm{m}}$为待测物质的恒容燃烧热；$Q_{丝}$为单位质量点火丝的燃烧热（$-1.4\mathrm{kJ\cdot g^{-1}}$）；$m_{丝}$为点火丝的质量；$W_{水}$为样品等物质燃烧放热使水及仪器每升高 1℃所需的热量，称为水当量。量热计的水当量可以通过已知恒容燃烧热的标准物（如苯甲酸，其 $Q_V=-26.0460\mathrm{kJ\cdot g^{-1}}$）来标定。

已知量热计的水当量后，即可利用式(3) 通过实验测定待测物质的燃烧热。

氧弹是一个特制的不锈钢容器，如图 5-9 所示。主要部分有厚壁圆筒 1、弹盖 2 和螺帽 3 紧密相连；在弹盖 2 上装有用来灌入氧气的进气孔 4、排气孔 5 和电极 6，电极直通弹体内部，同时作为燃烧皿 7 的支架；为了将火焰反射向下而使弹体温度均匀，在另一电极 8（同时也是进气管）的上方还装有火焰遮板 9。

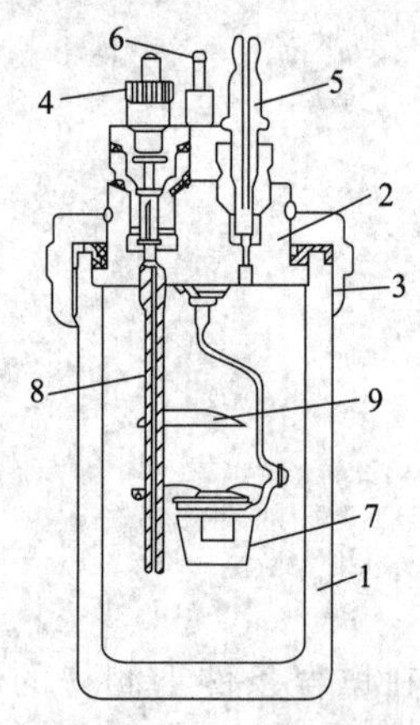

图 5-9 氧弹的构造

1—厚壁圆筒；2—弹盖；3—螺帽；4—进气孔；5—排气孔；6—电极；7—燃烧皿；8—电极（同时也是进气管）；9—火焰遮板

为了保证样品在其中完全燃烧，氧弹中应充以高压氧气，因此要求氧弹密封、耐高压、抗腐蚀。测定粉末样品时必须将样品压成片状，以免充气时冲散样品或者在燃烧时飞散开来，造成实验误差。

本实验成功的首要关键是样品必须完全燃烧。其次，还必须使燃烧后放出的热量尽可能全部传递给量热计本身和其中盛放的水，而几乎不与周围环境发生热交换。

为了做到这一点，量热计在设计制造上采取了几项措施，例如在量热计外面设置一个套壳，此套壳有些是恒温的，有些是绝热的，因此量热计又可分为外壳恒温式和绝热式两种，本实验采用外壳恒温式。另外，量热计壁高度抛光，这是为了减少热辐射。量热计和套壳间设置一层挡屏，以减少空气的对流。但是，热量的散失仍然无法完全避免，这可能是由于环境向量热计辐射进热量而使其温度升高，也可能是由于量热计向环境辐射出热量而使量热计的温度降低。因此燃烧前后温度的变化值不能直接测量准确，而必须经过雷诺图解法（作图法）进行校正，校正的方法如下。

当适量待测物质燃烧后，量热计中的水温升高 1.5～2.0℃。将燃烧前后历次观测到的水温记录下来，并作图，连成 $abcd$ 线（如图 5-10 所示）。图中 b 点相当于开始燃烧之点，c 点为观测到的最高温度读数点，由于量热计和外界的热量交换，曲线 ab 及 cd 常常发生倾斜。设 b 点所对应的温度为 T_1，c 点对应的温度为 T_2，取其平均温度 $(T_1+T_2)/2$ 为 T，经过 T 点作横坐标的平行线 TO，与曲线相交于 O 点，然后过 O 点作垂直线 AB，此线与 ab 线和 cd 线的延长线交于 E、F 两点，则 E 点和 F 点所表示的温度差即为欲求温度的升高值 ΔT。如图 5-10 所示，EE' 表示环境辐射进来的热量造成的量热计温度的升高，这部分是必须扣除的；而 FF' 表示量热计向环境辐射出热量而造成的量热计温度的降低，因此这部分是必须加入的。经过这样校正后的温度差表示了由于样品燃烧使量热计温度升高的数值。

有时量热计的绝热情况良好，热量散失少，而搅拌器的功率又比较大，这样往往不断引进少量热量，使得燃烧后的温度最高点不明显出现，这种情况下 ΔT 仍然可以按照同法进行校正（如图 5-11 所示）。

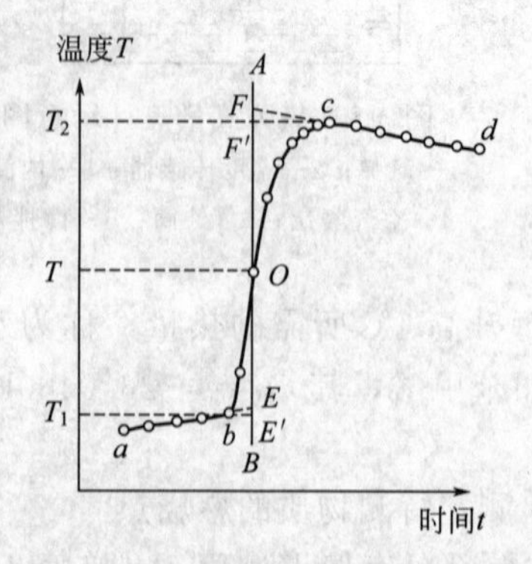

图 5-10 绝热较差时的温度校正图

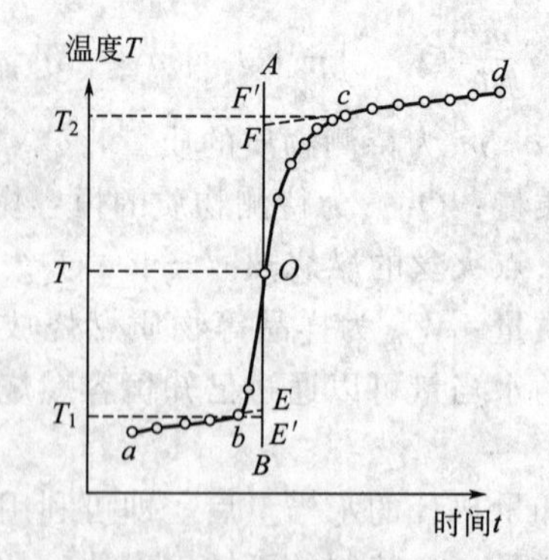

图 5-11 绝热良好时的温度校正图

必须注意，应用这种作图法进行校正时量热计的温度和外界环境的温度不宜相差太大（最好不超过 2～3℃），否则会导致出现误差。

当然，在测量燃烧热的过程中，对量热计温度测量的准确性直接影响到燃烧热测定的结果，所以本实验采用数字温差测量仪来测量量热计的温度变化值。

三、仪器与试剂

氧弹式量热计 1 台，压片机 1 台，电子天平 1 台，温度计（0～100℃）1 支，容量瓶（1000mL）1 只，氧气钢瓶及减压阀 1 套（公用）。

点火丝，萘（A. R.），苯甲酸（A. R.）。

四、实验内容

1. 量热计水当量（$W_{水}$）的测定

（1）样品压片　压片前，仔细检查压片用钢模必须洁净才能进行压片。

用台秤称取约 0.6g 苯甲酸，用电子天平准确称量一段点火丝（约 15cm）的质量，按图 5-12(a) 所示将铁丝穿在钢模的底板内，然后将钢模底板装进模子中，从上面倒入已称好的苯甲酸样品，徐徐旋紧压片机的螺杆，直到将样品压成片状为止。抽去模底的托板，再继续向下压，使模底和样品一起脱落。压好的样品形状如图 5-12(c) 所示，将此样品表面的碎屑除去，在分析天平上准确称量后即可供测定燃烧热用。

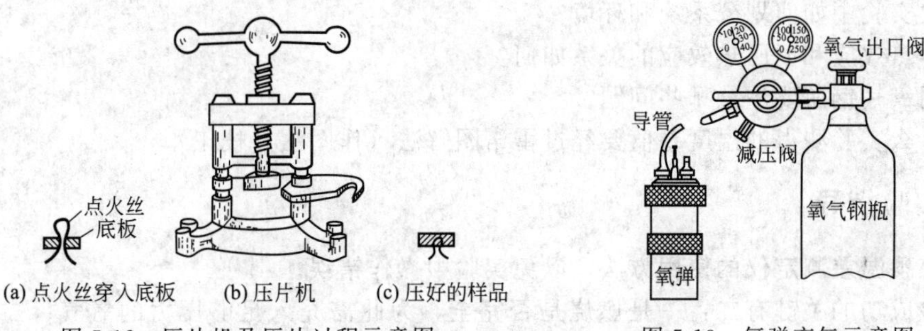

图 5-12　压片机及压片过程示意图　　图 5-13　氧弹充气示意图

（2）安装氧弹　拧开氧弹盖，将氧弹内壁擦干净，特别是电极下端的不锈钢接线柱更应擦干净。挂上石英陶瓷或金属小杯，小心地将压好的片状试样的点火丝两端分别紧绕在电极的下端，检查两电极不能短路。旋紧氧弹盖，旋紧氧弹出气口后就可以充氧气。按图 5-13 连接氧气钢瓶和氧气表，并由高压铜线管与氧弹进气管连接。打开氧气钢瓶上端的氧气出口阀，此时表 1 所指示压力即为氧气瓶中的氧气压力。然后略微旋紧减压阀（即打开减压阀出口），同时打开氧弹的放气管，以排除氧弹内的空气。待氧弹内空气排除后，随即拧紧氧弹放气管，再继续旋紧减压阀，使表 2 上的压力读数为 1.5MPa 左右，放松（即关闭）减压阀，此时氧弹中约充有 1.5MPa 的氧气。取下氧弹，关闭氧气钢瓶上端的阀门，打开减压阀放掉管道和氧气表中的余气。

（3）燃烧和测量温度　将充好氧气的氧弹放入量热计的盛水桶内（如图 5-8 所示），接好点火线。用容量瓶准确量取自来水 2500mL，倒入盛水桶内。盖上盖子，将温差测定仪的温度传感器探头插入水中，然后开动搅拌马达，待温度稳定上升后，温差测定仪清零，每隔 1min 读一次温差测定仪的数显数字，这样继续 10min。迅速按下点火开关进行通电点火，若点火器上指示灯亮后熄掉，温度迅速上升，这表示氧弹内样品已燃烧。若指示灯亮后不熄，表示点火丝没有烧断，应立即加大电流引发燃烧。若指示灯根本不亮或者虽加大电流也不熄灭，而且温度也不见迅速上升，则表示点火没有成功，此时需打开氧弹检查原因。自按下点火开关后，读数改为每隔 30s 一次，约 1min 内温度迅速上升，当温度升到最高点后，读数仍可 1min 一次，继续记录温度 10min。

实验停止后，小心取下温度传感器探头，取出氧弹，打开氧弹出气口，放出余气，最后旋开氧弹盖，检查样品燃烧的结果。若氧弹中没有未燃尽的剩余物，表示燃烧完全，反之，则表示燃烧不完全，实验失败。燃烧后剩下的点火丝应取出称其质量，自点火丝质量中减去。

2. 萘的燃烧热测定

称取 0.6g 左右的萘一份，按上法进行压片、燃烧等实验操作。

实验完毕后，洗净氧弹，倒出量热计盛水桶中的自来水，并擦干待下次实验用。

五、数据记录和处理

1. 按作图法求出苯甲酸燃烧引起量热计温度的变化值。计算量热计的水当量（$W_{水}$）。
2. 按作图法求出萘燃烧引起的量热计温度变化值，并计算萘的恒容燃烧热（$Q_{V,m}$）。
3. 根据式(2)，由萘的恒容燃烧热（$Q_{V,m}$）计算萘的恒压燃烧热（$Q_{p,m}$）。
4. 由物理化学数据手册查出萘的恒压燃烧热（$Q_{p,m}$），计算本次实验的误差。

六、思考题

1. 本次实验中如何划分系统和环境？
2. 恒容热效应和恒压热效应的关系如何？
3. 使用氧气钢瓶要注意哪些问题？
4. 为什么实验测得的温度差值要经过雷诺图解法（作图法）校正？

七、实验指导

1. 要熟悉温差测定仪的使用方法，以免实验中操作错误。
2. 实验成功的关键有二：一是燃烧是否完全，为此需充入足够压力的氧气；二是燃烧铁丝的两端需和两电极切实连接好，并务请注意不要使铁丝和盛药品压片的坩埚壁以防短路。
3. 点火电流要稍大，以保证一次点火成功。
4. 热损失校正图也可用另法制作，选环境温度 $T_{环}$ 处，作平行于时间轴的平行线交曲线于点 O，过点 O 作垂线 AB 而得，其余处理方法均相同。

实验五十四　离子选择性电极的制备和性能测试

一、实验目的

1. 了解离子选择性电极的基本性能及其测试方法。
2. 掌握固态碘电极的一种制备方法。

二、实验原理

离子选择性电极是在膜电极的基础上发展起来的。20 世纪 60 年代中期以后，随着科研工作及生产建设的发展，新型电极膜材料不断研制成功，电极品种急剧增加，性能也有了很大改善，应用方法也有广泛的发展。离子选择性电极已发展成为电化学分析领域中的重要分支，在工业领域检测、环境污染调查、实验室试样分析、医学临床化验及溶液理论研究等方面获得了广泛的应用。

离子选择性电极的品种众多，性能也各有所长。本实验采用的碘离子选择性电极是以 Ag-AgI 为基础的全固态电极。

1. 碘离子选择性电极的基本结构

常用的全固态离子选择性电极的结构如图 5-14 所示。1 为膜片，是电极的敏感元件；2 为电极引线；3 为聚氯乙烯硬管；4 为电极帽。但是采用不同制备方法制得的离子选择性电极，其结构不完全相同。制备离子选择性电极常采用热分解法和电镀法。本实验即采用电镀法在银电极表面形成碘化银薄膜。

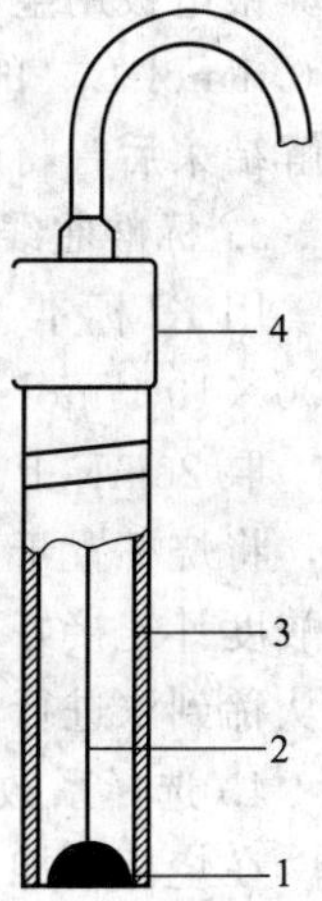

图 5-14　全固态离子选择性电极结构示意图

2. 离子选择性电极的响应特性

离子选择性电极是一种以电位响应为基础的电化学敏感元件，将电极插入含有待测离子的溶液时，在膜-液界面上产生一特定的电位响应值。电位响应值与离子活度间的关系可用能斯特（Nernst）方程来描述。若以碘电极为例，用甘汞电极作为参比电极，则所组成的电池的电动势可表示为：

$$E=E_0-\frac{RT}{F}\ln a_{I^-} \tag{1}$$

已知 γ 为活度系数，故

$$a_{I^-}=\gamma c_{I^-} \tag{2}$$

在实验中，通常采用固定离子强度的测试方法，此时 γ 可视为定值，则式(1) 可改写为：

$$E=E_0'-\frac{RT}{F}\ln c_{I^-} \tag{3}$$

由上式可知，E 与 $\ln c_{I^-}$ 之间呈线性关系。只要测出不同 c_{I^-} 值时的电动势值 E，作 E-$\ln c_{I^-}$ 图，在一定浓度范围内可得一直线。从图中，可以得到碘电极的线性范围。

3. 离子选择性电极的选择性及选择系数

离子选择性电极对待测离子具有特定的响应特性，但其他离子仍可对其产生一定的干扰。电极选择性的好坏常用选择系数表示。若以 A 和 B 分别代表待测离子及干扰离子，则

$$E=E_0\pm\frac{RT}{n_A F}\ln(a_A+k_{A/B}\cdot a_B^{n_A/n_B}) \tag{4}$$

式中，n_A及n_B分别代表A和B离子的电荷数；$k_{A/B}$为该电极对B离子的选择系数。式中的“－”及“＋”分别适用于阴、阳离子选择性电极。

由式(4) 可见，$k_{A/B}$越小，表示B离子对被测离子的干扰越小，也就表示电极的选择性越好。通常把$k_{A/B}$值小于10^{-3}者认为无明显干扰。

三、仪器与试剂

pHS-3数字酸度计1台，甘汞电极1只，晶体管稳压电源1台，铂电极1支，磁力搅拌器1台，金相砂纸1张，银电极1支。

KNO_3溶液（0.2mol·L^{-1}），碘化钾（A.R.）。

四、实验内容

1. 碘化钾标准溶液的配制

精确称取碘化钾4.123g，用二次蒸馏水溶解后，移入250mL容量瓶中，稀释至刻度即为0.1mol·L^{-1}的KI溶液。

2. 离子选择性电极的制备

银电极用金相砂纸打光，再用擦镜纸仔细抛光。然后以银电极作阳极，铂电极作阴极，在0.1mol·L^{-1}的KI溶液中电解，电压1.2～1.4V(电流密度约为0.2mA·cm^{-2})，电解1h。电解结束后，将电极取出洗净，浸泡于二次蒸馏水中，1h后可用。

3. 标准曲线的制作

用KI标准液逐级稀释法配制浓度为2.00×10^{-2} mol·L^{-1}、2.00×10^{-3} mol·L^{-1}、2.00×10^{-4} mol·L^{-1}、2.00×10^{-5} mol·L^{-1}的KI溶液。

取20mL上述配制的KI溶液和20mL 0.2mol·L^{-1}的KNO_3溶液，于50mL烧杯中混合，将烧杯置于磁力搅拌器上。以甘汞电极为参比电极，离子选择性电极为另一极，两电极与酸度计连接好，然后插入烧杯中的溶液内，充分搅拌，待达平衡时，读出电位值。测量依次从稀到浓进行。

4. 选择系数的测定

在烧杯中加入100mL 0.001mol·L^{-1}的KI溶液，测定电位值，然后向烧杯中加入2mL 0.1mol·L^{-1}的K_2SO_4溶液，读取电位值，再逐次加2mL 0.1mol·L^{-1}的K_2SO_4溶液，直至电位值发生显著变化为止。

五、数据记录和处理

1. 列表记录各测量数据。
2. 以E对$-\lg c_{KI}$作图，即标准曲线，确定线性浓度范围。
3. 以E对$-\lg c_{K_2SO_4}$作图，从图中找出转折点时的$c_{K_2SO_4}$。$c_{KI}/c_{K_2SO_4}$值可以近似地作为1×10^{-3} mol·L^{-1} I^-条件下的$k_{I^-/SO_4^{2-}}$值。

六、思考题

1. 为什么要调节溶液的离子强度？怎样调节？
2. 测试工作为什么要在搅拌条件下进行？
3. 本实验中，用电解法制备选择性电极时，阳、阴极上各发生什么反应？

实验五十五　比表面的测定（溶液吸附法）

一、实验目的

1. 了解溶液吸附法测定比表面的原理和方法。
2. 利用亚甲基蓝水溶液测定活性炭的比表面。
3. 掌握用分光光度法测定溶液浓度的方法。

二、实验原理

测定固体比表面的方法很多，目前常用的有 BET 法、色谱法和电子显微镜法等，这些方法一般都需要复杂的装置或较长的实验时间。溶液吸附法测定固体物质的比表面，虽然不如上述方法准确，但仪器设备简单，操作计算方便，且可以同时测定多个样品，是了解固体吸附剂性能的一种简便的方法。

溶液吸附法的基本原理参见物理化学教材中表面化学一章。

水溶性染料的吸附已应用于测定固体比表面，在所有染料中亚甲基蓝具有最大的吸附倾向。研究表明，在一定浓度范围内，大多数固体对亚甲基蓝的吸附是单分子层吸附，符合朗格缪尔型。但当原始溶液浓度过高时，会出现多分子层吸附；溶液浓度过小时，吸附又不能达到饱和。因此原始溶液浓度及吸附平衡后的平衡浓度都应选择适当的范围，原始溶液的浓度为 $2g \cdot L^{-1}$ 左右，平衡溶液浓度不小于 $1g \cdot L^{-1}$。

亚甲基蓝的分子结构为：

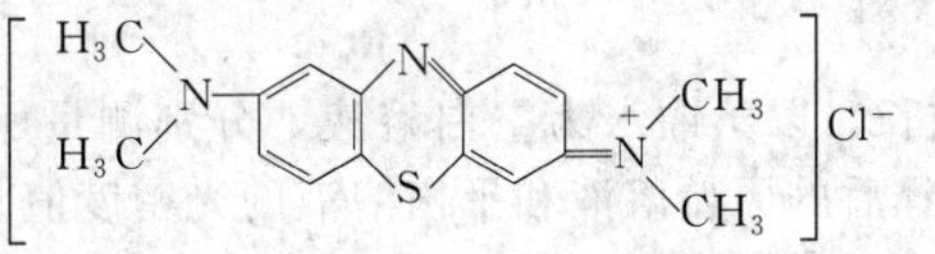

亚甲基蓝的吸附有三种取向：平面吸附，投影面积为 $1.35nm^2$；侧面吸附，投影面积为 $0.75nm^2$；端基吸附，投影面积为 $0.395nm^2$。对于非石墨型的活性炭，亚甲基蓝可能不是平面吸附而是端基吸附。根据实验结果推算，在单分子层吸附的情况下，1mg 亚甲基蓝覆盖的面积可按 $2.45m^2$ 计算。

亚甲基蓝水溶液为蓝色，可用分光光度法测定其在吸附前后的浓度。而固体吸附剂在溶液中达吸附平衡时的吸附量 Γ 可以根据吸附前后溶液浓度的变化来计算：

$$\Gamma = \frac{(c_0 - c)V}{m} \tag{1}$$

式中，Γ 为吸附量，通常指每克吸附剂吸附溶质的量；c_0 为吸附前溶液的浓度（原始浓度）；c 为达吸附平衡时溶液的浓度（平衡浓度）；V 为溶液的体积；m 为吸附剂的质量。

若 1mg 亚甲基蓝覆盖的面积以 $2.45m^2$ 计算，则吸附剂的比表面 a_s（$m^2 \cdot g^{-1}$）为：

$$a_s = \frac{(c_0 - c)V}{m} \times 2.45 \tag{2}$$

式中，c_0 和 c 分别为原始溶液浓度和平衡溶液浓度，$g \cdot L^{-1}$；V 为溶液的体积，mL；m 为吸附剂质量，g。

溶液吸附法测定的结果有一定的误差，主要是因为吸附时非球形吸附质在各种吸附剂表面的取向并不一样，因此每个吸附质分子的投影面积相差甚远。所以溶液吸附法测得的数值应以其他方法校正。溶液吸附法的测定误差一般为10%左右。

三、仪器与试剂

722 型分光光度计 1 台，容量瓶（1000mL 2 只，100mL 3 只），康氏振荡器 1 台，比色管（25mL）2 支。

亚甲基蓝溶液（$2g\cdot L^{-1}$）(原始溶液)，标准亚甲基蓝溶液（$0.1g\cdot L^{-1}$）。

四、实验内容

1. 活化样品

将颗粒活性炭置于瓷坩埚中，放入 500℃ 马弗炉中活化 1h，然后置于干燥器内冷却备用。

2. 溶液吸附

准确称取活化过的活性炭 0.1g 左右，加入 25mL 比色管中，然后再加入 $2g\cdot L^{-1}$ 的亚甲基蓝溶液（原始溶液）25mL。比色管放在康氏振荡器上振荡 4～6h(或充分摇动后放置一周)，使吸附达到平衡。

3. 亚甲基蓝标准溶液的配制

用移液管分别移取标准亚甲基蓝溶液 0.5mL、1mL、2mL 放入 100mL 容量瓶内，稀释至刻度。

4. 原始溶液和平衡溶液的处理

为了准确测量原始溶液的浓度，取 $2g\cdot L^{-1}$ 原始溶液 1mL 放入 1000mL 容量瓶中，稀释至刻度。

取达到吸附平衡的平衡溶液 1mL，加入 1000mL 容量瓶，稀释至刻度。

5. 测量光密度

选择 665nm 为工作波长，以蒸馏水为空白溶液，分别测量所配制的三个亚甲基蓝标准溶液的光密度值，以及稀释后的原始溶液和平衡溶液的光密度值。对每一个样品光密度的测量应重复三次，取平均值。

五、数据记录和处理

1. 列表记录各测量数据。

2. 以三个亚甲基蓝标准溶液的浓度对光密度作图，得一直线即为工作曲线。

3. 以稀释后原始溶液的光密度和稀释后平衡溶液的光密度，在工作曲线上查得对应的浓度值再乘以稀释倍数 1000，即得原始溶液浓度 c_0 和平衡溶液浓度 c。

4. 按式(2) 计算活性炭的比表面积。

六、思考题

1. 为什么亚甲基蓝原始溶液浓度选在 $2g\cdot L^{-1}$ 左右，吸附平衡后亚甲基蓝溶液浓度要在 $1g\cdot L^{-1}$ 左右?

2. 如果吸附平衡后亚甲基蓝溶液浓度太低，在实验操作上应如何变动?

实验五十六　乙酸乙酯皂化反应速率常数的测定

一、实验目的

1. 了解二级反应的特点。
2. 用电导法测定乙酸乙酯皂化反应的速率常数。
3. 求反应活化能。
4. 掌握电导率仪的使用方法。

二、实验原理

乙酸乙酯的皂化反应是二级反应，反应式为：

$$CH_3COOC_2H_5 + OH^- \longrightarrow CH_3COO^- + C_2H_5OH$$

设在时间 t 时生成物的浓度为 x，则该反应的动力学方程式为：

$$\frac{dx}{dt} = k(a-x)(b-x) \tag{1}$$

式中，a、b 分别为乙酸乙酯和碱（NaOH）的起始浓度；k 为反应速率常数。若 $a=b$，则式(1) 变为：

$$\frac{dx}{dt} = k(a-x)^2 \tag{2}$$

对式(2) 积分得

$$k = \frac{1}{t} \times \frac{x}{a(a-x)} \tag{3}$$

由实验测得不同 t 时的 x 值，则可依式（3）计算出不同 t 时的 k 值。如果 k 值为常数，就可证明反应是二级的。通常将 $\frac{x}{a-x}$ 对 t 作图，若所得的是直线，也就证明是二级反应，并可以从直线的斜率求出 k 值。

不同时间下生成物的浓度可用化学分析法测定（如分析反应液中的 OH^- 浓度），也可以用物理化学分析法测定（如测量电导），本实验用电导法测定。

用电导法测定 x 值的根据如下。

（1）溶液中 OH^- 的电导率比 Ac^-（即 CH_3COO^-）的电导率大很多（即反应物与生成物的电导率差别很大）。随着反应的进行，OH^- 的浓度不断减小，溶液的电导率也就随着下降。

（2）在稀溶液中，每种强电解质的电导率 κ 与其浓度成正比，而且溶液的总电导率就等于组成溶液的电解质的电导率之和。

依据上述两点，对乙酸乙酯皂化反应来说，反应物与生成物只有 NaOH 和 NaAc 是强电解质。如果是在稀溶液下反应，则

$$\kappa_0 = A_1 a$$

$$\kappa_\infty = A_2 a$$

$$\kappa_t = A_1(a-x) + A_2 x$$

式中，A_1、A_2 是与温度、溶剂、电解质 NaOH 及 NaAc 的性质有关的比例常数；κ_0、κ_∞ 分别为反应开始和终了时溶液的总电导率（注意这时只有一种电解质）；κ_t 为时间 t 时溶

液的总电导率。由这三式可得到

$$x=\left(\frac{\kappa_0-\kappa_t}{\kappa_0-\kappa_\infty}\right)a \tag{4}$$

若乙酸乙酯与 NaOH 的起始浓度相等，将式(4) 代入式(3) 得

$$k=\frac{1}{ta}\times\frac{\kappa_0-\kappa_t}{\kappa_t-\kappa_\infty} \tag{5}$$

由式(5) 变换为：

$$\kappa_t=\frac{\kappa_0-\kappa_t}{kat}+\kappa_\infty \tag{6}$$

将 κ_t 对 $\frac{\kappa_0-\kappa_t}{t}$ 作图，由直线斜率 m 可求得 k 值：

$$m=\frac{1}{ka} \quad 或 \quad k=\frac{1}{ma} \tag{7}$$

反应速率常数 k 与温度 T(K) 的关系一般符合阿累尼乌斯方程，即

$$\frac{\mathrm{d}\ln k}{\mathrm{d}T}=\frac{E_a}{RT^2}$$

如果知道不同温度下的反应速率常数 $k(T_2)$ 和 $k(T_1)$，根据阿仑尼乌斯方程，可计算出该反应的活化能 E_a 和反应的半衰期。

$$\ln\frac{k(T_2)}{k(T_1)}=\frac{E_a}{R}\left(\frac{1}{T_1}-\frac{1}{T_2}\right) \tag{8}$$

计算所得的 E_a 为反应的表观活化能。

图 5-15　实验装置图

三、仪器与试剂

DDS-11A 型电导率仪 1 台，恒温槽 1 套，电磁搅拌器及搅拌子 1 套，夹层电导瓶 1 只（如图 5-15 所示），具塞锥形瓶（250mL）2 只，烧杯（250mL）1 只，定时钟 1 个，移液管（20mL）2 支。

NaOH 溶液（0.02mol·L^{-1}、0.01mol·L^{-1}）、$CH_3COOC_2H_5$ 溶液（0.02mol·L^{-1}）。

四、实验内容

1. 了解和熟悉 DDS-11A 型电导率仪的构造和使用方法。

2. 测 κ_0

调节恒温槽水温至 25℃，用胶管连接恒温槽和夹层电导瓶的水出入口。取适量 0.01mol·L^{-1}的 NaOH 溶液注入干燥、洁净的夹层电导瓶中，插入电极，溶液面必须浸没铂黑。向电导瓶夹层中通入循环恒温水，同时开启电磁搅拌，10min 后测其电导率，此值即为 κ_0，记下数据。

3. 将电导瓶洗净烘干待用。

4. 测 κ_t

用移液管取 20mL 0.02mol·L^{-1}的 NaOH 溶液放入备好的电导瓶中，开动电磁搅拌器；用另一支移液管取 0.02mol·L^{-1}的 $CH_3COOC_2H_5$ 溶液 20mL 放入另一支备好的电导瓶中。恒温 10min 后，将 NaOH 溶液注入 $CH_3COOC_2H_5$ 溶液电导瓶中，当注入一半时开始计时，

作为反应的起始时间。从计时开始在 2min、5min、10min、15min、20min、25min、30min、40min、50min 时各测一次电导率值，此即为 κ_t 值。

5. 按步骤 2 和 4 测定 35℃下的 κ_0 和 κ_t。

五、数据记录和处理

将测得数据记录于下表。

实验温度：________　κ_0：__________

时间 t/min	κ_t	$\kappa_0-\kappa_t$	$\frac{\kappa_0-\kappa_t}{t}$

(1) 按上表处理数据，作两个温度下的 κ_t-$\frac{\kappa_0-\kappa_t}{t}$图。

(2) 由阿仑尼乌斯方程定积分公式(8)，求出活化能。

(3) 根据二级反应的半衰期公式 $t_{1/2}=\frac{1}{kc_0}$，计算此反应在 25℃和 35℃时的半衰期。

六、思考题

1. 为什么乙酸乙酯与 NaOH 溶液的浓度必须足够稀？

2. 当乙酸乙酯与 NaOH 的起始浓度不等时，应如何计算 k 值？试设计如何进行实验？

七、实验指导

1. 乙酸乙酯溶液应实验时现配，不宜放置太久。配溶液所用的水，应为电导水。

2. 盛有乙酸乙酯溶液的电导瓶恒温时一定要塞好塞子，以防乙酸乙酯挥发而影响其浓度。

3. 用移液管吸取乙酸乙酯溶液时，动作要迅速。

实验五十七　完全互溶双液体系的气液平衡相图

一、实验目的

1. 用沸点仪测定在常压下环己烷-乙醇的气液平衡的 T-x 相图，并找出恒沸点混合物的组成和最低恒沸点。

2. 掌握双组分沸点的测定方法。

3. 掌握阿贝折光仪的测量原理及使用方法。用阿贝折光仪测定液体和蒸气的组成。

二、实验原理

常温下，任意两种液体混合组成的体系称为双液体系。若两液体能按任意比例相互溶解，则称完全互溶双液体系；若只能部分互溶，则称部分互溶双液体系。双液体系的沸点不仅与外压有关，还与双液体系的组成有关。恒压下将完全互溶双液体系蒸馏，测定馏出物（气相）和蒸馏液（液相）的组成，就能找出平衡时气、液两相的成分并绘出 T-x 图。

通常，如果液体与拉乌尔定律的偏差不大，则在 T-x 图上溶液的沸点介于 A、B 二纯液体的沸点之间，如图 5-16(a) 所示。而实际溶液由于 A、B 二组分的相互影响，常与拉乌尔定律有较大偏差，在 T-x 图上就会有最高或最低点出现，这些点称为恒沸点，其相应的溶液称为恒沸点混合物，如图 5-16(b)、(c) 所示。恒沸点混合物蒸馏时，所得的气相与液相组成相同，因此通过蒸馏无法改变其组成。本实验采用回流冷凝法，绘制环己烷-乙醇体系的 T-x 图。当气液两相的相对量一定时，体系的温度也将保持恒定，沸点即沸腾温度可由温度计读取。分别由蒸气冷凝的凹形槽中取样分析平衡气相组成，从加液口取样分析平衡液相组成，试样分析使用的仪器是阿贝折光仪。实验所测定的是试样的折射率，再从折射率-组成工作曲线上查得相应的组成，然后绘制 T-x 图。

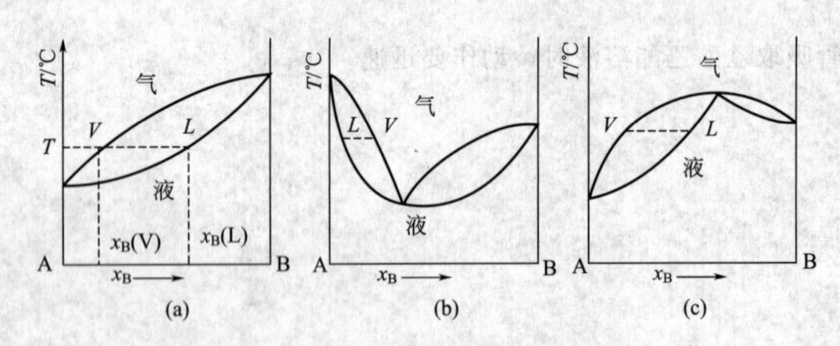

图 5-16　完全互溶双液体系的相图

三、仪器与试剂

沸点仪 1 套，恒温槽 1 台，阿贝折光仪 1 台，移液管（1mL）2 支，具塞小试管 9 支。

环己烷（A. R.），无水乙醇（A. R.）。

四、实验内容

1. 调节恒温槽温度比室温高 5℃，通恒温水于阿贝折光仪中。

2. 测定折射率与组成的关系，绘制工作曲线

将 9 支小试管编号，依次移入 0.100mL、0.200mL、…、0.900mL 的环己烷，然后依

次移入 0.900mL、0.800mL、…、0.100mL 的无水乙醇，轻轻摇动，混合均匀，配成 9 份已知浓度的溶液。用阿贝折光仪测定每份溶液的折射率及纯环己烷和纯无水乙醇的折射率。以折射率对浓度作图（按纯样品的密度，换算成质量百分数），即得工作曲线。

3. 测定环己烷-乙醇体系的沸点与组成的关系

如图 5-17 所示安装好沸点仪，打开冷却水，加热使沸点仪中的溶液沸腾。最初冷凝管下端袋状部分的冷凝液不能代表平衡时的气相组成。将袋状部分的最初冷凝液体倾回蒸馏器，并反复 2～3 次，待溶液沸腾且回流正常，温度读数恒定后，记录溶液沸点。用毛细滴管从气相冷凝液取样口吸取气相样品，把所取的样品迅速滴入阿贝折光仪中，测其折射率 n_g。再用另一支滴管吸取沸点仪中的溶液，测其折射率 n_l。

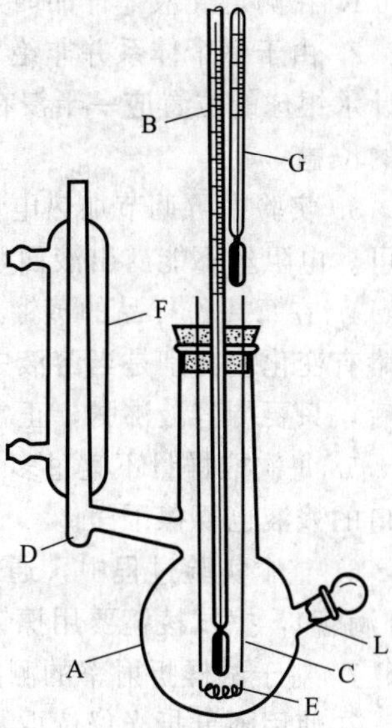

本实验是以恒沸点为界，把相图分成左右两半支，分两次来绘制相图。具体方法如下。

（1）右半支沸点-组成关系的测定　取 20mL 无水乙醇加入沸点仪中，然后依次加入环己烷 0.5mL、1.0mL、1.5mL、2.0mL、4.0mL、14.0mL。用前述方法分别测定溶液沸点及气相组分折射率 n_g、液相组分折射率 n_l。实验完毕，将溶液倒入回收瓶中。

B G F D L A C E

图 5-17　沸点仪

A—盛液容器；B—测量温度计；C—小玻璃管；D—小球；E—电热丝；F—冷凝管；G—温度计；L—支管

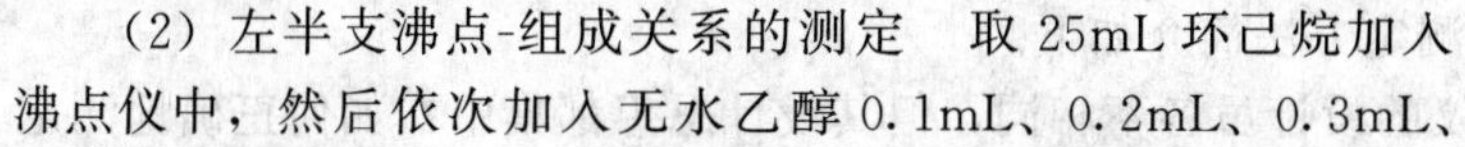

（2）左半支沸点-组成关系的测定　取 25mL 环己烷加入沸点仪中，然后依次加入无水乙醇 0.1mL、0.2mL、0.3mL、0.4mL、1.0mL、5.0mL，用前述方法分别测定溶液沸点及气相组分折射率 n_g、液相组分折射率 n_l。

4. 根据环己烷-乙醇的标准溶液的折射率，将上述数据转换成环己烷的摩尔分数，绘制相图。

5. 实验完毕后，关闭冷凝水，清洗仪器，关闭电源，整理实验台。

五、数据记录和处理

1. 将实验中测得的折射率-组成数据列表，并绘制成工作曲线。从工作曲线上查得相应的组成，获得沸点与组成的关系。

2. 绘制环己烷-乙醇体系的 T-x 图，并标明最低恒沸点和组成。

3. 在精确的测定中，要对温度计的外露水银柱进行露茎校正。

六、思考题

1. 该实验中，测定工作曲线时折光仪的恒温温度与测定样品时折光仪的恒温温度是否需要保持一致？为什么？

2. 过热现象对实验产生什么影响？如何在实验中尽可能避免？

3. 在连续测定法实验中，样品的加入量应十分精确吗？为什么？

4. 沸点仪中 D 小球过大或过小，对测量有什么影响？

5. 平衡时，气液两相温度是否应该一样？实际是否一样对测量有何影响？

6. 如何判断气、液两相已达到平衡状态？讨论此溶液蒸馏时的分离情况。

七、实验指导

1. 在测定纯液体样品时，沸点仪必须是干燥的。

2. 由于整个体系并非绝对恒温，气、液两相的温度会有少许差别，因此沸点仪中，温度计水银球的位置应一半浸在溶液中，一半露在蒸气中，并随着溶液量的增加不断调节水银球的位置。

3. 实验中可调节加热电压来控制回流速率的快慢，电压不可过大，能使待测液体沸腾即可。电阻丝不能露出液面，一定要被待测液体浸没。

4. 在每一份样品的蒸馏过程中，由于整个体系的成分不可能保持恒定，因此平衡温度会略有变化，特别是当溶液中两种组成的量相差较大时，变化更为明显。为此每加入一次样品后，只要待溶液沸腾，正常回流 1～2min 后，即可取样测定，不宜等待时间过长。

5. 每次取样量不宜过多，取样时毛细滴管一定要干燥，不能留有上次的残液，气相取样口的残液也要擦干净。

6. 整个实验过程中，通过折光仪的水温要恒定。使用折光仪时，棱镜不能触及硬物（如滴管），擦拭棱镜要用擦镜纸。

7. 对于试样折射率的测定要做到动作迅速、铺满试样、锁紧旋钮，以保证测试的准确性。在使用阿贝折光仪读取数据时，特别要注意在气相冷凝液样与液相液样之间要用擦镜纸将镜面擦干。

8. 本实验中超级恒温槽的温度必须调至 25℃，因为本实验环己烷-乙醇的标准溶液的折射率是在 25℃测定的。

9. 沸点仪的构造和沸点的测定方法简介如下。

（1）沸点仪的构造　沸点仪的设计虽各不相同，但其设计思想都集中在如何正确地测定沸点和气液相的组成以及防止过热和避免分馏等方面。本实验所使用的沸点仪如图 5-17 所示。这是一只带有回流冷凝管的长颈圆底烧瓶，冷凝管底部有一球形小室 D，用以收集冷凝下来的气相样品。液相样品则通过烧瓶上的支管 L 抽取，图中 E 是一根用 300W 的电炉丝截制而成的电加热丝，直接浸入溶液中加热，以减少溶液沸腾时的过热暴沸现象。温度计安装时需注意使水银球一半浸在液面下，一半露在蒸气中，并在水银球外围套一小玻璃管 C，这样，溶液沸腾时，在气泡的带动下，使气液不断喷向水银球而自玻璃管上端溢出；小玻璃管 C 还可减少沸点周围环境（如空气流动或其他热源的辐射）对温度计读数可能引起的波动，因此这样测得的温度就能较好地代表气液两相的平衡温度。

分析平衡时气相和液相的组成，需正确取得气相和液相样品。沸点仪中蒸气的分馏作用会影响气相的平衡组成，使取得的气相样品的组成与气液平衡时的组成产生偏差，因此要减少气相的分馏作用。本实验中所用沸点仪是将平衡时的蒸气凝聚在小球 D 内，在容器 A 中的溶液不会溅入小球 D 的前提下，尽量缩短小球 D 与大球 A 的距离，为防止分馏，尽量减少小球 D 的体积即可达此目的。为了加速达到体系的平衡，可把 D 球中最初冷凝的液体倾回到容器 A 中。

（2）沸点的测定　用玻璃水银温度计测量溶液的沸点，如图 5-18 所示。

固定在沸点仪上的水银温度计是全浸式的，使用时除了要对温度计的零点和刻度误差等因素进行校正外，还应作露茎校正。这是由于温度计未能完全置于被测体系中而引起的。根据玻璃与水银膨胀系数的差异，校正值 $\Delta t_{露}$（℃）的计算式为：

$$\Delta t_{露}=1.6\times10^{-4}h(t_{观}-t_{环})$$

校正的方法是在测量沸点的温度计 B 旁再固定一支同样精度的温度计 G，G 的水银球底部应置于测量温度计沸点稳定值至固定温度计橡皮塞露出那一段水银柱的中部。读沸点时同时读取温度计 G 上的读数，得到温度 $t_{观}$ 和 $t_{环}$。在测量过程中，由于组成的变动，$t_{观}$ 也在变动，因此温度计 G 的位置也应随着沸点稳定值而进行调整，始终使其置于温度计 B 露出水银柱的中部。式中，h 为露出的那段水银柱的长度。1.6×10^{-4} 是水银对玻璃的相对膨胀系数。

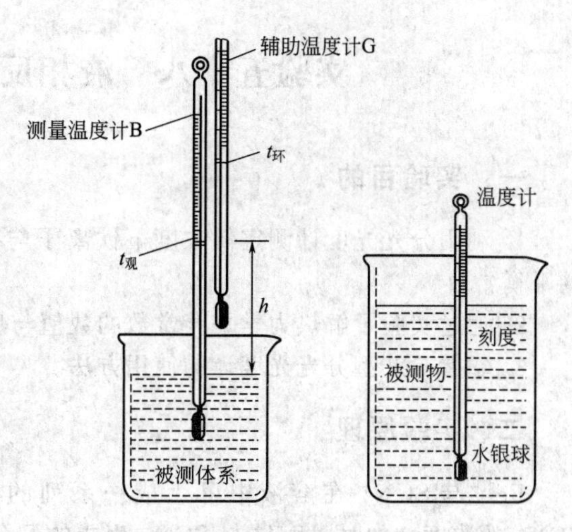

图 5-18　温度计露茎校正示意

沸点除了要进行露茎校正外，还需要进行压力校正。标准大气压（$p=760$mmHg 或 101325Pa）下测得的沸点为正常沸点。实际测量时，压力一般都不恰好为标准大气压。应用特鲁顿规则及克劳修斯-克拉贝龙公式，可得溶液沸点随大气压变动而变动的近似值 $\Delta t_{压}$（℃）：

$$\Delta t_{压}=\frac{273.15+t_{A}}{10}\times\frac{101325-p}{101325}$$

式中，t_{A} 的单位为℃；p 的单位为 Pa。

校正后，溶液的正常沸点为：

$$t_{沸}=t_{观}+\Delta t_{压}+\Delta t_{露}$$

实验五十八　液相反应平衡常数的测定

一、实验目的

1. 利用分光光度计测定低浓度下铁离子与硫氰酸根离子生成硫氰合铁离子的液相反应的平衡常数。

2. 通过实验了解热力学平衡常数的数值与反应物的起始浓度无关。

3. 掌握722型分光光度计的使用方法。

二、实验原理

Fe^{3+}与SCN^-在溶液中可生成一系列的配离子，并共存于同一个平衡体系中。当SCN^-的浓度增加时，Fe^{3+}与SCN^-生成的配合物的组成会发生如下改变：

$$Fe^{3+}+SCN^- \longrightarrow [Fe(SCN)]^{2+} \longrightarrow [Fe(SCN)_2]^+ \longrightarrow$$
$$[Fe(SCN)_3] \longrightarrow [Fe(SCN)_4]^- \longrightarrow [Fe(SCN)_5]^{2-}$$

这些不同配离子的颜色也不相同。但当Fe^{3+}与SCN^-的浓度很低时（一般应小于$5\times10^{-3}mol\cdot L^{-1}$），只进行如下反应：

$$Fe^{3+}+SCN^- \rightleftharpoons [Fe(SCN)]^{2+}$$

即反应被控制在仅仅生成最简单的$[Fe(SCN)]^{2+}$配离子，其平衡常数可以表示为：

$$K_c=\frac{c([Fe(SCN)]^{2+})}{c(Fe^{3+})c(SCN^-)} \tag{1}$$

根据朗伯-比耳定律可知，光密度（或吸光度）与溶液浓度成正比（见实验三十一）。因此，借助于分光光度计测定溶液的光密度，可以计算出平衡时溶液中$[Fe(SCN)]^{2+}$配离子的浓度以及Fe^{3+}和SCN^-的浓度，进而求出该反应的平衡常数K_c。通过实验和计算可以看出，同一温度下，改变Fe^{3+}（或SCN^-）的浓度时，溶液的颜色改变，平衡发生移动，但平衡常数K_c保持不变。

由于Fe^{3+}在水溶液中存在水解平衡，因此Fe^{3+}与SCN^-的实际反应很复杂，其机理为：

$$Fe^{3+}+SCN^- \underset{k_{-1}}{\overset{k_1}{\rightleftharpoons}} [Fe(SCN)]^{2+}$$

$$Fe^{3+}+H_2O \overset{k_2}{\rightleftharpoons} FeOH^{2+}+H^+(\text{快})$$

$$FeOH^{2+}+SCN^- \underset{k_{-3}}{\overset{k_3}{\rightleftharpoons}} [FeOH(SCN)]^+$$

$$[FeOH(SCN)]^+ + H^+ \overset{k_4}{\rightleftharpoons} [Fe(SCN)]^{2+}+H_2O(\text{快})$$

达到平衡时，整理得到

$$K_{平}=\frac{c([Fe(SCN)^{2+}])_{平}}{c(Fe^{3+})_{平}c(SCN^-)_{平}}=\frac{k_1+\dfrac{k_2k_3}{c(H^+)_{平}}}{k_{-1}+\dfrac{k_{-3}}{k_4c(H^+)_{平}}} \tag{2}$$

由式(2)可知，平衡常数受氢离子浓度的影响。因此，实验应控制在同一pH值下进行。

本实验为离子平衡反应，离子强度必然对平衡常数有很大影响，所以，在各被测溶液中离子强度 $I=\frac{1}{2}\sum_{i} m_i Z_i^2$ 应保持一致。

因为 Fe^{3+} 可与多种阴离子发生配位反应，所以应考虑到 Fe^{3+} 试剂的选择。当溶液中存在 Cl^-、PO_4^{3-} 等离子时，会明显地降低 $[Fe(SCN)]^{2+}$ 配离子的浓度，从而使溶液的颜色减弱，甚至完全消失，故实验中要避免 Cl^- 的参与。

三、仪器与试剂

722 型分光光度计 1 台，容量瓶（50mL）4 个，移液管（5mL 1 支、10mL 4 支）。

1×10^{-3} $mol\cdot L^{-1}$ NH_4SCN（需准确标定），0.1$mol\cdot L^{-1}$ $NH_4Fe(SO_4)_2$（需准确标定 Fe^{3+} 浓度，并加 HNO_3 使溶液的 H^+ 浓度为 0.1$mol\cdot L^{-1}$），1$mol\cdot L^{-1}$ 的 HNO_3，1$mol\cdot L^{-1}$ 的 KNO_3。

四、实验内容

1. 不同浓度试样的配制

取 4 个 50mL 容量瓶，编成 1 号、2 号、3 号、4 号。配制离子强度为 0.7，氢离子浓度为 0.15$mol\cdot L^{-1}$，SCN^- 浓度为 $2\times10^{-4}$$mol\cdot L^{-1}$，$Fe^{3+}$ 浓度分别为 $5\times10^{-2}$$mol\cdot L^{-1}$、$1\times10^{-2}$$mol\cdot L^{-1}$、$5\times10^{-3}$$mol\cdot L^{-1}$、$2\times10^{-3}$$mol\cdot L^{-1}$ 的四种溶液。可以先计算出所需的各标准试剂量，并填写下表。

容量瓶号	1	2	3	4
$c(Fe^{3+})/mol\cdot L^{-1}$	5×10^{-2}	1×10^{-2}	5×10^{-3}	2×10^{-3}
$V(NH_4SCN)/mL$				
$V[NH_4Fe(SO_4)_2]/mL$				
$V(HNO_3)/mL$				
$V(KNO_3)/mL$				

根据计算结果，配制四种溶液。

2. 分光光度计的调节与溶液光密度的测定

将 722 型分光光度计的波长调至 460nm 处。取少量 1 号溶液洗比色皿两次，将溶液注入比色皿，置于分光光度计内，准确测量光密度。更换溶液重复测量三次，取平均值。

用同样的方法测量 2 号、3 号、4 号溶液的光密度。

五、数据记录和处理

将测得的数据列表，并计算出平衡常数 K_c 值。

室温：________　大气压：________

容量瓶编号	$c(Fe^{3+})_{始}$	$c(SCN^-)_{始}$	光密度	光密度比	$c([Fe(SCN)]^{2+})_{平}$	$c(Fe^{3+})_{平}$	$c(SCN^-)_{平}$	K_c
1								
2								
3								
4								

表中数据按下列方法计算：

1. 对 1 号容量瓶，Fe^{3+} 与 SCN^- 反应达平衡时，可认为 SCN^- 全部消耗，则平衡时 $[Fe(SCN)]^{2+}$ 的浓度即为反应开始时 SCN^- 的浓度，即有

$$c([Fe(SCN)]^{2+})_{平(1)}=c(SCN^-)_{始} \tag{3}$$

2. 以 1 号溶液的光密度为基准，对应 2 号、3 号、4 号溶液的光密度可求出各光密度比，而 2 号、3 号、4 号各溶液中 $c([Fe(SCN)^{2+}])_{平}$、$c(Fe^{3+})_{平}$、$c(SCN^-)_{始}$ 可分别按下式求得：

$$c([Fe(SCN)]^{2+})_{平}=光密度比\times c([Fe(SCN)^{2+}])_{平(1)}=光密度比\times c(SCN^-)_{始} \tag{4}$$

$$c(Fe^{3+})_{平}=c(Fe^{3+})_{始}-c([Fe(SCN)]^{2+})_{平} \tag{5}$$

$$c(SCN^-)_{平}=c(SCN^-)_{始}-c([Fe(SCN)]^{2+})_{平} \tag{6}$$

六、思考题

1. 如果 Fe^{3+} 溶液中 SCN^- 的浓度较大，则不能按式（1）来计算 K_c 值，为什么？

2. 为什么可用式(4）来计算 $c([Fe(SCN)]^{2+})_{平}$？

七、实验指导

如果金属离子与配位体也对光有一定程度的吸收，则需要对金属离子溶液及不同浓度配位体溶液做空白溶液光密度（或吸光度）的测定。金属离子的空白溶液及配位体的空白溶液的浓度与形成配合物溶液中的金属离子浓度及配位体浓度相同。用配合物溶液的光密度减去相应浓度下金属离子及配位体空白溶液的光密度值，其光密度差值就是只由配合物对光吸收时的光密度值（校正后的光密度值）。

提高（综合、设计、应用）型实验

实验五十九　液体饱和蒸气压的测定

一、实验目的

1. 明确液体饱和蒸气压的定义及饱和蒸气压与温度的关系。
2. 用静态法测定不同温度下乙醇的饱和蒸气压。
3. 求算乙醇的摩尔汽化热。

二、实验原理

纯液体的饱和蒸气压是指一定温度下该液体与其气相达平衡时的蒸气压。在一定温度下液体与其气相达平衡时，单位时间内由液相逸出跑入气相的分子数与由气相返回液相中的分子数相等，即是一种动态平衡，此时的蒸气压就是该液体在此温度下的饱和蒸气压。液体的饱和蒸气压与液体的本性及温度等因素有关。当液体温度升高时，蒸气压增大；反之，温度降低，蒸气压减小。

在一定外压下，纯液体与其气相达平衡时的温度称为沸点。当液体蒸气压与外界压力相等时，液体开始沸腾，外压不同，液体的沸点也不相同。当外压为101.325kPa时，纯液体的沸点称为该液体的正常沸点。

液体的饱和蒸气压与温度的关系可用克拉佩龙-克劳修斯（Clapeyron-Clausius）方程表示：

$$\frac{\mathrm{d}\ln p}{\mathrm{d}T}=\frac{\Delta_{\mathrm{vap}}H_{\mathrm{m}}^{*}}{RT^{2}} \tag{1}$$

式中，p 为液体在热力学温度 T 时的饱和蒸气压；$\Delta_{\mathrm{vap}}H_{\mathrm{m}}^{*}$ 为纯液体的摩尔汽化热，$\mathrm{J\cdot mol^{-1}}$；R 为气体常数，即 $8.314\mathrm{J\cdot mol^{-1}\cdot K^{-1}}$。

如果温度变化范围很小，$\Delta_{\mathrm{vap}}H_{\mathrm{m}}^{*}$ 可近似看作常数，则对式(1)积分可得

$$\ln\frac{p}{p^{\ominus}}=-\frac{\Delta_{\mathrm{vap}}H_{\mathrm{m}}^{*}}{R}\times\frac{1}{T}+C \tag{2}$$

式中，$p^{\ominus}$ 为压力单位；C 为积分常数。由式(2)可知，$\ln(p/p^{\ominus})$ 对 $1/T$ 作图应得一直线，由直线的斜率 m 可求得摩尔汽化热，即

$$\Delta_{\mathrm{vap}}H_{\mathrm{m}}^{*}=-mR \tag{3}$$

由实验测出若干个温度下的饱和蒸气压值，作图求出斜率 m，再由式(3)即可求出摩尔汽化热 $\Delta_{\mathrm{vap}}H_{\mathrm{m}}^{*}$。

测定液体饱和蒸气压常用的方法有以下两类。

(1) 动态法　其中常用通气饱和法。在一定温度下，将一定量体积的干燥气流通过被测液体，气体被所测液体的蒸气饱和。然后用吸收或冷凝方法测出气体中所含液体蒸气的量，便可计算出蒸气分压，此分压即为该温度下被测液体的饱和蒸气压。

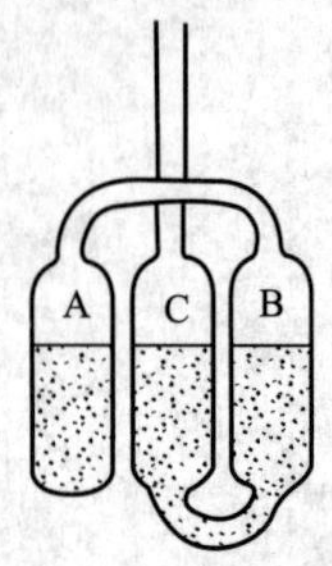

图 5-19　等压计

（2）静态法　将待测液体置于一封闭体系中，在不同温度下直接测定液体的饱和蒸气压，或在不同外压下，测定液体的沸点。此法适用于测定易挥发液体的饱和蒸气压。通常有升温法和降温法两种。本实验采用升温法测定不同温度下纯液体的饱和蒸气压，实验装置如图 5-19、图 5-20 所示。

图 5-19 所示为等压计。实验时，A 管中盛待测液体，当 A 管中液体沸腾后，蒸气经冷凝在 B 和 C 管中形成液封。当 B 和 C 管中的液面齐平时，表示两管液面上方压力相等。若 A 和 B 管上方只含待测液体的蒸气，而不含空气或其他分子时，则其蒸气压等于 C 管液面上方的压力。由精密数字压力计可测出该压力，同时记录此时的温度，此压力即为该温度下的液体饱和蒸气压，此温度即为该压力下的沸点。

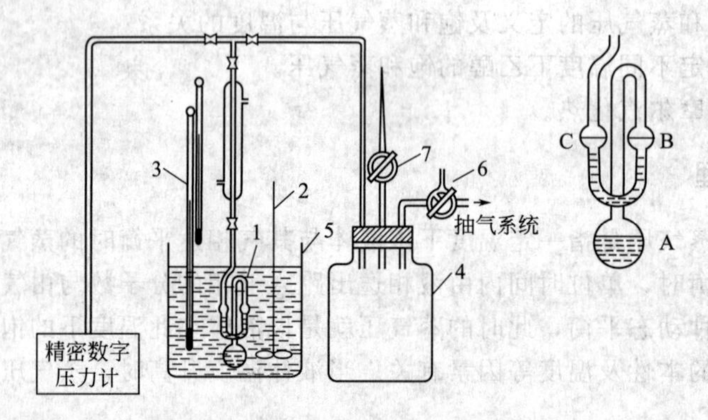

图 5-20　纯液体饱和蒸气压测定装置

1—等压计；2—搅拌器；3—温度计；4—缓冲瓶；5—恒温水浴；6—三通活塞；7—直通活塞

三、仪器与试剂

纯液体饱和蒸气压测定装置 1 套，真空泵 1 台，温度计（0～100℃，分度 1/10℃）1 支，精密数字压力计 1 台，恒温水浴 1 台。

无水乙醇（A. R.）。

四、实验内容

1. 将无水乙醇装入等压计

将等压计洗净烘干。用电吹风的热风或酒精灯加热等压计的 A 管，管内气体因受热膨胀而被部分赶出。将无水乙醇自 C 管加入，然后迅速冷却 A 管，部分液体可被吸入 A 管内。如此反复操作几次，使 A 管内盛有约 2/3 体积的无水乙醇，而 B、C 管内各盛有约 1/2 体积的无水乙醇。

2. 装置仪器

纯液体饱和蒸气压测定装置如图 5-20 所示。按图所示安装好测定装置，所有接口均要严密，以防漏气。

3. 检查装置是否漏气

关闭活塞 7，打开活塞 6，开动真空泵，使系统减压 13.3kPa（约 100mmHg）左右，关闭活塞 6，停止真空泵。仔细观察精密数字型压力计读数，如在 5min 内无变化则表示无漏气；若有变化，则应分段检查，清除漏气。

4. 驱赶 A、B 管内的空气

系统漏气检查完毕后，接通冷凝管冷却水，关闭活塞 6，打开活塞 7 使系统与大气相通。开启恒温槽，将恒温槽温度调至比室温高 3℃，并不断搅拌抽气减压至液体轻微沸腾，此时 AB 弯管内的空气不断随蒸气经 C 管逸出，如此沸腾 3～5min，可认为空气被排除干净。

5. 饱和蒸气压的测定

当空气被排除干净且体系温度恒定后，旋转直通活塞 7 缓缓放入空气，直至 B、C 管中液面平齐，关闭直通活塞 7，记录温度与压力。然后，将恒温槽温度升高 4℃，当待测液体再次沸腾，体系温度恒定后放入空气使 B、C 管液面再次平齐，记录温度和压力。依次测定，共测 8 个值。实验结束。将装置与大气相通，关冷却水，切断电源。

五、数据记录和处理

1. 数据记录表

设计数据记录表，包括室温、大气压、实验温度及对应的压力等。

2. 绘出被测液体的蒸气压-温度曲线，并求出指定温度下的温度系数 dp/dT。

3. 以 $\ln(p/[P])$ 对 $1/T$ 作图应得一直线，求出直线的斜率 m，并由斜率算出此温度范围内液体的平均摩尔汽化热代入式(2)，可求纯液体的正常沸点。

六、思考题

1. 如何检查装置是否漏气？
2. 为什么 AB 弯管中的空气要排干净？怎样操作？怎样防止空气倒灌？
3. 本实验方法能否用于测定溶液的饱和蒸气压？为什么？
4. 试说明压力计中所读数值是否是纯液体的饱和蒸气压？
5. 为什么实验完毕后必须使体系和真空泵与大气相通才能关闭真空泵？
6. 试分析引起本实验误差的因素有哪些？

七、实验指导

1. 先开启冷却水，然后才能排气。
2. 减压系统不能漏气，否则抽气时达不到本实验要求的真空度。
3. 抽气速度要合适，必须防止平衡管内液体沸腾过剧，致使管内液体快速蒸发。
4. 实验过程中，必须充分排净 AB 弯管空间中全部空气，使 B 管液面上方只含待测液体的蒸气分子。平衡管必须放置于恒温水浴的水面以下，否则其温度与水浴温度不同。
5. 测定中，打开进空气活塞时，切不可太快，以免空气倒灌入 AB 弯管的空间中。如果发生倒灌，则必须重新排除空气。
6. 液体的蒸气压与温度有关，所以测定过程中必须严格控制温度。
7. 等压计必须置于恒温水浴的液面下若干厘米，以使温度准确。

实验六十　差热分析

一、实验目的

1. 掌握差热分析的一般原理。
2. 了解差热分析图谱的定性、定量处理方法。
3. 用差热分析仪对硝酸钾进行差热分析。

二、实验原理

物质在加热或冷却过程中，若发生物理变化或化学变化，如发生熔化、凝固、晶型转变、分解、脱水等相变时，总伴随着有吸热或放热现象，反映物系的焓发生了变化。差热分析就是利用这一特点，通过测定样品与参比物的温度差对时间的函数关系，来鉴别物质或确定组成结构以及转化温度、热效应等物理化学性质，分析物质变化的规律。

差热分析时，把试样与热稳定的参比物（如 α-Al_2O_3）分别放在坩埚中，然后置于等速升温的电炉中，如图 5-21 所示。在升温过程中，试样如果没有变化，则试样与参比物的温度相同，二者的温差 ΔT 为零；当试样发生吸热或放热过程时，由于传热速度的限制，试样就会低于（吸热时）或高于（放热时）参比物的温度，产生温度差 ΔT。把 ΔT 转变成电信号放大后记录下来，可以得到如图 5-22 所示的峰形曲线。

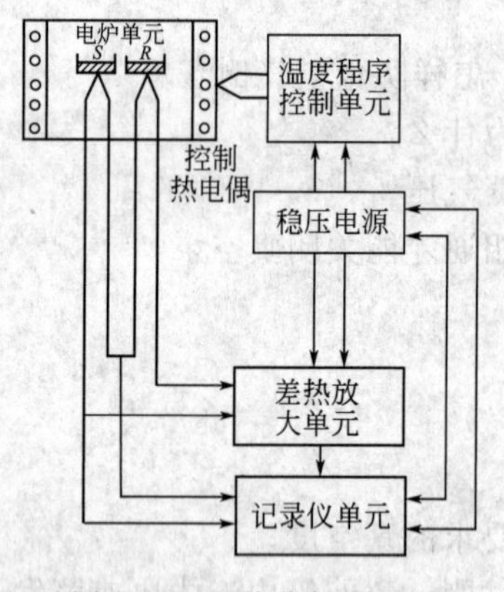

图 5-21　差热分析原理图

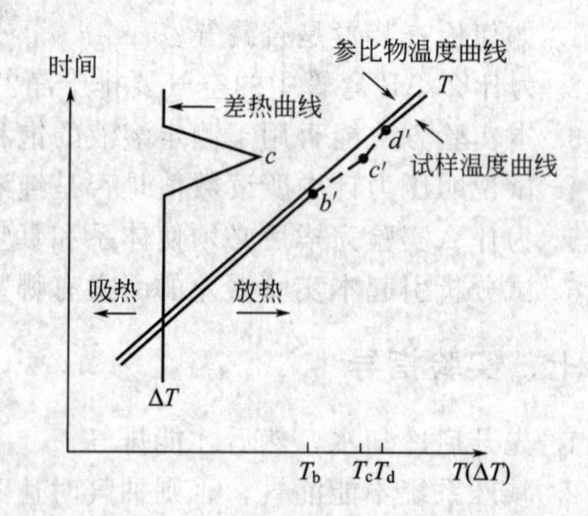

图 5-22　差热曲线和试样温度曲线示意图

分析差热图谱可根据差热峰的数目、位置、方向、高度、宽度、对称性以及峰的面积等。峰的数目表示在测定温度范围内，待测样品发生变化的次数；峰的位置表示发生变化的温度范围；峰的方向指示过程是吸热还是放热；峰的面积反映热效应大小（在相同测定条件下）。峰的形状如峰高、峰宽及对称性除与测定条件有关外，往往还与样品变化过程的动力学因素有关。这样从差热图谱中峰的方向和面积可以测得变化过程的热效应（吸热或放热以及热量的数值）。

除了测定热效应外，由差热图谱的特征还可以鉴别样品的种类，计算某些反应的活化能和反应级数等。但是如果要弄清变化的机理，还必须配合其他手段如热天平、X 射线物相分析及气相色谱等，才能作出可靠的判断。

本实验用差热分析仪对硝酸钾进行差热分析。差热分析仪一般由温度程序控制单元、差热放大单元，电炉单元及记录单元组成。

影响差热分析结果的因素很多，有仪器与操作两个方面，这里简单讨论一下几个主要的影响因素。

（1）升温速率的选择　升温速率对测定结果影响较大。一般速率较低时，基线漂移小，可以分辨靠得近的差热峰，因而分辨率高，但测定时间长。速率高时，基线漂移较显著，分辨力下降，测定时间较短。一般选择每分钟 2～20℃。

（2）气氛和压力的选择　许多测定受炉中气氛及压力的影响很大。在不同气氛及压力条件下，测得的差热曲线差别很大。有些物质在空气中易被氧化。因此应选择适当的气氛和压力。

（3）参比物的选择　参比物必须在测定温度范围内，保持热稳定。一般用 α-Al_2O_3、MgO、煅烧过的 SiO_2 及金属镍等。应尽量选用与待测物比热容、热导率及颗粒度一致的物质作参比物，以提高正确性。

（4）样品处理　样品粒度大约 200 目。颗粒小可以改善导热条件，但太细可能破坏晶格或分解。样品用量与热效应大小及峰间距有关，一般为几毫克。样品可用参比物稀释。

（5）走纸速度　走纸速度大则峰面积大，面积误差小，但峰的形状平坦且浪费纸张。走纸速度太小，原来峰面积小的差热峰不易看清。因此应根据不同样品选择适当的走纸速度。本实验选择 $600mm\cdot h^{-1}$。

三、仪器与试剂

差热分析仪（CDR-1 型）1 台，洗耳球 1 只，交流稳压电源 1 台，镊子 2 把。

硝酸钾（A. R.），锡粉（200 目左右），α-氧化铝（A. R.）。

四、实验内容

1. 零位调整

转动电炉上的手柄把炉体升至顶部，将炉体向前方转出。取二个空的铂坩埚，分别放在样品杆上部的两个托盘上，将炉底转回原位。再向下轻轻摇到底。开启水源使水流畅通，升温方式选择在升温位置。开启电源开关（差动单元开关不开）。接通电源后，如发现温度程序控制单元上的偏差指示的指针在满标处，则转动“手动”旋钮使偏差指示在零位附近。仪器预热 20min 后将差热放大器单元的量程选择开关置于“短路”位置。“差动、差热”选择开关置于“差热”位置。转动“调零”旋钮，使差热指示仪表指在“0”位。

2. 差热（DTA）测量步骤

（1）在两个铂坩埚中分别称取样品纯锡和参比物 α-Al_2O_3 5mg。打开电炉，将样品坩埚放在样品杆上的左侧托盘上，参比物放在右侧，关上电炉。

（2）保持冷却水畅通（流量为 200～$300mL\cdot min^{-1}$）。

（3）在空气气氛下，把升温速率选择在 $10℃\cdot min^{-1}$ 一挡，接通电源，按下“工作”旋钮，让电炉温度按给定要求升温。

（4）开启记录仪，选择走纸速度为 $600mm\cdot h^{-1}$。

（5）当升温到 230℃后就可得到与图 3-7 相似的差热峰。当差热峰出现后蓝笔回到基线，这时就得到锡熔化的差热图谱。一次测定结束，关上记录开关，把两支笔拨离记录纸，并关上“工作”旋钮和电炉电源。

（6）开启电炉取出样品坩埚，使炉温下降到 70℃以下，把预先称好 2mg 左右 KNO_3 样品的坩埚放到样品杆上的左侧托盘上，并把内含 2mg α-Al_2O_3 的坩埚放在右边。

（7）在与锡相同的测定条件下升温，测得 KNO_3 在 70～370℃范围内的差热曲线。

每个样品测定差热曲线两次。

五、数据记录和处理

1. 定性说明所得锡和 KNO_3 的差热图谱。
2. 计算 KNO_3 相变的热效应

样品的热效应

$$\Delta H=\frac{C}{m}\int_b^d \Delta T\,\mathrm{d}t$$

式中，m 为样品质量；ΔT 表示差热峰中 t 时刻样品与参比物的温差；b 为峰的起始时间；d 为峰的终止时间；C 为与仪器特性及测试条件有关的常数。

上式中，$\int_b^d \Delta T\,\mathrm{d}t$ 即为差热峰面积，可以根据峰面积的一般求算方法将其求出（例如峰面积 $A=hy_{1/2}$，其中 h 为峰高，$y_{1/2}$ 为半峰宽）。

称取一定量已知热效应的物质，测得差热峰面积可求得 C。

由锡的熔化热和峰面积求得 C 值，再由同一条件下的 KNO_3 的差热峰面，就能算出 KNO_3 相变的热效应。

六、思考题

1. 影响差热分析的主要因素有哪些？
2. 差热曲线的形状与哪些因素有关？
3. 为什么要参比物？如何选择参比物？

实验六十一　最大气泡法测定溶液的表面张力

一、实验目的

1. 了解表面张力的性质，表面自由能的意义及表面张力和吸附的关系。

2. 掌握最大气泡法测定溶液表面张力的原理和技术。

3. 用最大气泡法测定不同浓度乙醇溶液的表面张力，了解影响表面张力测定的因素。

4. 利用吉布斯公式计算不同浓度下乙醇溶液的吸附量。由表面张力的实验数据求分子的截面积及吸附层的厚度。

二、实验原理

液体表面层分子和内部（本体）分子受力情况不同。内部分子受到周围液体分子的作用力相互抵消，合力为零。而表面层分子受到液体和气相分子的引力，合力指向液体内部，要使液体内部分子移到表面层（使液体的表面积增大），就必须克服此吸引力做功。

在恒温恒压下可逆增加液体表面积，自由能改变为：

$$dG_{T,p}=\delta W'_{R}=\gamma dA$$

则

$$\left(\frac{\partial G}{\partial A}\right)_{T,p}=\gamma \tag{1}$$

式中，γ 是增加单位表面积时所需的可逆功，也就是单位面积的表面层分子比相同数量的内部分子多出的自由能，称为比表面自由能，$J\cdot m^{-2}$。

由于表面层分子受到内部分子的引力，因而表面层分子有自动进入液体内部的倾向，在宏观上表现为有一个与表面平行，力图使表面收缩的力从这个角度来理解 γ 的物理意义时，γ 又称为表面张力，单位为 $N\cdot m^{-1}$。表面张力 γ 的大小与液体的本性、共存气相、温度和压力有关。当温度升高时，表面张力下降，到达临界状态时，表面张力趋于零。

当液体中加入某种溶质形成溶液后，溶剂的表面张力会升高或降低。若加入溶质使溶液的表面张力降低，则表面层中溶质的浓度大于溶液本体的浓度；反之，若使溶液的表面张力增加，则表面层中溶质的浓度小于溶液本体的浓度。当然，表面层与溶液本体的浓度差又会引起溶质分子的扩散，当这两种相反的趋势达到平衡时，溶液表面层与溶液本体的组成不同，这种现象称为溶液的表面吸附。

在一定的温度和压力下，溶液的表面吸附量与溶液的表面张力和浓度有关。对两组分稀溶液，它们之间的关系可用吉布斯（Gibbs）吸附等温公式表示：

$$\Gamma=-\frac{c}{RT}\times\frac{\partial\gamma}{(\partial c)_T} \tag{2}$$

式中，Γ 为表面吸附量，$mol\cdot m^{-2}$；γ 为表面张力，$N\cdot m^{-1}$；c 为溶液的浓度，$mol\cdot L^{-1}$；T 为热力学温度，K；R 为气体常数。若 $\left(\frac{\partial\gamma}{\partial c}\right)_T<0$，则 $\Gamma>0$，称为正吸附；若 $\left(\frac{\partial\gamma}{\partial c}\right)_T>0$，则 $\Gamma<0$，称为负吸附。从式(2) 可以看出，只要测定溶液表面张力与浓度的等温曲线 $\gamma=f(c)$，通过曲线的斜率即可求得各浓度下溶液的表面吸附量 Γ。

对于单分子吸附，其吸附量 Γ 与浓度 c 之间的关系可用朗格缪尔（Langmuir）等温吸附方程表示，即

$$\Gamma=\Gamma_{\infty}\frac{ac}{1+ac} \tag{3}$$

式中，Γ_{∞}为饱和吸附量，a 为常数。将式(3) 两边取倒数可整理成线性方程：

$$\frac{c}{\Gamma}=\frac{c}{\Gamma_{\infty}}+\frac{1}{a\Gamma_{\infty}} \tag{4}$$

以 c/Γ 对 c 作图为一直线，其斜率 $m=1/\Gamma_{\infty}$，若以 N 代表饱和吸附时单位面积表面层中的分子数，则 $N=\Gamma_{\infty}N_A$，其中 N_A 为阿伏伽德罗常数。在饱和吸附时，每个被吸附分子在表面上所占的面积，即分子的截面积 S 为：

$$S_0=\frac{1}{\Gamma_{\infty}N_A} \tag{5}$$

若已知溶质的密度 ρ，摩尔质量 M，就可计算出吸附层厚度，即分子的长度 δ，则

$$\delta=\frac{\Gamma_{\infty}M}{\rho} \tag{6}$$

本实验利用最大气泡法测定液体的表面张力，其测量装置如图 5-23 所示。

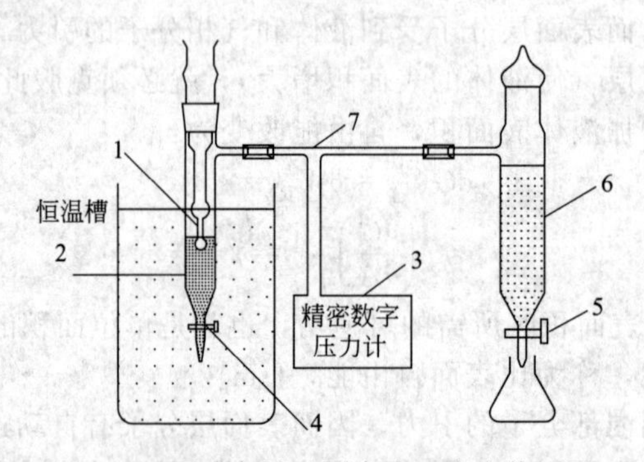

图 5-23　最大气泡法测定表面张力装置图

1—玻璃毛细管；2—样品管；3—精密数字压力计；4—样品管活塞；5—抽气瓶活塞；6—抽气瓶；7—T 形管

将待测表面张力的液体装入样品管 2 中，通过活塞 4 调节液面与毛细管 1 的端面相切，则液面沿毛细管上升，打开活塞 5 使体系缓慢减压，此时由于毛细管内液面上方的压力（即外压）大于样品管中液面的压力，故毛细管内的液面逐渐下降，当液面至管口处形成气泡逸出。从浸入液面下的毛细管端鼓出空气泡，需要高于外部大气压的附加压力以克服气泡的表面张力，此附加压力与表面张力成正比，与气泡的曲率半径成反比，即 $\Delta p=2\gamma/R$。如果毛细管半径很小，则形成的气泡基本上是球形的。当气泡开始形成时，表面几乎是平的，这时曲率半径最大；随着气泡的形成，曲率半径逐渐变小，直到形成半球形，这时曲率半径 $R=$ 毛细管半径 r，曲率半径达最小值，根据 Laplace 方程，这时附加压力达最大值。气泡进一步长大，R 增大，附加压力变小，直到气泡逸出。

此时压力计 3 的压力差 Δp 即为待测液体在毛细管中所受的附加压力，即

$$\Delta p=\frac{2\gamma}{R'} \tag{7}$$

式中，R'为气泡的曲率半径，因毛细管半径很小，所以形成气泡基本上是球形。气泡刚开始形成时表面几乎是平的，此时曲率半径 R'最大（如图 5-24 所示），当气泡形成半球时，R'与毛细管半径 r 相等，曲率半径达最小值，此时 Δp 为最大值。随着气泡的进一步增大，R'又趋增大，直至逸出液面。在此过程中，最大附加压力 Δp_{max}表示为：

$$\Delta p_{max}=\frac{2\gamma}{r}$$

$$\gamma=\frac{r}{2}\Delta p_{\max}$$

则
$$\gamma=K\Delta p_{\max} \tag{8}$$

式中的 K 可用已知表面张力的标准物质测定（如蒸馏水在25℃时 $\gamma=71.97\text{mN}\cdot\text{m}^{-1}$）。

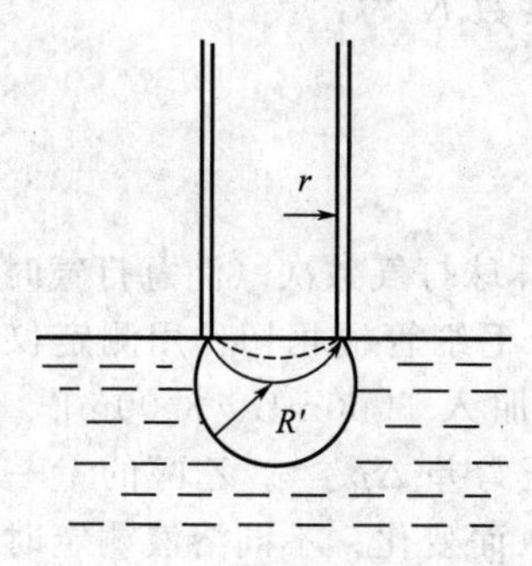

图 5-24　气泡形成过程示意图

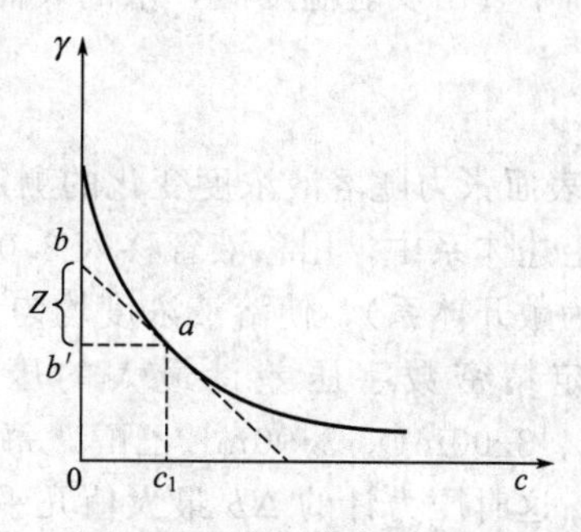

图 5-25　表面张力-浓度图

本实验用精密数字压力计测定 $\Delta p_{\max}$，由式(8) 计算 γ，根据 Gibbs 吸附等温式求表面吸附量：

$$\Gamma=-\left(\frac{c}{RT}\right)\frac{\mathrm{d}\gamma}{\mathrm{d}c} \tag{9}$$

如果在恒温下绘成曲线 $\gamma=f(c)$(表面张力等温线)，当 c 增加时，γ 在开始时显著下降，而后下降逐渐缓慢下来，以致 γ 的变化很小，这时 γ 的数值恒定为某一常数。利用图解法进行计算十分方便，如图 5-25 所示，经过切点 a 作平行于横坐标的直线，交纵坐标于 b'点。以 Z 表示切线和平行线在纵坐标上截距间的距离，显然 Z 的长度等于 $c\left(\frac{\partial\gamma}{\partial c}\right)_T$，以不同的浓度对其相应的 Γ 可作出曲线，$\Gamma=f(c)$ 称为吸附等温线。

$$\left(\frac{\mathrm{d}\gamma}{\mathrm{d}c}\right)_T=-\frac{Z}{c}$$

$$Z=-\left(\frac{\mathrm{d}\gamma}{\mathrm{d}c}\right)_T c$$

$$\Gamma=-\frac{c}{RT}\left(\frac{\mathrm{d}\gamma}{\mathrm{d}c}\right)_T=\frac{Z}{RT}$$

三、仪器与试剂

最大泡压法表面张力仪 1 套，洗耳球 1 个，移液管（50mL）1 支，吸量管（5mL）1 支，滴液漏斗，烧杯（500mL）1 只。

乙醇（C. P.），蒸馏水。

四、实验内容

1. 仪器准备与检漏

将表面张力仪容器和毛细管洗净、烘干。在恒温条件下将 50mL 蒸馏水注入洗净的样品管中，并将开口的毛细管插入样品管中，使其尖端刚好与液面相接触。打开抽气瓶活塞，使体系内的压力降低，精密数字压差计显示一定数字时，关闭抽气瓶活塞，若 2～3min 内，精密数字压差计压差不变，则说明体系不漏气，可以进行实验。

2. 仪器常数的测量

打开抽气瓶活塞，使滴液漏斗的水慢慢滴出。控制滴液漏斗水流的速率，使气泡由毛细管尖端成单泡逸出，且使毛细管逸出气泡的速度为每个气泡 8～10s。当气泡刚脱离管端的一瞬间，精密数字压差计显示最大压差时，记录最大压力差，连续读取三次，取其平均值。再由手册中查出实验温度时，水的表面张力 γ，则仪器常数 K 为：

$$K=\frac{\gamma_{水}}{\Delta p_{\max}}$$

3. 表面张力随溶液浓度变化的测定

在上述体系中，用移液管移入 3.00mL 乙醇，用洗耳球打气数次（注意打气时，务必使体系成为敞开体系），使溶液浓度均匀，然后调节液面与毛细管端相切，用测定仪器常数的方法测定精密数字压差计最大的压力差。然后依次加入 3.00mL、3.00mL、4.00mL、4.00mL、3.00mL、3.00mL 乙醇，每加一次测定一次压力差 $\Delta p_{\max}$。乙醇的量一直加到饱和为止，这时压力计的 Δp 最大值几乎不再随乙醇的加入而变化。不同溶液测定时必须从低浓度到高浓度依次测定。

4. 实验完毕，清洗玻璃仪器，整理实验台。

五、数据记录和处理

1. 数据记录：

实验温度：________

水的 $\Delta p_{\max}$：　第一次________；第二次________；第三次________；平均值________；K=

C_4H_9OH 浓度编号		1	2	3	4	5	6	7
$\Delta p_{\max}$	第一次							
	第二次							
	第三次							
	平均值							
C_4H_9OH 的表面张力 $\gamma/N\cdot m^{-1}$								

2. 数据处理

(1) 计算仪器常数 K，求出各浓度乙醇水溶液的 γ，并列成表。

(2) 作 γ-c 图，在光滑曲线上取 6～7 个点，用镜像作切线求出 Z 值，然后用公式 $\Gamma=-(c/RT)\mathrm{d}\gamma/\mathrm{d}c$ 计算不同浓度的 Γ 值，作出 Γ-c 图。

(3) 求出 c/Γ。绘制 c/Γ-c 等温线，求 Γ_∞ 并计算 S_0 和 δ。

六、思考题

1. 毛细管尖端为何必须调节得恰与液面相切？否则对实验有何影响？

2. 最大气泡法测定表面张力时为什么要读最大压力差？如果气泡逸出得很快，或几个气泡一齐出，对实验结果有无影响？

3. 本实验选用的毛细管尖的半径大小对实验测定有何影响？若毛细管不清洁会不会影响测定结果？

七、实验指导

1. 保证测量系统为一密闭系统，不能漏气。

2. 样品注入样品管后应恒温 10min 左右。

3. 毛细管一定要洁净，洗涤时应注意不要将毛细管折断。

4. 注意调节样品管下端的活塞使毛细管口一定与样品管内液体液面相切。读取精密数字压差计的压差时，应取气泡单个逸出时的最大压力差。

5. 向样品管注入水或溶液时应避免液体流入与压力计相通的胶管里。

6. 测定乙醇溶液时，溶液浓度的测定次序一定为从稀到浓。

7. 控制好毛细管口气泡逸出的速率（为方便调节起见，可将滴液漏斗内放满水，第一次调节好滴水速度后，不关闭活塞，继续进行后面的测量），以免测量精度受到影响。

实验六十二　胶体的制备

一、实验目的

1. 了解制备胶体的不同方法，掌握利用化学凝聚法制备胶体的原理和方法。

2. 掌握胶体纯化及半透膜的制备方法。

二、实验原理

胶体是分散相粒子大小在 $10^{-9}\sim10^{-7}$ m（1～100nm）范围的分散系统。胶体的主要特点有：①高度分散的多相性，相界面很大；②热力学不稳定性，要依靠稳定剂，使其形成离子或分子吸附层，才能得到暂时稳定的胶体。胶体的制备方法主要分为以下两类。

（1）分散法　将粗分散系统进一步分散，达到胶体分散的程度。

常用的分散法有：①研磨法，如利用胶体磨或其他机械方法把物质分散形成胶体；②电弧法，以金属为电极通电产生电弧，金属受热变为蒸气，在液体中凝聚成胶体；③超声波法，利用超声波产生的能量，将物质分散；④胶溶法，利用溶剂的作用，使沉淀重新“溶解”成胶体。

（2）凝聚法　将溶液中的分子或离子等凝聚成胶体系统。

凝聚法通常分为两种：①物理凝聚法。常用的物理凝聚法有蒸气凝聚法和过饱和法。其中蒸气凝聚法是利用适当的物理过程将某些物质的蒸气凝聚成胶体；过饱和法是通过改变溶剂或实验条件（如降低温度），使溶质溶解度降低，由溶解变为不溶解，从而凝聚为胶体。②化学凝聚法。即利用可以生成不溶性物质的化学反应，控制析晶过程，使其达到胶体粒子大小范围。化学凝聚法是最常用的制备胶体的方法。本实验采用化学凝聚法制备 $Fe(OH)_3$ 胶体和 As_2S_3 胶体。

利用 $FeCl_3$ 在水中的水解反应，可以生成 $Fe(OH)_3$ 胶体：

$$FeCl_3+3H_2O \xlongequal{} Fe(OH)_3+3HCl$$

聚集在胶体表面上的氢氧化铁分子与 HCl 反应：

$$Fe(OH)_3+HCl \xlongequal{} FeOCl+2H_2O$$

而 FeOCl 解离成 FeO^+ 与 Cl^-，这样 $Fe(OH)_3$ 胶体是带正电的，其结构大致为：

$$\{[Fe(OH)_3]_m nFeO^+\cdot(n-x)Cl^-\}^{x+}\cdot xCl^-$$

利用 As_2O_3 的复分解反应，可以制备 As_2S_3 的胶体：

$$As_2O_3+3H_2O \xlongequal{} 2H_3AsO_3$$

$$2H_3AsO_3+3H_2S \xlongequal{} As_2S_3+6H_2O$$

HS^- 为稳定剂，这样 As_2S_3 胶体带负电荷，其结构大致为：

$$\{[As_2S_3]_m nHS^-\cdot(n-x)H^+\}^{x-}\cdot xH^+$$

新制备的胶体往往会含有过量的电解质或其他杂质，不利于胶体的稳定存在，需要将它们除去或部分除去，以提高胶体的稳定性和纯度，即所谓的胶体净化。

最常用的净化方法是渗析法，此法利用了胶体粒子不能通过半透膜而一般低分子杂质及电解质能透过半透膜的性质。渗析时将待净化的胶体与溶剂用半透膜隔开，胶体一侧的杂质或电解质就透过半透膜进入溶剂中，不断更换新鲜溶剂，可以将胶体中多余的电解质或杂质除去，达到净化的目的。渗析法虽然简单，但耗时过长，往往需要数十小时甚至数十天。为了加快渗析速度，可适当提高温度（热渗析法）或外加电场（电渗析法）。本实验采用热渗析法。

适量电解质的存在是形成稳定胶体系统不可缺少的条件，因此渗析时间不能过长，否则电解质除去过多反而影响胶体的稳定性。

三、仪器与试剂

250mL、300mL、800mL 烧杯各 1 个，锥形瓶（250mL）2 个，量筒（100mL）1 只。

$FeCl_3$(10%) 溶液，As_2O_3（A. R.），火棉胶液（6%），$AgNO_3$ 溶液（1%），KSCN 溶液（1%）。

四、实验内容

1. 氢氧化铁胶体的制备

在 250mL 烧杯内加入 100mL 蒸馏水，加热至沸。慢慢滴加 5mL10%$FeCl_3$ 溶液，并不断搅拌，加完后继续沸腾几分钟。由于水解的结果，得红棕色的氢氧化铁胶体，冷却待用。

2. 硫化亚砷胶体的制备

在 300mL 烧杯内加入 50mL 蒸馏水，缓慢通入经蒸馏水洗涤的硫化氢气体，同时逐滴滴加 150mL 冷的亚砷酸饱和溶液，即可得到黄色发乳光的硫化亚砷胶体。然后将氢气慢慢通过胶体，以除去过剩的硫化氢。注意：亚砷酸有毒，操作时应小心。

3. 渗析半透膜的制备

在一个经过充分洗净并烘干的 250mL 锥形瓶内，倒入约 20mL6%的火棉胶溶液（溶剂为 1∶3 乙醇-乙醚溶液），小心转动锥形瓶，使火棉胶液在瓶内形成一均匀薄层，倾出多余的火棉胶溶液。将锥形瓶倒置于铁圈上，并不断旋转，使剩余的火棉胶溶液流尽，并使乙醚蒸发完（可用电吹风热风吹瓶口，以加快乙醚蒸发），直至闻不出乙醚气味为止。此时用手轻轻触摸不粘手，用电吹风热风继续吹约 5min。将锥形瓶放正，向其中注满蒸馏水，将膜浸于水中约 10min，膜中剩余的乙醇即可溶去。倒去瓶中的水，用小刀在瓶口剥开一小部分膜，用手轻轻挑起，使膜与瓶口脱离，再慢慢地在膜与瓶壁之间注入蒸馏水至满，使膜脱离瓶壁，然后轻轻取出所成的膜袋。检查膜袋是否有漏洞，若有漏洞，可用玻璃棒蘸少许火棉胶溶液，轻轻接触漏洞部分，即可补好。若膜袋完好，在其中灌水而悬空，袋中的水应能逐渐渗出。本实验要求渗出速率不小于 $4mL \cdot h^{-1}$，否则不符合要求而需重新制备。

制好的半透膜袋，应在水中保存，否则易发脆开裂。

4. 用热渗析法净化 $Fe(OH)_3$ 胶体

将制得的 $Fe(OH)_3$ 胶体置于火棉胶半透膜袋内，拴住袋口，放入 800mL 清洁烧杯内，烧杯内加蒸馏水约 300mL，保持温度在 60～70℃，进行热渗析。每半小时换一次水，并不断检验水中的 Cl^- 和 Fe^{3+}（分别用 1%$AgNO_3$ 及 1%KSCN 溶液进行检验），直至检查不出 Cl^- 和 Fe^{3+} 为止，净化完毕。

也可以通过测定胶体的电导率的方法，来判断胶体净化程度。

五、思考题

1. 如何检验本实验制得的 $Fe(OH)_3$ 胶体和硫化亚砷胶体是胶体而不是溶液？
2. 本实验制得的 $Fe(OH)_3$ 胶体带什么电荷？为什么会带此电荷？
3. 新制备的胶体为什么要进行渗析净化？$Fe(OH)_3$ 胶体的渗析，除去的是什么电解质？
4. 除了适当升高温度外，还可以用什么方法加快渗析速度？

5. 还可以用什么方法检验 $Fe(OH)_3$ 胶体的净化程度？

六、实验指导

1. 亚砷酸饱和溶液可由 $3gAs_2S_3$ 溶于 500mL 沸腾的蒸馏水中而得。

2. 制备半透膜袋时，若乙醚未蒸发完而加水过早，膜呈白色而不适用；若时间过长或吹风时间过长，膜易干硬，开裂。

3. 一般实验室中可以采用简便的净化方法：在广口瓶内装入胶体，瓶口蒙上玻璃纸，倒置于盛有蒸馏水的烧杯内，不断换水即可。

实验六十三　电　泳

一、实验目的

1. 掌握电泳法测定 ζ 电势的原理和技术。

2. 用电泳法测定 $Fe(OH)_3$ 胶体的 ζ 电势。

3. 加深对胶体电动现象的了解。

二、实验原理

几乎所有胶体颗粒都带有一定的电荷。电荷的来源主要有：①胶粒本身的解离；②胶粒在分散介质中选择性地吸附一定量的离子；③胶粒在非极性介质中与分散介质摩擦生电。

根据斯特恩（Stern）的双电层理论，由于静电力、范德华力以及其他形式的吸引力，带电的胶粒表面会牢固地吸附分散介质中的反号离子，形成反离子的固定层或紧密层。若介质为水溶液，被吸附的离子应当是水化的。被吸附的水化离子中心距离胶粒表面约为水化离子的半径，这些水化离子的中心连线所形成的假想面，称为斯特恩面。斯特恩面与胶粒吸附表面的空间称为斯特恩层（即紧密层）。斯特恩面之外至溶液本体（即电势为零处）称为扩散层。上述两层即为斯特恩双电层。

当胶粒固体表面与分散介质固液两相发生相对移动时，滑动面在斯特恩面之外，与胶粒固体表面的距离约为分子直径大小的数量级，一旦固液两相发生相对移动，滑动面便呈现出来。滑动面与溶液本体之间的电势差称为 ζ 电势或流动电势。只有当固液两相发生相对移动时，才呈现出 ζ 电势。ζ 电势是胶粒的重要性质之一，它与胶粒的大小、形状及所带电荷有关，还与外加电场强度 E、胶粒运动速率以及介质的介电常数 ε 和黏度有关。利用电泳现象可以测定 ζ 电势。

在外加电场的作用下，胶粒在分散介质中定向移动的现象称为电泳。原则上任何一种胶体的电动现象（电泳、电渗、流动电势和沉降电势）都可以用来测定 ζ 电势，但实际应用中电泳法最方便、广泛。

电泳法又分为两类，即宏观法和微观法。宏观法是观测胶体溶液与另一不含胶粒的无色导电液体的界面在电场中的移动速率。微观法是直接观察单个胶粒在电场中的泳动速率。对高度分散的胶体［如 $Fe(OH)_3$ 和 As_2S_3 胶体］或过浓的胶体，因不易观察个别粒子的运动，只能用宏观法。对颜色太淡或浓度过稀的胶体，则宜用微观法。本实验采用宏观法。

ζ 电势可根据斯莫鲁科夫斯基（Smoluchowski）公式计算：

$$\zeta=\frac{\eta u}{\varepsilon E} \tag{1}$$

式中，E 为电势梯度，$E=V/L$；u 为电泳速率，$u=L'/t$；η 为分散介质的黏度；ε 为介电常数，$\varepsilon=\varepsilon_r\varepsilon_0$，当分散介质为水时，在 25℃，$\varepsilon_r=81$，$\varepsilon_0=8.854\times10^{-12}\mathrm{F\cdot m^{-1}}$；$V$ 为加于电泳管两端的电压；L 为两电极间的距离；L'为 ts 内胶体溶液界面的移动距离。对一定的胶体，若固定 V 和 L，测出不同 t 时的 L'值，就可计算出 ζ 电势。

三、仪器与试剂

DY-1 型电泳仪及 0～300V 直流稳压电源 1 台，电泳测定管 1 支，漏斗 1 个，电导率仪（DDs11A 型）1 台，秒表 1 块。

$Fe(OH)_3$ 胶体，稀 KCl 溶液。

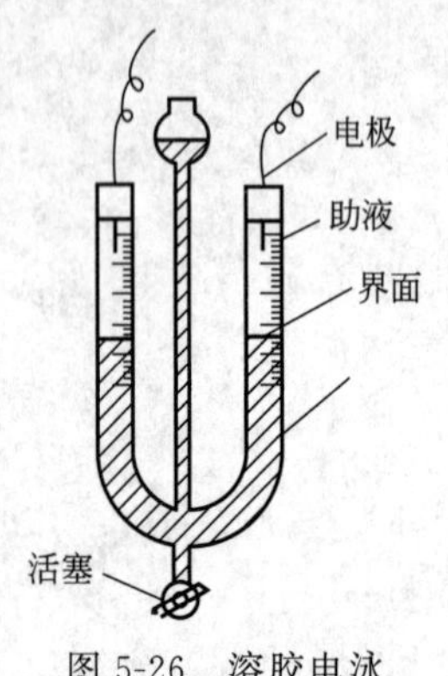

图 5-26　溶胶电泳管示意图

四、实验内容

电泳测定如图 5-26 所示。

1. 将电泳测定管洗净烘干，用电导率与待测 $Fe(OH)_3$ 胶体相同的稀 KCl 溶液冲洗电泳测定管。固定电泳测定管，关闭活塞，用漏斗将待测的 $Fe(OH)_3$ 胶体加满电泳测定管中部管，应避免带入气泡。

2. 将电导率与待测 $Fe(OH)_3$ 胶体相同的稀 KCl 溶液注入电泳测定管的 U 形管内，至 10cm 左右的高度为止，注意不要带入气泡。慢慢开启活塞，使胶体缓慢地进入 U 形管中（尽量慢），这时可观察到胶体与 KCl 溶液之间有一明显界面（界面间不能有气泡），在此过程中应保证这一界面的清晰分明。上部 KCl 溶液随着胶体的缓慢进入而升高，待上升至合适高度，关闭活塞。在 U 形管两端插入铂电极，电极应浸入溶液 1cm 左右，接通线路，即可进行测试。

3. 打开电泳仪电源开关，调节输出电压为 150～300V（调节速度要快），同时开启秒表计时，并记下此时的界面高度，注意观察界面的移动情况。待界面上升至一定高度（如 1cm）时，记下时间数值和电压 V。在同样的电压和界面移动距离的情况下，再测定一次所需时间，求两次的平均值。

倒去电泳测定管中的胶体溶液，按上述相同的方法，换上新的胶体溶液，改变加于两端的电压，测定界面上升一定距离所需时间（测定两次，取平均值）。

4. 测量两电极间的距离，注意不是水平横距离，而是两电极端点在 U 形管中的导电距离，测量 5～6 次，取平均值。

实验结束后，拆去电源，洗净电泳测定管，加入蒸馏水存放。

五、数据记录和处理

1. 列表记录各测量数据。
2. 计算电泳速率 u。
3. 由式(1) 计算 ζ 电势。
4. 由胶体界面电泳时移动的方向，确定胶体粒子带何种电荷？

六、思考题

1. 本实验所用的稀 KCl 溶液的电导率为什么必须和待测胶体的电导率尽量接近？
2. 电泳速率与哪些因素有关？
3. 胶体纯化不严格时会使界面不清晰，为什么？

七、实验指导

1. 胶体与 KCl 溶液的界面应保持清晰分明，否则不能实验。
2. 由于电泳仪输出电压较高，通电过程中不要触摸电极，否则有触电危险。

实验六十四　黏度法测定高聚物的分子量

一、实验目的

1. 掌握用黏度法测定高聚物分子量的原理。
2. 掌握用乌贝路德（Ubbelohde）黏度计测定黏度的方法。

二、实验原理

高聚物的分子量不仅反映了高聚物分子的大小，而且对其性能有很大影响，是重要的基本参数。一般高聚物是分子量不等的大分子混合物，其分子量是不均一的，所以高聚物的分子量是指平均分子量。

测定高聚物分子量的方法很多，对线型高聚物，分子量的测定方法及适用范围如下。

测定方法	适用范围（M 为分子量）	测定方法	适用范围（M 为分子量）
端基分析	$M<3\times10^4$	光散射	$M=10^4\sim10^7$
沸点升高、凝固点降低、等温蒸馏	$M<3\times10^4$	超离心沉降及扩散	$M=10^4\sim10^7$
渗透压	$M=10^4\sim10^6$		

此外还有黏度法，即利用高聚物溶液的黏度和分子量的经验方程，通过测定黏度来计算分子量。因为黏度法设备简单、操作方便、有相当高的实验精度，适用于各种分子量范围，所以是目前应用得较广泛的方法。但黏度法不是测分子量的绝对方法，因为此法中所用的特性黏度与分子量的经验方程中的常数要用其他方法确定，并且高聚物、溶剂、分子量范围、温度范围等不同，经验方程式也不相同。本实验采用黏度法测定高聚物的分子量。

高聚物溶液中的黏度是其流动过程中内摩擦的反映，此内摩擦主要有溶剂分子之间、高聚物分子之间、高聚物分子与溶剂分子之间三种。高聚物溶液的黏度 η 一般都比纯溶剂的黏度 η_0 大得多，其黏度增加的分数称为增比黏度 η_{sp}，即

$$\eta_{sp}=\frac{\eta-\eta_0}{\eta_0}=\eta_r-1 \tag{1}$$

$$\eta_r=\frac{\eta}{\eta_0} \tag{2}$$

式中，η_r 称为相对黏度。增比黏度随溶液中高聚物的浓度增加而增大。为了方便比较，定义单位浓度的增比黏度为比浓黏度，其值为 η_{sp}/c。

比浓黏度随溶液浓度 c 而改变，当 c 趋近于零时，比浓黏度趋近于一固定的极限值 $[\eta]$，$[\eta]$ 称为特性黏度。即

$$\lim_{c\to 0}\frac{\eta_{sp}}{c}=[\eta] \tag{3}$$

为了便于比较，把几个有关黏度的名词列于下表。

名词与符号	物理意义
纯溶剂黏度 η_0	溶剂分子与溶剂分子间的内摩擦表现出来的黏度
溶液黏度 η	溶剂分子与溶剂分子之间、高分子与高分子之间和高分子与溶剂分子之间，三者内摩擦的综合表现
相对黏度 η_r	$\eta_r=\eta/\eta_0$，溶液黏度对溶剂黏度的相对值
增比黏度 η_{sp}	$\eta_{sp}=(\eta-\eta_0)/\eta_0=\eta/\eta_0-1=\eta_r-1$，高分子与高分子之间、纯溶剂与高分子之间的内摩擦效应
比浓黏度 η_{sp}/c	单位浓度下所显示出的黏度
特性黏度 $[\eta]$	$\lim_{c\to 0}\frac{\eta_{sp}}{c}=[\eta]$，反映高分子与溶剂分子之间的内摩擦

根据试验结果证明，任意浓度下比浓黏度与浓度的关系可以用经验公式表示：

$$\frac{\eta_{sp}}{c}=[\eta]+k'[\eta]^2\cdot c \tag{4}$$

因此，以 η_{sp}/c 对 c 作图，由外推法可求出 $[\eta]$，可证明如下。

$$\frac{\ln\eta_r}{c}=\frac{\ln(1+\eta_{sp})}{c}=\frac{\eta_{sp}}{c}\left(1-\frac{1}{2}\eta_{sp}+\frac{1}{3}\eta_{sp}^2-\cdots\right) \tag{5}$$

当浓度 c 很小时，忽略高次项，得

$$\lim_{c\to 0}\frac{\ln\eta_r}{c}=\lim_{c\to 0}\frac{\eta_{sp}}{c}=[\eta] \tag{6}$$

故也可以用经验公式表示为

$$\frac{\ln\eta_r}{c}=[\eta]+\beta[\eta]^2\cdot c \tag{7}$$

这样以 η_{sp}/c 及 $\ln\eta_r/c$ 对 c 作图得两条直线，这两条直线在纵坐标轴上相交于同一点，如图 5-27 所示，可求出 $[\eta]$ 数值。计算中，浓度的单位常用每毫升或 100mL 溶液中所含高聚物的质量（g）表示。$[\eta]$ 的单位是浓度单位的倒数。

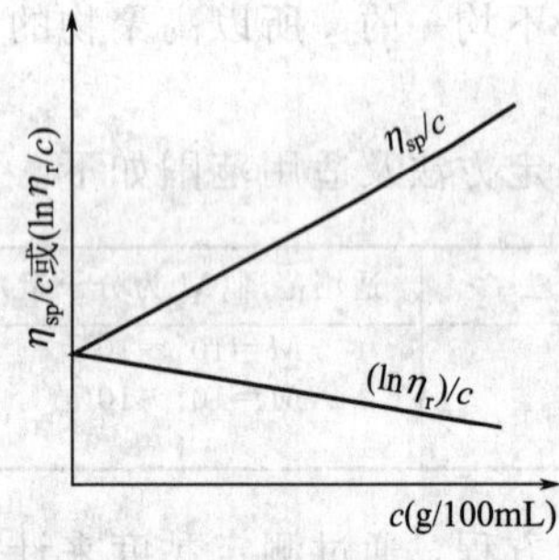

图 5-27　比浓黏度和浓度关系

$[\eta]$ 和高聚物分子量的关系可用半经验的麦克（Mark）非线性方程表示：

$$[\eta]=kM^a \tag{8}$$

式中，M 为高聚物的平均分子量；k 和 a 是与温度、溶剂和高聚物性质等因素有关的常数，可通过其他方法求得。实验证明，a 值一般在 0.5～1 之间。聚乙烯醇水溶液在 25℃时，$a=0.76$，$k=2\times10^{-2}$；在 30℃时，$a=0.64$，$k=6.66\times10^{-2}$。式(8) 使用于非支化的、聚合度不太低的高聚物。

用黏度法测得的高聚物的平均分子量称为黏均分子量。测定黏度的方法主要有转筒法、落球法和毛细管法。测定高聚物溶液黏度，以毛细管法最为方便。基础实验部分介绍了液体在毛细管中因重力作用而流动时所遵守的泊塞勒（Poiseuille）公式，若考虑动能的影响，更完全的公式为：

$$\eta=\frac{\pi r^4 thg\rho}{8Vl}-m\frac{V}{8\pi lt} \tag{9}$$

式中，η 为黏度系数，可作为液体黏度的量度，又称为黏度。当选用合适的黏度计时，液体流动较慢，动能项相对较小至可以忽略，且对同一支黏度计的 h、r、l、V 均是固定的，所以上式可改写为：

$$\eta=k\rho t \tag{10}$$

式中，k 称为黏度计常数，一般用已知黏度的液体测出黏度计常数，未知液体的黏度可以根据在相同条件下，流过等体积的时间求出。

$$\eta=\frac{\rho t}{\rho_0 t_0}\eta_0 \tag{11}$$

式中，η_0、ρ_0、t_0 为已知液体的黏度，密度和流经毛细管的时间。测定高聚物的平均分子量，都使用稀溶液，此时溶液的密度与溶剂密度相近，即有 $\rho\approx\rho_0$，则

$$\eta_r=\frac{\eta}{\eta_0}=\frac{t}{t_0}$$

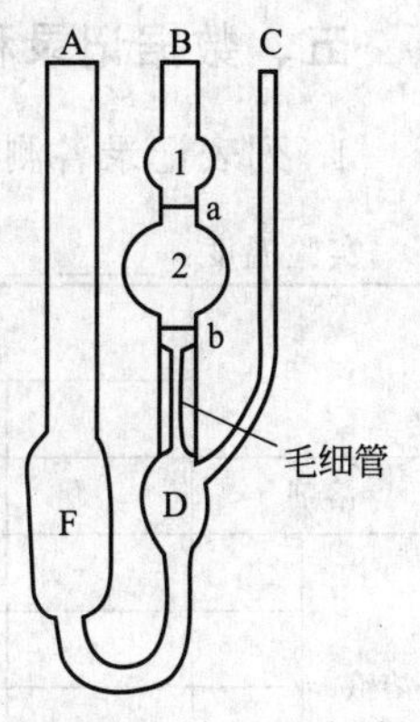

图 5-28　乌氏黏度计

常用毛细管黏度计有乌氏和奥氏两种，本实验测分子质量选用乌氏黏度计，其构造如图 5-28 所示。

乌氏黏度计的优点是溶液的体积对测定没有影响，因此可以在黏度计内采取逐渐稀释的方法，得到不同浓度溶液的黏度。乌氏黏度计毛细管的直径和长度及球 2 的大小（流出体积），是根据所用溶剂的黏度而定的，使溶剂流出时间不小于 100s。但毛细管直径不宜小于 0.5mm，否则测定或洗涤时容易堵塞。球 F 的容积应为 B 管中 a 处至球 F 底端的总容积的 8～10 倍，这样测定过程中可以使溶液稀释至起始浓度的 1/5 左右。为使球 F 不致过大，球 2 的体积以 4～5cm^3 为宜。此外，D 球至 F 球底端的距离应尽量减小些。由于黏度计由玻璃吹制而成，三根支管很容易折断，使用时应特别小心。

三、仪器与试剂

恒温槽 1 套，移液管（10mL）2 个，乌贝路德黏度计 1 个，烧杯（100mL）1 个，停表 1 个，洗耳球 1 个，玻璃砂漏斗（3 号）1 个，玻璃砂芯漏斗，容量瓶（100mL）。

聚乙烯醇，正丁醇。

四、实验内容

1. 高聚物溶液的配制

用分析天平准确称取 0.5g 聚乙烯醇于 100mL 烧杯中，加入约 60mL 蒸馏水，稍加热溶解。冷却至室温后，小心转移至 100mL 容量瓶中，加入 2 滴正丁醇（消泡剂），加水至刻度。为了除去溶液中的固体杂质，溶液应用 3 号玻璃砂漏斗过滤（因为高聚物溶解和过滤较慢，因此应提前准备）。过滤不能用滤纸，以免纤维混入。

2. 清洗安装黏度计

有时微量的灰尘、油污等会造成黏度计局部的堵塞现象，影响溶液在毛细管中的流速，而导致较大的误差。所以实验前应该彻底清洗黏度计并烘干。然后在侧管 C 上端套上一段软橡皮管，并用夹子夹紧使之不漏气。把黏度计垂直放入恒温槽，使 1 球完全浸没在水中。放置位置要合适，便于观察液体的流动情况。恒温槽的搅拌马达的搅拌速度应合适，如果产生剧烈震动，会影响测定结果。

3. 溶剂流出时间 t_0 的测定

调节恒温槽至 25℃±0.05℃，用移液管取 10mL 蒸馏水由 A 管注入黏度计中。待恒温后，用吸球由 B 管处将蒸馏水经毛细管吸入 2 球和 1 球中，当蒸馏水升至 1 球 2/3 位置时，放开吸球并打开侧管 C，使蒸馏水依靠重力自由流下。当液面到达 a 刻线时，启动停表开始计时，当液面下降至 b 刻线时，停止计时，记录液面由 a 至 b 所需时间 t_0。重复三次，每次相差不应超过 0.2s，取平均值。

4. 溶液流出时间 t 的测定

测完纯溶剂的 t_0 后，用移液管取 10mL 配制好的聚乙烯醇溶液加入黏度计中，用洗耳球将溶液反复抽吸至 1 球内几次，使混合均匀。用上述相同的方法测定流出时间 t_1。然后依次加入黏度计 10mL 蒸馏水，使溶液浓度变为 c_2、c_3、c_4，测定流出时间 t_2、t_3、t_4，每个数据重复三次，取平均值。

实验完毕后，黏度计应彻底洗净，然后用洁净的蒸馏水浸泡或倒置晾干。

5. 黏度计要垂直放置。实验过程中不要振动黏度计。

五、数据记录和处理

1. 列表记录各测量数据。

实验温度：________________；气压：________________

		流出时间				η_r	η_{sp}	$\frac{\eta_{sp}}{c}$	$\ln\eta_r$	$\frac{\ln\eta_r}{c}$
		1	2	3	平均值					
溶剂										
溶液	c_1									
	c_2									
	c_3									
	c_4									

2. 作 η_{sp}/c 及 $\ln\eta_r/c$-c 图，并外推到 $c\rightarrow0$ 由截距求出 $[\eta]$。
3. 由 $[\eta]=kM_r^a$ 求出聚乙烯醇的平均分子量。

六、思考题

1. 与奥氏黏度计相比，乌氏黏度计有何优点？本实验能否使用奥氏黏度计？
2. 为什么 $\lim\limits_{c\rightarrow0}\frac{\eta_{sp}}{c}=\lim\limits_{c\rightarrow0}\frac{\ln\eta_r}{c}$？
3. 毛细管的粗细与长短由什么因素决定？

实验六十五　磁化率的测定

一、实验目的

1. 利用古埃法测定物质的磁化率，并估算物质分子中未成对电子数。

2. 掌握古埃法测定磁化率的原理和方法。

二、实验原理

组成物质的分子、原子或离子中都存在运动着的电子，电子的轨道运动和自旋运动都会产生磁效应。在没有外磁场作用时，若分子、原子或离子中不存在未配对电子，则由于轨道上配对电子自旋产生的磁矩相互抵消，轨道在各个方面的取向几率又相等，所以物质不存在永久磁矩。当有外磁场存在时，物质内部分子、原子或离子中电子的轨道运动受外磁场作用，产生感应的“分子电流”，而产生与外磁场方向相反的诱导磁矩。这个现象类似于线圈中插入磁铁会产生感应电流，并同时产生一个与外磁场方向相反磁场的现象一样。由于诱导磁矩与外磁场是反向的，所以这类物质称为反磁性物质。

若分子、原子或离子中存在着未配对电子，则物质存在永久磁矩。在外磁场中永久磁矩像小磁铁一样，顺着磁场方向定向排列，其方向与外磁场一致。因为未配对电子的永久磁矩显示的磁性比其配对电子在外场中产生的诱导磁矩显示的反磁性要大1～3个数量级，所以这类物质称为顺磁性物质。有少数物质随着外磁场强度的增加，其磁性急剧增加，外磁场消失后其磁性仍不消失，这类物质称为铁磁性物质，如铁、钴、镍等。

把物质置于磁场强度为 H 的外磁场中，若这时物质内部的磁场强度为 B，则有

$$B=H+H' \tag{1}$$

B 又称为磁感应强度；H'为在外磁场感应下，物质内部产生的附加磁场，与外磁场强度及物质的本身磁性质有关。均匀介质中有如下关系式：

$$H'=4\pi I=4\pi\kappa H \tag{2}$$

式中，I 为物质的磁化强度；κ 为物质的体积磁化率，即单位体积内磁场强度的变化，它是物质的一种宏观磁性质。在化学上，常用比磁化率 χ（$m^3 \cdot kg^{-1}$）和摩尔磁化率 χ_m（$m^3 \cdot mol^{-1}$），它们的定义为：

$$\chi=\frac{\kappa}{\rho} \tag{3}$$

$$\chi_m=\chi M=\frac{\kappa M}{\rho} \tag{4}$$

式中，ρ 为物质的密度；M 为物质的摩尔质量；χ 为比磁化率，也称为单位质量磁化率。

实际上，物质的摩尔磁化率 χ_m 是顺磁化率 $\chi_{顺}$（由于未配对电子的永久磁矩定向排列产生）和反磁化率 $\chi_{反}$（由于诱导磁矩产生）之和：

$$\chi_m=\chi_{顺}+\chi_{反} \tag{5}$$

对于反磁性物质，因为 $\chi_{顺}=0$，$\chi_m=\chi_{反}$；对于顺磁性物质，因为 $\chi_{顺}\gg\chi_{反}$，所以 $\chi_m=\chi_{顺}$。顺磁化率是分子、原子或离子的永久磁矩在外磁场中定向排列产生的，所以它与分子磁矩 μ 有关。顺磁化率与分子磁矩的关系，服从居里定律：

$$\chi_{顺}=\frac{N_A\mu^2}{3kT} \tag{6}$$

式中，μ 为分子磁矩；N_A 为阿伏伽德罗常数；k 为玻尔兹曼常数；T 为热力学温度。

居里定律把物质的宏观磁性质 χ_m 与物质的微观磁性质 μ 联系起来，因此可以通过实验测定 $\chi_{顺}$ 来计算物质的分子磁矩。实验表明，对具有未配对电子的分子或自由基和某些第一系列过渡元素离子的磁矩与未配对电子数 n 的关系为：

$$\mu=\sqrt{n(n+2)}\times\mu_B \tag{7}$$

式中，μ_B 为玻尔磁子（$1\mu_B=9.273\times10^{-24}\ J\cdot T^{-1}$），是单个自由电子自旋所产生的磁矩。

通过式（7），由磁化率的测定可以计算分子、原子或离子中未配对电子数，这对研究它们的电子结构、过渡元素离子的价态和配位场理论有着广泛的应用。

测定磁化率可用共振法或天平法。本实验用古埃磁天平法，通过测定物质在不均匀磁场中受到的力，从而求出物质的磁化率。测定装置如图 5-29 所示。

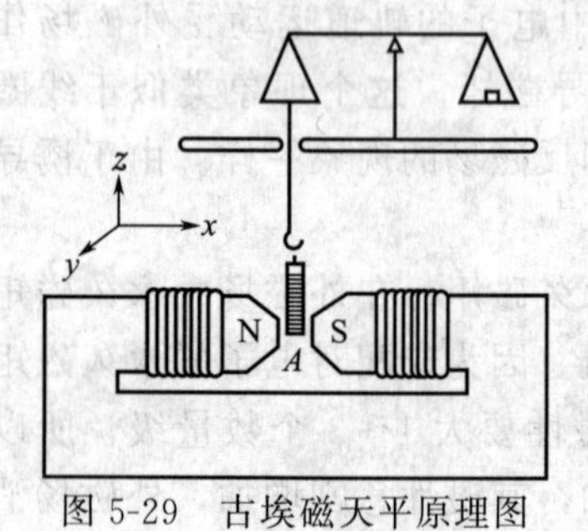

图 5-29　古埃磁天平原理图

将装有样品的圆柱形玻璃管悬于两磁极中间，一端位于磁极间磁场强度最大区域 H，另一端位于磁场强度很弱的区域 H_0。这样整个样品管处于不均匀磁场中。若柱形样品管的截面积为 A，沿样品管长度方向 dz 的一个小体积元 Adz 在均匀磁场中所受到的作用力 dF 为

$$dF=(\kappa-\kappa_0)H\frac{dH}{dz}dV=(\kappa-\kappa_0)AH\frac{dH}{dz}dz \tag{8}$$

式中，κ 为被测物质的体积磁化率；dH/dz 为磁场梯度；κ_0 为周围介质（一般是空气）的磁化率。当不考虑样品管周围介质和 H_0 的影响时，积分式(8)，得到作用于整个样品管上的力：

$$F=\frac{1}{2}\kappa AH^2 \tag{9}$$

式中的 F 可用磁天平测出样品在施加磁场前后的质量变化 Δm 求出，即

$$F=g\Delta m=g(\Delta m_{样品}-\Delta m_{管}) \tag{10}$$

式中，g 为重力加速度；$\Delta m_{样品}$ 为样品管加样品时在施加磁场前后的质量差；$\Delta m_{管}$ 为空样品管在施加磁场前后的质量差。

由样品的质量 $m_{样品}=\rho LA$，ρ 与 L 分别为柱形样品的密度和高度。经整理可得

$$\chi=\frac{2\Delta mgL}{m_{样品}H^2} \tag{11}$$

$$\chi_m=\frac{2\Delta mgL}{m_{样品}H^2}M \tag{12}$$

等式右边各项都可以由实验直接测得，由此可以求出物质的摩尔磁化率。

外磁场强度可用高斯计直接测量，也可用已知磁化率的标准物质进行标定。常用的标准物质有 $(NH_4)_2SO_4\cdot FeSO_4\cdot 6H_2O$、$CuSO_4\cdot 5H_2O$、$HgCo(SCN)_4$、NaCl、$H_2O$、苯等。

本实验用莫尔盐 $(NH_4)_2SO_4\cdot FeSO_4\cdot 6H_2O$，标定外磁场强度，测定 $CuSO_4\cdot 5H_2O$、$K_4[Fe(CN)_6]\cdot 3H_2O$、$FeSO_4\cdot 7H_2O$ 的磁化率，并求出金属离子的磁矩及其电子配对状况。

如果待测样品和校正用标准物质在同一样品管中的装填高度相同，并且在同一场强下进行测量，则由式(11) 和式（12）可得待测样品的摩尔磁化率为：

$$\chi_{m}=\chi \frac{\Delta m_{样品}-\Delta m_{管}}{\Delta m_{标准}-\Delta m_{管}} \times \frac{m_{1}}{m_{2}} M \tag{13}$$

式中，$\Delta m_{管}$、$\Delta m_{样品}$、$\Delta m_{标准}$分别为空样品管、待测样品、标准样品在施加磁场前后的质量差；m_1、m_2分别为标准样品和待测样品的质量。这样可不必计算出H，但须注意在测量中使样品管中的样品高度一致。

三、仪器与试剂

古埃磁天平一套（包括电磁铁——最大磁场强度不低于4000Oe、电光分析天平、励磁电源等），软质玻璃样品管4支，装样品工具（包括角匙、小漏斗、玻璃棒、研钵）1套。

$(NH_4)_2SO_4 \cdot FeSO_4 \cdot 6H_2O$(A. R.)，$K_4[Fe(CN)_6] \cdot 3H_2O$(A. R.)，$CuSO_4 \cdot 5H_2O$(A. R.)，$FeSO_4 \cdot 7H_2O$(A. R.)。

四、实验内容

1. 用莫尔盐标定某一固定励磁电流（4A或5A）时的磁场强度。

（1）将莫尔盐及其他固体样品用研钵研细待用。

（2）用细铜丝把干燥的样品管悬挂在磁天平上，调节样品管的底部在磁极的中心位置。测量空样品管在加励磁电流前后磁场中的质量，求出空管在加磁场前后的质量差$\Delta m_{管}$，重复测定三次，取平均值。

（3）把已研细的莫尔盐用小漏斗装入样品管，样品高度约15cm(使样品另一端位于磁场强度为零处)，用直尺准确量取样品的高度L。

测量莫尔盐在加励磁电流前后磁场中的质量，求出$\Delta m_{标准}$，重复三次，取平均值。

2. 测定样品的摩尔磁化率。

将待测样品$CuSO_4 \cdot 5H_2O$、$K_4[Fe(CN)_6] \cdot 3H_2O$、$FeSO_4 \cdot 7H_2O$分别装在样品管中，按照上述步骤分别测定在施加磁场前后的质量，求出质量差，重复三次，取平均值。

3. 可以改变励磁电流，在不同磁场强度下进行测量。

五、数据记录和处理

1. 列表记录。

室温：＿＿＿＿＿＿＿＿；气压：＿＿＿＿＿＿＿＿

<table>
<tr><th>编号</th><th>空管质量/g</th><th colspan="2">空管在磁场中的质量/g</th><th>空管＋样品的质量/g</th><th colspan="2">空管＋样品在磁场中的质量/g</th><th>样品高度/cm</th><th>样品质量/g</th></tr>
<tr><td rowspan="4">1</td><td rowspan="4"></td><td>1</td><td></td><td rowspan="4"></td><td>1</td><td></td><td rowspan="4"></td><td rowspan="4"></td></tr>
<tr><td>2</td><td></td><td>2</td><td></td></tr>
<tr><td>3</td><td></td><td>3</td><td></td></tr>
<tr><td>平均</td><td></td><td>平均</td><td></td></tr>
<tr><td rowspan="4">2</td><td rowspan="4"></td><td>1</td><td></td><td rowspan="4"></td><td>1</td><td></td><td rowspan="4"></td><td rowspan="4"></td></tr>
<tr><td>2</td><td></td><td>2</td><td></td></tr>
<tr><td>3</td><td></td><td>3</td><td></td></tr>
<tr><td>平均</td><td></td><td>平均</td><td></td></tr>
</table>

2. 求某一固定励磁电流时的磁场强度。

已知莫尔盐的单位质量磁化率（$m^3 \cdot kg^{-1}$）与温度的关系：

$$\chi=\frac{1.1938}{T+1}\times 10^{-4}$$

将莫尔盐的质量、莫尔盐在加磁场前后的质量差 $\Delta m_{标准}=\Delta m_{标准+管}-\Delta m_{管}$ 以及样品高度 L 代入式(11)，求出某一固定励磁电流时的磁场强度。

3. 由式(12) 求出样品的摩尔磁化率。

4. 由式(6) 求出样品的磁矩。

5. 由式(7) 求出样品中金属离子中的未配对电子数。

六、思考题

1. 不同磁场强度下测得样品的摩尔磁化率是否相同？

2. 样品管中装样多少对实验结果有无影响？

3. 样品在样品管中的填充密度对测量有何影响？

七、实验指导

如果测量数据重现性不好，需检查样品管悬挂的位置是否合适及励磁电流是否稳定。测量装置的振动和空气的流动也会造成误差。

第六部分　仪器分析实验

基本型实验

实验六十六　气相色谱法测定酒或酊剂中乙醇的含量

一、实验目的

1. 学习气相色谱法测定含水样品中乙醇的含量。
2. 学习和熟悉氢火焰检测器的调试及使用方法。
3. 学习和掌握色谱内标定量方法。

二、实验原理

1. 定量分析

定量分析的任务是测定混合样品中各组分的含量。采用气相色谱法进行定量分析的依据是待测物质的质量 m_i 与检测器产生的信号 A_i（色谱峰面积）成正比：

$$m_i = f_i' A_i$$

式中，f_i' 为比例常数，称为绝对校正因子。因为各组分在同一检测器上具有不同的响应值，即使两组分含量相同，在检测器上得到的信号也往往不相等，所以不能用峰面积来直接计算各组分的含量。因此，在进行定量分析时，引入相对校正因子 f_i（即通常所说的校正因子）。

$$f_i = \frac{f_i'}{f_s'} = \frac{m_i/A_i}{m_s/A_s} = \frac{m_i A_s}{m_s A_i} \qquad (1)$$

式中，f_s'、m_s、A_s 分别为标准物质的绝对校正因子、质量和峰面积。由式（1）可知 $f_i A_i = m_i A_s / m_s$，利用相对校正因子可将各组分峰面积校正为相当于标准物质的峰面积，利用校正后的峰面积便可准确计算各物质的含量。常用的定量分析方法有归一化法、内标法、外标法和内加法等，它们各有一定的优缺点和适用范围。本实验将介绍内标法。

2. 内标法

内标法是一种准确而应用广泛的定量分析方法。采用内标法时操作条件和进样量不必严格控制，限制条件较少。当样品中组分不能全部流出色谱柱，某些组分在检测器上无信号或只需测定样品中的个别组分时，可采用内标法。

内标法就是将准确称量的纯物质作为内标物，加入到准确称取的样品中，根据内标物的质量 m_s 与样品的质量 m 及相应的峰面积 A 求出待测组分的含量。

待测组分的质量 m_i 与内标物的质量 m_s 之比等于相应的峰面积与相对质量校正因子的

乘积之比。

$$\frac{m_i}{m_s}=\frac{A_i f_i}{A_s f_s}$$

$$m_i=\frac{A_i f_i}{A_s f_s}m_s$$

$$w_i=\frac{m_i}{m}=\frac{A_i f_i m_s}{A_s f_s m} \quad 或 \quad \rho_i=\frac{m_i}{V_i}=\frac{A_i f_i m_s}{A_s f_s V_i} \tag{2}$$

式中，f_i、f_s 分别为 i 组分和内标物的相对质量校正因子；A_i、A_s 为 i 组分和内标物的峰面积；w_i 为 i 组分在待测样品中的含量；V_i 为待测样品的体积。

为方便起见，求定量校正因子时，常以内标物作为标准物，则 $f_s=1.0$。选用内标物时需满足下列条件：①内标物应是样品中不存在的物质；②内标物应与待测组分的色谱峰分开，并尽量靠近；③内标物的量应接近待测物的含量；④内标物与样品互溶。

本实验样品中 C_2H_5OH 的含量可用内标法定量，以无水 n-C_3H_7OH 为内标物。

三、仪器与试剂

气相色谱仪（GC-14C，岛津公司），氢火焰检测器（FID），色谱柱（2m×3mm），微量注射器，容量瓶（50mL），吸量管（2mL、5mL）。

固定液：聚乙二醇 20000（简称 PEG20M）；载体：上海试剂厂 102 白色载体（60～80 目），液载比为 10%；无水 C_2H_5OH（A. R.）；无水 n-C_3H_7OH（A. R.）；食用酒或酊剂检品。

四、实验内容

1. 色谱操作条件

柱温为 90℃，汽化室温度为 150℃，检测器温度为 130℃，N_2（载气）流速为 $40mL \cdot min^{-1}$，H_2 流速为 $35mL \cdot min^{-1}$，空气流速为 $400mL \cdot min^{-1}$，用 N2000 色谱工作站记录数据。

2. 标准溶液的测定

准确移取 2.50mL 无水 C_2H_5OH 和 2.50mL 无水 n-C_3H_7OH 于 50mL 容量瓶中，用蒸馏水稀释至刻度，摇匀。用微量注射器吸取 0.5μL 标准溶液，注入色谱仪内，记录各峰的保留时间 t_R，测量各峰的峰高及半峰宽，求以 n-C_3H_7OH 为标准的相对校正因子。

3. 样品溶液的测定

准确移取 5.00mL 酒样及 2.50mL 内标物无水 n-C_3H_7OH 于 50mL 容量瓶中，加水稀释至刻度，摇匀。用微量注射器吸取 0.5μL 样品溶液注入色谱仪内，记录各峰的保留时间 t_R，以标准溶液与样品溶液的 t_R 对照，定性样品中的醇；测定 C_2H_5OH、n-C_3H_7OH 的峰高及半峰宽，求样品中 C_2H_5OH 的含量。

五、数据记录和处理

本实验 C_2H_5OH 的含量按下列公式计算。由式(1) 和式(2) 可知：

$$f_i=\frac{m_i'/A_i'}{m_s'/A_s'} \tag{3}$$

$$\rho_i=\frac{m_i}{V}\times 10=\frac{A_i f_i m_s}{A_s f_s V}\times 10 \tag{4}$$

将式(3) 代入式(4) 即得式(5)（其中 $m_s=m_s'$）：

$$\rho_i=\frac{A_i/A_s \cdot m_i'}{A_i'/A_s' \cdot V}\times 10 \tag{5}$$

式中　ρ_i——C_2H_5OH 的质量浓度，$g \cdot mL^{-1}$；

m_i——样品中 C_2H_5OH 的质量，g；

V——样品溶液的体积，mL；

10——稀释倍数；

A_i/A_s——样品溶液中 C_2H_5OH 与 n-C_3H_7OH 的峰面积比；

A_i'/A_s'——标准溶液中纯 C_2H_5OH 与 n-C_3H_7OH 的峰面积比；

m_i'——标准溶液中纯 C_2H_5OH 的质量，它等于体积 V 乘以密度 ρ。

对于正常峰可用峰高代替峰面积计算。

$$\rho_i=\frac{h_i/h_s \cdot m_i'}{h_i'/h_s' \cdot V}\times 10 \tag{6}$$

六、思考题

1. 内标物的选择应符合哪些条件？用内标法定量有何优缺点？
2. 热导检测器和氢火焰检测器各有什么特点？

实验六十七　高效液相色谱法操作技术和定性定量方法

一、实验目的

1. 了解高效液相色谱仪的结构，熟悉用微机控制实验参数的方法。

2. 掌握用数据微处理机计算色谱参数和测定各组分含量的方法。

3. 加深对柱效、容量因子、定量校正因子等概念的理解并测定计算。

4. 了解反相键合相高效液相色谱法的基本原理以及操作条件的选择，进行实际样品的测定。

二、实验原理

用高效液相色谱法（HPLC）分离复杂化合物，必须具有一定柱效的色谱柱，调节流动相的洗脱强度使各组分有合适的容量因子（k'），从而使各组分得到分离。

理论塔板高度是分离柱柱效的指标，板高曲线反映它与流动相流速的关系，是色谱动力学最基本的概念。色谱分离柱的柱效在使用过程中不断降低，在色谱实践中必须经常测定理论塔板高度以考核柱效和柱的寿命。

校正面积归一化法和内标法是高效液相色谱法常用的定量分析方法。所用的检测器对相同量的不同组分有不同的响应值，因此必须测定各组分的定量校正因子（f_i）。内标法可消除由色谱条件变动引起的误差和进样操作误差，此时用相对于内标物的相对定量校正因子进行计算，准确度和重现性都较好。

键合固定相反相 HPLC 法中，流动相由甲醇-水或甲醇-水-盐体系构成，流动相的有机溶剂浓度、pH 值和盐浓度等的变化影响洗脱强度，流动相溶剂的选择对分离效果有决定性的影响。

甲醇-水体系流动相的洗脱强度对反相键合相 HPLC 分离不同疏水性溶质的选择性的影响，可由下式表示：

$$y=5.67\times10^{-7}x^{3}-2.33\times10^{-6}x^{2}-1.28\times10^{-2}x+0.795$$

$$\lg k'=y\lg P+m$$

$$y=\frac{\lg k_{a}'-\lg k_{b}'}{\lg P_{a}-\lg P_{b}}$$

$$y=\frac{\lg\sqrt{N_{eff}}-\lg(\sqrt{N_{eff}}-4R_{s})}{\lg P_{a}-\lg P_{b}}$$

式中，$\lg P_a$ 表示溶质 a 的疏水性；x 为甲醇-水中甲醇的体积分数；$\lg P_b$ 表示溶质 b 的疏水性；y 为 $\lg P$-$\lg k'$关系曲线的斜率；N_{eff}为有效理论塔板数；m 为 $\lg P$-$\lg k'$关系曲线的截距。

一些溶质的疏水性数值列于下表，供实验结果的计算和讨论参考。

溶质	苯甲酸甲酯	苯	乙苯	萘	蒽
$\lg P$	2.15	2.28	3.12	3.21	4.38

复杂混合物和难分离物质的高效液相色谱分离可借助梯度洗脱技术（线性地或阶梯式地

改变流动相的组成、pH 值或盐浓度）得到不同程度的改进。

三、仪器与试剂

高效液相色谱仪 1 台，超声波清洗器 1 台，色谱柱（ODS）1 根，微量注射器（10μL）1 支，亚沸蒸馏器 1 台，水相滤膜过滤器 1 台。

甲醇（A. R.），亚沸水，尿嘧啶（色谱试剂），苯甲酸甲酯（色谱试剂），苯（A. R.），甲苯（A. R.），乙苯（A. R.），联苯（A. R.），萘（A. R.），菲（A. R.），四氯乙烯（A. R.），磷酸（A. R.），磷酸二氢钾（A. R.），对甲苯磺酸（A. R.），α-萘磺酸（C. P.），2,6-萘二磺酸（C. P），1,5-萘二磺酸（C. P.），β-萘磺酸（C. P.）。

四、实验内容

1. 柱效的测定和流速对柱效的影响

色谱条件：色谱柱，150mm×4.6mm(i. d.)，Nucleosil　C18($—C_{18}H_{37}$)，7μm；柱温，室温；进样体积，1.0μL；流动相，甲醇-水（83∶17）；流动相流速，1.2mL·min^{-1}、1.0mL·min^{-1}、0.8mL·min^{-1}、0.6mL·min^{-1}、0.4mL·min^{-1}、0.2mL·min^{-1}；检测器，UV；检测波长，254nm。

（1）标准溶液的配制　分别准确称取尿嘧啶、苯甲酸甲酯、甲苯和萘为 0.0125g、0.0188g、0.0250g 和 0.0500g，先用少量甲醇溶解，然后移入 25mL 容量瓶中，用甲醇稀释至刻度，得到内标标准溶液。各物质浓度分别为 0.500mg·mL^{-1}、0.750mg·mL^{-1}、1.00mg·mL^{-1}和 2.00mg·mL^{-1}。

未知样品中含有苯甲酸甲酯和萘，于样品瓶中依次加入未知样品 0.05g 和甲苯 0.025g，准确称取加入物质的质量，先用少量甲醇溶解，然后移入 25mL 容量瓶中，用甲醇稀释至刻度，得到内标样品溶液。

（2）HPLC 分离　开机，设定前述色谱操作条件和合适的色谱微处理机参数，待 HPLC 运行稳定、基线平直并测定斜率后，注入上述标准样品 1.0μL，以尿嘧啶作为非滞留组分，测定其他各组分的容量因子和柱效。

（3）未知样品的测定　使用微处理机由内标标准溶液的色谱数据，以甲苯为内标物，计算苯甲酸甲酯和萘的相对定量校正因子。设定内标法参数后，注入内标样品溶液，得到色谱图和内标法定量分析结果。重复三次，报告测定结果（平均值和标准偏差），并与实际含量（教师提供未知样品含量数据）比较，计算回收率。

2. 柱效和流速的关系——板高曲线

按前述色谱条件，分别在 1.2mL·min^{-1}、1.0mL·min^{-1}、0.8mL·min^{-1}、0.6mL·min^{-1}、0.4mL·min^{-1}和 0.2mL·min^{-1}流速下，注入上述配制的标准溶液，由色谱数据计算不同流速下各组分的理论塔板高度，画出板高曲线。

3. 溶剂浓度-容量因子-疏水性的关系和疏水性的测定

样品溶液 A：分别准确称取苯、甲苯和乙苯 0.0125g、0.0250g 和 0.0500g，先用少量甲醇溶解，然后移入 25mL 容量瓶中，用甲醇稀释至刻度。各物质浓度分别为 0.500mg·mL^{-1}、1.00mg·mL^{-1}、2.00mg·mL^{-1}。

样品溶液 B：配制含多种溶质的样品溶液。

分别配制体积比为 95∶5、85∶15、75∶25 和 65∶35 的甲醇-水流动相。

在 1.0mL·min^{-1}的流速下（其他色谱条件按实验 1 设定），分别注入样品溶液 A、样品溶液 B，得到不同甲醇浓度的流动相的色谱图，计算容量因子 k'。

以 $\lg k'$ 为纵坐标，$\lg P$ 为横坐标，作不同甲醇浓度流动相的关系图，讨论溶剂浓度对组分保留性质的影响。

已知苯的疏水性 $\lg P=2.28$，乙苯的疏水性 $\lg P=3.12$，用内插法求甲苯的疏水性 $\lg P$。学生也可自选一些溶质测定其疏水性。

4. 萘磺酸异构体的反相键合相 HPLC 分离

以对甲苯磺酸为内标，在 ODS 柱上，流动相由 1%甲醇-水-磷酸二氢钾溶液至 30%甲醇水溶液进行连续梯度或阶梯式梯度洗脱，实现萘磺酸异构体的分离，测定萘的磺化产物中 α-萘磺酸和 β-萘磺酸的含量。

此项实验步骤由学生自拟，除上述实验要求外，还可进行优化流动相选择的实验研究。

五、数据记录和处理

要求写出实验具体步骤，报告原始图谱，作出数据列表，报告定量校正因子和含量数据，画出各种关系曲线，并分别讨论。

1. 柱效和容量因子的测定。
2. 内标法测定未知样品中苯甲酸甲酯和萘的含量。
3. 画出板高曲线。
4. 画出 $\lg k'$-$\lg P$ 图，计算甲苯的疏水性，讨论溶剂浓度对组分保留性质的影响。
5. 测定萘的磺化产物中 α-萘磺酸和 β-萘磺酸的含量。

六、思考题

1. HPLC 操作中从流动相的配制到流动相经检测器流出，有哪些注意事项？会发生哪些影响仪器寿命和分离结果的情况？
2. 比较内标法和其他定量方法，进行误差分析。
3. 如何改变溶剂的洗脱强度？溶剂的洗脱强度是如何影响分离的？
4. 溶质的疏水性是如何定义和测定的？

实验六十八 紫外光谱技术及其应用

一、实验目的

1. 通过实验了解两种食品防腐剂的紫外光谱吸收特性，并利用这些特性对食品中所含的防腐剂进行定性鉴定。

2. 掌握最小二乘法及计算机处理光度分析数据的方法，并对食品中防腐剂的含量进行定量测定。

二、实验原理

为了防止食品在贮存、运输过程中发生变质、腐败，常在食品中添加少量防腐剂。防腐剂使用的品种和用量在食品卫生标准中都有严格的规定。苯甲酸和山梨酸以及它们的钠盐、钾盐是食品卫生标准允许使用的两种主要防腐剂。苯甲酸具有芳香结构，在波长228nm和272nm处有K吸收带和B吸收带；山梨酸具有α，β-不饱和羰基结构，在波长255nm处有$\pi \rightarrow \pi^*$跃迁的K吸收带。因此根据它们的紫外吸收光谱特征可以对它们进行定性鉴定和定量测定。由于食品中防腐剂用量很少，一般在0.1%左右，同时食品中其他成分也可能产生干扰，因此一般需要预先将防腐剂与其他成分分离，并经提纯浓缩后进行测定。从食品中分离防腐剂的常用方法有蒸馏法和溶剂萃取法等。本实验采用溶剂萃取法，用乙醚将防腐剂从样品中提取出来，再经碱性水溶液处理及乙醚提取以达到分离、提纯的目的。

采用最小二乘法处理标准溶液的浓度和吸光度数据，以求得浓度与吸光度之间的线性回归方程，并根据线性方程计算样品中防腐剂的含量。

三、仪器与试剂

751-GW紫外分光光度计，岛津UV-1700型分光光度计，分液漏斗（150mL、250mL），容量瓶（10mL、25mL、100mL），吸量管（1mL、2mL、5mL），分析天平。

苯甲酸，山梨酸，乙醚，NaCl，$NaHCO_3$（1%水溶液），HCl溶液（0.05mol·L^{-1}、2mol·L^{-1}）。

四、实验内容

1. 样品中防腐剂的分离

称取2.0g待测样品，用40mL蒸馏水溶解，移入150mL分液漏斗中，加入适量的粉状NaCl，待溶解后滴加0.1mol·L^{-1}的HCl溶液，使溶液的pH<4。依次用30mL、20mL和20mL乙醚分三次萃取样品溶液，合并乙醚溶液并弃去水相。用两份30mL 0.05mol·L^{-1}的HCl溶液洗涤乙醚萃取液，弃去水相。然后用三份20mL 1%的$NaHCO_3$水溶液依次萃取乙醚溶液，合并$NaHCO_3$溶液，用2mol·L^{-1}的HCl溶液酸化$NaHCO_3$溶液并多加1mL HCl溶液，将该溶液移入250mL分液漏斗中。依次用25mL、25mL、20mL乙醚分三次萃取已酸化的$NaHCO_3$溶液，合并乙醚相并移入100mL容量瓶中，用乙醚定容后，吸取2mL于10mL容量瓶中，定容后供紫外光谱测定。

如测定试样中无干扰组分，则无需分离，可直接测定。以雪碧为例，吸取1mL试样在50mL容量瓶中，用蒸馏水稀释定容即可供紫外光谱测定。

2. 防腐剂的定性鉴定

取经提纯稀释后的乙醚萃取液（或水溶液），用1cm吸收池，以乙醚（或蒸馏水）为参比，在波长210～310nm范围内作紫外吸收光谱，根据其吸收峰波长、吸收强度以及它与苯甲酸和山梨酸标准样品吸收光谱的对照，确定防腐剂的种类。

3. 食品中防腐剂的定量测定

(1) 配制苯甲酸（或山梨酸）标准溶液　准确称取0.10g(准确至0.1mg) 标准样品，用乙醚（或蒸馏水）溶解，移入25mL容量瓶中定容。吸取1mL该溶液用乙醚（或蒸馏水）定容至25mL，此溶液含标准样品为$0.16mg \cdot mL^{-1}$，作为储备液。吸取5mL储备液于25mL容量瓶中，定容后成为浓度为$32\mu g \cdot mL^{-1}$的标准溶液。

分别吸取标准溶液0.5mL、1.0mL、1.5mL、2.0mL和2.5mL于五个10mL容量瓶中，用乙醚（或蒸馏水）定容。

(2) 用1cm吸收池，以乙醚（或蒸馏水）作参比，以苯甲酸或山梨酸K吸收带最大吸收波长为入射光，分别测定上述五个标准溶液的吸光度。

(3) 用步骤2中进行定性鉴定后的样品的乙醚萃取液（或稀释液），按与上述测标准液相同的方法测定其吸光度。

五、数据记录和处理

1. 记录数据

将实验测定的标准溶液质量浓度和吸光度数据填入下表。

编号	1	2	3	4	5
$\rho/\mu g \cdot mL^{-1}$					
吸光度(A)					

2. 线性回归计算法

(1) 用最小二乘法计算质量浓度ρ与吸光度A间的回归直线方程$A=k\rho+b$的系数k及常数b　根据最小二乘法原理，可用下式求得回归直线方程的系数k及常数b：

$$k=\frac{\sum_{i=1}^{n}\rho_i\sum_{i=1}^{n}A_i-n\sum_{i=1}^{n}A_i\rho_i}{\left(\sum_{i=1}^{n}\rho_i\right)^2-n\sum_{i=1}^{n}{\rho_i}^2}\qquad b=\frac{\sum_{i=1}^{n}\rho_i\sum_{i=1}^{n}A_i\rho_i-n\sum_{i=1}^{n}A_i\rho_i^2}{\left(\sum_{i=1}^{n}\rho_i\right)^2-n\sum_{i=1}^{n}\rho_i^2}$$

将上述数据按公式需要计算ρ_i^2和$A_i\rho_i$，并将计算数据填入下表中。

编号	ρ_i	A_i	ρ_i^2	$A_i\rho_i$
1				
2				
3				
4				
5				
$\sum_{i=1}^{n}$				

将表中数据代入上述计算公式中，即可求得回归直线方程的k和b。

(2) 绘制标准曲线　将各标准溶液的质量浓度ρ代入回归直线方程中，求得相应的吸光

度计算值 A'。在坐标纸上以 ρ 为横坐标，以 A'为纵坐标绘出回归直线，同时将实验测定的吸光度 A 值也标在图上，以资比较。

（3）计算样品中防腐剂的含量　将实验步骤 3 中测得的样品溶液的吸光度 A 代入回归直线方程中，求得样品的乙醚萃取液中苯甲酸的质量浓度 ρ_x，计算样品中防腐剂的含量。

3. 计算机数据处理法

执行 Excel 应用程序，将实验测得的吸光度数据及标准溶液的浓度数据分别填入第一列和第二列单元格，选定上述数据区域，用鼠标点击“图表向导”图标，选择 X-Y 散点图形中的非连线方式，点击“下一步”至“完成”，即可得吸光度与质量浓度数据的散点图。选定这些点后，用鼠标点击打开主菜单上的“图表”，并从图表菜单上选择“添加趋势线”，在“类型”对话框中选择“线性趋势分析”，在“选项”对话框中点击“显示公式”及“显示 R^2”复选框，然后点击“完成”，即可在上述 X-Y 散点图上出现一条回归直线、线性回归方程及相关系数。用相关系数可评价实验数据的好坏。将样品的吸光度数据代入线性回归方程，可得样品溶液中防腐剂的质量浓度。

六、思考题

1. 是否可以用苯甲酸的 B 吸收带进行定量分析？此时标准溶液的浓度范围应是多少？

2. 萃取过程经常会出现乳化或不易分层的现象，应采取什么方法加以解决？

3. 如果样品中同时含有苯甲酸和山梨酸两种防腐剂，是否可以不经分离分别测定它们的含量？请设计一个同时测定样品中苯甲酸和山梨酸含量的方法。

实验六十九　红外光谱法测定苯甲酸、苯甲酸乙酯、山梨酸和未知物

一、实验目的

1. 了解苯甲酸、苯甲酸乙酯、山梨酸的红外光谱特征，通过实践掌握有机化合物的红外光谱鉴定方法。

2. 练习用 KBr 压片法和液膜法制备样品的方法。

3. 了解红外光谱仪的结构，熟悉红外光谱仪的使用方法。

二、实验原理

红外吸收光谱是将红外线照射试样，测定分子中有偶极矩变化的振动产生的吸收所得到的光谱。由 N 个原子组成的多原子分子有 $3N-6$ 个简振振动（基频），直线型分子有 $3N-5$ 个简振振动。对于简单分子，用理论解析这些基频是可能的，但是实际上复杂的有机化合物不仅基频的数目多，而且倍频和组合频也出现吸收，使光谱变得很复杂，对全部吸收谱带都作理论解析是非常困难的。因此，红外光谱用于定性分析时通常用各种特征吸收图表，找出基团和骨架结构引起的吸收谱带，然后与推断的化合物的标准谱图进行对照，作出结论。

为了便于谱图的解析，通常把红外光谱分为两个区域，即官能团区和指纹区。波数 $4000\sim1400cm^{-1}$ 的频率范围为官能团区，吸收主要是由于分子的伸缩振动引起的，常见的官能团在这个区域内一般都有特定的吸收峰；低于 $1400cm^{-1}$ 的区域称为指纹区，其间吸收峰的数目较多，是由化学键的弯曲振动和部分单键的伸缩振动引起的，吸收带的位置和强度随化合物而异。如同人彼此有不同的指纹一样，许多结构类似的化合物，在指纹区仍可找到它们之间的差异，因此指纹区对鉴定化合物起着非常重要的作用。如未知物红外光谱图中的指纹区与标准样品相同，就可以断定它和标准样品是同一物（对映体除外）。

下表列出了常见官能团和化学键的特征吸收频率。

常见官能团和化学键的特征吸收频率

基　团	ν/cm^{-1}	强度①	基　团	ν/cm^{-1}	强度①
A. 烷基			D. 芳烃基		
C—H(伸缩)	2853～2962	(m～s)	Ar—H(伸缩)	约 3030	(v)
$-CH(CH_3)_2$	1380～1385	(s)	芳环取代类型(C—H 面外弯曲)		
	及 1365～1370	(s)	一取代	690～710	(v,s)
	1385～1395	(m)		及 730～770	(v,s)
$C(CH_3)_3$	及约 1365	(s)	邻二取代	735～770	(s)
B. 烯烃基			间二取代	680～725	(s)
C—H(伸缩)	3010～3095	(m)		及 750～810	(s)
C═C(伸缩)	1620～1680	(v)	对二取代	790～840	(s)
$R-CH=CH_2$	985～1000	(s)	E. 醇、酚和羧酸		
C—H 面外弯曲	及 905～920		OH(醇、酚)	3200～3600	(宽,s)
$R_2C=CH_2$	880～900	(s)	OH(羧酸)	2500～3600	(宽,s)
$(Z)-RCH=CHR$	675～730	(s)	F. 醛、酮、酯和羧酸		
$(E)-RCH=CHR$	960～975	(s)	C═O(伸缩)	1690～1750	(s)
C. 烷烃基			G. 胺		
≡C—H(伸缩)	约 3300	(s)	N—H(伸缩)	3300～3500	(m)
C≡C(伸缩)	2100～2260	(v)	H. 腈		
			C≡N(伸缩)	2200～2600	(m)

① s 表示强，m 表示中，v 表示不定。

按化学键的性质可将红外区 4000～1000cm^{-1}划分为四个区，见下表。

波数/cm^{-1}	4000～2500	2500～2000	2000～1500	1500～1000
波区	氢键区	三键区或累积双键区	双键区	单键区
产生吸收的基团	O—H、C—H、N—H 等	C≡C、C≡N、C═C═C 等	C═C、C═O、N═O	C—C、C—N、C—O

分析红外光谱的顺序是先官能团区，后指纹区；先高频区，后低频区；先强峰，后弱峰。即先在官能团区找出最强的峰的归属，然后再在指纹区找出相关峰。对许多官能团来说，往往不是存在一个而是存在一组彼此相关的峰，也就是说，除了主证，还需有佐证，才能证实其存在。

目前已知化合物的红外光谱图已陆续汇集成册，这就给鉴定未知物带来了极大的方便。如果未知物和某已知物具有完全相同的红外光谱，那么这个未知物的结构也就确定了。

例如烯烃中的特征吸收峰由═C—H 键和 C═C 键的伸缩振动以及═C—H 键的变形振动所引起。C═C 伸缩振动的吸收峰位置在 1670～1620cm^{-1}，随着取代基的不同，吸收峰的位置有所不同。单烯的 C═C 伸缩振动吸收峰处于较高波数，强度较弱；但有共轭时，其强度增加，并向低波数移动。共轭双烯有两个 $\nu_{C═C}$，一个在 1600cm^{-1}，另一个在 1650cm^{-1}，这是由于共轭的两个 C═C 键发生相互偶合的结果。烯烃中的═C—H 键对称伸缩振动吸收出现在 2975cm^{-1}，不对称伸缩振动吸收出现在 3080cm^{-1}，这是烯烃中 C—H 键存在的重要特征。单核芳烃 C═C 骨架振动吸收出现在 1500～1450cm^{-1} 和 1600～1580cm^{-1}，这是鉴定有无芳环的重要标志。一般 1600cm^{-1} 峰较弱，而 1500cm^{-1} 峰较强，但苯环上的取代情况会使这两个峰发生位移。若在 2000～1700cm^{-1}之间有锯齿状的倍频吸收峰，这是确证单取代苯的重要旁证。羧酸中羰基的振动频率吸收为 1690cm^{-1}，羧基的 O—H 缔合伸缩振动吸收为 3200～2500cm^{-1}区域的宽吸收峰。

本实验通过测定红外光谱，鉴定未知物是苯甲酸、山梨酸还是苯甲酸乙酯。

山梨酸、苯甲酸、苯甲酸乙酯的标准红外光谱分别如图 6-1，图 6-2，图 6-3 所示。

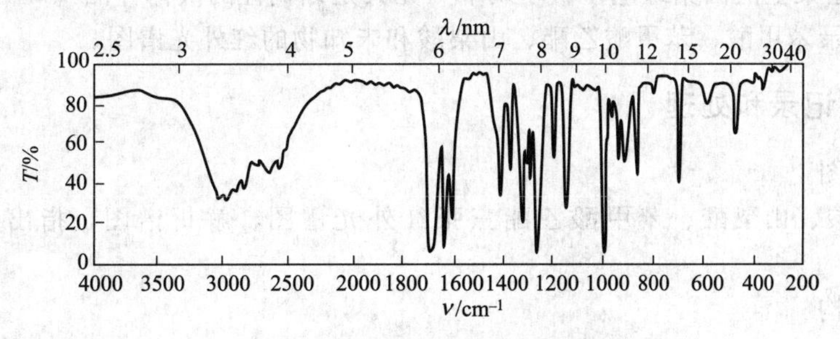

图 6-1　山梨酸的红外光谱图

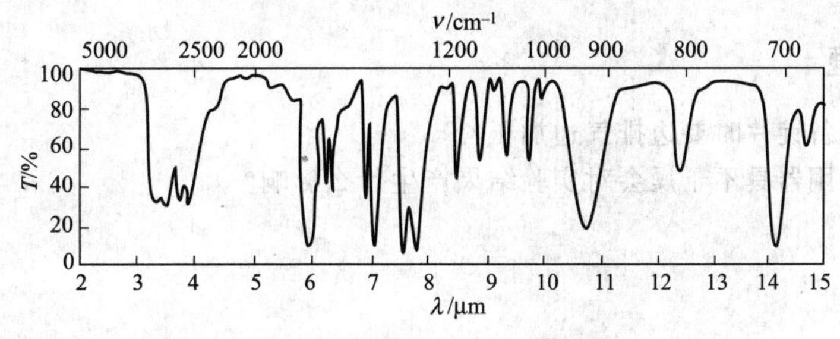

图 6-2　苯甲酸的红外光谱图

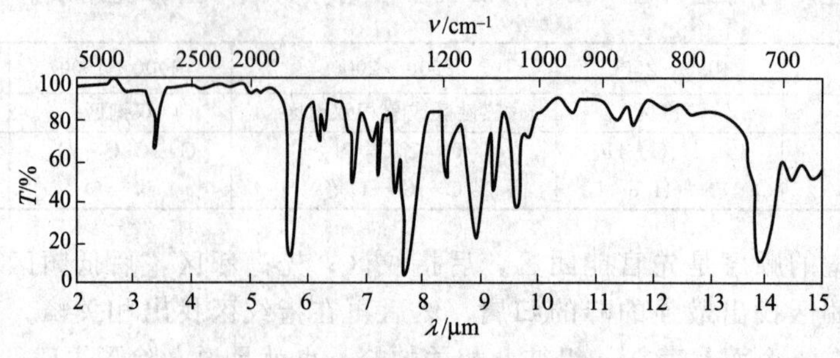

图 6-3　苯甲酸乙酯的红外光谱图

三、仪器与试剂

傅里叶红外光谱仪（IR Prestige-21，岛津公司），压片装置（油压机、锭剂成型器、真空泵），干燥器，玛瑙研钵，不锈钢刮刀，0.1mm 固定液体槽。

KBr 粉末，山梨酸，苯甲酸，苯甲酸乙酯，未知物（苯甲酸、山梨酸或苯甲酸乙酯）。

四、实验内容

1. 制备锭片

将 2～4mg 苯甲酸放在玛瑙研钵中，加 200～400mg 干燥的 KBr 粉末，混合研磨均匀，使其粒度在 2.5μm(通过 250 目筛孔）以下，用不锈钢刮刀移取 200mg 混合粉末于锭剂成型器中，在 266.6～666.6Pa 的真空下，加压 5min 左右，即可得到透明的锭片。

除去底座，用取样器顶出锭片，即得到一直径为 13mm、厚度为 0.8mm 的透明锭片。用同样方法制得山梨酸和未知物的锭片。

2. 液膜法制样品

在可拆池两窗片之间，滴上 1～2 滴苯甲酸乙酯，使之形成一液膜，故称液膜法。液膜厚度可借助于池架上的固紧螺丝作微小调节（尤其是黏稠性的液体样品）。

3. 分别记录苯甲酸、苯甲酸乙酯、山梨酸和未知物的红外光谱图。

五、数据记录和处理

1. 解析谱图

比较苯甲酸、山梨酸、苯甲酸乙酯三张红外光谱图，解析谱图，指出主要吸收峰的归属。

2. 确定结构

将未知物的红外光谱图与苯甲酸、山梨酸及苯甲酸乙酯的红外光谱图进行比较，确定未知物的结构。

六、思考题

1. 为什么制备锭片时要边排气边加压？

2. 样品及所用器具不干燥会对实验结果产生什么影响？

实验七十　分子荧光法测定水杨酸和乙酰水杨酸

一、实验目的

1. 学习荧光分析法的基本原理和仪器的操作方法。

2. 用荧光分析法进行多组分含量的测定。

二、实验原理

在稀溶液中，荧光强度 I_F 与入射光的强度 I_0、荧光量子效率 φ_F 以及荧光物质的浓度 c 等有关，可表示为：

$$I_F = K\varphi_F I_0 \varepsilon bc$$

式中，K 为比例常数，与仪器性能有关；ε 为摩尔吸光系数；b 为液层厚度。所以，当仪器的参数固定后，以最大激发波长的光为入射光，测定最大发射波长光的强度时，荧光强度 I_0 与荧光物质的浓度 c 成正比。

乙酰水杨酸（ASA，即阿司匹林）水解能生成水杨酸（SA），而在阿司匹林中，或多或少都存在着水杨酸。由于两者都有苯环，也有一定的荧光效率，因而可在以氯仿为溶剂的条件下用荧光法分别测定。如果在体系中加入少许醋酸，则可以增加二者的荧光强度。在 1%醋酸-氯仿溶液中水杨酸和乙酰水杨酸的激发光谱和荧光光谱如图 6-4 所示。

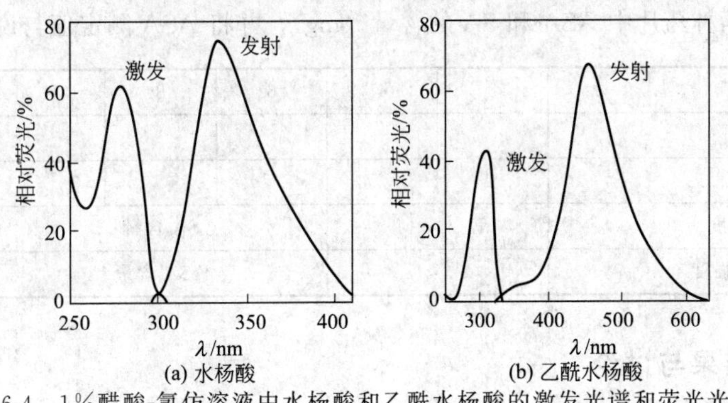

图 6-4　1%醋酸-氯仿溶液中水杨酸和乙酰水杨酸的激发光谱和荧光光谱

三、仪器与试剂

F4500 荧光光度计（日立公司），配 1cm 石英比色皿；50mL 容量瓶 4 个，25mL 容量瓶 10 个，10mL 吸量管 5 支。

乙酰水杨酸储备液（称取 0.4000g 乙酰水杨酸溶于 1%醋酸-氯仿溶液中，并定容至 1000mL 容量瓶中，使用前再稀释 100 倍；实验室已备好），水杨酸储备液（称取 0.750g 水杨酸溶于 1%醋酸-氯仿溶液中，并定容至 1000mL 容量瓶中，使用前再稀释 100 倍；实验室已备好），醋酸、氯仿（均为 A. R. 级，配成含 1%醋酸的氯仿溶液），样品为阿司匹林药片（为保证实验结果的准确性，实验时可取几片药片一起研磨，然后取部分有代表性的样品进行分析）。

四、实验内容

1. 激发光谱和荧光光谱的绘制

取已稀释的乙酰水杨酸和水杨酸溶液，分别绘制两者的激发光谱和荧光光谱曲线，并确定其最大激发波长和最大发射波长。

2. 标准曲线的制作

分别取已稀释的乙酰水杨酸（7.50μg·mL^{-1}）标准溶液 2mL、4mL、6mL、8mL、10mL 于 25mL 容量瓶中，用 1%醋酸-氯仿溶液稀释至刻度，摇匀，在选定的激发波长和发射波长下分别测定其荧光强度。

以同样方法测定水杨酸标准溶液（4.00μg·mL^{-1}）的荧光强度。

3. 样品的分析

将 3～5 片阿司匹林药片称重后研磨成粉末，从中准确称取 200.0mg，用 1%醋酸-氯仿溶液溶解后转移至 50mL 容量瓶中，用 1%醋酸-氯仿溶液稀释至刻度，摇匀。然后用定量滤纸迅速干过滤（见指导 1）。取滤液在与标准溶液相同的条件下测量水杨酸的荧光强度。

将上述滤液稀释 1000 倍（分三次完成），在与标准溶液相同的条件下测量乙酰水杨酸的荧光强度（见指导 2）。

五、数据记录和处理

1. 从所绘制的 SA 和 ASA 的激发光谱和荧光光谱曲线上，确定它们的最大激发波长和最大发射波长。

对 SA：最大激发波长________nm，最大发射波长________nm。

对 ASA：最大激发波长________nm，最大发射波长________nm。

2. 分别绘制 ASA 和 SA 的标准曲线，从标准曲线上确定试样溶液中 ASA 和 SA 的浓度，并计算每片阿司匹林药片中 ASA 和 SA 的含量（mg），并将 ASA 测定值与说明书上的值比较。

加入试剂量/mL	2	4	6	8	10	回归方程
SA 的荧光强度						
ASA 的荧光强度						
样品中 SA 的荧光强度			SA 含量			
样品中 ASA 的荧光强度			ASA 含量			

六、实验结果与讨论

1. 根据实验数据，确定阿司匹林药片质量是否合格。

2. 简单讨论乙酰基对荧光光谱的影响。

3. 结合分光光度法实验的结果，讨论荧光光度法的灵敏度问题。

七、思考题

1. 标准曲线是直线吗？若不是，从何处开始弯曲？并解释原因。

2. 从 ASA 和 SA 的激发光谱和发射光谱曲线，解释本实验可在同一溶液中分别测定两种组分的原因。

八、实验指导

1. 所谓干过滤是将滤纸折叠后放入漏斗中，直接将需过滤溶液倒入干滤纸中进行过滤的操作方法。

2. 阿司匹林药片溶解后必须在 1h 内完成测定，否则 ASA 的含量将会降低。

实验七十一　原子吸收分光光度法测定水中的镁

一、实验目的

1. 学习和掌握原子吸收分光光度法进行定量分析的方法。

2. 学习和了解原子吸收分光光度计的基本结构和使用方法。

二、实验原理

原子吸收分光光度法是基于物质所产生的原子蒸气对特定谱线（即待测元素的特征谱线）的吸收作用来进行定量分析的一种方法。该法具有灵敏度高、选择性好、操作简便、快速和准确度好等特点，因而被广泛应用于各部门，是测定微量元素的首选分析方法。一般情况下，其相对误差在1%～2%之间，可用于70余种元素的微量测定。此法也有缺点，分析不同元素时，必须换用不同元素的空心阴极灯，因而目前多元素同时分析还比较困难。

若使用锐线光源，待测组分为低浓度的情况下，基态原子蒸气对共振线的吸收符合下式：

$$A=\lg\frac{1}{T}=\lg\frac{I_0}{I}=alN_0 \tag{1}$$

式中，A 为吸光度；T 为透射比；I_0 为入射光强度；I 为经原子蒸气吸收后的透射光强度；a 为比例系数；l 为样品的光程长度；N_0 为基态原子数目。

当用于试样原子的火焰温度低于3000K时，原子蒸气中基态原子数目实际上非常接近于原子的总数目。在固定的试验条件下，待测组分原子总数与待测组分浓度的比例是一个常数，故上式可写成

$$A=kcl \tag{2}$$

式中，k 为比例系数，当 l 以cm为单位，c 以 $mol \cdot L^{-1}$ 为单位表示时，k 称为摩尔吸收系数，单位为 $L \cdot mol^{-1} \cdot cm^{-1}$。式（2）就是朗伯-比耳定律的数学表达式。如果控制 l 为定值，上式变为：

$$A=k'c \tag{3}$$

式(3)就是原子吸收分光光度法的定量基础。定量方法可用标准加入法或标准曲线法。

本实验测定水中Mg的含量，测定波长选用285.2nm或202.5nm。

三、仪器与试剂

AA6300F型原子吸收分光光度计（岛津公司）或其他型号的仪器，乙炔钢瓶，无油空气压缩机或空气钢瓶，聚乙烯试剂瓶（500mL），烧杯（200mL），容量瓶（50mL、500mL），吸量管（5mL、10mL）。

1.000$g \cdot L^{-1}$的Mg标准储备溶液（称取0.5000g高纯金属Mg溶解于少量6$mol \cdot L^{-1}$的HCl溶液中，移入500mL容量瓶中，加水至刻度，摇匀。将此溶液转移至聚乙烯试剂瓶中保存），50$mg \cdot L^{-1}$的Mg标准工作溶液（取2.50mL Mg的标准储备溶液于50mL容量瓶中，稀释至刻度，摇匀）。

四、实验内容

1. 标准系列溶液的配制

在五个干净的50mL容量瓶中，分别加入1.00mL、2.00mL、3.00mL、4.00mL和

5.00mL Mg 的标准工作溶液，加蒸馏水稀释至刻度，摇匀。

2. 未知试样溶液的配制

取 10.0mL 自来水于 50mL 容量瓶中，加蒸馏水稀释至刻度，摇匀。

3. 标准加入法工作溶液的配制

在四个 50mL 容量瓶中，各加入 5.00mL 自来水，然后依次加入 0、1.00mL、2.00mL 和 3.00mL Mg 的标准工作溶液，加蒸馏水稀释至刻度，摇匀。

4. 测量

按原子吸收分光光度计的操作步骤开动仪器，预热 10～30min，然后开动空气压缩机，并调节空气流量达预定值，再开乙炔气体，调节乙炔流量比预定值稍大，立即点火，再精确调节至选定流量，待火焰稳定 5～10min 后，即可测定。

测定条件因仪器型号不同而异，可供参考的测定条件是：测定波长为 285.2nm 或 202.5nm，前一条吸收线灵敏度较高，后一条则适合于测定浓度较大的标准溶液和试液；空心阴极灯的灯电流为 2mA，灯高为 4 格；光谱通带为 0.2nm；燃助比为 1∶4。

用蒸馏水调节仪器的吸光度为 0。按由稀到浓的次序测量实验步骤 1～3 中所配制溶液的吸光度。

五、数据记录和处理

1. 绘制标准曲线，求出水中 Mg 的含量

用 Mg 标准系列溶液的吸光度绘制标准曲线，由未知试样的吸光度求出自来水中的 Mg 含量。

2. 绘制工作曲线，求出水中 Mg 的含量

以标准加入法用 Mg 的标准工作溶液测定的吸光度绘制工作曲线，将曲线外推至 $A=0$，求出自来水中 Mg 的含量。

3. 比较两种测定方法

比较两种方法所得结果，并用相对误差表示。

六、思考题

1. 原子吸收光谱的理论依据是什么？

2. 标准加入法测定自来水中的 Mg 时，为什么可以将工作曲线外推来求 Mg 的含量？

实验七十二 库仑分析法测化学耗氧量（COD）

一、实验目的

1. 掌握恒电流库仑滴定的基本原理和法拉第电解定律的计算公式。
2. 了解库仑仪的使用方法。
3. 掌握库仑滴定法测化学耗氧量的原理及方法。

二、实验原理

库仑滴定是借助恒定的电流，以 100％的电解效率电解某一溶液，使产生一种物质（滴定剂），然后以此物质与被分析物质进行定量的化学反应，反应的终点可用指示剂、电位法或电流法来指示。因为一定量的被分析物质需要一定量的试剂与之作用，而此一定量的试剂又是消耗一定量的电量才被电解出来的，故由电解所消耗的电量，即可按法拉第电解定律求得被分析物质的含量。这种滴定方法所需的滴定剂不是由滴定管加入的，而是借助于电解方法产生出来的，滴定剂的量与电解所消耗的电量（库仑数）成正比，所以称为库仑滴定。

用 45V 以上的干电池或恒压直流电源作为电解电源，采用高压电源的目的，是为了减小由于电解过程中电解池的反电动势的变化而引起的电解电流的变化，也就是使电解电流在应用过程中保持恒定。这样才能准确计算滴定过程中所消耗的电量。为了防止各种干扰电极反应的发生，必须将电解池的阳极与阴极分开，实验时，被分析溶液用电磁搅拌。

采用库仑滴定法测定水体化学耗氧量（COD）的原理如下。化学耗氧量是水体中易被氧化的有机物和无机物所消耗 O_2 的量（$mol \cdot L^{-1}$），是评价水体中有机污染物质的相对含量的一项重要的综合性指标，也是对河流、工业污水处理厂控制的测定参数。COD 可采用恒电流库仑滴定法进行测定：水样用过量的重铬酸钾氧化完全，剩余的重铬酸钾与电解产生的 Fe^{2+} 反应，终点时溶液中 Fe^{2+} 的浓度迅速增大，指示电极电位迅速下降，故用“电位下降法”指示终点。

电极反应：阳极 $$2H_2O \longrightarrow O_2\uparrow + 4H^+ + 4e$$

阴极 $$Fe^{3+} + e \longrightarrow Fe^{2+}$$

滴定反应： $$Cr_2O_7^{2-} + 6Fe^{2+} + 14H^+ \longrightarrow 6Fe^{3+} + 2Cr^{3+} + 7H_2O$$

三、仪器与试剂

通用库仑仪，电炉，回流装置。

重铬酸钾溶液（0.01$mol \cdot L^{-1}$），硫酸铁溶液（0.5$mol \cdot L^{-1}$），浓硫酸，水样。

四、实验内容

1. 准备工作

（1）将电极浸入热的 1∶1 硝酸中数分钟，取出用水冲净。

（2）将所有的开关置于停止位置，“电解电流量程”置于 10mA，开启电源开关，预热 10min。

（3）将指示电极和电解电极的电线插头插入机后相应的插孔中，其中电解电极：黑接双铂片，红接铂丝；指示电极：黑接钨棒参比电极，红接指示铂片的任意一头。

2. COD 的测定

（1）重铬酸钾溶液的预处理及标定　在消解杯中移入 1mL $K_2Cr_2O_7$ 溶液、25mL 去离子水，慢慢加入 35mL 浓 H_2SO_4，在电炉中热回流 15min，冷却后，加入 7mL 硫酸铁溶液(无需用移液管，为什么?)，加入搅拌磁子，设置电解电流为 10mA，开始电解，终点时仪器读数为消耗的毫库仑数。

在上述溶液中移入重铬酸钾溶液 1mL，再标定一次，取两次平均值 Q_0。

（2）水样的 COD 测定　取出搅拌磁子，在上述溶液中移入 1mL 重铬酸钾溶液、5mL 水样，慢慢加入 7mL 浓硫酸，在电炉中热回流 15min，冷却后，加入搅拌磁子，设置电解电流为 10mA，开始电解，终点时仪器读数为消耗的毫库仑数。重复测量一次，取两次平均值 Q_1。

五、数据记录和处理

以 O_2 来计算 COD(以 $mg \cdot L^{-1}$计)，计算式如下：

$$COD = \frac{m}{V} = \frac{QM}{nFV}$$

式中，m 为质量；V 为体积；Q 为电量；M 为 O_2 的摩尔质量，$M = 32g \cdot mol^{-1}$；n 为电极反应中的得失电子数，$n=4$；F 为法拉第常数，其值为 $96485C \cdot mol^{-1}$。

次　数	标定值 Q_0/mC	测定值 Q_1/mC	$Q = Q_0 - Q_1$	COD
第一次				
第二次				
平均值				

六、思考题

1. 试讨论上述两个反应所选择的不同终点指示方式。
2. 简述电解分析方法与库仑分析方法的主要区别。

七、实验指导

1. 在分析过程中根据滴定反应的不同，产生滴定剂的电极反应为双铂片的工作电极，还原反应得到滴定剂时，工作电极为阴极；氧化反应得到滴定剂时，工作电极为阳极。

2. 实验过程中，注意观察实验现象，如出现异常，应及时检查各个接线口，并检查各电极中的缓冲液是否需要补加等。

实验七十三　极谱法测定水样中的锌

一、实验目的

通过锌、铜、镉离子的极谱半波电位测定及标准曲线法测定锌的含量，掌握极谱分析法的基本原理及示波极谱仪的测量技术。

二、实验原理

在普通极谱法中，极谱扩散电流 i_d 和半波电位 $E_{1/2}$ 分别是定量和定性的依据。单扫描极谱法的原理与其基本相同，如图 6-5 所示的可逆极谱曲线中，峰电流 $i_p \propto c$ 成为定量分析的依据，峰电位 E_p（$E_p = E_{1/2} - 0.028/n$）成为定性分析的依据。一般的仪器分析书上都有常见金属离子在不同介质中的 $E_{1/2}$ 表供查阅，请注意 E_p 和 $E_{1/2}$ 之间的换算关系。

当实验条件（温度、汞柱高、辅助电解质等）固定时，i_d 或 i_p 与物质的浓度 c 成正比。可测量一系列标准溶液的极谱曲线（极谱波），作出波高对浓度的标准曲线，再由未知溶液的波高在标准曲线上求得相应的浓度。

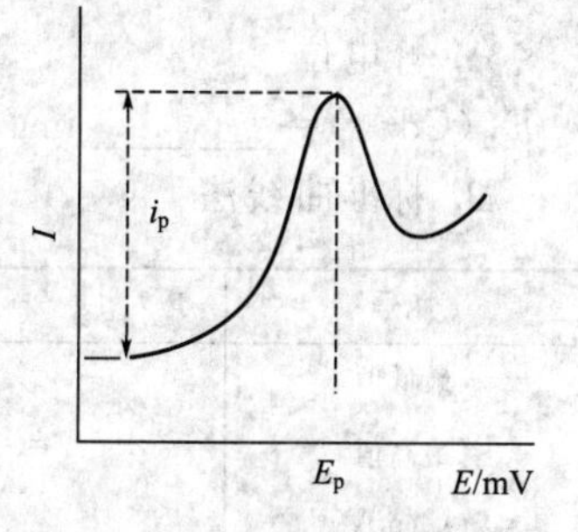

图 6-5　可逆极谱曲线

在 0.1mol·L^{-1} $NH_3 \cdot H_2O$-0.1mol·L^{-1} NH_4Cl 介质中，锌、铜、镉都能形成氨的配离子，在滴汞电极上被还原，得到很好的极谱波形。实验时，用通 N_2 10～15min 来除氧，也可用无水亚硫酸钠来除氧，以消除氧的极谱还原波对测定的影响。单扫描极谱法中，因氧波为不可逆波，其干扰作用很小，往往可不除去溶液中的氧。在极谱测定时，随着外加电压的增加，会在电流电压曲线上出现一个不正常的电流峰，称为极谱极大或畸峰，它妨碍了扩散电流及半波电位的测量，实验时可加入聚乙烯醇（PVA）、明胶等表面活性物质加以抑制。

三、仪器与试剂

JP-2 示波极谱仪，容量瓶（25mL）7 个，滴汞电极，吸量管（5mL）2 支，饱和甘汞电极或银-氯化银电极，烧杯（10mL）2 个。

Cd^{2+}、Cu^{2+}、Zn^{2+} 溶液（均为 5.00×10^{-2} mol·L^{-1}），锌标准溶液（5.00×10^{-3} mol·L^{-1}），混合液（1mol·L^{-1} $NH_3 \cdot H_2O$-1mol·L^{-1} NH_4Cl），明胶（0.5%），锌水样。

四、实验内容

1. 打开极谱仪，预热。

2. Cd^{2+}、Cu^{2+}、Zn^{2+} 峰电位的测定

在 10mL 烧杯（作电解池用）中，加入 1mL 1mol·L^{-1} $NH_3 \cdot H_2O$-1mol·L^{-1} NH_4Cl，加入浓度为 5.00×10^{-2} mol·L^{-1} 的 Cd^{2+}、Cu^{2+}、Zn^{2+} 各 2 滴，加入 3 滴 0.5%的明胶，加水至 10mL。

将处理好的电极放入溶液中，调节不同的原点电位，分别观察各个离子的极谱曲线，读取各峰电位。

3. 水样中锌的测定

取六个 25mL 容量瓶，依次加入 1.00mL、2.00mL、3.00mL、4.00mL、5.00mL $5.00\times10^{-3}mol\cdot L^{-1}$的锌标准溶液，最后一瓶加 5.00mL 未知水样。每个容量瓶中再加入 2.5mL $1mol\cdot L^{-1}$ $NH_3\cdot H_2O$-$1mol\cdot L^{-1}$ NH_4Cl 溶液、0.5mL(约 10 滴) 0.5%的明胶，用水稀释至刻度，摇匀。（注意：在稀释之前不可摇动溶液，否则会产生气泡，不易稀释至刻度。）

将溶液若干毫升倒入小烧杯（电解池）中，放入电极进行扫描，分别读取极谱波的 i_p，注意极谱波的测绘应从浓度低的溶液开始依次进行，最后测未知水样溶液。测定完毕，将滴汞电极抬高离开溶液，洗净电极，并将电极表面的水吸干，然后降低汞瓶，将极谱仪各旋钮复原，最后关闭总电源。

五、数据记录和处理

1. 峰电位

$E_p(Cd^{2+})=$________ mV　$E_p(Cu^{2+})=$________ mV　$E_p(Zn^{2+})=$________ mV

2. 标准曲线法

瓶号	1	2	3	4	5	水样
最低值						
最高值						
i_p/mA						

$c_x=$__________（换算到原始浓度）

六、思考题

1. 实验中，除被测离子外，所加的各试剂起什么作用？
2. 测水样中的锌时为什么电解池所取的试液体积不需要很准确？
3. 简述极谱仪中设置原点电位和电流倍率的意义。

提高（综合、设计、应用）型实验

实验七十四　紫外分光光度法测定苯甲酸的解离常数

一、实验目的

1. 了解紫外分光光度计的基本原理、仪器结构和操作方法。
2. 掌握利用紫外吸收光谱法测定苯甲酸解离常数的原理和方法。

二、基本原理

本实验利用某些弱酸（碱）在不同介质中的摩尔吸光系数计算出它们的解离常数：

$$HA \rightleftharpoons H^+ + A^-$$

$$pK_a = pH + \lg \frac{[HA]}{[A^-]}$$

如果样品在酸性（全部以分子态 HA 存在，解离度为 0）、碱性（全部以酸根形式 A 存在，解离度为 100%）和水中（分子态和离子态共存）测得在某一波长下的摩尔吸光系数分别为 ε_1、ε_2 和 ε_3，利用光吸收的加和性原理，则

$$A(H_2O) = \varepsilon_1 L[HA] + \varepsilon_2 L[A^-] = \varepsilon_3 Lc, [HA] + [A^-] = c$$

可得

$$pK_a = pH + \lg \frac{\varepsilon_3 - \varepsilon_2}{\varepsilon_1 - \varepsilon_3}$$

三、仪器与试剂

紫外可见分光光度计(UV-1700，岛津公司)，配 1cm 石英比色皿；pHS-4 型数字式 pH 计；50mL 容量瓶 3 个。

实验时在 3 个 50mL 容量瓶中各移取 5.0mL 苯甲酸溶液（1×10^{-3} mol·L^{-1}），然后分别用 0.1mol·L^{-1} H_2SO_4、0.1mol·L^{-1} NaOH 和水稀释至刻度。

四、实验内容

1. 吸收曲线的测定　依次取苯甲酸的三种溶液于比色皿中，以各自相应的溶剂为参比，在波长为 200～300nm 之间扫描得吸收曲线，并在 235～285nm 范围内每隔 5nm 打印相应的吸光度值。
2. 用 pH 计测量三种溶液的 pH 值，并记录实验室温度。

五、数据记录和处理

1. 记录各试样的吸收曲线上指定波长的吸光度数据。
2. 用 Excel 软件计算各试样在指定波长下的摩尔吸光系数。

六、实验结果与讨论

1. 计算出试样的解离常数及平均值，并将结果与文献值进行比较。
2. 讨论试样的解离常数与溶剂的 pH 值及温度的关系。
3. 讨论在不同溶液中最大吸收波长的变化情况。

七、思考题

1. 有机物结构与紫外吸收波长之间关系如何？
2. 紫外分光光度法适用于什么样品？

实验七十五　稠环芳烃的高效液相色谱分析

一、实验目的

1. 通过实验学习高效液相色谱仪器的基本使用方法及与计算机联机处理分析数据的过程。

2. 理解和掌握色谱定量校正因子的意义和测定方法。

3. 了解并学会几种色谱定量方法，比较各自优缺点。

二、实验原理

采用非极性的十八烷基键合相（ODS）为固定相和极性的甲醇-水溶液为流动相，即反相色谱法的分离模式特别适合于同系物、苯系物等的分离。稠环芳烃具有共轭双键，且都构成大π键，但因各自的π键大小不同，因而与固定相的作用力也有不同，使其在柱内的移动速率不同而先后流出柱子。同时因大π键的能级差不大，容易发生π-π*跃迁，在紫外区有明显的吸收，可以利用紫外检测器进行检测。在相同的实验条件下，可以将测得的未知物的保留时间与已知纯物质作对照而进行定性分析，根据各组分的色谱峰的峰面积和测得的校正因子，进行定量分析。

三、仪器与试剂

LC-10AVP型高效液相色谱仪（配紫外检测器），以色谱工作站联机控制仪器和处理实验数据，最后打印输出实验结果；超声波清洗机（流动相脱气用）；25μL平头微量注射器。

苯、甲苯、萘、联苯（均为A.R.级），甲醇为HPLC级，水为二次重蒸水。流动相为甲醇-水(85∶15)。

四、实验内容

1. 按仪器的要求打开计算机和液相色谱主机，调整好流动相的流量，等待仪器稳定——工作站上色谱流出曲线的基线平直。

2. 取一定量的各组分纯样品混合液进样分析，用面积归一化由所得数据计算出标样面积百分含量。

3. 用“再分析”方法自动计算出各组分的校正因子。

4. 取未知试样2μL进样，由色谱峰的面积大小进行校正归一化法定量测定。

5. 待所有同学的实验都完成后按开机的逆次序关机。

五、数据记录和处理

A. 样品号：________　计算方法：面积归一化法

色谱柱：________　检测器：________

组分名称	保留时间	峰面积	峰　高	百分含量	校正因子

B. 样品号：＿＿＿＿＿＿ 计算方法：校正归一化法

色谱柱：＿＿＿＿＿＿ 检测器：＿＿＿＿＿＿

组分名称	保留时间	峰面积	峰　高	百分含量

六、实验结果与讨论

1. 根据实验数据，讨论苯系物各组分校正因子的差别及相关规律。

2. 与实验三十四所测得苯和甲苯的校正因子相比较，讨论气相色谱法与液相色谱法中校正因子的区别及可能的原因。

3. 讨论稠环芳烃高效液相色谱分析法的应用价值。

七、思考题

1. 紫外线检测器是否适用于检测所有的有机化合物？为什么？

2. 若实验获得的色谱峰面积太小，应如何改善实验条件？

3. 为什么液相色谱多在室温下进行分离检测而气相色谱法要在相对较高的柱温下操作？

第七部分　研究创新型实验

实验七十六　蔬菜、食品中铁和钙的测定

一、实验目的

1. 学习样品的预处理方法。
2. 综合运用所学知识，会用仪器分析法（如分光光度法）和滴定分析法测定物质含量。
3. 练习灵活运用各种基本操作的能力和查阅资料的能力。

二、实验原理

食品中的金属元素，由于常与蛋白质、维生素等有机物结合成难溶或难于解离的物质，因此在测定前需破坏有机结合体，释放出被测组分。通常采取有机物破坏法，该法是在高温条件下加入氧化剂，使有机物质分解。其中碳、氢、氧等元素生成二氧化碳和水呈气态逸出，而被测的金属元素则会以氧化物或无机盐的形式残留下来。有机物破坏法又分干法和湿法两种，可查阅相关资料。

常量组分的测定可采用滴定分析法，微量和痕量组分的测定不宜采用滴定法，而应采用仪器分析法，如食品中微量铁的测定可采用分光光度法，食品中较高含量的钙可采用滴定法。

三、实验内容提示

1. 样品的处理（可用干法或湿法）。
2. 条件实验。
3. 样品中铁和钙的测定。
4. 回收实验。

四、实验要求

1. 查阅有关文献，拟订实验方案，并写出详细步骤。
2. 本实验要求测定蔬菜、茶叶、鸡蛋黄、虾皮等食品中铁和钙的含量。要求每组单独拟订实验方案，包括实验题目、实验目的、实验原理、仪器与试剂、实验步骤等。
3. 自行安装和调试仪器，自配试剂，独立完成，至少测定两种不同试样（遇到困难可在教师指导下讨论解决）。
4. 根据拟订方案进行实验。实验中若发现问题，应及时对实验方案进行修正。
5. 实验完成后，以小论文的形式写出实验报告（论文格式参考有关科技期刊，要求打印，其中绘图时要注意坐标刻度的选择）。

五、实验指导

1. 采用单因素条件试验的方法确定实验条件。注意：平行测定三次。

2. 对于所选用的实验方法是否可信，应检验其准确度和精密度。可用标准样与未知样作平行测定，将测定标准样的结果与标准值比较，检验是否存在显著性差异。如无显著差异，可认为方法是可靠的。也可采用回收率实验，即在试样中加入一定量的待测组分，在最佳条件下测定，平行测定 n 次，计算各次的回收率，如平均回收率达 95％～105％，认为测定可靠。同时可在相同条件下，测定该组分检测下限的精密度，其相对标准偏差为 5％～10％，即可认为此法的准确度和精密度均符合要求。

六、参考资料

[1] 成都科技大学分析化学教研组．分析化学实验．北京：高等教育出版社，1999.
[2] 武汉大学．分析化学实验．北京：高等教育出版社，1996.
[3] 叶世柏．食品理化方法检验指南．北京：北京大学出版社，1991.
[4] 赵传孝等编著．食品检验技术手册．北京：中国食品出版社，1990.
[5] 王叔淳等编著．食品卫生检验技术．第 3 版．北京：化学工业出版社，2002.
[6] 黄伟坤．食品检验与分析．北京：中国轻工业出版社，2000.
[7] 江小梅等编著．食品分析原理与检验．北京：中国人民大学出版社，1990.

实验七十七　海产品中碘含量的测定

一、实验目的

掌握植物、食品、药品中总碘量的分析方法。

二、实验原理

碘是人类必需的营养元素。它是甲状腺激素的重要组成成分，该激素在促进人体的生长发育、维持机体正常的生理功能等方面起着十分重要的作用。人体中缺乏碘时会引起甲状腺肿大和地方性克汀病，缺碘母亲生的小孩可患呆小病。碘缺乏症多是地区性的，可以通过富含碘的食物或加碘食盐来治疗。但长期过量摄入碘，反而会影响甲状腺对碘的吸收，造成甲状腺肿大。因此，食物中碘的测定在营养学上具有重要意义。

常量的碘一般用常量法进行滴定测量，但食品、药品中碘含量较少，而且碘还有部分以有机态存在，无法用常量法测定。常用的方法是样品在碱性条件下灰化，碘被有机物还原成 I^-，I^- 与碱金属离子结合成碘化物，碘化物在酸性条件下与重铬酸钾作用，定量析出碘。当用有机溶剂萃取时，碘溶于有机溶剂中呈粉红色，当碘含量低时，颜色深浅与含量成正比，故可用比色法测定。

离子反应如下：

$$Cr_2O_7^{2-} + 6I^- + 14H^+ \longrightarrow 2Cr^{3+} + 3I_2 + 7H_2O$$

三、仪器与试剂

722 型分光光度计，电炉，马弗炉，分液漏斗，容量瓶。

碘酸钾，亚硫酸氢钠，重铬酸钾，四氯化碳，氯仿，碳酸钠，过氧化氢，碘化钾，氢氧化钠，维生素 C 等。

四、实验内容提示

1. 样品的处理。
2. 吸收曲线的测绘。
3. 标准工作曲线的测定。
4. 样品的测定。

五、实验要求

1. 设计一套测微量碘的方法，包括每步反应的试液浓度、反应时间及操作要点。
2. 测定两种不同碘含量的样品，如海带、紫菜等海产品。
3. 查阅中国药典、食品分析手册及食品科学方面的期刊。

六、实验指导

1. 样品的灰化

样品灰化时，一定要使样品与碱充分接触。粉状的样品可以用粉状碱充分混合；如果是块状样品，应用浓碱液浸泡，再进行高温处理。

2. 标准溶液

由于 KI 的纯度无法准确知道，因而无法直接配制成标准溶液。可以用较纯的 KIO_3 进行配制，再用维生素 C 等还原剂处理成 I^-，也可以用 KI 配制后用容量法对总碘进行测定后再进行稀释。

单质碘如果没有过量 I^- 保护，则在水溶液中很容易升华，而且水溶液中干扰较多，故把单质碘萃取到有机溶剂中进行比色，但 I_2 在不同有机溶剂中的最大吸收波长不同，应进行测定。在使用没有自动扫描功能的分光光度计测定最大吸收波长时，每改变一次波长，都要进行零点校正。

实验七十八　废旧干电池的综合利用及产品分析

一、实验目的

1. 了解废旧干电池对环境的危害及其有效成分的利用方法。
2. 掌握无机物的提取、制备、提纯、分析等方法与技能。
3. 学习实验方案的设计。

二、实验原理

日常生活中用的干电池多为锌锰干电池。其负极是作为电池壳体的锌电极，正极是被二氧化锰包围的石墨电极（为增强导电能力，填充有炭粉），电解质是氯化锌和氯化铵的糊状物，其电池反应为：

$$Zn+2NH_4Cl+2MnO_2 \longrightarrow [Zn(NH_3)_2]Cl_2+2MnO(OH)$$

在使用过程中，锌皮消耗较多，其余物质损耗很少，因而处理废旧干电池可以变废为宝，回收多种物质，如铜、锌、MnO_2、NH_4Cl 和炭棒等，同时还能减少环境污染（为了防止锌皮因快速消耗而渗漏电解质，通常在锌皮中掺入汞，形成汞齐），具有显著的社会效益。

本实验对废旧干电池进行如下回收，见框图 7-1。

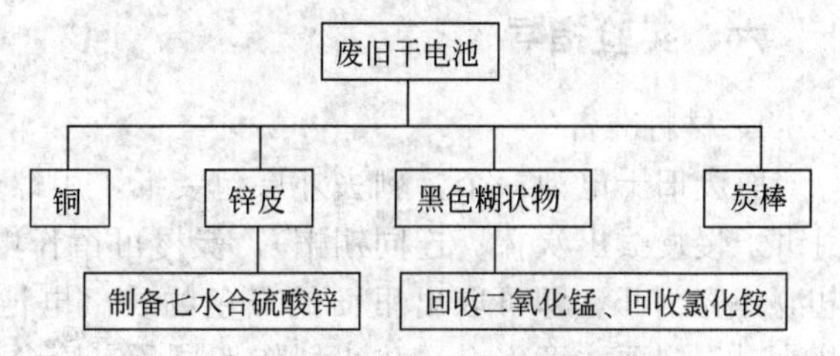

图 7-1　废旧干电池的回收示意图

将电池中的黑色混合物溶于水，可得 NH_4Cl 和 $ZnCl_2$ 的混合溶液。依据两者溶解度的不同可回收 NH_4Cl，产品纯度可用甲醛-酸碱滴定法测定。

黑色混合物中还含有不溶于水的 MnO_2、炭粉和其他少量有机物等，过滤后存在于滤渣中。将滤渣加热除去炭粉和有机物后，可得到 MnO_2。产品纯度可用 $KMnO_4$ 返滴法测定。

锌皮溶于硫酸可制备 $ZnSO_4 \cdot 7H_2O$，但锌皮中所含的杂质铁也同时溶解，除铁后可得到纯净的 $ZnSO_4 \cdot 7H_2O$。除铁的方法为：先加少量 H_2O_2 将 Fe^{2+} 氧化为 Fe^{3+}，控制 pH 为 8，使 Zn^{2+} 和 Fe^{3+} 均沉淀为氢氧化物沉淀，再加硫酸控制溶液 pH 为 4，此时氢氧化锌溶解而氢氧化铁不溶，过滤可除去铁。$ZnSO_4 \cdot 7H_2O$ 的纯度可用配位滴定法测定。

三、仪器与试剂

台秤，蒸发皿，布氏漏斗，吸滤瓶，水循环泵，称量瓶，电子天平，滴定管，烧杯，电炉，螺丝刀，尖嘴钳，剪刀，烧杯，量筒，试剂瓶，滴瓶，滴定台，蝴蝶夹，容量瓶，下口瓶，移液管，表面皿，角匙，胶头滴管。

废旧干电池（由学生自备），滤纸，广泛 pH 试纸，标签纸，NaOH（A.R.），甲醛（40%），酚酞，草酸，乙醇，EDTA，草酸钠，$KMnO_4$（$0.02mol \cdot L^{-1}$），H_2SO_4（$2mol \cdot L^{-1}$），HCl（$6mol \cdot L^{-1}$），HNO_3，H_2O_2（3%），$AgNO_3$（$0.1mol \cdot L^{-1}$），KSCN（$0.1mol \cdot L^{-1}$），$ZnSO_4 \cdot 7H_2O$（C.P.），$K_4[Fe(CN)_6]$，六亚甲基四胺，氨水，二甲酚橙指示剂，$KHC_8H_4O_4$，ZnO 等。

四、实验内容提示

1. 材料准备。

2. 制备 $ZnSO_4 \cdot 7H_2O$，计算产率并测定 $ZnSO_4 \cdot 7H_2O$ 的纯度。

3. 回收 MnO_2，计算产率并测定 MnO_2 的纯度。

4. 回收 NH_4Cl，计算产率并测定 NH_4Cl 的纯度。

五、实验要求

1. 查阅有关文献，拟订实验方案，包括实验题目、实验目的、实验原理、仪器与试剂、实验步骤等（重点设计定量测定 MnO_2 纯度、NH_4Cl 纯度、$ZnSO_4 \cdot 7H_2O$ 纯度的实验步骤）。

2. 设计实验，以检验 $ZnSO_4 \cdot 7H_2O$ 产品中的 Cl^-、Fe^{3+}，并与化学纯 $ZnSO_4 \cdot 7H_2O$ 对照。

3. 自配试剂，独立完成，根据拟订方案进行实验。发现问题，应及时对实验方案进行修正。

4. 实验完成后，以小论文的形式写出实验报告（论文格式参考有关科技期刊，要求打印）。

六、实验指导

1. 材料准备

取废旧干电池一个，剥去外层包装纸，用螺丝刀撬去顶盖，挖去盖下面的沥青层，即可用钳子慢慢拔出炭棒（连同铜帽），炭棒可留作电解用的电极。用剪刀（或钢锯片）把废旧电池外壳剖开，即可取出里面的黑色物质。电池的锌皮可用以制备 $ZnSO_4 \cdot 7H_2O$。解剖干电池时一定要注意安全，防止划伤人员及实验台面。

2. 制备 $ZnSO_4 \cdot 7H_2O$

废电池表面剥下的锌皮，可能粘有 $ZnCl_2$、NH_4Cl 及 MnO_2 等杂质，先用水刷洗除去，然后把锌壳剪碎。锌皮上可能粘有石蜡、沥青等有机物，用水难以洗净，但它们不溶于酸，可将锌皮溶于酸后过滤除去。

取洁净的碎锌片 5g，加适量酸（$2mol \cdot L^{-1}$的 H_2SO_4 约 60mL），加热使溶解，反应较快时停止加热，放置过夜，等第二天反应完全后过滤除去不溶性杂质。将滤液加热近沸，加入 3%的 H_2O_2 溶液 10 滴，在不断搅拌下滴加 $2mol \cdot L^{-1}$ 的 NaOH 溶液，逐渐有大量白色 $Zn(OH)_2$沉淀生成。当加入 NaOH 溶液 20mL(若锌片未溶解完全，则 NaOH 的加入量也应相应减少）时，加水 150mL，充分搅拌下继续滴加 NaOH 溶液至溶液 pH＝8 时为止。用布氏漏斗减压抽滤，用去离子水洗涤沉淀，直至滤液中不含 Cl^- 为止。

将沉淀转移至烧杯中，在不断搅拌下，将 $2mol \cdot L^{-1}$ 的 H_2SO_4 逐滴加入沉淀中至溶液 pH 为 4 时（根据沉淀量的多少需 10～30mL 不等），将溶液加热至沸，促使 Fe^{3+} 水解完全，生成 $Fe(OH)_3$ 沉淀。趁热用普通漏斗过滤，弃去沉淀。在除铁后的滤液中滴加 $2mol \cdot L^{-1}$ 的 H_2SO_4，使溶液的 pH＝2，将其转入蒸发皿中，加热蒸发、浓缩至液面上出现晶膜为止。冷却后用布氏漏斗减压抽滤，将晶体放在两层滤纸间吸干水分，制得 $ZnSO_4 \cdot 7H_2O$。

3. 回收 MnO_2 及 NH_4Cl

称取 20g 黑色混合物放入烧杯，加入约 50mL 纯水，搅拌，加热溶解，抽滤。

（1）滤渣用以回收 MnO_2　用纯水冲洗滤渣 2～3 次后转入蒸发皿中，先用小火烘干，再在搅拌下用强火灼烧，以除去炭粉和有机物。不冒火星后再灼烧5～10min，或烧至不冒烟后放入马弗炉中，在700℃左右灼烧2h。冷却后即可得到MnO_2。

（2）滤液用以提取NH_4Cl　将滤液转入另一蒸发皿中，加热蒸发，至滤液中有晶膜或晶体出现时（此时母液的剩余量已极少），停止加热，冷却后即得少量NH_4Cl固体。抽滤，将NH_4Cl置于两层滤纸间吸干，即可得到NH_4Cl。

七、参考资料

[1] 浙江大学、华东理工大学、四川大学合编，殷学锋主编．新编大学化学实验．北京：高等教育出版社，2002.

[2] 邱光正，张天秀，刘耘主编．大学基础化学实验．济南：山东大学出版社，2000.

[3] 成都科技大学、浙江大学合编．分析化学实验．第2版．北京：高等教育出版社，1989.

[4] 刘耘，周磊主编．无机及分析化学．济南：山东大学出版社，2001.

[5] 日本化学会编．无机化合物合成手册：第三卷．曹惠民译．北京：化学工业出版社，1988.

[6] 江体乾主编．化工工艺手册．上海：上海科学技术出版社，1992.

[7] 中山大学等校编．无机化学实验．第3版．北京：高等教育出版社，1992.

实验七十九　以人发为原料制备 L-胱氨酸

一、实验目的

1. 通过本实验使学生初步了解并学会检索文献的方法。

2. 使学生对基础化学课的基本知识和基本训练得到进一步强化，在科研训练方面得到初步锻炼。

3. 使学生对化工行业产生兴趣，进一步开发学生的思维，为专业实验和毕业设计环节打下坚实的基础。

4. 使学生学会小论文的写作方法。

二、实验原理

L-胱氨酸的结构式为 $HOOC—CH(NH_2)—CH_2SSCH_2—CH(NH_2)—COOH$，其学名为巯丙氨酸，是蛋白质中主要含有二硫键的氨基酸。L-胱氨酸为白色六角形板状晶体或结晶粉末，无味，易溶于酸，难溶于水，不溶于乙醇。它有三种异构体，左旋体的熔点为 258～261℃(分解)，右旋体为 247～249℃(分解)，消旋体为 260℃(分解)。L-胱氨酸是一种有价值的营养药物，在医药上有着重要的地位，而且在食品、化妆品方面的应用也越来越广泛，需要量不断增加，因此对 L-胱氨酸的开发和利用也越加迫切。

L-胱氨酸广泛存在于毛、发、骨、角中，它在毛发中的含量一般为 14%～18%。

L-胱氨酸的制备有多种方法，其中以毛发为原料，通过酸解提取法制备为国内外生产厂家所采用，其原因是方便、经济。本实验采用人发为原料经浓盐酸水解，再经碱中和，过滤后得胱氨酸粗品，后经酸溶、脱色、中和、过滤后得一白色晶体，即为 L-胱氨酸精品。

三、实验内容提示

1. 人发的净化（除去油脂和固体杂质）。

2. 粗胱氨酸的制备。

3. 提纯脱色。

4. 产品检验。

四、实验要求

1. 查阅有关文献，拟订实验方案，并写出详细步骤（绘出装置图）。

2. 选择所需要的仪器与试剂。

3. 根据实验方案进行实验。实验中若发现问题，应对实验方案进行修正，直到实验成功。

4. 最后以小论文的形式写出实验报告。

五、实验指导

1. 原料的处理

由市场上收集来的人发较脏（含有油脂和部分固体杂质），加入少量洗洁精和温热水，不断搅拌洗净毛发上的油脂，再用清水洗净，捡出固体杂质后，晾干。

2. 酸解

加入样品和盐酸，在回流状态下加热，至反应完全后，过滤。

3. 中和

在搅拌下滴加 NaOH，当 pH 达到 3.5～4.8 时停止滴加，继续搅拌 15min 左右，静置 24h 后过滤。由于中和过程是一个放热反应，因此在中和时要控制滴加速度，特别是 pH 达到 3.0 时，要放慢速度，逐滴缓慢加入，同时要控制温度在 40℃以下。

4. 精制

将过滤后的粗品加入适量 HCl 和活性炭中，过滤、结晶，用无水乙醇洗涤结晶，过滤、干燥得到白色精品。注意：

① 在脱色过程中，要控制酸的浓度，过大或过小均对脱色不利。

② 活性炭用量不宜过多，否则大量 L-胱氨酸被吸附，影响收率。

实验八十　双丙酮醇制备中催化剂及其用量研究

一、实验目的

1. 明确羟酮缩合反应原理。
2. 掌握双丙酮醇的制备方法及催化剂的影响。
3. 能熟练运用实验中的各种操作和药品独立完成实验。
4. 培养训练“查阅文献→设计方案→独立操作→书面表达”等综合能力。

二、实验原理

以丙酮为原料，氢氧化钡为催化剂，利用羟酮缩合反应制备双丙酮醇。实验采用单因素法，寻找催化剂及其用量、反应时间对反应的影响。

测 IR 谱确定结构。测折射率确定纯度。

三、实验内容提示

1. 催化剂用量对收率的影响

催化剂用量/g					
产品收率/%					

2. 反应时间对收率的影响

反应时间/h					
产品收率/%					

3. 鉴定实验结果

四、实验要求

1. 查阅资料，完成以下思考题。

(1) 查出下列有机物的相关数据，把查到的数据填入下表。

有机物	分子量	性 状	熔 点	沸 点	密 度	折射率	溶 解 度		
							水	醇	醚
丙酮									
双丙酮醇									

(2) 什么是羟酮缩合反应？

(3) 写出以丙酮为原料、氢氧化钡为催化剂制备双丙酮醇的反应方程式。

(4) 怎样才能提高产品的收率？本实验中，索氏提取器起什么作用？

(5) 如何计算产品的收率？怎样测定产品的折射率？

(6) 减压蒸馏应注意哪些问题？

2. 查阅资料，拟订详细实验设计方案，包括实验题目、实验目的、实验原理、仪器与试剂、实验步骤等。

3. 实验前与教师交流。每组按时交实验设计方案一份。
4. 根据实验内容，把所需药品及仪器准备齐全备用。
5. 以组为单位进行实验，独立完成，有问题可与指导教师讨论解决。
6. 以小论文的形式写出书面报告，论文格式与科技期刊发表格式基本相符。

五、参考资料

邢其毅等．有机化学［M］. 北京：高等教育出版社，2001. 481～483.

实验八十一　肉制品中亚硝酸盐的含量测定

一、实验目的

1. 了解肉制品中亚硝酸盐的提取方法。
2. 掌握肉制品中亚硝酸盐的测定方法。
3. 巩固比色分析的基本操作。
4. 练习灵活运用各种基本操作的能力和查阅资料的能力。

二、实验原理

亚硝酸盐在肉制品加工中起发色作用，常被用作发色剂，但过多地使用对人体产生毒害作用，亚硝酸盐与仲胺反应生成具有致癌作用的亚硝胺。过多地摄入亚硝酸盐会引起正常血红蛋白（二价铁）转变成高铁血红蛋白（三价铁）而失去携氧功能，导致组织缺氧。

亚硝酸盐的测定方法很多，国家标准公认的测定方法为盐酸萘乙二胺比色法。

样品经沉淀蛋白质、除去脂肪后，提取亚硝酸盐，在酸性条件下，亚硝酸盐与对氨基苯磺酸发生重氮化反应后，再与盐酸萘乙二胺偶合形成紫红色染料，其最大吸收峰为540nm，可测定吸光度，与标准系列比较定量。反应式如下：

$$2HCl + NaNO_2 + H_2N\text{—}C_6H_4\text{—}SO_3H \xrightarrow{\text{重氮化}} Cl\text{—}N(\equiv N)\text{—}C_6H_4\text{—}SO_3H + NaCl + 2H_2O$$

$$\underset{\text{(盐酸 }N\text{-1-萘基乙二胺)}}{2HCl\cdot H_2NH_2CH_2CHN\text{—}C_{10}H_7} + Cl\text{—}N(\equiv N)\text{—}C_6H_4\text{—}SO_3H \xrightarrow{\text{偶合}}$$

$$\underset{\text{(紫红色)}}{2HCl\cdot H_2NH_2CH_2CHN\text{—}C_{10}H_6\text{—}N{=}N\text{—}C_6H_4\text{—}SO_3H} + HCl$$

三、实验内容提示

1. 样品处理，提取肉制品中的亚硝酸钠。配制亚硝酸钠标准溶液。
2. 条件实验。
3. 测定样品中亚硝酸钠的含量。
4. 回收率实验。

四、实验要求

1. 查阅有关文献，拟订实验方案，并写出详细步骤。

2. 本实验要求测定火腿肠、肉质罐头、虾皮以及食堂咸菜等食品中亚硝酸盐的含量。要求每组单独拟订实验方案，包括实验题目、实验目的、实验原理、仪器与试剂、实验步骤等。

3. 自行安装和调试仪器，自配试剂，独立完成，每组至少测定两种不同试样（遇到困难可在教师指导下讨论解决）。

4. 根据拟订方案进行实验。实验中若发现问题，应及时对实验方案进行修正。

5. 实验完成后，以小论文的形式写出实验报告（论文格式参考有关科技期刊，要求打印，绘图时要注意坐标刻度的选择）。

五、实验指导

1. 不同肉制品在亚硝酸盐提取后的处理方法不同。例如红烧类肉制品在亚硝酸盐提取后处理方法就与普通肉制品不同，由于红烧类产品颜色较深，提取液颜色也深，影响比色测定，一般加氢氧化铝乳液进行脱色处理。可进行2～3次脱色处理，直至萃取液为无色透明的滤液，再进行比色测定。

2. 样品要充分搅拌均匀，避免样品中的亚硝酸盐提取不完全而使结果偏低。

3. 样品提取亚硝酸盐后，一定要冷却以后过滤，否则脂肪除不尽，冷却后溶液浑浊，影响比色测定。

4. 绘制标准曲线时，要注意两种显色剂的加入顺序不能颠倒，标准溶液也不能在加入显色剂后加入。

5. 样品管与标准系列管要同时显色，否则显色时间不一致也会产生误差。若样品颜色较深，则应对样品进行稀释或减少取样量；若样品颜色太浅，则应增加取样量。

6. 实验用水应用重蒸馏水，以减小误差。

7. 采用单因素条件试验的方法确定实验条件（注意：平行测定三次）。

8. 对于所选用的实验方法是否可信，应检验其准确度和精密度。可用标准样与未知样作平行测定，将测定标准样的结果与标准值比较，检验是否存在显著性差异。如无显著差异，可认为方法是可靠的。也可采用回收率实验，即在试样中加入一定量的待测组分，在最佳条件下测定，平行测定 n 次，计算各次的回收率，如平均回收率达95%～105%，认为测定可靠。同时可在相同条件下，测定该组分检测下限的精密度，其相对标准偏差为5%～10%，即可认为此法的准确度和精密度均符合要求。

六、参考资料

[1] 黄晓钰，刘邻渭主编．食品化学综合实验．北京：中国农业大学出版社，2002.
[2] 李超编著．食品分析原理与技术．北京：科学技术文献出版社，1987.
[3] 天津轻工业学院与无锡轻工业学院合编．食品分析．北京：轻工业出版社，1983.
其他同实验六十一中所列参考资料。

实验八十二　芦荟多糖的含量测定

一、实验目的

1. 掌握芦荟多糖的提取方法。

2. 了解多糖的测定方法。

3. 巩固标准溶液的配制等基本操作。

二、实验原理

利用热水浸提法从芦荟中分离提取水溶性多糖，经苯酚-硫酸显色后，用紫外可见分光光度法对多糖含量进行测定，于489nm处测定，多糖含量为5.0%～8.0%。

三、实验内容提示

1. 芦荟多糖的提取。

2. 葡萄糖标准曲线的绘制。

3. 换算因数的测定。

4. 样品溶液的配制。

5. 产品检验。用测得的回归方程，计算样品中多糖的含量。

四、实验要求

1. 查阅有关文献，拟订实验方案，并写出详细步骤。

2. 选择所需的仪器与有关试剂。

3. 根据拟订方案进行实验。实验中若发现问题，应对实验方案进行修正，直到实验成功。

4. 最后以小论文的形式写出实验报告。

五、实验指导

1. 芦荟多糖的提取

称取新鲜芦荟叶0.4kg，用80%的乙醇50mL浸泡3h，于80℃下加热1h，过滤，将残渣用1500mL蒸馏水浸泡过夜。然后于90℃温浸提取1h，再用500mL蒸馏水于90℃重复提取30min，过滤，合并滤液。减压浓缩至150mL，用氯仿萃取3次，以除去蛋白质，过滤后，滤液加入95%乙醇，使乙醇含量达80%，静置过夜，多糖沉淀，过滤，滤饼依次用无水乙醇、丙酮、乙醚各洗涤一次、干燥，即得样品芦荟多糖粉末。

2. 标准曲线的绘制

可分为标准溶液的配制、苯酚溶液的配制、标准曲线的绘制，具体详见有关资料。

3. 换算因数的测定方法

准确称取芦荟多糖25mg，置于100mL容量瓶中，加少量水溶解并稀释至刻度，摇匀，作为储备液。准确吸取储备液100μL，参照标准曲线的制作步骤，测定吸收度，从回归方程求出相当于葡萄糖的浓度，按下式计算换算因数$f=m/(cD)$。式中，m为多糖的质量，μg；c为多糖溶液中葡萄糖的浓度，$\mu g \cdot mL^{-1}$；D为多糖溶液的稀释因素。f一般为1.0～2.0。

4. 样品溶液的制备

精密称取样品粉末 0.3g，加 80%乙醇 100mL，90℃回流提取 1h，趁热过滤，滤饼用 80%热乙醇洗涤 3 次，每次 10mL。滤饼连同滤纸置于烧瓶中，加蒸馏水 100mL，加热至 90℃提取 2h，趁热过滤，滤饼用热水洗涤 3 次，每次 10mL，洗涤液并入滤液，放冷后移入 500mL 容量瓶中，用蒸馏水定容后备用。

实验八十三　乳化石蜡的制备及质量评定

一、实验目的

1. 通过乳化石蜡的制备，掌握几种制备乳状液的乳化技术。

2. 学习乳化剂的复配原则，HLB 值的意义、计算及应用，PIT 的意义及与 HLB 值的关系。

3. 了解乳化石蜡的质量指标及测试方法。

二、实验原理

蜡是重要的化工原料，在化工、建材、造纸、皮革、农业、医药等行业有广泛用途。蜡的种类较多，依其来源的不同可以分为动物蜡、植物蜡、矿物蜡和合成蜡；依其物理性质不同，又可分为硬性蜡和软性蜡；蜡的化学成分也根据蜡的来源不同而各不相同。蜡既具有防水性和润滑性，又具有诸如油性、黏性、脆性、韧性和光泽性。各种蜡以石蜡产量最大，我国原油多数为石蜡基原油，产量居世界第二，故我国开发石蜡产品具有丰富的资源基础。

蜡在常温下是固体，其最多的使用形式是乳化蜡。乳化蜡是一种在乳化剂作用下，将蜡以微小颗粒分散在水中的乳白色流体。在国外，乳化蜡的生产已有相当成熟的工艺，根据不同的用途及应用领域，国际市场上已有 100 余个品种。我国乳化蜡的研制起步较晚，产品品种较少。因此，开发功能强、附加值高的乳化蜡产品是将我国石蜡推向国际市场亟待解决的问题。乳化石蜡属水包油型乳状液。乳状液是胶体化学中应用较广泛的系统之一，因此对乳状液理论的研究及对乳化技术的探索一直是人们很感兴趣的课题，尤其是近几年来，该领域的研究空前活跃，并取得了一系列的进步。乳状液的理论详见后面所列参考资料，此处仅作简单介绍。

两种互不相溶的液体，其中一种以颗粒（液体或液晶）分散于另一种中，形成的系统称为乳状液。乳状液中以液滴存在的那一相称为分散相（或内相、不连续相），连成一片的另一相叫作分散介质（或外相、连续相）。常见的乳状液，一相是水或水溶液，另一相是与水不相混溶的有机物，如油脂、蜡等，简称为油。水和油形成的乳状液，根据其分散形式可分为两种：油分散在水中形成的水包油型乳状液，以 O/W(油/水) 表示；水分散在油中形成的油包水型乳状液，以 W/O(水/油) 表示。此外还可能形成复杂的水包油包水 W/O/W 型和油包水包油 O/W/O 型的多元乳状液。工业上遇到的乳状液体系还有含固体、凝胶等复杂的乳状液。

乳状液是高度分散的多相系统，由于它有巨大的界面，因而系统能量较高，故这种系统在热力学上是不稳定的。为使乳状液在一定时间内稳定存在，需要加入第三种组分——乳化剂，以降低系统的界面能。乳化剂的主要功能是乳化作用（使乳液稳定的作用）。乳化剂一般可分为四大类：表面活性剂类乳化剂、高分子类乳化剂、天然产物类乳化剂及固体粉末类乳化剂。其中以第一类品种最多，应用最为广泛。在乳化作用中对乳化剂的要求是：①乳化剂必须能吸附或富集在两相的界面上，使界面张力降低；②乳化剂必须赋予粒子以电荷，使粒子间产生静电排斥力，或在粒子周围形成一层稳定的、黏度特别高的保护膜。如何从众多的乳化剂中选择较理想的乳化剂，一直是人们关注的实际问题。在生产中对乳化剂的要求不仅要考虑到技术效果，即用量少、体系稳定等，还要注意经济效果，即价格低廉、来源方便等。只有满足上述要求的乳化剂，才有使用价值。从技术观点来看，要筛选出效率高的乳化剂，最可靠的办法就是用实际系统进行直接试验，这需要做大量的实验工作。对于表面活性剂类型的乳化剂，亲水亲油平衡值（HLB）和相转变温度（PIT）均有一定的参考价值，虽然不十分理想，但至少可以避免某些盲目性。如已知某体系的某类型乳状液所要求的乳化剂HLB值，那么据此来寻找合适的乳化剂，成功的可能性就比较大。有时还可参考以下几个因素。

（1）乳化剂与分散相的亲和性　要求乳化剂的非极性基部分和内相“油”的结构越相似越好，这样乳化剂和分散相亲和力强，分散效果好且用量少，乳化效率高。

（2）乳化剂与分散介质的亲和性　如果分散相是“油”，乳化剂与油相的亲和力强，HLB值较小，但这种乳化剂与分散介质的亲和力就弱，所以仍然不够理想。一个理想的乳化剂，不仅要与油相亲和力强，而且要与分散介质有较强的亲和力。实际上一种乳化剂同时兼顾这两方面要求是做不到的，所以在实际应用时，往往把HLB值小的乳化剂与HLB值大的乳化剂混合使用，比用单一乳化剂效果好。几种乳化剂混合使用常称为复配技术，此项技术近年来发展较快，详见表面活性剂专著。

（3）乳化剂对乳状液带电的影响　乳状液的液珠带电有利于乳状液的稳定，所以适当选用部分离子型乳化剂是必须的，并应注意与乳状液的电荷相同，以免引起电荷中和而破坏。

（4）某些乳状液体系的特殊要求　在食品工业、医药工业中乳状液所用乳化剂必须无毒且无特殊气味；纺织工业用乳化剂必须不影响织物的染色、洗涤和进一步处理。选用乳化剂时必须注意应用领域的特殊要求。

三、仪器与试剂

高速分散机，高剪切分散乳化机，电动搅拌机，旋转黏度计，微电泳仪，显微镜，冰箱，离心机，电热套。

石蜡，地蜡，蒙旦蜡，巴西蜡，蜂蜡，十二烷基硫酸钠，硬脂酸，脂肪醇聚氧乙烯醚硫酸盐（AES），脂肪醇聚氧乙烯醚系列（平平加O、OS-15、O-20、SA-20、O-25），烷基酚聚氧乙烯醚系列（OP-10、OP-15），Span-80，Tween-80，NaCl，NaOH，1631，油酸，十二醇，三乙醇胺，甘油等。

四、实验内容提示

1. 乳状液的制备

要制备某一类型的乳状液，除了选好乳化剂外，还要注意乳状液的制备方式，就是采取什么途径把一种液体分散在另一液体中。制备乳状液的方法有两种：一种是分散法，采用适宜的方法使一种液体以微小的粒子分散于另一种液体中；另一种方法是凝聚法，即使原来以分子状态均匀混合的溶液在特定环境中聚成液滴。如在剧烈搅拌下将水加于溶有油及乳化剂的醇溶液中即形成乳状液。实验室少量制备乳状液时，通常在烧杯中注入待分散的液体和乳化剂，在剧烈搅拌下加入另一液体。工业上大规模制备乳状液，一般是采用高速分散机、乳化机、胶体磨或超声波等设备。各种乳化方式的乳化效果并不一样；实验表明乳化方式不同，乳化效率也不一样；而且对某一种体系用某种方式进行分散时，最多只能达到某种分散度，企图利用延长时间的方法提高分散度是徒劳的。从乳化全过程来看，仅在开始一段时间内分散度随时间增加，达到一定时间后分散度就不再改变了。要得到分散很细的乳状液，还应注意到乳化剂浓度的影响。通常乳化剂浓度要在一个合适的范围内，才会得到较好的乳化效果。除了乳化工具外，还要注意加料顺序、方式、混合时间和温度等，如果方法使用得当，不必经过剧烈的搅拌就可获得稳定性良好的乳状液。以下介绍几种乳化工艺。

（1）转相乳化法　将乳化剂先溶于油中加热，在剧烈搅拌下慢慢加入温水，加入的水开始以细小的粒子分散在油中，是W/O型乳化液；再继续加水，随着水的增加，乳状液变稠，最后转相变成O/W型乳状液。也可将乳化剂直接溶于水，在剧烈搅拌下将油加入，可直接得O/W型乳状液；若欲制得W/O型乳状液，则可继续加油直至发生变型。用这种方法制得的乳状液，液珠大小不匀，而且液珠偏大，但方法简单。对使用各种非离子型表面活性剂制得的O/W型乳液的转相乳化机理进行研究发现，增溶→层状液晶→O/D（D为表面活性剂相）乳液→O/W乳液，这一工艺路线是有效的。通过O/D乳化区域，油和表面活性剂间的表面张力比油表面张力低，乳液的粒度小。

（2）D相乳化法　采用上述转相乳化法时，在选择表面活性剂和调整HLB值方面都需要耗费较大精力，投入较多的实验时间，而采用D相乳化法就容易得多，费时较少。这种方法分两步进行：①边搅拌边将油相加到含有水和多元醇（如1,3-丁二醇）、表面活性剂（D）的相中，形成O/D型凝胶状物；②往此凝胶中添加水相，使连续相从表面活性剂相向水转变，成为O/W型乳液。该法的特征是减少或消除转相乳化法生成的硬结构的六角相和层状液晶区域，而形成表面活性剂（D）相。这样，油容易形成稳定的O/W型乳液，并且在广泛的HLB值范围内均能获得微细乳滴的O/W型乳液。

（3）转相温度乳化法　该法是利用非离子型表面活性剂制备的乳液类型随温度变化而改变的性质设计出的制备乳液的方法。温度降低，表面活性剂由亲油性变为亲水性。用此法制得的乳液必须迅速冷却才会得到稳定体系。此外还要加入适当的辅助表面活性剂和无机盐，以调整HLB值。

（4）自然乳化分散法　把乳化剂加到油中制成溶液，使用时把溶液直接投入水中，可制得O/W型乳状液，有时需要稍加搅拌。某些农药（如敌敌畏乳液）就是利用此法制得的O/W型乳状液。

（5）瞬间成皂乳化法　将脂肪酸溶于油中，碱溶于水中，然后在剧烈搅拌下将两相混合，瞬间界面上生成了脂肪酸钠盐，这就是O/W型乳液。用这种方法制得的某些乳状液十分稳定，方法也比较简单，只要搅拌就行。

（6）界面复合物生成法　在油相中加入一种易溶于油的乳化剂，在水相中加入一种易溶于水的乳化剂，当水和油相互混合并剧烈搅拌时，两种乳化剂在界面上由于某种作用，形成稳定的复合物，用这种方法所制得的乳状液也是十分稳定的。

近年来，随着乳化剂品种的增加和质量的提高以及对表面活性剂溶液的物理化学性质研究的新进展，乳化技术（制备乳状液的方法）也有了长足的发展，除了以上介绍的方法外，还有凝胶乳化法、多相乳化法、轮流加液法，液晶乳化法等，此处不再一一介绍。

选用哪种乳化方法能得到稳定的乳液与很多因素有关，很难一概而论。通常需做大量的实验工作，才可筛选出合适的方法。

2. 产品的主要质量评价指标及检测方法

评价乳液质量的技术指标有：外观、粒径及粒径分布、浓度（固含量）、黏度、pH稳定性、机械稳定性、耐温稳定性、冻融稳定性、ζ电位等，测试方法可查阅相关专著。

五、思考与设计

仔细阅读下面所列文献资料并自己查找与此相关的最新文献资料，结合物理化学教材中“表面现象”及“胶体化学”两章的相关内容，按下列问题整理详细的预习报告。

1. 列表表示出蜡的品种、来源、性质、分子式。

2. 何谓乳化剂？怎样计算乳化剂的亲水亲油平衡值（HLB）？列表给出10种常用乳化

剂的名称、分子式、HLB值及主要用途。

3. 何谓乳化剂的PIT？它与HLB值有何关系？在乳液制备中PIT有何指导意义？

4. 何谓乳化剂的复配？复配有何意义？复配乳化剂的HLB值怎样计算？设计三组制备O/W型乳化石蜡的复配型乳化剂配方。

5. 画出制备乳化石蜡的工艺流程图。

6. 设计5组乳化石蜡的配方，列出三条具体制备路线。

7. 列出乳化石蜡产品的主要质量评价指标及检测方法。

8. 列出乳化石蜡的六种用途。

六、参考资料

[1] 张宗才等．中国皮革，1999，28(9)：3～7.
[2] 穆畅道等．中国皮革，1999，28(13)：11～15.
[3] 王锦．山东轻工业学院学报，1997，(2)：24～26.
[4] 张巧恩．皮革化工，2001，18(1)：33～37.
[5] 苏晓燕，戴乐蓉．物理化学学报，1997，13(8)：741～746.
[6] 王万森等．应用化工，2000，(3)：27～29.
[7] 于静．现代化工，1997，(4)：34～36.
[8] 李小瑞等．日用化学工业，1991，(4)：9～11.
[9] 时效天等．中国皮革，1990，(5)：28～31.
[10] 李风艳等．精细化工，1996，(5)：55～57.
[11] 李风艳等．精细化工，1997，(1)：33～36.
[12] 钱逢麟等主编．涂料助剂．北京：化学工业出版社，1990. 1～72.
[13] 刘程等编著．表面活性剂应用大全．北京：化学工业出版社，1998. 34～39，225～227.
[14] 陈宗淇等编著．胶体与界面化学．北京：高等教育出版社，2001. 279～309.
[15] 赵国玺编著．表面活性剂物理化学．北京：北京大学出版社，1991. 382～448.
[16] 顾惕人译．表面的物理化学．北京：科学出版社，1985. 500～530.
[17] 中国石油化工总公司生产部编写．石油化工产品大全．北京：中国石化出版社，1992. 152～158.
[18] 曹同玉等编．聚合物乳液合成原理性能及应用．北京：化学工业出版社，2002. 118～172，485～511.
[19] 梁治齐，宗惠娟，李金华等．功能性表面活性剂．北京：中国轻工业出版社，2002. 124～126.
[20] 梁文平．乳状液科学与技术基础．北京：科学出版社，2001. 38～39.

实验八十四　一类新型杂多酸的合成及表征

一、实验目的

1. 了解多酸的特点及有关性质。

2. 掌握一类多酸的合成及表征方法。

二、实验原理

自从 1826 年 Berzelius 合成了第一个杂多酸盐 12-钼磷酸铵 $(NH_4)_3PMo_{12}O_{40} \cdot nH_2O$ 以来，多酸化学已有 180 多年的历史，并逐渐成为无机化学中的一个独立分支。早期的多酸化学认为无机含氧酸（如硫酸、钨酸等）经缩合可形成缩合酸。由同种含氧酸根阴离子缩合形成的叫同多阴离子（如 $MoO_4^{2-} \longrightarrow Mo_7O_{24}^{6-}$），其酸叫同多酸，由不同种类的含氧酸根阴离子缩合而成的叫杂多阴离子（如 $WO_4^{2-} + PO_4^{3-} \longrightarrow PW_{12}O_{40}^{3-}$），其酸叫杂多酸。然而，随着人们对多酸性质认识的深入，发现同多酸和杂多酸的分类不能准确地反映这一类化合物的结构特征，并易引起混淆。例如，$H_2W_{12}O_{40}^{6-}$ 与 $SiW_{12}O_{40}^{4-}$ 具有同样的结构，但前者为同多酸，后者为杂多酸。因此，Pope 等化学家建议引入金属-氧簇（Metal-Oxygen Cluster）或多金属氧酸盐（Polyoxometalates，缩写为 POM）的名称，以突出该类化合物中金属中心间的相互作用，这一建议已经得到了国际化学界的广泛认可。为简单起见，本文仍称“多酸”。

多酸的应用主要集中于它们独特的氧化还原性质、光化学响应、多变的离子电荷、导电性和千差万别的形状及体积，应用范围涵盖催化、涂料、染料、颜料、分析、分离、食品、医药、造纸、阻燃、环保、光电子学、纳米材料和功能材料等领域。如此广泛的应用是由于多酸具有以下几个主要特点。

(1) 结构复杂多样，物种层出不穷　多酸一般呈各式各样的笼型结构。自 1934 年 Keggin 用 X 射线粉末衍射法确定出 12-钨磷酸的结构以来，已经有上千个多酸单晶结构被测定，小分子 POM 结构类型已远远超出了传统的 Keggin、Dawson、Anderson、Waugh、Silverton、Lindqvist 等六种基本结构及其衍生结构，大分子 POM 单元及 POM 聚集体的结构变化多端，使 POM 的结构研究本身成为一项极富魅力的工作。POM 的组成元素已涵盖元素周期表的七十几种，元素多可呈现混合价态，随着合成方法的不断改进，新物种不断涌现。

(2) 良好的溶解性　POM 易溶于水和其他的非水溶剂，并且在溶解后仍维持其在固态时的结构。这为其合成及应用提供了极大的便利。

(3) 易与其他分子或离子形成复合物　多酸是一类优秀的电子接受体，它可以与无机、有机分子（或离子）结合成超分子化合物，因此具有识别底物及分子自组装等超分子化学性质。由于有机电子给体和 POM 受体的堆积方式决定了分子基化合物的晶体结构，而 POM 阴离子具有不同的电荷、形状和大小，因而可以制备出具有不同堆积结构或能带结构的分子基化合物。例如，改变 POM 阴离子的电荷并不改变 POM 的结构，但会改变复合材料的化学计量比，从而改变复合材料的结构，这一特性使 POM 在研究功能分子材料的结构与性质的关系上具有不可替代的作用。

(4) 意想不到的反应活性　多酸可以有控制地被还原，并且还原后其结构基本不变（通常称为“杂多蓝”），因此还可以通过控制多酸被还原的程度来控制其电子谱带的填充状态，进而控制其物理性能。另外，在许多情况下多酸阴离子呈现混合价态，因而含有额外的还原电子，当它和有机电子给体或其他分子或离子结合后，电子离域将在有机体系和无机体系之间共存，从而产生新的功能。

(5) 多种功能的复合　多酸分子本身具有催化、抗病毒、抗肿瘤及其他许多光、电、磁等方面的性质。在多酸中可以作为杂原子的几乎包括所有的过渡元素和稀土元素，而多酸到底可以与多少种有机或无机分子、有机金属分子或金属有机分子加合形成超分子复合材料，仍是一个远不能回答的问题，多酸及其复合材料的功能本身也是一块值得深入挖掘的宝藏。

正是由于以上特点，使人们对多酸的研究热情始终未减。

本实验主要合成一类较新的杂多酸阴离子 $[NaP_5W_{30}O_{110}]^{14-}$，即一钠五磷（V）三十钨阴离子及其衍生物。该阴离子是 1970 年法国化学家 C. Preyssler 在合成 $[P_2W_{18}O_{62}]^{6-}$ 时得到的一种副产物，故有时又称 Preyssler 盐（阴离子）。该阴离子作为一种很少见的具有真正五重对称性（D_{5h}）的化学集合体的典型代表而成为最广为人知的多酸阴离子之一。其结构中包含五个 PW_6O_{22}（PW_6O_{22} 是具有 Keggin 结构的多阴离子 $[PW_{12}O_{40}]^{3-}$ 的衍生物），这五个 PW_6O_{22} 通过移去两组共三个顶点的 WO_6 基团而围成环状结构。结构的五重轴上有一个 Na^+，该 Na^+ 可被 Ca^{2+}、Y^{3+}、Bi^{3+}、RE^{3+}（RE 代表从 La 到 Lu 的镧系元素）、Th^{4+}、U^{4+}、Am^{3+}、Cm^{3+} 等离子取代，Na^+ 也可除去变为空穴，Na^+ 或其取代离子还可以被水化、质子化等，可以说 Preyssler 阴离子的衍生物很多。其应用研究也在逐渐展开，如一个美国研究小组发现可以用 Preyssler 阴离子处理核废料。

三、仪器与试剂

圆底三口烧瓶（250mL），球形冷凝管，磁力加热搅拌器，温度计，量筒，烧杯，锥形瓶，漏斗，分析天平，反应釜（25mL）和烘箱等合成设备，红外光谱仪等分析仪器。

$Na_2WO_4 \cdot 2H_2O$，浓 H_3PO_4，浓 HNO_3，NH_4Cl，$EuCl_3$、$LaCl_3$、$CeCl_3$、$NdCl_3$、$SmCl_3$ 等镧系元素的盐酸盐，KCl，HCl 等，均为分析纯（A. R.）。

四、实验内容

1. $[NaP_5W_{30}O_{110}]^{14-}$ 的合成

反应容器是一个装有循环水回流冷凝器的 250mL 圆底三口烧瓶。在此容器中加入 60mL 纯净水，加热至沸，然后加入 50g $Na_2WO_4 \cdot 2H_2O$，再小心倒入 80g（约合 47mL）浓 H_3PO_4（加入浓 H_3PO_4 时保持沸腾状态，一定要小心滴加，以防溶液喷溅）。此溶液搅拌回流 5h，该过程中溶液可能会变为绿色，这是由于磷钨酸被部分还原所致，可加入几滴浓 HNO_3（不超过 1mL）使其被重新氧化（仍要小心！）。

溶液冷却至 60℃左右时加入 50g NH_4Cl 固体，产生白色沉淀，搅拌至逐渐冷却，过滤沉淀。将所得沉淀溶解在 150mL 沸水中，若有白色沉淀不溶，趁热过滤，丢掉不溶物。在沸腾的溶液中加入 40g NH_4Cl 固体，搅拌冷却，过滤分离产生的白色沉淀。此白色沉淀溶于 140mL 沸水中，若仍有白色沉淀不溶，趁热过滤，丢掉不溶物。得到的澄清溶液在室温下自然挥发。

约一天后，无色的针状结晶 $\{(NH_4)_{14}[NaP_5W_{30}O_{110}] \cdot 31H_2O\}$ 首先产生，在黄色结晶 $\{(NH_4)_6[P_2W_{18}O_{62}]\}$ 产生之前，分离结晶，在室温下用空气干燥，产量为 4～6g（产率为 9%～14%，以开始的 Na_2WO_4 计算）。产品很容易在水中（溶解度约 11.5g·mL^{-1}）重结晶，轻微加热溶液至沉淀溶解，冷却至室温就生成结晶。循环伏安法和 ^{31}P NMR 谱表明，经过一次重结晶，产品就足够纯了；^{23}Na NMR 分析表明每分子多酸阴离子中含 1 个 Na 原子；

热重分析表明，每分子多酸阴离子含 31 个结晶水。

$(NH_4)_{14}[NaP_5W_{30}O_{110}]\cdot 31H_2O$ 中各元素含量的计算值：P 为 1.87%，W 为 65.7%，N 为 2.32%。

2. 有关性质的测定

该化合物易风化、易溶于水，还原剂如 $TiCl_3$ 可使其变为蓝色。在 $1mol\cdot L^{-1}$ HCl 溶液中的循环伏安图上（用饱和甘汞电极作标准电极），在－0.22V、－0.35V 和－0.56V 处有三个还原峰（阴极峰），前两个还原峰分别对应着四电子还原。^{31}P NMR 谱在 $\delta=-10.4ppm$ 处有一单峰。化合物的特征 IR 谱图示于图 7-2。晶体属三斜晶系，P－1 空间群。晶格常数为 $a=2.3570(7)$ nm，$b=1.782(5)$ nm，$c=1.7593(9)$ nm，$\alpha=112.17(3)°$，$\beta=98.10(3)°$，$\gamma=96.84(3)°$，$Z=2$，$\rho=4.0g\cdot mL^{-1}$。

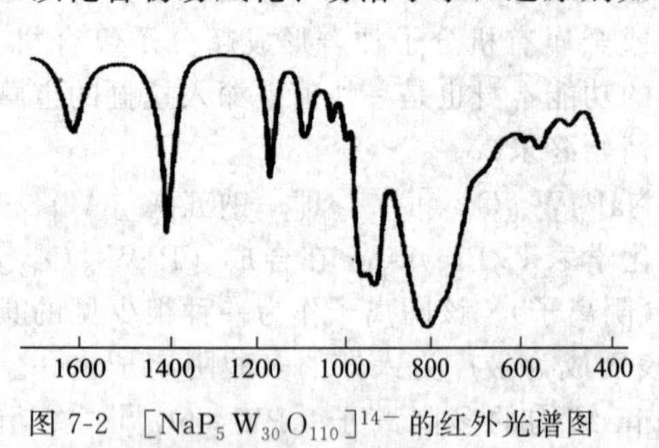

图 7-2 $[NaP_5W_{30}O_{110}]^{14-}$ 的红外光谱图

3. $[REP_5W_{30}O_{110}]^{12-}$ 的合成（RE 代表从 La 到 Lu 的镧系元素）

从本文提供的有关文献资料中找出合成方法，选择一种镧系元素合成 $[REP_5W_{30}O_{110}]^{12-}$。

五、思考与设计

1. $[NaP_5W_{30}O_{110}]^{14-}$ 的合成有一种改进的方法，请从本文提供的参考资料中找到并翻译成中文。

2. $[NaP_5W_{30}O_{110}]^{14-}$ 的特征 IR 谱图中哪些是特征峰？分别对应分子结构中的何种振动模式？请从有关文献资料中查找答案。

3. 自己查找并设计 $[REP_5W_{30}O_{110}]^{12-}$ 的合成路线。

六、参考资料

[1] *Chem Rev* [M]. 1998，98，POM 专刊.

[2] 王恩波，胡长文，许林著. 多酸化学导论 [M]. 北京：化学工业出版社，1998.

[3] Jeannin Y，Martin-Frere J. The sodium pentaphosphato(Ⅴ)-triacontatungstate anion isolated as the ammonium salt[J]. *Inorg Synth*，1990，27：115～118.

[4] Creaser I，Heckel M C，Neitz J，et al. Rigid nonlabile polyoxometalate cryptates $[ZP_5W_{30}O_{110}]^{(15-n)-}$ that exhibit unprecedented selectivity for certain lanthanide and other multivalent cations[J]. *Inorg Chem*，1993，32：1573～1578.

[5] Alizadeh M H，Harmalker S P，Jeannin Y，et al. A heteropolyanion with fivefold molecular symmetry that contains a nonlabile encapsulated sodium ion. The structure and chemistry of $[NaP_5W_{30}O_{110}]^{14-}$[J]. *J Am Chem Soc*，1985，107(9)：2662～2669.

[6] L Soderholm，G K Liu，J Muntean，et al. Coordination and valence of europium in the heteropolyanion $[EuP_5W_{30}O_{110}]^{12-}$ [J]. *J Phys Chem*，1995，99 (23)：9611～9616.

实验八十五　天然产物的提取——从红辣椒中提取红色素

一、实验目的

1. 通过本实验学习提取天然色素的方法。

2. 通过用薄层色谱和柱色谱的方法分析、分离辣椒红色素，学会分离、分析天然产物的一般原理和方法。

3. 通过光谱分析学会辣椒红色素色价的分析。

二、实验原理

天然产物指的是从天然动植物体内衍生出来的有机化合物。事实上，有机化学本身就是源于对天然产物的研究。19世纪初，人们还一直认为，只有生命体内才能产生出有机化合物。因此，当时的有机化学家对天然产物表现出非常浓厚的兴趣就不足为奇了。在那些形形色色的天然产物中，有的可用作染料，有的可用作香料，有的甚至具有神奇的药效，如中药黄连可以治疗痢疾和肠炎，麻黄可以抗哮喘，金鸡纳树皮可以医治疟疾，由罂粟制成的鸦片具有镇痛作用。仅这些具有各种药理活性的天然产物，就足以唤起有机化学家对其探究的热情。为什么这些天然产物具有这样的作用？其结构又是什么样的？如何分离和提纯？如何人工合成？这些问题都是有机化学家所关注的焦点。不过在研究天然产物的过程中，首先解决的是天然产物的提取和纯化。如何提取和纯化天然产物呢？常用的方法有溶剂萃取、水蒸气蒸馏、重结晶以及色谱等。

溶剂萃取方法主要是依照“相似相溶”的原则，采取适当的溶剂进行提取。通常，油脂、挥发性油等弱极性成分可用石油醚或四氯化碳提取，生物碱、氨基酸等极性较强的成分可用乙醇提取。一般情况下用乙醇、甲醇或丙醇，就能将大部分有一定极性的天然产物提取出来。对于多糖和蛋白质等成分，则可以用稀酸水溶液浸泡提取。用这些方法所得提取液多为多组分混合物，还需结合其他方法加以分离、纯化，如柱色谱、重结晶或蒸馏等。

水蒸气蒸馏主要用于那些不溶于水且具有一定挥发性的天然产物的提取，如萜类、酚类及挥发性油类化合物。

除了这些方法外，各种色谱法已越来越广泛地用于天然产物的分离和提纯，如纸色谱、柱色谱、气相色谱、高压液相色谱等。

在提取过程中，人们十分关注如何提高提取效率，并保证被提取组分的分子结构不受破坏。新近发展起来的超临界流体萃取技术就能很好地解决这个问题。所谓超临界流体是物质处于气、液之间的一种物理状态，如超临界二氧化碳。超临界流体在室温下对许多天然产物均具有良好的溶解性。当完成对组分的萃取后，二氧化碳易于除去，从而使被提取物免受高温处理，这特别适合于处理那些易氧化、不耐热的天然产物。

所得分离纯化后的天然产物即可利用红外、紫外、质谱或核磁共振谱等波谱技术进行分子结构分析。

随着科学技术的发展和人类对自身身体健康的重视，人们逐渐认识到许多合成色素对身体极端有害，甚至有致癌、致畸作用。联苯胺色素中的联苯胺黄就是明显的实例。因而许多国家先后立法，禁止在食品中使用合成色素。目前，世界各国使用化学合成色素的品种和用量日趋减少，而食用天然色素使用安全、无副作用并具有疗效和保健功能，受到消费者的欢迎。近几十年来，天然色素的用量和品种在美国、日本以及欧洲许多国家已经远远超过了允许使用的食用合成色素。在减少和禁止使用合成色素的同时，EEC 颁布的食用天然色素大部分按实际需要量添加于任何食品中。食用天然色素多数从天然植物中提取。天然植物是可再生资源，提取原料的来源相对稳定，不会出现用尽之时。因此，利用无毒无害的天然植物提取色素是当今世界的新趋势。

红辣椒中含有辣椒红素和辣椒玉红素等红色素，从中提取可作为食用的天然红色素。本实验选用二氯甲烷作萃取剂，从红辣椒中萃取色素混合物，然后用薄层色谱进行分析，在鉴定出主要组成后，再由柱色谱将红色素分离。分离得到的红色素样品作光谱分析，测定其含量。

三、仪器与试剂

三口圆底烧瓶（25mL、250mL），回流冷凝管，广口瓶（250mL），烧瓶（50mL、100mL），1318 型硅胶 G 薄板（3cm×8cm 两块），色谱柱（1.5cm×30cm），大口径固体漏斗（250cm），旋转蒸发仪，真空泵，砂型漏斗，锥形瓶，微量滴管，722 型分光光度计，紫外线型紫外仪。

干辣椒粉，二氯甲烷（300mL），丙酮（A.R.），乙醇（95%），沸石片，硅胶（200～300 目），玻璃棉，细沙（洗净的）。

四、实验内容

在 25mL 圆底烧瓶中，放入 1g 干燥并研细的红辣椒粉和 2 粒沸石，加入 10mL 二氯甲烷，装上回流冷凝管，加热回流 20min。待提取液冷却至室温时，过滤，除去不溶物，蒸发滤液，收集色素混合物。

注意：蒸发操作应在通风橱中进行。

以 250mL 广口瓶作薄层色谱的展开槽，二氯甲烷为展开剂。取极少量的色素粗品置于小烧杯内，加入 2～3 滴二氯甲烷使之溶解，并在一块 3cm×8cm 的硅胶 G 薄板上点样，然后置于展开槽内进行色谱分析。计算每一种色素的 R_f 值。

在色谱柱的底部垫一层玻璃棉或脱脂棉，用以衬托固定相，用一根玻璃棒压实玻璃棉，加入洗脱剂二氯甲烷至色谱柱的 3/4 高度。打开活塞，放出少许溶剂，用玻璃棒压除玻璃棉中的气泡，再将 20mL 二氯甲烷与 10g 硅胶调成糊状，通过大口径固体漏斗加入到柱中，边加边轻轻敲击色谱柱，使吸附剂装填致密。然后，在吸附剂上层覆盖一层细沙。

打开活塞，放出洗脱剂直到其液面降至硅胶上层的沙层表面，关闭活塞。将色素混合物溶解在约 1mL 二氯甲烷中，然后用一根较长的滴管，将色素的二氯甲烷溶液移入柱中，轻轻注在沙层上，再打开活塞，将色素溶液液面与硅胶上层的沙层平齐时，缓缓注入少量洗脱剂（其液面高出沙层 2cm 即可），以保持色谱柱中的固定相不干。当再次加入的洗脱剂不再带有色素颜色时，就可将洗脱剂加至色谱柱最上端。在色谱柱下端用试管分段接收洗脱液，每段收集 2mL。用薄层色谱法检验各段洗脱液，将相同组分的接收液合并，用旋转蒸发仪蒸发浓缩，收集红色素。

取一定量的红色素定容后，用 722 型分光光度计测定红色素的色价（$E_{cm}^{1\%}$）。

五、思考与设计

进入实验室之前，必须查阅有关文献，完成下列思考问题。

1. 辣椒红色素的主要有效成分是什么？如何从中提取红色素？

2. 提取过程中应如何选择溶剂？并注意哪些问题？

3. 薄层色谱分析应注意哪些问题？如何测定 R_f 值？
4. 薄层色谱或纸色谱上混合物的原斑点必须小于多少？如何实现这样少的斑点？
5. 无色混合物进行色谱分离，在展开后应进行什么处理？
6. 如何进行色谱分离？所用的色谱柱如何装柱？
7. 柱色谱分离过程应注意什么？
8. 红外谱图主要分析辣椒红色素的何种信息？
9. 辣椒红色素的含量还可以用什么方法测定？
10. 如何从辣椒红色素中分离出辣椒素？

六、参考资料

[1] 周立国著．食用天然色素及提取应用．济南：山东科学技术出版社，1993.
[2] [美] J A Miller，E F Neuzil 著．董庭威等译．现代有机化学实验．上海：上海翻译出版社，1987. 221～224.
[3] 陈贻文，李庆宏，黄文亮编．有机仪器分析．第 2 版．长沙：湖南大学出版社，1996.
[4] 阎长泰主编．有机分析基础．北京：高等教育出版社，1991。

附　录

附录一　实验报告格式示例

示例一：无机制备实验

实验× 粗食盐的提纯

成绩＿＿＿＿＿＿

课程名称＿＿＿＿＿＿　指导教师＿＿＿＿＿＿　实验日期＿＿＿＿＿＿

院（系）＿＿＿＿＿＿　专业班级＿＿＿＿＿＿　实验地点＿＿＿＿＿＿

学生姓名＿＿＿＿＿＿　学号＿＿＿＿＿＿　同组人＿＿＿＿＿＿

实验项目名称　粗食盐的提纯＿＿＿＿

一、实验目的

1. 练习溶解、过滤、蒸发、结晶、干燥等基本操作。
2. 掌握提纯粗食盐的原理、方法及有关离子的鉴定。
3. 掌握台秤、量筒、pH 试纸、滴管和试管的正确使用方法。

二、实验原理（要求用简洁的文字、反应式、图示、图表说明本实验的基本原理）

粗食盐中含有 Ca^{2+}、Mg^{2+}、K^{+}、SO_4^{2-} 等可溶性杂质和泥沙等不溶性杂质。首先在粗食盐溶液中加入过量的 $BaCl_2$ 溶液，过滤除去 SO_4^{2-} 和不溶性杂质；然后在滤液中加入 Na_2CO_3 和 NaOH 溶液可除去 Ca^{2+}、Mg^{2+} 和过量的 Ba^{2+}；最后用盐酸中和。浓缩时，由于 NaCl 浓度大且溶解度比 KCl 小，因此首先结晶出来。

三、仪器与试剂

烧杯，量筒，长颈漏斗，漏斗架，吸滤瓶，布氏漏斗，铁架台，石棉网，泥三角，酒精灯，台秤，蒸发皿等。

$BaCl_2$（1mol·L^{-1}），Na_2CO_3（1mol·L^{-1}），NaOH（2mol·L^{-1}），HCl（2mol·L^{-1}），H_2SO_4（2mol·L^{-1}），$(NH_4)_2C_2O_4$（0.5mol·L^{-1}），镁试剂。

四、实验步骤（根据不同类型的实验，该部分格式不同，要求用简洁的文字、箭头、符号、框图、表格等形式说明实验步骤，见以下不同示例）

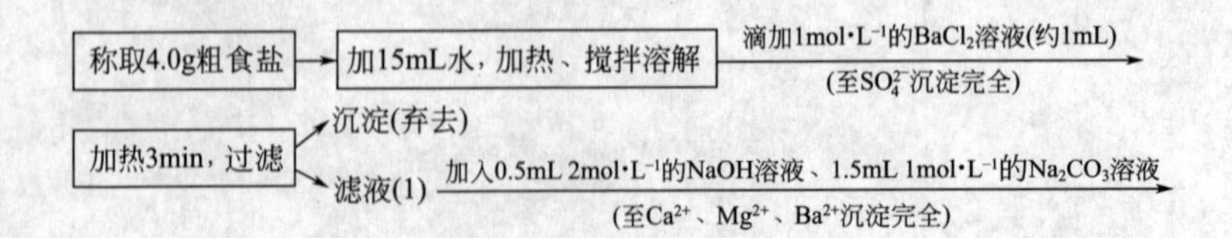

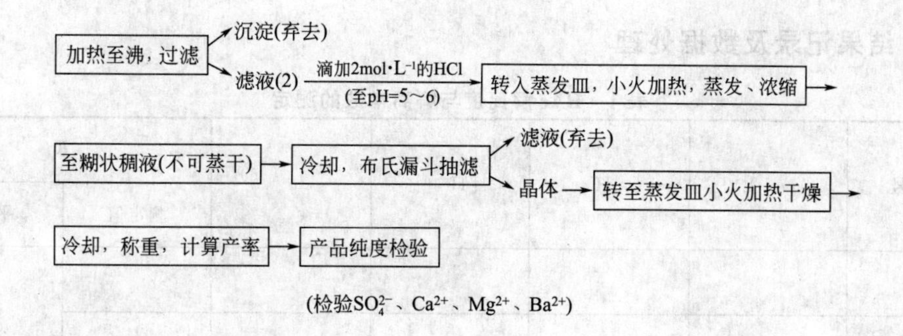

五、实验结果

1. 产量________，产率________。

2. 产品纯度检验

检验项目	SO_4^{2-}	Ca^{2+}	Mg^{2+}	Ba^{2+}
检验方法				
提纯后氯化钠				
粗食盐				

六、讨论与心得（可写实验体会、成功经验、失败教训、改进设想、注意事项等）

示例二：物理量测定实验

实验× 醋酸解离度和解离常数的测定

课程名称__________ 指导教师__________ 成绩__________

院（系）__________ 专业班级__________ 实验日期__________

学生姓名__________ 学号__________ 实验地点__________

同组人__________

实验项目名称 醋酸解离度和解离常数的测定

一、实验目的（格式同示例一，此处略）

二、实验原理（要求同示例一，此处略）

三、仪器与试剂（格式同示例一，此处略）

四、实验步骤（要求同示例一）

1. 配制不同浓度的醋酸溶液

用吸量管或移液管分别移取 2.50mL、5.00mL、25.00mL 已知准确浓度的 HAc 溶液于 3 个 50mL 容量瓶中，用蒸馏水稀释至刻度，摇匀，即制得了浓度为 $c/20$、$c/10$、$c/2$ 的 HAc 溶液。

2. 不同浓度醋酸溶液 pH 值的测定

按由稀到浓的次序，用酸度计分别测出上述 4 种浓度（$c/20$、$c/10$、$c/2$、c）的 HAc 溶液的 pH 值，记录数据填入表 1。

五、结果记录及数据处理

表1　HAc解离度与解离常数的测定

编　号	$c/\mathrm{mol \cdot L^{-1}}$	pH	$[H^+]$	α	K_a	
					测定值	平均值
1						
2						
3						
4						

六、讨论与心得（要求同示例一）

示例三：性质实验

实验×　解离平衡和沉淀反应

成绩__________

课程名称__________　指导教师__________　实验日期__________

院（系）__________　专业班级__________　实验地点__________

学生姓名__________　学号__________　同组人__________

实验项目名称　解离平衡和沉淀反应

一、实验目的（格式同示例一，此处略）

二、实验原理（要求同示例一，此处略）

三、仪器与试剂（格式同示例一，此处略）

四、实验步骤（仅为部分内容示例）

实验步骤	实验现象	解释和结论(包括反应式)
1. 同离子效应 (1)$0.1\mathrm{mol \cdot L^{-1}}$氨水+1滴酚酞 $0.1\mathrm{mol \cdot L^{-1}}$氨水+1滴酚酞+$NH_4Ac(s)$	 溶液呈红色 溶液呈无色	$NH_3 \cdot H_2O \rightleftharpoons NH_4^+ + OH^-$ NH_4Ac的加入使溶液中NH_4^+的浓度大大增加，由于同离子效应使上述平衡向左移动，OH^-浓度减小，故溶液由红色变为无色
(2)$0.1\mathrm{mol \cdot L^{-1}}$ HAc+1滴甲基橙 $0.1\mathrm{mol \cdot L^{-1}}$ HAc+1滴甲基橙+$NH_4Ac(s)$	溶液呈红色 溶液呈黄色	$HAc \rightleftharpoons H^+ + Ac^-$ NaAc的加入使溶液中Ac^-的浓度大大增加，由于同离子效应使上述平衡向左移动，H^+浓度减小，故溶液由红变黄
(以下从略)	(以下从略)	(以下从略)

五、讨论与心得（要求同示例一）

示例四：定量分析实验

实验× 盐酸溶液的配制和标定

成绩＿＿＿＿＿＿

课程名称＿＿＿＿＿＿ 指导教师＿＿＿＿＿＿ 实验日期＿＿＿＿＿＿

院（系）＿＿＿＿＿＿ 专业班级＿＿＿＿＿＿ 实验地点＿＿＿＿＿＿

学生姓名＿＿＿＿＿＿ 学号＿＿＿＿＿＿ 同组人＿＿＿＿＿＿

实验项目名称＿盐酸溶液的配制和标定＿

一、实验目的（格式同示例一，此处略）

二、实验原理（要求同示例一，此处略）

三、仪器与试剂（格式同示例一，此处略）

四、实验步骤（仅为部分内容示例）

减量法准确称取无水 Na_2CO_3 三份（每份 0.15～0.2g）⟶加水约 30mL，温热使之溶解⟶加 1 滴甲基橙指示剂⟶用待标定的 HCl 溶液滴至由黄色变为橙色，即为终点。（以下从略）

五、结果记录及数据处理

表 1 $0.2mol \cdot L^{-1}$ 盐酸溶液的标定

编　号	1	2	3
称量瓶＋Na_2CO_3 的质量(倒出前)/g			
称量瓶＋Na_2CO_3 的质量(倒出后)/g			
Na_2CO_3 的质量/g			
HCl 终读数/mL			
HCl 初读数/mL			
HCl 用量/mL			
HCl 的浓度/$mol \cdot L^{-1}$			
HCl 的平均浓度/$mol \cdot L^{-1}$			
相对平均偏差			

六、讨论与心得（要求同示例一）

示例五：有机合成实验

实验× 正溴丁烷的制备

成绩＿＿＿＿＿＿

课程名称＿＿＿＿＿＿ 指导教师＿＿＿＿＿＿ 实验日期＿＿＿＿＿＿

院（系）＿＿＿＿＿＿ 专业班级＿＿＿＿＿＿ 实验地点＿＿＿＿＿＿

学生姓名＿＿＿＿＿＿ 学号＿＿＿＿＿＿ 同组人＿＿＿＿＿＿

实验项目名称＿正溴丁烷的制备＿

一、实验目的（格式同示例一，此处略）

二、反应原理（要求同示例一，没有化学反应的实验，可将“反应原理”一栏改为“实验原理”）

$$NaBr + H_2SO_4 \longrightarrow HBr + NaHSO_4$$

$$n\text{-}C_4H_9OH + HBr \xrightarrow{H_2SO_4} n\text{-}C_4H_9Br + H_2O$$

副反应

$$n\text{-}C_4H_9OH \xrightarrow{H_2SO_4} CH_3CH_2CH{=}CH_2 + H_2O$$

$$2n\text{-}C_4H_9OH \xrightarrow{H_2SO_4} (n\text{-}C_4H_9)_2O + H_2O$$

$$2NaBr + 3H_2SO_4 \longrightarrow Br_2 + SO_2\uparrow + 2H_2O + 2NaHSO_4$$

三、仪器与试剂（格式同示例一，此处略）

相关物质的物理常数见下表。

名　称	分子量	性状	折射率 n^{20}	密度 d_4^{20}	熔点/℃	沸点/℃	溶解度(g/100mL 溶剂)		
							水	醇	醚
正丁醇	74.12	无色透明液体	1.3993	0.8098	−89.5	117.2	7.9(20℃)	∞	∞
正溴丁烷	137.03		1.4401	1.2758	−112.4	101.6	不溶	∞	∞

四、实验装置图

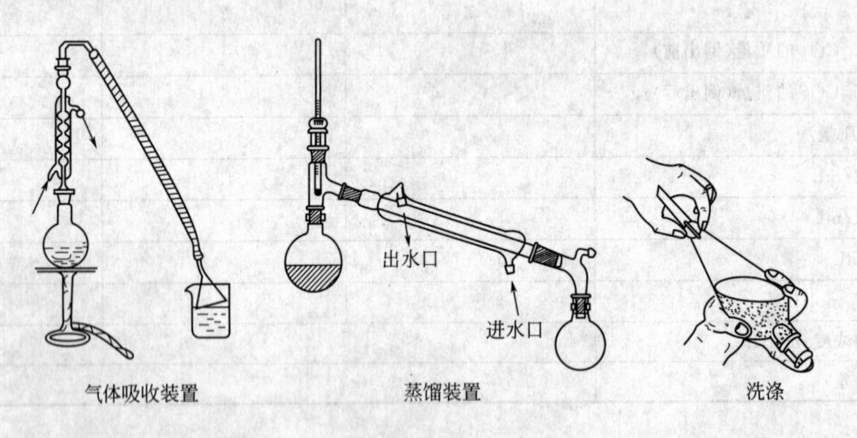

气体吸收装置　　蒸馏装置　　洗涤

五、实验步骤（仅为部分内容示例）

主 要 步 骤	主 要 现 象
① 于 150mL 圆底烧瓶中放 20mL 水，加入 29mL 浓 H_2SO_4，振摇冷却	放热
② 加 18.5mL n-C_4H_9OH 及 25g NaBr，加沸石，摇动	NaBr 部分溶解，瓶中产生雾状气体(HBr)
③ 在瓶口安装冷凝管，冷凝管顶部安装气体吸收装置，开启冷凝水，隔石棉网小火加热回流 1h	雾状气体增多，NaBr 渐渐溶解，瓶中液体由一层变为三层
(以下从略)	(以下从略)

六、实验结果

理论产量：其他试剂过量，理论产量按正丁醇计。

$$n\text{-}C_4H_9OH + HBr \xrightarrow{H_2SO_4} n\text{-}C_4H_9Br + H_2O$$

1　　　　　　　1

0.2　　　　　　0.2

正溴丁烷的理论产量为0.2×137＝27.4g。

$$\text{百分产率}=\frac{\text{实际产量}}{\text{理论产量}}\times 100\%=\frac{18g}{27.4g}\times 100\%=66\%$$

七、讨论与心得（要求同示例一）

附录二　常用法定计量单位

量的名称	量的符号	单位名称	单位符号	备注
长度	$l(L)$	米 海里[①] [市]尺[②] 费密[②] 埃[②]	m nmile Å	SI基本单位 1nmile＝1852m 1[市]尺＝1/3m 1费密＝10^{-15}m 1Å＝10^{-10}m
面积	$A(S)$	平方米 靶恩[②]	m^2 b	SI导出单位 1b＝$10^{-28}m^2$
体积	V	立方米 升[①]	m^3 L(l)	SI导出单位 1L＝$1dm^3=10^{-3}m^3$
平面角	$\alpha、\beta、\gamma、\theta、\varphi$等	弧度 [角]秒[①] [角]分[①] 度[①]	rad (″) (′) (°)	SI辅助单位 1″＝(π/648000)rad 1′＝(π/10800)rad 1°＝(π/180)rad
质量	m	千克(公斤) 吨[①] 原子质量单位[①] (米制)克拉[②] [市]斤[①]	kg t u	SI基本单位 1t＝10^3kg 1u≈1.66×10^{-27}kg 1[米制]克拉＝2×10^{-4}kg 1[市]斤＝0.5kg
物质的量	n	摩[尔]	mol	SI基本单位
密度	ρ	千克每立方米	kg/m^3	SI导出单位
热力学温度	T	开[尔文]	K	SI基本单位
摄氏温度	t,θ	摄氏度	℃	SI导出单位
时间	t	秒 分[①] [小]时[①] 天，(日)[①]	S min h d	SI基本单位 1min＝60s 1h＝3600s 1d＝86400s
频率	$f,(v)$	赫[兹]	Hz	SI导出单位

续表

量的名称	量的符号	单位名称	单位符号	备注
压力 压强 应力	p	帕[斯卡] 巴② 标准大气压② 毫米汞柱② 千克力每平方厘米② 工程大气压② 毫米水柱②	Pa bar atm mmHg kgf/cm^2 at mmH_2O	SI 导出单位 $1bar=10^5Pa$ 1atm＝101325Pa 1mmHg＝133.322Pa $1kgf/cm^2=9.80665\times10^4Pa$ $1at=9.80665\times10^4Pa$ $1mmH_2O=9.806375Pa$
电　流	I	安[培]	A	SI 基本单位
电荷量	Q	库[仑]	C	SI 导出单位
电位 电　压 电动势	V,φ U E	伏[特]	V	SI 导出单位
电容	C	法[拉]	F	SI 导出单位
电阻	R	欧[姆]	Ω	SI 导出单位
功热	$E,(W)$ Q	千瓦小时① 卡[路里]② 尔格② 千克力米②	kW·h cal erg kgf·m	$1kW\cdot h=3.6\times10^6J$ 1cal＝4.1868J （卡指国际蒸气表卡） $1erg=10^{-7}J$ 1kgf·m＝9.80665J

① 为我国选定的非国际单位制的单位。

② 为已习惯使用应废除的单位，其余为 SI 单位。

注：1. 本表选自 1984 年 2 月 27 日国务院“关于在我国统一实行法定计量单位的命令”。表中量的名称是国家标准 GB 3102 规定的。

2. 量的符号一律为斜体，单位符号一律为正体。

附录三　弱酸或弱碱的解离常数

一、酸

名　称	温度/℃	解离常数 K_a	pK_a
砷酸 H_3AsO_4	18	$K_{a1}=5.6\times10^{-3}$	2.25
		$K_{a2}=1.7\times10^{-7}$	6.77
		$K_{a3}=3.0\times10^{-12}$	11.50
硼酸 H_3BO_3	20	$K_a=5.7\times10^{-10}$	9.24
氢氰酸 HCN	25	$K_a=6.2\times10^{-10}$	9.21
碳酸 H_2CO_3	25	$K_{a1}=4.2\times10^{-7}$	6.38
		$K_{a2}=5.6\times10^{-11}$	10.25
铬酸 H_2CrO_4	25	$K_{a1}=1.8\times10^{-1}$	0.74
		$K_{a2}=3.2\times10^{-7}$	6.49
氢氟酸 HF	25	$K_a=3.5\times10^{-4}$	3.46
亚硝酸 HNO_2	25	$K_a=4.6\times10^{-4}$	3.37

续表

名　称	温度/℃	解离常数 K_a	pK_a
磷酸 H_3PO_4	25	$K_{a1}=7.6\times10^{-3}$	2.12
		$K_{a2}=6.3\times10^{-8}$	7.20
		$K_{a3}=4.4\times10^{-13}$	12.36
硫化氢 H_2S	25	$K_{a1}=1.3\times10^{-7}$	6.89
		$K_{a2}=7.1\times10^{-15}$	14.15
亚硫酸 H_2SO_3	18	$K_{a1}=1.5\times10^{-2}$	1.82
		$K_{a2}=1.0\times10^{-7}$	7.00
硫酸 H_2SO_4	25	$K_{a2}=1.02\times10^{-2}$	1.99
甲酸 HCOOH	20	$K_a=1.8\times10^{-4}$	3.74
醋酸 CH_3COOH	20	$K_a=1.8\times10^{-5}$	4.74
一氯乙酸 $CH_2ClCOOH$	25	$K_a=1.4\times10^{-3}$	2.86
二氯乙酸 $CHCl_2COOH$	25	$K_a=5.0\times10^{-2}$	1.30
三氯乙酸 CCl_3COOH	25	$K_a=0.23$	0.64
草酸 $H_2C_2O_4$	25	$K_{a1}=5.9\times10^{-2}$	1.23
		$K_{a2}=6.4\times10^{-5}$	4.19
琥珀酸 $(CH_2COOH)_2$	25	$K_{a1}=6.4\times10^{-5}$	4.19
		$K_{a2}=2.7\times10^{-6}$	5.57
酒石酸 CH(OH)COOH │ CH(OH)COOH	25	$K_{a1}=9.1\times10^{-4}$	3.04
		$K_{a2}=4.3\times10^{-5}$	4.37
柠檬酸 CH_2COOH │ C(OH)COOH │ CH_2COOH	18	$K_{a1}=7.4\times10^{-4}$	3.13
		$K_{a2}=1.7\times10^{-5}$	4.76
		$K_{a3}=4.0\times10^{-7}$	6.40
苯酚 C_6H_5OH	20	$K_a=1.1\times10^{-10}$	9.95
苯甲酸 C_6H_5COOH	25	$K_a=6.2\times10^{-5}$	4.21
水杨酸 $C_6H_4(OH)COOH$	18	$K_{a1}=1.07\times10^{-3}$	2.97
		$K_{a2}=4\times10^{-14}$	13.40
邻苯二甲酸 $C_6H_4(COOH)_2$	25	$K_{a1}=1.3\times10^{-3}$	2.89
		$K_{a2}=2.9\times10^{-6}$	5.54

二、碱

名　称	温度/℃	解离常数 K_b	pK_b
氨水 $NH_3\cdot H_2O$	25	$K_b=1.8\times10^{-5}$	4.74
羟胺 NH_2OH	20	$K_b=9.1\times10^{-9}$	8.04
苯胺 $C_6H_5NH_2$	25	$K_b=4.6\times10^{-10}$	9.34
乙二胺 $H_2NCH_2CH_2NH_2$	25	$K_{b1}=8.5\times10^{-5}$	4.07
		$K_{b2}=7.1\times10^{-8}$	7.15
六亚甲基四胺 $(CH_2)_6N_4$	25	$K_b=1.4\times10^{-9}$	8.85
吡啶 (N)	25	$K_b=1.7\times10^{-9}$	8.77

附录四 微溶化合物的溶度积（18～25℃，$I=0$）

微溶化合物	$K_{sp}^{\ominus}$	$pK_{sp}^{\ominus}$	微溶化合物	$K_{sp}^{\ominus}$	$pK_{sp}^{\ominus}$
Ag_3AsO_4	1×10^{-22}	22.0	$Co_2[Fe(CN)_6]$	1.8×10^{-15}	14.74
AgBr	5.0×10^{-13}	12.30	$Co(OH)_2$（新析出）	2×10^{-15}	14.7
Ag_2CO_3	8.1×10^{-12}	11.09	$Co(OH)_3$	2×10^{-44}	43.7
AgCl	1.8×10^{-10}	9.75	$Co[Hg(SCN)_4]$	1.5×10^{-6}	5.82
Ag_2CrO_4	2.0×10^{-12}	11.71	α-CoS	4×10^{-21}	20.4
AgCN	1.2×10^{-16}	15.92	β-CoS	2×10^{-25}	24.7
AgOH	2.0×10^{-8}	7.71	$Co_3(PO_4)_2$	2×10^{-35}	34.7
AgI	9.3×10^{-17}	16.03	$Cr(OH)_3$	6×10^{-31}	30.2
$Ag_2C_2O_4$	3.5×10^{-11}	10.46	CuBr	5.2×10^{-9}	8.28
Ag_3PO_4	1.4×10^{-16}	15.84	CuCl	1.2×10^{-6}	5.92
Ag_2SO_4	1.4×10^{-5}	4.84	CuCN	3.2×10^{-20}	19.49
Ag_2S	2×10^{-49}	48.7	CuI	1.1×10^{-12}	11.96
AgSCN	1.0×10^{-12}	12.00	CuOH	1×10^{-14}	14.0
$Al(OH)_3$（无定形）	1.3×10^{-33}	32.9	Cu_2S	2×10^{-48}	47.7
$As_2S_3$①	2.1×10^{-22}	21.68	CuSCN	4.8×10^{-15}	14.32
$BaCO_3$	5.1×10^{-9}	8.29	$CuCO_3$	1.4×10^{-10}	9.86
$BaCrO_4$	1.2×10^{-10}	9.93	$Cu(OH)_2$	2.2×10^{-20}	19.66
BaF_2	1×10^{-6}	6.0	CuS	6×10^{-36}	35.2
$BaC_2O_4\cdot H_2O$	2.3×10^{-8}	7.64	$FeCO_3$	3.2×10^{-11}	10.50
$BaSO_4$	1.1×10^{-10}	9.96	$Fe(OH)_2$	8×10^{-16}	15.1
$Bi(OH)_3$	4×10^{-31}	30.4	FeS	6×10^{-18}	17.2
BiOOH②	4×10^{-10}	9.4	$Fe(OH)_3$	4×10^{-38}	37.4
BiI_3	8.1×10^{-19}	18.09	$FePO_4$	1.3×10^{-22}	21.89
BiOCl	1.8×10^{-31}	30.75	$Hg_2Br_2$③	5.8×10^{-23}	22.24
$BiPO_4$	1.3×10^{-23}	22.89	Hg_2CO_3	8.9×10^{-17}	16.05
Bi_2S_3	1×10^{-97}	97.0	Hg_2Cl_2	1.3×10^{-18}	17.88
$CaCO_3$	2.9×10^{-9}	8.54	$Hg_2(OH)_2$	2×10^{-24}	23.7
CaF_2	2.7×10^{-11}	10.57	Hg_2I_2	4.5×10^{-29}	28.35
$CaC_2O_4\cdot H_2O$	2.0×10^{-9}	8.70	Hg_2SO_4	7.4×10^{-7}	6.13
$Ca_3(PO_4)_2$	2.0×10^{-29}	28.70	Hg_2S	1×10^{-47}	47.0
$CaSO_4$	9.1×10^{-6}	5.04	$Hg(OH)_2$	3.0×10^{-26}	25.52
$CaWO_4$	8.7×10^{-9}	8.06	HgS（红色）	4×10^{-53}	52.4
$CdCO_3$	5.2×10^{-12}	11.28	（黑色）	2×10^{-52}	51.7
$Cd_2[Fe(CN)_6]$	3.2×10^{-17}	16.49	$MgNH_4PO_4$	2×10^{-13}	12.7
$Cd(OH)_2$（新析出）	2.5×10^{-14}	13.60	$MgCO_3$	3.5×10^{-8}	7.46
$CdC_2O_4\cdot 3H_2O$	9.1×10^{-8}	7.04	MgF_2	6.4×10^{-9}	8.19
CdS	8×10^{-27}	26.1	$Mg(OH)_2$	1.8×10^{-11}	10.74
$CoCO_3$	1.4×10^{-13}	12.84	$MnCO_3$	1.8×10^{-11}	10.74

续表

微溶化合物	$K_{sp}^{\ominus}$	$pK_{sp}^{\ominus}$	微溶化合物	$K_{sp}^{\ominus}$	$pK_{sp}^{\ominus}$
$Mn(OH)_2$	1.9×10^{-13}	12.72	$Pb(OH)_4$	3×10^{-66}	65.5
MnS(无定形)	2×10^{-10}	9.7	$Sb(OH)_3$	4×10^{-42}	41.4
MnS(晶型)	2×10^{-13}	12.7	Sb_2S_3	2×10^{-93}	92.8
$NiCO_3$	6.6×10^{-9}	8.18	$Sn(OH)_2$	1.4×10^{-28}	27.85
$Ni(OH)_2$(新析出)	2×10^{-15}	14.7	SnS	1×10^{-25}	25.0
$Ni_3(PO_4)_2$	5×10^{-31}	30.3	$Sn(OH)_4$	1×10^{-56}	56.0
α-NiS	3×10^{-19}	18.5	SnS_2	2×10^{-27}	26.7
β-NiS	1×10^{-24}	24.0	$SrCO_3$	1.1×10^{-10}	9.96
γ-NiS	2×10^{-26}	25.7	$SrCrO_4$	2.2×10^{-5}	4.65
$PbCO_3$	7.4×10^{-14}	13.13	SrF_2	2.4×10^{-9}	8.61
$PbCl_2$	1.6×10^{-5}	4.79	$SrC_2O_4\cdot H_2O$	1.6×10^{-7}	6.80
PbClF	2.4×10^{-9}	8.62	$Sr_3(PO_4)_2$	4.1×10^{-28}	27.39
$PbCrO_4$	2.8×10^{-13}	12.55	Sr_3SO_4	3.2×10^{-7}	6.49
PbF_2	2.7×10^{-8}	7.57	$Ti(OH)_3$	1×10^{-40}	40.0
$Pb(OH)_2$	1.2×10^{-15}	14.93	$TiO(OH)_2$④	1×10^{-29}	29.0
PbI_2	7.1×10^{-9}	8.15	$ZnCO_3$	1.4×10^{-11}	10.84
$PbMoO_4$	1×10^{-13}	13.0	$Zn_2[Fe(CN)_6]$	4.1×10^{-16}	15.39
$Pb_3(PO_4)_2$	8.0×10^{-43}	42.10	$Zn(OH)_2$	1.2×10^{-17}	16.92
$PbSO_4$	1.6×10^{-8}	7.79	$Zn_3(PO_4)_2$	9.1×10^{-33}	32.04
PbS	8×10^{-28}	27.09	ZnS	2×10^{-22}	21.7

① 为下列平衡的平衡常数：$As_2S_3+4H_2O \rightleftharpoons 2HAsO_2+3H_2S$。

② BiOOH：$K_{sp}^{\ominus}=[BiO^+][OH^-]$。

③ $(Hg_2)_mX_n$：$K_{sp}^{\ominus}=[Hg_2^{2+}]^m[X^{-2m/n}]^n$。

④ $TiO(OH)_2$：$K_{sp}^{\ominus}=[TiO^{2+}][OH^-]^2$。

附录五 标准电极电位（298.15K）

一、在酸性溶液中

电对	电极反应	$\varphi_A^{\ominus}/V$
Li^+/Li	$Li^++e^- \rightleftharpoons Li$	−3.045
Rb^+/Rb	$Rb^++e^- \rightleftharpoons Rb$	−2.93
K^+/K	$K^++e^- \rightleftharpoons K$	−2.925
Cs^+/Cs	$Cs^++e^- \rightleftharpoons Cs$	−2.92
Ba^{2+}/Ba	$Ba^{2+}+2e^- \rightleftharpoons Ba$	−2.91
Sr^{2+}/Sr	$Sr^{2+}+2e^- \rightleftharpoons Sr$	−2.89
Ca^{2+}/Ca	$Ca^{2+}+2e^- \rightleftharpoons Ca$	−2.87
Na^+/Na	$Na^++e^- \rightleftharpoons Na$	−2.714
La^{3+}/La	$La^{3+}+3e^- \rightleftharpoons La$	−2.52
Y^{3+}/Y	$Y^{3+}+3e^- \rightleftharpoons Y$	−2.37
Mg^{2+}/Mg	$Mg^{2+}+2e^- \rightleftharpoons Mg$	−2.37
Ce^{3+}/Ce	$Ce^{3+}+3e^- \rightleftharpoons Ce$	−2.33
H_2/H^-	$\frac{1}{2}H_2+e^- \rightleftharpoons H^-$	−2.25
Sc^{3+}/Sc	$Sc^{3+}+3e^- \rightleftharpoons Sc$	−2.1
Th^{4+}/Th	$Th^{4+}+4e^- \rightleftharpoons Th$	−1.9
Be^{2+}/Be	$Be^{2+}+2e^- \rightleftharpoons Be$	−1.85
U^{3+}/U	$U^{3+}+3e^- \rightleftharpoons U$	−1.80

续表

电　对	电 极 反 应	$\varphi_A^{\ominus}/V$
Al^{3+}/Al	$Al^{3+}+3e^- \rightleftharpoons Al$	-1.66
Ti^{2+}/Ti	$Ti^{2+}+2e^- \rightleftharpoons Ti$	-1.63
ZrO_2/Zr	$ZrO_2+4H^++4e^- \rightleftharpoons Zr+2H_2O$	-1.43
V^{2+}/V	$V^{2+}+2e^- \rightleftharpoons V$	-1.2
Mn^{2+}/Mn	$Mn^{2+}+2e^- \rightleftharpoons Mn$	-1.17
TiO_2/Ti	$TiO_2+4H^++4e^- \rightleftharpoons Ti+2H_2O$	-0.86
SiO_2/Si	$SiO_2+4H^++4e^- \rightleftharpoons Si+2H_2O$	-0.86
Cr^{2+}/Cr	$Cr^{2+}+2e^- \rightleftharpoons Cr$	-0.86
Zn^{2+}/Zn	$Zn^{2+}+2e^- \rightleftharpoons Zn$	-0.763
Cr^{3+}/Cr	$Cr^{3+}+3e^- \rightleftharpoons Cr$	-0.74
Ag_2S/Ag	$Ag_2S+2e^- \rightleftharpoons 2Ag+S^{2-}$	-0.71
$CO_2/H_2C_2O_4$	$2CO_2+2H^++2e^- \rightleftharpoons H_2C_2O_4$	-0.49
Fe^{2+}/Fe	$Fe^{2+}+2e^- \rightleftharpoons Fe$	-0.440
Cr^{3+}/Cr^{2+}	$Cr^{3+}+e^- \rightleftharpoons Cr^{2+}$	-0.41
Cd^{2+}/Cd	$Cd^{2+}+2e^- \rightleftharpoons Cd$	-0.403
Ti^{3+}/Ti^{2+}	$Ti^{3+}+e^- \rightleftharpoons Ti^{2+}$	-0.37
$PbSO_4/Pb$	$PbSO_4+2e^- \rightleftharpoons Pb+SO_4^{2-}$	-0.356
Co^{2+}/Co	$Co^{2+}+2e^- \rightleftharpoons Co$	-0.29
$PbCl_2/Pb$	$PbCl_2+2e^- \rightleftharpoons Pb+2Cl^-$	-0.266
V^{3+}/V^{2+}	$V^{3+}+e^- \rightleftharpoons V^{2+}$	-0.255
Ni^{2+}/Ni	$Ni^{2+}+2e^- \rightleftharpoons Ni$	-0.25
AgI/Ag	$AgI+e^- \rightleftharpoons Ag+I^-$	-0.152
Sn^{2+}/Sn	$Sn^{2+}+2e^- \rightleftharpoons Sn$	-0.136
Pb^{2+}/Pb	$Pb^{2+}+2e^- \rightleftharpoons Pb$	-0.126
$AgCN/Ag$	$AgCN+e^- \rightleftharpoons Ag+CN^-$	-0.017
H^+/H_2	$2H^++2e^- \rightleftharpoons H_2$	0.0000
$AgBr/Ag$	$AgBr+e^- \rightleftharpoons Ag+Br^-$	0.071
TiO^{2+}/Ti^{3+}	$TiO^{2+}+2H^++e^- \rightleftharpoons Ti^{3+}+H_2O$	0.10
S/H_2S	$S+2H^++2e^- \rightleftharpoons H_2S(aq)$	0.14
Sb_2O_3/Sb	$Sb_2O_3+6H^++6e^- \rightleftharpoons 2Sb+3H_2O$	0.15
Sn^{4+}/Sn^{2+}	$Sn^{4+}+2e^- \rightleftharpoons Sn^{2+}$	0.154
Cu^{2+}/Cu^+	$Cu^{2+}+e^- \rightleftharpoons Cu^+$	0.17
$AgCl/Ag$	$AgCl+e^- \rightleftharpoons Ag+Cl^-$	0.2223
$HAsO_2/As$	$HAsO_2+3H^++3e^- \rightleftharpoons As+2H_2O$	0.248
Hg_2Cl_2/Hg	$Hg_2Cl_2+2e^- \rightleftharpoons 2Hg+2Cl^-$	0.268
BiO^+/Bi	$BiO^++2H^++3e^- \rightleftharpoons Bi+H_2O$	0.32
UO_2^{2+}/U^{4+}	$UO_2^{2+}+4H^++2e^- \rightleftharpoons U^{4+}+2H_2O$	0.33
VO^{2+}/V^{3+}	$VO^{2+}+2H^++e^- \rightleftharpoons V^{3+}+H_2O$	0.34
Cu^{2+}/Cu	$Cu^{2+}+2e^- \rightleftharpoons Cu$	0.34
$S_2O_3^{2-}/S$	$S_2O_3^{2-}+6H^++4e^- \rightleftharpoons 2S+3H_2O$	0.5
Cu^+/Cu	$Cu^++e^- \rightleftharpoons Cu$	0.52
I_3^-/I^-	$I_3^-+2e^- \rightleftharpoons 3I^-$	0.545
I_2/I^-	$I_2+2e^- \rightleftharpoons 2I^-$	0.535
MnO_4^-/MnO_4^{2-}	$MnO_4^-+e^- \rightleftharpoons MnO_4^{2-}$	0.57
$H_3AsO_4/HAsO_2$	$H_3AsO_4+2H^++2e^- \rightleftharpoons HAsO_2+2H_2O$	0.581
$HgCl_2/Hg_2Cl_2$	$2HgCl_2+2e^- \rightleftharpoons Hg_2Cl_2(s)+2Cl^-$	0.63
Ag_2SO_4/Ag	$Ag_2SO_4+2e^- \rightleftharpoons 2Ag+SO_4^{2-}$	0.653
O_2/H_2O_2	$O_2+2H^++2e^- \rightleftharpoons H_2O_2$	0.69
$[PtCl_4]^{2-}/Pt$	$[PtCl_4]^{2-}+2e^- \rightleftharpoons Pt+4Cl^-$	0.73
Fe^{3+}/Fe^{2+}	$Fe^{3+}+e^- \rightleftharpoons Fe^{2+}$	0.771

续表

电对	电极反应	$\varphi_A^\ominus$/V
Hg_2^{2+}/Hg	$Hg_2^{2+}+2e^- \rightleftharpoons 2Hg$	0.792
Ag^+/Ag	$Ag^++e^- \rightleftharpoons Ag$	0.7999
NO_3^-/NO_2	$NO_3^-+2H^++e^- \rightleftharpoons NO_2+H_2O$	0.80
Hg^{2+}/Hg	$Hg^{2+}+2e^- \rightleftharpoons Hg$	0.854
Cu^{2+}/CuI	$Cu^{2+}+I^-+e^- \rightleftharpoons CuI$	0.86
Hg^{2+}/Hg_2^{2+}	$2Hg^{2+}+2e^- \rightleftharpoons Hg_2^{2+}$	0.907
Pd^{2+}/Pd	$Pd^{2+}+2e^- \rightleftharpoons Pd$	0.92
NO_3^-/HNO_2	$NO_3^-+3H^++2e^- \rightleftharpoons HNO_2+H_2O$	0.94
NO_3^-/NO	$NO_3^-+4H^++3e^- \rightleftharpoons NO+2H_2O$	0.96
HNO_2/NO	$HNO_2+H^++e^- \rightleftharpoons NO+H_2O$	0.98
HIO/I^-	$HIO+H^++2e^- \rightleftharpoons I^-+H_2O$	0.99
VO_2^+/VO^{2+}	$VO_2^++2H^++e^- \rightleftharpoons VO^{2+}+H_2O$	0.999
$[AuCl_4]^-/Au$	$[AuCl_4]^-+3e^- \rightleftharpoons Au+4Cl^-$	1.00
NO_2/NO	$NO_2+2H^++2e^- \rightleftharpoons NO+H_2O$	1.03
Br_2/Br^-	$Br_2(l)+2e^- \rightleftharpoons 2Br^-$	1.065
NO_2/HNO_2	$NO_2+H^++e^- \rightleftharpoons HNO_2$	1.07
Br_2/Br^-	$Br_2(aq)+2e^- \rightleftharpoons 2Br^-$	1.08
$Cu^{2+}/[Cu(CN)_2]^-$	$Cu^{2+}+2CN^-+e^- \rightleftharpoons [Cu(CN)_2]^-$	1.12
IO_3^-/HIO	$IO_3^-+5H^++4e^- \rightleftharpoons HIO+2H_2O$	1.14
ClO_3^-/ClO_2	$ClO_3^-+2H^++e^- \rightleftharpoons ClO_2+H_2O$	1.15
Ag_2O/Ag	$Ag_2O+2H^++2e^- \rightleftharpoons 2Ag+H_2O$	1.17
ClO_4^-/ClO_3^-	$ClO_4^-+2H^++2e^- \rightleftharpoons ClO_3^-+H_2O$	1.19
IO_3^-/I_2	$2IO_3^-+12H^++10e^- \rightleftharpoons I_2+6H_2O$	1.19
$ClO_3^-/HClO_2$	$ClO_3^-+3H^++2e^- \rightleftharpoons HClO_2+H_2O$	1.21
O_2/H_2O	$O_2+4H^++4e^- \rightleftharpoons 2H_2O$	1.229
MnO_2/Mn^{2+}	$MnO_2+4H^++4e^- \rightleftharpoons Mn^{2+}+2H_2O$	1.23
$ClO_2/HClO_2$	$ClO_2(g)+H^++e^- \rightleftharpoons HClO_2$	1.27
$Cr_2O_7^{2-}/Cr^{3+}$	$Cr_2O_7^{2-}+14H^++6e^- \rightleftharpoons 2Cr^{3+}+7H_2O$	1.33
ClO_4^-/Cl_2	$2ClO_4^-+16H^++14e^- \rightleftharpoons Cl_2+8H_2O$	1.34
Cl_2/Cl^-	$Cl_2+2e^- \rightleftharpoons 2Cl^-$	1.36
Au^{3+}/Au^+	$Au^{3+}+2e^- \rightleftharpoons Au^+$	1.41
BrO_3^-/Br^-	$BrO_3^-+6H^++6e^- \rightleftharpoons Br^-+3H_2O$	1.44
HIO/I_2	$2HIO+2H^++2e^- \rightleftharpoons I_2+2H_2O$	1.45
ClO_3^-/Cl^-	$ClO_3^-+6H^++6e^- \rightleftharpoons Cl^-+3H_2O$	1.45
PbO_2/Pb^{2+}	$PbO_2+4H^++2e^- \rightleftharpoons Pb^{2+}+2H_2O$	1.455
ClO_3^-/Cl_2	$2ClO_3^-+12H^++10e^- \rightleftharpoons Cl_2+6H_2O$	1.47
Mn^{3+}/Mn^{2+}	$Mn^{3+}+e^- \rightleftharpoons Mn^{2+}$	1.488
$HClO/Cl^-$	$HClO+H^++2e^- \rightleftharpoons Cl^-+H_2O$	1.49
Au^{3+}/Au	$Au^{3+}+3e^- \rightleftharpoons Au$	1.50
BrO_3^-/Br_2	$2BrO_3^-+12H^++10e^- \rightleftharpoons Br_2+6H_2O$	1.5
MnO_4^-/Mn^{2+}	$MnO_4^-+8H^++5e^- \rightleftharpoons Mn^{2+}+4H_2O$	1.51
$HBrO/Br_2$	$2HBrO+2H^++2e^- \rightleftharpoons Br_2+2H_2O$	1.6
H_5IO_6/IO_3^-	$H_5IO_8+H^++2e^- \rightleftharpoons IO_3^-+3H_2O$	1.6
$HClO/Cl_2$	$2HClO+2H^++2e^- \rightleftharpoons Cl_2+2H_2O$	1.63
$HClO_2/HClO$	$HClO_2+2H^++2e^- \rightleftharpoons HClO+H_2O$	1.64
MnO_4^-/MnO_2	$MnO_4^-+4H^++3e^- \rightleftharpoons MnO_2+2H_2O$	1.68
NiO_2/Ni^{2+}	$NiO_2+4H^++2e^- \rightleftharpoons Ni^{2+}+2H_2O$	1.68
$PbO_2/PbSO_4$	$PbO_2+SO_4^{2-}+4H^++2e^- \rightleftharpoons PbSO_4+2H_2O$	1.69
H_2O_2/H_2O	$H_2O_2+2H^++2e^- \rightleftharpoons 2H_2O$	1.77
Co^{3+}/Co^{2+}	$Co^{3+}+e^- \rightleftharpoons Co^{2+}$	1.80

续表

电　对	电 极 反 应	$\varphi_A^\ominus$/V
XeO_3/Xe	$XeO_3+6H^++6e^- \rightleftharpoons Xe+3H_2O$	1.8
$S_2O_8^{2-}/SO_4^{2-}$	$S_2O_8^{2-}+2e^- \rightleftharpoons 2SO_4^{2-}$	2.0
O_3/O_2	$O_3+2H^++2e^- \rightleftharpoons O_2+H_2O$	2.07
XeF_2/Xe	$XeF_2+2e^- \rightleftharpoons Xe+2F^-$	2.2
F_2/F^-	$F_2+2e^- \rightleftharpoons 2F^-$	2.87
H_4XeO_6/XeO_3	$H_4XeO_6+2H^++2e^- \rightleftharpoons XeO_3+3H_2O$	3.0
F_2/HF	$F_2(g)+2H^++2e^- \rightleftharpoons 2HF$	3.06

二、在碱性溶液中

电　对	电 极 反 应	$\varphi_B^\ominus$/V
$Mg(OH)_2/Mg$	$Mg(OH)_2+2e^- \rightleftharpoons Mg+2OH^-$	−2.69
$H_2AlO_3^-/Al$	$H_2AlO_3^-+H_2O+3e^- \rightleftharpoons Al+4OH^-$	−2.35
$H_2BO_3^-/B$	$H_2BO_3^-+H_2O+3e^- \rightleftharpoons B+4OH^-$	−1.79
$Mn(OH)_2/Mn$	$Mn(OH)_2+2e^- \rightleftharpoons Mn+2OH^-$	−1.55
$[Zn(CN)_4]^{2-}/Zn$	$[Zn(CN)_4]^{2-}+2e^- \rightleftharpoons Zn+4CN^-$	−1.26
ZnO_2^{2-}/Zn	$ZnO_2^{2-}+2H_2O+2e^- \rightleftharpoons Zn+4OH^-$	−1.216
$SO_3^{2-}/S_2O_4^{2-}$	$2SO_3^{2-}+2H_2O+2e^- \rightleftharpoons S_2O_4^{2-}+4OH^-$	−1.12
$[Zn(NH_3)_4]^{2+}/Zn$	$[Zn(NH_3)_4]^{2+}+2e^- \rightleftharpoons Zn+4NH_3$	−1.04
$[Sn(OH)_6]^{2-}/HSnO_2^-$	$[Sn(OH)_6]^{2-}+2e^- \rightleftharpoons HSnO_2^-+3OH^-+H_2O$	−0.93
SO_4^{2-}/SO_3^{2-}	$SO_4^{2-}+H_2O+2e^- \rightleftharpoons SO_3^{2-}+2OH^-$	−0.93
$HSnO_2^-/Sn$	$HSnO_2^-+H_2O+2e^- \rightleftharpoons Sn+3OH^-$	−0.91
H_2O/H_2	$2H_2O+2e^- \rightleftharpoons H_2+2OH^-$	−0.828
$Ni(OH)_2/Ni$	$Ni(OH)_2+2e^- \rightleftharpoons Ni+2OH^-$	−0.72
AsO_4^{3-}/AsO_2^-	$AsO_4^{3-}+2H_2O+2e^- \rightleftharpoons AsO_2^-+4OH^-$	−0.67
SO_3^{2-}/S	$SO_3^{2-}+3H_2O+4e^- \rightleftharpoons S+6OH^-$	−0.66
AsO_2^-/As	$AsO_2^-+2H_2O+3e^- \rightleftharpoons As+4OH^-$	−0.66
$SO_3^{2-}/S_2O_3^{2-}$	$2SO_3^{2-}+3H_2O+4e^- \rightleftharpoons S_2O_3^{2-}+6OH^-$	−0.58
S/S^{2-}	$S+2e^- \rightleftharpoons S^{2-}$	−0.48
$[Ag(CN)_2]^-/Ag$	$[Ag(CN)_2]^-+e^- \rightleftharpoons Ag+2CN^-$	−0.31
CrO_4^{2-}/CrO_2^-	$CrO_4^{2-}+2H_2O+3e^- \rightleftharpoons CrO_2^-+4OH^-$	−0.12
O_2/HO_2^-	$O_2+H_2O+2e^- \rightleftharpoons HO_2^-+OH^-$	−0.076
NO_3^-/NO_2^-	$NO_3^-+H_2O+2e^- \rightleftharpoons NO_2^-+2OH^-$	0.01
$S_4O_6^{2-}/S_2O_3^{2-}$	$S_4O_6^{2-}+2e^- \rightleftharpoons 2S_2O_3^{2-}$	0.09
HgO/Hg	$HgO+H_2O+2e^- \rightleftharpoons Hg+2OH^-$	0.098
$Mn(OH)_3/Mn(OH)_2$	$Mn(OH)_3+e^- \rightleftharpoons Mn(OH)_2+OH^-$	0.1
$[Co(NH_3)_6]^{3+}/[Co(NH_3)_6]^{2+}$	$[Co(NH_3)_6^{3+}]+e^- \rightleftharpoons [Co(NH_3)_6]^{2+}$	0.1
$Co(OH)_3/Co(OH)_2$	$Co(OH)_3+e^- \rightleftharpoons Co(OH)_2+OH^-$	0.17
Ag_2O/Ag	$Ag_2O+H_2O+2e^- \rightleftharpoons 2Ag+2OH^-$	0.34
O_2/OH^-	$O_2+2H_2O+4e^- \rightleftharpoons 4OH^-$	0.41
MnO_4^-/MnO_2	$MnO_4^-+2H_2O+3e^- \rightleftharpoons MnO_2+4OH^-$	0.588
BrO_3^-/Br^-	$BrO_3^-+3H_2O+6e^- \rightleftharpoons Br^-+6OH^-$	0.61
BrO^-/Br^-	$BrO^-+H_2O+2e^- \rightleftharpoons Br^-+2OH^-$	0.76
H_2O_2/OH^-	$H_2O_2+2e^- \rightleftharpoons 2OH^-$	0.88
ClO^-/Cl^-	$ClO^-+H_2O+2e^- \rightleftharpoons Cl^-+2OH^-$	0.89
$HXeO_6^{3-}/HXeO_4$	$HXeO_6^{3-}+2H_2O+e^- \rightleftharpoons HXeO_4+4OH^-$	0.9
$HXeO_4/Xe$	$HXeO_4+3H_2O+7e^- \rightleftharpoons Xe+7OH^-$	0.9
O_3/OH^-	$O_3+H_2O+2e^- \rightleftharpoons O_2+2OH^-$	1.24

附录六　化合物的相对分子质量

分子式	相对分子质量	分子式	相对分子质量	分子式	相对分子质量
Ag_3AsO_4	462.52	$Co(NO_3)_2$	182.94	H_3AsO_4	141.94
AgI	234.77	$Co(NO_3)_2\cdot 6H_2O$	291.03	H_3BO_3	61.83
AgBr	187.77	CoS	90.99	HBr	80.912
AgCl	143.32	$CoSO_4$	154.99	HCN	27.026
$AgNO_3$	169.87	$CoSO_4\cdot 7H_2O$	281.10	HCOOH	46.026
AgCN	133.89	$CO(NH_2)_2$	60.06	H_2CO_3	62.025
AgSCN	165.95	$CrCl_3$	158.35	$H_2C_2O_4$	90.035
Ag_2CrO_4	331.73	$CrCl_3\cdot 6H_2O$	266.45	$H_2C_2O_4\cdot 2H_2O$	126.07
$AlCl_3$	133.34	$Cr(NO_3)_3$	238.01	HCl	36.461
$AlCl_3\cdot 6H_2O$	241.43	Cr_2O_3	151.99	HF	20.006
$Al(NO_3)_3$	213.00	CuCl	98.999	HI	127.91
$Al(NO_3)_3\cdot 9H_2O$	375.13	$CuCl_2$	134.45	HIO_3	175.91
Al_2O_3	101.96	$CuCl_2\cdot 2H_2O$	170.48	HNO_3	63.013
$Al(OH)_3$	78.00	CuSCN	121.62	HNO_2	47.013
$Al_2(SO_4)_3$	342.14	CuI	190.45	H_2O	18.015
$Al_2(SO_4)_3\cdot 18H_2O$	666.41	$Cu(NO_3)_2$	187.56	H_2O_2	34.015
As_2S_3	246.02	$Cu(NO_3)_2\cdot 3H_2O$	241.60	Na_2CO_3	105.99
As_2O_3	197.84	CuO	79.545	$Na_2CO_3\cdot 10H_2O$	286.14
As_2O_5	229.84	Cu_2O	143.09	$Na_2C_2O_4$	134.00
$BaCO_3$	197.34	CuS	95.61	NaCl	58.443
BaC_2O_4	225.35	$CuSO_4$	159.60	NaClO	74.442
$BaCl_2$	208.24	$CuSO_4\cdot 5H_2O$	249.68	$KBrO_3$	167.00
$BaCl_2\cdot 2H_2O$	244.27	CH_3COOH	60.052	KCl	74.551
$BaCrO_4$	253.32	CH_3COONa	82.034	$KClO_3$	122.55
BaO	153.33	$CH_3COONa\cdot 3H_2O$	136.08	$KClO_4$	138.55
$Ba(OH)_2$	171.34	MgC_2O_4	112.33	KCN	65.116
$BaSO_4$	233.39	$Mg(NO_3)_2\cdot 6H_2O$	256.41	KSCN	97.18
$BiCl_3$	315.34	$MgNH_4PO_4$	137.32	K_2CO_3	138.21
BiOCl	260.43	MgO	40.304	K_2CrO_4	194.19
CO_2	44.01	$Mg(OH)_2$	58.32	$K_2Cr_2O_7$	294.18
CaO	56.08	$Fe(NO_3)_3$	241.86	$(C_9H_7N)_3H_3PO_4\cdot 12MoO_3$	2212.7
$CaCO_3$	100.09	$Fe(NO_3)_3\cdot 9H_2O$	404.00	(磷钼酸喹啉)	
CaC_2O_4	128.10	FeO	71.846	H_3PO_4	97.995
$CaCl_2$	110.99	Fe_2O_3	159.69	H_2S	34.08
$CaCl_2\cdot 6H_2O$	219.08	Fe_3O_4	231.54	H_2SO_3	82.07
$Ca(NO_3)_2\cdot 4H_2O$	236.15	$Fe(OH)_3$	106.87	H_2SO_4	98.07
$Ca(OH)_2$	74.09	$C_4H_8N_2O_2$(丁二酮肟)	116.12	$Hg(CN)_2$	252.36
$Ca_3(PO_4)_2$	310.18	$FeCl_2$	126.75	$HgCl_2$	271.50
$CaSO_4$	136.14	$FeCl_2\cdot 4H_2O$	198.81	Hg_2Cl_2	472.09
$CdCO_3$	172.42	$FeCl_3$	162.21	HgI_2	454.40
$CdCl_2$	183.32	$FeCl_3\cdot 6H_2O$	270.30	$Hg_2(NO_3)_2$	525.19
$C_6H_4COOHCOOK$	204.23	FeS	87.91	$Hg_2(NO_3)_2\cdot 6H_2O$	561.22
(邻苯二甲酸氢钾)		Fe_2S_3	207.87	$Hg(NO_3)_2$	324.60
CdS	144.47	$FeSO_4$	151.90	HgO	216.59
$Ce(SO_4)_2$	332.24	$FeSO_4\cdot 7H_2O$	278.01	HgS	232.65
$Ce(SO_4)_2\cdot 4H_2O$	404.30	$FeNH_4(SO_4)_2\cdot 12H_2O$	482.18	$HgSO_4$	296.65
$CoCl_2$	129.84	$Fe(NH_4)_2(SO_4)_2\cdot 6H_2O$	392.13	Hg_2SO_4	497.24
$CoCl_2\cdot 6H_2O$	237.93	H_3AsO_3	125.94	$KAl(SO_4)_2\cdot 12H_2O$	474.38

续表

分子式	相对分子质量	分子式	相对分子质量	分子式	相对分子质量
KBr	119.00	CH_3COONH_4	77.083	$NiSO_4\cdot 7H_2O$	280.85
$K_3Fe(CN)_6$	329.25	NH_4Cl	53.491	P_2O_5	141.94
$K_4Fe(CN)_6$	368.35	$(NH_4)_2CO_3$	96.086	$PbCO_3$	267.20
$KFe(SO_4)_2\cdot 12H_2O$	503.24	$(NH_4)_2C_2O_4$	142.10	$Pb(CH_3COO)_2$	325.30
$KHC_2O_4\cdot H_2O$	146.14	$(NH_4)_2C_2O_4\cdot H_2O$	142.11	$SnCl_2$	189.60
$KHC_2O_4\cdot H_2C_2O_4\cdot 2H_2O$	254.19	NH_4SCN	76.12	$SnCl_4$	260.50
$KHC_4H_4O_3$	188.18	NH_4HCO_3	79.055	SnS	150.75
$KHSO_4$	136.16	$(NH_4)_2MoO_4$	196.01	$SrCO_3$	147.63
KI	166.00	NH_4NO_3	80.043	SrC_2O_4	175.64
KIO_3	214.00	$(NH_4)_2HPO_4$	132.06	$Sr(NO_3)_2$	211.63
$KIO_3\cdot HIO_3$	389.91	$(NH_4)_3PO_4\cdot 12MoO_3$	1876.3	$SrSO_4$	183.68
$KMnO_4$	158.03	$(NH_4)_2S$	68.14	$ZnCO_3$	125.39
$KNaC_4H_4O_6\cdot 4H_2O$	282.22	$(NH_4)_2SO_4$	132.13	ZnC_2O_4	153.40
KNO_3	101.10	NH_4VO_3	116.98	$ZnCl_2$	136.29
KNO_2	85.104	Na_3AsO_3	191.89	$Zn(CH_3COO)_2$	183.47
K_2O	94.196	$Na_2B_4O_7$	201.22	$Zn(CH_3COO)_2\cdot 2H_2O$	219.50
KOH	56.106	$Na_2B_4O_7\cdot 10H_2O$	381.37	$Zn(NO_3)_2$	189.39
K_2SO_4	174.25	$NaBiO_3$	279.97	$Zn(NO_3)_2\cdot 6H_2O$	297.48
$MgCO_3$	84.314	NaCN	49.007	ZnO	81.38
$MgCl_2$	95.211	NaSCN	81.07	ZnS	97.44
$MgCl_2\cdot 6H_2O$	203.30	$NaHCO_3$	84.007	$ZnSO_4$	161.44
$Pb_3(PO_4)_2$	811.54	$Na_2HPO_4\cdot 12H_2O$	358.14	$ZnSO_4\cdot 7H_2O$	287.54
PbS	239.30	$Na_2H_2Y\cdot 2H_2O$	372.24	NiS	90.75
$PbSO_4$	303.30	$NaNO_2$	68.995	PbC_2O_4	295.22
SO_3	80.06	$NaNO_3$	84.995	$PbCl_2$	278.10
$Mg_2P_2O_7$	222.55	Na_2O	61.979	$PbCrO_4$	323.20
$MgSO_4\cdot 7H_2O$	246.47	Na_2O_2	77.978	PbI_2	461.00
$MnCO_3$	114.95	NaOH	39.997	$Pb(NO_3)_2$	331.20
$MnCl_2\cdot 4H_2O$	197.91	Na_3PO_4	163.94	PbO	223.20
$Mn(NO_3)_2\cdot 6H_2O$	287.04	Na_2S	78.04	PbO_2	239.20
MnO	70.937	$Na_2S\cdot 9H_2O$	240.18	$SbCl_3$	228.11
MnO_2	86.937	Na_2SO_3	126.04	Sb_2O_3	291.50
MnS	87.00	Na_2SO_4	142.04	Sb_2S_3	339.68
$MnSO_4$	151.00	$Na_2S_2O_3$	158.10	SO_2	64.06
$MnSO_4\cdot 4H_2O$	223.06	$Na_2S_2O_3\cdot 5H_2O$	248.17	SiO_2	60.084
NO	30.006	$NiCl_2\cdot 6H_2O$	237.69	SiF_4	104.08
NO_2	46.006	NiO	74.69		
NH_3	17.03	$Ni(NO_3)_2\cdot 6H_2O$	290.79		

附录七　常用酸碱试剂的浓度和密度

名　称	浓 HCl	浓 HNO_3	浓 H_2SO_4	浓 H_3PO_4	冰 HAc	浓 $HClO_4$	浓 $NH_3\cdot H_2O$
浓度/$mol\cdot L^{-1}$	12	16	18	15	17	12	15
密度	1.19	1.42	1.84	1.7	1.05	1.7	0.9

附录八 常用酸碱指示剂

名 称	变色 pH 范围	颜色变化	配 制 方 法
百里酚蓝(0.1%)(第一次变色)	1.2～2.8	红→黄	0.1g 百里酚蓝溶于 20mL 乙醇中，加水至 100mL
甲基橙(0.1%)	3.1～4.4	红→黄	0.1g 甲基橙溶于 100mL 热水中
溴酚蓝(0.1%)	3.0～4.6	黄→紫蓝	0.1g 溴酚蓝溶于 20mL 乙醇中，加水至 100mL
溴甲酚绿(0.1%)	4.0～5.4	黄→蓝	0.1g 溴甲酚绿溶于 20mL 乙醇中，加水至 100mL
甲基红(0.1%)	4.4～6.2	红→黄	0.1g 甲基红溶于 60mL 乙醇中，加水至 100mL
溴百里酚蓝(0.1%)	6.0～7.6	黄→蓝	0.1g 溴百里酚蓝溶于 20mL 乙醇中，加水至 100mL
中性红(0.1%)	6.8～8.0	红→黄橙	0.1g 中性红溶于 60mL 乙醇中，加水至 100mL
酚酞(0.1%)	8.0～9.6	无色→红	0.1g 酚酞溶于 90mL 乙醇中，加水至 100mL
百里酚蓝(0.1%)(第二次变色)	8.0～9.6	黄→蓝	0.1g 百里酚蓝溶于 20mL 乙醇中，加水至 100mL
百里酚酞(0.1%)	9.4～10.6	无色→蓝	0.1g 百里酚酞溶于 90mL 乙醇中，加水至 100mL
茜素黄 R(0.1%)	10.1～12.1	黄→紫	0.1g 茜素黄溶于 100mL 水中

附录九 常用酸碱混合指示剂

指示剂溶液的组成	变色时 pH 值	颜色		备 注
		酸式色	碱式色	
一份 0.1%甲基黄乙醇溶液 一份 0.1%亚甲基蓝乙醇溶液	3.25	蓝紫	绿	pH=3.2 蓝紫色 pH=3.4 绿色
一份 0.1%甲基橙水溶液 一份 0.25%靛蓝二磺酸钠水溶液	4.1	紫	黄绿	
一份 0.1%溴甲酚绿钠盐水溶液 一份 0.2%甲基橙水溶液	4.3	橙	蓝绿	pH=3.5 黄色 pH=4.05 绿色 pH=4.3 浅绿色
三份 0.1%溴甲酚绿乙醇溶液 一份 0.2%甲基红乙醇溶液	5.1	酒红	绿	
一份 0.1%溴甲酚绿钠盐水溶液 一份 0.1%氯酚红钠盐水溶液	6.1	黄绿	蓝紫	pH=5.4 蓝绿色 pH=5.8 蓝色 pH=6.0 蓝带紫 pH=6.2 蓝紫色
一份 0.1%中性红乙醇溶液 一份 0.1%亚甲基蓝乙醇溶液	7.0	蓝紫	绿	pH=7.0 紫蓝
一份 0.1%甲酚红钠盐水溶液 三份 0.1%百里酚蓝钠盐水溶液	8.3	黄	紫	pH=8.2 玫瑰红 pH=8.4 清晰的紫色
一份 0.1%百里酚蓝 50%乙醇溶液 三份 0.1%酚酞 50%乙醇溶液	9.0	黄	紫	从黄到绿，再到紫
一份 0.1%酚酞乙醇溶液 一份 0.1%百里酚酞乙醇溶液	9.9	无色	紫	pH=9.6 玫瑰红 pH=10 紫红
二份 0.1%百里酚酞乙醇溶液 一份 0.1%茜素黄乙醇溶液	10.2	黄	紫	

附录十 常用氧化还原指示剂

名称	变色电位 $\varphi^{\ominus}$/V	颜色		配制方法
		氧化态	还原态	
二苯胺(1%)	0.76	紫	无色	1g 二苯胺在搅拌下溶于 100mL 浓硫酸中，贮于棕色瓶
二苯胺磺酸钠(0.5%)	0.85	紫	无色	0.5g 二苯胺磺酸钠溶于 100mL 水中，必要时过滤
邻苯氨基苯甲酸(0.2%)	1.08	红	无色	0.2g 邻苯氨基苯甲酸加热溶解在 100mL 0.2%的 Na_2CO_3 溶液中，必要时过滤
邻菲罗啉-亚铁(0.025 mol·L^{-1})	1.06	淡蓝	红	1.485g 邻菲罗啉加 0.965g $FeSO_4$，溶于 100mL 水中
5-硝基邻菲罗啉-亚铁(0.025mol·L^{-1})	1.25	浅蓝	紫红	1.608g 5-硝基邻菲罗啉加 0.695g $FeSO_4$，溶于 100mL 水中

附录十一 常用金属指示剂

名称	颜色		配制方法
	游离态	化合物	
荧光黄(0.5%)	绿色荧光	玫瑰红	0.5g 荧光黄溶于乙醇，并用乙醇稀释至 100mL
铬黑 T	蓝	酒红	(1)0.2g 铬黑 T 溶于 15mL 三乙醇胺及 5mL 甲醇中 (2)1g 铬黑 T 与 100g NaCl 研细、混匀
钙指示剂	蓝	红	1g 钙指示剂与 100g NaCl 研细、混匀(1：100)
二甲酚橙(0.1%)	黄	红	0.1g 二甲酚橙溶于 100mL 水中
K-B 指示剂	蓝	红	0.5g 酸性铬蓝 K 加 1.25g 萘酚绿 B，再加 25g K_2SO_4 研细、混匀
磺基水杨酸(1%)	无色	红	1g 磺基水杨酸溶于 100mL 水中
吡啶偶氮萘酚 PAN(0.2%)	黄	红	0.2g PAN 溶于 100mL 乙醇中
邻苯二酚紫(0.1%)	紫	蓝	0.1g 邻苯二酚紫溶于 100mL 水中

附录十二 常用缓冲溶液的配制

pH 值	配制方法
2.3	将 150g 氨基乙酸溶于 500mL 水，加 80mL 浓 HCl，稀释至 1L
2.8	将 200g 一氯乙酸溶于 200mL 水中，加 40g NaOH 溶解后，稀释至 1L
3.6	将 8g $NaAc·3H_2O$ 溶于适量水中，加 6mol·L^{-1} HAc 溶液 134mL，稀释至 500mL
4.0	将 60mL 冰醋酸和 16g 无水醋酸钠溶于 100mL 水中，稀释至 500mL
4.5	将 30mL 冰醋酸和 30g 无水醋酸钠溶于 100mL 水中，稀释至 500mL
5.0	将 30mL 冰醋酸和 60g 无水醋酸钠溶于 100mL 水中，稀释至 500mL
5.4	将 40g 六亚甲基四胺溶于 200mL 水中，加入 10mL 浓 HCl，稀释至 1L
5.7	将 100g $NaAc·3H_2O$ 溶于适量水中，加 6mol·L^{-1}的 HAc 溶液 13mL，稀释至 500mL
6.0	将 NH_4Ac 600g 溶于适量水中，加 20mL 冰醋酸，稀释至 1L
7.0	将 NH_4Ac 77g 溶于适量水中，稀释至 500mL
7.5	将 NH_4Cl 60g 溶于适量水中，加浓氨水 1.4mL，稀释至 500mL
8.0	将 NH_4Cl 50g 溶于适量水中，加浓氨水 3.5mL，稀释至 500mL
8.5	将 NH_4Cl 40g 溶于适量水中，加浓氨水 8.8mL，稀释至 500mL
9.0	将 NH_4Cl 35g 溶于适量水中，加浓氨水 24mL，稀释至 500mL
9.5	将 NH_4Cl 30g 溶于适量水中，加浓氨水 65mL，稀释至 500mL
10	将 NH_4Cl 27g 溶于适量水中，加浓氨水 175mL，稀释至 500mL
11	将 NH_4Cl 3g 溶于适量水中，加浓氨水 207mL，稀释至 500mL

附录十三　实验室常用试剂的配制

试剂名称	浓　度	配　制　方　法
三氯化铋 $BiCl_3$	0.1mol·L^{-1}	溶解 31.6g $BiCl_3$ 于 330mL 6mol·L^{-1}的 HCl 中,加水稀释至 1L
三氯化锑 $SbCl_3$	0.1mol·L^{-1}	溶解 22.8g $SbCl_3$ 于 330mL 6mol·L^{-1}的 HCl 中,加水稀释至 1L
三氯化铁 $FeCl_3$	0.1mol·L^{-1}	称取 27.0g $FeCl_3·6H_2O$ 溶于 100mL 6mol·L^{-1}的 HCl 中,加水稀释至 1L
三氯化铬 $CrCl_3$	0.1mol·L^{-1}	称取 26.7g $CrCl_3·6H_2O$ 溶于 40mL 6mol·L^{-1}的 HCl 中,加水稀释至 1L
氯化亚锡 $SnCl_2$	0.1mol·L^{-1}	溶解 22.6g $SnCl_2·2H_2O$ 于 330mL 6mol·L^{-1}的 HCl 中,加水稀释至 1L,加入数粒纯锡以防氧化
硝酸汞 $Hg(NO_3)_2$	0.1mol·L^{-1}	溶解 33.4g $Hg(NO_3)_2·0.5H_2O$ 于 0.6mol·L^{-1}的 HNO_3 中,加水稀释至 1L
硝酸亚汞 $Hg_2(NO_3)_2$	0.1mol·L^{-1}	溶解 56.1g $Hg_2(NO_3)_2·2H_2O$ 于 0.6mol·L^{-1}的 HNO_3 中,加水稀释至 1L,并加入少许金属汞
硫化钠 Na_2S	1mol·L^{-1}	溶解 240g $Na_2S·9H_2O$ 和 40g NaOH 于水中,稀释至 1L
钼酸铵 $(NH_4)_6Mo_7O_{24}·4H_2O$	0.07mol·L^{-1}	溶解 124g$(NH_4)_6Mo_7O_{24}·4H_2O$ 于 1L 水中,将所得溶液倒入 1L 6mol·L^{-1}的 HNO_3 中,放置 24h,取其澄清液
硝酸铅 $Pb(NO_3)_2$	0.25mol·L^{-1}	称取 83g $Pb(NO_3)_2$ 溶于少量水中,加入 15mL 6mol·L^{-1}的 HNO_3,稀释至 1L
硫酸亚铁 $FeSO_4$	0.25mol·L^{-1}	溶解 69.5g $FeSO_4·7H_2O$ 于适量水中,加入 5mL 浓 H_2SO_4,稀释至 1L,并加入小铁钉数枚
六羟基锑酸钠 $Na_3[Sb(OH)_6]$	0.1mol·L^{-1}	溶解 12.2g 锑粉于 50mL 浓 HNO_3 中微热,使锑粉全部作用成白色粉末,用倾析法洗涤数次,然后加入 50mL 6mol·L^{-1}NaOH 溶液使之溶解,稀释至 1L
六硝基钴酸钠 $Na_3[Co(NO_2)_6]$		20g $Na_3[Co(NO_2)_6]$和 20g NaAc 溶解于 20mL 冰醋酸和 80mL 水的混合液中,贮存于棕色瓶中备用(若溶液变为红色,表示已失效)
镍试剂(丁二酮肟)	1%	溶解 10g 镍试剂于 1L 95%的乙醇中
铝试剂	0.1%	1g 铝试剂溶于 1L 水中
钙指示剂	0.2%	0.2g 钙指示剂溶于 100mL 水中
镁试剂		溶解 0.01g 镁试剂(对硝基偶氮间苯二酚)于 1L 1mol·L^{-1}的 NaOH 溶液中
奈斯勒试剂		溶解 115g HgI_2 和 80g KI 于水中,稀释至 500mL,加入 500mL 6mol·L^{-1}的 NaOH 溶液静置后,取其清液保存在棕色瓶中
亚硝酰铁氰酸钠 $Na_2[Fe(CN)_5NO]$	1%	1g 亚硝酰铁氰酸钠溶解于 100mL 水中,保存于棕色瓶内,如变成绿色则需重新配制
对氨基苯磺酸	3.3g·L^{-1}	0.5g 对氨基苯磺酸溶于 150mL 2mol·L^{-1}HAc 溶液中
α-萘胺	1.8g·L^{-1}	0.3g α-萘胺加 20mL 水,加热煮沸,在所得溶液中加入 150mL 2mol·L^{-1}的 HAc
二苯硫腙	0.1g·L^{-1}	10mg 二苯硫腙溶于 100mL CCl_4 中
氯水	饱和溶液	在水中通入氯气直至饱和,该溶液使用时临时配制
碘水	0.01mol·L^{-1}	溶解 1.3g 碘和 5g KI 于尽可能少量的水中,待碘全部溶解后,加水稀释至 1L
溴水	饱和溶液	在水中滴入液溴至饱和:3.5g 溴(约 1mL)溶于 100mL 水中
品红溶液	0.1%	0.1g 品红溶于 100mL 水中
淀粉溶液	0.5%	在研钵中加入易溶淀粉 0.5g 和 5mg $HgCl_2$(作防腐剂),加少量冷水调成糊状,倒入 100mL 沸水中,煮沸后冷却即可
硫代乙酰胺	5%	5g 硫代乙酰胺溶于 100mL 水中
酚酞	0.1%	0.1g 酚酞溶于 90mL 乙醇中,加水至 100mL
甲基橙	0.1%	0.1g 甲基橙溶于 100mL 热水中

附录十四　常见离子与化合物的颜色

一、常见离子的颜色

有色阳离子	Ti^{3+}（紫色）、V^{3+}（绿色）、V^{2+}（紫色）、Cr^{3+}（绿色或蓝紫色）、Mn^{2+}（浅粉红色；稀溶液为无色）、Fe^{2+}（浅绿色，稀溶液为无色）、Fe^{3+}（浅紫色；有其他阴离子时为浅黄色）、Co^{2+}（粉红色）、Ni^{2+}（绿色）、Cu^{2+}（浅蓝色）、$[Ti(H_2O_2)]^{2+}$（橙色）、VO^{2+}（蓝色）、VO_2^+（黄色）、$[Cr(NH_3)_6]^{3+}$（黄色）、$[Co(NH_3)_6]^{2+}$（土黄色）、$[Co(NH_3)_6]^{3+}$（红褐色）、$[Ni(NH_3)_6]^{2+}$（蓝紫色）、$[Cu(NH_3)_4]^{2+}$（深蓝色）
无色阳离子	K^+、Na^+、Mg^{2+}、Ca^{2+}、Sr^{2+}、Ba^{2+}、Al^{3+}、Sn^{2+}、Pb^{2+}、Sb^{3+}、Bi^{3+}、Ag^+、Zn^{2+}、Cd^{2+}、Hg^{2+}、TiO^{2+}、$[Cu(NH_3)_2]^+$、$[Ag(NH_3)_2]^+$、$[Zn(NH_3)_4]^{2+}$、$[Cd(NH_3)_4]^{2+}$
有色阴离子	CrO_2^-（绿色）、$Cr_2O_7^{2-}$（橙色）、CrO_4^{2-}（黄色）、MnO_4^-（紫红色）、MnO_4^{2-}（绿色）、$[Fe(SCN)_n]^{3-n}$（血红色）、$[Fe(CN)_6]^{4-}$（黄色）、$[Co(SCN)_4]^{2-}$（蓝色）、$[Cu(OH)_4]^{2-}$（亮蓝色）、I_3^-（棕黄色）
无色阴离子	卤离子、拟卤素离子、S^{2-}、SO_3^{2-}、SO_4^{2-}、$S_2O_3^{2-}$、NO_3^-、NO_2^-、PO_4^{3-}、CO_3^{2-}、SiO_3^{2-}、ClO_3^-、BrO_3^-、Ac^-、$C_2O_4^{2-}$、MoO_4^{2-}、$[FeF_6]^{3-}$

二、常见无机化合物的颜色

黑色难溶化合物	CuO、NiO、FeO、Co_2O_3、Ni_2O_3、MnO_2、FeS、CuS、CoS、NiS、As_2S_3、Ag_2S、PbS、HgS、Bi_2S_3、Fe_3O_4 等
黄色难溶化合物	$BaCrO_4$、$PbCrO_4$、PbI_2、AgI、SnS_2、As_2S_3、As_2S_5、CdS、Ag_3PO_4、$(NH_4)_3PO_4\cdot12MoO_3\cdot6H_2O$、$PbO$ 等
蓝色化合物	无水 $CoCl_2$、$KFe[Fe(CN)_6]$、铜盐[如 $CuSO_4\cdot5H_2O$、$Cu(NO_3)_2\cdot6H_2O$ 等]
绿色化合物	镍盐（如 $NiSO_4\cdot7H_2O$）、亚铁盐（如 $FeSO_4\cdot7H_2O$）、铬盐[如 $Cr_2(SO_4)_3\cdot6H_2O$]、某些铜盐（如 $CuCl_2\cdot2H_2O$）等
红色难溶化合物	Fe_2O_3、Cu_2O、HgO、HgS、Pb_3O_4、CrO_3、HgI_2、Ag_2CrO_4 等
粉红色化合物	$MnSO_4\cdot7H_2O$、$CoCl_2\cdot6H_2O$ 等
紫红色化合物	高锰酸盐等
白色难溶化合物	氢氧化物[如 $Al(OH)_3$、$Zn(OH)_2$、$Sn(OH)_2$、$Pb(OH)_2$、$Mg(OH)_2$、$Bi(OH)_3$、$Sb(OH)_3$ 等]，碳酸盐（如 $CaCO_3$、$BaCO_3$、$MnCO_3$、Ag_2CO_3、$CdCO_3$ 等），草酸盐（如 CaC_2O_4、BaC_2O_4、$Ag_2C_2O_4$ 等），硫酸盐（如 $BaSO_4$、$PbSO_4$ 等），卤化物（如 $AgCl$、Hg_2Cl_2、$PbCl_2$、CuI、$CuCl$ 等），氧化物（如 ZnO、TiO_2 等），硫化物（如 ZnS）

附录十五　常见阳离子的鉴定反应

离子	试剂	鉴定反应	介质条件	主要干扰离子
NH_4^+	NaOH	$NH_4^+ + OH^- \xrightarrow{\triangle} NH_3\uparrow + H_2O$ NH_3 使湿润的红色石蕊试纸变蓝或 pH 试纸显碱性反应	强碱性介质	CN^- $CN^- + 2H_2O \xrightarrow[OH^-]{\triangle} HCOO^- + NH_3\uparrow$
	奈斯勒试剂	$NH_4^+ + 2[HgI_4]^{2-} + 4OH^- =\!=\!=$ $[O(Hg)_2NH_2]I\downarrow + 7I^- + 3H_2O$（环状结构：O 与 NH_2 经两个 Hg 相连） （棕色）	碱性介质	Fe^{3+}、Cr^{3+}、Co^{2+}、Ni^{2+}、Ag^+、Hg^{2+} 等离子能与奈斯勒试剂生成有色沉淀，妨碍 NH_4^+ 的检出
Na^+	KH_2SbO_4	$Na^+ + H_2SbO_4^- =\!=\!= NaH_2SbO_4\downarrow$ （白色）	中性或弱碱性介质	1. 强酸的铵盐水解后所带的微酸性能促使产生白色的 $HSbO_3$ 沉淀，干扰 Na^+ 检出 2. 碱金属外的金属离子也能生成白色沉淀，干扰 Na^+ 的检出

续表

离子	试　剂	鉴　定　反　应	介质条件	主要干扰离子
Na^+	醋酸铀酰锌	$Na^+ + Zn^{2+} + 3UO_2^{2+} + 9Ac^- + 9H_2O \Longrightarrow NaZn(UO_2)_3Ac_9 \cdot 9H_2O\downarrow$（淡黄绿色）	中性或醋酸性溶液	大量K^+存在有干扰[生成$KAc \cdot UO_2(Ac)_2$针状结晶]，Ag^+、Hg_2^{2+}、Sb(Ⅲ)存在也有干扰
	焰色反应	挥发性钠盐在煤气灯的无色火焰中灼烧时，火焰呈黄色		
K^+	钴亚硝酸钠	$2K^+ + Na^+ + [Co(NO_2)_6]^{3-} \Longrightarrow K_2Na[Co(NO_2)_6]\downarrow$（亮黄色）	中性或弱酸性	Rb^+、Cs^+、NH_4^+能与试剂形成相似的化合物，妨碍鉴定
	焰色反应	挥发性钾盐在煤气灯的无色火焰中灼烧时，火焰呈紫色		Na^+存在时，K^+所显示的紫色被黄色遮盖，为消除黄色火焰的干扰，可透过蓝色钴玻璃观察
Mg^{2+}	镁试剂	镁试剂被$Mg(OH)_2$吸附后呈天蓝色，故反应结果形成天蓝色沉淀	强碱性介质	1. 除碱金属外，在强碱性介质中形成有色沉淀的离子，如Ag^+、Hg^{2+}、Ni^{2+}、Co^{2+}、Cr^{3+}、Cu^{2+}、Mn^{2+}、Fe^{3+}等离子对反应均有干扰 2. 大量NH_4^+存在，降低了溶液中OH^-浓度，使$Mg(OH)_2$难以析出，降低了反应的灵敏度
Ca^{2+}	$(NH_4)_2C_2O_4$	$Ca^{2+} + C_2O_4^{2-} \Longrightarrow CaC_2O_4\downarrow$（白色）	中性或弱碱性介质	Pb^{2+}、Ag^+、Cu^{2+}、Cd^{2+}、Hg^{2+}等离子与$C_2O_4^{2-}$能生成沉淀，对反应有干扰
	焰色反应	挥发性钙盐使火焰呈砖红色		
Ba^{2+}	K_2CrO_4	$Ba^{2+} + CrO_4^{2-} \Longrightarrow BaCrO_4\downarrow$（黄色）	中性或弱酸性介质	Sr^{2+}、Pb^{2+}、Ag^+、Ni^{2+}、Zn^{2+}等离子与CrO_4^{2-}能生成有色沉淀
	焰色反应	挥发性钡盐使火焰呈黄绿色		
Al^{3+}	铝试剂	形成红色絮状沉淀	弱酸性介质	Fe^{3+}、Cr^{3+}、Bi^{3+}、Pb^{2+}、Cu^{2+}等离子能生成与铝相类似的红色沉淀
	茜素-S	（茜素-S，结构式：O、OH、OH、SO_3Na、O）$+ \frac{1}{3}Al^{3+}$ $\longrightarrow$ （结构式：$\frac{1}{3}Al^{3+}$、O、O、OH、SO_3Na、O）	pH＝4～9	Fe^{3+}、Cr^{3+}、Mn^{2+}及大量Cu^{2+}等离子存在对反应有干扰
Sn^{2+}	$HgCl_2$	见Hg^{2+}的鉴定反应		
Pb^{2+}	K_2CrO_4	$Pb^{2+} + CrO_4^{2-} \Longrightarrow PbCrO_4\downarrow$（黄色）	中性或弱碱性介质	Ba^{2+}、Sr^{2+}、Ag^+、Ni^{2+}、Zn^{2+}等离子与CrO_4^{2-}也能生成有色沉淀，影响Pb^{2+}的检出
As(Ⅴ)	Zn片 $AgNO_3$	$AsO_4^{3-} + 11H^+ + 4Zn \Longrightarrow AsH_3\uparrow + 4Zn^{2+} + 4H_2O$ $AsH_3 + 6AgNO_3 \Longrightarrow AsAg_3 \cdot 3AgNO_3 + 3HNO_3$ $AsAg_3 \cdot 3AgNO_3 + 3H_2O \Longrightarrow H_3AsO_3 + 6Ag\downarrow + 3H^+ + 3NO_3^-$	强酸性介质	

续表

离子	试剂	鉴定反应	介质条件	主要干扰离子
Sb^{3+}	锡片	$2Sb^{3+}+3Sn = 2Sb\downarrow$(黑色)$+3Sn^{2+}$	酸性介质	Ag^{+}、AsO_2^{-}、Bi^{3+}等离子也能与Sn发生氧化还原反应，析出相应的黑色金属，妨碍Sb^{3+}的检出
Bi^{3+}	$Na_2[Sn(OH)_4]$	$2Bi^{3+}+3[Sn(OH)_4]^{2-}+6OH^{-} = 2Bi\downarrow+3[Sn(OH)_6]^{2-}$(黑色)	强碱性介质	Hg_2^{2+}、Hg^{2+}、Pb^{2+}等离子存在时，也会慢慢地被$[Sn(OH)_4]^{2-}$还原而析出黑色金属，干扰Bi^{3+}的检出
Cr^{3+}	用H_2O_2氧化后加可溶性Pb^{2+}盐（或加Ag^{+}盐或加Ba^{2+}盐）	$Cr^{3+}+4OH^{-} = [Cr(OH)_4]^{-}$ $2[Cr(OH)_4]^{-}+3H_2O_2+2OH^{-} = 2CrO_4^{2-}+8H_2O$	碱性介质	凡能与CrO_4^{2-}生成有色沉淀的金属离子均有干扰
		$CrO_4^{2-}+Pb^{2+} = PbCrO_4\downarrow$(黄色) $CrO_4^{2-}+2Ag^{+} = Ag_2CrO_4$(砖红色) $CrO_4^{2-}+Ba^{2+} = BaCrO_4\downarrow$(黄色)	弱酸性介质（HAc酸化）	
	在NaOH条件下用H_2O_2氧化后再酸化，并用乙醚（或戊醇）萃取	$Cr^{3+}+4OH^{-} = [Cr(OH)_4]^{-}$ $2[Cr(OH)_4]^{-}+3H_2O_2+2OH^{-} = 2CrO_4^{2-}+8H_2O$	碱性介质	
		$2CrO_4^{2-}+2H^{+} \rightleftharpoons Cr_2O_7^{2-}+4H_2O$ 或 $Cr_2O_7^{2-}+4H_2O_2+2H^{+} = 2CrO_5+5H_2O$	酸性介质	
Mn^{2+}	$NaBiO_3$	$2Mn^{2+}+5NaBiO_3+14H^{+} = 2MnO_4^{-}$(紫红色)$+5Na^{+}+5Bi^{3+}+7H_2O$	HNO_3介质	
Fe^{3+}	NH_4SCN(或KSCN)	$Fe^{3+}+nSCN^{-} \rightleftharpoons [Fe(SCN)_n]^{3-n}$	酸性介质	氟化物、磷酸、草酸、酒石酸、柠檬酸、含α-OH或β-OH的有机酸均能与Fe^{3+}生成稳定的配离子，妨碍Fe^{3+}的检出。大量Cu^{2+}存在时能与SCN^{-}生成黑绿色$Cu(SCN)_2$沉淀，干扰Fe^{3+}的检出
	$K_4[Fe(CN)_6]$	$K^{+}+Fe^{3+}+[Fe(CN)_6]^{4-} = KFe[Fe(CN)_6]\downarrow$(普鲁士蓝)	酸性介质	
Fe^{2+}	$K_3[Fe(CN)_6]$	$K^{+}+Fe^{2+}+[Fe(CN)_6]^{3-} = KFe[Fe(CN)_6]\downarrow$(滕氏蓝)	酸性介质	
Co^{2+}	饱和或固体NH_4SCN并用丙酮或戊醇萃取	$Co^{2+}+4SCN^{-} \rightleftharpoons [Co(SCN)_4]^{2-}$(蓝色或绿色)	酸性介质	Fe^{3+}干扰Co^{2+}的检出
Ni^{2+}	丁二酮肟	$Ni^{2+}+2$ $CH_3—C=N—OH$ / $CH_3—C=N—OH$ ⟶ [Ni(丁二酮肟)$_2$螯合物：$CH_3—C=N(OH)$、$N(\rightarrow O)=C—CH_3$、$CH_3—C=N(\rightarrow O)$、$N(OH)=C—CH_3$ 配位于Ni]$\downarrow$(鲜红色) $+2H^{+}$	pH＝5～10（在氨性或NaAc溶液中进行）	Co^{2+}（与本试剂反应生成棕色可溶性化合物）、Fe^{2+}（与本试剂作用呈红色）、Bi^{3+}（与本试剂作用生成黄色沉淀）、Fe^{3+}，Mn^{2+}（在氨性溶液中与$NH_3\cdot H_2O$作用产生有色沉淀）等离子的存在干扰Ni^{2+}的检出
Cu^{2+}	$K_4[Fe(CN)_6]$	$2Cu^{2+}+[Fe(CN)_6]^{4-} = Cu_2[Fe(CN)_6]$(红褐色)	中性或酸性	能与$[Fe(CN)_6]^{4-}$生成深色沉淀的金属离子（如Fe^{3+}、Bi^{3+}、Co^{2+}等）均有干扰

续表

离子	试剂	鉴定反应	介质条件	主要干扰离子
Ag^+	HCl-$NH_3\cdot H_2O$-HNO_3	$Ag^+ + Cl^- \xlongequal{} AgCl\downarrow$(白色) $AgCl + 2NH_3\cdot H_2O \xlongequal{} [Ag(NH_3)_2]^+ + Cl^- + 2H_2O$ $[Ag(NH_3)_2]^+ + 2H^+ + Cl^- \xlongequal{} AgCl\downarrow + 2NH_4^+$	酸性介质	Pb^{2+}、Hg_2^{2+} 与 Cl^- 分别生成 $PbCl_2$、Hg_2Cl_2 白色沉淀，干扰 Ag^+ 的鉴定，但 $PbCl_2$、Hg_2Cl_2 难溶于氨水，可与 AgCl 分离
	K_2CrO_4	$2Ag^+ + CrO_4^{2-} \xlongequal{} Ag_2CrO_4\downarrow$(砖红色)	中性或微酸性介质	凡能与 CrO_4^{2-} 生成深色沉淀的金属离子(如 Hg_2^{2+}、Ba^{2+}、Pb^{2+} 等)均有干扰
Zn^{2+}	$(NH_4)_2S$ 或碱金属硫化物	$Zn^{2+} + S^{2-} \xlongequal{} ZnS\downarrow$(白色)	$[H^+] < 0.3mol/L$	凡能与 S^{2-} 生成有色硫化物的金属离子均有干扰
	二苯硫腙	$Zn^{2+} + 2S{=}C\begin{cases}NH{-}NH{-}C_6H_5\\ N{=}N{-}C_6H_5\end{cases}$ $\rightleftharpoons$ [Zn 与两个二苯硫腙配体经 S 及 N 配位的螯合物，C_6H_5—N—NH—C(—S—)=N—N—C_6H_5] $+ 2H^+$ (水层呈粉红色)	强碱性	在中性或弱酸性条件下，许多金属离子都能与二苯硫腙生成有色的配合物，因而必须注意鉴定时的介质条件
Cd^{2+}	H_2S 或 Na_2S	$Cd^{2+} + S^{2-} \xlongequal{} CdS\downarrow$(黄色)		凡能与 H_2S(或 Na_2S)生成有色沉淀的金属离子均有干扰
Hg^{2+}	$SnCl_2$	$Sn^{2+} + 2HgCl_2 + 4Cl^- \xlongequal{} Hg_2Cl_2\downarrow$(白色)$+ [SnCl_6]^{2-}$ $Sn^{2+} + Hg_2Cl_2 + 4Cl^- \xlongequal{} 2Hg\downarrow$(黑色)$+ [SnCl_6]^{2-}$	酸性介质	
	KI和$NH_3\cdot H_2O$	(1)先加入过量 KI $Hg^{2+} + 2I^- \xlongequal{} HgI_2\downarrow$ $HgI_2 + 2I^- \xlongequal{} [HgI_4]^{2-}$ (2)在上述溶液中加入 $NH_3\cdot H_2O$ 或 NH_4^+ 盐溶液并加入浓碱溶液，则生成红棕色沉淀。$NH_4^+ + 2[HgI_4]^{2-} + 4OH^- \longrightarrow \left[O\begin{matrix}Hg\\ \\ Hg\end{matrix}NH_2\right]I\downarrow$(红棕色)$+ 7I^- + 3H_2O$		凡能与 I^-、OH^- 生成深色沉淀的金属离子均有干扰

附录十六　常见阴离子的鉴定反应

离子	试剂	鉴定反应	介质条件	主要干扰离子
F^-	浓 H_2SO_4	$CaF_2 + H_2SO_4 \xlongequal{\triangle} CaSO_4 + 2HF\uparrow$ 放出的 HF 与硅酸盐或 SiO_2 作用，生成 SiF_4 气体。当 SiF_4 与水作用时，立即分解并转化为不溶性硅酸沉淀使水变浑： $Na_2SiO_3\cdot CaSiO_3\cdot 4SiO_2 + 28HF \xlongequal{} 4SiF_4\uparrow + Na_2SiF_6 + CaSiF_6 + 14H_2O$ $SiF_4 + 4H_2O \xlongequal{} H_4SiO_4\downarrow + 4HF$	酸性介质	

续表

离子	试剂	鉴定反应	介质条件	主要干扰离子
Cl^-	$AgNO_3$	$Cl^- + Ag^+ \longrightarrow AgCl\downarrow$（白色） AgCl 溶于过量氨水或$(NH_4)_2CO_3$中，用 HNO_3 酸化，沉淀重新析出	酸性介质	
Br^-	氯水、CCl_4（或苯）	$2Br^- + Cl_2 \longrightarrow Br_2 + 2Cl^-$ 析出的 Br_2 溶于 CCl_4（或苯）溶剂中呈橙黄色（或橙红色）	中性或酸性介质	
I^-	氯水、CCl_4（或苯）	$2I^- + Cl_2 \longrightarrow I_2 + 2Cl^-$ 析出的 I_2 溶于 CCl_4（或苯）中呈紫红色	中性或酸性介质	
S^{2-}	稀 HCl	$S^{2-} + 2H^+ \longrightarrow H_2S\uparrow$ H_2S 的检验： (1)H_2S 气体的腐蛋臭味 (2)H_2S 气体可使蘸有 $Pb(Ac)_2$ 或 $Pb(NO_3)_2$ 的试纸变黑	酸性介质	
	$Na_2[Fe(CN)_5NO]$	$S^{2-} + [Fe(CN)_5NO]^{2-} \longrightarrow [Fe(CN)_5NOS]^{4-}$（紫红色）	碱性介质	
SO_4^{2-}	$BaCl_2$	$SO_4^{2-} + Ba^{2+} \longrightarrow BaSO_4\downarrow$（白色）	酸性介质	
SO_3^{2-}	稀 HCl	$SO_3^{2-} + 2H^+ \longrightarrow SO_2\uparrow + H_2O$ SO_2 的检验： (1)SO_2 可使稀 $KMnO_4$ 溶液还原而褪色 (2)SO_2 可将 I_2 还原为 I^-，使淀粉-I_2 试纸褪色 (3)可使品红溶液褪色	酸性介质	$S_2O_3^{2-}$、S^{2-} 存在干扰 SO_3^{2-} 的鉴定
	$ZnSO_4$ $K_4[Fe(CN)_6]$ $Na_2[Fe(CN)_5NO]$	$2Zn^{2+} + [Fe(CN)_6]^{4-} \longrightarrow Zn_2[Fe(CN)_6]\downarrow$（浅黄色） $Zn_2[Fe(CN)_6] + [Fe(CN)_5NO]^{2-} + SO_3^{2-} \longrightarrow$ $Zn_2[Fe(CN)_5NOSO_3]\downarrow$（红色）$+ [Fe(CN)_6]^{4-}$	中性介质	S^{2-} 与 $Na_2[Fe(CN)_5NO]$ 生成紫红色配合物，干扰 SO_3^{2-} 的鉴定
$S_2O_3^{2-}$	稀 HCl	$S_2O_3^{2-} + 2H^+ \longrightarrow SO_2\uparrow + S\downarrow + H_2O$ 反应中因有硫析出而使溶液变浑浊	酸性介质	SO_3^{2-}、S^{2-} 存在时，干扰 $S_2O_3^{2-}$ 的鉴定
	$AgNO_3$	$2Ag^+ + S_2O_3^{2-} \longrightarrow Ag_2S_2O_3\downarrow$（白色） $Ag_2S_2O_3$ 沉淀不稳定，立即发生水解反应，颜色发生变化，由白→黄→棕，最后变为黑色的 Ag_2S 沉淀： $Ag_2S_2O_3 + H_2O \longrightarrow Ag_2S\downarrow$（黑色）$+ 2H^+ + SO_4^{2-}$	中性介质	S^{2-} 存在干扰鉴定
NO_2^-	对氨基苯磺酸＋α-萘胺	$NO_2^- + H_2N$-（萘环）$+ H_2N$-（苯环）-$SO_3H + H^+$ $\longrightarrow H_2N$-（萘环）-N=N-（苯环）-SO_3^-（红色染料）＋ H_2O	中性或醋酸介质	MnO_4^- 等强氧化剂存在有干扰
NO_3^-	$FeSO_4$	$NO_3^- + 3Fe^{2+} + 4H^+ \longrightarrow 3Fe^{3+} + NO + 2H_2O$ $Fe^{2+} + NO \longrightarrow [Fe(NO)]^{2+}$（棕色） 在混合液与浓 H_2SO_4 分层处形成棕色环	酸性介质	NO_2^- 有同样的反应，妨碍鉴定

续表

离子	试剂	鉴定反应	介质条件	主要干扰离子
PO_4^{3-}	$AgNO_3$	$3Ag^+ + PO_4^{3-} = Ag_3PO_4\downarrow$(黄色)	中性或酸性介质	CrO_4^{2-}、S^{2-}、AsO_4^{3-}、AsO_3^{3-}、I^-、$S_2O_3^{2-}$ 等离子能与 Ag^+ 生成有色沉淀，妨碍鉴定
	$(NH_4)_2MoO_4$	$PO_4^{3-} + 3NH_4^+ + 12MoO_4^{2-} + 24H^+ = (NH_4)_3PO_4 \cdot 12MoO_3 \cdot 6H_2O\downarrow$(黄色)$+ 6H_2O$	HNO_3 介质，过量试剂	(1) SO_3^{2-}、$S_2O_3^{2-}$、S^{2-}、I^-、Sn^{2+} 等还原性物质存在时，易将 $(NH_4)_2MoO_4$ 还原为低价钼的化合物——钼蓝，而使溶液呈深蓝色，严重干扰 PO_4^{3-} 的检出；(2) SiO_3^{2-}、AsO_4^{3-} 与钼酸铵试剂也能形成相似的黄色沉淀，妨碍鉴定
CO_3^{2-}	稀 HCl、饱和 $Ba(OH)_2$	$CO_3^{2-} + 2H^+ = CO_2\uparrow + H_2O$ CO_2 气体使饱和 $Ba(OH)_2$ 变浑浊： $CO_2 + 2OH^- + Ba^{2+} = BaCO_3\downarrow$(白色)$+ H_2O$	酸性介质	
SiO_3^{2-}	饱和 NH_4Cl	$SiO_3^{2-} + 2NH_4^+ + 2H_2O = H_2SiO_3\downarrow$(白色胶状)$+ 2NH_3\uparrow + 2H_2O$	碱性介质	

附录十七　常用干燥剂的性能与应用范围

干燥剂	吸水作用	吸水容量	效能	干燥速率	应用范围
氯化钙	$CaCl_2 \cdot nH_2O$ $n=1,2,4,6$	0.97(以 $CaCl_2 \cdot 12H_2O$ 计)	中等	较快，但吸水后表面为薄层液体所覆盖，故放置时间应长些为宜	能与醇、酚胺、酰胺及某些醛、酮形成配合物，因而不能用于干燥这些化合物。其工业品中可能含氢氧化钙和碱式氧化钙，故不能用于干燥酸类
硫酸镁	$MgSO_4 \cdot nH_2O$ $n=1,2,4,5,6,7$	1.05(以 $MgSO_4 \cdot nH_2O$ 计)	较弱	较快	中性，应用范围广，可代替 $CaCl_2$，并可用于干燥酯、醛、酮、腈、酰胺等不能用 $CaCl_2$ 干燥的化合物
硫酸钠	$Na_2SO_4 \cdot 10H_2O$	1.25	弱	缓慢	中性，一般用于有机液体的初步干燥
硫酸钙	$2CaSO_4 \cdot H_2O$	0.06	强	快	中性，常与硫酸镁(钠)配合，作最后干燥之用
碳酸钾	$K_2CO_3 \cdot 0.5H_2O$	0.2	较弱	慢	弱碱性，用于干燥醇、酮、酯、胺及杂环等碱性化合物；不适于酸、酚及其他酸性化合物的干燥
氢氧化钾(钠)	溶于水	—	中等	快	强碱性，用于干燥胺、杂环等碱性化合物；不能用于干燥醇、醇、醛、酮、酸、酚等
金属钠	$Na + H_2O \longrightarrow NaOH + 0.5H_2\uparrow$	—	强	快	限于干燥醚、烃类中的痕量水分。用时切成小块或压成钠丝
氧化钙	$CaO + H_2O \longrightarrow Ca(OH)_2$	—	强	较快	适于干燥低级醇类
五氧化二磷	$P_2O_5 + 3H_2O \longrightarrow 2H_3PO_4$	—	强	快，但吸水后表面为黏浆液覆盖，操作不便	适于干燥醚、烃、卤代烃、腈等化合物中的痕量水分；不适用于干燥醇、酸、胺、酮等
分子筛	物理吸附	约 0.25	强	快	适用于各类有机化合物干燥

附录十八 关于有毒化学药品的相关知识

一、高毒性固体

很少量就能使人迅速中毒甚至致死。

名 称	TLV/mg·m^{-3}	名 称	TLV/mg·m^{-3}
三氧化锇	0.002	砷化合物	0.5(以 As 计)
汞化合物(特别是烷基汞)	0.01	五氧化二钒	0.5
铊盐	0.1(以 Tl 计)	草酸和草酸盐	1
硒和硒化合物	0.2(Se 计)	无机氰化物	5(以 CN 计)

注：TLV（Threshold Limit Value）为极限安全值，即空气中含该有毒物质蒸气或粉尘的安全浓度。在此限度以内，一般人重复接触不致受害。

二、毒性危险气体

名 称	TLV/μg·g^{-1}	名 称	TLV/μg·g^{-1}
氟	0.1	氟化氢	3
光气	0.1	二氧化氮	5
臭氧	0.1	硝酰氯	5
重氮甲烷	0.2	氰	10
磷化氢	0.3	氰化氢	10
三氟化硼	1	硫化氢	10
氯	1	一氧化碳	50

三、毒性危险液体和刺激性物质

长期少量接触可能引起慢性中毒，其中许多物质的蒸气对眼睛和呼吸道有强刺激性。

名 称	TLV/μg·g^{-1}	名 称	TLV/μg·g^{-1}
羰基镍	0.001	硫酸二甲酯	1
异氰酸甲酯	0.02	硫酸二乙酯	1
丙烯醛	0.1	四溴乙烷	1
溴	0.1	烯丙醇	2
3-氯丙烯	1	2-丁烯醛	2
苯氯甲烷	1	氢氟酸	3
苯溴甲烷	1	四氯乙烷	5
三氯化硼	1	苯	10
三溴化硼	1	溴甲烷	15
2-氯乙醇	1	二硫化碳	20

四、其他有害物质

（1）许多溴代烷和氯代烷以及甲烷和乙烷的多卤衍生物，特别是下列化合物：

名 称	TLV/μg·g^{-1}	名 称	TLV/μg·g^{-1}
溴仿	0.5	1,2-二溴乙烷	20
碘甲烷	5	1,2-二氯乙烷	50
四氯化碳	10	溴乙烷	200
氯仿	10	二氯甲烷	200

（2）芳胺和脂肪族胺类的低级脂肪族胺的蒸气有毒。全部芳胺，包括它们的烷氧基、卤素、硝基取代物都有毒性。下表是一些代表性例子。

名称	TLV	名称	TLV
对苯二胺(及其异构体)	$0.1mg\cdot m^{-3}$	苯胺	$5\mu g\cdot g^{-1}$
甲氧基苯胺	$0.5mg\cdot m^{-3}$	邻甲苯胺(及其异构体)	$5\mu g\cdot g^{-1}$
对硝基苯胺(及其异构体)	$1\mu g\cdot g^{-1}$	二甲胺	$10\mu g\cdot g^{-1}$
N-甲基苯胺	$2\mu g\cdot g^{-1}$	乙胺	$10\mu g\cdot g^{-1}$
N,*N*-二甲基苯胺	$5\mu g\cdot g^{-1}$	三乙胺	$25\mu g\cdot g^{-1}$

(3) 酚和芳香族硝基化合物

名称	TLV	名称	TLV
苦味酸	$0.1mg\cdot m^{-3}$	硝基苯	$1\mu g\cdot g^{-1}$
二硝基苯酚、二硝基甲苯酚	$0.2mg\cdot m^{-3}$	苯酚	$5\mu g\cdot g^{-1}$
对硝基氯苯(及其异构体)	$1mg\cdot m^{-3}$	甲苯酚	$5\mu g\cdot g^{-1}$
间二硝基苯	$1mg\cdot m^{-3}$		

五、致癌物质

以下列举一些已知的危险致癌物质。

(1) 芳胺及其衍生物　联苯胺（及某些衍生物）、β-萘胺、二甲氨基偶氮苯、α-萘胺。

(2) *N*-亚硝基化合物　*N*-甲基-*N*-亚硝基苯胺、*N*-亚硝基二甲胺、*N*-甲基-*N*-亚硝基脲、*N*-亚硝基氢化吡啶。

(3) 烷基化剂　双（氯甲基）醚、硫酸二甲酯、氯甲基甲醚、碘甲烷、重氮甲烷、β-羟基丙酸内酯。

(4) 稠环芳烃　苯并［*a*］芘、二苯并［*c*,*g*］咔唑、二苯并［*a*,*h*］蒽、7,12-二甲基苯并［*a*］蒽。

(5) 含硫化合物　硫代乙酸胺、硫脲。

(6) 石棉粉尘。

六、具有长期积累效应的毒物

这些物质进入人体不易排出，在人体内累积，引起慢性中毒。这类物质主要有：

(1) 苯。

(2) 铅化合物，特别是有机铅化合物。

(3) 汞和汞化合物，特别是二价汞盐和液态的有机汞化合物。

在使用以上各类有毒化学药品时，都应采取妥善的防护措施。避免吸入其蒸气和粉尘，不要使它们接触皮肤。有毒气体和挥发性的有毒液体必须在效率良好的通风橱中操作。汞的表面应该用水掩盖，不可直接暴露在空气中。装盛汞的仪器应放在一个搪瓷盘上以防溅出的汞流失。溅洒汞的地方迅速撒上硫黄石灰糊。

附录十九　常用有机溶剂在水中的溶解度

溶剂名称	温度/℃	在水中溶解度/%	溶剂名称	温度/℃	在水中溶解度/%	溶剂名称	温度/℃	在水中溶解度/%
庚烷	15.5	0.005	醋酸戊酯	20	0.17	异戊醇	18	2.75
二甲苯	20	0.011	醋酸异戊酯	20	0.17	正丁醇	20	7.81
正己烷	15.5	0.014	苯	20	0.175	乙醚	15	7.83
甲苯	10	0.048	硝基苯	15	0.18	醋酸乙酯	15	8.30
氯苯	30	0.049	氯仿	20	0.81	异丁醇	20	8.50
四氯化碳	15	0.077	二氯乙烷	15	0.86			
二硫化碳	15	0.12	正戊醇	20	2.6			

附录二十　常用有机溶剂的沸点及相对密度

名　称	沸点/℃	相对密度 d_4^{20}	名　称	沸点/℃	相对密度 d_4^{20}	名　称	沸点/℃	相对密度 d_4^{20}
甲醇	64.9	0.7914	乙酸乙酯	77.0	0.9003	四氯化碳	76.5	1.5940
乙醇	78.5	0.7893	二氧六环	101.7	1.0337	二硫化碳	46.2	1.263240
乙醚	34.5	0.7137	苯	80.1	0.8786	正丁醇	117.2	0.8089
丙酮	34.5	0.7899	甲苯	110.6	0.8669	硝基苯	210.8	1.2037
乙酸	117.9	1.0492	二甲苯(*o*、*m*、*p*)	140.0				
乙酸酐	139.5	1.0820	氯仿	61.7	1.4832			

附录二十一　不同温度下水的蒸气压

t/℃	p/kPa	t/℃	p/kPa	t/℃	p/kPa
0	0.61129	23	2.8104	38	6.6298
5	0.87260	24	2.9850	39	6.9969
10	1.2281	25	3.1690	40	7.3814
11	1.3129	26	3.3269	45	9.5898
12	1.4027	27	3.5670	50	12.344
13	1.4979	28	3.7818	60	19.932
14	1.5988	29	4.0078	70	31.176
15	1.7056	30	4.2455	80	47.373
16	1.8185	31	4.4953	90	70.117
17	1.9380	32	4.7578	95	84.529
18	2.0644	33	5.0335	100	101.32
19	2.1978	34	5.3229	101	104.99
20	2.3388	35	5.6267	102	108.77
21	2.4877	36	5.9453		
22	2.6447	37	6.2795		

注：水的蒸气压不同单位间的换算关系：$1\text{mmHg}=\frac{1}{760}\text{atm}=133.322\text{Pa}$。

附录二十二　不同温度下水的密度

t/℃	密度/10^3kg·m^{-3}	t/℃	密度/10^3kg·m^{-3}	t/℃	密度/10^3kg·m^{-3}
0	0.99987	17	0.99880	34	0.99440
1	0.99993	18	0.99862	35	0.99406
2	0.99997	19	0.99843	36	0.99371
3	0.99999	20	0.99823	37	0.99336
4	1.00000	21	0.99802	38	0.99299
5	0.99999	22	0.99780	39	0.99262
6	0.99997	23	0.99756	40	0.99224
7	0.99993	24	0.99732	41	0.99186
8	0.99988	25	0.99707	42	0.99147
9	0.99981	26	0.99681	43	0.99107
10	0.99973	27	0.99654	44	0.99066
11	0.99963	28	0.99626	45	0.99025
12	0.99952	29	0.99597	46	0.98982
13	0.99940	30	0.99567	47	0.98940
14	0.99927	31	0.99537	48	0.98896
15	0.99913	32	0.99505	49	0.98852
16	0.99897	33	0.99473	50	0.98807

附录二十三　不同温度下水对空气的表面张力

t/℃	γ/N·m^{-1}	t/℃	γ/N·m^{-1}	t/℃	γ/N·m^{-1}
−8	0.0770	20	0.07275	60	0.06618
−5	0.0764	25	0.07197	70	0.0644
0	0.0756	30	0.07118	80	0.0626
5	0.0749	35	0.07038	90	0.06075
10	0.07422	40	0.06956	100	0.0589
15	0.07349	45	0.06874		
18	0.07305	50	0.06791		

附录二十四　不同温度下 KCl 溶液的电导率

t/℃	κ/S·m^{-1}			t/℃	κ/S·m^{-1}		
	0.0100mol·L^{-1}	0.0200mol·L^{-1}	0.1000mol·L^{-1}		0.0100mol·L^{-1}	0.0200mol·L^{-1}	0.1000mol·L^{-1}
10	0.1020	0.1994	0.933	23	0.1359	0.2659	1.239
11	0.1045	0.2043	0.956	24	0.1386	0.2712	1.264
12	0.1070	0.2093	0.979	25	0.1413	0.2765	1.288
13	0.1095	0.2142	1.002	26	0.1441	0.2819	1.313
14	0.1021	0.2193	1.025	27	0.1468	0.2873	1.337
15	0.1147	0.2243	1.048	28	0.1496	0.2927	1.362
16	0.1173	0.2294	1.072	29	0.1524	0.2981	1.387
17	0.1199	0.2345	1.095	30	0.1552	0.3036	1.412
18	0.1225	0.2397	1.119	31	0.1584	0.3091	1.437
19	0.1251	0.2449	1.143	32	0.1609	0.3146	1.462
20	0.1278	0.2501	1.167	33	0.1638	0.3201	1.488
21	0.1305	0.2553	1.191	34	0.1667	0.3256	1.513
22	0.1332	0.2606	1.215	35	—	0.3312	1.539

附录二十五　不同温度下乙醇的密度

t/℃	密度/10^3kg·m^{-3}	t/℃	密度/10^3kg·m^{-3}	t/℃	密度/10^3kg·m^{-3}
5	0.802	23	0.787	33	0.778
10	0.798	24	0.786	34	0.778
15	0.794	25	0.785	35	0.777
16	0.794	26	0.784	36	0.776
17	0.792	27	0.784	37	0.775
18	0.791	28	0.783	38	0.774
19	0.790	29	0.782	39	0.773
20	0.789	30	0.781	40	0.772
21	0.789	31	0.780		
22	0.788	32	0.779		

附录二十六　一些有机物的蒸气压计算公式中常数 *A*、*B*、*C* 的值

物质	温度范围/℃	A	B	C	物质	温度范围/℃	A	B	C
乙醇	−2～100	7.4457	1718.10	237.5	环己烷	20～81	5.9659	1201.53	222.7
苯	−12～3	8.2310	1885.9	244.2	丙酮	液相	6.2417	1210.60	229.7
	8～103	6.0302	1211.03	220.8	甲苯	6～137	6.0792	1344.8	219.5
乙酸乙酯	15～76	6.2264	1244.95	217.9					

附录二十七 常见二元、三元共沸混合物

一、常见二元共沸混合物

组分 A(沸点)	组分 B(沸点)	共沸点/℃	共沸物质组成 A	共沸物质组成 B
水(100℃)	苯(80.6℃)	69.3	9%	91%
	甲苯(231.08℃)	84.1	19.6%	80.4%
	氯仿(61℃)	56.1	2.8%	97.2%
	乙醇(78.3℃)	78.2	4.5%	95.5%
	丙醇(97.3℃)	87	28.3%	71.7%
	丁醇(117.8℃)	92.4	38%	62%
	异丁醇(108℃)	90.0	33.2%	66.8%
	仲丁醇(99.5℃)	88.5	32.1%	67.9%
	叔丁醇(82.8℃)	79.9	11.7%	88.3%
	烯丙醇(97.0℃)	88.2	27.1%	72.9%
	苄醇(205.2℃)	99.9	91%	9%
	乙醚(34.6℃)	110(最高)	79.76%	20.24%
	二氧六环(101.3℃)	87	20%	80%
	四氯化碳(76.8℃)	66	4.1%	95.9%
	丁醛(75.7℃)	68	6%	94%
	三聚乙醛(115℃)	91.4	30%	70%
	甲酸(100.8℃)	107.3(最高)	22.5%	77.5%
	乙酸乙酯(77.1℃)	70.4	8.2%	91.8%
	苯甲酸乙酯(212.4℃)	99.4	84%	16%

组分 A(沸点)	组分 B(沸点)	共沸点/℃	共沸物质组成 A	共沸物质组成 B
乙醇(78.3℃)	苯(80.6℃)	68.2	32%	68%
	氯仿(61℃)	59.4	7%	93%
	四氯化碳(76.8℃)	64.9	16%	84%
	乙酸乙酯(77.1℃)	72	30%	70%
甲醇(64.7℃)	四氯化碳(76.8℃)	55.7	21%	79%
	苯(80.6℃)	58.3	39%	61%
乙酸乙酯(77.1℃)	四氯化碳(76.8℃)	74.8	43%	57%
	二硫化碳(46.3℃)	46.1	7.3%	92.7%
丙酮(56.5℃)	二硫化碳(46.3℃)	39.2	34%	66%
	氯仿(61℃)	65.5	20%	80%
	异丙醚(69℃)	54.2	61%	39%
己烷(69℃)	苯(80.6℃)	68.8	95%	5%
	氯仿(61℃)	60.0	28%	72%
环己烷(80.8℃)	苯(80.6℃)	77.8	45%	55%

二、常见三元共沸混合物

组分(沸点) A	组分(沸点) B	组分(沸点) C	共沸物质组成 A	共沸物质组成 B	共沸物质组成 C	共沸点/℃
水(100℃)	乙醇(78.3℃)	乙酸乙酯(77.1℃)	7.8%	9.0%	83.2%	70.3
		四氯化碳(76.8℃)	4.3%	9.7%	86%	61.8
		苯(80.6℃)	7.4%	18.5%	74.1%	64.9
		环己烷(80.8℃)	7%	17%	76%	62.1
		氯仿(61℃)	3.5%	4.0%	92.5%	55.6
	正丁醇(117.8℃)	乙酸乙酯(77.1℃)	29%	8%	63%	90.7
	异丙醇(82.4℃)	苯(80.6℃)	7.5%	18.7%	73.8%	66.5
	二硫化碳(46.3℃)	丙酮(56.4℃)	0.81%	75.21%	23.98%	38.04

附录二十八 一些离子在水溶液中的无限稀释摩尔电导率（25℃）

阳离子	$10^4\lambda_{m,+}/S\cdot m^2\cdot mol^{-1}$	阳离子	$10^4\lambda_{m,+}/S\cdot m^2\cdot mol^{-1}$	阳离子	$10^4\lambda_{m,+}/S\cdot m^2\cdot mol^{-1}$
Ag^+	61.9	Cd^{2+}	108	Cs^+	77.26
Ba^{2+}	127.8	Ce^{3+}	210	Cu^{2+}	110
Be^{2+}	108	Co^{2+}	106	Fe^{2+}	108
Ca^{2+}	118.4	Cr^{3+}	201	Fe^{3+}	204

续表

阳离子	$10^4\lambda_{m,+}/S\cdot m^2\cdot mol^{-1}$	阳离子	$10^4\lambda_{m,+}/S\cdot m^2\cdot mol^{-1}$	阳离子	$10^4\lambda_{m,+}/S\cdot m^2\cdot mol^{-1}$
H^+	349.82	Li^+	38.69	Pb^{2+}	142
Hg^{2+}	106.12	Mg^{2+}	106.12	Sr^{2+}	118.92
Mn^{2+}	107.0	NH_4^+	73.5	Tl^+	76
K^+	73.5	Na^+	50.11	Zn^{2+}	105.6
La^{3+}	208.8	Ni^{2+}	100		
阴离子	$10^4\lambda_{m,-}/S\cdot m^2\cdot mol^{-1}$	阴离子	$10^4\lambda_{m,-}/S\cdot m^2\cdot mol^{-1}$	阴离子	$10^4\lambda_{m,-}/S\cdot m^2\cdot mol^{-1}$
F^-	54.4	HS^-	65	PO_4^{3-}	207
ClO_3^-	64.4	HSO_3^-	50	SCN^-	66
ClO_4^-	67.9	HSO_4^-	50	SO_3^{2-}	159.8
CN^-	78	I^-	76.8	SO_4^{2-}	160
CO_3^{2-}	144	IO_3^-	40.5	Ac^-	40.9
CrO_4^{2-}	170	IO_4^-	54.5	$C_2O_4^{2-}$	148.4
$[Fe(CN)_6]^{4-}$	444	NO_2^-	71.8	Br^-	73.1
$[Fe(CN)_6]^{3-}$	303	NO_3^-	71.4	Cl^-	76.35
HCO_3^-	44.5	OH^-	198.6		

附录二十九 几种常用液体的折射率

物 质	折射率(15℃)	折射率(20℃)	物 质	折射率(15℃)	折射率(20℃)
苯	1.50439	1.50110	四氯化碳	1.46305	1.46044
丙酮	1.36175	1.35911	环己烷	1.4290	—
甲苯	1.4998	1.4968	硝基苯	1.5547	1.5524
醋酸	1.3776	1.3717	正丁醇	—	1.39909
氯苯	1.52748	1.52460	二硫化碳	1.62935	1.62546
氯仿	1.44853	1.44550	甲醇	1.3300	1.3286
异丙醇	—	1.3772	乙醇	1.3633	1.3613

附录三十 不同温度下水的黏度

t/℃	黏度 η/mPa·s	t/℃	黏度 η/mPa·s	t/℃	黏度 η/mPa·s
0	1.787	18	1.053	36	0.7052
1	1.728	19	1.027	37	0.6915
2	1.671	20	1.002	38	0.6783
3	1.618	21	0.9779	39	0.6654
4	1.567	22	0.9548	40	0.6529
5	1.519	23	0.9325	41	0.6408
6	1.472	24	0.9111	42	0.6291
7	1.428	25	0.8904	43	0.6178
8	1.386	26	0.8705	44	0.6067
9	1.346	27	0.8513	45	0.5960
10	1.307	28	0.8327	46	0.5856
11	1.271	29	0.8148	47	0.5755
12	1.235	30	0.7975	48	0.5656
13	1.202	31	0.7808	49	0.5561
14	1.169	32	0.7647	50	0.5468
15	1.139	33	0.7491	51	0.5379
16	1.109	34	0.7340		
17	1.081	35	0.7194		

附录三十一　一些有机化合物的燃烧热（25℃）

物质(分子式)	$-\Delta H_m^{\ominus}/kJ\cdot mol^{-1}$	物质(分子式)	$-\Delta H_m^{\ominus}/kJ\cdot mol^{-1}$
甲烷 $CH_4(g)$	890.31	甲醇 $CH_3OH(l)$	726.51
乙烷 $C_2H_6(g)$	1559.8	乙醇 $C_2H_5OH(l)$	1366.8
丙烷 $C_3H_8(g)$	2219.9	正丙醇 $C_3H_7OH(l)$	2019.8
正戊烷 $C_5H_{12}(g)$	3536.1	甲酸甲酯 $HCOOCH_3(l)$	979.5
正己烷 $C_6H_{14}(l)$	4163.1	苯酚 $C_6H_5OH(s)$	3053.5
乙烯 $C_2H_4(g)$	1411.0	苯甲醛 $C_6H_5CHO(l)$	3527.9
乙炔 $C_2H_2(g)$	1299.6	苯甲酸 $C_6H_5COOH(s)$	3226.9
环丙烷 $C_3H_6(g)$	2091.5	乙酸 $CH_3COOH(l)$	874.54
环丁烷 $C_4H_8(l)$	2720.5	甲酸 $HCOOH(l)$	254.6
环戊烷 $C_5H_{10}(l)$	3290.9	丙酸 $C_2H_5COOH(l)$	1527.3
环己烷 $C_6H_{12}(l)$	3919.9	丙烯酸 $CH_2CHCOOH(l)$	1368.2
苯 $C_6H_6(l)$	3267.5	蔗糖 $C_{12}H_{22}O_{11}(s)$	5460.9
萘 $C_8H_{10}(s)$	5153.9		

附录三十二　常用溶剂的纯化方法

市售的有机溶剂有工业纯、化学纯和分析纯等各种规格。在有机合成中，通常根据反应特性来选择适宜规格的溶剂，以便使反应顺利进行而又不浪费试剂。但某些反应对溶剂纯度要求特别高，即使只有微量有机杂质和痕量水的存在，也会对反应速率和产率产生很大的影响，这就需对溶剂进行纯化。此外，在合成中当需用大量纯度较高的有机溶剂时，考虑到分析纯试剂价格昂贵，也常常用工业级的普通溶剂自行精制后供实验室使用。

一、乙醇

由于乙醇和水能形成共沸物，故工业乙醇的含量为 95.6%，其中尚含 4.4%的水。为了制得纯度较高的乙醇，实验室中用工业乙醇与氧化钙长时间回流加热，使乙醇中水与 CaO 作用，生成不挥发的 $Ca(OH)_2$ 来除去水分。这样制得的乙醇含量可达 99.5%，通常称为无水乙醇，如需高度干燥的乙醇，可用金属镁或金属钠将制得的无水乙醇或者用分析纯的无水乙醇（含量不少于 99.5%）进一步处理制得绝对乙醇。

$$Mg + 2C_2H_5OH \longrightarrow Mg(OC_2H_5)_2 + H_2$$

$$Mg(OC_2H_5)_2 + 2H_2O \longrightarrow Mg(OH)_2 + 2C_2H_5OH$$

或

$$2Na + 2C_2H_5OH \longrightarrow 2C_2H_5ONa + H_2$$

$$C_2H_5ONa + H_2O \rightleftharpoons NaOH + C_2H_5OH$$

在用金属钠处理时，由于生成的 NaOH 和乙醇之间存在平衡，使醇中水不能完全除去，因而必须加入邻苯二甲酸二乙酯或丁二酸二乙酯，通过皂化反应除去反应中生成的 NaOH。

$$C_6H_4(COOC_2H_5)_2 + 2NaOH \longrightarrow C_6H_4(COONa)_2 + 2C_2H_5OH$$

(1) 无水乙醇（含量 99.5%）的制备

在 250mL 圆底烧瓶中加入 100mL 95.6%乙醇和 25%生石灰，用塞子塞住瓶口，放置至下次实验。

下次实验时，拔去塞子，装上回流冷凝管，其上端接一 $CaCl_2$ 干燥管。在水浴上加热回流 2h，稍冷后，拆去回流冷凝管改成蒸馏装置。用水浴加热，蒸去前馏分，再用已称量的干燥瓶作接收器，蒸馏至几乎无液滴流出为止。立即用空心塞塞住无水乙醇的瓶口，称重，计算回收率。

(2) 绝对乙醇（含量 99.95%）的制备

① 用金属镁制备　装上回流装置，冷凝管上端接一 $CaCl_2$ 干燥管。在 100mL 圆底烧瓶中放入 0.3g 干燥的镁条（或镁屑），10mL 99.5%乙醇和几小粒碘，用热水浴温热（注意此时不要振摇），不久在碘周围的镁发生反应，观察到碘棕色减退，镁周围变浑浊，并伴随着氢气的放出。随着反应的扩大，碘的颜色逐渐消失，有时反应可以相当激烈。待反应稍缓和后，继续加热使镁基本上反应完毕。然后加入 40mL 99.5%乙醇和几粒沸石，加热回流 0.5h。改成蒸馏装置，以下操作同 (1)。

② 用金属钠制备　装置同上。在 100mL 圆底烧瓶中放入 1g 金属钠和 50mL 99.5%乙醇，加入几粒沸石。加热回流 0.5h，然后加入 2g 邻苯二甲酸二乙酯，再回流 10min。以下操作同 (1)。

纯乙醇的沸点为 78.85℃，熔点为 115℃，折射率（n_D^{20}）为 1.3616，相对密度（d_4^{20}）为 0.7893。

(3) 注意事项

① 本实验中所用仪器必须绝对干燥。由于无水乙醇具有很强的吸水性，故操作过程中和存放时必须防止水分侵入。

② 如用空心塞就必须用手巾纸将瓶口生石灰擦去，否则不易打开。

③ 若不放置，则可适当延长回流时间。

二、乙醚

普通乙醚中含有少量水和乙醇，在保存乙醚期间，由于与空气接触和光的照射，通常除了上述杂质外还含有二乙基过氧化物 $(C_2H_5O)_2$。这对于要求用无水乙醚作溶剂的反应（如格氏反应）来说不仅影响反应，而且易发生危险。因此，在制备无水乙醚时，首先须检验有无过氧化物存在。为此取少量乙醚与等体积的 2%碘化钾溶液，再加入几滴稀盐酸一起振摇，振摇后的溶液若能使淀粉显蓝色，证明有过氧化物存在。此时应按下述步骤处理。

在分液漏斗中加入普通乙醚，再加入相当于乙醚体积的 1/5 的新配制 $FeSO_4$ 溶液，剧烈摇动后分去水层。醚层在干燥瓶中用无水 $CaCl_2$ 干燥，间隙振摇，放置 24h，这样可除去大部分水和乙醇。蒸馏收集 34～35℃馏分，在收集瓶中压入钠丝，然后用带 $CaCl_2$ 干燥管的软木塞塞住，或者在木塞中插入两端拉成毛细管的玻璃管，这样可使产生的气体逸出，并可防止潮气侵入。放置 24h 以上，待乙醚中残留的痕量水和乙醇转化为氢氧化钠和乙醇钠后，才能使用。

纯乙醚的沸点为 34.51℃，熔点为－117.4℃，折射率（n_D^{20}）为 1.3526，相对密度（d_4^{20}）为 0.71378。

注意事项：

① $FeSO_4$ 溶液的配制：在 55mL 水中加入 3mL 浓硫酸，然后加入 30g $FeSO_4$。此溶液必须在使用时配制，放置过久易氧化变质。

② 乙醚沸点低，极易挥发，严禁用明火加热，可用事先准备好的热水浴加热，或者用变压器调节的电热锅加热。尾气出口通入水槽，以免乙醚蒸气散发到空气中。由于乙醚蒸气比空气重（约为空气的 2.5 倍），容易聚集在桌面附近或低洼处。当空气中含有 1.85～36.5 的乙醚蒸气时，遇火即会发生燃烧爆炸，因此蒸馏时必须严格遵守操作规程。

三、氯仿

普通氯仿中含有1%的乙醇，这是为了防止氯仿分解为有毒的光气，作为稳定剂加入氯仿中的。

为了除去乙醇，可将氯仿和相当于氯仿一半体积的水在分液漏斗中振荡数次，然后分出下层氯仿，用无水 $CaCl_2$ 或无水 K_2CO_3 干燥。

另一种提纯法是将氯仿与少量浓硫酸一起振摇数次。每 500mL 氯仿，约用 25mL 浓硫酸洗涤，分去酸层后，用水洗涤，干燥后蒸馏。

注意：除去乙醇的无水氯仿必须保存于棕色瓶中，并放于柜中，以免在光的照射下分解产生光气。氯仿绝对不能用金属钠来干燥，否则会发生爆炸。

纯氯仿的沸点为 61.7℃，熔点为－63.5℃，折射率为（n_D^{20}）为 1.4459，相对密度（d_4^{20}）为 1.4832。

四、二氯甲烷

使用二氯甲烷比氯仿安全，因此常用它来代替氯仿作为比水重的萃取溶剂。普通二氯甲烷一般都能直接作萃取剂使用。如需纯化，可用 5% Na_2CO_3 溶液洗涤，再用水洗涤，然后再用无 $CaCl_2$ 干燥，蒸馏收集 40～41℃的馏分。

纯二氯甲烷的沸点为 40℃，熔点为－97℃，折射率（n_D^{20}）为 1.4242，相对密度（d_4^{20}）为 1.3266。

五、丙酮

普通丙酮中常含有少量水及甲醇、乙醛等还原性杂质；分析纯的丙酮中即使有机杂质含量已少于 0.1%，而水的含量仍达 1%。丙酮的纯化采用如下方法：

在 500mL 丙酮中加入 2～3g $KMnO_4$ 加热回流，以除去少量还原性杂质。若紫色很快消失，则需再加入少量 $KMnO_4$ 继续回流，直至紫色不再消失为止，蒸出丙酮，然后用无水 K_2CO_3 和无水 $CaCO_3$ 干燥，蒸馏收集 56～57℃馏分。

纯丙酮的沸点为 56.2℃，熔点为－94℃，折射率（n_D^{20}）为 1.3588，相对密度（d_4^{20}）为 0.7899。

六、二甲亚砜（DMSO）

二甲亚砜是能与水互溶的高极性的非质子溶剂，因而广泛用作有机反应和光谱分析中的试剂。它易吸潮，常压蒸馏时还会有些分解。若要制备无水二甲亚砜，可以用活性 Al_2O_3、BaO 或 $CaSO_4$ 干燥过夜。然后滤去干燥剂，在减压下蒸馏收集 75～76℃/12mmHg 或 85～87℃/20mmHg 的馏分，放入分子筛贮存待用。

纯二甲亚砜的沸点为 189℃，熔点为 18.45℃，折射率（n_D^{20}）为 1.4770，相对密度（d_4^{20}）为 1.1014。

七、苯

分析纯的苯通常可供直接使用。假如需要无水苯，则可用无水 $CaCl_2$ 干燥过夜，过滤后，压入钠丝（见乙醚）。普通苯中噻吩（沸点 84℃）为主要杂质，为了制得无水无噻吩苯可用下法精制。

在分液漏斗中将苯与相当于苯体积10%的浓硫酸一起振摇，弃去底层酸液，再加入新的浓硫酸，这样重复操作直到酸层呈现无色或淡黄色，且检验无噻吩存在为止。苯层依次用水、10% Na_2CO_3 溶液、水洗涤，经 $CaCl_2$ 干燥后蒸馏，收集80℃的馏分，压入钠丝（见乙醚纯化）保存待用。

噻吩的检验：取5滴苯于小试管中，加入5滴浓硫酸及1～2滴1%靛红的浓硫酸溶液；振摇片刻，如呈墨绿色或蓝色，表示有噻吩存在。

纯苯的沸点为80.1℃，熔点为5.5℃，折射率（n_D^{20}）为1.5001，相对密度（d_4^{20}）为0.8787。

八、乙酸乙酯

分析纯的乙酸乙酯含量为99.5%，可供一般应用。工业乙酸乙酯含量为95%～98%，含有少量水、乙醇和乙酸，可用下列方法提纯。

于1L乙酸乙酯中加入100mL乙酸酐和19滴浓硫酸，加热回流4h，以除去水和乙醇。然后进行分馏，收集76～77℃的馏液，馏液用20～30g无水 K_2CO_3 振荡，过滤后，再蒸馏。收集产物沸点为77℃，纯度达99.7%。

纯乙酸乙酯的沸点为77.06℃，熔点为－83℃，折射率（n_D^{20}）为1.3723，相对密度（d_4^{20}）为0.9003。

参 考 文 献

[1] 邱光正，张天秀，刘耘主编．大学基础化学实验，济南：山东大学出版社，2000.
[2] 崔学桂，张晓丽，胡清萍主编．基础化学实验（Ⅰ）——无机及分析化学实验．第2版．北京：化学工业出版社，2007.
[3] 李吉海主编．基础化学实验（Ⅱ）——有机化学实验．第2版．北京：化学工业出版社，2007.
[4] 顾月姝主编．基础化学实验（Ⅲ）——物理化学实验．第2版．北京：化学工业出版社，2007.
[5] 高丽华主编．基础化学实验．北京：化学工业出版社，2004.
[6] 蔡维平主编．基础化学实验（一）．北京：科学出版社，2004.
[7] 周井炎主编．基础化学实验（上）．武汉：华中科技大学出版社，2004.
[8] 周井炎主编．基础化学实验（下）．武汉：华中科技大学出版社，2004.
[9] 辛剑，孟长功主编．基础化学实验．北京：高等教育出版社，2004.
[10] 赵新华主编．化学基础实验．北京：高等教育出版社，2004.
[11] 王少亭主编．大学基础化学实验．北京：高等教育出版社，2004.
[12] 李聚源主编．普通化学实验．北京：化学工业出版社，2003.
[13] 周仕学，薛彦辉主编．普通化学实验．北京：化学工业出版社，2003.
[14] 苏显云等编．大学普通化学实验．北京：高等教育出版社，2001.
[15] 殷学锋主编．新编大学化学实验．北京：高等教育出版社，2002.
[16] 东华大学化学化工学院基础化学实验编写组．基础化学实验．上海：东华大学出版社，2004.
[17] 宗汉兴主编．基础化学实验．第2版．杭州：浙江大学出版社，2007.
[18] 沈建中等主编．普通化学实验．上海：复旦大学出版社，2006.
[19] 复旦大学等编．物理化学实验．第3版．北京：高等教育出版社，2004.
[20] 北京大学等编．物理化学实验．第4版．北京：北京大学出版社，2002.
[21] 东北师范大学等校编．物理化学实验．第3版．北京：高等教育出版社，1995.
[22] 清华大学化学系物理化学实验编写组．物理化学实验．北京：清华大学出版社，1991.
[23] 武汉大学编．物理化学实验．武汉：武汉大学出版社，2004.
[24] D. P. Shoemaker，et al. 物理化学实验．俞鼎琼，廖代伟译．北京：化学工业出版社，1990.
[25] 曾昭琼主编．有机化学实验．北京：高等教育出版社，1986.
[26] 高占先主编．有机化学实验．第4版．北京：高等教育出版社，2004.
[27] 唐玉海，刘芸主编．有机化学实验．西安：西安交通大学出版社，2002.
[28] 兰州大学和复旦大学化学系有机化学教研组编．有机化学实验．第2版．北京：高等教育出版社，2006.
[29] 大连理工大学无机化学教研室．无机化学实验．第2版．北京：高等教育出版社，2004.
[30] 南京大学《无机及分析化学实验》编写组．无机及分析化学实验．第3版．北京：高等教育出版社，1998.
[31] 陈斌编著．物理化学实验．北京：中国建材工业出版社，2004.
[32] 陈同云主编．工科化学实验．北京：化学工业出版社，2003.
[33] 于世林主编．波谱分析实验与习题．重庆：重庆大学出版社，1993.
[34] 郭德济主编．光谱分析实验与习题．重庆：重庆大学出版社，1993.
[35] 史景江主编．色谱分析实验与习题．重庆：重庆大学出版社，1993.
[36] 张济新主编．仪器分析实验．北京：高等教育出版社，2003.

元素周期表

IUPAC 2013

+2, +3, +4, +5, +6	95 Am 镅▲ $5f^{7}7s^{2}$ 243.06138(2)✦

- 氧化态(单质的氧化态为0，未列入；常见的为红色)
- 95 — 原子序数
- Am — 元素符号(红色的为放射性元素)
- 镅▲ — 元素名称(注▲的为人造元素)
- $5f^{7}7s^{2}$ — 价层电子构型
- 243.06138(2)✦ — 以 $^{12}C=12$为基准的原子量(注✦的是半衰期最长同位素的原子量)

s区元素　p区元素　d区元素　ds区元素　f区元素　稀有气体

族/周期	1 IA	2 IIA	3 IIIB	4 IVB	5 VB	6 VIB	7 VIIB	8 VIIIB(VIII)	9 VIIIB(VIII)	10 VIIIB(VIII)	11 IB	12 IIB	13 IIIA	14 IVA	15 VA	16 VIA	17 VIIA	18 VIIIA(0)	电子层
1	1 H 氢 $1s^{1}$ 1.008 −1, +1																	2 He 氦 $1s^{2}$ 4.002602(2)	K
2	3 Li 锂 $2s^{1}$ 6.94 +1	4 Be 铍 $2s^{2}$ 9.0121831(5) +2											5 B 硼 $2s^{2}2p^{1}$ 10.81 +3	6 C 碳 $2s^{2}2p^{2}$ 12.011 −4, +2, +4	7 N 氮 $2s^{2}2p^{3}$ 14.007 −3, −2, −1, +1, +2, +3, +4, +5	8 O 氧 $2s^{2}2p^{4}$ 15.999 −2, −1	9 F 氟 $2s^{2}2p^{5}$ 18.998403163(6) −1	10 Ne 氖 $2s^{2}2p^{6}$ 20.1797(6)	L K
3	11 Na 钠 $3s^{1}$ 22.98976928(2) −1, +1	12 Mg 镁 $3s^{2}$ 24.305 +2											13 Al 铝 $3s^{2}3p^{1}$ 26.9815385(7) +3	14 Si 硅 $3s^{2}3p^{2}$ 28.085 −4, +2, +4	15 P 磷 $3s^{2}3p^{3}$ 30.973761998(5) −3, +1, +3, +5	16 S 硫 $3s^{2}3p^{4}$ 32.06 −2, +4, +6	17 Cl 氯 $3s^{2}3p^{5}$ 35.45 −1, +1, +3, +5, +7	18 Ar 氩 $3s^{2}3p^{6}$ 39.948(1)	M L K
4	19 K 钾 $4s^{1}$ 39.0983(1) −1, +1	20 Ca 钙 $4s^{2}$ 40.078(4) +2	21 Sc 钪 $3d^{1}4s^{2}$ 44.955908(5) +3	22 Ti 钛 $3d^{2}4s^{2}$ 47.867(1) −1, 0, +2, +3, +4	23 V 钒 $3d^{3}4s^{2}$ 50.9415(1) 0, ±1, +2, +3, +4, +5	24 Cr 铬 $3d^{5}4s^{1}$ 51.9961(6) −3, 0, ±1, ±2, +3, +4, +5, +6	25 Mn 锰 $3d^{5}4s^{2}$ 54.938044(3) −2, 0, ±1, +2, +3, +4, +5, +6, +7	26 Fe 铁 $3d^{6}4s^{2}$ 55.845(2) −2, 0, ±1, +2, +3, +4, +5, +6	27 Co 钴 $3d^{7}4s^{2}$ 58.933194(4) 0, ±1, +2, +3, +4, +5	28 Ni 镍 $3d^{8}4s^{2}$ 58.6934(4) 0, ±1, +2, +3, +4	29 Cu 铜 $3d^{10}4s^{1}$ 63.546(3) +1, +2, +3, +4	30 Zn 锌 $3d^{10}4s^{2}$ 65.38(2) +1, +2	31 Ga 镓 $4s^{2}4p^{1}$ 69.723(1) +1, +3	32 Ge 锗 $4s^{2}4p^{2}$ 72.630(8) +2, +4	33 As 砷 $4s^{2}4p^{3}$ 74.921595(6) −3, +3, +5	34 Se 硒 $4s^{2}4p^{4}$ 78.971(8) −2, +4, +6	35 Br 溴 $4s^{2}4p^{5}$ 79.904 −1, +1, +3, +5, +7	36 Kr 氪 $4s^{2}4p^{6}$ 83.798(2) +2, +4	N M L K
5	37 Rb 铷 $5s^{1}$ 85.4678(3) −1, +1	38 Sr 锶 $5s^{2}$ 87.62(1) +2	39 Y 钇 $4d^{1}5s^{2}$ 88.90584(2) +3	40 Zr 锆 $4d^{2}5s^{2}$ 91.224(2) +1, +2, +3, +4	41 Nb 铌 $4d^{4}5s^{1}$ 92.90637(2) 0, ±1, +2, +3, +4, +5	42 Mo 钼 $4d^{5}5s^{1}$ 95.95(1) 0, ±1, +2, +3, +4, +5, +6	43 Tc 锝▲ $4d^{5}5s^{2}$ 97.90721(3)✦ 0, ±1, +2, +3, +4, +5, +6, +7	44 Ru 钌 $4d^{7}5s^{1}$ 101.07(2) 0, +1, +2, +3, +4, +5, +6, +7, +8	45 Rh 铑 $4d^{8}5s^{1}$ 102.90550(2) 0, ±1, +2, +3, +4, +5, +6	46 Pd 钯 $4d^{10}$ 106.42(1) 0, +1, +2, +3, +4	47 Ag 银 $4d^{10}5s^{1}$ 107.8682(2) +1, +2, +3	48 Cd 镉 $4d^{10}5s^{2}$ 112.414(4) +1, +2	49 In 铟 $5s^{2}5p^{1}$ 114.818(1) +1, +3	50 Sn 锡 $5s^{2}5p^{2}$ 118.710(7) +2, +4	51 Sb 锑 $5s^{2}5p^{3}$ 121.760(1) −3, +3, +5	52 Te 碲 $5s^{2}5p^{4}$ 127.60(3) −2, +2, +4, +6	53 I 碘 $5s^{2}5p^{5}$ 126.90447(3) −1, +1, +3, +5, +7	54 Xe 氙 $5s^{2}5p^{6}$ 131.293(6) +2, +4, +6, +8	O N M L K
6	55 Cs 铯 $6s^{1}$ 132.90545196(6) −1, +1	56 Ba 钡 $6s^{2}$ 137.327(7) +2	57~71 La~Lu 镧系	72 Hf 铪 $5d^{2}6s^{2}$ 178.49(2) +1, +2, +3, +4	73 Ta 钽 $5d^{3}6s^{2}$ 180.94788(2) 0, ±1, +2, +3, +4, +5	74 W 钨 $5d^{4}6s^{2}$ 183.84(1) 0, ±1, +2, +3, +4, +5, +6	75 Re 铼 $5d^{5}6s^{2}$ 186.207(1) 0, ±1, +2, +3, +4, +5, +6, +7	76 Os 锇 $5d^{6}6s^{2}$ 190.23(3) 0, +1, +2, +3, +4, +5, +6, +7, +8	77 Ir 铱 $5d^{7}6s^{2}$ 192.217(3) 0, ±1, +2, +3, +4, +5, +6	78 Pt 铂 $5d^{9}6s^{1}$ 195.084(9) 0, +2, +3, +4, +5, +6	79 Au 金 $5d^{10}6s^{1}$ 196.966569(5) +1, +2, +3, +5	80 Hg 汞 $5d^{10}6s^{2}$ 200.592(3) +1, +2, +3	81 Tl 铊 $6s^{2}6p^{1}$ 204.38 +1, +3	82 Pb 铅 $6s^{2}6p^{2}$ 207.2(1) +2, +4	83 Bi 铋 $6s^{2}6p^{3}$ 208.98040(1) −3, +3, +5	84 Po 钋 $6s^{2}6p^{4}$ 208.98243(2)✦ −2, +2, +4, +6	85 At 砹 $6s^{2}6p^{5}$ 209.98715(5)✦ −1, +1, +3, +5, +7	86 Rn 氡 $6s^{2}6p^{6}$ 222.01758(2)✦ +2	P O N M L K
7	87 Fr 钫▲ $7s^{1}$ 223.01974(2)✦ +1	88 Ra 镭 $7s^{2}$ 226.02541(2)✦ +2	89~103 Ac~Lr 锕系	104 Rf 𬬻▲ $6d^{2}7s^{2}$ 267.122(4)✦	105 Db 𬭊▲ $6d^{3}7s^{2}$ 270.131(4)✦	106 Sg 𬭳▲ $6d^{4}7s^{2}$ 269.129(3)✦	107 Bh 𬭛▲ $6d^{5}7s^{2}$ 270.133(2)✦	108 Hs 𬭶▲ $6d^{6}7s^{2}$ 270.134(2)✦	109 Mt 鿏▲ $6d^{7}7s^{2}$ 278.156(5)✦	110 Ds 𫟼▲ 281.165(4)✦	111 Rg 𬬭▲ 281.166(6)✦	112 Cn 鿔▲ 285.177(4)✦	113 Nh 鿭▲ 286.182(5)✦	114 Fl 𫓧▲ 289.190(4)✦	115 Mc 镆▲ 289.194(6)✦	116 Lv 𫟷▲ 293.204(4)✦	117 Ts 鿬▲ 293.208(6)✦	118 Og 鿫▲ 294.214(5)✦	Q P O N M L K

★ 镧系	57 La★ 镧 $5d^{1}6s^{2}$ 138.90547(7) +3	58 Ce 铈 $4f^{1}5d^{1}6s^{2}$ 140.116(1) +2, +3, +4	59 Pr 镨 $4f^{3}6s^{2}$ 140.90766(2) +3, +4	60 Nd 钕 $4f^{4}6s^{2}$ 144.242(3) +2, +3, +4	61 Pm 钷▲ $4f^{5}6s^{2}$ 144.91276(2)✦ +3	62 Sm 钐 $4f^{6}6s^{2}$ 150.36(2) +2, +3	63 Eu 铕 $4f^{7}6s^{2}$ 151.964(1) +2, +3	64 Gd 钆 $4f^{7}5d^{1}6s^{2}$ 157.25(3) +3	65 Tb 铽 $4f^{9}6s^{2}$ 158.92535(2) +3, +4	66 Dy 镝 $4f^{10}6s^{2}$ 162.500(1) +3, +4	67 Ho 钬 $4f^{11}6s^{2}$ 164.93033(2) +3	68 Er 铒 $4f^{12}6s^{2}$ 167.259(3) +3	69 Tm 铥 $4f^{13}6s^{2}$ 168.93422(2) +2, +3	70 Yb 镱 $4f^{14}6s^{2}$ 173.045(10) +2, +3	71 Lu 镥 $4f^{14}5d^{1}6s^{2}$ 174.9668(1) +3
★ 锕系	89 Ac★ 锕 $6d^{1}7s^{2}$ 227.02775(2)✦ +3	90 Th 钍 $6d^{2}7s^{2}$ 232.0377(4) +3, +4	91 Pa 镤 $5f^{2}6d^{1}7s^{2}$ 231.03588(2) +3, +4, +5	92 U 铀 $5f^{3}6d^{1}7s^{2}$ 238.02891(3) +3, +4, +5, +6	93 Np 镎 $5f^{4}6d^{1}7s^{2}$ 237.04817(2)✦ +3, +4, +5, +6, +7	94 Pu 钚 $5f^{6}7s^{2}$ 244.06421(4)✦ +3, +4, +5, +6, +7	95 Am 镅▲ $5f^{7}7s^{2}$ 243.06138(2)✦ +2, +3, +4, +5, +6	96 Cm 锔▲ $5f^{7}6d^{1}7s^{2}$ 247.07035(3)✦ +3, +4	97 Bk 锫▲ $5f^{9}7s^{2}$ 247.07031(4)✦ +3, +4	98 Cf 锎▲ $5f^{10}7s^{2}$ 251.07959(3)✦ +2, +3, +4	99 Es 锿▲ $5f^{11}7s^{2}$ 252.0830(3)✦ +2, +3	100 Fm 镄▲ $5f^{12}7s^{2}$ 257.09511(5)✦ +2, +3	101 Md 钔▲ $5f^{13}7s^{2}$ 258.09843(3)✦ +2, +3	102 No 锘▲ $5f^{14}7s^{2}$ 259.1010(7)✦ +2, +3	103 Lr 铹▲ $5f^{14}6d^{1}7s^{2}$ 262.110(2)✦ +3